KUHMINSA

한 발 앞서나가는 출판사, 구민사
독자분들도 구민사와 함께 한 발 앞서나가길 바랍니다.

구민사 출간도서 中 수험서 분야

- 용접
- 자동차
- 조경/산림
- 품질경영
- 산업안전
- 전기
- 건축토목
- 실내건축

- 기술사
- 기계
- 금속
- 환경
- 보일러
- 가스
- 공조냉동
- 위험물

전문가를 위한 첫걸음, 구민사는 그 이상을 봅니다!

전국 도서판매처

• 일산남부서점 • 안산대동서적 • 대전계룡서점 • 대구북앤북스 • 대구하나도서
• 포항학원사 • 울산처용서림 • 창원그랜드문고 • 순천중앙서점 • 광주조은서림

www.kuhminsa.co.kr

자격증 시험 접수부터 자격증 수령까지!

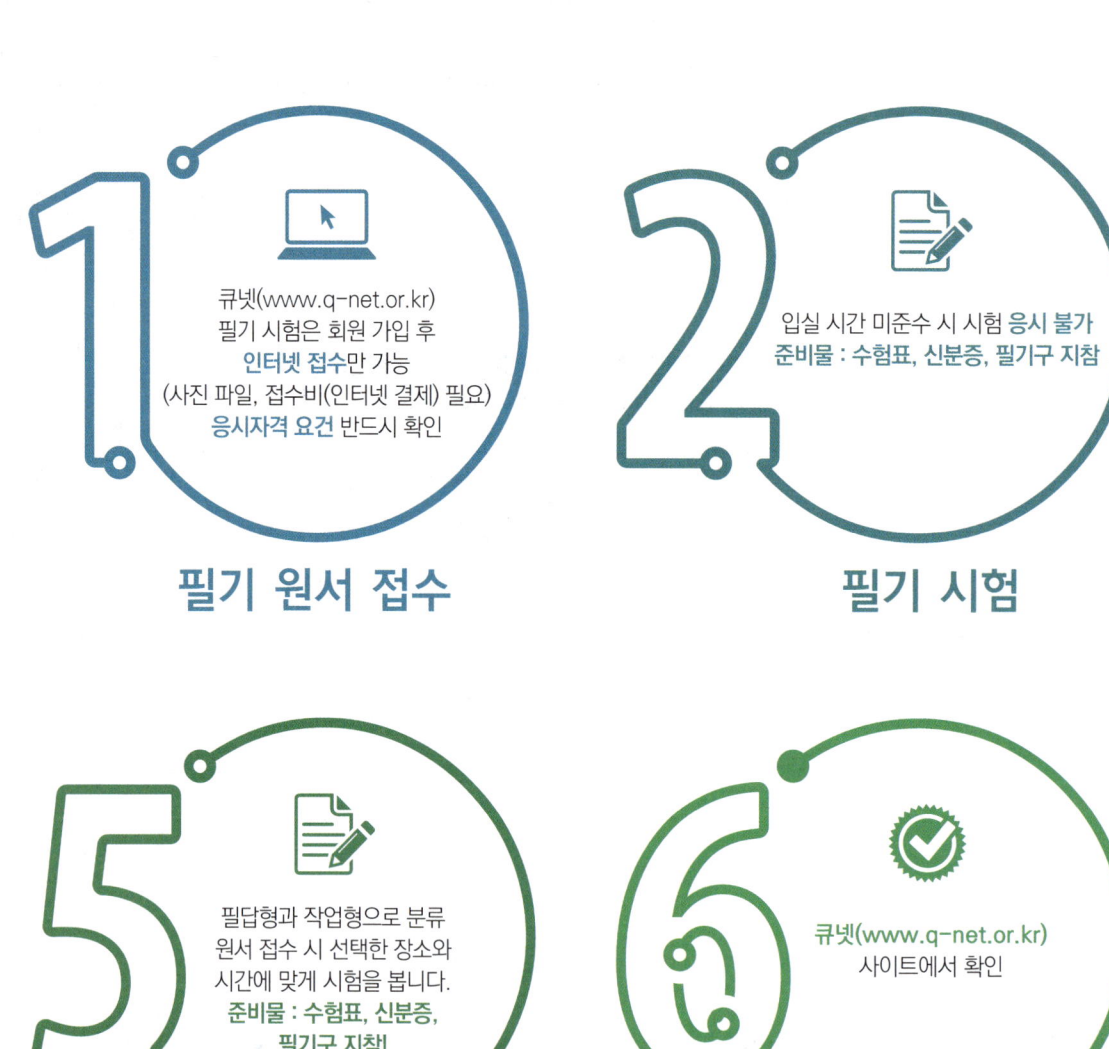

전문가를 위한 첫걸음, 구민사는 그 이상을 봅니다!

상시시험 12종목
굴삭기운전기능사, 지게차운전기능사, 미용사(일반), 미용사(피부), 미용사(네일)
미용사(메이크업), 조리기능사(양식, 일식, 중식, 한식), 제과·제빵기능사

필기 합격 확인

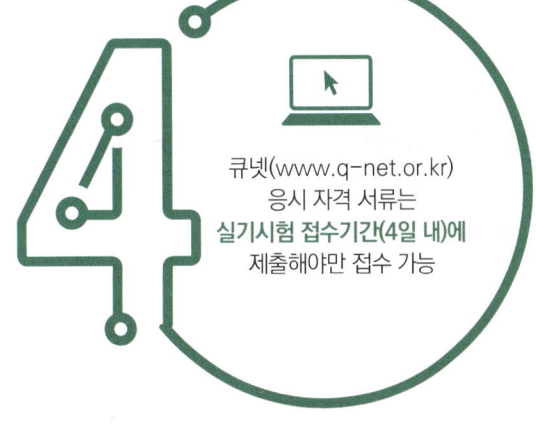

실기 원서 접수

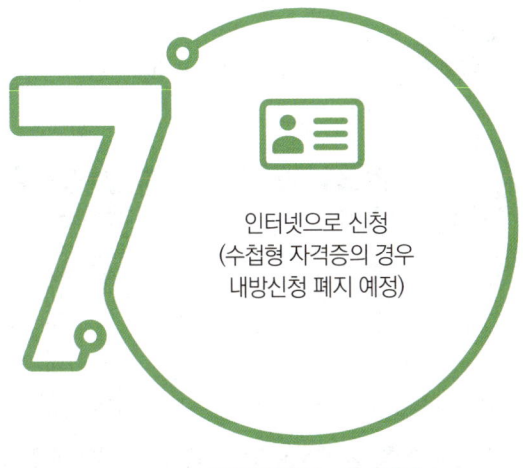

자격증 신청

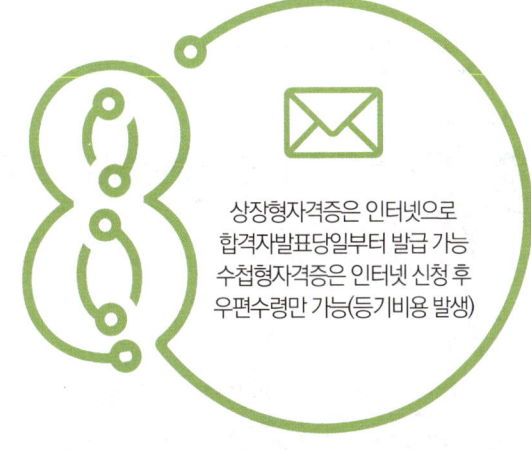

자격증 수령

국가자격 검정시행 안내

1. 수험원서 접수

수험원서 접수방법 | http://www.q-net.or.kr(인터넷 접수만 가능)
접수시간 | 원서 접수 첫날 10:00부터 마지막 날 18:00까지

◆ 지필식 필기시험 및 필답형 실기시험 시간

등급	부	시험시간	비고
기능사	1부	09:30 ~ 10:30	- 입실시간은 시험시작 30분 전임 - 종목별 시험 시작시간은 별도 공고 - 기능장, 기능사 등급은 필답형 실기시험만 해당
	2부	11:30 ~ 12:30	

◆ CBT 필기시험 부별 시험시간

등급	부	입실시간	시험시간	비고
기능장 기능사	1부	9:10	09:30~10:30	- 입실시간은 시험시작 20분 전임 - 산업기사 등급은 종목별 시험시간이 상이함 - 종목별 시험 시작시간은 별도 공고 - 산업기사 등급은 기사 4회 CBT 도입되는 일부종목만 해당
	2부	9:40	10:00~11:00	
	3부	10:40	11:00~12:00	
	4부	11:10	11:30~12:30	
	5부	12:40	13:00~14:00	
	6부	13:10	13:30~14:30	
	7부	14:10	14:30~15:30	
	8부	14:40	15:00~16:00	
	9부	15:40	16:00~17:00	
	10부	16:10	16:30~17:30	

※ CBT 필기시험은 시험종료 즉시 합격 여부가 확인이 가능하므로, 별도의 ARS 자동응답 전화를 통한 합격자 발표 미운영

2. CBT 필기시험 미리보기

① http://www.q-net.or.kr
큐넷에 접속한 후, 메인화면 하단의
〈CBT 체험하기〉 버튼을 클릭한다.

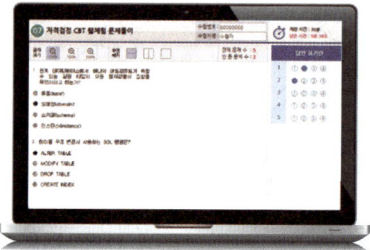

② http://www.q-net.or.kr/cbt/index.html
〈CBT 웹 체험 서비스〉를 시행한다.

◆ 정기검정 시행일정

등급	회별	필기시험			응시자격서류제출 (필기시험 합격자 결정)	실기(면접)시험		
		원서접수	시험시행	합격(예정)자 발표		원서접수	시험시행	합격자 발표
기능사	제1회	1.14~1.17	2.9~2.15	2.28	해당없음	3.2~3.5	4.4~4.19	4.29(1차) 5.8(2차)
	제2회	3.24~3.27	4.19~4.25	5.8	해당없음	5.11~5.14	6.13~6.28	7.10(1차) 7.17(2차)
	제3회	6.2~6.5	6.28~7.4	7.17	해당없음	7.20~7.23	8.29~9.13	9.25(1차) 10.8(2차)
	제4회	9.8~9.11	10.11~10.17	10.23	해당없음	10.26~10.29	11.28~12.13	12.24(1차) 12.31(2차)

시험장 가기 전에 Tip!

Q : 계산기를 따로 가져가야 하나요?
A : 시험을 치르는 PC에 설치된 계산기를 이용하실 수 있습니다. (개인 계산기 지참 가능)

Q : PC로 시험을 치르면 종이는 못쓰나요?
A : 시험장에서 필요한 사람에 한해 종이를 제공합니다. 시험장마다 상황이 다를 수 있으니 전화로 해당 시험장의 상황을 파악해보시길 권장합니다.
　　이 때, 시험끝나고 종이 반납은 필수입니다.

열처리기능사
{필기&실기}

이 책의 차례

PART 1 금속재료 일반

제1장 ┃ 금속재료 총론 ··· 3
    1. 금속의 특성 · 3
    2. 재료 시험과 검사 · 8

제2장 ┃ 철강재료 ·· 11
    1. 철강재료의 개요 · 11
    2. 순철과 탄소강 · 13
    3. 강의 열처리와 표면경화 · 17
    4. 특수강 · 22
    5. 주철 · 26

제3장 ┃ 비철금속재료와 특수금속재료 ····························· 30
    1. 구리와 구리합금 · 30
    2. 알루미늄과 그 합금 · 33
    3. 기타 비철재료 · 35
    4. 신소재 및 그 밖의 합금 · 37

※ 기출 및 예상문제 ·· 43

PART 2 금속제도

- 제1장 ▎제도의 기본 ·· 87
- 제2장 ▎기초제도 ·· 91
- 제3장 ▎제도의 응용 ·· 97
- 제4장 ▎기계요소의 제도 ·· 103
    1. 체결용 기계요소 제도 · 103
    2. 축용 기계요소의 제도 · 109
    3. 전동용 기계요소의 제도 · 112
- ※ 기출 및 예상문제 ·· 119

PART 3 금속열처리

- 제1장 ▎열처리의 개요 ·· 183
- 제2장 ▎열처리 설비 ·· 190
    1. 열처리용 온도계 · 190
    2. 열처리용 제어장치 및 공구 · 192
- 제3장 ▎열처리의 응용 ·· 195
    1. 강의표면경화법 · 195
    2. 강의 분위기 열처리 · 198
    3. 강의 열처리 · 200
    4. 주철 및 비철합금의 열처리 · 210
- 제4장 ▎열처리의 결함과 대책 ·· 212
- 제5장 ▎안전관리 ·· 218
    1. 일반적인 안전 사항 · 218
    2. 산업 재해 · 221
    3. 산업 안전과 대책 · 226
- ※ 기출 및 예상문제 ·· 230

PART 4 열처리기능사 실기 예상문제

1. 열처리기능사 실기 예상문제 ·································· 335
2. 철강의 열처리 조직 ·································· 400
3. 원소 기호표 ·································· 409

PART 5 열처리기능사 실기 공개문제

1. 열처리기능사 실기 공개문제 ·································· 415

PART 6 열처리기능사 필기 시행문제

열처리기능사 필기 시행문제 2002년 1회 · 435
열처리기능사 필기 시행문제 2002년 2회 · 442
열처리기능사 필기 시행문제 2002년 5회 · 450
열처리기능사 필기 시행문제 2003년 1회 · 458
열처리기능사 필기 시행문제 2003년 2회 · 466
열처리기능사 필기 시행문제 2003년 5회 · 474
열처리기능사 필기 시행문제 2004년 1회 · 482
열처리기능사 필기 시행문제 2004년 2회 · 490
열처리기능사 필기 시행문제 2004년 5회 · 498
열처리기능사 필기 시행문제 2005년 1회 · 506
열처리기능사 필기 시행문제 2005년 2회 · 514
열처리기능사 필기 시행문제 2006년 5회 · 522
열처리기능사 필기 시행문제 2007년 2회 · 530
열처리기능사 필기 시행문제 2007년 5회 · 539
열처리기능사 필기 시행문제 2008년 2회 · 548

CONTENTS

PART 6 열처리기능사 필기 시행문제

열처리기능사 필기 시행문제 2009년 2회 · 558
열처리기능사 필기 시행문제 2009년 5회 · 567
열처리기능사 필기 시행문제 2010년 2회 · 567
열처리기능사 필기 시행문제 2010년 5회 · 585
열처리기능사 필기 시행문제 2011년 2회 · 594
열처리기능사 필기 시행문제 2011년 5회 · 603
열처리기능사 필기 시행문제 2012년 1회 · 612
열처리기능사 필기 시행문제 2012년 2회 · 620
열처리기능사 필기 시행문제 2012년 5회 · 629
열처리기능사 필기 시행문제 2013년 2회 · 638
열처리기능사 필기 시행문제 2013년 5회 · 646
열처리기능사 필기 시행문제 2014년 1회 · 655
열처리기능사 필기 시행문제 2014년 2회 · 664
열처리기능사 필기 시행문제 2014년 5회 · 673
열처리기능사 필기 시행문제 2015년 1회 · 682
열처리기능사 필기 시행문제 2015년 2회 · 691
열처리기능사 필기 시행문제 2015년 5회 · 700
열처리기능사 필기 시행문제 2016년 2회 · 709
열처리기능사 필기 2018년 CBT 기출복원 문제 · 718
열처리기능사 필기 2019년 CBT 기출복원 문제 · 725

PREFACE

머리말

우리나라의 전반적인 산업 발달 수준이 선진국 수준에 도달을 하였다. 그러나 산업 발달의 근간이 되는 소재 산업은 전반적인 산업 기술 수준에 비해서 상대적으로 부족하다고 볼 수 있다.

이러한 소재 산업이 발달하기 위해서 반드시 필요한 기술이 바로 열처리 기술이다. 주어진 소재의 재질은 가공 후에 행해지는 가공 및 열처리에 의해서 결정되는데 이 중에서 열처리는 소재가 지니고 있는 성질을 충분히 발휘 시키게 해주는 중요한 공정이다. 즉 금속 재료에 알맞은 열처리를 하게 되면 값비싼 합금 원소의 첨가 없이도 필요로 하는 고급 재료를 얻을 수 있게 된다.

이를 위해서는 기본적인 열처리 이론을 이해하여야 하고 이 이론을 실제적으로 응용할 수 있는 능력이 필요하다. 만약에 열처리 기초 이론이 갖추어져 있지 않으면 열처리 조업 과정에서 나타나는 다양한 열처리 결함들에 대한 상변태적, 금속 조직학적인 접근이 곤란하게 된다.

한편 대부분의 사람들이 토목, 건축 구조용 강재와 기계 구조용 강재들을 사용할 때 아직도 외형적인 형상 설계와 가공 등에만 큰 관심을 갖고 열처리를 한 소재에 대한 관심은 그렇게 크지 못한 것이 사실이다. 즉 강재의 여러 가지 성질이 열처리에 의해서 결정된다는 사실을 알고 있으면서도 그 부분의 중요성을 소홀히 하고 있다.

따라서 열처리 기술을 익힐 수 있도록 하기 위해서 열처리에 대한 기본 이론 및 그 밖에 꼭 알아 두어야 할 열처리 방법, 열처리 설비, 열처리 결함 등에 대하여 내용을 수록하였으며 이러한 뜻에서 앞으로 우리나라 열처리 업계의 새로운 일꾼이 될 역군들에게 열처리기술에 관한 내용을 위주로 해 열처리 기능사 시험의 출제기준을 기초로 하여 이론과 실기를 구분하여 편집하였다.

PREFACE

　자격시험에 대비하여 제1편 금속재료 일반, 제2편 금속제도, 제3편 금속열처리, 제4편 열처리기능사 실기 예상문제, 철강의 열처리 조직, 제5편 열처리기능사 실기 공개문제로 나누어 편성하였으며, 각 과목마다 필기시험 예상문제와 기출문제를 함께 편집하였으며, 제6편에 열처리기능사 필기 시행문제 수록하여 수검자들이 공부하는데 도움이 되도록 하였다. 기본적으로 알아야 할 문제부터 고급 수준의 문제들을 고루 편집하였기 때문에 이 책의 내용을 충실히 이해하면 열처리 기능사 시험에 많은 도움이 있으리라 사료된다.

　수험생들에게 많은 도움이 되어 모두 자격증을 취득하여 산업 현장에서 업무를 수행하는데 많은 도움이 있기를 기원하는 마음으로 집필하였으며, 부족하고 개선되어야 할 부분은 이번 발행을 근간으로 향후 개정증보판에 보완할 것임을 약속드리며 이 책을 출판하기까지 도움을 주신 도서출판 구민사 조규백 대표님과 임직원 여러분 그리고 좋은 자료를 제공하여 주시고 지도 조언을 해주신 선·후배·동료분들께 다시 한번 감사를 드립니다.

저자 씀

1. 열처리기능사 필기시험 출제기준

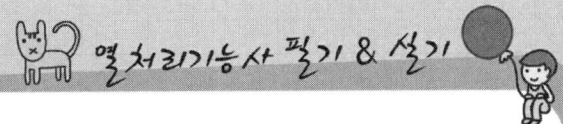

직무 분야	재료	중직무 분야	금속·재료	자격 종목	열처리기능사	적용기간	2019. 1. 1~2022. 12. 31
○ 직무내용 : 열처리 장비를 이용하여 금속재료와 제품의 기계적, 물리·화학적 성질을 개선하는 방법을 숙지하고 실제 노멀라이징(불림), 어닐링(풀림), 퀜칭(담금질), 템퍼링(뜨임) 등의 작업을 통하여 요구되는 물성의 금속재료를 만드는 작업을 수행							
필기검정방법	객관식	문제수	60	시험시간		1시간	

주요항목	세부항목	출제비율
1. 금속재료 총론	1. 금속의 특성과 상태도 2. 금속재료의 성질과 시험	25%
2. 철과 강	1. 철강 재료	
3. 비철 금속재료와 특수 금속재료	1. 비철 금속재료 2. 신소재 및 그 밖의 합금	
4. 제도의 기본	1. 제도의 기초	20%
5. 기초 제도	1. 투상법 2. 도형의 표시방법 3. 치수기입 방법	
6. 제도의 응용	1. 공차 및 도면해독 2. 재료기호 3. 기계요소제도	
7. 열처리의 개요	1. 열처리 기초 2. 변태 3. 항온 변태 4. 연속 냉각 변태	55%
8. 일반열처리	1. 열처리의 종류 2. 표면경화열처리 3. 특수열처리	
9. 열처리의 응용	1. 강종별 열처리 2. 새로운 열처리 방법	
10. 열처리 생산 설비	1. 열처리로와 설비 2. 냉각장치와 냉각제	
11. 제품의 검사	1. 결함의 원인과 대책 2. 열처리 품질평가	
12. 안전관리	1. 안전관리에 관한 사항	

2. 열처리기능사 실기시험 출제기준

직무분야	재료	중직무분야	금속·재료	자격종목	열처리기능사	적용기간	2019. 1. 1~2022. 12. 31

○ **직무내용** : 열처리 장비를 이용하여 금속재료와 제품의 기계적, 물리·화학적 성질을 개선하는 방법을 숙지하고 실제 노멀라이징(불림), 어닐링(풀림), 퀜칭(담금질), 템퍼링(뜨임) 등의 작업을 통하여 요구되는 물성의 금속재료를 만드는 작업을 수행

○ **수행준거** :
1. 열처리할 소재의 재질 판별, 열처리 특성, 열처리 방법을 파악 검토할 수 있다.
2. 열처리품의 재질에 맞는 열처리 종류별 공정에 맞는 작업계획서를 작성할 수 있다.
3. 열처리 조건 및 전후 처리 방법을 설정할 수 있다.
4. 열처리에 영향을 주는 열처리로의 선택, 퀜칭 온도, 냉각방법 등을 관리하여 열처리할 수 있다.
5. 열처리한 재료의 경도시험 방법에 따른 기계적 성질 및 변형 측정을 할 수 있다.

실기검정방법	복합형	시험시간	4시간30분정도(필답1시간+작업3시간30분 정도)

실기 과목명	주요항목	세부항목
금속재료 시험작업	1. 소재 검토 및 선정	1. 소재 선정하기 2. 소재의 열처리 가능성 확인하기 3. 불꽃시험에 의한 재질 판별하기
	2. 열처리 공정관리	1. 열처리 공정 선정하기 2. 열처리 작업조건 선정하기 3. 열처리 전·후처리 작업방법 선정하기
	3. 표면개질 열처리	1. 전처리 작업하기 2. 열처리설비 관리하기
	4. 일반열처리	1. 퀜칭 처리하기 2. 템퍼링 처리하기 3. 어닐링 처리하기 4. 노멀라이징 처리하기 5. 후처리 작업하기
	5. 표면경화열처리	1. 침탄열처리하기 2. 질화열처리하기
	6. 특수열처리	1. 항온열처리하기 2. 심냉처리하기 3. 염욕열처리하기
	7. 열처리 생산설비 관리	1. 설비 보수하기 2. 설비 보전사항 기록하기

열처리기능사(Craftsman Heat Treatment)

 개요

산업현장에서 필요로 하는 열처리기능 및 요소별 기본작업 방법을 이해하고, 산업기술 분야에 응용되는 각종 열처리방법에 관한 지식과 기능을 갖춘 숙련기능인력을 양성하고자 자격제도 제정

 수행직무

전기로, 분위기로, 진공로, 고주파로 등의 열처리 장비를 이용하여 금속재료와 제품의 기계적, 물리적 성질을 개선하는 방법을 숙지하고 실제 노멀라이징, 풀림, 담금질, 뜨임 등 작업을 통하여 물리적, 기계적 성질이 우수한 금속 재료를 만드는 작업수행

 진로 및 전망

제철소, 제련소, 금속기계제조업체에 진출하거나 조선 · 자동차 · 항공 · 전기전자 · 방위 산업체 등

취득방법

① 시행처 : 한국산업인력공단
② 시험과목
  - 필기 : 금속재료일반, 금속제도, 금속열처리
  - 실기 : 금속열처리 작업(작업형)
③ 검정방법
  - 필기 : 전과목 혼합, 객관식 60문항(60분)
  - 실기 : 복합형[필답형(1시간) + 작업형(3시간30분정도)]
④ 합격기준
  - 필기 · 실기 : 100점을 만점으로 하여 60점 이상

분류	접수자	응시자	응시율(%)	합격자	합격률(%)
3개월 미만	568	500	88	187	37.4
3개월~6개월	64	58	90.6	19	32.8
6개월~1년	17	16	94.1	3	18.8
1년~2년	12	8	66.7	3	37.5
2년~3년	1	1	100	0	0
3년 이상	3	2	66.7	0	0

※ 수험자동향 데이터는 원서접수시 수집된 데이터로, 종목별 검정현황 데이터와 다를 수 있음

열처리기능사 필기&실기

PART 1

금속재료 일반

- **제1장** 금속재료 총론
- **제2장** 철강재료
- **제3장** 비철금속재료와 특수금속재료
- ※ 기출 및 예상문제

제1편_ 금속재료 일반

제1장 금속재료 총론

1 금속의 특성

1 금속의 특성
① 고체 상태에서 결정구조를 갖는다.
② 전기 및 열을 잘 전달하는 양도체이다.
③ 전성 및 연성이 크므로 변형하기 쉽다.
④ 금속 특유의 광택을 갖는다.
⑤ 비중이 크다.
⑥ 수은을 제외한 모든 금속은 상온에서 고체이다.

2 합금의 특성

(1) 합금
- 유용한 성질을 얻기 위해 한 금속 원소에 다른 금속 및 비금속을 첨가하여 얻은 금속

(2) 제조방법
① 두 원소를 용융상태에서 융합
② 압축소결에 의한 합금
③ 고체상태에서 확산을 이용하여 부분적으로 합금(침탄 등)

3 금속의 성질

(1) 비중
① 표준기압 4℃에서 어떤 물질의 질량과 같은 체적의 물의 질량과의 비

② 비중 4.5를 기준으로 하여 그 이상을 중금속(Cu, Fe 등의 대부분), 그 이하를 경금속(Al, Mg, Na 등)이라 함.

(2) 팽창계수
① 온도가 1℃ 올라가는데 따른 팽창율
② 팽창계수가 적은 인바, 초인바 등의 합금은 시계부품, 정밀측정자 등으로 사용, (-)치의 선팽창계수의 Fe-Pt합금

(3) 용융점
① 금속을 가열하여 액체가 되는 온도
② 상온에서 Hg(-38.87℃)는 액체, W는 금속중 용융점이 가장 높은 3410℃

(4) 전도율
① 불순물이 적고 순도가 높은 금속일수록 열이나 전기를 잘 전달(순금속)합금)
② 전기전도율은 Ag을 100으로 했을 경우 다른 금속과의 비율로 나타낸다.
③ Ag > Cu > Au > Al > Mg > Zn > Ni > Fe > Pb > Sb

(5) 비열
① 물질 1g의 온도를 1℃ 높이는데 필요한 열량
② Mg > Al > Mn > Cr > Fe > Ni > Cu > Zn > Ag > Sn > Sb > W

(6) 자성
① 강자성 : Fe, Ni, Co나 이들의 합금, 자석에 강하게 끌리고 자석에서 떨어진 후에도 자성을 띠는 물질
② 상자성 : K, Pt, Na, Al 등, 자석을 접근하면 먼쪽에 같은 극, 가까운 쪽에는 다른 극
③ 반자성 : Bi, Sb 등, 상자성과 반대
④ 비자성 : Au, Ag, Cu 등, 자성을 나타내지 않는 물질

(7) 강도 : 금속의 강하고 약함으로 외력에 대해 저항하는 힘, 인장강도, 압축강도, 전단강도

(8) 경도 : 금속표면의 딱딱한 정도, 일반적으로 인장강도에 비례

(9) 전성
① 금속을 눌렀을 때 넓어지는 성질
② Au > Ag > Pt > Al > Fe > Ni > Cu > Zn

(10) 연성
① 금속을 잡아 당겼을 때 늘어나는 성질
② Au 〉Ag 〉Al 〉Cu 〉Pt 〉Pb 〉Zn 〉Ni

(11) 인성
충격에 대한 재료의 저항, 일반적으로 전·연성이 큰 것이 잘 견디며 주철과 같이 강도가 적고 경도가 큰 것은 인성이 적다.

(12) 이온화
① 이온화 경향이 클수록 화학반응을 일으키기 쉽고 부식이 잘 된다.
② K 〉Ca 〉Mg 〉Al 〉Mn 〉Zn 〉Cr 〉Fe 〉Cd 〉Co 〉Ni 〉Sn 〉Pb

(13) 탈색 : Au 〈 Ag 〈 Pt 〈 Zn 〈 Cu 〈 Fe 〈 Mg 〈 Al 〈 Ni 〈 Sn

4 금속의 결정구조

(1) 체심입방격자구조(Body Centered Cubic lattice)
입방체의 각 모서리에 8개와 그 중심에 1개의 원자가 배열되어 있는 단위포의 결정구조

(2) 면심입방격자구조(Face Centered Cubic lattice)
입방체의 각 모서리에 8개와 6개 면의 중심에 1개씩의 원자가 배열되어 있는 결정구조

(3) 조밀육방격자구조(Close-Packed Hexagonal lattice)
육각기둥의 모양으로 되어 있으며 6각주 상하면의 모서리와 그 중심에 1개씩의 원자가 있고 6각주를 구성하는 6개의 3각주 중 1개씩 띄어서 3각주의 중심에 1개씩의 원자가 배열되어 있는 결정구조

결정구조	원자수	배위수	충진율	근접원자간거리	금속	성질
BCC	2	8	68%	$\sqrt{3}a/2$	Fe, W, Cr, Mn, Na, Mo	강도가 크고 융점이 높다. 전·연성이 작다.
FCC	4	12	74%	$\sqrt{2}a/2$	Au, Ag, Pb, Al, Pt, Ni, Cu	전기전도가 크다. 전·연성이 크다.
CPH	2	12	74%	a, $\sqrt{a^2/3+4}$	Mg, Co, Zn, Be, Cd, Zr	결합력이 적다. 전·연성이 불량하다.

5 금속의 응고

(1) 응고과정 : 결정핵 생성 → 결정핵 성장 → 결정립계 형성 → 결정입자구성

(2) 응고조직

① 과냉 : 융점이하로 냉각하여도 액체 또는 고용체로 계속되는 현상(Sb, Sn은 과냉도 ↑)

② 수지상 : 응고과정에서 결정핵이 성장할 때 뽀족한 부분이 생기면 그 부분은 핵성장이 촉진되어 연이어 성장하는데 이러한 나뭇가지 모양의 성장을 말한다.

③ 주상정 : 주형에 접촉된 부분부터 중심을 향하여 가늘고 긴 결정이 성장하여 중심부로 방사(라운딩, 냉각속도를 느리게 함으로 예방)

④ 편석 : 주상정의 경계에 모여 메지고 취약하게 하는 불순물

⑤ 고스트라인 : 편석이 있는 강괴를 압연하여 판, 봉, 관으로 만들 때 편석부분이 늘어나 긴 띠모양을 이룬 것

⑥ 라운딩 : 편석을 막기 위하여 주형의 모서리 부분을 둥글게 하는 것

6 금속의 변태

(1) 동소변태

같은 원소이지만 고체상태내에서 결정격자의 변화가 생기는 것(동소체)

(2) 자기변태

원자의 배열 즉 결정격자의 변화는 생기지 않고 자기의 크기만 변화하는 것

(3) 변태점 측정은 열분석법, 열팽창법, 전기저항법, 자기반응법 등으로 측정한다.

7 금속의 변형과 재결정

(1) 탄성변형

외력이 제거됨에 따라 원 상태로 돌아오는 변형

(2) 소성변형

외력이 지나치게 클 때에 변형이 복귀하지 못하고 영구적으로 변형

(3) 슬립(Slip)
외력에 의해 변형될 때 일정면에 따라 미끄러지는데 이 미끄럼을 말함, 슬립면은 원자밀도가 가장 조밀한 면에서 일어나고 슬립방향은 원자간격이 가장 작은 방향에서 일어난다.

(4) 쌍정(Twin)
소성변형시 변형전과 변형후의 원자배열이 대칭적인 배열, 원자의 이동이 원자간격보다 작으므로 큰 영구변형은 슬립에 의해 일어난다.

(5) 전위(Dislocation)
금속의 결정격자에 결함이 있을 때 외력에 의해 결함이 이동되는 것

(6) 가공경화
변형에 의한 응력이 축적됨에 따라 경도가 증가하는 현상

(7) 냉간가공에 의해 가공경화된 금속의 열처리과정
① 회복 : 내부응력이 감소하는 단계
② 재결정 : 내부응력이 없는 새로운 결정의 핵 생성, 변형전의 결정립이 작을수록 재결정 온도는 낮다. 결정립의 크기는 재결정전의 존재한 변형량이 클수록 미세하다.
③ 결정성장 : 재결정의 성장

금속	Fe	Al	Cu	Ni	W	Mo	Zn	Pb
재결정온도	450	150	200	600	1000	900	18	-3

8 평형상태도

(1) 자유도
① 계에 나타난 상을 변경시키지 않고 임의로 변화될 수 있는 변수의 수
② $F = n - P + 2$ (n : 성분수 P : 상수)

(2) 고용체
고체상태에서나 액체상태에서 한 성분금속에 다른 성분의 금속이 융합되어 하나의 상을 이룬 것(치환형, 침입형, 규칙격자형)

(3) 금속화합물
친화력이 클 때 2종 이상의 금속원소가 간단한 원자비로 결합되어 성분금속과 다른 독립된 화합물을 만들 때

(4) 공정형

용해된 상태에서는 균일한 용액으로 완전히 융합되지만 응고후 고체상태에서는 성분금속이 각각 결정으로 분리되어 동시에 정출되는 것(융액 ↔ A결정 + B결정)

(5) 공석형

고체상태내에서 공정형 상태도와 같은 반응을 함(γ결정 ↔ α고용체 +B)

(6) 포정형

액체상태에서는 두 금속이 완전히 융합하나 고체상태에서는 어느 일부분만 융합하는 경우 (α고용체 + 용액 ↔ γ 고용체)

(7) 편정형

일종의 용액에서 고상과 다른 종류의 용액을 동시에 생성하는 반응
(액상 ↔ 고상(순 A) + 액상(B))

2 재료 시험과 검사

1 조직시험

(1) 육안시험

① 파면검사 : 재료의 성분, 열처리 판단

② 육안조직검사 : 가공방법의 양부, 조직 및 성분의 불균일, 내부결함의 유무 판단

③ 설퍼프린트법 : 유황의 분포상태를 검출

(2) 현미경 조직검사

① 순서 : 시험편 채취 → 시험편 연마 → 정마 → 부식 → 관찰

② 재료와 부식액

재료	부식제
철강	피크린산알콜 용액, 질산알콜 용액
Cu 및 그 합금	염화 제2철 용액
Ni 및 그 합금	질산초산 용액
Al 및 그 합금	수산화나트륨 용액, 불화수소산

(3) 강도시험

① 만능시험기 : 인장강도, 압축강도, 연신율, 단면수축율, 굽힘 등 측정

② Hooke의 법칙 : $\sigma = E\varepsilon$ (σ : 응력, E : 영률, ε : 연신율)

③ 인장강도 : $\sigma = P_{max} / A_o$ (P_{max} : 최대하중, A_o : 원단면적)

(4) 경도시험

① 브리넬경도

㉠ $HB = \dfrac{2P}{\pi D(D - \sqrt{D^2 - d^2})}$ (D : 강구의 지름, d : 들어간 지름)

㉡ 하중시간은 15~30초, 얇은 재료나 침탄강, 질화강 등의 표면을 측정하기에는 부적당

② 로크웰경도

㉠ B스케일의 경우 : HRB = 130~500h

㉡ C스케일의 경우 : HRC = 100~500h

㉢ B스케일은 특수강구(1.588mm)

㉣ C스케일은 꼭지각 120°인 다이아몬드 원뿔의 압입자

③ 비커즈경도

㉠ HV = $1.854P / d^2$ (d : 다이아몬드 압입자국의 대각선 길이)

㉡ 136°인 사각뿔 다이아몬드의 압입자 사용

㉢ 단단한 재료나 연한 재료, 얇은 재료나 침탄, 질화층 같은 얇은 부분의 경도도 정확히 측정

㉣ 압입부의 흔적이 적으므로 경화재에는 부적당

④ 쇼어경도

㉠ HS = $10000h / 65h_o$

㉡ 일정 높이에서 자유낙하시켜 낙하체가 시험편에 부딪쳐 튀어오르는 높이에 의해 측정

㉢ 시험편에 자국이 생기지 않으므로 완성된 기어나 압연, 롤 등에 사용

(5) 충격시험

① 시험편에 충격적인 하중을 가해 시험편의 파괴시의 충격값을 구하는 동적시험

② 샤르피 충격시험과 아이조드 충격시험

③ 충격에너지(E) = $WR(\cos\beta - \cos\alpha)$ (W : 해머무게, R : 해머중심에서 축중심까지 거리, α : 해머의 낙하 전 올려진 각도, β : 파괴 후 각도)

④ 충격값(U) = E/A

(6) 피로시험

하중이 계속적으로 반복작용하면 파괴하중보다 더 작은 하중으로 파괴되는 피로파괴를 측정하는 시험

(7) 크리프시험

고온에서 시간의 경과에 따라서 외력에 비례한 만큼 이상의 변형이 일어나는 크리프현상을 측정하는 시험

제1편_ 금속재료 일반

제2장 철강재료

1 철강재료의 개요

1 철강의 분류

(1) 일반적 분류

① 선철
  ㉠ 파면에 따라 : 회선철, 반선철, 백선철
  ㉡ 용도에 따라
    - 제강용 선철 : 산소 전로 선철, 염기성 평로선철, 산성평로 선철, 기타
    - 주물용 선철 : 보통 주철, 고급 주철, 가단 주철, 구상 흑연 주철, 냉경 주철

② 강
  ㉠ 제조법에 따른 분류
    - 제강 방법 : 전로강, 평로강, 전기로강
    - 탈산도 : 림드강, 세미킬드강, 킬드강
    - 가공 방법(주입 후 처리) : 압연강, 단조강, 주강
  ㉡ 용도에 따른 분류
    - 구조용 강 : 보통강, 저합금강, 침탄강, 질화강, 스프링강, 쾌삭강
    - 공구용 강 : 탄소 공구강, 특수 공구강, 다이스강, 고속도강, 기타
    - 특수 용도용 강 : 베어링 강, 자석강, 내식강, 내열강, 기타

(2) 금속 조직에 의한 분류법
  - 철강 조직에 의한 분류법으로서 가장 널리 이용되고 있는 방법
  ① 순철 : 0.025%C 이하
  ② 강 : 2.0%C 이하
    ㉠ 아공석강 : 0.025%C-0.8%C

    ⓒ 공석강 : 0.8%C
    ⓒ 과공석강 : 0.8%C~2.0%C
  ③ 주철 : 2.0%C 이상
    ㉠ 아공정 주철 : 2.0%C~4.3%C
    ⓒ 공정 주철 : 4.3%C
    ⓒ 과공정 주철 : 4.3%C~6.67%C

2 철강 제조 공정

(1) 제선공정

원료(철광석, 용제, 연료) → 용광로(고로) : 선철(약 93% Fe)

(2) 제강공정

 ① 전로제강
   ㉠ 연료비가 절약
   ⓒ 연속조업에 의한 대량생산
   ⓒ 강질은 좋지 않다.
   ㉢ 산성 내화제를 사용하는 산성법은 P, S의 제거가 곤란하여 선철내에 P, S의 함량이 적어야 한다.
   ㉣ 염기성내화물(MgO)을 사용하는 염기성법은 P, S의 함량이 많은 선철도 조업가능

 ② 평로제강
   ㉠ 지맨스-마틴 법, 축열식 반사로
   ⓒ 선철과 고철의 혼합물을 융해
   ⓒ 산성법, 염기성법이 있다.

 ③ 전기로제강
   ㉠ 온도가 높고 자유로이 조절가능
   ⓒ 합금원소를 정확히 첨가하여 좋은 강을 얻을 수 있다
   ⓒ 전력비가 많이 들고 탄소전극의 소모가 많다.

 ④ 도가니 및 유도로
   ㉠ 정련을 목적으로 하는 것이 아니고 단순히 녹여서 순도가 높은 강 또는 합금을 제조
   ⓒ 도가니 크기는 1회 용해할 수 있는 구리의 중량으로 표시

(3) 강괴제조

① 제강로에서 정련된 용강은 레이들에 받아 탈산제를 첨가하여 탈산 후 금형에 주조하여 강괴로 제조

② 킬드강
   ㉠ 강한 탈산제(Fe-Si, Fe-Mn, Al 등)으로 완전히 탈산한 강
   ㉡ 기포가 없으나 중앙 상단에 수축관이 생성되고 이 수축공은 가공전에 잘라내야 한다.
   ㉢ 고급강 제조에 사용

③ 림드강
   ㉠ 불완전 탈산강이고 수축관이 생기지 않아 강괴 전부를 사용하나 내부에 많은 기포 형성
   ㉡ 보통 일반압연강재

④ 세미킬드강 : 킬드강과 림드강의 중간 정도 탈산

2 순철과 탄소강

1 순철(Pure Iron)

(1) 순철의 특징
① 순도가 약 99.8%이상의 철
② 비중 7.87이며 전연성이 풍부하고 용접성이 좋으나 강도 및 경도가 낮음
③ 투자율이 높기 때문에 변압기, 발전기용 박철판으로 사용

(2) 순철의 변태

종류	온도		변태형태
A_2 변태	768℃	자기변태	α-Fe(bcc, 강자성) → α-Fe(bcc, 상자성)
A_3 변태	910℃	동소변태	α-Fe(bcc) → γ-Fe(fcc)
A_4 변태	1400℃	동소변태	γ-Fe(fcc) → δ-Fe(bcc)

2 탄소강

(1) 탄소강의 성질

① 물리적 성질

탄소량의 증가에 따라 비중, 열팽창계수, 열전도도, 온도계수는 감소하나 비열, 전기저항, 항자력은 증가한다.

② 기계적 성질

㉠ C함량이 증가하면 인장강도와 경도 증가, 연신율과 충격값 감소
㉡ 공석점(0.8%) 이상이 되면 시멘타이트가 망상조직으로 되어 경도는 증가하나 인장강도는 감소

③ 온도

200~300℃에서 인장강도와 경도가 최대가 되고 연신율이 최소가 되는 청열취성이 나타나고 이런 현상이 저온취성이라는 영하온도에서도 일어난다.

(2) 탄소강의 5대 원소

① 규소(Si)

강의 인장강도, 경도를 높여주고 연신율, 충격값을 감소, 냉간가공성을 해침

② 망간(Mn)

연신율을 감소시키지 않고 강도를 증가, MnS생성하여 고온취성 방지

③ 황(S)

Fe와 화합하여 저융점화합물인 FeS를 형성, 고온취성을 일으킴, Mn으로 방지

④ 인(P)

Fe와 화합하여 Fe_3P의 편석대인 고스트라인 형성, 상온취성을 일으킴

⑤ 탄소(C)

흑연으로 존재시에는 재질이 연하고 약하여 절삭성이 좋지만 Fe_3C로 존재시에는 재질이 단단하고 메지며 절삭이 어려움.

⑥ 기타

㉠ H_2는 헤어크랙을 일으킴
㉡ O_2는 고온취성의 원인
㉢ N_2는 석출경화로 시효경화 효과
㉣ Cu는 강도와 경도를 향상시키고 내식성을 증대시키지만 냉간가공을 떨어뜨림

(3) 탄소강의 가공

① 고온가공
  ㉠ 재결정온도 이상(공석점 온도이상)에서 가공하는 것
  ㉡ 상온가공에 비해 가공성이 좋지만 고온으로 인해 표면이 산화되고 부피변화가 생길 수 있다.

② 상온가공
  ㉠ 재결정온도 이하에서 가공하는 것
  ㉡ 여리고 취약해지므로 풀림에 의한 연화가 필요하다.

(4) Fe-C계 상태도

① 포정점
  ㉠ 1492℃에서 0.1%C의 δ고용체와 0.51%C의 액상이 반응하여 0.16%C의 γ고용체가 형성
  ㉡ $\delta(0.1\%C) + L(0.51\%C) \leftrightarrow \gamma(0.16\%C)$

② 공정점
  ㉠ 1130℃에서 4.3%C의 조성을 가진 액상이 γ고용체(1.7%C)와 Fe_3C(6.67%C)로 동시에 정출
  ㉡ $L(4.3\%C) \leftrightarrow \gamma(1.7\%C) + Fe_3C(6.67\%C)$

③ 공석점
  ㉠ 723℃에서 0.8%C의 γ고용체가 0.02%C의 α고용체와 Fe_3C로 동시에 석출되는 반응
  ㉡ $\gamma(0.8\%C) \leftrightarrow \alpha(0.02\%C) + Fe_3C(6.67\%C)$

(5) 탄소강의 조직

① 페라이트
  ㉠ α-Fe(bcc)
  ㉡ 전연성이 매우 풍부한 조직으로 철강조직 중 가장 전연성이 우수

② 오스테나이트
  ㉠ C를 고용한 γ-Fe(fcc)
  ㉡ 비자성체, 인성이 풍부하며 가공이 용이

③ 시멘타이트
  ㉠ 금속간화합물 Fe_3C
  ㉡ 철강조직 중 가장 경도가 높다.

④ 펄라이트
　　㉠ α-Fe와 Fe_3C의 혼합 공석조직
　　㉡ 표준조직 중 가장 강인성이 우수

⑤ 오스테나이트 : 723℃이상에서 존재하는 γ-Fe

⑥ 레데뷰라이트 : γ-Fe와 Fe_3C의 혼합공정조직으로 주철에서 나타남

(6) 탄소강의 종류

① 구조용 탄소강
　　㉠ 일반구조용강(0.15-04%C)은 철도, 차량, 교량 및 일반구조물
　　㉡ 기계구조용강(0.4-0.6%C)은 기계부품

② 판용강
　　㉠ 후판은 성분이나 성질이 구조용강
　　㉡ 박판은 탄소함량이 0.12%이하로 다소 특수

③ 선제강
　　㉠ 연강선제(0.06~0.25%C)는 철선, 철망 등
　　㉡ 경강선제(0.25~0.8%C)는 인발가공
　　㉢ 피아노선(0.55~0.95%C)는 강인한 소르바이트조직으로 스프링, 와이어 로프에 사용

④ 쾌삭강
　보통강보다 P, S의 함량을 많게 하거나 Pb, Se, Zr을 첨가

⑤ 스프링강
　소르바이트조직(0.4~1.12%C)으로 P, S의 양이 적은 양질의 킬드강

⑥ 레일강
　마모를 적게 하기위해 강인하고 경도가 높으며, 탄소함량(0.35~0.6%)

⑦ 탄소공구강
　고탄소강(0.6~1.5%C)이 쓰이며 C량이 많은 것은 경도가 크고, 적은 것은 점성이 크다.

⑧ 주강
　가공이 곤란한 경우, 주철로는 강도가 부족할 때 강을 주형에 주입하여 사용

3 강의 열처리와 표면경화

1 열처리개요

- 열처리란 고체 금속을 적당한 온도로 가열한 후 적당한 속도로 냉각시켜서 그 기계적 성질을 향상 및 개선하는 조작

(1) 강의 변태

변태	온도(℃)	반응
A_0변태	210	시멘타이트의 자기변태, Curie Point
A_1변태	723	공석변태, 오스테나이트↔펄라이트
A_2변태	768	철의 자기변태
A_3변태	910	$\alpha-Fe \leftrightarrow \gamma-Fe$
A_4변태	1400	$\gamma-Fe \leftrightarrow \delta-Fe$
Acm변태	723~1145	과공석강의 시멘타이트가 고용, 석출
Ae변태		평형상태하에서 일어나는 변태

(2) 항온변태

① 항온냉각변태곡선
- 오스테나이트상태에서 A_1점이하의 일정온도까지 급냉하여 이 온도에서 항온유지할 때 일어나는 변태를 나타낸 곡선으로 C곡선, TTT곡선이라고도 함

② 연속냉각변태곡선
- 오스테나이트상태에서 여러 가지 속도로 연속냉각한 때에 각종 냉각속도에 의한 오스테나이트의 변형개시 및 종료를 나타낸 곡선으로 CCT곡선이라 함

2 강의 열처리

(1) 담금질(소입, Quenching)

- 강을 $A_1 \sim A_3$변태점 이상의 고온인 오스테나이트 상태에서 급냉하여 A_1변태가 저지되어 경도와 강도를 증가시키는 조작

① 오스테나이트
  ㉠ 고탄소강을 수중에 급냉하였을 때 나타나는 조직
  ㉡ 강인하며 비자성체

② 마르텐사이트
　㉠ 오스테나이트에 고용되었던 탄소가 페라이트에 억지로 고용된 과포화 고용된 조직
　㉡ 경도가 열처리 조직 중 최고이지만 취성이 있음
　㉢ 강자성체이며 내식성이 크고 비중은 오스테나이트나 펄라이트보다 작다.

③ 트루스타이트
　㉠ 마르텐사이트 조직보다 냉각속도를 조금 적게 하여 α-Fe와 시멘타이트가 극히 미세하게 혼합되어 있는 조직
　㉡ 강도와 경도는 마르텐사이트보다 조금 작으며 인성과 연성이 다소 있고 큰 경도와 약간의 충격값을 요하는 부분에 쓰임

④ 소르바이트
　㉠ 트루스타이트보다 냉각속도를 조금 적게 하여 트루스타이트보다 조대한 조직
　㉡ 트루스타이트보다 연하나 펄라이트보다는 경도 및 강도가 크다
　㉢ 철강조직 중 가장 강인성이 큰 조직

⑤ 베이나이트
　㉠ 연속냉각변태에서 나타나는 조직
　㉡ 마르텐사이트와 트루스타이트의 중간상태 조직
　㉢ 열처리에 따른 변형이 적고 강도가 높고 인성이 우수
　㉣ 마르텐사이트에 비해 시약에 잘 부식

⑥ 담금질 질량효과
　㉠ 질량이 큰 재료는 내부가 급냉되지 못하므로 온도차가 생겨 외부는 경화하여도 내부는 경화하지 않는 현상
　㉡ 경화능 측정방법에는 주로 조미니법 이용

⑦ 담금질 팽창
　㉠ 오스테나이트가 마르텐사이트로 변화할 때는 γ고용체가 α고용체로 변화하는 것이므로 대단히 팽창되며 α고용체로부터 고용 탄소가 Fe_3C로 변할 때는 수축

⑧ 조직의 경도가 높은 순서
　시멘타이트 〉 마르텐사이트 〉 트루스타이트 〉 소르바이트 〉 펄라이트 〉 오스테나이트

(2) 뜨임(소려, Tempering)
- 담금질 후 A_1변태점 이하로 재가열하여 경도는 다소 작아지나 인성을 증가시켜 강인한 조직으로 만드는 열처리

① 뜨임취성
  ㉠ 뜨임조작시 때로는 충격값이 저하하는 경우가 있음
  ㉡ 저온뜨임취성 : 300℃에서 뜨임을 피해야함
  ㉢ 제1, 2차 뜨임취성 : 450~525~600℃에서 Ni-Cr강에 나타나는 특이한 현상으로 소량의 Mo, W을 첨가하여 방지

② 뜨임색

200℃	220℃	240℃	260℃	280℃	290℃	300℃	320℃	350℃	400℃
엷은황색	황색	갈색	자주색	보라색	짙은청색	청색	엷은 회청색	청회색	회색

③ 심냉처리(Sub-Zero Treatment)
  담금질한 강을 영하의 온도로 냉각하여 잔류오스테나이트를 마르텐사이트로 변태시켜 주는 처리

(3) 불림(소준, Normalizing)
- A_3-Acm변태점 이상 30-50℃의 온도범위로 일정시간 가열해서 미세하고 균일한 오스테나이트로 만든 후 공기중에서 서냉시키면 미세한 α-고용체와 시멘타이트의 표준조직이 되어 기계적 성질이 향상

(4) 풀림(소둔, Annealing)
- 담금질과 반대로 열처리에 의한 경화나 가공경화된 재료의 경도를 저하시켜 연하게 하고 내부응력을 제거시키며 고온가공으로 불균일하고 거칠어진 조직을 균일하고 미세화시키는 열처리

① 완전풀림
  - 열처리에 의하여 경화된 재료의 완전 연화를 목적으로 A_1~A_3 변태점 이상 30~50℃ 범위로 일정시간 가열한 다음 노냉으로 서서히 냉각시키는 열처리

② 저온풀림
  - 응력제거풀림, 주조, 단조, 냉간가공후에 존재하는 내부응력제거, 500~600℃로 가열 후 서냉하는 풀림

③ 확산풀림
  - 황화물의 편석을 제거하는 목적, 1100~1150℃로 가열하며 안정화 풀림

(5) 항온 열처리
- 연속적으로 냉각하지 않고 열욕 중에 담금질하여 그 온도에서 일정시간 항온유지하

였다가 냉각하는 열처리(온도-시간 그래프를 잘 기억해 둘 것)

① 항온풀림
- 노우즈보다 조금 높은 온도까지 열욕에 냉각시켜 그 온도에서 항온변태

② 항온담금질
- ㉠ 오스템퍼링 : 노우즈와 Ms점 중간온도의 열욕에 냉각시킨 후 일정시간 유지, 베이나이트 조직을 형성
- ㉡ 마르퀜칭 : Ms점보다 다소 높은 온도의 열욕에 담금질 한 후 뜨임하는 방법
- ㉢ 마르템퍼링 : Ms선이하의 열욕에서 항온유지한 후 공냉하는 방법
- ㉣ Ms퀜칭 : Ms점보다 약간 낮은 온도의 열욕에 담금질한 후 급냉하는 방법

③ 항온뜨임
- 뜨임에 의하여 2차경화되는 고속도강이나 다이스강 등의 뜨임에 이용

3 강의 표면경화

- 내부를 강인하게 표면은 경도를 높혀 내마모성을 부여하는 것

(1) 물리적 표면경화

① 화염경화법
- 산소-아세틸렌 불꽃을 사용하여 강 표면을 급히 가열하고 물을 분사하여 급냉시켜 표면만 경화하는 방법

② 고주파경화법
- 표면에 고주파 유도전류에 의해 표면을 급히 가열한 후 물을 분사하여 급냉하는 방법

(2) 침탄법

- 저탄소강(0.2%)의 표면에 탄소를 침투하여 표면만 고탄소강으로 한 다음 열처리하여 표면만 경화시키는 방법, 침탄하지 않을 부분은 구리도금

① 고체 침탄법
- 침탄제로 목탄, 코크스, 골탄 등의 고체 이용하고 침탄촉진제로 탄산바륨($BaCO_3$), 탄산나트륨(Na_2CO_3) 등을 사용하여 침탄

② 액체침탄법(시안화법, 청화법)
- ㉠ 침탄제로 시안화칼륨(KCN), 시안화나트륨(NaCN) 등을 침탄촉진제로 염화나트륨, 염화칼륨, 탄산나트륨 등을 사용하여 침탄

   ⓛ 침탄과 질화가 동시에 진행된다.

  ③ **기체침탄법** : 침탄제로 메탄, 에탄, 프로판 등을 사용

(3) 질화법

 ① 가열된 강에 질소를 침투시켜 Fe_4N과 Fe_2N의 질화철을 만든다.

 ② 침탄법과 질화법의 비교

부분	침 탄 법	질 화 법
경도	낮다	높다
열 처 리	반드시 필요하다	필요없다
소요시간	짧다	길다
변형	크다	작다
고온경도	낮아진다	낮아지지 않는다
사용재료	제한이 적다	질화강이라야 한다

(4) 기타

 ① **초경침투법** : WC와 같은 초경 탄화물을 소결 부착

 ② **숏 피닝법** : 강이나 주철제의 작은 볼을 고속으로 분사하여 표면층을 가공경화

 ③ **방전경화법** : 방전현상을 이용하여 강의 표면을 침탄, 질화시키는 방법

(5) 금속침투법

 ■ 모재와 다른 종류의 금속을 확산침투시켜 합금 피복층을 얻는 방법

 ① **세라다이징** : Zn을 재료표면에 침투시키는 방법, 내식성 향상과 표면경화층을 얻음

 ② **크로마이징** : Cr을 침투, 내식, 내열성 및 내마모성이 향상

 ③ **칼로라이징** : Al을 침투, 내식성 향상

 ④ **실리코나이징** : Si를 침투, 내산성을 향상

 ⑤ **보로나이징** : B를 침투, 표면경도를 향상

4 특수강

1 특수강의 분류와 성질

(1) 합금원소의 영향

① 니켈
　펄라이트가 미세하게 되고 페라이트가 강인해지며 저온취성 방지

② 크롬
　담금질성을 개선하는 효과가 니켈보다 우수, 강도증가, 내식성, 내마모성, 내열성 향상

③ 망간
　담금질성 향상에 가장 효과적인 원소, 0.1%이상 첨가되면 취성이 증가, 고온취성(적열메짐) 방지 효과

④ 몰리브덴
　고온경도를 개선하며 인성이 양호해지고 특히 뜨임취성을 방지

⑤ 텅스텐, 코발트
　고온에서도 인장강도와 경도가 저하되지 않아 고온절삭성향상

(2) 특수강의 조직 특성

① 오스테나이트 구역 확대형
　㉠ Ni, Mn 등 첨가
　㉡ 오스테나이트의 변태온도를 저하하는 한편 변태속도를 느리게 하여 오스테나이트 구역을 확대하는 원소

② 오스테나이트 구역 폐쇄형
　㉠ Cr, W, Mo, V 등
　㉡ 오스테나이트의 변태온도가 상승되나 변태속도는 점차로 느림

③ 자경성
　㉠ 오스테나이트 구역 확대형 원소는 변태속도 감소
　㉡ 오스테나이트 구역 폐쇄형 원소는 탄화물을 형성하고 탄소의 확산을 막으며 냉각변태 감소
　㉢ 임계냉각속도를 감소시켜 경화능 증가

④ 수인법
- ㉠ 고Mn강이나 18-8스테인레스 강 등과 같이 첨가원소가 다량
- ㉡ 서냉시켜도 오스테나이트 조직 형성
- ㉢ 1000℃에서 수중에 급냉시켜서 완전한 오스테나이트로 만드는 것이 오히려 연하고 인성이 증가되어 가공이 용이

2 특수강 종류

(1) 구조용 특수강

- 탄소강보다 강도가 크고 인성이 우수
- Ni, Cr, Mo, W, V, Ti 등 첨가

① 니켈강
- ㉠ 인장강도, 탄성한도를 증가시키며 연신율을 그다지 감소시키지 않음
- ㉡ 1.5~5.0% Ni 첨가
- ㉢ 자동차, 선박, 교량 등에 사용되고 자경성이 우수

② 크롬강
- ㉠ 탄소강과 기계적 성질이 비슷한 자경성이 커서 열처리 후에 강도, 내마모성이 양호
- ㉡ 볼트, 축, 기어 등

③ 니켈-크롬강
- ㉠ Ni와 Cr강의 장점을 조합해서 만든 특수강
- ㉡ 강인하고 점성이 크며 담금질 효과도 커서 널리 사용
- ㉢ 주괴제조시 수지상이나 백점, 뜨임취성 주의

④ 니켈-크롬-몰리브덴강
- ㉠ 구조용 특수강 중 가장 우수
- ㉡ 대표적인 강 : Ni-Cr강에 0.5%이하의 Mo첨가
- ㉢ 강한 소르바이트 조직, 병기재료, 크랭크축, 기어 피스톤 등

⑤ 크롬-몰리브덴강
- ㉠ Cr강에 0.15~0.35% Mo첨가
- ㉡ Mo의 첨가로 뜨임취성이 없고 용접이 쉬우며 열간가공이 쉽고 특히 고온강도가 큰 장점
- ㉢ 고압터빈, 압연 롤 등

⑥ 저망간강(고장력강 또는 듀콜강)
  ㉠ 인장강도가 크며 용접성이 우수
  ㉡ Mn의 첨가량은 1.0~2.5%정도
  ㉢ 상온에서 펄라이트 조직이 되어 펄라이트 강이라고도 함
⑦ 고망간강(하드필드강)
  ㉠ 고탄소강에 10~14%의 Mn을 합금시킨 강
  ㉡ 상온에서 오스테나이트 조직이므로 오스테나이트 망간강이라고도 함
  ㉢ 수인법으로 열처리
  ㉣ 인성 및 내마모성이 매우 우수
  ㉤ 철도레일, 칠드롤, 불도져 등에 사용
⑧ 스프링강(SPS)
  ㉠ 고탄소강(0.5~1.0%C) 및 Si-Cr강, Cr-V강, Mn강 등의 특수강을 열간가공으로 제조
  ㉡ 강철선, 피아노선, 띠강 등은 냉간가공

(2) 공구용 특수강
① 합금공구강(STS)
  ㉠ 절삭용 합금공구강
    - 경도를 크게 하고 절삭성을 좋게 하기 위하여 탄소량을 높이고 Cr, W, V 등을 첨가한 공구강
    - Cr강, W강, W-Cr강
  ㉡ 내충격용 합금공구강
    - 내충격이 필요한 공구는 인성이 커야 하므로 절삭용 공구에 비해 탄소량이 낮음
    - Cr, W, V 등을 첨가
② 고속도강(SKH)
  ㉠ 절삭공구강의 대표적인 강으로 하이스강(HSS)라고도 한다.
  ㉡ W계 고속도강 : 18%W-4%Cr-1%V로 된 18-4-1형과 14-4-1형이 있다.
  ㉢ Co계 고속도강
    - 고온경도증가로 강력한 절삭공구로 적당
    - 단점은 단조가 곤란하며 균열 발생이 용이
  ㉣ Mo계 고속도강 : Mo 5~8%를 첨가시킨 고속도강
③ 스텔라이트
  ㉠ Co를 주성분으로 합금
  ㉡ 단련이 불가능하므로 금형에서 주조한 것을 필요한 형상으로 연마하여 사용하는 주

조경질 합금
ⓒ 열처리를 하지 않으며 600℃이상에서는 고속도강보다 경도가 크므로 절삭능력이 좋으나 충격에 약함
ⓔ 밀링커터, 드릴, 다이스 등

④ 소결 초경합금
㉠ 금속 탄화물의 분말에 결합제의 분말을 혼합하여 분말야금법으로 제조한 공구강
ⓒ 결합제 : Co

(3) 특수용도 특수강

① 쾌삭강 : S, Pb 또는 흑연을 첨가시킨 강

② 스테인레스강(SUS)
㉠ Cr 및 Ni을 다량 첨가하여 내식성을 크게 향상시킨 강
ⓒ 녹이 슬지 않으며 불수강이라고도 함
ⓒ 크롬계 스테인레스강 : 유기산이나 질산에도 침식되지 않으나 황산, 염산에는 침식
ⓔ 크롬-니켈계 스테인레스강 : 크롬계 스테인레스강보다 내식성, 내산성이 현저히 크며 오스테나이트 조직으로 비자성체, 18-8스테인레스강(18%Cr-8%Ni)

③ 내열강(HRS)
㉠ 고온에서 장시간 견딜 수 있는 재료
ⓒ 페라이트 내열강, 페라이트 내열강 중에서 Si를 첨가하여 내산성의 저하를 보충한 실크롬강
ⓒ 18-8 스테인레스강에 Ti, Mo, Ta, W 등을 첨가한 오스테나이트 내열강

④ 불변강
㉠ 온도가 변하더라도 열팽창계수 및 탄성계수가 변하지 않는 강
ⓒ 인바, 초인바, 엘린바(거의 변화가 없다), 플래티나이트(유리 및 백금과 거의 동일, 유리와 금속의 봉착재료)

(4) 기타 특수강

① **규소강** – 발전기, 변압기 등에 사용, 대표적인 종류가 샌더스트로서 Fe-Si-Al계 합금
② **자석강** – KS강, MK강, MT강, OP강, 알코니 등
③ **베어링강** – 내충격, 탄성한도 및 피로한도가 큰 강, 고탄소크롬베어링강재
④ **게이지강** – 블록게이지, 와이어게이지 등 정밀기구에 사용

5 주철

1 주철의 조직과 성질

(1) 주철의 특성
① 탄소량이 2.0~6.67%인 철합금으로 주형에 주입하여 주물로 만들 수 있는 것

② 장점
  ㉠ 주조성이 우수하여 크고 복잡한 형태의 부품도 쉽게 만들 수 있음
  ㉡ 내마모성이 우수
  ㉢ 압축강도가 우수
  ㉣ 주철내의 흑연에 의해 내식성이 탄소강에 비해 우수

③ 단점
  ㉠ 인장강도가 매우 작음
  ㉡ 취성이 매우 크다
  ㉢ 소성가공이 불가능하다

(2) 마우러 조직도
① C와 Si의 양에 따른 주철의 조직관계를 표시한 대표적인 조직도
② 주철에서 Si는 흑연의 정출 또는 석출에 영향
  ㉠ 회주철 : 주철에 흑연이 많을 경우형성, 파단면이 회색
  ㉡ 백주철 : 연의 양이 적고 대부분의 탄소가 시멘타이트의 화합탄소로 존재할 경우 형성, 파면이 흰색
  ㉢ 반주철 : 회주철과 백주철이 혼합된 조직
③ 흑연 생성 촉진 원소 - Si, Ni, Al 등
④ 흑연 생성 방해 원소 - Cr, S, Mn 등

(3) 주철의 성질
① 기계적 성질
  ㉠ 인장강도는 흑연의 형상, 분포상태 등에 따라 좌우
  ㉡ 경도는 페라이트주철 < 펄라이트주철 < 합금주철 < 백주철의 순서
  ㉢ 충격치는 C와 Si의 양이 증가하면 흑연이 많아져서 점차 저하하지만 페라이트 조직의 주철이 펄라이트 주철보다 충격치가 높음

② 화학성분
- ㉠ C
  - 주철 중에 시멘타이트 또는 흑연의 상태로 존재
  - 흑연은 냉각속도가 느릴수록 또는 Si의 양이 많을수록 많아짐
  - 흑연의 양이 많아지면 주철은 무르고 강도가 낮으나 분포상태 및 형상이 미세할수록 강도가 높아짐
- ㉡ Si
  - Si는 주물의 유동성 향상
  - 주물의 두께가 얇을수록 냉각속도가 빠르고 C가 시멘타이트로 되기 쉬우므로 얇은 주물일수록 Si를 다량 첨가
- ㉢ P
  - P가 첨가되면 유동성이 증가
  - 많으면 스테다이트라는 조직이 되어 주철이 취약해짐
  - 스테다이트 : $Fe-Fe_3C-Fe_3P$의 3원 공정조직
- ㉣ Mn : 흑연의 생성을 방해하는 원소이므로 소량 첨가
- ㉤ S : 주물의 유동성을 나쁘게 한다.

③ 주철의 성장
- ㉠ 시멘타이트의 흑연화, 규소의 산화, 가열과 냉각에 따른 균열성장
- ㉡ 기공의 팽창 등에 의해 보통 고온으로 가열과 냉각을 반복하면 차례로 팽창하여 강도나 수명을 저하시킴

2 주철의 종류

(1) 보통주철 : 편상흑연과 페라이트의 조직, 주조가 쉽고 가격이 저렴

(2) 고급주철
① 기지조직을 펄라이트로 하고 흑연을 미세화시키며 인장강도와 충격값을 향상
② 랜쯔주철, 엠멜주철, 미하나이트주철, 코르살리주철 등
③ 미하나이트주철은 저탄소, 저규소의 용융주철에 Ca-Si분말을 첨가하여 흑연을 미세하고 균일하게 분포시킨 것(접종처리)

(3) 합금주철
① 합금원소
- ㉠ Cr : 흑연화를 방지하고 탄화물을 안정
- ㉡ Ni : 비자성인 오스테나이트 주철로 얇은 부분의 칠(Chill)방지

- ⓒ Mo : 흑연을 미세화
- ⓔ Ti : 강탈산제
- ⓜ V : 흑연과 펄라이트를 미세화
- ⓗ Cu : 내식성 및 내마모성을 향상시키는 역할을 한다.

② 합금원소와 흑연화 값

원소명	Si	Al	Ni	Cu	Mn	Mo	Cr	V
흑연화 값	1	0.5	0.3~0.4	0.35	-0.25	-0.35	-1	-2

③ 합금주철의 종류
  - ㉠ 기계구조용 합금주철
    - Ni주철 : 소량의 Cr 및 Mo을 첨가
    - 자동차용 엔진의 크랭크축
  - ㉡ 내마모용 주철
    - Ni-Cr주철 : 마르텐사이트조직
    - 침상 어시큘러 주철 : Ni, Cr외에 Mo, Cu 등을 첨가한 은 흑연과 베이나이트 조직으로 된 내마모용 주철.
  - ㉢ 내열 및 내산 주철
    - Ni를 다량 함유한 오스테나이트계 : 니레지스트주철, 니크로실랄주철, 노마그주철 등이 있으며, 내산 및 내열성이 높고 비자성체
    - 고크롬주철 : 풀림상자나 노재용으로 사용되며 듀리론, 코로실론 등이 있음
    - 고규소주철 : 내산주철로 유명하며 실랄주철이 있다.

(4) 특수 주철

① 구상흑연주철
  - ㉠ 주철내의 흑연을 구상화함으로써 연성을 부여한 주철
  - ㉡ 용도 : 실린더라이너, 크랭크 축, 압연롤, 주철관, 피스톤링

② 칠드주철
  - ㉠ 규소가 적은 용융주철에 소량의 Mn을 첨가하여 금형에 접촉된 부분은 급냉되고 단단한 백주철 층인 칠층을 형성시킨 주철

③ 가단주철
  - ㉠ 백주철을 장시간 가열탈탄시키거나 흑연화시켜 가단성을 부여한 주철
  - ㉡ 흑심가단주철
    - 백주철을 장시간 풀림처리하여 시멘타이트를 분해시켜 입상으로 석출시킨 주철

- 시멘타이트가 분해되어 흑연과 오스테나이트로 분리
- 용도 : 자동차부품, 이음류, 캠, 차량의 프레임, 강재의 대용물

ⓒ 백심가단주철
- 장시간 탈탄시켜 제조한 주철
- 흑심보다 강도는 높으나 연신율이 작음
- 용도 : 자동차 부품, 방직기 부품

ⓔ 펄라이트가단주철
- 흑연화를 완전히 하지 않고 제 1단 흑연화가 끝난 후 약 800℃에서 일정시간 유지 후 급냉하여 펄라이트가 적당히 존재
- 인장강도가 크며 연신율은 다소 감소하고 다소 강도가 높음
- 용도 : 기어, 밸브, 공구

제3장 비철금속재료와 특수금속재료

1 구리와 구리합금

1 구리의 특징

(1) 제조법
- 동광석 → 전로 → 조동 → 반사로 → 형동 → 전기정련 → 전기동

(2) 물리적 성질
① 결정구조 : fcc
② 융점 1083℃, 비중 8.9
③ 전기전도도가 Ag 다음으로 좋고 비자성

(3) 화학적 성질
① 자연수에는 내식성이 좋으나 염수에는 부식이 되고 산에는 쉽게 용해
② 수소취성
　㉠ Cu_2O를 함유하는 동을 수소가 함유된 환원성 가스 중에서 가열하면 수소가 동 중에 확산 침투해서 Cu_2O를 환원하여 수증기를 발생하여 작은 헤어크랙을 많이 일으킴

(4) 기계적 성질
① 동소변태가 없고 재결정 온도는 200℃
② 연신율은 500~600℃에서 최저로 되고 그 이상 온도에서는 다시 증가
③ 고온가공은 750~850℃ 범위 실시

2 황동

(1) 황동의 성질

① 일반적 성질
  ㉠ 구리에 아연을 첨가한 합금
  ㉡ Zn의 함량에 따라 6개의 상
  ㉢ α상은 면심입방격자이며 성질은 연하고 늘어나기 쉽다.
  ㉣ β상은 체심입방격자.

② 기계적 성질
  ㉠ Zn가 증가하면 경도와 강도가 급격히 증가
  ㉡ Zn이 40%이상이 되면 강도 감소

③ 화학적 성질
  ㉠ 탈아연부식 : 해수와 접촉되면 침식되어 황동표면으로부터 아연이 점차로 녹아버리는 현상
  ㉡ 응력부식균열 : 상온가공을 한 경우 갈라지는 현상
  ㉢ 자연균열 : 사용 중에 나타나는 현상

(2) 황동의 종류

① 톰백
  ㉠ 5~20%Zn의 저아연합금을 총칭
  ㉡ 금색에 가깝고 연성이 좋으므로 대부분 장식용 사용

② 7-3 황동(70%Cu-30%Zn)
  ㉠ 황동의 대표적인 것
  ㉡ 연신율이 크고 인장강도 우수
  ㉢ 용도 : 각종 봉, 선, 관 등

③ 6-4 황동(60%Cu-40%Zn)
  ㉠ 상온에서 전연성은 낮으나 강도는 크다.
  ㉡ 강도를 요하는 기계부품에 사용

(3) 특수 황동

① 보통황동에 Pb, Sn, Al, Si, Fe 등을 첨가
② **연황동** : 황동에 Pb을 합금, 쾌삭황동, 하드브라스
③ **주석황동** : 황동에 소량의 Sn, 내해수성, 어드미럴티 메탈, 네이벌 브라스

④ 알루미브래스 : Al첨가, 내식성 향상, 알브락

⑤ 실진 브론즈 : 규소첨가, 주조성향상, 내해수성, 강도 우수, 선박부품의 주물

⑥ 고강도 황동 : Zn의 일부를 Mn, Ni, Al, Sn, Si 등의 원소로 치환, 강도 및 내식성 향상, 망간청동

⑦ 델타메탈 : 철황동이라하며 황동에 Fe를 소량 첨가, 주조재료에 적합하며 내식성 향상

⑧ 양은 : 황동에 Ni을 첨가

3 청동

(1) 청동의 성질

① 일반적 성질
  ㉠ 보통 Cu-Sn계 합금,
  ㉡ 넓은 의미로 Cu를 주성분한 Cu-Zn계 이외의 동합금

② 기계적 성질 : 인장강도, 경도는 Sn의 농도에 따라 증가하며, 연신율은 감소

③ 화학적 성질
  ㉠ 담수, 해수 중에서도 저항력 우수
  ㉡ 10% Sn까지 주석함량이 증가함에 따라 내해수성 향상
  ㉢ 진한 질산이나 염산에 부식

(2) 청동의 종류

① 포금
  ㉠ 성분 : 90%Cu-10%Sn
  ㉡ 강도와 연성이 크고 내식성, 내마모성이 우수

② 화폐용 청동
  ㉠ 3~10%Sn, Zn은 1%내외, Pb는 1~3%을 첨가
  ㉡ 단조성이 좋으며 단단하며 강인하고 마모, 부식에 잘 견딤

③ 미술용 청동 : 주물은 많은 Zn을 첨가하고 절삭가공을 쉽게 하기 위해 Pb을 첨가

(3) 특수청동

① 인청동
  고탄성을 요구하는 판, 선 등의 스프링 가공재나, 내식성, 내마모성이 요구되는 부품의 주물

② 연청동
　　㉠ 청동에 Pb를 3~26%첨가하여 베어링 등에 널리 사용
　　㉡ 켈멧 : 30~40% Pb를 첨가한 것으로 열전도가 대단히 좋아 사용 중 온도상승이 적으므로 고속, 고하중의 베어링을 적합

③ 알루미늄 청동
　　㉠ Al 8-12% 함유하여 기계적 성질, 내식성, 내열성 우수
　　㉡ 암즈 청동 : Fe, Mn, Ni, Si 등을 첨가

④ 규소청동
　　㉠ 에버드류, 허큘로이
　　㉡ 내식성이 좋고 강도가 크며 용접성이 우수

⑤ 콜슨 청동
　　㉠ C합금이라 하며 Cu-Ni-Si 합금
　　㉡ 전기전도도가 좋아 전화선 등으로 쓰임

⑥ 베릴륨 청동 : Cu-Be계 합금, 동합금 중에서 가장 강도와 경도가 높음

⑦ 망간 청동 : Cu-Mn계 합금, 내열성 우수, 전기저항이 커 저항재료에 사용

2 알루미늄과 그 합금

1 알루미늄의 특징

(1) 제법
- 보크사이트 — Bayer 법→ 알루미나 — 전기분해 → 알루미늄

(2) 알루미늄의 성질
① 물리적 성질
　　㉠ 비중 2.7, 융점 660℃, 면심입방격자형 구조
　　㉡ 전기전도도는 Cu의 약 60%

② 화학적 성질
　　㉠ 산화피막의 보호작용으로 내식성이 좋고 순도가 높을수록 좋다.

ⓒ 알칼리성은 피막을 용해시키므로 염류, 암모니아 등에 약하다.
ⓒ 내식성은 Cu첨가 시 저하

③ 기계적 성질
　㉠ 순도가 높을수록 연하다
　ⓒ 재결정 온도는 300℃

(3) 알루미늄 합금

① Al-Cu계
　㉠ 시효경화성(약 160℃)이 있음
　ⓒ 강도, 연신율, 피절삭성이 좋으나 주물의 수축에 의한 열간균열이 발생

② Al-Si계
　㉠ Al에 대한 Si의 용해도가 적음
　ⓒ 실루민
　　■ Na 등에 의해 개량처리
　　■ 기계적 성질이 우수하고 용탕의 유동성도 Al합금 중에서 가장 우수

③ Al-Cu-Si계(라우탈)
　Si에 의해 주조성을, Cu에 의해 피절삭성을 개선

④ Al-Mg계(하이드로날륨)
　내식성, 강도, 연신율 우수, 비중이 작고 피절삭성 양호

⑤ Al-Cu-Ni-Mg계(Y합금)
　$Al_5Cu_2Mg_2$가 결정립계에 석출되어 고온에도 강도유지

⑥ 내식성 Al합금
　㉠ 알민 : Al-Mn계
　ⓒ 알드리 : Al-Mg-Si계

⑦ 고강도 Al합금
　㉠ 두랄루민 : Al-Cu-Mg-Mn계 항공기, 자동차에 사용
　ⓒ 초두랄루민

⑧ 내열용 합금
　Y합금, 알루미늄분말소결체(SAP, APM)

3 기타 비철재료

1 마그네슘과 그 합금

(1) 성질
① 비중 1.74로 실용금속 중에서 가장 가볍다.
② 조밀육방격자형, 융점이 650℃이고 피절삭성 우수
③ 해수에 대해서 대단히 약하며 수소를 방출
④ Mg합금에 소량의 Mn을 함유하여 Fe로 인해 생기는 부식성을 방지

(2) Mg합금 종류
① 피절삭성이 목재와 같을 정도로 좋아서 부품의 중량경감과 공작비의 저하에 큰 효과가 있고 상온가공은 거의 불가능하여 300℃정도에서 고온가공을 해야 한다.

(3) 주조용
Mg-Al계 합금에 소량의 Zn, Mn을 첨가한 엘렉트론 또는 다우메탈이 있다.

(4) 가공용 : Mg-Al-Zn계, Mg-Zn-Zr계는 항공기재

2 니켈과 그 합금

(1) 성질
① 비중 8.9, 융점 1455℃
② 가공성이 좋고 내식성(염류)이 우수
③ 주로 구조용 특수강, 스테인레스강, 내열강 등의 합금 원소로 사용

(2) Ni합금 종류
① Ni-Cu계 합금
  ㉠ 백동 : 10~30%Ni, 전연성이 비철합금 중 가장 좋다. 화폐, 열교환기, 탄피
  ㉡ 콘스탄탄 : 40~50% Ni, 열전대 재료나 전기저항재료
  ㉢ 모넬 메탈 : 60~70% Ni, 기계적 성질 우수, 내식성 우수, 주조와 단련이 쉬운 특징으로 내식과 내열 합금으로 널리 쓰임
② Ni-Fe계 합금 : 통상 자성재료로 쓰인다.

③ Ni-Cr계 합금

니크롬선(전열기 저항선), 알루멜, 크로멜, Pt-Pt·Rh(전선), 인코넬(산, 염류, 알칼리 등에 우수한 내식성)

3 기타금속

(1) 아연
비중 7.1, 융점 420℃, 조밀육방격자, Al이 가장 중요한 합금원소(자막, 마작.ZAC, MAC 등)

(2) 납
비중 11.34, 융점 327℃, 땜납(Pb-Sn합금, 융점 최하 183℃), 활자합금(Pb-Sb-Sn)

(3) 티탄늄
비중 4.5, 융점 1670℃, 내식성이 대단히 좋다. 강도가 크다.

(4) 코발트
비중 8.9, 융점 1480℃, 자성재료, 내열합금, 주조경질합금, 초경합금 등에 사용

(5) 텅스텐
비중 19.2, 융점 3395℃, 융점이 가장 높은 금속, 전구 필라멘트

(6) 몰리브덴
비중 10.22, 융점 2650℃, 텅스텐과 더불어 고융점금속

(7) 베어링용합금
Pb, Sn 등을 주성분으로 하는 베어링 합금의 총칭을 화이트 메탈

(8) 형상기억합금
Ni-Ti계 합금으로 온도 등의 조건에 대해 형상을 기억하고 적정 조건에서 그 형상으로 되돌아가는 합금

4 신소재 및 그 밖의 합금

1 비정질금속

1) 비정질합금의 제조법

(1) 기체 급냉법

① 진공증착법
㉠ 진공 용기 속에서 금속을 가열하여 기체 상태의 원자로 만들어 용기 속의 세라믹기판의 표면에 그 증기를 부착시켜 박막을 만든다.
㉡ Ge 및 Si의 비정질막을 비교적 간단하게 얻을 수 있으며 Fe, Ni도 쉽게 비정질화가 가능하다.

② sputter법
㉠ 불활성가스 이온을 모합금에 충돌시켜 튀어 나온 원자를 기판위에서 석출시키는 방법으로 희토류 금속을 포함하는 비정질 시료의 제조에 많이 응용된다.

(2) 금속액체의 급냉법

① 단롤법
㉠ 모합금을 도가니에 넣어 용해하며 도가니의 압력을 높여 용탕을 고속회전하는 롤 표면에 분출시켜 냉각하는 방법이다.
㉡ 이 방법으로 얻어진 비정질합금은 보통 2~3mm 폭의 띠모양의 리본 형태이다.

② 쌍롤법
㉠ 회전하는 롤 사이에 용탕을 공급하여 리본을 만드는 방법이다.
㉡ 자기 헤드 철심 재료와 같은 정밀부품의 제조에 적합하다.

③ 원심 급냉법
㉠ 회전 냉각체의 회전수가 높을수록 용탕과의 밀착이 증대하여 비정질화하기 쉽다.
㉡ 회전하는 상태에서 비정질재료를 끄집어 내는 것이 매우 곤란하다.

④ 분무법
㉠ 고속으로 분출하는 물의 흐름 중에 적당한 용융금속을 떨어뜨려 미분화하여 급냉, 응고시키는 방법으로 분말상의 비정질을 얻으며 대량생산에 적합하다.

2) 특성

(1) 특성
① 전기저항이 크고 그 값의 온도 의존성은 적고 용접은 결정화 때문에 불가능하다.
② 열에 약하고 고온에서 결정화하여 완전히 다른 재료가 되며 얇은 재료에만 가능하다.
③ 경도가 높고 연성이 양호하며 가공경화 현상이 나타나지 않고, 고주파 특성이 좋다.

2 반도체

1) 반도체의 특성 및 반도체용 금속재료

(1) 반도체의 특성
① 자유 전자의 수가 적은 재료로서 전기저항은 온도가 상승함에 따라 감소한다.
② 전압-전류 특성 곡선에 비직선적이다.

(2) 반도체용 금속재료
① 집적회로의 배선재료 : 집적재료 회로용 금속재료에는 전극 및 배선 재료인 Al, Si, Ti, Mo, Ta, W, Au 등이 있다.
② 전극재료 : 전극재료에는 W, Mo, Ta, Ti 등이 있다.
③ 리드 프레임(lead frame) : 집적회로의 조립공정에서 필요한 대표적인 금속재료로 IC용, DIP용, LSI 등이 있다.
④ 땜용재료 : Sb, Ag, Cu 등을 함유한 합금, In-Pb-Sn계, In-Sn계 등의 합금이 이용된다.

2) 반도체 재료의 정제법

(1) Ge, Si의 정제법
① 광석의 가루를 염소화하여 $GeCl_4$를 만들어 이를 증류하여 순도를 높게 하고 다시 가스 분해한 후 GeO_2를 만들며 고순도 산화 Ge은 고순도의 H 중에서 550℃로 1시간 정도 유지 후 700℃로 2시간 정도 환원시킨 Ge의 정제법이 있다.
② 실리콘 정제는 프로팅 존법을 주로 이용한다.

(2) 물리적 정제법
① 대역 정제법
  편석법을 보완한 방법으로 Ge 등 많은 반도체와 금속의 정제에 이용된다.

② 프로팅 존법

도가니나 보트와 같은 용기를 사용하지 않는 정제법으로 다결정 Si 막대의 상하를 척으로 지지하여 수직으로 고정시키고 고주파가열 코일에 의해 부분적으로 용융한다.

3 초소성재료

1) 초소성 변태의 구조

(1) 미세 결정입자 초소성의 조건
① 재료의 결정입자가 10㎛ 이하의 것을 일정한 온도하에서 적당한 변형속도를 가하면 나타난다.
② 변형 온도는 그 재료 용융점의 1/2 이상이어야 한다.
③ 최적의 변형속도가 존재하여야 한다.

(2) 미세 결정입자의 초소성 변형 기구
① 초소성변형에서는 각 결정입자가 경계를 미끄러지거나 회전하여 변형한다.
② 합금의 보통 소성에 알려진 슬립선의 운동으로 결정입자 자체가 변형되고 재료전체가 소성변형된다.

2) 초소성재료의 응용

(1) 초소성재료의 특징
① 초소성은 일정한 온도 영역과 변형 속도의 영역에서만 나타난다.
② 초소성 영역에서 강도가 낮고 연성은 매우 크다.
③ 재질은 결정입자가 극히 미세하며 외력을 받을 때 슬립변형이 쉽게 일어난다.
④ 결정입자는 10㎛ 이하의 크기로서 등방성이다.

(2) 초소성재료의 성형법
① blow 성형법
    판상의 Al계 및 Ti계 초소성재료를 15~300psi의 가스 압력으로 어느 형상에 양각 또는 음각하거나 금형이 필요 없이 자유 성형하는 방법이다.

② gatorizing 단조법
    Ni계 초소성 합금으로 터빈 디스크를 제조하기 위하여 개발된 방법이다.

③ SPF/DB법
    초소성 성형법과 고체상태에서 용접하는 확산접합법의 합쳐진 기술로서 고체상태의

확산에 의해서 초소성온도에서 용접이 가능하기 때문에 초소성재료를 사용할 때만 가능하다.

4 복합재료

1) 금속계 복합재료의 분류 및 특성

(1) 섬유강화금속 복합재료(FRM)
① 금속모재 중에 대단히 강한 섬유상의 물질을 분산시켜 요구되는 특성을 가지도록 만든 것을 섬유강화금속 복합재료(FRM)라 한다.
② 최고 사용 온도가 377~527℃이며 모재와 섬유에 따라 제조법이 한정된다.
③ 복합과정이 일반적으로 고온이므로 복합화가 어렵다.
④ 섬유강화 금속의 분류
　㉠ 저용융계 섬유강화 금속
　　: 최고 사용 온도가 377~527℃로 비강성, 비강도가 큰 것을 목적으로 한다.
　㉡ 고용융계 섬유강화 금속
　　: 927℃ 이상의 고온에서 강도나 크리프 특성을 개선시키는 목적이다.

(2) 분산강화 복합재료(PSM)
① 서멧의 일종으로 기지 금속 중에 0.01~0.1㎛ 정도의 산화물 등의 미세입자를 균일하게 분포시킨 재료가 분산강화 복합재료이다.
② 초미립자의 제조 및 소성가공이 어렵고 값이 비싸다.
③ 분산된 미립자는 기지 중에서 화학적으로 안정하고 용융점이 높다.

(3) 입자강화 복합재료
① 1㎛ 이상의 비금속 성분의 입자가 20~80%의 넓은 범위에 걸쳐 금속, 합금 기지 중에 분산된 복합재료이다.
② 내열성, 내마모성, 내식성이 우수하고 경도가 높고 압축강도가 크다.

(4) 클래드 재료
① 2종 이상의 금속 또는 합금을 서로 합하여 각각 소재가 가진 특성을 복합적으로 얻는 복합재료로서 표면 피복효과, 상호 보완효과, 경제효과가 있다.
② 공업적으로 대형치수의 것을 연속적으로 생산이 가능하다.

(5) 다공질 재료
① 소결체의 다공성을 이용한 함유베어링이나 다공질 금속 필터가 있다.
② 단열성, 내화성, 가공성, 차음성이 우수하다.
③ 가정용 기기, 자동차부품, 토목기계 부품 등에 사용한다.

5 형상기억합금

1) 형상기억합금의 기구

(1) 형상기업합금의 특징
① Martensite변태는 작은 구동력으로 생긴 열탄성변태이다.
② 고온상은 대부분의 경우 규칙구조를 가고 저온상은 저대층의 결정구조를 갖는다.

(2) 형상기억 효과
① 일방향형상 기억

고온상의 형상 하나만 기억하는 경우로 Austenite상의 형상만 기억하는 경우이다.

② 가역형상 기억

일방향형상 기억합금을 다시 냉각시 변형시켰던 형상으로 되돌아 가는 경우이다.

③ 전방향 형상 기억

변형을 준 상태에서 시효시킨 Ni, 과잉 Ti-Ni계 합금에서 나타나는 현상이다.

④ 변형 의탄성

변태 작용시의 Maretensite변태 온도가 역변대 종료온도보다 높은 경우에 생기는 현상으로 응력유기 Maretensite가 외부 응력 제거시 Austenite로 변태가 일어난다.

2) 형상기억합금의 종류

(1) Ti-Ni계 합금
① 연성이 우수하고 내식성, 내마모성, 반복 피로성이 가장 우수하다.
② 센서와 액추에이터를 겸비한 기능성 재료로서 기계, 전기관련 분야에 사용한다.

(2) Cu계 합금
① 소성가공이 좋아서 반복사용하지 않는 이음쇠 등의 용도로 사용한다.
② 결정입자의 미세화를 위해 Ti 등의 첨가에 의한 성능 개선을 한다.

6 제진재료

1) 제진의 원리

(1) 진동 및 소음의 방지 대책

① 진동원의 진동을 감소시키는 방법
② 발생한 진동이나 소리를 흡수하는 방법
③ 진동이나 소리를 차단하는 방법

(2) 진동이나 소음 대책에 이용 가능한 재료

기 능	대 상	
	음	진동
에너지의 흡수(열에너지로 변환)	흡음(吸音)재료	제진재료(흡진)
에너지 전파의 차단(에너지의 반사)	차음(遮音)재료	방진(防振)재료

2) 제진합금의 특징

(1) 고무, 플라스틱은 감쇠능이 높아 60% 정도의 SDC값을 나타낸다.
(2) 고감쇠능 구조용 재료는 SDC가 10% 이상이 요구된다.
(3) 강도가 높고 제진계수가 큰 것이 사용된다.
(4) 제진계수가 클수록 감쇠속도가 증가된다.

제1편 금속재료 일반 기출 및 예상문제

001
다음 중 금속에 대한 설명으로 틀린 것은?

㉮ 금속의 결정구조는 대부분 BCC, FCC, HCP 중의 하나에 속한다.
㉯ Hg를 제외한 모든 금속의 융점은 상온이상이다.
㉰ 융점은 W이 가장 높으며 전기전도도는 Ag가 가장 좋다.
㉱ 융점과 비점은 서로 비례한다.

002
다음은 금속에 대한 설명이다. 틀린 것은?

㉮ 결정면간에서의 슬립에 의해 소성변형이 가능하다.
㉯ 자유전자가 있기 때문에 전기의 양도체이다.
㉰ 온도와 관계없이 격자상수는 일정하다.
㉱ 금속의 결정은 원자들이 규칙적으로 배열되어 있다.

003
열전도율이 가장 좋은 금속은?

㉮ 구리　　　㉯ 철
㉰ 은　　　　㉱ 금

004
순금속으로서 비열이 가장 큰 금속은?

㉮ 철　　　　㉯ 알루미늄
㉰ 구리　　　㉱ 마그네슘

005
강자성체에 속하는 금속은?

㉮ 철　　　　㉯ 알루미늄
㉰ 구리　　　㉱ 나트륨

006
다음 중 체심입방격자구조인 금속은?

㉮ W・Ta・Pb・α-Fe
㉯ Cr・W・Mo・α-Fe
㉰ Mo・Cu・Cd・α-Fe
㉱ Cr・V・Be・α-Fe

007
경금속과 중금속의 비중한계는 얼마인가?

㉮ 1.0　　　㉯ 4.5
㉰ 6.5　　　㉱ 7.8

답　001 ㉱　002 ㉰　003 ㉰　004 ㉱　005 ㉮　006 ㉯　007 ㉯

008
다음 중 경금속은 어느 것인가?

㉮ Ag ㉯ Al
㉰ Cu ㉱ Fe

009
다음 중 재결정온도를 저하시키는 조건이 아닌 것은?

㉮ 가공도가 적을수록 낮아진다.
㉯ 결정입자가 미세할수록 낮아진다.
㉰ 재질이 순수할수록 낮아진다.
㉱ 가열시간이 짧을수록 낮아진다.

010
다음 중 재결정은 어떠한 결정인가?

㉮ 가공변형된 결정이 새로된 결정
㉯ 결정이 힘을 받아 변형된 결정
㉰ 열처리에 의해 단단해진 결정
㉱ 새로운 첨가된 다른 금속의 결정

011
재료를 가열할 경우에 일어나는 성질 및 조직 변화를 온도가 낮은 편으로부터 열거한 순서는?

㉮ 연화→재결정→결정입자성장→내부응력제거
㉯ 재결정→내부응력제거→연화→결정입자성장
㉰ 내부응력제거→재결정→결정입자성장→연화
㉱ 내부응력제거→연화→재결정→결정입자성장

012
같은 금속에서 비중이 가장 작아지는 가공법은 어느 것인가?

㉮ 단조 ㉯ 주조
㉰ 압연 ㉱ 인발

013
금속 변형의 주요인은?

㉮ 격자간 원자 ㉯ 공격자점
㉰ 전위 ㉱ 쌍정

014
다음 중 자기변태에 관한 설명으로 틀린 것은?

㉮ 자기의 성질이 변한다.
㉯ 원자 내부의 변화이다.
㉰ 상이 변한다.
㉱ 연속적으로 변한다.

015
소성변형에 대한 설명으로 틀린 것은?

㉮ 조직개선은 소성변형의 목적이 아니다.
㉯ 결정구조가 같으면 슬립면이 같게 된다.
㉰ 원자밀도가 높은 곳에서 슬립이 일어난다.
㉱ FCC의 슬립계의 수는 12개이다.

답 008 ㉯ 009 ㉮ 010 ㉮ 011 ㉱ 012 ㉯ 013 ㉰ 014 ㉰ 015 ㉮

016

정적인 응력이 금속내부에 생긴 상태에서 부식이 가속되는 현상은?

㉮ 부식피로 ㉯ 입계부식
㉰ 응력부식 ㉱ 선택부식

017

Fe-C 고용체는 다음 중 어느 것인가?

㉮ 치환형 고용체 ㉯ 침입형 고용체
㉰ 금속간 화합물 ㉱ 규칙격자

018

평형상태도는 다음 중 어떤 요소에 의해 결정되는가?

㉮ 부피와 밀도 ㉯ 온도와 부피
㉰ 농도와 온도 ㉱ 농도와 부피

019

공정반응을 나타낸 것은?

㉮ 융액=결정+결정
㉯ 결정=결정+결정
㉰ 융액=결정+융액
㉱ 융액+결정=결정

020

금속의 질기고 강한 성질을 무엇이라 하는가?

㉮ 소성 ㉯ 인성
㉰ 연성 ㉱ 전성

021

재료의 강도는 무엇으로 표시되는가?

㉮ 탄성한도 ㉯ 인장응력
㉰ 항복점   ㉱ 비례한도

022

만능재료시험기로 측정할 수 없는 것은?

㉮ 인장강도 ㉯ 비틀림강도
㉰ 굽힘강도 ㉱ 압축강도

023

브리넬 경도 측정시 가압시간(초)은?

㉮ 10 ㉯ 20
㉰ 30 ㉱ 40

024

다음 중 내력의 표시로 옳은 것은?

㉮ 비례한도와 같은 응력값
㉯ 0.1%의 최대강도에 대한 응력값
㉰ 0.2%의 영구변형에 대한 응력값
㉱ 영구변형에 일어나는 최소응력값

답 016 ㉰ 017 ㉯ 18 ㉰ 019 ㉮ 020 ㉯ 021 ㉯ 022 ㉯ 023 ㉰ 024 ㉰

025

강재의 결정조직상태나 가공방향 등을 검사하려면 어떤 시험법이 좋은가?

㉮ 방사선투과시험
㉯ 초음파탐상시험
㉰ 설퍼프린트법
㉱ 매크로검사법

026

정지상태에서 압입자를 눌러서 경도를 측정하는 경도계가 아닌 것은?

㉮ 로크웰 경도계   ㉯ 비커스 경도계
㉰ 쇼어 경도계   ㉱ 브리넬 경도계

027

파괴인성을 측정하는 시험방법으로 노치, 하중의 속도 및 취성 등에 대한 연관관계를 평가하는 시험방법은?

㉮ 충격시험   ㉯ 경도시험
㉰ 인장시험   ㉱ 압축시험

028

다음 중 순철의 성질이 아닌 것은?

㉮ 연성이 좋다.
㉯ 주조성이 양호하다.
㉰ 유동성이 좋다.
㉱ 값이 싸다.

029

다음 중 가장 순도가 높은 철은?

㉮ 전해철   ㉯ 암코철
㉰ 카보닐철 ㉱ 해면철

030

제강법에서 대한 설명으로 틀린 것은?

㉮ 산성내화물을 사용하는 공정이 Bessemer Process 이다.
㉯ 염기성내화물을 사용하는 것이 Thomas Process 이다.
㉰ 산성법은 P,S의 제거가 곤란하다.
㉱ 산성법은 용제에 의해 침식이 일어나지 않는다.

031

용광로에서는 어떠한 금속이 얻어지는가?

㉮ 순철   ㉯ 강철
㉰ 선철   ㉱ 주철

032

킬드강에는 어떠한 결함이 주로 생기는가?

㉮ 내부에 수축공
㉯ 외부에 기포
㉰ 내부에 기포
㉱ 상부 중앙에 수축공

답 025 ㉱ 026 ㉰ 027 ㉮ 028 ㉯ 029 ㉮ 030 ㉱ 031 ㉰ 032 ㉱

033
γ-고용체의 조직명은?

㉮ 페라이트 ㉯ 펄라이트
㉰ 오스테나이트 ㉱ 시멘타이트

034
α-고용체에 고용할 수 있는 탄소의 최대함유량은 몇 %인가?

㉮ 0.02 ㉯ 0.07
㉰ 0.17 ㉱ 0.43

035
탄소강의 A_1 변태점(℃)은?

㉮ 210 ㉯ 723
㉰ 768 ㉱ 912

036
γ-Fe와 Fe_3C가 기계적으로 혼합된 조직은?

㉮ 펄라이트 ㉯ 오스테나이트
㉰ 시멘타이트 ㉱ 레데뷰라이트

037
순철의 A_2 변태점에서는 어떤 반응의 변화가 일어나는가?

㉮ 포정반응 ㉯ 자기변태
㉰ 공정반응 ㉱ 공석반응

038
철강의 자기변태점(Curie point)와 관계가 있는 것끼리 짝지어진 것은?

㉮ A_0, A_1 ㉯ A_0, A_2
㉰ A_2, A_3 ㉱ A_2, A_4

039
다음 중 순철의 변태가 아닌 것은?

㉮ A_1 ㉯ A_2
㉰ A_3 ㉱ A_4

040
다음 중 공석점과 관계있는 조직은?

㉮ 펄라이트 ㉯ 레데뷰라이트
㉰ 시멘타이트 ㉱ 오스테나이트

041
철강의 공석점에 탄소함유량(%)은?

㉮ 0.17 ㉯ 0.07
㉰ 0.2 ㉱ 0.8

042
다음 중 확산없는 변태가 일어나는 조직은 어느 것인가?

㉮ 펄라이트 ㉯ 시멘타이트
㉰ 오스테나이트 ㉱ 마르텐사이트

답 033 ㉰ 034 ㉮ 035 ㉯ 036 ㉱ 037 ㉯ 038 ㉯ 039 ㉮ 040 ㉮ 041 ㉱ 042 ㉱

043
저탄소강의 탄소함유량(%)은?

㉮ 0.4이하   ㉯ 0.4~0.8
㉰ 0.8~1.7   ㉱ 1.7이하

044
탄소의 함량이 0.8%이하인 강은?

㉮ 공석강   ㉯ 아공석강
㉰ 과공석강   ㉱ 자석강

045
과공석강에서 탄소증가에 따라 기계적 성질은 어떻게 되는가?

㉮ 강도와 경도가 동시에 증가한다.
㉯ 강도와 경도가 동시에 감소한다.
㉰ 강도는 감소, 경도는 증가한다.
㉱ 강도는 증가, 경도는 감소한다.

046
과공석강의 표준조직은?

㉮ 망상 페라이트에 펄라이트
㉯ 전부 오스테나이트
㉰ 전부 펄라이트
㉱ 펄라이트에 망상 시멘타이트

047
다음 중 탄소가 제일 가장 많이 함유된 조직은 어느 것인가?

㉮ 페라이트   ㉯ 펄라이트
㉰ 오스테나이트   ㉱ 시멘타이트

048
페라이트의 성질로 틀린 것은?

㉮ 강자성체이다.   ㉯ 전성이 크다.
㉰ 대단히 연하다.   ㉱ 대단히 메지다.

049
탄소강의 5대 원소가 아닌 것은?

㉮ C   ㉯ Mn
㉰ Si   ㉱ Cu

050
탄소강에서 탄소함유량과 관계없이 항상 일정한 것은?

㉮ 인장강도   ㉯ 경도
㉰ 탄성계수   ㉱ 충격값

051
고온취성을 갖게 하는 즉, 적열취성의 원인이 되는 것은?

㉮ Mn   ㉯ Si
㉰ S   ㉱ P

답 043 ㉮ 044 ㉯ 045 ㉮ 046 ㉱ 047 ㉱ 048 ㉱ 049 ㉱ 050 ㉰ 051 ㉰

052

5대 원소 중 상온취성의 원인이 되며 강도와 경도, 취성을 증가시키는 원소는?

㉮ C ㉯ P
㉰ S ㉱ Mn

053

다음 중 탄소강에서 규소의 영향으로 틀린 것은?

㉮ 강도의 증가
㉯ 경도의 증가
㉰ 연신율의 증가
㉱ 충격값의 감소

054

탄소강 중에 0.2~0.8% 정도 함유되어 탈산, 탈황뿐만 아니라 강도, 소성, 주조성 등을 향상시키는 원소는?

㉮ Cu ㉯ P
㉰ Mn ㉱ Si

055

탄소강에서 탄소량의 증가에 따라 항상 감소하는 성질은?

㉮ 강도 ㉯ 경도
㉰ 탄성계수 ㉱ 충격값

056

탄소강의 강도와 경도는 온도에 따라 어떻게 변하는가?

㉮ 상온이하에서 감소한다.
㉯ 100~200℃에서 최대이다.
㉰ 200~300℃에서 최대이다.
㉱ 300℃이상에서 증가한다.

057

피아노선은 강인한 탄소강의 일종이다. 이 조직은 무엇인가?

㉮ 오스테나이트 ㉯ 마르텐사이트
㉰ 트루스타이트 ㉱ 소르바이트

058

금속을 소성가공할 때 상온가공과 고온가공을 구별하는 기준은?

㉮ 담금질온도 ㉯ 변태온도
㉰ 주조온도 ㉱ 재결정온도

059

탄소공구강의 탄소함유량(%)은?

㉮ 0.12~0.45 ㉯ 0.5~1.5
㉰ 1.7~2.8 ㉱ 3.2~4.5

답 052 ㉯ 053 ㉰ 054 ㉰ 055 ㉱ 056 ㉰ 057 ㉱ 058 ㉱ 059 ㉯

060
강에서 쾌삭강의 첨가원소는?

㉮ Ct, Mn ㉯ Cu, Ni
㉰ Pb, S   ㉱ Cr, W

061
KS규격에서 S25C란?

㉮ 0.2%~0.3% C 구조용 탄소강
㉯ 0.2~0.33% C 구조용 주강
㉰ S이 0.0025% 이하인 구조용 탄소강
㉱ S이 0.0025% 이하인 구조용 주강

062
다음은 항온변태에 관한 설명이다. 틀린 것은?

㉮ Bainite 조직을 얻을 수 있다.
㉯ T.T.T 곡선을 얻을 수 있다.
㉰ 강의 표준조직을 얻을 수 있다.
㉱ 강을 γ 상태에서 A_1 변태점 이하의 항온중에서 담금질한 그대로 유지했을 때 일어나는 변태이다.

063
다음 중 펄라이트 변태속도가 가장 큰 온도는?

㉮ Ms 온도
㉯ S곡선의 nose
㉰ S곡선의 아래쪽
㉱ Ps 온도

064
S-curve가 오른쪽으로 이동한다면 어떠한 영향이 있는가?

㉮ 변태속도가 느려진다.
㉯ 변태시간이 오래 걸린다.
㉰ 탄화물이 펄라이트에 고용된다.
㉱ 담금질하기 쉽다.

065
강은 오스테나이트조직으로부터 냉각속도를 빨리함에 따라 어느 조직 순서로 되는가?

㉮ 펄라이트 – 소르바이트 – 트루스타이트 – 마르텐사이트
㉯ 펄라이트 – 트루스타이트 – 마르텐사이트 – 소르바이트
㉰ 마르텐사이트 – 소르바이트 – 펄라이트 – 트루스타이트
㉱ 펄라이트 – 마르텐사이트 – 소르바이트 – 트루스타이트

066
시효현상은 다음 중 어떤 처리에 속하는가?

㉮ 변태처리   ㉯ 안정화처리
㉰ 석출처리   ㉱ 고용처리

답 060 ㉰ 061 ㉮ 062 ㉰ 063 ㉯ 064 ㉮ 065 ㉮ 066 ㉰

067
다음 중 열처리에 의하여 경화되지 않는 것은?

㉮ 순철
㉯ 구상흑연주철
㉰ 가단주철
㉱ 고탄소강

068
강에서 경도가 가장 큰 조직은 다음 중 어느 것인가?

㉮ 소르바이트
㉯ 마르텐사이트
㉰ 트루스타이트
㉱ 펄라이트

069
다음 중 열처리결함과 관계없는 것은?

㉮ 변형
㉯ 균열
㉰ 탈탄
㉱ 경도 증가

070
다음 중 파텐팅과 관계없는 것은?

㉮ 소르바이트조직을 얻기 위한 처리방법
㉯ 고급 공구강을 만들기 위한 처리방법
㉰ 오스테나이트 가열온도에서 500~550℃의 염욕 중에 소입
㉱ 피아노선 등을 만들기 위한 방법

071
열처리하여 얻을 수 있는 조직 중 가장 연한 조직은?

㉮ 마르텐사이트
㉯ 베이나이트
㉰ 트루스타이트
㉱ 소르바이트

072
다음 수용액 중 냉각능이 가장 뛰어난 것은?

㉮ 비눗물
㉯ 석회수
㉰ 소금물
㉱ 진흙물

073
다음 중 재질의 균질화나 연화하는 열처리방법은?

㉮ 불림
㉯ 뜨임
㉰ 풀림
㉱ 담금질

074
다음 중 강의 표준조직을 얻기 위한 열처리방법은?

㉮ 불림
㉯ 뜨임
㉰ 풀림
㉱ 담금질

답 067 ㉮ 068 ㉯ 069 ㉱ 070 ㉯ 071 ㉱ 072 ㉰ 073 ㉰ 074 ㉮

075

다음 중 담금질의 주의사항과 관계없는 것은?

㉮ 산화 ㉯ 환원
㉰ 탈탄 ㉱ 탈산

076

다음 중 풀림처리한 탄소강의 조직의 결과는 어느 것인가?

㉮ 펄라이트 ㉯ 마르텐사이트
㉰ 트루스타이트 ㉱ 소르바이트

077

담금질한 탄소강을 뜨임처리하면 어떤 성질이 증가되는가?

㉮ 전성 ㉯ 경도
㉰ 취성 ㉱ 인성

078

Sub-zero처리의 목적은 다음 중 어느 것인가?

㉮ 담금질 후 시효변형을 일으키지 않게 잔류 오스테나이트를 마르텐사이트화하기 위함이다.
㉯ 자경강에서 인성을 부여하기 위함이다.
㉰ 230℃의 염욕에서 항온담금질하여 bainite조직을 얻기 위함이다.
㉱ 급열, 급랭시 온도이력현상을 관찰하기 위함이다.

079

다음 원소 중 Cr강에 첨가하여 tempering의 민감성이 완화되고 열처리효과를 크게 하는 원소는?

㉮ Ni ㉯ Mn
㉰ P ㉱ Mo

080

담금질 등에 의해 질량이 큰 재료의 내외부 냉각속도의 차이로 내외부 성질의 차이가 발생하는 것을 무엇이라 하는가?

㉮ 담금질 효과 ㉯ 경화능
㉰ 질량 효과 ㉱ 담금질성

081

강 표면의 경도증가 목적으로 타원소를 강 표면에 침투시키는데 다음 중 이 목적과 관계없는 것은?

㉮ nitriding ㉯ cyaniding
㉰ calorizing ㉱ sheradizing

082

침탄법은 다음 중 어느 부품에 이용되는가?

㉮ 캠, 기어
㉯ 실린더, 밸브
㉰ 크랭크축, 핀
㉱ 풀리, 휠

답 075 ㉱ 076 ㉮ 077 ㉱ 078 ㉮ 079 ㉱ 080 ㉰ 081 ㉯ 082 ㉮

083

다음 중 침탄강의 구비조건에 해당하지 않는 것은?

㉮ 저탄소강이어야 한다.
㉯ 표면에 결점이 없어야 한다.
㉰ 침탄시 장시간 고온가열해도 결정입자가 성장하지 않는 강이어야 한다.
㉱ 고탄소강이어야 한다.

084

다음 중 침탄촉진제에 해당하는 것은?

㉮ 코크스
㉯ 규사
㉰ 탄산바륨
㉱ 암모니아

085

다음 금속침투법 중 Zn을 침투시키는 것을 무엇이라고 하는가?

㉮ 칼로라이징
㉯ 세라다이징
㉰ 크로마이징
㉱ 보로나이징

086

다음 중 단조용 재료로서 적합하지 않는 것은?

㉮ 탄소강
㉯ 주철
㉰ 동합금
㉱ 특수강

087

고합금강을 대량 생산하는데 가장 좋은 제강법은 다음 중 어느 것인가?

㉮ 평로법
㉯ 전기로법
㉰ 전로법
㉱ 도가니법

088

다음 중 특수강의 제조 목적으로 틀린 것은?

㉮ 열팽창을 크게 한다.
㉯ 보자력을 크게 한다.
㉰ 전기저항을 크게 한다.
㉱ 용접성을 크게 한다.

089

다음 중 특수강에 경도를 가장 크게 하는 원소는?

㉮ Ni
㉯ Mn
㉰ Cr
㉱ Si

090

Hardfield steel이란?

㉮ 페라이트계 Ni강
㉯ 펄라이트계 Cr강
㉰ 펄라이트계 저 Ni강
㉱ 오스테나이트계 Mn강

답 083 ㉱ 084 ㉰ 085 ㉯ 086 ㉯ 087 ㉯ 088 ㉮ 089 ㉰ 090 ㉱

091
다음 중 내열합금이 아닌 것은?

㉮ hastelloy　㉯ platinite
㉰ refractory　㉱ inconel

092
다음 공구재료 중 열처리를 하지 않고도 충분한 경도가 얻어지는 합금은?

㉮ 고속도강
㉯ 합금공구강
㉰ 스텔라이트
㉱ 특수탄소공구강

093
공구강에서 sub-zero treatment는 어떤 강중에 많이 이용되는가?

㉮ 게이지용 강　㉯ 다이스강
㉰ 니켈-크롬강　㉱ 자석강

094
다음 중 내열성이 가장 좋은 절삭공구는?

㉮ 세라믹공구　㉯ 탄소공구강
㉰ 초경합금　㉱ 고속도강

095
스테인리스강의 입간부식과 관계없는 것은 다음 중 어느 것인가?

㉮ 고탄소강에 많다.
㉯ 크롬탄화물이 입계에 석출한다.
㉰ 안정화 풀림한다.
㉱ 될 수 있는 한 Ti과 Nb를 감소시킨다.

096
다음 중 수인법과 가장 관계가 깊은 것은?

㉮ 고Cr 스테인레스강
㉯ 18-8 스테인레스강
㉰ Ducol강
㉱ 고Ni 불변재료

097
특수강으로 Cr과 Ni의 합금강이며 내식성이 좋은 고합금강은?

㉮ 불수강　㉯ 내마모강
㉰ 고속도 공구강　㉱ 저탄소 고장력강

098
다음 중 강의 성질로 틀린 사항은?

㉮ 적열상태에서 가단성이 있다.
㉯ 서랭하면 연하게 된다.
㉰ 급랭하면 단단하게 된다.
㉱ 용융상태에서 단조된다.

답　091 ㉯　092 ㉰　093 ㉮　094 ㉮　095 ㉱　096 ㉯　097 ㉮　098 ㉱

099

다음의 주철의 성질로 틀린 사항은?

㉮ 용융상태에서 주조한다.
㉯ 메짐이 크다.
㉰ 단조할 수 있다.
㉱ 탄소 2.11% 이상이다.

100

주철에 있어 망간의 영향으로 틀린 것은?

㉮ 흑연화 촉진 ㉯ 탈산작용
㉰ 탈황작용   ㉱ 시멘타이트 안정

101

다음 중 주철 속에 탄소가 많을수록 일어나는 현상으로 틀리는 것은?

㉮ 유동성이 좋다.
㉯ 경도가 증대된다.
㉰ 수축이 작다.
㉱ 가스함량이 적다.

102

다음 중 주철 속에 시멘타이트를 안정시키고 경도를 증가시킬 수 있는 원소가 아닌 것은?

㉮ Cr   ㉯ Si
㉰ Mo   ㉱ V

103

주철의 조직에 가장 큰 영향이 있는 것은 다음 중 어느 것인가?

㉮ Si, C   ㉯ Si, Mn
㉰ Si, S   ㉱ Si, P

104

C와 Si의 양에 따라 분류한 주철의 조직도는?

㉮ Maurer 조직도
㉯ Greimer, Klingenstein 조직도
㉰ Fe-C 복평형상태도
㉱ Guillet 조직도

105

다음 주철 중 인장강도가 가장 큰 것은?

㉮ 보통주철   ㉯ 고급주철
㉰ 가단주철   ㉱ 구상 흑연주철

106

고급주철의 바탕은 무슨 조직인가?

㉮ 페라이트
㉯ 펄라이트
㉰ 시멘타이트
㉱ 오스테나이트

답 099 ㉰ 100 ㉮ 101 ㉮ 102 ㉯ 103 ㉮ 104 ㉮ 105 ㉱ 106 ㉯

107
백심가단주철에 있어 탈탄이 일어나는 동안 탈탄속도는 주로 무엇에 의해 지배되는가?

㉮ 탄소의 냉각상태
㉯ 탄소의 확산속도
㉰ 공기중의 산소
㉱ 시멘타이트의 용해속도

108
Meehanite 주철 조직은 다음 중 어느 것인가?

㉮ 페라이트 + 편상흑연
㉯ 펄라이트 + 구상흑연
㉰ 마르텐사이트 + 구상흑연
㉱ 펄라이트 + 편상흑연

109
Chilled 주물에서 Chill의 깊이를 조절하는 것은?

㉮ P
㉯ S
㉰ Si
㉱ Mn

110
다음은 구리의 일반적 성질을 설명한 것이다. 틀린 것은?

㉮ 전연성이 양호하다.
㉯ 전기전도도는 Ag 다음으로 양호하다.
㉰ 열전도율이 양호하다.
㉱ 해수에 대한 저항은 강하고 질산 및 황산에 용해하지 않는다.

111
다음 중 변압기 철심재료에 사용되는 것은?

㉮ 탄소강
㉯ 특수강
㉰ 주철
㉱ 순철

112
정련동에서 나타나는 수소취성은 다음 중 무엇 때문에 나타나는가?

㉮ Cu_2O
㉯ $CuSO_4$
㉰ $Cu(OH)_2$
㉱ CuO

113
다음 중 구리 및 구리합금에 사용되는 용제는?

㉮ 붕사, 붕산
㉯ 탄산나트륨
㉰ 염화칼륨
㉱ 황산칼륨

114
다음 중 석출경화성 동합금은 어느 것인가?

㉮ 알루미늄 청동
㉯ 니켈 청동
㉰ 베릴륨 청동
㉱ 알루미늄 합금

답 107 ㉯ 108 ㉱ 109 ㉮ 110 ㉱ 111 ㉱ 112 ㉮ 113 ㉮ 114 ㉰

115

이온화경향이 큰 Al이 대기중에 내식성이 큰 이유는?

㉮ Al_2O_3의 보호피막 형성때문
㉯ 융점이 높기 때문
㉰ 산소(O)와 친화력이 작기 때문
㉱ 내열성이 크기 때문

116

다음 합금 중 알루미늄합금이 아닌 것은?

㉮ 실루민
㉯ Y합금
㉰ 두랄루민
㉱ 엘렉트론

117

다이케스팅용 Al합금이 갖추어야 할 조건이 아닌 것은?

㉮ 열간 취성이 적을 것.
㉯ 응고수축에 대한 용탕보급이 좋을 것.
㉰ 유동성이 좋을 것.
㉱ 금형에 소착할 것.

118

다음 중 Lo-Ex 합금은 어느 것인가?

㉮ Al-Si-Ni-Mg-Cu
㉯ Al-Si-Cu-Cr-Ni
㉰ Al-Si-Cu-Mn-Ni
㉱ Sl-Si-Ni-Mn-Cr

119

다음 중 Y합금은 어느 것인가?

㉮ 구리합금
㉯ 니켈합금
㉰ 알루미늄합금
㉱ 마그네슘합금

120

다음 중 합판으로 내식성을 향상시킨 Al합금판은 어느 것인가?

㉮ hydronalium
㉯ silumin
㉰ alclad
㉱ dow metal

121

다음 중 니켈합금의 특징으로 옳지 않은 것은?

㉮ 내식성이 크다.
㉯ 내열성이 크다.
㉰ 전기저항이 작다.
㉱ 전연성이 크다.

122

다음 중 Ni-Cu계 합금의 특징이 아닌 것은?

㉮ 강인하고 전연성이 풍부하다.
㉯ 상온 및 고온 가공성이 풍부하다.
㉰ 반드시 담금질한 후에 뜨임한다.
㉱ 부식저항이 크다.

답 115 ㉮ 116 ㉱ 117 ㉱ 118 ㉮ 119 ㉰ 120 ㉰ 121 ㉰ 122 ㉰

123
다음은 Mg합금의 특징을 설명한 것이다. 틀린 것은?

㉮ 상온가공이 가능하다.
㉯ 주물용으로 Electron합금이 있다.
㉰ 강도/중량비가 크다.
㉱ 해수에는 극히 약하다.

124
다음 중 활자합금은 어느 것인가?

㉮ Pb-Sb-Zn
㉯ Pb-Zn-Pb
㉰ Pb-Sb-Sn
㉱ Pb-Sn-Zn

125
아연합금을 다이캐스팅할 때 입간부식을 일으키는 경우가 있는데 그 원인은 다음 중 어느 것인가?

㉮ 유동성이 나빠서
㉯ 주조온도가 낮기 때문에
㉰ 순도가 낮아서
㉱ 불순물이 생겨서

126
다음에서 베어링합금이 아닌 것은?

㉮ 화이트메탈
㉯ Cu-Pb합금
㉰ babbitt metal
㉱ W-Cr합금

127
다음 중 포금의 주요 합금성분은 어느 것인가?

㉮ Pb-Al
㉯ Pb-P
㉰ Sn-Zn
㉱ Al-Zn

128
주조한 상태로 담금질하지 않고 경도, 내마모성, 고온 저항이 큰 합금은?

㉮ widia
㉯ tangaloy
㉰ stellite
㉱ carbolo

129
다음 중 베어링강의 구비조건으로 틀린 것은?

㉮ 소재가 깨끗해야 한다.
㉯ 편석이 없어야 한다.
㉰ 내산성이어야 한다.
㉱ 균일한 구상화 풀림으로 하여 소르바이트조직으로 만든다.

130
다음의 실용합금 중 Ni-Cr합금으로 내식성이 우수한 합금은 어느 것인가?

㉮ inconel
㉯ monel
㉰ duralumin
㉱ invar

답 123 ㉮ 124 ㉰ 125 ㉰ 126 ㉱ 127 ㉰ 128 ㉰ 129 ㉰ 130 ㉮

131

다음 구리의 변태점에 관한 설명 중 옳은 것은?

㉮ 용융점 이외에는 변태점이 없다.
㉯ 용융점 이외에 변태점이 1개 있다.
㉰ 용융점 이외에 변태점이 2개 있다.
㉱ 용융점 이외에 변태점이 3개 있다.

132

다음 합금의 성질 중 틀린 것은?

㉮ 순금속보다 융점이 높아진다.
㉯ 열 및 전기 전도도가 떨어진다.
㉰ 강도, 경도는 증가한다.
㉱ 열처리가 쉬워진다.

133

철과 탄소, Mo 만으로 된 합금은 몇 원 합금인가?

㉮ 2원 합금   ㉯ 3원 합금
㉰ 4원 합금   ㉱ 5원 합금

134

다음 금속 중 고용융 금속으로 된 것은?

㉮ Ge, Hf   ㉯ Au, Ag
㉰ W, Mo   ㉱ Mg, Co, V

135

이온화 경향의 설명 중 틀린 것은?

㉮ 이온화 경향이 큰 것은 화합물이 생기기 쉽다.
㉯ 수소보다 이온화 경향이 큰 금속을 산에 넣으면 수소를 발생하면서 용해한다.
㉰ 수소보다 이온화 경향이 작은 것은 산에 작용하기 쉽다.
㉱ 수소보다 이온화 경향이 큰 것은 부식되기 쉽다.

136

다음 금속 중 공기 중에서 가열하면 심하게 타는 것은?

㉮ Sn   ㉯ Mg
㉰ Hg   ㉱ Zn

137

다음 설명 중 옳은 것은?

㉮ 연성이란 타격, 압연작업에 의하여 얇은 판으로 넓게 퍼질 수 있는 성질이다.
㉯ 전성이란 가는 선으로 늘일 수 있는 성질이다.
㉰ 인성이란 단조, 압연, 인발 등에 의해서 변형할 수 있는 성질이다.
㉱ 주조성이란 유동성을 증가하여 주물을 쉽게 만들 수 있는 성질이다.

답 131 ㉮ 132 ㉮ 133 ㉯ 134 ㉰ 135 ㉰ 136 ㉯ 137 ㉱

138
고용융 합금과 저용융 합금의 한계는 몇 ℃인가?

㉮ 768 ㉯ 210
㉰ 232 ㉱ 910

139
금속재료가 파괴되는 원인이 아닌 것은?

㉮ 충격적인 힘에 의한 파괴
㉯ 피로에 의한 파괴
㉰ Creep에 의한 파괴
㉱ 경도에 의한 파괴

140
압연 등과 같이 비중이 증가하는 가공을 했을때는 그 금속의 팽창율은 어떻게 변하는가?

㉮ 증가 ㉯ 변함없다.
㉰ 감소 ㉱ 무관함

141
다음은 재료시험의 종류를 든 것이다. 재료시험과 관계가 없는 것은?

㉮ 기계적 시험 ㉯ 물리적 시험
㉰ 화학적 시험 ㉱ 냉각시험

142
금속재료의 성질 중 틀린 것은?

㉮ 금속 중 경도가 높은 것은 강, 연한 것은 납이다.
㉯ 금속의 용해온도가 가장 낮은 것은 Hg, 높은 것은 W이다.
㉰ 금속의 비중이 가장 낮은 것은 Mg, 큰 것은 Pt이다.
㉱ 금속은 전기의 양도체이며 전도도가 좋은 순위는 Ag, Cu, Au의 순이다.

143
충격에 저항하는 성질은?

㉮ 전성 ㉯ 연성
㉰ 취성 ㉱ 인성

144
금속재료의 연신율을 알기 위한 시험기는?

㉮ 아이조드 ㉯ 샤르피
㉰ 암슬러 ㉱ 비커이즈

145
항복점을 설명한 것은?

㉮ 탄성한계점이며 영구변형이 일어나지 않는다.
㉯ 탄성한계점이내며 영구변형이 일어나지 않는다.
㉰ 탄성한계점을 넘어서 영구변형이 일어나는 점이다.
㉱ 탄성한계점이내이며 영구변형이 일어나지 않는 점이다.

답 138 ㉰ 139 ㉱ 140 ㉮ 141 ㉱ 142 ㉰ 143 ㉱ 144 ㉰ 145 ㉰

146
하중-변형율 선도에서 항복점이 나타나는 재료는?

㉮ 청동　　　㉯ 연강
㉰ 주철　　　㉱ 황동

147
"탄성한계내에서 가로변형과 세로변형비는 그 재료에 대하여 항상 일정하다." 란 무엇을 뜻하는가?

㉮ 인장강도　　　㉯ Hook' low
㉰ 포아손비　　　㉱ 비례한계

148
브리넬(HB) 경도기의 특징이 아닌 것은?

㉮ 압입면적이 커서 정확한 측정을 할 수 있다.
㉯ 시험편이 작은 것에 적당하다.
㉰ 얇은 재료나 침탄강, 질화강 등의 표면경도를 측정하는데는 적당하지 않음.
㉱ 압입자는 강구를 사용한다.

149
로크웰 경도기에 대한 설명이다. 틀린 것은?

㉮ 강구 또는 다이아몬드 원뿔형을 시험편에 압입할 때 생기는 압입된 자리의 깊이에 의해 경도 측정함.
㉯ 시험편에 기준하중 10kg$_f$을 건 다음 시험하중을 가한다.
㉰ B스케일과 C스케일이 있다.
㉱ HRC는 130~500h이고 HRB는 100~500h이다.

150
비커스 경도기의 특징이 아닌 것은?

㉮ 하중을 임의로 변화시킬 수 있다.
㉯ 대단히 작은 재료나 연한 재료 측정이 가능함.
㉰ 얇은 재료의 경도인 침탄, 질화층은 정확한 측정이 곤란하다.
㉱ 공식은 HV=1.854P/d^{2}이다.

151
쇼어 경도기의 특징이 아닌 것은?

㉮ 작아서 휴대하기 쉽다.
㉯ 시험제품에 흔적이 남지 않는다.
㉰ 재료나 제품을 직접 시험할 수 있다.
㉱ 시험을 하는데 복잡하다.

152
다음 충격시험에 대한 설명 중 틀린 것은?

㉮ 샤르피형과 아이조드형이 있다.
㉯ 샤르피형은 단순보, 아이조드형은 외팔보로 노치부가 있다.
㉰ 진자형 해머로 충격하중을 작용시켜서 시험편 파괴에 소모된 면적당 에너지를 측정치로 한다.
㉱ 강인한 재료일수록 충격치가 작다.

답　146 ㉯　147 ㉰　148 ㉯　149 ㉱　150 ㉰　151 ㉱　152 ㉱

153

충격시험 결과에 영향을 주는 요인이 아닌 것은?

㉮ 해머의 무게
㉯ 해머의 낙하 전의 각도
㉰ 해머의 회전 중심에서 무게 중심까지의 거리
㉱ 시험편 파괴전의 각도

154

피로시험 결과에 영향을 주는 요인이 아닌 것은?

㉮ 시험편 모양   ㉯ 열처리 상태
㉰ 표면 다듬질 경도   ㉱ 가공 모양

155

피로한도를 알기 위해 반복회수와 반복응력과의 관계를 표시한 선도를 무엇이라 하는가?

㉮ S-N 곡선   ㉯ P-P 곡선
㉰ T,T,T 곡선   ㉱ Creep 곡선

156

Creep에 대한 설명이다. 틀린 것은?

㉮ 변형량이 일정한 값에서 정지하는 한계의 응력이다.
㉯ 강철은 300℃ 이상이 아니면 Creep 현상이 일어나지 않는다.
㉰ 융점이 낮은 금속에서 Creep 현상이 많이 생긴다.
㉱ Creep는 고온으로 갈수록 약해진다.

157

결정입자의 크기와 형상에 대한 설명 중 맞는 것은?

㉮ 냉각속도가 빠르면 결정핵 수는 많다.
㉯ 냉각속도가 빠르면 입자는 조대해 진다.
㉰ 냉각속도가 느리면 결정핵 수는 많다.
㉱ 냉각속도가 느리면 입자는 미세해 진다.

158

인이나 황 등이 편석된 강괴를 압연할 때에 편석된 부분이 늘어나서 긴 띠 모양을 한 현상은?

㉮ 주상정   ㉯ 라운딩
㉰ 단위포   ㉱ 고스트라인

159

용융상태의 금속을 서냉시켰을 때 결정격자가 나무가지 모양으로 결정을 이루는 것은?

㉮ 단결정   ㉯ 다결정
㉰ 등축정   ㉱ 주상정

160

어떤 온도 이하에서 규칙격자를 취하고 그 이상 온도에서는 규칙성이 없어진다. 이 온도점은?

㉮ 전이점   ㉯ 결정체 온도점
㉰ 용융점   ㉱ 응고점

답 153 ㉱ 154 ㉱ 155 ㉮ 156 ㉱ 157 ㉮ 158 ㉱ 159 ㉱ 160 ㉮

161
결정형성에 영향을 주는 요인이 아닌 것은?

㉮ 결정핵수와 결정속도
㉯ 금속의 표면장력
㉰ 결정경계위에 작용하는 각종 힘
㉱ 인성과 취성

162
전연성이 크고 가공성이 좋으며 Al, Ca, Ni, Co, Cu, Ce 등의 금속을 갖는 결정격자는?

㉮ 체심입방격자　　㉯ 면심입방격자
㉰ 조밀육방격자　　㉱ 체심육방격자

163
전연성이 불량하고 접착성이 적으므로 가공성이 가장 나쁜 결정격자는?

㉮ 체심입방격자　　㉯ 면심입방격자
㉰ 조밀육방격자　　㉱ 정방격자

164
동소변태와 자기변태에 대한 설명 중 자기변태를 설명한 것은?

㉮ 가역적인 변화다.
㉯ 급격히 변한다.
㉰ 점진적이며 연속적인 변화이다.
㉱ 결정격자와 길이의 변화가 있다.

165
다음 금속 중 자기변태점이 잘못된 것은?

㉮ Fe(910℃)　　㉯ Ni(360℃)
㉰ Co(1,160℃)　　㉱ Fe_3C(210℃)

166
질산, 빙초산용액은 어느 금속의 부식제인가?

㉮ Cu 합금　　㉯ Ni 합금
㉰ Al 합금　　㉱ Mg 합금

167
일반적으로 매크로 조직 시험에서 기기를 사용하지 않고 직접 육안 관찰을 하여 알 수 있는 금속의 조직이라 할 수 없는 것은?

㉮ 격자 상수에 따른 원자 배열
㉯ 수지상 결정의 발달 방향과 크기
㉰ 균열이나 기공 또는 편석 등의 결함
㉱ 결정입자의 크기와 형태

168
다음 중 조직검사 순서가 옳은 것은?

㉮ 시료채취 – 부식 – 연마 – 검사
㉯ 시료채취 – 연마 – 부식 – 검사
㉰ 시료채취 – 검사 – 연마 – 부식
㉱ 시료채취 – 검사 – 부식 – 연마

답　161 ㉱　162 ㉯　163 ㉰　164 ㉰　165 ㉮　166 ㉯　167 ㉮　168 ㉯

169

상태도는 무엇을 얻기 위해 만드는가?

㉮ 강도, 경도값
㉯ 용융상태의 금속의 기계적 성질
㉰ 융점, 변태점, 자기적 성질
㉱ 자기적 성질, 강도와 경도값

170

고용체의 종류에 대한 설명 중 틀린 것은?

㉮ 침입형 고용체는 녹아 들어가는 원자가 모체의 공간격자 사이로 들어간다.
㉯ 치환형 고용체는 녹아 들어가는 원자와 모체와 위치를 바꾸는 것이다.
㉰ 규칙격자형 고용체는 두 성분 금속의 원자가 규칙적으로 치환된 배열을 갖는다.
㉱ 침입형 고용체에는 Ag-Cu의 합금이 있다.

171

침입형 고용체에 용해되는 원소가 아닌 것은?

㉮ N   ㉯ H
㉰ C   ㉱ Mo

172

용질, 용매 원자의 크기의 차는 몇 %이내이어야 하는가?

㉮ 10   ㉯ 15
㉰ 20   ㉱ 25

173

물의 상태에서 성분수를 n, 상의 수를 P, 자유도를 F라 할 때 자유도의 표시방법은?

㉮ F=n+1-P   ㉯ F=n+2-P
㉰ F=n+3-P   ㉱ F=n+4-P

174

공정에 대한 설명이 잘못된 것은?

㉮ 2개의 성분금속이 용융상태에서 고체로 나온 현상이다.
㉯ 고체상태에서는 2개의 성분이 기계적으로 혼합조직이다.
㉰ 공정에 의해 생긴 조직을 공정조직이라 한다.
㉱ 기계적 성질이 일반적으로 좋지 않다.

175

다음 중 금속간 화합물의 특성 중 틀린 것은?

㉮ 전성과 연성 증가
㉯ 성분금속의 특성상실
㉰ 취성 증가
㉱ 독립된 화합물을 생성

176

하나의 고용체로부터 2종의 고체가 일정한 비율로 동시에 석출하며 생긴 혼합물은?

㉮ 공정   ㉯ 공석
㉰ 포정   ㉱ 편정

답 169 ㉰ 170 ㉱ 171 ㉱ 172 ㉯ 173 ㉯ 174 ㉱ 175 ㉮ 176 ㉯

177
금속간 화합물의 용융점은 중간에서 어떻게 되는가?

㉮ 최저부를 이룬다.
㉯ 수평선을 이룬다.
㉰ 경사부를 이룬다.
㉱ 최고부를 이룬다.

178
소성가공의 목적이 아닌 것은?

㉮ 탄성변형을 잘되게 하기 위하여
㉯ 필요한 모양으로 만들기 위하여
㉰ 주물의 기계적 성질을 개선하기 위하여
㉱ 가공으로 생긴 내부응력을 제거하기 위하여

179
금속의 결정격자가 불완전하거나 결함이 있을 때 외력이 작용하면 이곳부터 이동이 생기는데 이런 현상을 무엇이라고 하는가?

㉮ 슬립   ㉯ 쌍정
㉰ 트윈   ㉱ 전위

180
다음 중 틀린 것은?

㉮ 재질이 굳으면 슬립, 쌍정 변형이 어렵다.
㉯ 재질이 연할수록 슬립, 쌍정 변형이 어렵다.
㉰ 다결정이 단결정보다 슬립, 쌍정 변형이 어렵다.
㉱ 결정립이 조밀할수록 슬립, 쌍정 변형이 어렵다.

181
다음 중 소성가공에서 열간가공과 냉간가공 중 냉간가공의 특징에 해당되지 않는 것은?

㉮ 가공경화로 강도는 증가하나 연신율은 작아진다.
㉯ 가공하기 쉬우며 거친 가공에 적합하다.
㉰ 가공면이 아름답고 정밀한 모양으로 완성할 수 있다.
㉱ 가공방향으로 섬유조직이 생기고 판재 등은 방향에 따라 강도가 달라지게 된다.

182
재결정에 대한 설명 중 틀린 것은?

㉮ 재결정순서는 연화–내부응력제거–재결정–결정립성장 순이다.
㉯ 냉간 가공도가 낮을수록 높은 온도에서 일어난다.
㉰ 가열온도가 동일하면 풀림시간이 길수록 낮은 온도에서 일어난다.
㉱ 가공도가 클수록 가공전 결정립이 미세할수록 재결정온도가 낮아진다.

183
Cu의 재결정온도(℃)는?

㉮ 200   ㉯ 350~450
㉰ 5~25   ㉱ 450

답 177 ㉱ 178 ㉰ 179 ㉱ 180 ㉯ 181 ㉯ 182 ㉮ 183 ㉮

184

인공시효는 몇 ℃에서 하는가?

㉮ 100~200 ㉯ 200~300
㉰ 300~400 ㉱ 400~500

185

자경성이 있는 것은?

㉮ 탄소강 ㉯ 니켈강
㉰ Mo강   ㉱ 망간강

186

담금질한 후 시간이 지남에 따라 경도가 높아지는 현상은?

㉮ 시효경화 ㉯ 표면경화
㉰ 불림   ㉱ 청열취성

187

0.1%의 탄소강을 상온에서 압연 가공하여 인장시험을 하면 다음과 같은 성질이 나타난다. 틀린 것은?

㉮ 가공도가 큰 것일수록 연신율은 현저히 낮아진다.
㉯ 가공도를 크게 할수록 인장강도는 높아진다.
㉰ 가공도가 높은 것은 연강 특유의 항복점이 없다.
㉱ 가공경화는 강의 탄소량이나 가공전의 조직에는 관계가 없다.

188

철광석을 용광로 내에서 용해할 때 일어나는 환원반응은 주로 무엇에 의해 일어나는가?

㉮ 규소   ㉯ 산소
㉰ 일산화탄소 ㉱ 이산화탄소

189

선철을 만드는 과정에서 철분과 불순물을 분리하는 것은?

㉮ 망간   ㉯ 코크스
㉰ 석회석 ㉱ 내화물

190

제강법 중 산성법과 염기성법은 무엇에 의하여 분류되는가?

㉮ 탈산제의 종류
㉯ 연료의 종류
㉰ 내화물의 종류
㉱ 원료의 종류

191

노 안에 녹인 선철을 주입하고 공기를 불어 넣어 탄소, 규소, 그밖의 불순물을 산화제거하여 강을 만드는 방법은?

㉮ 고주파 제강법
㉯ 평로 제강법
㉰ 전로 제강법
㉱ 전기로 제강법

답 184 ㉮ 185 ㉯ 186 ㉮ 187 ㉱ 188 ㉰ 189 ㉰ 190 ㉰ 191 ㉰

192

전로 제강법 중 베세머법이란?

㉮ 산성 내화물을 이용하며, 고인, 저규소선을 사용한다.
㉯ 염기성 내화물을 이용하며, 고인, 저규소선을 사용한다.
㉰ 염기성 내화물을 이용하며, 저인, 저규소선을 사용한다.
㉱ 산성 내화물을 이용하며, 고규소, 저인선을 사용한다.

193

페로망간으로 가볍게 탈산시킨 강괴로서 응고 후 잉곳 안에 기포 편석은 많으나 수축공이 없는 강괴는?

㉮ 킬드강괴   ㉯ 림드강괴
㉰ 세미킬드강괴   ㉱ 없다.

194

순철의 변태점에서 γ철이 가지는 안정된 격자는?

㉮ 910℃ 이하에서 체심입방격자
㉯ 910~1,400℃에서 면심입방격자
㉰ 1,500℃에서 조밀육방격자
㉱ 721℃ 이하에서 체심입방격자

195

순철에 대한 설명 중 틀린 것은?

㉮ 유동성이 좋다.
㉯ 전기재료에 많이 사용된다.
㉰ 기계 구조용으로 많이 사용된다.
㉱ 기계구조용 재료로는 부적합하다.

196

공석변태가 일어나는 온도는?

㉮ A_1 ㉯ A_2
㉰ A_3 ㉱ A_4

197

탄소강과 주철은 모두 철과 탄소의 이원합금이다. 상태도상으로 보아 이들을 구별할 수 있는 탄소강의 탄소량(%)으로 맞는 것은?

㉮ 6.85   ㉯ 1.57
㉰ 2.0   ㉱ 0.7

198

Fe-C 상태도에서 공정점의 탄소함유량(%)은?

㉮ 0.85   ㉯ 2.0
㉰ 4.3   ㉱ 6.67

199

시멘타이트의 탄소함유량(%)은?

㉮ 0.85   ㉯ 1.7
㉰ 4.3   ㉱ 6.67

200

탄소강에서 공석강의 결정 명칭은?

㉮ 펄라이트   ㉯ 페라이트
㉰ 시멘타이트   ㉱ 마르텐사이트

답 192 ㉱ 193 ㉯ 194 ㉯ 195 ㉰ 196 ㉮ 197 ㉰ 198 ㉰ 199 ㉱ 200 ㉮

201
탄소가 1% 들어 있는 강철의 표준 현미경 조직은?

㉮ 펄라이트
㉯ 펄라이트+페라이트
㉰ 펄라이트+시멘타이트
㉱ 펄라이트+마르텐사이트

202
탄소강의 다음 조직 중 가장 강인한 것은?

㉮ 오스테나이트 ㉯ 펄라이트
㉰ 페라이트   ㉱ 레데뷰라이트

203
펄라이트를 723℃ 이상으로 가열하면 어떤 조직이 나타나는가?

㉮ 오스테나이트 ㉯ 마르텐사이트
㉰ 트루스타이트 ㉱ 소르바이트

204
시멘타이트에서 분해된 유리모양의 흑연을 무엇이라고 하는가?

㉮ 흑연   ㉯ 진 탄소
㉰ 뜨임 탄소 ㉱ 화합 탄소

205
탄소 4.3%의 공정주철의 공정조직의 명칭은?

㉮ 레데뷰라이트 ㉯ 스테다이트
㉰ 시멘타이트   ㉱ 펄라이트

206
강철에 포함된 Mn의 영향이 아닌 것은?

㉮ 점성 증가
㉯ 담금성 양호
㉰ 고온가공이 용이
㉱ 경도, 강도 감소

207
탄소강에 어떤 원소가 포함되면 높은 온도에서 취성이 많아지는가?

㉮ 인   ㉯ 망간
㉰ 유황   ㉱ 규소

208
탄소강의 유동성을 증가시키는 원소는?

㉮ Al   ㉯ Si
㉰ Mn   ㉱ P

209
고탄소강을 공구강에 사용하는 목적은?

㉮ 인성을 필요로 하기 때문에
㉯ 표면을 경화할 목적으로
㉰ 경도를 필요로 하기 때문에
㉱ 충격에 견디어야 하기 때문에

답 201 ㉰ 202 ㉯ 203 ㉮ 204 ㉱ 205 ㉮ 206 ㉱ 207 ㉰ 208 ㉯ 209 ㉰

210
탄소공구강의 표시기호는?

㉮ SPS ㉯ STS
㉰ STC ㉱ SKH

211
탄소강의 용도를 구조용과 공구용으로 나눌 때 그 탄소량의 구분으로서 %로 나타낸다. 다음 중 맞는 것은 어느 것인가?

㉮ 0.8 ㉯ 1.65
㉰ 0.6 ㉱ 4.6

212
탄소강 중 탄소량이 적을수록 인성은?

㉮ 커진다. ㉯ 적어진다.
㉰ 변함없다. ㉱ 전혀없다.

213
강의 기계적 성질은 탄소량의 증가에 따라 일반적으로 증가한다. 다음 중 감소하는 것은?

㉮ 연신율 ㉯ 항자력
㉰ 경도 ㉱ 항복점

214
강에 Cr을 첨가하였을 때의 잇점은?

㉮ 전기특성 양호
㉯ 내마모, 내식성 증가
㉰ 결정입자 성장
㉱ 뜨임 취성 증대

215
철강의 분류는 무엇에 의해서 하는가?

㉮ 성질 ㉯ 탄소량
㉰ 조직 ㉱ 제작방법

216
자경성을 갖고 있으며 조직은 펄라이트로서 주로 침탄강으로 쓰이며 담금질 효과가 좋은 강은?

㉮ 망간강 ㉯ 니켈강
㉰ 규소강 ㉱ 니켈크롬강

217
SG35 중에서 35가 의미하는 것은?

㉮ 경도 ㉯ 충격값
㉰ 인장강도 ㉱ 탄소 함유량

218
단조용 공구재료에 사용되는 고탄소강의 탄소 함유량(%)은?

㉮ 0.3~0.4
㉯ 0.3~0.6
㉰ 0.5~0.7
㉱ 1.5~2.0

답 210 ㉰ 211 ㉮ 212 ㉮ 213 ㉮ 214 ㉯ 215 ㉯ 216 ㉱ 217 ㉰ 218 ㉱

219

다음에서 스프링강이 갖추어야 할 성질 중 틀린 것은?

㉮ 탄성한도가 높아야 한다.
㉯ 항복강도가 커야 한다.
㉰ 피로한도가 낮아야 한다.
㉱ 충격치가 커야 한다.

220

강에 Mn이 페라이트 중에 고용되면?

㉮ 강의 변태점을 낮춘다.
㉯ 고온에서 결정성장을 증가시킨다.
㉰ 강도, 경도가 감소한다.
㉱ 고온가공이 어렵다.

221

열처리를 하는 목적으로 적당하지 않는 것은?

㉮ 열처리하는 시편의 조직을 균일화
㉯ 재료의 경도 및 인성 부여
㉰ 주조조직을 조대화시켜 경도 부여
㉱ 재료에 기계적 성질 부여

222

고탄소강을 연화하려면 어떤 작업이 필요한가?

㉮ 기계가공으로 조직을 변화시킨다.
㉯ 시멘타이트의 망상조직을 구상화한다.
㉰ 탄화물을 흑연화시켜 연성을 증가한다.
㉱ 구상화된 것은 편상으로 변화시킨다.

223

마르텐사이트가 열처리 조직에서 경도가 가장 높다. 그 원인이 아닌 것은?

㉮ 무확산 변태에 의한 체적변화 때문에
㉯ 마르텐사이트로 변할 때 응력이 생겨 격자에 슬립이 생기면서 응력이 생기기 때문에
㉰ 열처리 및 여러 가지 처리로 응력이 분산되어 있다.
㉱ 오스테나이트에서 마르텐사이트로 될 때 결정 격자가 침입형 고용체이다.

224

담금질 후 경도를 더 높게 하기 위해 어느 처리를 하는가?

㉮ 용체화 처리   ㉯ 서브제로 처리
㉰ 편석제거 처리 ㉱ 융화 처리

225

마르텐사이트로 되기 위한 팽창의 시간적 차이에 따라 나타나기 쉬운 현상은?

㉮ 뜨임 균열   ㉯ 담금 균열
㉰ 저온 취성   ㉱ 적열 취성

226

탄소강의 냉간 가공시에 피해야 할 온도(%)는?

㉮ 100~150   ㉯ 200~300
㉰ 400~450   ㉱ 600

답 219 ㉰ 220 ㉮ 221 ㉰ 222 ㉯ 223 ㉰ 224 ㉯ 225 ㉯ 226 ㉯

227
다음 중 경도가 가장 높은 순서부터 차례로 바르게 나열된 것은?

㉮ 시멘타이트 – 마르텐사이트 – 소르바이트 – 트루스타이트
㉯ 마르텐사이트 – 시멘타이트 – 트루스타이트 – 소르바이트
㉰ 시멘타이트 – 마르텐사이트 – 트루스타이트 – 소르바이트
㉱ 마르텐사이트 – 시멘타이트 – 소르바이트 – 트루스타이트

228
다음 중 금속을 열처리하는 데 관계되는 것은?

㉮ 용융 온도 ㉯ 응고점
㉰ 가공경화 ㉱ 변태점

229
담금질강을 빠른 속도로 냉각할 때 일어나는 현상은?

㉮ 금속조직이 치밀해진다.
㉯ 조직이 조대화한다.
㉰ 관계없다.
㉱ 조직이 조대해지며 깨진다.

230
마르텐사이트를 약 400℃로 뜨임했을 때 나타나는 조직은?

㉮ 트루스타이트 ㉯ 소르바이트
㉰ 오스테나이트 ㉱ 펄라이트

231
재료의 결정입자를 미세하게 하고 조직을 균일하게 하는 열처리는?

㉮ 풀림 ㉯ 불림
㉰ 담금질 ㉱ 뜨임

232
단조한 부분품의 경도가 높아 절삭할 수 없을 때 하는 열처리 작업은?

㉮ 담금질 ㉯ 뜨임
㉰ 풀림 ㉱ 불림

233
스프링용강이나 피아노선에 가장 적당한 열처리는?

㉮ 풀림 ㉯ 불림
㉰ 표면경화처리 ㉱ 파텐팅처리

답 227 ㉰ 228 ㉱ 229 ㉮ 230 ㉮ 231 ㉯ 232 ㉰ 233 ㉱

234

Ar'와 Ar" 변태점사이의 염욕에 담금질하여 과냉 오스테나이트가 변태완료할 때 까지 항온유지 후 공냉하는 열 조작은?

㉮ 오스템퍼 ㉯ 마아템퍼
㉰ 마아퀜칭 ㉱ Ms퀜칭

235

베이나이트 조직을 얻은 열처리는?

㉮ 오스템퍼 ㉯ 마아템퍼
㉰ 마아퀜칭 ㉱ Ms퀜칭

236

강의 가열온도가 너무 지나치게 높으면 어떤 현상이 일어나는가?

㉮ 산화, 탈탄이 일어나지 않는다.
㉯ 결정립미세
㉰ 경도가 높아진다.
㉱ 산화, 탈탄이 일어난다.

237

마아템퍼링하면 잔유 오스테나이트의 베이나이트화로 인하여 경도와 인성의 변화는?

㉮ 경도증가, 인성증가
㉯ 경도감소, 인성감소
㉰ 경도감소, 인성증가
㉱ 경도증가, 인성감소

238

고속도강이나 고합금강에 있어서 잔유 오스테나이트를 안정화하기 위한 열처리는?

㉮ 저온 뜨임 ㉯ 고온 뜨임
㉰ 마아템퍼 ㉱ 오스템퍼

239

침탄후 제 1차 담금질 목적은?

㉮ 중심부 결정조직 미세화
㉯ 표면경화
㉰ 표면미립화
㉱ 표면연화

240

침탄용강의 구비조건이 아닌 것은?

㉮ 고탄소 0.3%이상 강일 것.
㉯ 고온, 장시간 가열시 결정입자가 성장하지 않을 것.
㉰ 강재 주조시 표면 결점이 없을 것.
㉱ 강재 주조시 완전을 기할 것.

241

침탄경화 과정 순서가 맞는 것은?

㉮ 침탄처리-저온풀림-1,2차 담금질-뜨임처리
㉯ 저온처리-침탄처리-1,2차 담금질-뜨임처리
㉰ 1,2차 담금질-뜨임처리-저온처리-침탄처리
㉱ 뜨임처리-저온처리-침탄처리-1,2차 담금질

답 234 ㉮ 235 ㉮ 236 ㉱ 237 ㉰ 238 ㉮ 239 ㉮ 240 ㉮ 241 ㉮

242

강재 표면의 화학성분을 여러 가지 원소의 확산에 의해 변화시켜 경화층을 얻는 표면경화법이 아닌 것은?

㉮ 액체침탄법 ㉯ 질화법
㉰ 화염경화법 ㉱ 금속침투법

243

표면 경화법이란 강인성 있는 재료에 특수한 열처리를 하여 그 표면층을 경화시키는 것을 말하는데 강재의 화학조성은 변화시키지 않고 표면을 경화시키는 방법은?

㉮ 질화법   ㉯ 숏 피닝법
㉰ 침탄질화법 ㉱ 금속침투법

244

다음 중 고체 침탄 촉진제로 부적당한 것은?

㉮ 석회질소   ㉯ NaCl
㉰ $BaCO_3$ ㉱ Na_2CO_3

245

다음 중 NaCN과 KCN을 주성분으로 하여 제품을 표면 경화하는 방법은?

㉮ 화염 담금질법 ㉯ 질화법
㉰ 침탄법   ㉱ 청화법

246

다음은 질화처리에 대한 특징을 열거한 것이다. 틀린 것은?

㉮ 침탄강은 침탄 후 담금질하나 질화법은 담금질을 할 필요가 없고 변형이 적다.
㉯ 가열 온도가 높으므로 경도가 감소되고 산화가 잘 일어난다.
㉰ 경화층이 얇고 경도는 침탄한 것보다 높다.
㉱ 마모 및 부식에 대한 저항이 크다.

247

고온 산화방지 내열성을 얻기 위한 금속침투법은?

㉮ 크로마이징
㉯ 보로라이징
㉰ 캘로라이징
㉱ 실리코나이징

248

고주파처리의 특징이 아닌 것은?

㉮ 급열, 급냉으로 작업시간이 짧다.
㉯ 내부의 열 영향을 받는다.
㉰ 직접 가열로 열효율이 좋다.
㉱ 국부열을 받으므로 열 영향에 의한 변형이 적다.

답 242 ㉰ 243 ㉯ 244 ㉯ 245 ㉱ 246 ㉯ 247 ㉰ 248 ㉯

249
특수강에 함유된 Ni의 역할을 바르게 설명한 것은?

㉮ 강도 및 탄성한계를 증가시키고, 임계온도를 저하시킨다.
㉯ 높은 경도와 내마모성을 부여한다.
㉰ 고온 경도나 강도를 증가시킨다.
㉱ 용접성을 증가시킨다.

250
다음은 고온에서 사용하는 내열강 재료의 구비조건을 든 것이다. 틀린 것은?

㉮ 화학적으로 안정되어 있을 것.
㉯ 열팽창 및 열변형이 있을 것.
㉰ 조직이 안정되어 있을 것.
㉱ 기계적 성질이 우수할 것.

251
Ni-Cr 강에서 탄화물 결정 경계석출 방지법은?

㉮ 550~650℃에서 뜨임함
㉯ 550~650℃에서 담금질함
㉰ 820~880℃에서 뜨임함
㉱ 820~880℃에서 담금질함

252
구조용 특수강은 왜 담금질이나 뜨임을 하여 쓰는가?

㉮ 마멸성을 증가시키기 위해서
㉯ 강인성과 인성을 증가시키기 위해서
㉰ 강자성을 갖기 위해서
㉱ 결정립을 조대화하고 결정의 성장을 돕기 위하여

253
자동차부품, 시계부품 등에 사용하며 황이나 납을 함유한 강은?

㉮ 스프링강 ㉯ 표면경화강
㉰ 쾌삭강   ㉱ 내열강

254
다음 중 내마모성을 주목적으로 하는 특수강은?

㉮ Ni-Cr강 ㉯ 고망간강
㉰ Cr강   ㉱ Cr-Mo강

255
다음은 저망간강에 대한 설명이다. 그 중 틀린 것은?

㉮ 망간을 2~5% 함유한 강이다.
㉯ 듀콜강이라고도 한다.
㉰ 펄라이트 망간이라고도 한다.
㉱ 선박, 교량, 차량, 건축 등의 구조용에 사용한다.

256
고망간강에 대한 설명 중 틀린 것은?

㉮ 망간을 11~14% 정도 함유한 강이다.
㉯ 하드필드강이라고도 한다.
㉰ 오스테나이트 망간강이라고도 한다.
㉱ 강자성체이며 전기저항이 적다.

답 249 ㉰ 250 ㉯ 251 ㉮ 252 ㉯ 253 ㉰ 254 ㉯ 255 ㉮ 256 ㉱

257
합금공구강의 표시기호는?

㉮ SK ㉯ SKH
㉰ SKD ㉱ STS

258
고속도강은 몇 도까지 경도가 저하되지 않고 절삭할 수 있는가?

㉮ 300℃까지 ㉯ 400℃까지
㉰ 500℃까지 ㉱ 600℃까지

259
고속도강의 표준성분과 담금질 온도가 바르게 된 것은?

㉮ W(18%)-Cr(4%)-V(1%)-1,300℃
㉯ Cr(18%)-W(4%)-V(1%)-1,300℃
㉰ W(18%)-Ni(4%)-Mo(1%)-1,400℃
㉱ Ni(18%)-W(4%)-Mo(1%)-1,400℃

260
다음 중 페라이트계 스테인리스강은 어느 것인가?

㉮ 13% 크롬강
㉯ 18-8(크롬-니켈)강
㉰ 니켈-크롬-몰리브덴강
㉱ 13% 니켈강

261
다음은 스테인리스강에 대한 설명이다. 틀린 것은?

㉮ 크롬계인 페라이트계, 크롬-니켈계인 오스테나이트계 스테인리스강이다.
㉯ 녹슬지 않는 강으로 불수강이라고 한다.
㉰ 산과 알칼리에 잘 침식되지 않는다.
㉱ 크롬계와 크롬-니켈계 스테인리스강은 모두 강자성체이다.

262
다음 절삭공구 중 연화되는 온도가 가장 높은 것은?

㉮ 고속도강 ㉯ 초경질 합금
㉰ 탄소강 ㉱ 세라믹

263
변압기의 철심에 사용되는 강은?

㉮ 니켈강 ㉯ 크롬강
㉰ 규소강 ㉱ 탄소강

264
스프링용 강의 현미경 조직은 다음 중 어느 것과 비슷한가?

㉮ 페라이트 ㉯ 펄라이트
㉰ 소르바이트 ㉱ 시멘타이트

답 257 ㉱ 258 ㉱ 259 ㉮ 260 ㉮ 261 ㉱ 262 ㉱ 263 ㉰ 264 ㉰

265

열팽창 계수가 유리와 같아 전구의 도입선에 사용되는 것은?

㉮ 인바아 ㉯ 플래티나이트
㉰ 바이메탈 ㉱ 엘린바아

266

팽창계수가 아주 적어 시계태엽, 정밀기계부품으로 사용하는 것은?

㉮ 당갈로이 ㉯ 인바아
㉰ 퍼말로이 ㉱ 플래티나이트

267

다음 중 인장강도가 큰 것은?

㉮ 백주철 ㉯ 가단주철
㉰ 고급주철 ㉱ 구상흑연주철

268

아공정 주철의 탄소함유량(%)은 어느 정도인가?

㉮ 1.7~4.3 ㉯ 1.7~6.8
㉰ 4.3 ㉱ 4.3~6.8

269

주철의 성질 중 틀린 것은?

㉮ 단조용으로 적당하다.
㉯ 경도가 높다.
㉰ 압축강도가 높다.
㉱ 용해점이 낮아 주조에 적당하다.

270

다음 중 주철에 흑연화를 촉진시키는 원소가 아닌 것은?

㉮ Si ㉯ Al
㉰ Ni ㉱ Mn

271

주철의 조직 중 스테다이트와 관계없는 것은?

㉮ 인화철(Fe_3P)과 P를 용해한 철과의 공정을 말한다.
㉯ 주철을 단단하고 여리게 함으로 유해한다.
㉰ 주철의 응고과정 중 흑연의 석출에서 구상흑연으로서 강도가 좋아지며 약간의 연신율도 증가한다.
㉱ 장미무늬 모양의 흑연의 조직부근에서 흔히 발생한다.

272

일반적으로 보통주철이라함은 어느 주철을 말하나?

㉮ 회주철 ㉯ 백주철
㉰ 반주철 ㉱ 합금주철

273

주철에서 흰 백주철은 어떤 조직인가?

㉮ 시멘타이트 ㉯ 페라이트
㉰ 펄라이트 ㉱ 오스테나이트

답 265 ㉯ 266 ㉯ 267 ㉱ 268 ㉮ 269 ㉮ 270 ㉱ 271 ㉰ 272 ㉮ 273 ㉮

274
주철의 유동성을 방해하는 원소는?

㉮ C ㉯ Si
㉰ Mn ㉱ S

275
다음 중 고급 주철에 속하는 것은?

㉮ 공정흑연주철
㉯ 구상흑연주철
㉰ 괴상흑연주철
㉱ 편상흑연주철

276
다음 설명 중 틀린 것은?

㉮ 흑연이란 Fe_3C가 안정된 상태인 3Fe와 C로 분해된 것.
㉯ 흑연화의 영향은 융점을 낮게 한다.
㉰ 흑연화의 영향은 회주철이 되므로 강도가 작아짐.
㉱ 흑연모양의 기본형은 편상, 괴상, 공정상 흑연의 3종이다.

277
다음에서 펄라이트 주철의 흑연 형상은?

㉮ 편상 흑연 ㉯ 공정상 흑연
㉰ 국화무늬 흑연 ㉱ 괴상 흑연

278
주조 후 장시간 방치하여 주조응력을 없애는 것은?

㉮ 시효 경과 ㉯ 자연 시효
㉰ 주조 시효 ㉱ 인공 시효

279
기계적 성질이 강에 가장 가까운 것은?

㉮ 회주철 ㉯ 백주철
㉰ 구상흑연주철 ㉱ 칠드주철

280
주철의 성장 원인이 되는 것 중 틀린 것은?

㉮ A_1 변태에서 최적의 변화로 생기는 미세한 균열로 인한 팽창.
㉯ Fe_3C의 흑연화에 의한 팽창.
㉰ 규소의 산화에 의한 팽창.
㉱ 균일한 가열에 의한 팽창.

281
주철의 조직중에서 시멘타이트가 많이 나타나면 절삭성이 저하된다. 시멘타이트가 많이 나타나는 때는?

㉮ 규소가 많고 급냉시킬 때
㉯ 규소가 적고 급냉시킬 때
㉰ 규소가 많고 서냉시킬 때
㉱ 규소가 적고 서냉시킬 때

답 274 ㉱ 275 ㉮ 276 ㉱ 277 ㉰ 278 ㉯ 279 ㉰ 280 ㉱ 281 ㉯

282

특수주철에 Cr을 첨가함으로써 미치는 영향 중 적합한 것은?

㉮ 흑연화를 촉진시킨다.
㉯ 얇은 부분에 칠이 발생하는 것을 방지하며 내식성을 좋게 한다.
㉰ 흑연을 미세화하고 강도, 경도, 내마멸성을 증대한다.
㉱ 흑연화를 방지하며 탄화물을 안정시킨다.

283

미하나이트 주철을 설명한 말 중 틀린 것은?

㉮ 흑연의 모양을 미세화하고 균일하게 분포시킨 주철이다.
㉯ 용탕에 0.3~0.35%의 규소나 규화칼슘(Ca-Si)의 분말 등을 가하여 어느 정도의 탈산에 의하여 흑연의 씨를 만드는 접종에 의하여 제조한다.
㉰ 펄라이트 주철이라고도 한다.
㉱ 연성과 인성이 대단히 크며 살 두께의 차에 의한 성질의 변화가 아주 적으며 피스톤링에 가장 적합하다.

284

구상흑연주철을 구상화시키기 위하여 첨가하는 원소는?

㉮ 알루미늄   ㉯ 크롬
㉰ 마그네슘   ㉱ 텅스텐

285

다음의 구상흑연주철에 관한 설명 중 맞지 않는 것은?

㉮ 니켈-마그네슘 합금을 첨가해서 흑연의 구상화를 만든다.
㉯ 구상흑연주철의 조직은 주조된 상태에서 시멘타이트형, 펄라이트형, 페라이트형으로 분류된다.
㉰ 탄소, 규소의 양이 많아지면 바탕은 페라이트형이 된다.
㉱ 일반적으로 가장 많이 사용되는 것은 시멘타이트형이다.

286

다음 중 서로 짝지어진 것끼리 관계가 없는 것은?

㉮ 아시큘러 - 내마모용주철
㉯ 미하나이트 - 고급주철
㉰ 노듈린 - 구상흑연주철
㉱ 칠드 - 고급주철

287

다음 중 고규소 주철의 대표적인 것은?

㉮ 니페지스트   ㉯ 듀리론
㉰ 니크로지랄   ㉱ 알코아

답 282 ㉱ 283 ㉱ 284 ㉰ 285 ㉱ 286 ㉱ 287 ㉯

288
합금 주철에 포함된 각 합금 원소의 설명 중 틀린 것은?

㉮ 니켈은 흑연화 촉진제인데 그 능력은 규소의 1/2~1/3이다.
㉯ 크롬은 흑연화를 막고 탄화물을 안정시킨다.
㉰ 몰리브덴은 흑연화 촉진제이다.
㉱ 티탄은 강한 탈산제인 동시에 흑연화 촉진제이다.

289
내마모용 주철에 첨가하는 주 원소는?

㉮ 망간과 니켈
㉯ 규소와 망간
㉰ 니켈과 크롬
㉱ 크롬과 규소

290
다음 중 칠드 주철의 표면 조직은?

㉮ 펄라이트
㉯ 오스테나이트
㉰ 시멘타이트
㉱ 레데뷰라이트

291
크랭크축이나 캠축은 어떤 주철로 만드는 것이 적당한가?

㉮ 가단 주철
㉯ 칠드 주철
㉰ 미하나이트 주철
㉱ 내열 주철

292
칠드층을 얕게 하는 원소는?

㉮ 망간
㉯ 탄소
㉰ 몰리브덴
㉱ 텅스텐

293
백선 주물을 철광석, 밀 스케일과 함께 950℃로 가열하여 백선의 표면을 탈탄시킨 주철은?

㉮ 흑심가단주철
㉯ 펄라이트 가단주철
㉰ 백심가단주철
㉱ 구상흑연주철

294
동의 특성 중 잘못 서술한 것은?

㉮ 전기열의 양도체
㉯ 상온에서 건조공기 중 산화용이
㉰ 가공용이
㉱ 아름다운 색깔 보유

295
황동에서 자연균열을 방지하려면 어떻게 하여야 하는가?

㉮ 200~250℃에서 풀림하여 내부응력을 제거한다.
㉯ 600~1,000℃에서 담금질한 후 풀림한다.
㉰ 탈아연을 방지시키면 된다.
㉱ 아연의 함유량을 증가시킨다.

답 288 ㉰ 289 ㉱ 290 ㉰ 291 ㉮ 292 ㉯ 293 ㉰ 294 ㉯ 295 ㉮

296

다음 중 600~700℃에서 고온 가공하면 메지므로 냉간 가공하는 것은?

㉮ 7 : 3 황동 ㉯ 6 : 4 황동
㉰ 양은 ㉱ 델타메탈

297

빛깔이 곱고 장식품에 많이 사용하는 황동합금은?

㉮ 7 : 3 황동 ㉯ 포금
㉰ 톰백 ㉱ 문츠 메탈

298

황동의 내식성을 개량하기 위해 7 : 3 황동에 1% 정도의 주석을 첨가한 것은?

㉮ 에드미럴티 메탈
㉯ 양은
㉰ 네이벌 브라스
㉱ 델타 메탈

299

델타메탈은 고온에서의 압연 단조성을 좋게 하기 위해 6 : 4 황동에 무엇을 1% 내외 첨가한 것인가?

㉮ Al ㉯ Sn
㉰ Fe ㉱ Ni

300

황동이나 청동에 비해 기계적 성질과 내식성이 좋아 화학공업용 기계, 기어, 축수 등에 사용되는 합금은?

㉮ 콜슨 합금 ㉯ 알루미늄 청동
㉰ 에버듀어 ㉱ 켈멧

301

동+니켈 합금에 소량의 규소를 첨가하여 강도와 전기 전도율을 좋게 한 합금은?

㉮ 네이벌 황동
㉯ 암즈 브론스
㉰ 켈멧
㉱ 콜슨 합금

302

Zn 40% 내외의 6 : 4 황동으로 인장강도가 크며 열교환기, 열간단조용으로 사용된 황동은?

㉮ 문쯔 메탈 ㉯ 델타메탈
㉰ 톰백 ㉱ 네이벌

303

황동 중 가격이 저렴하고 탈아연부식을 일으키기 쉬운 합금은?

㉮ 7 : 3 황동 ㉯ 6 : 4 황동
㉰ red brass ㉱ low brass

답 296 ㉮ 297 ㉰ 298 ㉮ 299 ㉰ 300 ㉯ 301 ㉱ 302 ㉮ 303 ㉯

304

전기저항이 높고 내열, 내식성이 우수하고 탄성이 우수하므로 탄성재료, 화학기계용, 장식용, 악기, 식기류 등에 사용된 동합금은?

㉮ 양은 ㉯ 델타메탈
㉰ 연황동 ㉱ Al황동(알브락)

305

다음 동합금 중 탄성이 높아 스프링재료로 쓰이는 것은?

㉮ 청동 ㉯ 납황동
㉰ 인황동 ㉱ Al황동

306

포금을 설명한 것 중 틀리는 것은 어느 것인가?

㉮ 주석 8~12%를 함유하는 청동이다.
㉯ 기계재료로서 강력하고 내식성이 요구되는 부분품에 많이 사용된다.
㉰ 강도는 상당히 양호하나 성형성은 좋지 않다.
㉱ 포금에는 보통 1% 정도의 아연을 첨가한다.

307

다음 설명 중 틀린 것은?

㉮ 황동은 압연이나 드로잉할 수 있다.
㉯ 델타메탈은 60/40 황동에 Fe를 1~2% 정도 첨가한다.
㉰ 양은의 주요성분은 Cu+Zn+Ni이다.
㉱ 인청동은 내마모성은 있으나 탄성이 지극히 부족하다.

308

베어링용 합금 중에 켈멧은 축을 고속회전시켜도 축을 상하지 않게 하기 위한 합금인데 켈멧의 주성분은?

㉮ 구리+주석 ㉯ 구리+아연
㉰ 구리+납 ㉱ 구리+알루미늄

309

Al청동에 관한 서술 중 틀린 것은?

㉮ Al-Cu계 합금
㉯ 경도, 강도, 내마멸성이 높다.
㉰ 열간, 냉간가공 용이
㉱ 주조가공 불가능

310

다음 중 Cu-Ni에 소량의 규소를 첨가하여 전선 스프링에 사용하는 것은?

㉮ 암즈 브론스 ㉯ 콜슨 합금
㉰ 크로멜 ㉱ 하스텔로이

311

공업용 실용황동의 Zn 첨가량(%) 중 옳은 것은?

㉮ 50이하 ㉯ 40이하
㉰ 60이하 ㉱ 70이하

답 304 ㉮ 305 ㉰ 306 ㉰ 307 ㉱ 308 ㉰ 309 ㉱ 310 ㉯ 311 ㉯

312
황동합금에서 자연균열의 원인 중 옳은 것은?

㉮ 내부응력 ㉯ 석출경화
㉰ 수소취성 ㉱ 저온취성

313
황동의 자연균열 방지법이 아닌 것은?

㉮ 수은과 합금 ㉯ 도금
㉰ 도장 ㉱ 응력제거 풀림

314
다음에서 Cu-Ni 합금이 아닌 것은?

㉮ 콘스탄탄 ㉯ 모넬메탈
㉰ 알루멜 ㉱ 백동

315
Cu 83%, Mn 12%, Ni 2%를 함유한 Mn 청동으로 기계적 성질, 내식성이 우수하여 선박용, 광산용 등에 사용된 것은?

㉮ 망가닌 ㉯ 콜슨
㉰ 켈멧 ㉱ 에버드류

316
규소를 넣어 주조성을 개선하고 구리를 넣어 절삭성을 향상시킨 Al합금은?

㉮ 톰백 ㉯ 알루멜
㉰ 크로멜 ㉱ 라우탈

317
주로 항공기용 재료에 쓰이는 고강도 Al 합금은?

㉮ 라우탈 ㉯ 듀랄루민
㉰ 실루민 ㉱ 하이드로날륨

318
Silumin 합금이란?

㉮ Al-Cu 계 ㉯ Al-Cu-Si-Mg 계
㉰ Al-Mg 계 ㉱ Al-Si 계

319
알루미늄의 열처리 효과는 어떤 현상을 이용한 것인가?

㉮ 가공경화 ㉯ 석출경화
㉰ 마르텐사이트 변태 ㉱ 풀림

320
Y합금을 설명한 것으로써 틀리는 것은 어느 것인가?

㉮ 피스톤에 많이 사용되며 Al-Cu-Ni계 합금이다.
㉯ 알파 고용체 중에 삼원화합물이 산재하고 있는 내열합금이다.
㉰ 구조는 기공이 생기기 쉬우므로 주의를 요한다.
㉱ 내식성이 강하며 가볍고 열전도율이 작다.

답 312 ㉮ 313 ㉮ 314 ㉰ 315 ㉮ 316 ㉱ 317 ㉯ 318 ㉱ 319 ㉯ 320 ㉱

321
다음 중 시효경화 현상이 가장 잘 일어나는 재료는?

㉮ 듀랄루민 ㉯ 톰백
㉰ 7 : 3 황동 ㉱ 다우메탈

322
내식용 단련 알루미늄 합금이 아닌 것은?

㉮ 하이드로날륨 ㉯ 알민
㉰ 듀랄루민 ㉱ 알드리

323
다음은 Al의 기계적 성질을 설명한 것 중 틀린 것은?

㉮ 상온압연시 강도, 경도 증가, 연율 감소
㉯ 온도 증가에 따라 강도 감소
㉰ Al 열간가공(280~500℃), 풀림온도(250~300℃)
㉱ 가공도에 따라 강도, 경도 감소, 연율 증가

324
Al-Si-Ni-Cu-Mg계 합금으로 Na 처리한 합금은?

㉮ Y합금 ㉯ 라우탈
㉰ 실루민 ㉱ Lo-ex 합금

325
다이캐스팅용 합금의 요구 조건이 아닌 것은?

㉮ 유동성이 나쁠 것.
㉯ 열간 취성이 적을 것.
㉰ 금형에 점착되지 않을 것.
㉱ 응고수축에 대한 용탕 보급성이 좋을 것.

326
다음 마그네슘에 대한 설명 중 틀린 것은?

㉮ 고온에서 발화되기 쉽고, 분말은 폭발하기 쉽다.
㉯ 해수에 대한 내식성이 풍부하다.
㉰ 비중이 1.74, 용융점이 650℃인 조밀육방격자이다.
㉱ 경합금 재료로 좋으며 마그네슘 합금은 절삭성이 좋다.

327
마그네슘 합금의 가장 일반적인 부식성 방지법 중 아닌 것은?

㉮ 중크롬산과 크롬산을 적당한 양 혼합하여 95℃로 가열한다.
㉯ Mg 합금재의 표면에 도료를 바른다.
㉰ Mn을 사용하면 된다.
㉱ Fe을 많이 첨가한다.

328
Ni-Cu계 합금으로서 화폐 및 자동차 방열기 재료로 쓰이는 것은?

㉮ 콘스탄탄 ㉯ 인코넬
㉰ 하스텔로이 ㉱ 백동

답 321 ㉮ 322 ㉰ 323 ㉱ 324 ㉱ 325 ㉮ 326 ㉯ 327 ㉱ 328 ㉱

329
오일레스 베어링과 관계없는 것은?

㉮ 기름 보급이 곤란한 곳의 부품 소재로 적당하다.
㉯ 구리, 주석, 흑연의 분말을 혼합 성형한 것이다.
㉰ 구리와 납의 합금이다.
㉱ 너무 큰 하중이나 고속 회전부에는 부적당하다.

330
다음 합금 중 가볍고 내식성과 인장강도가 크고 고온에서 크리프 한계가 높아 항공기 부품, 우주 개발용품으로 사용되는 합금은?

㉮ 아연합금　　㉯ 티탄합금
㉰ 니켈합금　　㉱ 망간합금

331
다음 중 화재 경보기의 안전밸브, 스위치, 퓨즈 등에 사용되는 합금은?

㉮ 알민　　㉯ 톰백
㉰ 저융점합금　　㉱ 실루민

332
니켈은 내식성이 우수한 금속으로 널리 알려져 있다. 특히 침식되지 않고 잘 견디는 것은?

㉮ 황산　　㉯ 질산
㉰ 알칼리　　㉱ 염산

333
다음 중 열전대 재료가 아닌 것은?

㉮ 콘스탄탄　　㉯ 크로멜
㉰ 알루멜　　㉱ 모넬메탈

334
다음은 베빗메탈의 장점이다. 옳지 않은 것은?

㉮ 충격과 진동에 잘 견딘다.
㉯ 비열이 작고 열전도가 크다.
㉰ 고온에서도 성능이 좋고, 대하중의 기계용으로 적합하다.
㉱ 유동성과 주조성이 좋지 않다.

335
비철 합금으로 된 베어링 합금명이 아닌 것은?

㉮ 베빗 메탈　　㉯ 포금
㉰ P-브론스　　㉱ 황동

336
활자 합금에 중요한 조건이 아닌 것은?

㉮ 용융점이 높을 것.
㉯ 가격이 쌀 것.
㉰ 주조시 세부까지 선명하게 나타날 것.
㉱ 적당한 강도와 내마멸성, 내식성을 가질 것.

337
다음 중 연납 땜의 용제로서 사용되는 것이 아닌 것은?

㉮ 염화암모늄　　㉯ 염화아연
㉰ 붕사　　㉱ 송진

답 329 ㉰　330 ㉯　331 ㉰　332 ㉰　333 ㉱　334 ㉱　335 ㉱　336 ㉮　337 ㉰

열처리기능사 필기&실기

PART 2

금속제도

- **제1장** 제도의 기본
- **제2장** 기초제도
- **제3장** 제도의 응용
- **제4장** 기계요소의 제도
- ※ 기출 및 예상문제

제2편_ 금속제도

제1장 제도의 기본

1 설계와 제도

(1) 제품을 만들려면 이러한 사항들을 충분히 생각하여 면밀한 계획을 세우게 되는데 이러한 내용들을 종합하는 기술을 설계라 한다.
(2) 제도는 설계자의 요구 사항을 제작자에게 전달하기 위하여 선·문자·기호 등을 사용하여 생산품의 형상·구조·크기·재료·가공법 등을 제도 규격에 맞추어 정확하고 간단·명료하게 도면을 작성하는 과정을 말한다.
(3) 컴퓨터의 신속한 계산 능력이나 많은 기억 능력, 해석 능력을 이용해서 산업 전반에 걸쳐 설계 및 제도 분야에 컴퓨터를 이용한 설계, 즉 CAD(computer aided design)가 도입, 이용되고 있다.

2 제도규격

(1) 도면을 작성하는데 적용되는 규약을 제도 규격이라 한다.
(2) 우리나라에서는 1961년 공업 표준화 법이 제정 공포된 후 한국 산업 규격(KS)이 제정되기 시작하였다.
(3) 법률 제 4528호에 의거 (1993.6.6) 한국 공업규격을 "한국산업규격"으로 명칭 개칭
(4) 도면을 작성할 때 총괄적으로 적용되는 제도 통칙이 1966년에 KS A0005로 제정되었고 기계제도는 KS B0001로 1967년에 제정되었다.

국가 및 기구	규 격 기 호	제정년도
영 국	BS(British Standards)	1901
독 일	DIN(Deutsche Industrie Normen)	1917
미 국	ANSI(American National Standards Institute)	1918
스위스	SNV(Schweitizerish Normen des Vereinigung)	1918
프랑스	NF(Norme Francaise)	1918
일 본	JIS(Japanese Industrial Standards)	1952
한 국	KS(Korean Industrial Standards)	1961
국제표준화기구	ISO(International Organization for Standardization)	1947

KS의 분류

(1993. 12. 31 현재)

분류 기호	KS A	KS B	KS C	KS D	KS E	KS F	KS G	KS H	KS K	KS L	KS M	KS P	KS R	KS V	KS W
부문	기본	기계	전기	금속	광산	토건	일용품	식료품	섬유	요업	화학	의료	수 송 기 계	조선	항공

3 척도

(1) 척도의 종류

① 현척(full scale, full size)

도형을 실물과 같은 크기로 그리는 경우에 사용하며, 도형을 그리기 쉬우므로 가장 보편적으로 사용된다.

② 축척(contraction scale, reduation scale)

도형을 실물보다 작게 그리는 경우에 사용하며, 치수 기입은 실물의 실제 치수를 기입한다.

③ 배척(enlarged scale, enlargement scale)

도형을 실물보다 크게 그리는 경우에 사용하여, 치수 기입은 축척과 마찬가지로 실물의 실제 치수를 기입한다.

(2) 척도의 표시 방법

① 척도는 다음과 같이 A : B로 표시하여 현척의 경우에는 A와 B를 다같이 1, 축척의 경우에는 A를 1, 배척의 경우에는 B를 1로 하여 나타낸다.

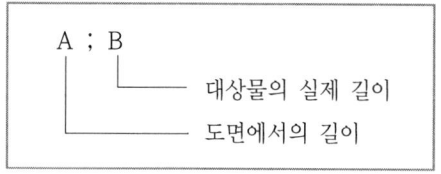

② 특별한 경우로서 도면의 길이가 실물의 길이와 비례하지 않을 때에는 '비례척이 아님' 또는 'NS(non scale)'라고 적절한 곳에 기입하고 또는 치수 숫자 밑에 선을 <u>15</u> 긋는다.

4 문자

(1) 제도에 사용되는 문자는 한자·한글·숫자·로마자이다.
(2) 글자체는 고딕체로 하여 수직 또는 15° 경사로 쓰는 것을 원칙으로 한다.

(3) 문자의 크기는 문자의 높이로 나타낸다.
(4) 문자의 선 굵기는 한자의 경우에는 문자 크기의 1/12.5로 한글·숫자·로마자의 경우에는 1/9로 한다.
(5) 문장은 왼편에서 가로쓰기를 원칙으로 한다.

5 도면의 분류

(1) 용도에 따른 분류
① 계획도 ② 제작도 ③ 주문도 ④ 견적도 ⑤ 승인도 ⑥ 설명도

(2) 내용에 따른 분류
① 부품도 ② 조립도 ③ 기초도 ④ 배치도 ⑤ 배근도 ⑥ 스케치도

(3) 표현 형식에 따른 분류
① 외관도 ② 전개도 ③ 곡면선도 ④ 선도 ⑤ 입체도

6 도면의 크기 및 양식

(1) 도면의 크기
① 원도 및 복사한 도면의 마무리 치수는 KS A 5201(종이의 재단 치수)에서 규정하는 A0~A4에 따른다.

열 번호	A열 a×b	B열 a×b
0	841×1189	1030×1456
1	594×841	728×1030
2	420×594	515×728
3	297×420	364×515
4	210×297	257×364
5	148×210	182×257
6	105×148	128×182
7	74×105	91×128
8	52×74	64×91
9	37×52	45×64
10	26×37	32×45

② 제도 용지와 세로와 가로의 비는 $1 : \sqrt{2}$ 이다.

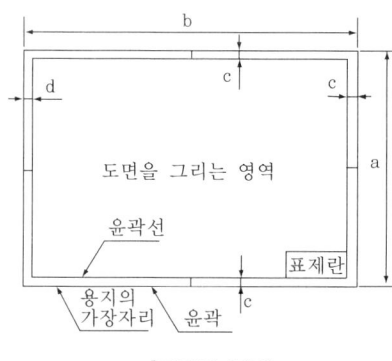

[도면의 크기]

7 선 (KS A0109, KS B0001)

(1) 모양에 따른 선의 종류

① 실선(continuous line) : 연속적으로 이어진 선(───)

② 파선(dashed line) : 짧은 선을 일정한 간격으로 나열한 선(------)

③ 1점 쇄선(chain line) : 길고 짧은 2종류의 선을 번갈아 나열한 선(─·─·─)

④ 2점 쇄선(chain double line) : 긴선과 2개의 짧은 선을 번갈아 나열한 선(─··─··)

제2편_ 금속제도

제2장 기초제도

1 투상법

투상법이란 물체의 형태, 즉 형상·크기·위치 등을 일정한 법칙에 따라 평면 위에 그리는 방법을 말한다.

[투상법의 분류(KS A 3007)]

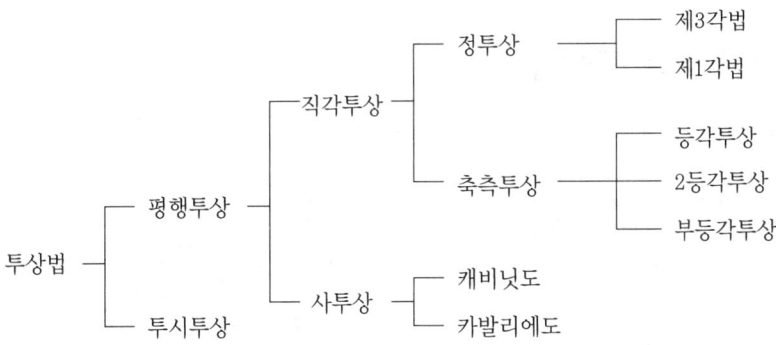

2 정투상법

(1) **정투상**(orthographic projection)

대상물의 좌표면이 투상면에 평행인 직각투상을 정투상이라고 한다.

(2) 제3각법은 대상물을 투상면의 뒤쪽에 놓고 투상하게 된다(눈 → 투상면 → 물체).

(3) 제1각법은 대상물을 투상면의 앞쪽에 놓고 투상하게 된다(눈 → 물체 → 투상면).

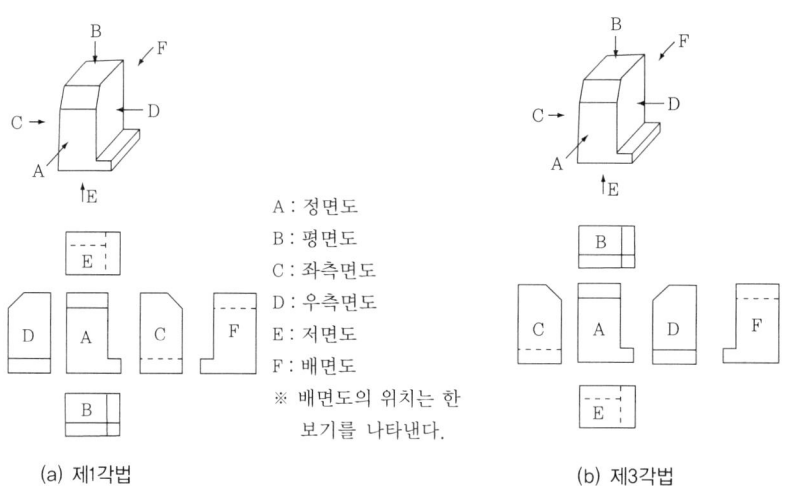

A : 정면도
B : 평면도
C : 좌측면도
D : 우측면도
E : 저면도
F : 배면도
※ 배면도의 위치는 한 보기를 나타낸다.

(a) 제1각법   (b) 제3각법

[제1각법과 제3각법의 투상도 배치(KS B 0001)]

3 제도에 사용하는 투상법

(1) 제도에 사용하는 투상법은 앞에서 설명한 여러 가지 투상법 중에서 특별한 이유가 없는 한 3종류로 한다.

투상법의 종류	사용하는 그림의 종류	특 징	주된 용도
정투상	정투상도	모양을 엄밀, 정확하게 표시할 수 있다.	일반도면
등각투상	등각도	하나의 그림으로 정육면체의 세 면을 같은 정도로 표시할 수 있다.	설명용 도면
사투상	캐비닛도	하나의 그림으로 정육면체의 세 면중의 한 면만을 중점으로 엄밀, 정확하게 표시할 수 있다.	

(2) 기계 제도에서의 투상법은 제3각법에 따르는 것으로 한다.

4 단면도의 표시방법

(1) 가상의 절단면을 정투상법에 의하여 나타낸 투상도를 단면도(sectional view)라고 한다.

(2) 단면 부분의 표시

① 단면을 그리는 에 있어서 단면 부분 및 그 앞쪽에서 보이는 부분은 모두 외형선으로 그린다.

② 단면 부분은 이곳이 단면이란 것을 표시하기 위하여 해칭(hatching) 또는 스머징(smudging)을 한다.

5 치수의 기입 방법 (KS A 0113, KS B 0001)

도면에 그린 도형은 대상물의 모양을 나타내고 대상물의 크기, 자세 및 위치 등을 정량적으로 지시하기 위하여 치수를 기입한다.

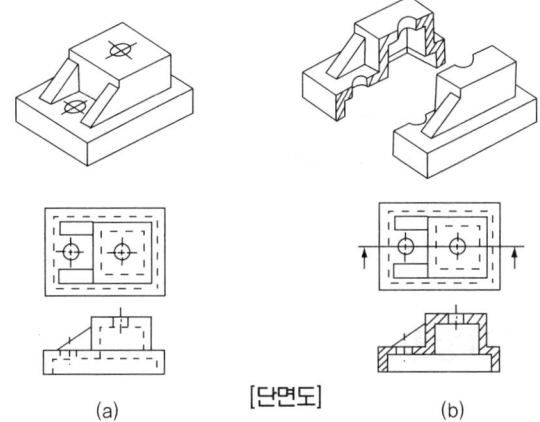

[단면도]

(a)   (b)

(1) 치수의 표시 방법

치수보조기호

구 분	기 호	사용법
지름	∅	지름 치수의 수치 앞에 붙인다.
반지름	R	반지름 치수의 수치 앞에 붙인다.
구의 지름	S∅	구의 지름 치수의 수치 앞에 붙인다.
구의 반지름	SR	구의 반지름 치수의 수치 앞에 붙인다.
정사각형의 변	□	정사각형 한 변의 치수의 수치 앞에 붙인다.
판의 두께	t	판 두께의 수치 앞에 붙인다.
원호의 길이	⌒	원호의 길이 수치 앞에 붙인다.
45°의 모떼기	C	45° 모떼기 치수의 수치 앞에 붙인다.
이론적으로 정확한 치수	15	이론적으로 정확한 치수의 수치 둘레를 사각형으로 둘러싼다.
참고치수	(15)	참고 치수의 수치(치수 보조기호를 포함한다)괄호로 한다.
비례척이 아님	15	치수와 도형이 비례하지 않을 경우 치수 밑선을 긋는다.

(2) 치수 기입 방법의 일반형식

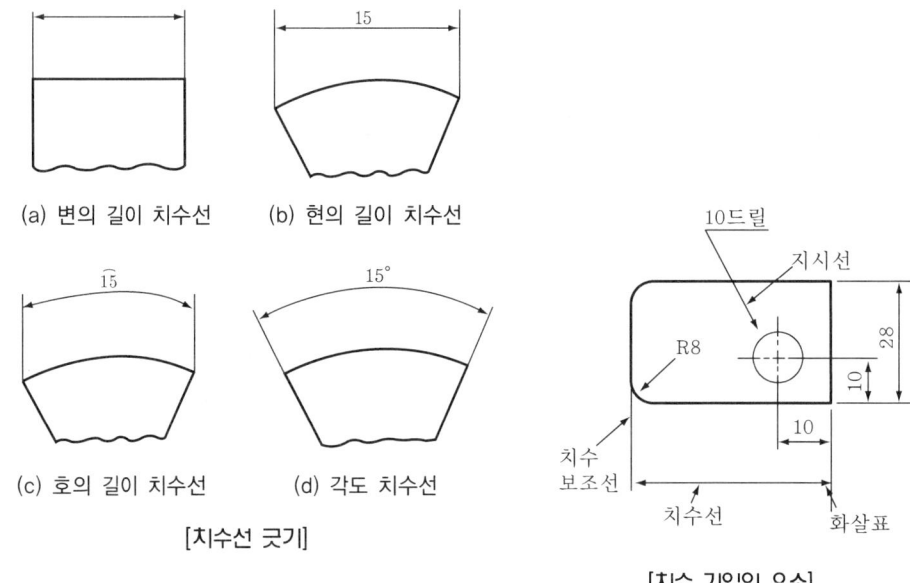

[치수선 긋기]

[치수 기입의 요소]

6 기계 재료의 표시방법

1) 재료 기호의 구성

(1) 재료기호는 재료의 명칭·종별 등을 간명하게 표시하기 위한 기호로, 주로 부품란의 재질란에 기입한다.

(2) 재료 기호는 보통 다음 3부분으로 구성되어 있으나 특별한 경우에는 5부분으로도 구성된다.

① 제1부분의 기호

재질을 표시하는 기호이며, 영어의 머리문자나 원소 기호로 표기한다.

재질을 표시하는 기호(제1부분의 기호)

기호	재질	비고	기호	재질	비고
Al	알루미늄	aluminium	F	철	ferrum
AlBr	알루미늄 청동	aluminium bronze	MS	연강	mild steel
Br	청동	bronze	NiCu	니켈 구리 합금	nickel-copper alloy
Bs	황동	brass	PB	인 청동	phosphor bronze
Cu	구리 또는 구리합금	copper	S	강	steel
HBs	고강도 황동	high strength brass	SM	기계 구조용강	machine structure steel
HMn	고망간	high menganese	WM	화이트 메달	white metal

② 제2부분의 기호

규격명 또는 제품명을 표시하는 기호이며, 주로 영어의 머리 문자로 표기하고, 판, 봉·관·선재나 주조품, 단조품 등과 같은 제품의 모양에 따른 종류나 용도를 표시한다.

규격명 또는 제품명을 표시하는 기호(제2부분의 기호)

기호	제품명 또는 규격명	기호	제품명 또는 규격명
B	봉(bar)	MC	가단 주철품(malleable iron casting)
BC	청동 주물	NC	니켈 크롬강(nickel chromium)
BsC	황동 주물	NCM	니켈 크롬 몰리브덴강
C	주조품(casting)		(nickel chromium molybdenum)
CD	구상 흑연 주철	P	판(plate)
CP	냉간 압연 강판	FS	일반 구조용관
Cr	크롬강(chromium)	PW	피아노선(piano wire)
CS	냉간 압연 강재	S	일반 구조용 압연재
DC	다이 캐스팅(die casting)	SW	강선(steel wire)
F	단조품(forging)	T	관(tube)
G	고압 가스 용기	TB	고탄소 크롬 베어링강
HP	열간 압연 연강판	TC	탄소 공구강
HR	열간 압연	TKM	기계 구조용 탄소 강관
HS	열간 압연 강대	THG	고압 가스 용기용 이음매 없는 강관
K	공구강	W	선(wire)
KH	고속도 공구강	WR	선재(wire rod)
		WS	용접 구조용 압연강

③ 제3부분의 기호

주로 재료의 종류를 표시하는 기호이며, 종별 번호나 재료의 최저인장 강도 또는 탄소 함유량을 나타내는 숫자로 표시한다.

재료의 종류를 표시하는 기호(제3부분의 기호)

기호	기호의 의미	보기	기호	기호의 의미	보기
1	1종	SHP 1	5A	5종 A	SPS 5A
2	2종	SHP 2	3A	최저 인장 강도 또는 항복점	WMC 34
A	A종	SWS 41 A			SG 26
B	B종	SWS 41 B	C	탄소함량(0.10~0.15%)	SM 12C

④ 제4, 5부분의 기호

제3부분의 기호 뒤에 덧붙여 표시하는 기호이며, 주로 열처리 상황, 모양, 제조 방법 등을 나타낸다.

끝 부분에 덧붙이는 기호(제4, 5부분의 기호)

구분	기호	기호의 의미	구분	기호	기호의 의미
조질도 기호	A H 1/2H S	풀림 상태(연질) 경질 1/2경질 표준조질	형상기호	P ⊘ ◎ □ △ 8 I ⊏	강판 둥근강 파이프 각재 6각강 8각강 I형강 채널
표면 마무리 기호	D B	무광택 마무리(dull finishing) 광택 마무리(bright finishing)			
열처리 기호	N Q SR TN	불림 담금질, 뜨임 시험편에만 불림 시험편에 용접 후 열처리	기타	CF K CR R	원심력 주강판 킬드강 제어 압연한 강판 압연한 그대로의 강판

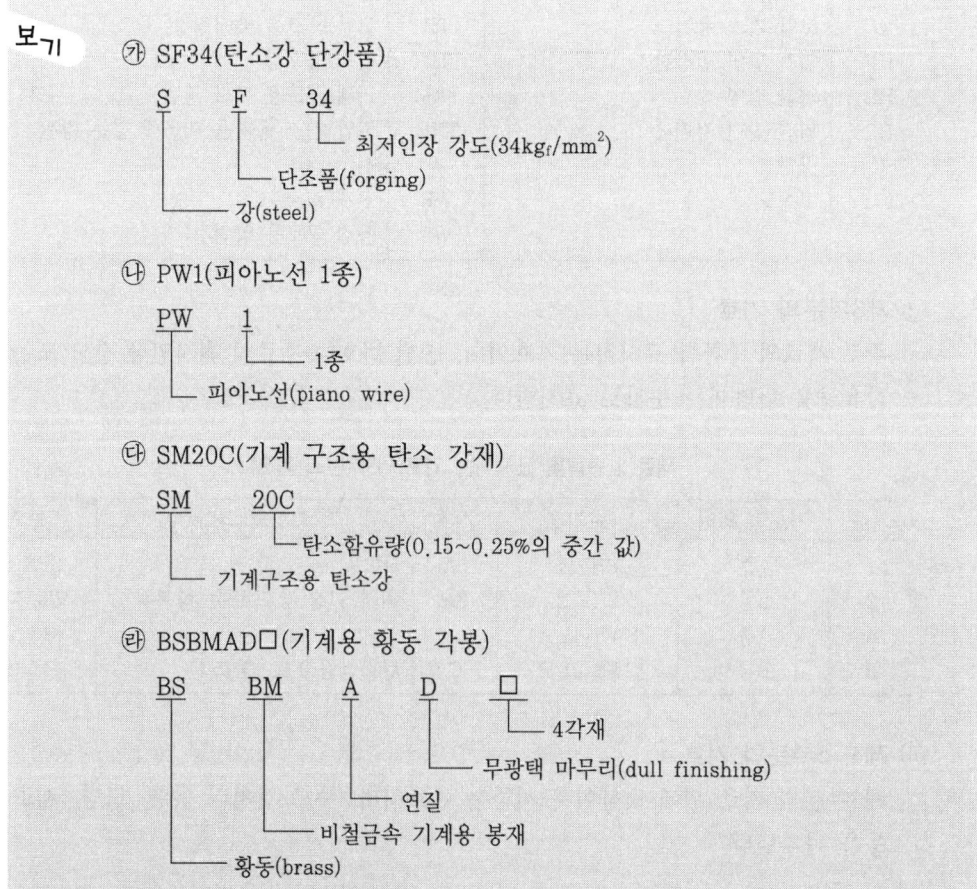

보기
㉮ SF34(탄소강 단강품)
  S F 34
  │ │ └─ 최저인장 강도(34kg_f/mm²)
  │ └─ 단조품(forging)
  └─ 강(steel)

㉯ PW1(피아노선 1종)
  PW 1
  │ └─ 1종
  └─ 피아노선(piano wire)

㉰ SM20C(기계 구조용 탄소 강재)
  SM 20C
  │   └─ 탄소함유량(0.15~0.25%의 중간 값)
  └─ 기계구조용 탄소강

㉱ BSBMAD□(기계용 황동 각봉)
  BS BM A D □
  │ │ │ │ └─ 4각재
  │ │ │ └─ 무광택 마무리(dull finishing)
  │ │ └─ 연질
  │ └─ 비철금속 기계용 봉재
  └─ 황동(brass)

제2편_ 금속제도

제3장 제도의 응용

1 표면 거칠기

물체 표면의 요철(凹 凸)의 정도를 표면 거칠기(surface roughness)라고 한다. 표면 거칠기는 중심선 평균 거칠기(R_a), 최대 높이(R_{max}), 10점 평균 거칠기(R_z)의 3종류가 있으며 그 중에서 R_a가 일반적으로 많이 쓰이고 있다.

2 면의 지시기호

(1) 표면의 결, 즉 기계부품이나 구조물 등의 표면에 있어서의 표면 거칠기, 제거가공의 필요 여부, 줄무늬 방향, 제거가공의 필요 여무, 줄무늬 방향, 가공방법 등을 나타낼 때 사용한다.
(2) 가공 방법을 나타낼 경우에는 약호, Ⅰ, Ⅱ로 표시한다.
(3) 줄무늬 방향의 표시는 그림과 같이 나타낸다.
(4) 실제 면의 지시기호의 사용보기는 그림으로 표시하였다.

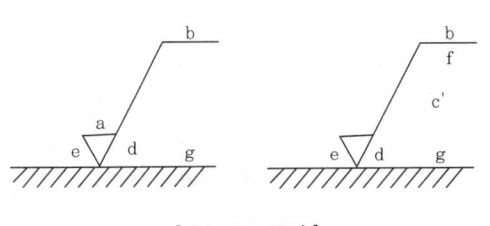

[면의 지시기호]

a : 중심선 평균 거칠기의 값
b : 가공 방법
c : 커트 오프 값
c' : 기준 길이
d : 줄무늬 방향의 기호
e : 다듬질 여유
f : 중심선 평균 거칠기 이외의 표면 거칠기의 값
g : 표면 파상도[KS B 0610(표면 파상도)에 따른다.]
 참고 : a 또는 f 이외는 필요에 따라 기입한다.

가공 방법의 기호

가공방법	약호 I	약호 II	가공방법	약호 I	약호 II
선반가공	L	선삭	호닝가공	GH	호닝
드릴가공	D	드릴상	버프다듬질	SPBF	버핑
밀링가공	M	밀링	줄다듬질	FF	줄다듬질
리머가공	FR	리밍	스크레이퍼다듬질	FS	스크레이핑
연삭가공	G	연삭	주조	C	주조

줄무늬 방향의 기호

기호	=	⊥	X	M	C	R
뜻	가공으로 생긴 앞 줄의 방향이 기호를 기입한 그림의 투상면에 평행	가공으로 생긴 앞 줄의 방향이 기호를 기입한 그림의 투상면에 직각	가공으로 생긴 선이 2방향으로 교차	가공으로 생긴 선이 다방면으로 교차 또는 방향이 없음	가공으로 생긴 선이 거의 동심원	가공으로 생긴 선이 거의 방사상
설명도						

면의 지시기호의 사용보기

기호	뜻
	제거가공을 필요로 하는 면
	제거가공을 허용하지 않는 면
25	제거가공의 필요 여부를 문제 삼지 않으며 R_a가 최대 25[μm]인 면
6.3 / 1.6	R_a가 상한 값 6.3[μm]에서 하한 값 1.6[μm]까지인 제거가공을 하는 면
25 M λ_c 0.8	λ_c 0.8[mm]에서 R_a가 최대 25[μm]인 밀링가공을 하는 면
R_{max}=25S	R_{max}가 최대 25[μm]인 제거가공을 하는 면
RZ=100 L=2.5	기준길이에서 L=2.5[mm]에서 R_a가 최대 100[μm]인 제거가공을 하는 면

3 다듬질 기호

(1) 표면의 결을 지시하는 경우 면의 지시기호 대신에 사용할 수 있는 기호로 다듬질 기호가 있지만 최근에는 거의 사용하지 않는다.
(2) 다듬질 기호는 삼각기호(▽) 및 파형기호(~)로 하여 삼각기호는 제거가공을 하는 면에 사용하고 파형기호는 제거가공을 하지 않는 면에 사용한다.

다듬질 기호에 대한 표면 거칠기 값

면의 지시기호	다듬질 기호	표면 거칠기의 표준 수열		
		R_a	R_{max}	R_z
∇Z	▽▽▽▽	0.2a	0.8s	0.8z
∇Y	▽▽▽	1.6a	6.3s	6.3z
∇X	▽▽	6.3a	25s	25z
∇W	▽	25a	100s	100z
∇0	~	특별히 규정하지 않는다.		

다듬질 기호의 사용 보기

기호	뜻
~	제거 가공을 하지 않는다.
100s ~	L8[mm]에서 R_{max}가 100[μm]보다 작은 주조 등의 면
50z ▽	L8[mm]에서 R_z가 50[μm]인 제거가공을 하는 면
▽▽▽	표면 거칠기의 범위에 들어가는 제거가공을 하는 면(대략 1.6a)
0.8a ▽▽▽	λc0.8[mm]에서 R_a가 최대 0.8[μm]인 제거가공을 하는 면
G ▽▽▽	앞의 표에 표시하는 표면 거칠기의 범위에 들어가는 제거가공을 하는 면
1.6a G ▽▽▽ / λc2.5	λc2.5[mm]에서 R_a가 최대 1.6[μm]인 연삭가공을 하는 면

4 치수공차

(1) 치수공차의 표시

① 대소 2개의 한계를 나타내는 치수를 허용한계 치수라 한다.
② 큰 쪽을 최대 허용 치수라 한다.
③ 작은 쪽을 최소 허용 치수라 한다.
④ 다듬질의 기준이 되는 치수를 기준 치수라 한다.
⑤ 최대 허용 치수와 최소 허용 치수의 차를 치수 공차라 한다.

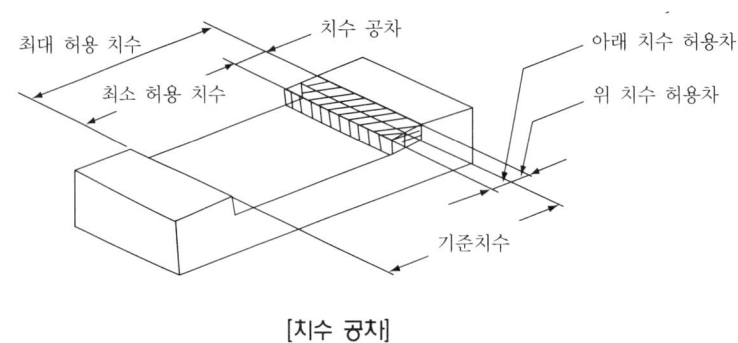

[치수 공차]

⑥ 최대 허용 치수에서 기준 치수를 뺀 것을 위 치수 허용차라 한다.
⑦ 최소 허용 치수에서 기준 치수를 뺀 것을 아래 치수라 한다.
⑧ 위 치수 허용차에서 아래 치수 허용차를 뺀 것이 치수 공차이다.

보기	$\phi 40^{+0.025}_{0}$	$\phi 40^{-0.025}_{-0.050}$
최대 허용 치수	A=40.025[mm]	a=39.975[mm]
최소 허용 치수	B=40.000[mm]	b=39.950[mm]
치수공차	T=A-B=0025[mm]	t=a-b=0.025[mm]
기준 치수	C=40.000[mm]	c=40.000[mm]
위 치수 허용차	E=A-C=0.025[mm]	e=a-c=-0.025[mm]
아래 치수 허용차	D=B-C=0	d=b-c=-0.050[mm]

5 끼워맞춤

(1) 구멍과 축을 끼워 맞출 때 2개의 부품이 맞추어지는 관계를 끼워맞춤(fit)이라 하며, 여기에는 헐거운 끼워맞춤, 중간 끼워맞춤, 억지 끼워맞춤의 3종류가 있다.

① 헐거운 끼워맞춤(clearanca fit)
구멍의 최소 허용 치수가 축의 최대 허용 치수보다 클 때의 맞춤이며, 항상 틈새가 생긴다.

② 중간 끼워맞춤(transtion fit)
구멍의 허용 치수가 축의 허용치수보다 큰 동시에 축의 허용 치수가 구멍의 허용 치수보다 큰 경우의 끼워맞춤으로서 실 치수에 따라 틈새 또는 죔새가 생긴다.

③ 억지 끼워맞춤(interference fit)
축의 최소허용치수가 구멍의 최대 허용치수보다 큰 경우의 끼워맞춤으로서 항상 죔새가 생긴다.

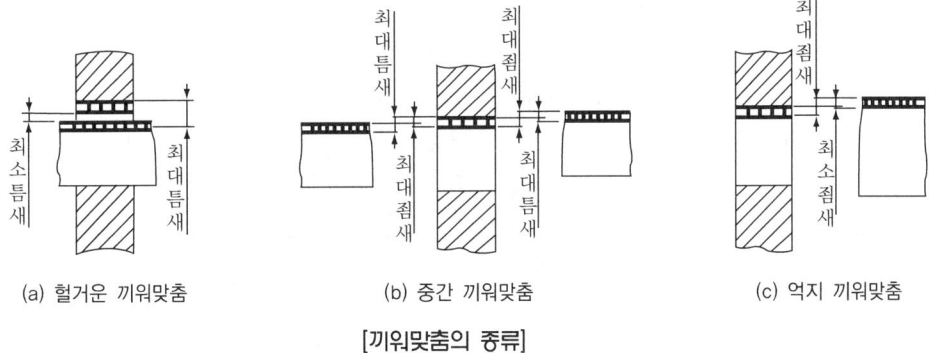

(a) 헐거운 끼워맞춤　　(b) 중간 끼워맞춤　　(c) 억지 끼워맞춤

[끼워맞춤의 종류]

6 IT기본 공차

(1) 기준치수가 크면 공차를 크게 해야 하며, 정밀도는 기준 치수와 비율로 표시한다. 이러한 공차를 IT 기본공차(ISO tolerance)라 하며, IT01에서 IT18까지 20등급으로 나눈다.
(2) IT 01~IT 4는 주로 게이지류, IT 5~IT 10은 끼워맞춤 부분, IT 11~IT 18은 끼워맞춤 이외의 공차에 적용된다.

7 기하 공차

- 기하 공차의 종류 및 기호 : 기호 공차는 단독으로 형체 공차가 정하여지는 단독 형체와 데이텀에 관련하여 공차가 정하여지는 관련 형체로 나누어진다.

기하 공차의 종류와 그 기호

적용하는 형체	공차의 종류		기호
단독형체	모양공차	진직도 공차	—
단독형체 또는 관련 형체		평면도 공차	▱
		진원도 공차	○
		원통도 공차	⌭
		선의 윤곽도 공차	⌒
		면의 윤곽도 공차	⌓
관련 형체	자세공차	평면도 공차	∥
		직각도 공차	⊥
		경사도 공차	∠
관련 형체	위치공차	위치도 공차	⊕
		동축도 공차 또는 동심도 공차	◎
		대칭도 공차	≡
	흔들림 공차	원주 흔들림 공차	↗
		온 흔들림 공차	↗↗

제2편_ 금속제도

제4장 기계요소의 제도

기계 부품에 공통으로 사용되는 것을 기계요소라 하고, 기계요소에는 결합용 기계요소, 축용 기계요소, 전동용 기계요소, 관용 기계요소 및 그 밖의 기계요소 등이 있는데 이에 관련된 제도를 기계요소 제도라 한다.

1 체결용 기계요소 제도

1 나사의 제도

(1) 나사의 표시방법

① 나사의 종류 기호 및 호칭법

구분		나사의 종류	나사의 종류를 표시하는 기호	나사의 호칭에 대한 표시방법의 보기
일반용	ISO 규격에 있는 것	미터 보통 나사	M	M 8
		미터 가는 나사		M 8×1
		미니추어 나사	S	S 0.5
		유니파이 보통 나사	UNC	3/8-16 UNC
		유니파이 가는 나사	UNF	No. 8-36 UNF
		미터 사다리꼴 나사	Tr	Tr 10×2
		관용 테이퍼 나사	테이퍼 수나사	R	R 3/4
			테이퍼 암나사	Rc	Rc 3/4
			평행 암나사	Rp	Rp 3/4
		관용 평행 나사	G	G 1/2

특수용	후강 전선관 나사		CTG	CTG 19
	박강 전선관 나사		CTC	CTC 19
	자전거 나사	일반용	BC	BC 3/4
		스포크용		BC 2.6
	미싱 나사		SM	SM 1/4, 산 40
	전구 나사		E	E 10
	자동차용 타이어 밸브 나사		TV	TV 8
	자전거용 타이어 밸브 나사		CTV	CTV 8 산 30

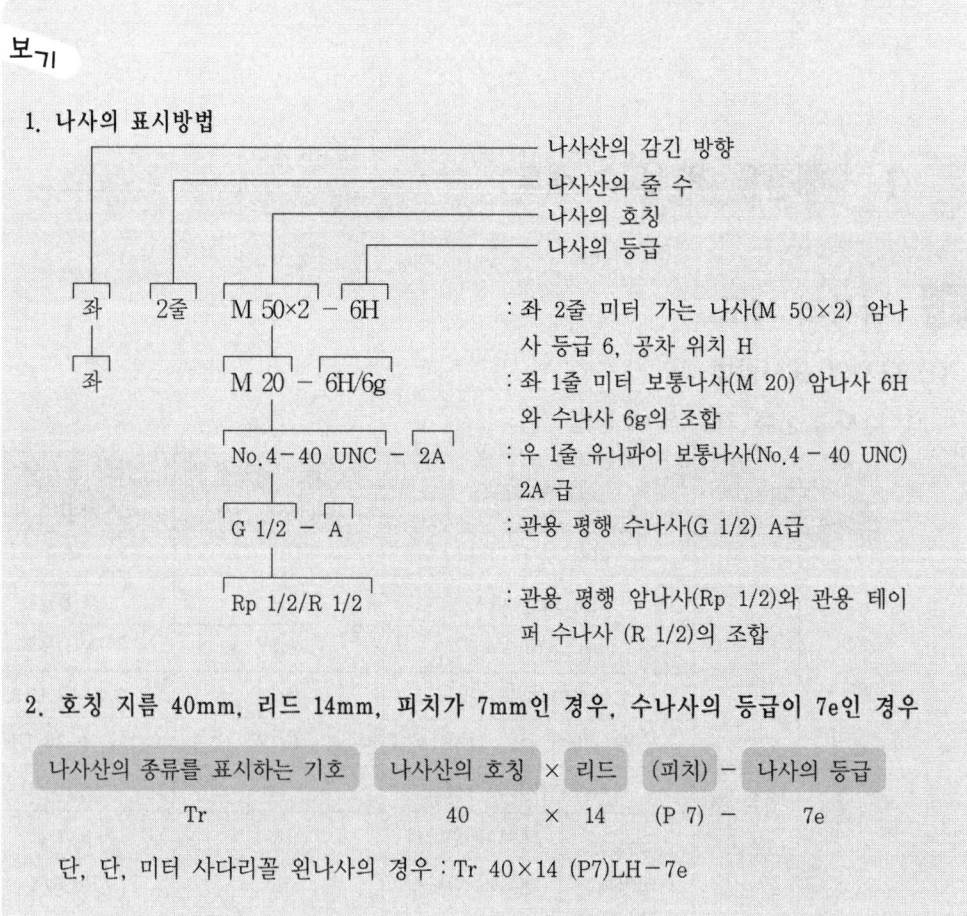

(2) 나사 도시방법

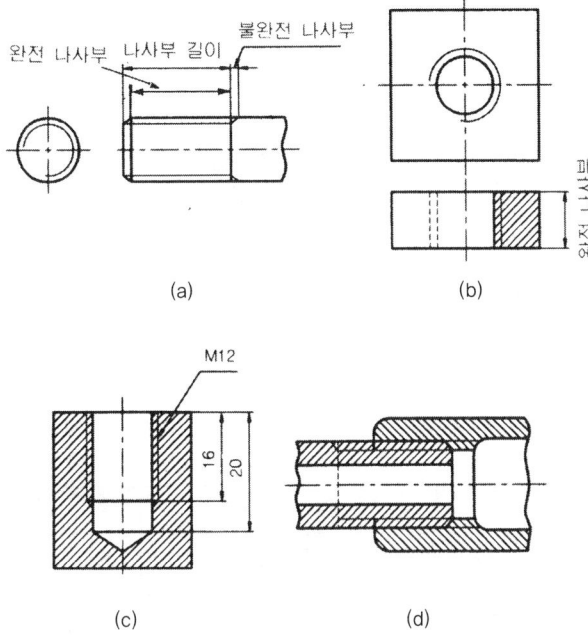

① 수나사의 바깥지름과 암나사의 안지름을 표시하는 선은 굵은 실선으로 그린다.
② 수나사와 암나사의 골을 표시하는 선은 가는 실선으로 그린다.
③ 완전 나사부와 불완전 나사부의 경계선은 굵은 실선으로 그린다.
④ 불완전 나사부의 골을 나타내는 선은 축선에 대하여 30°의 가는 실선으로 그리고, 필요에 따라 불완전 나사부의 길이를 기입한다.
⑤ 암나사의 단면 도시에서 드릴 구멍이 나타날 때에는 굵은 실선으로 120°가 되게 그린다.
⑥ 보이지 않는 나사부의 산마루는 보통의 파선으로, 골을 가는 파선으로 그린다.
⑦ 수나사와 암나사의 결합부의 단면은 수나사로 나타낸다.
⑧ 수나사와 암나사의 측면 도시에서 각각의 골지름은 가는 실선으로 약 3/4원으로 그린다.

(3) 6각 볼트의 호칭법

2 키, 핀

1) 키(key)

(1) 키의 호칭방법

규격번호 또는 명칭	×	종류 및 호칭 치수	길이	끝 모양의 특별 지정	재료
KS B 1311		평행키 반달키 B종 미끄럼키	25×14×19 5×22 36×20×140	양끝 둥금 양끝 둥금	SM 20 C SM 45 C SM 45 C

2) 핀(pin)

(1) 핀의 호칭방법

명 칭	호칭방법	사용예
평행 핀	규격 번호 또는 명칭, 종류, 형식, 호칭 지름×길이, 재료	KS B 1320m 6A−6 × 45 SB 41 평행 핀 h 7 B−5 × 32 SM 45 C
테이퍼 핀	명칭, 등급 $d \times l$, 재료	테이퍼 핀 1급 2 × 10 SM 50 C
슬롯 테이퍼 핀	명칭, $d \times l$, 재료, 지정 사항	슬롯 테이퍼 핀 6 × 70 SM 35 C 핀 갈라짐의 깊이 10
분할 핀	규격 번호 또는 명칭, 호칭 지름 × 길이, 재료	분할 핀 3 × 40 SWRM 12

1) 종류는 끼워맞춤 기호에 따른 m6, h7의 두 종류이다.
   형식은 끝면의 모양이 납작한 것이 A, 둥근 것이 B이다.
2) 등급은 테이퍼의 정밀도 및 다듬질 정도에 따라 1급, 2급의 두 종류가 있다.

3 리벳과 용접이음

1) 리벳(rivet)

(1) 리벳의 호칭 방법

	규격번호	종 류	$d \times l$	재 료	지정사항
사 용 예	KS B 1101	둥근머리 리벳 냉간 냄비머리	6 × 18 3 × 8	MSWR 10 동	끝붙이
	KS B 1002	둥근머리 리벳 열간 접시머리 리벳 보일러용 둥근머리 리벳	16 × 40 20 × 50 13 × 30	SV 34 SV 34 SV 41 B	

① 리벳의 호칭 길이

접시머리 리벳은 머리부를 포함한 전체 길이로 호칭을 표시하고, 둥근머리 리벳, 납작머리 리벳, 얇은 납작머리 리벳, 냄비머리 리벳은 머리부를 제외한 길이로 호칭을 나타낸다.

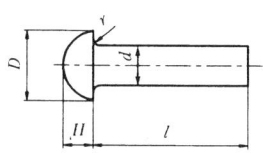   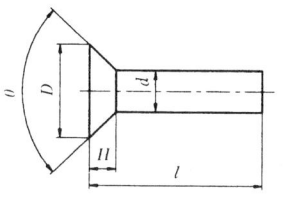

    (a) 둥근머리 리벳   (b) 접시머리 리벳

② 리벳의 기호

   ○ : 양면 둥근머리 공장 리벳
   ● : 양면 둥근머리 현장 리벳
   ⌀ : 앞면 접시머리 공장 리벳
   ⊘ : 뒷면 접시머리 공장 리벳
   ∅ : 양면 접시머리 공장 리벳

(2) 리벳 이음의 도시 방법

피치의 수 × 피치의 간격 = (합계 치수)

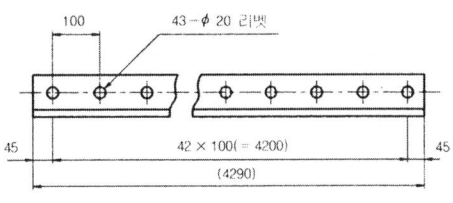

리벳의 치수 기입

2) 용접(welding)

(1) 용접기호의 도시 방법

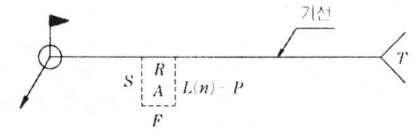   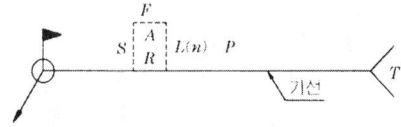

(a) 용접하는 곳이 화살표쪽 또는 앞쪽일 때   (b) 용접하는 곳이 화살표 반대쪽 또는 맞은쪽일 때

- 기본 기호

S : 용접부의 단면 치수 또는 강도(홈 깊이, 필릿의 다리 길이, 플러그 구멍의 지름, 슬롯 홈의 나비, 심의 나비, 점 용접의 너깃 지름 또는 단접의 강도 등)
R : 루트 간격
A : 홈 각도
L : 단속 필릿 용접의 용접 길이, 슬롯 용접의 홈 길이 또는 필요할 경우에는 용접 길이
n : 단속 필릿 용접, 플러그 용접, 슬롯 용접, 점 용접 등의 수
P : 단속 필릿 용접, 플러그 용접, 슬롯 용접, 점 용접 등의 피치
T : 특별 지시 사항(J형, U형 등의 루트 반지름, 용접 방법, 비파괴 시험의 보조 기호, 기타)
F : 다듬질 방법

① 용접부의 기본 기호

양쪽 플랜지형 :	〳〵	플레어 V형 :	∨
한쪽 플랜지형 :	⌐〵	플레어 X형 : 플레어 V형 :	⋊
I형 :	‖	플레어 K형 : 필릿 :	◿
V형, 양면 V형 : (X형)	∨	플러그 :	⊓
V형, 양면 V형 : (K형)	Ⅴ	비드, 덧붙임 :	⌒ 비드 ⌒⌒ 덧붙임
J형, 양면 J형 :	Ⅴ	점, 프로젝션 :	✶ (O)
U형, 양면 U형 : (H형)	Ⅴ	심 :	⌒⌒ 덧붙임 ✶ (O) ✶✶ (⊖)

② 보조 기호

구 분			보조 기호	비 고
용접부의 표면 모양	평탄 볼록 오목		─ ⌒ ⌣	기선의 밖으로 향하여 볼록하게 한다. 기선의 밖으로 향하여 오목하게 한다.
용접부의 다듬질 방법	치핑 연삭 절삭 지정없음		C G M F	그라인더 다듬질일 경우 기계 다듬질일 경우 다듬질 방법을 지정하지 않을 경우
현장 용접 온 둘레 용접 온 둘레 현장 용접			▶ ○ ⦶	온 둘레 용접이 분명할 때에는 생략해도 좋다.
비파괴 시험 방법	방사선 투과 시험	일반 2중벽 촬영	RT RT-W	일반적으로 용접부에 방사선 투과 시험 등 각 시험 방법을 표시할 뿐 내용을 표시하지 않을 경우 각 기호 이외의 시험에 대하여는 필요에 따라 적당한 표시를 할 수 있다. [보기] 누설 시험 LT 변형 측정 시험 ST 육안 시험 VT 어코스틱 에미션 시험 AET 와류 탐상 시험 ET
	초음파 탐상 시험	일반 수직 탐상 경사각 탐상	UT UT-N UT-A	
	자기 분말 탐상 시험	일반 형광탐상	MT MT-F	
	침투 탐상 시험	일반 형광 탐상 비형광 탐상	PT PT-F PT-D	
	전체선 시험		○	
	부분 시험(샘플링 시험)		△	각 시험의 기호 뒤에 붙인다.

2 축용 기계요소의 제도

1 축(shaft)

(1) 축의 도시 방법

① 축은 길이방향으로 단면도시를 하지 않는다. 단, 부분단면은 허용한다.
② 긴축은 중간을 파단하여 짧게 그릴 수 있으며, 실제치수를 기입한다.
③ 축 끝에는 모따기 및 라운딩을 할 수 있다.
④ 축에 있는 널링(knurling)의 도시는 빗줄인 경우는 축선에 대하여 30°로 엇갈리게 그린다.

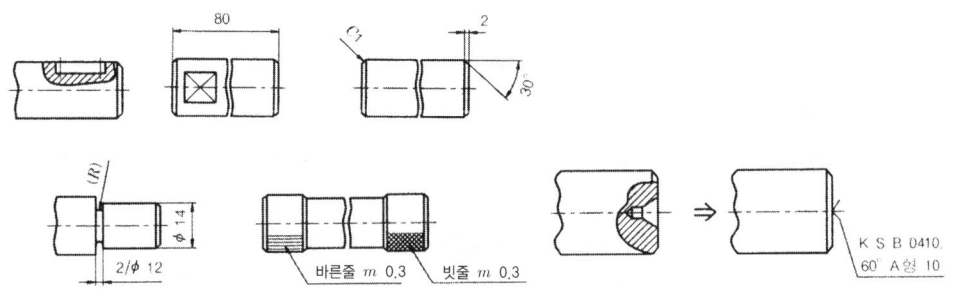

[축의 도시 방법]

2 베어링

(1) 구름 베어링의 호칭법

- 기본 기호 : 베어링 계열번호, 안지름 번호, 접촉각 기호
- 보조 기호 : 리테이너 기호, 실드 기호, 틈새 기호, 등급 기호

① 베어링 계열 기호

베어링 계열 기호는 베어링의 형식과 치수 계열을 나타낸다.

㉠ 형식(첫번째 숫자)

1	복식 자동 조심형
2, 3	복식 자동 조심형(큰 나비)
6	단식 홈형
7	단식 앵귤러 볼형
N	원통 롤러형

ⓛ 치수 계열(둘째 번 숫자) : 폭(높이) 계열과 지름 계열을 조합한 것으로 같은 베어링의 안지름에 대한 폭과 바깥지름과의 계열을 나타낸다.

② 안지름 번호(세째번, 넷째번 숫자)

안지름 번호 1에서 9까지는 안지름 번호와 안지름이 같고 안지름 번호의

00 …… 안지름 10mm   01 …… 안지름 12mm
02 …… 안지름 15mm   03 …… 안지름 17mm

안지름 20mm 이상 480mm 미만은 안지름을 5로 나눈 수가 안지름 번호(2자리)이다.

③ 호칭 번호의 표시

㉠ 6008C2P6

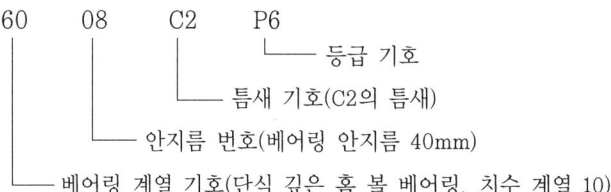

㉡ 6312ZNR

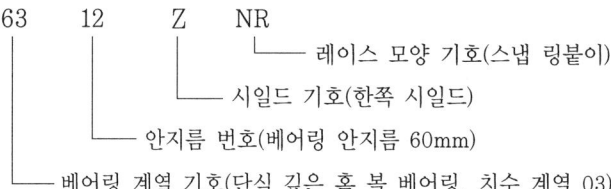

㉢ NA4916V

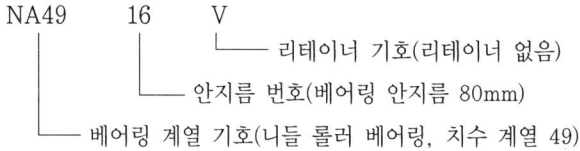

(2) 구름 베어링의 약도 도시 기호

구름 베어링	깊은 홈 볼 베어링	앵귤러 볼 베어링	자동 조심 볼 베어링	원통 롤러 베어링				
				NJ	NU	NF	N	NN
호칭 번호예	6204	7003	1306K	NJ 204	NU 1005	NF 204	N 204	NN 3005

	니들 롤러 베어링		테이퍼 롤러 베어링	자동 조심 롤러 베어링	평면자리형 스러스트 베어링		스러스트 자동 조심 롤러 베어링	깊은 홈 볼 베어링
	NA	RNA			단식	복식		
	NA 4900	RNA 4900	32012	23022	51100	52204	29240	

☑ 베어링의 간략 도시법에서 축은 굵은 실선으로 표시한다.

3 전동용 기계요소의 제도

1 기어(치차 : gear)

(1) 기어 제도

① 항목표에는 원칙적으로 이 절삭, 조립, 검사 등에 필요한 사항을 기입한다.
② 재료, 열처리, 경도 등에 관한 사항은 필요에 따라 표의 비고란 또는 그림 속에 적당히 기입한다.
③ 이끝원은 굵은 실선으로 그리고 피치원은 가는 1점 쇄선으로 그린다.
④ 이뿌리원은 가는 실선으로 그린다.(단, 축에 직각인 방향으로 본 그림(이하 주 투상도라 한다.)의 단면으로 도시할 때에는 이뿌리원은 굵은 실선으로 그린다. 또, 베벨 기어와 웜 휠에서는 이뿌리원은 생략해도 좋다.)
⑤ 잇줄 방향은 보통 3개의 가는 실선으로 그린다.(단, 외접 헬리컬 기어의 주투상도를 단면으로 도시할 때에는 잇줄방향 도시는 3개의 가는 2점 쇄선으로 그린다.)
⑥ 맞물리는 한쌍 기어의 도시에서 맞물림부의 이끝원은 모두 굵은 실선으로 그리고, 주투상도를 단면으로 도시할 때에는 맞물림부의 한쪽 이끝원을 표시하는 선은 가는 파선 또는 굵은 파선으로 그린다.

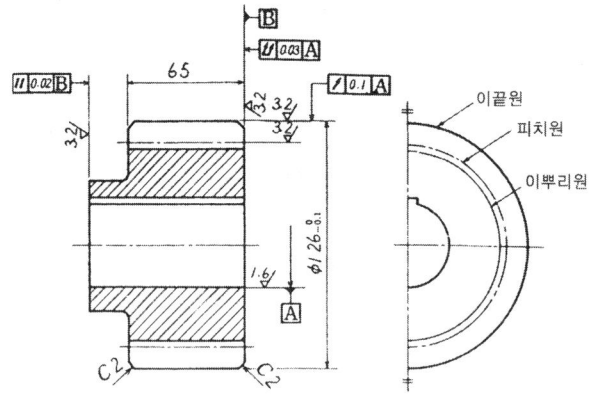

스퍼 기어 요목표		
기 어 치 형		표준
공구	치형	보통이
	모듈	3
	압력각	20°
잇수		40
피치원 지름		120
다듬질 방법		호브 절삭

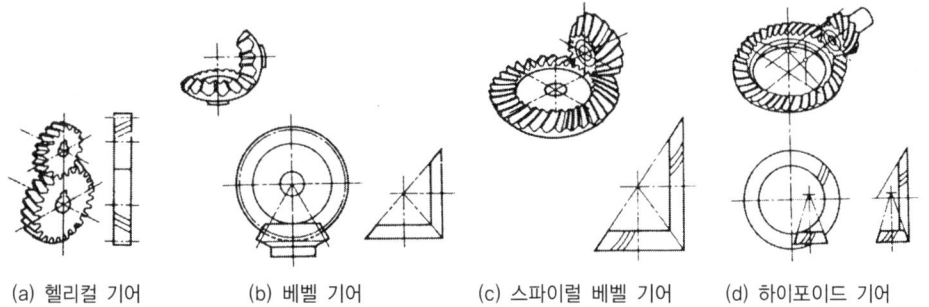

(a) 헬리컬 기어　　　(b) 베벨 기어　　　(c) 스파이럴 베벨 기어　　　(d) 하이포이드 기어

(2) 기어의 이의 크기

① 원주 피치(circular pitch) : p

$$p = \frac{\pi D}{Z} \text{mm} \text{ or } P = \pi m$$

여기서, p : 원주 피치
D : 피치원의 지름(mm)
Z : 잇수

② 모듈(module) : m

$$m = \frac{D}{Z}$$

③ 지름 피치(diametral pitch)

인치식 기어의 크기를 나타낸 것으로, 피치원의 지름 1인치에 해당하는 잇수이다.

$$D \cdot p = \frac{Z}{D(\text{inch})} = \frac{25.4Z}{D(\text{mm})} = 25.4 \text{mm}$$

2 벨트 풀리와 스프로킷 휠

1) 벨트 풀리(belt pulley)

(1) 평 벨트 풀리의 호칭법

호 칭	종 류	호칭 지름×호칭 나비	재 질
평 벨트 풀리	일체형	125×25	주 철

(2) 평 벨트 풀리의 도시법

① 벨트 풀리는 축 직각 방향의 투상을 정면도로 한다.
② 모양이 대칭형인 벨트 풀리는 그 일부분만을 도시한다.
③ 방사형으로 되어 있는 암(arm)은 수직 중심선 또는 수평 중심선까지 회전하여 투상한다.

④ 암은 길이 방향으로 절단하여 단면을 도시하지 않는다.
⑤ 암의 단면형은 도형의 안이나 밖에 회전단면을 도시한다.
⑥ 암의 테이퍼 부분 치수를 기입할 때 치수 보조선은 경사선(수평과 60° 또는 30°)으로 긋는다.

(3) V벨트 풀리의 호칭법

규격 번호 또는 명칭	호칭 지름	종 류	보스 위치의 구별
KS B 1403	250	A 1	II
주철제 V벨트 풀리	250	B 3	III40H8

① V벨트의 종류에는 M형 및 A, B, C, D, E형 등의 6종류가 있으며, M형이 가장 작고 E형이 가장 크다.(벨트의 각(θ)은 40°이다.)

2) 스프로킷 휠(sproket wheel)

(1) 스프로킷 휠의 도시방법

① 스퍼 기어와 같은 방법으로, 바깥지름은 굵은 실선, 피치원은 가는 1점 쇄선, 이뿌리원은 가는 실선 또는 굵은 파선으로 표시한다.
② 축에 직각 방향으로 본 그림을 단면으로 도시할 때에는 톱니를 단면으로 하지 않고, 이 뿌리의 위치에서 절단하여 이뿌리선은 굵은 실선으로 한다.

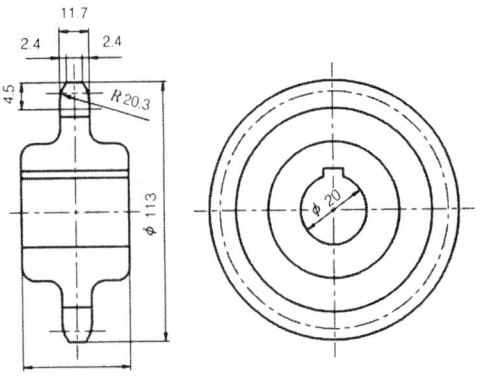

요목표		
롤러체인	호칭번호	60
	피치	19.05
	바깥지름	11.91
	잇수	17
스프로킷	치형	S
	피치원지름	103.67
	바깥지름	113
	이뿌리원지름	91.76
	이뿌리원길이	91.32

[스프로킷의 도시]

3 스프링(spring)

1) 스프링의 도시법

(1) 코일 스프링의 제도

① 스프링은 원칙적으로 무하중인 상태로 그린다. 만약, 하중이 걸린 상태에서 그릴 때에는 선도 또는 그 때의 치수와 하중을 기입한다.
② 하중과 높이(또는 길이) 또는 처짐과의 관계를 표시할 필요가 있을 때에는 선도 또는 항목표에 나타낸다.
③ 특별한 단서가 없는 한 모두 오른쪽 감기로 도시하고, 왼쪽 감기로 도시할 때에는 '감긴 방향 왼쪽' 이라고 표시한다.
④ 코일 부분의 중간 부분을 생략할 때에는 생략한 부분을 가는 1점 쇄선으로 표시하거나, 또는 가는 2점 쇄선으로 표시해도 좋다.
⑤ 스프링의 종류와 모양만을 도시할 때에는 재료의 중심선만을 굵은 실선으로 그린다.
⑥ 조립도나 설명도 등에서 코일 스프링은 그 단면만으로 표시하여도 좋다.

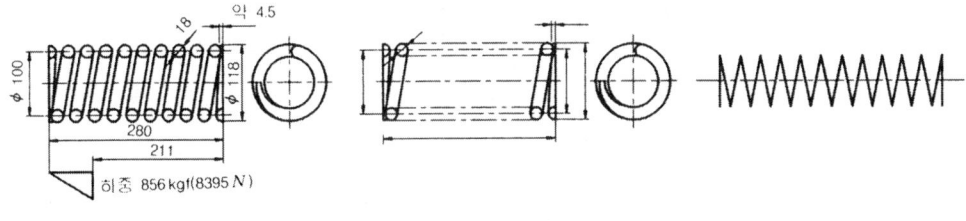

(a) 코일 스프링의 제도　　(b) 코일 스프링의 생략도　　(c) 코일 스프링의 모양 도시

(2) 겹판 스프링의 제도

① 겹판 스프링은 원칙적으로 판이 수평인 상태에서 그린다. 하중이 걸린 상태에서 그릴 때에는 하중을 명기한다.
② 무하중의 상태로 그릴 때에는 가상선으로 표시한다.
③ 모양만을 도시할 때에는 스프링의 외형을 실선으로 그린다.

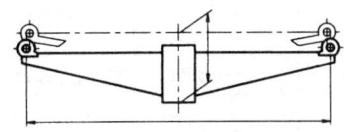

[겹판 스프링의 간략도]

4 관계 기계요소

1) 파이프

(1) 파이프의 도시기호 및 방법

일반 광·공업에서 사용하는 계획도, 설계도 등의 도면에 배관 및 부속품을 기호로써 나타낸다.

① 파이프는 1줄의 실선으로 표시하고, 같은 도면에서 같은 굵기로 표시한다.
② 유체의 종류와 기호표시는 공기 : A, 가스 : G, 유류 : O, 수증기 : S, 물 : W, 증기 : V 이다.
③ 유체의 흐름방향은 관을 표시하는 실선에 화살표의 방향으로 표시한다.
④ 파이프의 접속 및 계기표시는 다음과 같다.

관의 접속 상태	표시 기호
접속하지 않을 때	─┼─ 또는 │ 분기
접속 또는 분기할 때	─●─ 또는 ─●─ 분기

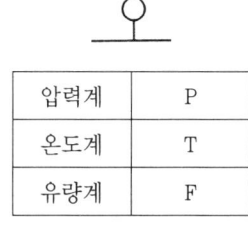

압력계	P
온도계	T
유량계	F

(a) 파이프의 접속 표시   (b) 계기 표시

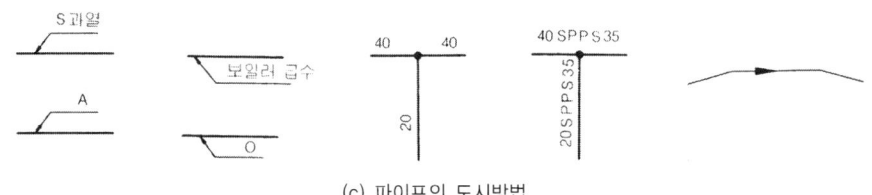

(c) 파이프의 도시방법

(2) 파이프 이음의 도시기호

부품 명칭	도시 기호 플랜지 이음	나사 이음	부품 명칭	도시 기호 플랜지 이음	나사 이음
엘보			조인트		
45° 엘보			유니언		
오는 엘보			부시		
가는 엘보			플러그		

※ ─┼─ : 턱걸이 이음, ─✕─ : 용접 이음, ─○─ : 납땜 이음

(3) 신축 이음의 종류 및 도시기호

① 루프형   ② 벨로즈형   ③ 스위블형   ④ 슬리브형

 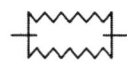 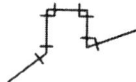 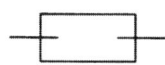

2) 밸브

(1) 밸브의 도시법

명 칭	도시 기호		명 칭	도시 기호	
	플랜지 이음	나사 이음		플랜지 이음	나사 이음
글로브 호스 밸브			글로브 밸브		
앵글 밸브			콕		
체크 밸브			전동 슬루스 밸브		
게이트 밸브			슬루스 밸브		
안전 밸브			다이어프램 밸브		

3) 배관의 높이 표시방법

(1) EL(elevation) 표시

배관의 높이를 관의 중심을 기준으로 표시한다.(EL을 먼저 표시하고 뒤에 치수기입)

① BOP(bottom of pipe) 표시

  서로 지름이 다른 관의 높이를 나타낼 때 적용되는 것으로 관 바깥지름의 밑면까지를 기준으로 하여 표시한다.

② TOP(top of pipe)

  지하의 매설 배관 작업과 같은 시공시 BOP와 같은 목적으로 사용되나 관 윗면을 기준으로 표시한다.

(2) GL(ground line)

포장된 지표면의 높이를 표시할 때 적용된다.

(3) FL(floor line)

1층 바닥면을 기준으로 높이를 표시하는 방법이다.

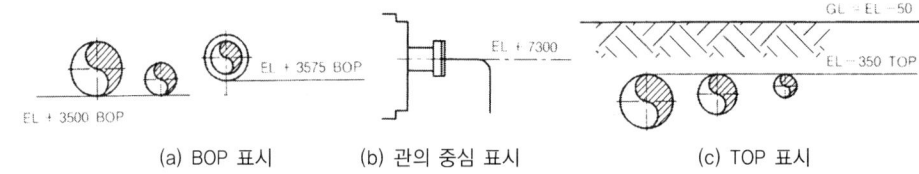

(a) BOP 표시 (b) 관의 중심 표시 (c) TOP 표시

제2편 금속제도 기출 및 예상문제

001

물체의 표면에 특수한 가공을 하는 부분 등 특별한 요구사항을 적용할 수 있는 범위를 표시하는데 사용하는 선은?

㉮ 굵은 실선
㉯ 가는 2점 쇄선
㉰ 굵은 파선
㉱ 굵은 1점 쇄선

 특수지정선으로 표시

002

도면의 치수 기입법의 설명으로 옳은 것은?

㉮ 치수 숫자는 치수선에 붙여서 기입한다.
㉯ 평면도나 측면도에 집중적으로 기입한다.
㉰ 도형 가까운 쪽에 큰 치수를 먼저 기입한다.
㉱ 가급적 도형의 외부에 기입한다.

  ㉮ : 중앙상부
　　㉯ : 정면도
　　㉰ : 작은치수

003

좌우 또는 상하 대칭인 물체의 외형과 단면을 절반씩 도시하는 단면도는?

㉮ 온 단면도　　㉯ 한쪽 단면도
㉰ 계단 단면도　㉱ 파쇄 단면도

 물체의 1/4을 도시

004

가공면의 줄무늬 방향을 나타내는 기호 중 가공에 의한 커터의 줄무늬가 기호를 기입한 면의 중심에 대하여 대략 동심원 모양인 것은?

㉮ X　　㉯ R
㉰ C　　㉱ M

 X : 두방향 교차, R : 레이디얼모양, M : 무방향

005

KS 재료기호에서 일반적으로 첫째 자리 문자가 표시하는 것은?

㉮ 제품명　　㉯ 규격명
㉰ 강도　　　㉱ 재질명

 ① 재질명
② 규격명, 제품명
③ 종류, 최저인장강도

답 001 ㉱　002 ㉱　003 ㉯　004 ㉰　005 ㉱

006

아래 그림과 같은 나사 도시에 대한 설명으로 옳은 것은?

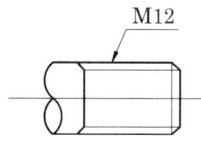

㉮ 인치나사(암나사)로서 호칭지름이 12"이다.
㉯ 유니파이나사(수나사)로서 호칭지름 12mm다.
㉰ 사다리꼴나사(암나사)로서 호칭지름이 12mm다.
㉱ 미터나사(수나사)로서 호칭지름이 12mm다.

 ㉯ UNC : 유니파이 보통나사
㉰ Tr : 미터 사다리꼴나사

007

제도 도면에서 보조 투상도를 사용하는 경우는?

㉮ 물체의 모양이 복잡하여 이해하기 곤란할 때
㉯ 물체 면이 투상면에 경사져서 실제의 길이와 모양이 나타나지 않을 때
㉰ 특수한 부분만을 별도로 확대할 필요가 있을 때
㉱ 물체 내부의 보이지 않는 부분을 명확히 나타내고자 할 때

008

제도에서 선이 겹쳐서 나타나는 경우 가장 우선적으로 도시되는 선은?

㉮ 은선   ㉯ 절단선
㉰ 외형선   ㉱ 중심선

 선의 우선순위
외형선 → 숨은선 → 절단선 → 중심선 → 무게 중심선 → 치수 보조선

009

⌀100 ± 0.05로 표시된 치수의 공차는?

㉮ 0.05   ㉯ 0.1
㉰ −0.05   ㉱ 0.01

 0.05−(0.05)=0.05+0.05
               =0.1

010

제도용지 A_3는 A_4용지의 몇 배 크기가 되는가?

㉮ $\sqrt{2}$ 배   ㉯ 4배
㉰ 2배   ㉱ $\frac{1}{2}$ 배

011

치수 숫자와 같이 사용하는 기호 중 정사각형의 치수를 나타내는 기호는?

㉮ ⌀   ㉯ □
㉰ t   ㉱ R

⌀ : 지름, t : 두께, R : 반지름

012

정투상법에서 물체의 특징을 가장 잘 나타내는 면은 무슨 투상도로 하는가?

㉮ 평면도   ㉯ 정면도
㉰ 우측면도   ㉱ 좌측면도

답 006 ㉱ 007 ㉯ 008 ㉰ 009 ㉯ 010 ㉰ 011 ㉯ 012 ㉯

013

물체의 구조 및 기능을 설명하기 위한 도면은?

㉮ 상세도 ㉯ 계획도
㉰ 설명도 ㉱ 견적도

014

기어 제도에서 피치원을 나타내는 선은?

㉮ 굵은 실선
㉯ 가는 1점 쇄선
㉰ 가는 2점 쇄선
㉱ 은선

015

물체의 보이지 않는 부분을 나타내는데 사용되는 선은?

㉮ 실선 ㉯ 파선
㉰ 1점 쇄선 ㉱ 2점 쇄선

016

제도 용지의 종류 중 A₄ 용지의 크기는?

㉮ 594 × 841
㉯ 420 × 594
㉰ 350 × 450
㉱ 210 × 297

 전지 = 1m² = A0 = 1189×841

017

다음 물체의 투상도에서 평면도로 옳은 것은?

㉮  ㉯

㉰  ㉱

018

다음 도형은 어느 단면도에 속하는가?

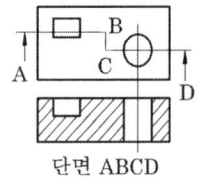

단면 ABCD

㉮ 온 단면도
㉯ 회전 도시 단면도
㉰ 한쪽 단면도
㉱ 조합에 의한 단면도

 ① 조합에 의한 단면도 = 계단단면도
② 2개 이상의 절단면 : 서로교차, 구부러진것, 평행한 수평면

019

물체의 수평면이나 수직면의 일부 모양만을 도시해도 충분할 경우에 어떤 투상도로 나 타내면 좋은가?

㉮ 요점 투상도 ㉯ 부분 투상도
㉰ 회전 투상도 ㉱ 복각 투상도

답 013 ㉰ 014 ㉯ 015 ㉯ 016 ㉱ 017 ㉮ 018 ㉱ 019 ㉯

020

KS 규격에 의한 표면의 결(거칠기) 도시 기호 중 특별한 표면가공을 하지 않을 때 사용 하는 기호는?

㉮   ㉯

㉰  ㉱

풀이 ㉯ 제거가공 필요
    ㉰ 제거가공 문제 삼지 않음

021

탄소강 단강품을 나타내는 재료기호는?

㉮ BrC₃   ㉯ SF
㉰ SM   ㉱ SCP

풀이 BrC₃ : 청동주물, SM : 기계구조용강,
    SCP : 일반구조용판

022

다음 그림에서 테이퍼 값은 얼마인가?

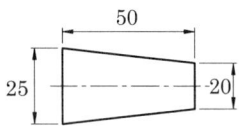

㉮ 1/10   ㉯ 1/5
㉰ 2/5   ㉱ 1/2

풀이 $\dfrac{25-20}{50} = \dfrac{5}{50} = \dfrac{1}{10}$

023

도면에서 가공방법 지시기호 중 밀링가공을 나타내는 약호는?

㉮ L   ㉯ M
㉰ P   ㉱ G

풀이 L : 선반, P : 평삭, G : 연삭

024

도면에 t4로 표시되었다면 다음 중 옳은 것은?

㉮ 한변이 4mm 정사각형
㉯ 넓이가 4mm² 인 정사각형
㉰ 두께가 4mm 판재
㉱ 강도가 4kg_f/mm² 인 재료

025

다음 중 정투상법에 대한 설명으로 틀린 것은?

㉮ 물체의 특징을 가장 잘 나타내는 면을 정면도로 한다.
㉯ 제 3각법은 정면도와 측면도를 대조하는데 편리하다.
㉰ 정면도의 위치를 먼저 결정하고 이를 기준으로 평면도, 측면도의 위치를 정한다.
㉱ 제 1각법으로 투상도를 얻는 원리는 "눈 → 투상면 → 물체"의 순서이다.

풀이 1각법 : 눈→물체→투상면
    3각법 : 눈→투상면→물체

답 020 ㉮ 021 ㉯ 022 ㉮ 023 ㉯ 024 ㉰ 025 ㉱

026

제도에서 치수선은 어떤 모양의 선으로 긋는가?

㉮ 가는 실선
㉯ 가는 1점 쇄선
㉰ 굵은 실선
㉱ 중간 굵기의 파선

027

제도시 도면의 길이를 재어 옮기는 경우나 선을 등분할 때 가장 적합한 제도 기구는?

㉮ 디바이더 ㉯ 컴퍼스
㉰ 운형자   ㉱ 형판

028

나사의 종류를 표시하는 기호에서 미터나사를 나타내는 기호는?

㉮ M   ㉯ S
㉰ UNC ㉱ UNF

 S : 미니츄어나사, UNC : 유니파이 보통나사
UNF : 유니파이 가는나사

029

SS330으로 표시된 재료 기호를 옳게 설명한 것은?

㉮ 기계구조용 탄소강재, 최대인장강도 330N/mm^2
㉯ 기계구조용 탄소강재, 탄소 함유량 3.3%
㉰ 일반구조용 압연강재, 최저인장강도 330N/mm^2
㉱ 일반구조용 압연강재, 탄소 함유량 3.3%

 S : 강, S : 일반구조용압연재

030

다음 중 공차값이 가장 작은치수는?

㉮ $50^{+0.02}_{-0.01}$ ㉯ 50 ± 0.01
㉰ $50^{+0.03}_{0}$ ㉱ $50^{\;0}_{-0.03}$

 ㉮ 0.03   ㉯ 0.02
㉰ 0.03   ㉱ 0.03

031

도형의 치수기입 방법을 설명한 것 중 틀린 것은?

㉮ 치수는 중복 기입을 피한다.
㉯ 치수는 계산할 필요가 없도록 기입한다.
㉰ 치수는 가급적 도형(투상도)내부에 기입한다.
㉱ 치수는 될 수 있는대로 주투상도에 기입해야 한다.

 도형 외부에 기입한다.

032

제품을 그리거나 도안할 때 필요한 사항을 제도기구 없이 프리핸드(free hand)로 그린 도면은?

㉮ 전개도   ㉯ 외형도
㉰ 스케치도 ㉱ 곡면선도

답 026 ㉮ 027 ㉮ 028 ㉮ 029 ㉰ 030 ㉯ 031 ㉰ 032 ㉰

033

다음 그림과 같은 단면도는?

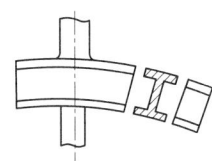

㉮ 부분 단면도 ㉯ 계단 단면도
㉰ 한쪽 단면도 ㉱ 회전 단면도

034

다음 중 핀에 대한 호칭과 이에 따른 지름의 표시로 틀린 것은?

㉮ 평행핀 – 핀의 지름
㉯ 테이퍼 핀 – 작은 쪽의 지름
㉰ 분할 핀 – 핀 구멍의 치수
㉱ 슬롯 테이퍼 핀 – 테이퍼의 가장 큰 쪽의 지름

풀이 테이퍼의 가장 작은쪽의 지름

035

치수 기입시 치수 숫자와 같이 사용하는 기호의 설명으로 잘못된 것은?

㉮ ∅ : 지름
㉯ R : 반지름
㉰ C : 구의 지름
㉱ t : 두께

풀이 C : 모따기

036

T자와 삼각자를 조합하여 작도할 수 없는 각도는?

㉮ 75° ㉯ 120°
㉰ 135° ㉱ 155°

풀이 삼각자 1set : 30°×60°×90°, 45°×45°×90°

037

[그림]과 같은 테이퍼에서 작은 쪽의 지름은?

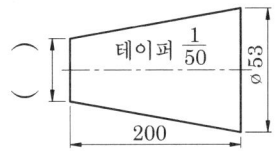

㉮ 47 ㉯ 48
㉰ 49 ㉱ 50

풀이 $\dfrac{a-b}{\ell} = \dfrac{53-b}{200}$

038

다음 중 치수 기입이 잘못된 곳은?

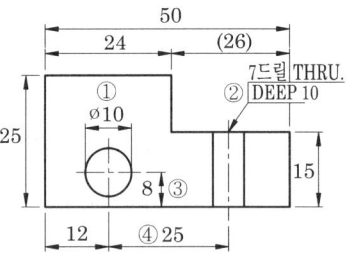

㉮ ① ㉯ ②
㉰ ③ ㉱ ④

풀이 ☐ : 이론적으로 정확한 치수

답 033 ㉱ 034 ㉱ 035 ㉰ 036 ㉱ 037 ㉰ 038 ㉯

039

[그림]과 같이 구멍의 치수가 축의 치수보다 작을 때의 조립전의 구멍과 축과의 치수의 차인 "X"가 의미하는 것은?

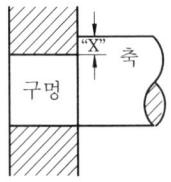

㉮ 틈새
㉯ 죔새
㉰ 축 지름
㉱ 구멍 지름

040

다음 중 한국 산업규격을 기호로 나타낸 것은?

㉮ BS
㉯ KS
㉰ DIN
㉱ JIS

풀이 BS : 영국, DIN : 독일, JIS : 일본

041

다음 중 축척에 대한 설명으로 옳은 것은?

㉮ 도형을 실물보다 크게 그릴 경우에 사용한다.
㉯ 도형을 실물과 같은 크기의 비율로 그린 도면이다.
㉰ 도면의 치수는 실측 치수에 제곱을 하여 도면에 기입한다.
㉱ 도형을 실물보다 작게 그릴 경우에 사용한다.

풀이 ㉮ 배척
㉯ 현척

042

다음 중 기하공차 기호의 종류와 그 기호로 옳은 것은?

㉮ 평행도 공차 : ◎

㉯ 평면도 공차 : ▱

㉰ 직각도 공차 : //

㉱ 원통도 공차 : =

풀이 평행도 : , 직각도 : , 원통도 :
동심도 : , 대칭도 :

043

다음 중 치수 기입법에 대한 설명으로 가장 거리가 먼 것은?

㉮ 치수는 가급적 정면도에 기입하고, 부득이 한 것은 평면도와 측면도에 기입한다.
㉯ 치수는 가급적 도형의 우측과 위쪽에 기입한다.
㉰ 치수는 가급적 일직선상에 기입한다.
㉱ 치수는 정면도, 평면도, 측면도에 골고루 나누어 기입한다.

풀이 치수는 가급적 정면도에 기입한다.

답 039 ㉮ 040 ㉯ 041 ㉱ 042 ㉯ 043 ㉱

044

길이에 대한 도면의 치수기입법을 잘못 설명한 것은?

㉮ 길이 치수의 기본단위는 mm이다.
㉯ 단위 기호 mm는 기입하지 않는다.
㉰ 치수가 소수인 경우 소수점 부호(.)를 사용한다.
㉱ 세자리 이상인 치수에는 자릿수 부호(,)를 사용한다.

풀이: 세자리 이상 이어도 점을 찍지 않는다.

045

다음 척도 중 배척이 아닌 것은?

㉮ 1/2   ㉯ 3/1
㉰ 5/1   ㉱ 10/1

풀이: 1/2 : 축척

046

다음 중 한쪽 단면도로 옳게 표시된 것은?

 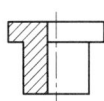   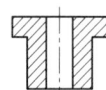

047

도면에 기입하는 가공방법 약호 중 연삭가공을 뜻하는 것은?

㉮ t   ㉯ D
㉰ B   ㉱ G

풀이: D : 드릴가공, B : 보링가공

048

다음의 투상도에서 우측면도를 나타낸 것은?

㉮    ㉯

㉰ 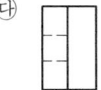   ㉱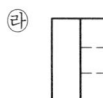

049

도면 치수 기입이 □20으로 되어있을 때 옳은 것은?

㉮ 가로 및 세로가 1mm이고, 길이가 20m인 각재
㉯ 1변의 길이가 20mm인 정사각형
㉰ 1변의 길이가 1mm인 정사각형 봉 20개
㉱ 단면 직경이 20mm인 원형봉

답 044 ㉱ 045 ㉮ 046 ㉮ 047 ㉱ 048 ㉯ 049 ㉯

050

물체를 입체적으로 나타내는 투상법이 아닌 것은?

㉮ 등각 투상도법 ㉯ 사투상도법
㉰ 부등각 투상도법 ㉱ 정투상도법

051

다음 중 가상선으로 표시하는 경우가 아닌 것은?

㉮ 형상의 부분 생략, 부분 단면의 경계를 나타내는 경우
㉯ 인접 부분을 참고로 나타내는 경우
㉰ 가공 전 또는 후의 모양을 나타내는 경우
㉱ 물체의 운동 범위를 나타내는 경우

[풀이] 형상의 부분생략, 부분 단면은 파단선

052

구멍치수에서 $\varnothing 50 \, ^{-0.025}_{0.050}$ 위치수허용차는?

㉮ 49.975 ㉯ 49.950
㉰ −0.025 ㉱ −0.050

053

물체의 보이지 않는 형상을 나타내는 은선의 모양은?

㉮ 굵은 실선
㉯ 중간 굵기의 파선
㉰ 가는 1점 쇄선
㉱ 가는 실선

054

도면에 기입된 나사의 호칭 M12×1.5 - 2 에서 2가 뜻하는 것은?

㉮ 나사의 등급 ㉯ 나사산의 줄
㉰ 나사의 리드 ㉱ 피치

[풀이] M : 나사의 종류, 12 : 호칭지름, 1.5 : 피치

055

물체의 보이는 모양을 나타내는 선으로 굵은 실선으로 긋는 선은?

㉮ 외형선 ㉯ 가상선
㉰ 중심선 ㉱ 은선

056

도면에서 치수 숫자와 병행하여 사용하는 기호 중 반지름을 의미하는 것은?

㉮ □ ㉯ ∅
㉰ R ㉱ t

[풀이] □ : 정사각형, ∅ : 지름, t : 두께

057

다음 중 치수 기입의 원칙에 대한 설명으로 틀린 것은?

㉮ 치수는 중복 기입을 피한다.
㉯ 치수는 되도록 주 투상도에 집중한다.
㉰ 참고치수에는 치수 숫자에 밑줄을 긋는다.
㉱ 치수는 계산할 필요가 없도록 기입해야 한다.

[풀이] 참고치수 : (50)

[답] 050 ㉱ 051 ㉮ 052 ㉰ 053 ㉯ 054 ㉮ 055 ㉮ 056 ㉰ 057 ㉰

058

그림과 같이 그려진 단면도의 종류는?

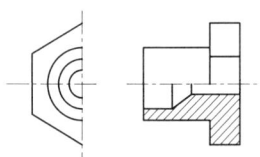

㉮ 한쪽 단면도 ㉯ 온 단면도
㉰ 부분 단면도 ㉱ 회전도시 단면도

059

그림을 3각법으로 투시한 것으로 옳은 것은?

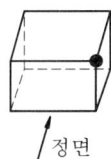

060

치수 10mm를 도면에 2/1의 배척으로 그렸다. 도면에 기입되는 치수(mm)는?

㉮ 5   ㉯ 10
㉰ 20   ㉱ 40

061

절삭 가공방법의 약호와 그 설명으로 틀린 것은?

㉮ G – 연삭가공
㉯ L – 선반 가공
㉰ B – 보오링 가공
㉱ M – 평삭 가공

풀이 M : 밀링가공

062

나사의 일반도시에서 굵은 실선으로 표시되지 않는 것은?

㉮ 암나사의 안지름
㉯ 수나사의 바깥지름
㉰ 수나사와 암나사의 골 지름을 표시하는 선
㉱ 완전 나사부와 불완전 나사부의 경계선

풀이 수나사와 암나사의 골지름 : 가는실선

063

다음 재료기호 중 구상흑연주철품을 나타내는 것은?

㉮ GCD 400   ㉯ BMC 270
㉰ PMC 440   ㉱ WMC 330

풀이 BMC : 흑심가단주철
PMC : 펄라이트가단주철
WMC : 백심가단주철

답 058 ㉮ 059 ㉯ 060 ㉰ 061 ㉱ 062 ㉰ 063 ㉮

064

산업의 여러 부문에 따른 KS의 부문별 분류 기호 중 틀리게 연결된 것은?

㉮ KS A – 전자
㉯ KS B – 기계
㉰ KS C – 전기
㉱ KS D – 금속

 KSA : 기본

065

다음 그림에서 치수 공차는 얼마인가?

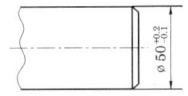

㉮ – 0.2   ㉯ – 0.1
㉰ 0.2   ㉱ 0.3

 0.2−(−0.1)=0.3

066

물체의 보이지 않는 곳의 형상을 나타낼 때 사용하는 선은?

㉮ 실선   ㉯ 파선
㉰ 1점 쇄선   ㉱ 2점 쇄선

067

다음의 입체를 제3각법으로 투상 할 때 정면도로 옳은 것은? (단, 화살표 방향이 정면이다.)

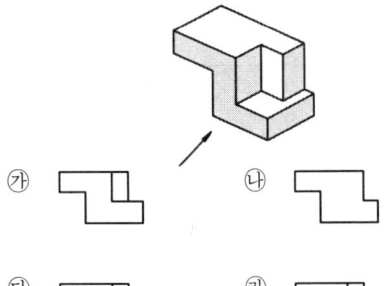

㉮    ㉯

㉰   ㉱

068

그림과 같이 평면도상에서 어떤 각도를 가지는 암(arm)을 정면도에서는 회전시켜 실제 크기로 나타내는 투상도로 옳은 것은?

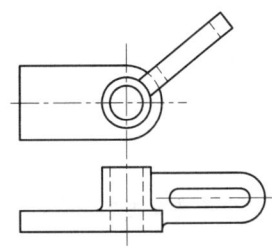

㉮ 전개 투상도   ㉯ 가상 투상도
㉰ 부분도시 투상도 ㉱ 회전 투상도

069

도면에서 치수 숫자와 같이 사용되는 기호로 t가 뜻하는 것은?

㉮ 두께   ㉯ 반지름
㉰ 지름   ㉱ 모떼기

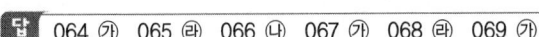
답 064 ㉮ 065 ㉱ 066 ㉯ 067 ㉮ 068 ㉱ 069 ㉮

070

다음 표면기호 기입에서 기호 M 이 뜻하는 것은?

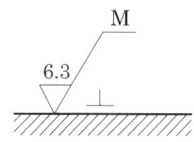

㉮ 연삭가공 (grinding) ㉯ 선반가공 (turning)
㉰ 밀링가공 (milling)   ㉱ 줄 가공 (filing)

풀이
6,3 : 중심선 평균거칠기 값
M : 가공방법
⊥ : 줄무늬 방향기호

071

다음 중 스프링강 재료의 기호 표시로 옳은 것은?

㉮ SPS   ㉯ STC
㉰ SKH   ㉱ STS

풀이
STC : 탄소공구강
SKH : 고속도공구강
STS : 합금공구강

072

구멍의 최대 치수가 축의 최소 치수보다 작은 경우의 끼워 맞춤은?

㉮ 헐거운 끼워 맞춤
㉯ 중간 끼워 맞춤
㉰ 억지 끼워 맞춤
㉱ 구멍기준 끼워 맞춤

풀이
㉮ 헐거운끼워맞춤 = 구멍의 최소치수 〉 축의 최대치수
㉯ 중간끼워맞춤 = 틈새 또는 죔새가 생기게 하는 끼워맞춤
㉰ 억지끼워맞춤 = 구멍의 최대치수 〈 축의 최소 치수

073

다음 중 유니파이 보통나사를 표시하는 기호로 옳은 것은?

㉮ TM   ㉯ TW
㉰ UNC   ㉱ UNF

풀이
TM : 30° 사다리꼴나사
TW : 29° 사다리꼴나사
UNF : 유니파이 가는나사

074

다음 그림을 3각법으로 표시할 때 각 명칭이 옳게 짝지어진 것은?

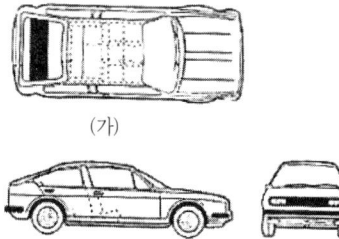

㉮ (가) 저면도   (나) 우측면도 (다) 배면도
㉯ (가) 평면도   (나) 정면도   (다) 우측면도
㉰ (가) 정면도   (나) 평면도   (다) 배면도
㉱ (가) 저면도   (나) 정면도   (다) 좌측면도

075

다음 중 1점 쇄선으로 나타내지 않는 선은?

㉮ 파단선   ㉯ 중심선
㉰ 피치선   ㉱ 기준선

풀이 파단선 : 실선

답 070 ㉰ 071 ㉮ 072 ㉰ 073 ㉰ 074 ㉯ 075 ㉮

076

아래 그림과 같은 물체의 온 단면도를 옳게 도시한 것은?

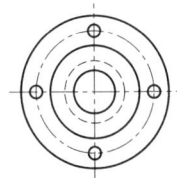

㉮ 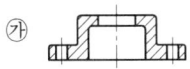 ㉯
㉰ 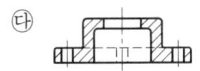 ㉱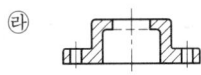

077

도면에서 해칭선을 긋는 곳은?

㉮ 절단면   ㉯ 원형부
㉰ 중요부분 ㉱ 기밀부분

 단면부분에 해칭선 또는 스머징을 해준다.

078

재료 기호에 사용되는 기호 중 주조품의 표시는?

㉮ H   ㉯ F
㉰ O   ㉱ C

079

도면에서 치수 기입의 구성 요소가 아닌 것은?

㉮ 치수선   ㉯ 화살표
㉰ 치수보조선 ㉱ 중심선

080

억지끼워맞춤에서 구멍의 최소허용치수와 축의 최대허용치수와의 차는?

㉮ 최대 틈새   ㉯ 최대 죔새
㉰ 최소 틈새   ㉱ 최소 죔새

 ㉮ 구멍의 최대 – 축의 최소(최대 틈새)
㉰ 구멍의 최소 – 축의 최대(최소 틈새)
㉱ 구멍의 최대 – 축의 최소(최소 죔새)

081

아래와 같은 표면의 결 도시 기호에서 FL이 뜻하는 것은?

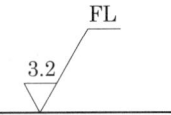

㉮ 선반 가공   ㉯ 밀링 가공
㉰ 연삭 가공   ㉱ 래핑 다듬질

 선반 가공 : L
밀링 가공 : M
연삭 가공 : G

082

나사의 간략 도시방법에 대한 설명 중 틀린 것은?

㉮ 수나사의 바깥지름은 굵은 실선으로 그린다.
㉯ 완전나사부와 불완전나사부의 경계는 굵은 실선으로 그린다.
㉰ 암나사의 안지름은 가는 실선으로 그린다.
㉱ 수나사의 측면도시에서 골지름은 가는실선으로 그린다.

 암나사의 안지름은 굵은실선으로 그린다.

답 076 ㉮ 077 ㉮ 078 ㉱ 079 ㉱ 080 ㉯ 081 ㉱ 082 ㉰

083

등각 투상도에서 축과 축 사이의 각도(°)는?

㉮ 35   ㉯ 60   ㉰ 90   ㉱ 120

084

물체의 일부를 파단하여 도시할 때 그 경계를 나타내는 선으로 불규칙한 파형의 가는 실선 또는 지그재그형태로 긋는 선은?

㉮ 피치선   ㉯ 절단선
㉰ 파단선   ㉱ 해칭선

085

도면에 ∅40 $^{+0.005}_{-0.003}$ 으로 표시되었다면 치수 공차는?

㉮ 0.002   ㉯ 0.003
㉰ 0.005   ㉱ 0.008

 0.005−(−0.003)=0.008

086

다음 로마자의 서체 종류로 옳은 것은?

𝒶 ℬ 𝒞 𝒟

㉮ 로마체   ㉯ 라운드리체
㉰ 고딕체   ㉱ 이탤릭체

A B C D   A B C D
　(a) 고딕체　　　　　(b) 로마체
A B C D　　*𝒶 𝒷 𝒸 𝒹*
　(c) 이탤릭체　　　　(d) 라운드리체

087

용도에 따른 선의 종류와 선의 모양이 옳게 연결된 것은?

㉮ 피치선 – 굵은 2점 쇄선
㉯ 숨은선 – 가는 실선
㉰ 가상선 – 굵은 실선
㉱ 중심선 – 가는 1점 쇄선

088

다음 중 파단선에 대한 설명으로 옳은 것은?

㉮ 가는 1점 쇄선으로 그린다.
㉯ 단면도의 절단면을 나타내는 선이다.
㉰ 불규칙한 파형, 지그재그의 가는 실선으로 그린다.
㉱ 물체의 보이지 않는 형상을 나타낼 때 사용하는 선이다.

089

재료 기호 KS D 3503 SS 440에서 "440"이 의미하는 것은?

㉮ 최저인장강도
㉯ 최고인장강도
㉰ 재료의 호칭번호
㉱ 탄소 함유량

SS 440 : 일반구조용 압연강재 최저인장강도 440N/mm²

답 083 ㉱ 084 ㉰ 085 ㉱ 086 ㉯ 087 ㉱ 088 ㉰ 089 ㉮

090

제도 도면에서 반지름 치수를 나타내는 기호는?

㉮ R ㉯ t
㉰ SR ㉱ C

풀이
t : 두께
SR : 구의 반지름
C : 모따기

091

다음 투상도 중 물체의 높이를 알 수 없는 것은?

㉮ 정면도 ㉯ 우측면도
㉰ 좌측면도 ㉱ 평면도

092

한 도면에 두 종류 이상의 선이 같은 장소에 겹치게 될 때에는 선의 우선순위가 빠른 것부터 나열된 것은?

㉮ 외형선 → 숨은선 → 절단선 → 중심선 → 무게중심선
㉯ 외형선 → 숨은선 → 무게중심 → 중심선 → 절단선
㉰ 절단선 → 숨은선 → 외형선 → 중심선 → 무게중심선
㉱ 절단선 → 외형선 → 숨은선 → 무게중심선 → 중심선

093

다음의 물체를 제3각법으로 옳게 나타낸 것은? (단, 화살표 방향으로 투상한 것이 정면도임)

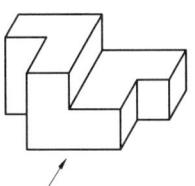

㉮

㉯
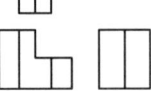

㉰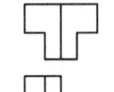
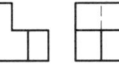

㉱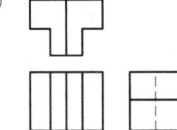

094

기계 부품의 완성된 치수를 무엇이라 하는가?

㉮ 실제 치수 ㉯ 한계 치수
㉰ 기준 치수 ㉱ 허용 치수

답 090 ㉮ 091 ㉱ 092 ㉮ 093 ㉰ 094 ㉮

095
제도 도면에서 다음 선 중 가장 굵게 긋는 선은?

㉮ 은선　　㉯ 중심선
㉰ 외형선　　㉱ 절단선

096
도면에 기입된 "43 - ∅20드릴" 표시에서 43이 뜻하는 것은?

㉮ 드릴 지름
㉯ 드릴 구멍수
㉰ 드릴 구멍간격
㉱ 드릴 구멍깊이

풀이　∅20 : 드릴 지름

097
제도의 치수 기입방법 설명으로 잘못된 것은?

㉮ 길이의 치수는 mm단위로 기입하고 단위기호는 쓰지 않는다.
㉯ 각도는 보통 "도"로 나타내며 필요시에는 "분", "초"를 병용하여 기입한다.
㉰ 소수점은 숫자 아래에 점을 찍으며, 숫자를 적당히 띄어 그 중간에 (.)을 표시한다.
㉱ 치수 자리수가 많을 경우에는 세 자리씩 끊어 자리점을 찍는다.

풀이　치수 자리수가 많아도 세자리씩 끊어 찍지 않는다.

098
다음 중 치수공차를 계산하는 옳은 식은?

㉮ 최대허용치수 - 최소허용치수
㉯ 위치수허용차 - 기준치수
㉰ 최대허용치수 - 기준치수
㉱ 기준치수 - 최소허용치수

099
가공방법의 약호 중 리머 가공을 표시하는 것은?

㉮ FR　　㉯ SH
㉰ FL　　㉱ B

풀이　SH : 형삭가공, FL : 랩다듬질, B : 보링가공

100
IT공차 등급이 동일한 경우, 호칭치수가 커질수록 공차는 어떻게 되는가?

㉮ 동일하다.
㉯ 공차가 작아진다.
㉰ 구멍공차는 작아지고, 축의 공차는 커진다.
㉱ 공차가 커진다.

풀이　IT 기본공차 : 01~18(20등급)

101
3/8 - 16UNC - 2A의 나사기호에서 2A는?

㉮ 나사의 잠긴 방향　㉯ 나사산의 줄수
㉰ 나사의 등급　　㉱ 나사의 호칭

풀이　유니파이 보통나사, 3/8 : 나사의 지름
16 : 산수, UNC : 나사의 종류

답　095 ㉰　096 ㉯　097 ㉱　098 ㉮　099 ㉮　100 ㉱　101 ㉰

102
제3각법에서 우측면도의 좌측에 위치하는 투상도는?

㉮ 정면도 ㉯ 좌측면도
㉰ 평면도 ㉱ 배면도

103
대상물의 일부를 파단한 경계 또는 일부를 떼어 낸 경계를 표시하는 선은?

㉮ 굵은 실선 ㉯ 가는 실선
㉰ 가는 파선 ㉱ 가는 1점 쇄선

104
물체의 원근감을 느낄 수 있으며 하나의 시점과 물체의 각 점을 방사선으로 이어서 그리는 도법은?

㉮ 등각 투상도법
㉯ 투시도법
㉰ 부등각 투상도법
㉱ 사투상도법

105
가공 모양에서 가공에 의한 선이 여러 방향으로 교차, 또는 무방향일 때의 표면기호는?

㉮ X ㉯ M
㉰ R ㉱ C

 X : 두방향교차, R : 레이디얼 모양
C : 동심원

106
물체의 아래, 위 또는 좌, 우가 대칭인 물체에서 외형과 단면을 동시에 나타내고자 할 때 쓰이는 단면도는?

㉮ 회전 단면도 ㉯ 온 단면도
㉰ 부분 단면도 ㉱ 한쪽 단면도

 반단면도= 한쪽 단면도

107
탄소 공구강의 KS 기호는?

㉮ SCM ㉯ STC
㉰ SKH ㉱ SPS

풀이 SCM : 크롬몰리브덴강, SKH : 고속도공구강
SPS : 스프링강

108
나사의 도시법에서 수나사의 골을 표시하는 선은? (단, 나사가 보이는 경우의 간략 도시임.)

㉮ 가는 파선 ㉯ 가는 1점 쇄선
㉰ 굵은 실선 ㉱ 가는 실선

109
다음 중 가상선을 사용하지 않는 경우는?

㉮ 인접 부분을 참고로 표시하는 경우
㉯ 특수한 가공을 하는 부분을 표시하는 경우
㉰ 가공 전후의 모양을 표시하는 경우
㉱ 같은 모양의 되풀이를 표시하는 경우

풀이 · 특수지정선 : (가는실선, 아주 굵은 실선)
· 가상선 : 가는 이점쇄선

답 102 ㉮ 103 ㉯ 104 ㉯ 105 ㉯ 106 ㉱ 107 ㉯ 108 ㉱ 109 ㉯

110

제도 용지의 짧은 변과 긴 변의 길이의 비는?

㉮ $\sqrt{2} : \sqrt{3}$ ㉯ $1 : 2$
㉰ $1 : \sqrt{2}$ ㉱ $1 : \sqrt{3}$

111

풀리의 암(arm)을 단면도로 그릴 때 가장 적합한 단면도법은?

㉮ 온 단면도법
㉯ 회전 단면도법
㉰ 한쪽 단면도법
㉱ 계단 단면도법

112

기계제도에서는 주로 몇 각법을 이용하여 제도하는가?

㉮ 1각법   ㉯ 2각법
㉰ 3각법   ㉱ 4각법

113

도면에서 원칙적인 길이 치수의 단위는?

㉮ m   ㉯ mm
㉰ cm   ㉱ inch

풀이 길이의 단위는 mm이며, 단위는 생략한다.

114

다음 중 공차값이 가장 작은 치수는?

㉮ $50 ^{+0.02}_{-0.01}$ ㉯ 50 ± 0.01
㉰ $50 ^{+0.03}_{0}$ ㉱ $50 ^{0}_{-0.03}$

풀이 ㉮ 0.03 ㉯ 0.02
㉰ 0.03 ㉱ 0.03

115

구멍과 축의 끼워맞춤 치수 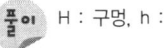에서 구멍의 IT공차 등급은?

㉮ 8급   ㉯ 7급
㉰ 1급   ㉱ 10급

풀이 H : 구멍, h : 축

116

다음 물체를 제3각법으로 옳게 도시한 것은?
(단, 화살표 방향을 정면으로 한다.)

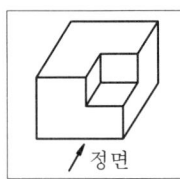

㉮ ☐☐   ㉯ ☐☐
㉰ ☐☐   ㉱ ☐☐

117

다음 도형에서 테이퍼 값을 구하는 옳은 식은?

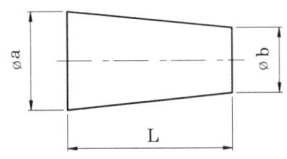

㉮ b / a ㉯ a / b
㉰ (a + b) / L ㉱ (a − b) / L

118

나사의 일반 도시 방법 설명 중 틀린 것은?

㉮ 수나사의 바깥지름과 암나사의 안지름은 굵은 실선으로 도시한다.
㉯ 완전 나사부와 불완전 나사부의 경계는 굵은 실선으로 도시한다.
㉰ 나사를 끝단에서 보고 그릴 때 나사의 골은 가는 실선으로 원주의 3/4정도만 그린다.
㉱ 수나사와 암나사의 조립도를 그릴 때는 암나사를 위주로 그린다.

풀이 숫나사와 암나사의 조립도를 그릴때는 수나사를 위주로 그린다.

119

물체의 일부분의 조립을 명시한 도면은?

㉮ 부분조립도
㉯ 공정도
㉰ 배선도
㉱ 정면도

120

정투상도법에서 정면도의 선택 방법으로 틀린 것은?

㉮ 물체의 주요면이 되도록 투상면에 평행 또는 수직하게 나타낸다.
㉯ 물체의 특징을 가장 명료하게 나타내는 투상도를 정면도로 한다.
㉰ 관련 투상도는 되도록 은선으로 그릴 수 있게 배치한다.
㉱ 물체는 되도록 자연스러운 위치로 두고 정면도를 선택한다.

풀이 관련 투상도는 되도록 실선으로 그릴수 있게 배치한다.

121

물체의 수평면이나 수직면의 일부 모양만을 도시해도 충분할 경우에 어떤 투상도로 나타내면 좋은가?

㉮ 요점 투상도 ㉯ 부분 투상도
㉰ 회전 투상도 ㉱ 복각 투상도

122

도면에서 다음과 같이 표시된 치수의 공차는?

$30 \, ^{+0.02}_{-0.01}$

㉮ 0.02 ㉯ −0.01
㉰ 0.03 ㉱ 0.01

풀이 0.02−(−0.01)=0.03

답 117 ㉱ 118 ㉱ 119 ㉮ 120 ㉰ 121 ㉯ 122 ㉰

123
금속재료를 표시하는 기호로서 SS330의 330은 무엇을 나타내는가?

㉮ 경도
㉯ 신장율
㉰ 탄소 함유량
㉱ 최저인장강도

풀이 S : 강 S : 일반구조용 압연재
330 : 최저인장강도

124
도면에서 "UNF3/8 - 36"으로 표시된 나사의 종류 명칭은?

㉮ 미터나사
㉯ 유니파이 가는나사
㉰ 사다리꼴 나사
㉱ 관용나사

풀이 3/8 : 지름 36 : 산의 수

125
KS의 분류기호 중 금속 부문을 나타내는 기호는?

㉮ KS A
㉯ KS B
㉰ KS C
㉱ KS D

126
기계 조립도를 단면으로 나타내는 경우 절단면의 위치에 있더라도 단면하지 않고 외형으로 도시하는 부품이 아닌 것은?

㉮ 핀
㉯ 리벳
㉰ 볼트
㉱ 중공 축

127
가상선으로 사용되는 선은?

㉮ 굵은 실선
㉯ 가는 2점 쇄선
㉰ 가는 실선
㉱ 파선

128
투상면에 경사진 부분을 실제 크기와 형상으로 나타내기 위해 사용하는 투상도는?

㉮ 가상 투상도
㉯ 보조 투상도
㉰ 회전 투상도
㉱ 부분 투상도

129
도형 내에 그 부분의 단면을 90도 회전하여 나타낼 때 단면의 형상을 도시하는 선은?

㉮ 가는 2점 쇄선
㉯ 중간 굵기의 파선
㉰ 가는 실선
㉱ 굵은 실선

130
정투상도법의 제3각법에서 좌측면도는 정면도의 어느 쪽에 위치하는가?

㉮ 좌측
㉯ 우측
㉰ 위
㉱ 아래

답 123 ㉱ 124 ㉯ 125 ㉱ 126 ㉱ 127 ㉯ 128 ㉯ 129 ㉰ 130 ㉮

131

축의 최소허용치수가 구멍의 최대허용치수보다 큰 경우의 끼워맞춤은?

㉮ 헐거운 끼워맞춤
㉯ 중간 끼워맞춤
㉰ 억지 끼워맞춤
㉱ 보통 끼워맞춤

132

아래 그림과 같은 도형에서 구멍의 개수는?

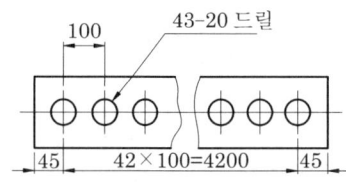

㉮ 41개 ㉯ 42개
㉰ 43개 ㉱ 44개

 43 : 구멍의 수, 20 : 드릴 지름

133

모양에 따른 제도선의 종류에 해당되지 않는 것은?

㉮ 실선 ㉯ 사선
㉰ 파선 ㉱ 쇄선

134

경사진 부분을 측면도나 평면도에서 나타낼 때 그 형상이 실제 모양과 다르게 도시된 다. 이 때 사용되는 투상도는?

㉮ 회전 투상도 ㉯ 가상 투상도
㉰ 부분 투상도 ㉱ 보조 투상도

135

도면을 접을 때 기준이 되는 크기는?

㉮ A_1 ㉯ A_2
㉰ A_3 ㉱ A_4

풀이 A_4를 기준으로 하고 표제란이 밖으로 나오도록 접는다.

136

가는 일점쇄선을 사용하지 않는 경우는?

㉮ 인접 부분을 참고로 표시할 때
㉯ 특수한 가공을 실시하는 부분을 표시할 때
㉰ 가공 전후의 모양을 나타낼 때
㉱ 기어의 피치원을 도시할 때

풀이 특수한 가공부분 : 가는실선, 아주굵은실선

137

다음 그림에서 A로 표시된 불규칙한 실선은?

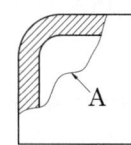

㉮ 외형선 ㉯ 파단선
㉰ 가상선 ㉱ 절단선

답 131 ㉰ 132 ㉰ 133 ㉯ 134 ㉱ 135 ㉱ 136 ㉯ 137 ㉯

138

래빗 조인트(rabbit joint)에 해당하는 것은?

㉮ 막맞춤 ㉯ 반맞춤
㉰ 겹쳐맞춤 ㉱ 꼬리맞춤

139

척도에 대한 설명 중 틀린 것은?

㉮ 척도에는 실척, 축척, 배척의 3가지가 있다.
㉯ 척도는 도면의 표제란에 기입한다.
㉰ 도형이 치수에 비례하지 않을 때는 척도를 기입하지 않고 별도의 표시도 하지 않는다.
㉱ 척도는 도형의 크기가 실물의 크기와의 비율이다.

풀이 비례척이 아님 : NS 또는 <u>50</u>

140

다음 현과 호의 제도에 대한 설명으로 틀린 것은?

㉮ 현의 길이를 나타내는 치수선은 현에 평행한 직선으로 나타낸다.
㉯ 호의 길이를 나타내는 치수선은 호와 동심원으로 나타낸다.
㉰ 현과 호를 구별할 때는 치수 숫자 앞에 현 또는 호라고 쓴다.
㉱ 2개 이상의 원호일지라도 한 곳에만 표시한다.

풀이 2개 이상의 원호라도 각각 표시해야 된다.

141

물체의 한면은 투상면에 나란하게 두어 투상하고 윗면이나 측면은 경사시켜 입체적으로 도시하는 투상도는?

㉮ 등각 투상도 ㉯ 사투상도
㉰ 투시도 ㉱ 부등각 투상도

142

다음 물체의 3각법의 우측면도를 옳게 나타낸 것은?
(단, 화살표는 정면을 나타냄)

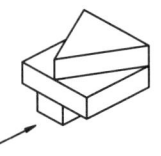

㉮  ㉯

㉰ ㉱

143

나사 도시에서 완전 나사부와 불완전 나사부의 경계를 나타내는 선은?

㉮ 굵은 실선
㉯ 가는 1점 쇄선
㉰ 가는 2점 쇄선
㉱ 숨은선

답 138 ㉰ 139 ㉰ 140 ㉱ 141 ㉯ 142 ㉯ 143 ㉮

144

도형의 일부를 도시하는 것으로 충분한 경우에 그 필요한 일부분만 그린 투상도는?

㉮ 보조 투상도 ㉯ 부분 투상도
㉰ 회전 투상도 ㉱ 부분 확대도

145

도면에서 표제란의 원칙적인 위치는?

㉮ 왼쪽 위 ㉯ 왼쪽 아래
㉰ 오른쪽 위 ㉱ 오른쪽 아래

146

다음 중 축척에 해당하는 척도는?

㉮ 1/1 ㉯ 1/2
㉰ 2/1 ㉱ 10/1

147

외형선보다 가늘게 프리핸드로 불규칙하게 긋는 선은?

㉮ 가상선 ㉯ 절단선
㉰ 파단선 ㉱ 지시선

148

그림과 같은 물체를 3각법에 의하여 투상하려고 한다. 화살표 방향을 정면도로 할 때 평면도는?

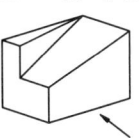

149

아래 도형의 기울기는?

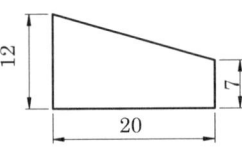

㉮ 5/20 ㉯ 7/20
㉰ 12/20 ㉱ 7/12

 $\dfrac{12-7}{20} = \dfrac{5}{20} = \dfrac{1}{4}$

150

아래 도형과 같은 형태로 도시되는 단면도의 종류는?

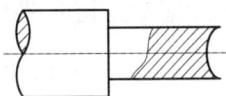

㉮ 온 단면도 ㉯ 한쪽 단면도
㉰ 부분 단면도 ㉱ 조합 단면도

답 144 ㉯ 145 ㉱ 146 ㉯ 147 ㉰ 148 ㉮ 149 ㉮ 150 ㉰

151

도면의 척도를 "NS"로 표시하는 경우는?

㉮ 그림의 형태가 척도에 비례하지 않을 때
㉯ 척도가 두 배일 때
㉰ 축척임을 나타낼 때
㉱ 배척임을 나타낼 때

152

상하 대칭인 물체를 반쪽은 외형도로 나타내고 반쪽은 단면도로 나타낼 경우의 단면도는?

㉮ 온 단면도 (전단면도)
㉯ 한쪽 단면도 (반단면도)
㉰ 국부 단면도
㉱ 부분 단면도

153

아래치수 허용차가 0이며, 끼워맞춤에서 기준이 되는 구멍의 기호는?

㉮ E   ㉯ H
㉰ M   ㉱ P

154

도면의 표제란에 기입되는 사항이 아닌 것은?

㉮ 척도   ㉯ 도면명칭
㉰ 재질   ㉱ 도면번호

풀이) 재질은 부품란에 기입한다.

155

재료기호 "SF340A"에서 F가 뜻하는 것은?

㉮ 강   ㉯ 철
㉰ 단조품   ㉱ 주조품

풀이) S : 강   F : 단조품
SF : 탄소강 단강품

156

도면의 치수기입에서 치수에 괄호를 한 것은?

㉮ 비례척이 아닌 치수
㉯ 완성 치수
㉰ 정확한 치수
㉱ 참고 치수

157

척도 1/2인 도면에서 길이 100mm인 직선의 실제 길이는?

㉮ 200mm   ㉯ 50mm
㉰ 25mm   ㉱ 100mm

158

제도 도면에 사용되는 문자의 호칭 크기는?

㉮ 문자의 폭   ㉯ 문자의 굵기
㉰ 문자의 높이   ㉱ 문자의 경사도

답) 151 ㉮ 152 ㉯ 153 ㉯ 154 ㉰ 155 ㉰ 156 ㉱ 157 ㉮ 158 ㉰

159

아래 도형에서 B의 치수는?(단, 치수의 단위는 mm임)

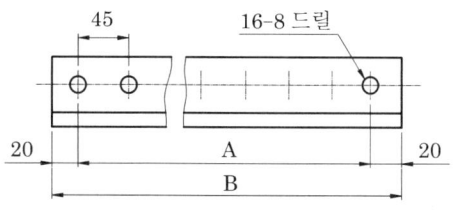

㉮ 315 ㉯ 675
㉰ 715 ㉱ 360

풀이 45×15+(20+20)=715

160

최대허용치수와 최소허용치수의 차는?

㉮ 치수공차 ㉯ 허용한계치수
㉰ 치수허용차 ㉱ 위치수허용차

161

다음 치수 기입의 원칙에 대한 설명 중 틀린 것은?

㉮ 치수는 되도록 주 투상도에 집중한다.
㉯ 치수는 중복 기입을 피한다.
㉰ 관련되는 치수는 되도록 한 곳에 모아서 기입한다.
㉱ 참고치수에는 치수 숫자에 밑줄을 긋는다.

풀이 참고지수 : ( )

162

핸들이나 바퀴의 암(arm), 림(rim), 리브(rib), 훅(hook)등의 절단면을 90도 회전시켜 도시하는 단면은?

㉮ 부분 단면도 ㉯ 한쪽 단면도
㉰ 절단 단면도 ㉱ 회전 단면도

163

도면의 표제란에 기입된 "NS" 가 뜻하는 것은?

㉮ 국제표준규격으로 도시된 도면
㉯ 영구 보존할 도면
㉰ 가공여유 또는 수축여유를 고려하여 도시된 도면
㉱ 척도를 맞추지 않고 그려진 도면

풀이 비례척이 아님(Non Scale)

164

원호의 길이를 나타내는 치수선은?

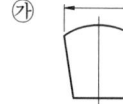 

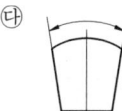 

풀이 ㉮ : 현   ㉰ : 각도

답 159 ㉰ 160 ㉮ 161 ㉱ 162 ㉱ 163 ㉱ 164 ㉱

165
단면도형에서 물체의 면이 단면임을 나타낼 때 사용되는 선은?

㉮ 해칭선 ㉯ 절단선
㉰ 가상선 ㉱ 지시선

166
기계제도나 금속제도에서 원칙적으로 사용하는 투상법은?

㉮ 등각투상도법
㉯ 정투상도법의 제3각법
㉰ 정투상도법의 제1각법
㉱ 사투상도법

167
부품을 제작할 수 있도록 각 부품의 형상, 치수, 다듬질 상태 등 모든 정보를 기록한 도면은?

㉮ 조립도 ㉯ 배치도
㉰ 부품도 ㉱ 견적도

168
제도에서 가상선을 사용하는 경우가 아닌 것은?

㉮ 인접 부분을 참고로 표시하는 경우
㉯ 공구, 지그 등의 위치를 참고로 나타내는 경우
㉰ 물체의 단면 형상임을 표시하는 경우
㉱ 되풀이 하는 것을 나타내는 경우

풀이 : 물체의 단면부분은 해칭선으로 표시한다.

169
정투상도법에서 물체의 특징을 가장 잘 나타내는 면은 어느 투상도로 하는가?

㉮ 평면도 ㉯ 측면도
㉰ 정면도 ㉱ 하면도

170
기준치수와 IT공차등급이 동일한 축 중 직경이 가장 큰 축의 기호는?

㉮ a ㉯ h
㉰ t ㉱ z

풀이 : a ◄─────► z
　　　(직경이 적음)　　(직경이 큼)

171
호칭치수 30mm, 피치 3mm인 미터계 사다리꼴나사의 표시는?

㉮ TM30 × 3 ㉯ TW29 − 3
㉰ P3 × T30 ㉱ M30 × 3

172
제도 용지 A_4의 크기는 A_3의 몇 배인가?

㉮ 2배 ㉯ 1/2배
㉰ 4배 ㉱ 1/4배

답 165 ㉮ 166 ㉯ 167 ㉰ 168 ㉰ 169 ㉰ 170 ㉱ 171 ㉮ 172 ㉯

173

물체의 경사진 부분을 실제 크기와 모양으로 나타낼 필요가 있다. 이럴 때는 검사면에 평행한 별도의 투상면을 설정하고 이 면에 투상하면 실제 모양이 그려진다. 이 때의 투상면은?

㉮ 보조 투상면 ㉯ 정면 투상면
㉰ 평면 투상면 ㉱ 부분 투상면

174

다음 표면기호에서 M이 뜻하는 것은?

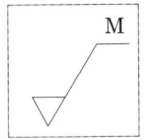

㉮ 표면 정도 ㉯ 가공 모양
㉰ 가공 방법 ㉱ 파상도

175

아래에 입체적으로 도시된 물체의 우측면도로 옳은 것은?

㉮   ㉯

㉰  ㉱

176

단면 형상을 90도 회전시켜 도형내의 절단한 곳에 겹쳐서 도시할 때 단면의 형상을 나타내는 선의 종류는?

㉮ 가는 실선 ㉯ 굵은 실선
㉰ 가는 파선 ㉱ 굵은 1점 쇄선

177

도면의 분류 중 용도에 따른 분류에 속하는 것은?

㉮ 부품도 ㉯ 조립도
㉰ 배치도 ㉱ 설명도

풀이 용도에 따른 분류 : 계획도, 제작도, 주문도, 승인도, 견적도, 설명도

178

나사의 간략 도시에서 숫나사의 산은 어떤 선으로 도시하는가?

㉮ 가는 실선
㉯ 굵은 실선
㉰ 가는 1점 쇄선
㉱ 가는 2점 쇄선

답 173 ㉮ 174 ㉰ 175 ㉮ 176 ㉮ 177 ㉱ 178 ㉮

179

그림과 같은 단면도를 무엇이라 하는가?

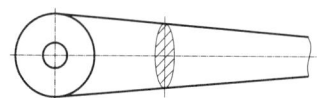

㉮ 물체의 부분 단면도
㉯ 물체의 회전 단면도
㉰ 물체의 계단 단면도
㉱ 물체의 온 단면도

180

그림에서 T자와 삼각자를 이용하여 직선을 그었다. 바르게 그은 것을 모두 나타낸 것은?

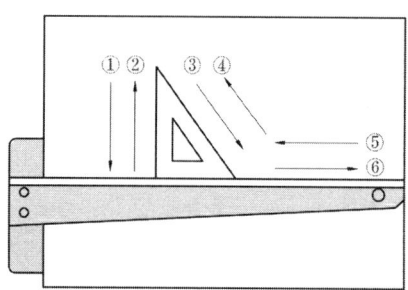

㉮ ①, ④, ⑥   ㉯ ②, ④, ⑥
㉰ ①, ③, ⑥   ㉱ ②, ③, ⑥

181

한국산업규격(KS)의 분류에서 금속 부분에 해당하는 기호는?

㉮ D   ㉯ M
㉰ B   ㉱ E

182

다음 중 45도 모따기를 표시하는 기호는?

㉮ t   ㉯ C
㉰ R   ㉱ □

풀이) t : 두께, C : 모따기, R : 반지름, □ : 정사각형

183

다음 중 제3각법의 투상 원리로 옳은 것은?

㉮ 눈 → 투상면 → 물체
㉯ 투상면 → 물체 → 눈
㉰ 물체 → 눈 → 투상면
㉱ 눈 → 물체 → 투상면

184

도면에서 치수 기입이 잘못된 것은?

㉮ 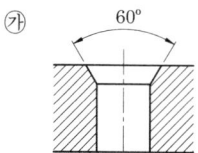   ㉯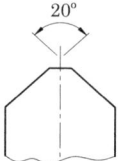

㉰ 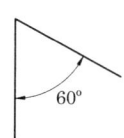   ㉱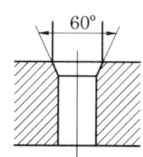

답 179 ㉯ 180 ㉱ 181 ㉮ 182 ㉯ 183 ㉮ 184 ㉱

185

다음 중 결합용 기계요소인 나사에 관한 설명으로 틀린 것은?

㉮ 나사산 : 원통의 표면에 코일모양으로 만들어진 단면의 규칙적인 돌기를 말한다.
㉯ 리드 : 나사의 곡선에 따라 축의 둘레를 1회전할 때 축 방향으로 이동한 거리를 말한다.
㉰ 유효지름을 구하는 식 : $\dfrac{2+골지름}{바깥지름}$ 이다.
㉱ 피치 : 나사의 축선을 포함한 단면에 있어서 서로 인접한 나사산의 서로 대응하는 2점을 축선에 평행하게 측정한 거리이다.

풀이 유효지름 = $\dfrac{바깥지름+골지름}{2}$

186

도면을 철을 하지 않고 접을 때 일반적으로 도면의 어느 부분이 겉으로 나타나게 접는가?

㉮ 표제란이 있는 부분
㉯ 부품도가 있는 부분
㉰ 도면이 있는 부분
㉱ 참고부분

187

구멍의 치수가 ∅ 50 $^{+0.039}_{0}$ 이고, 축의 치수가 ∅ 50 $^{0}_{-0.050}$ 일 때 최대 틈새는 얼마인가?

㉮ 0.025 ㉯ 0.050
㉰ 0.064 ㉱ 0.089

풀이 구멍의 최대허용치수 − 축의 최소허용치수
0.039−(−0.050)=0.089

188

도면의 표면거칠기 표시에서 6.3S가 뜻하는 것은?

㉮ 최대높이거칠기 6.3μm
㉯ 중심선평균거칠기 6.3μm
㉰ 10점평균거칠기 6.3μm
㉱ 최소높이거칠기 6.3μm

풀이 표면거칠기
① 중심선 평균거칠기(Ra)
② 최대높이(Rmax)
③ 10점 평균거칠기(Rz)

189

도형이 단면임을 표시하기 위하여 가는 실선으로 외형선 또는 중심선에 경사지게 일정 간격으로 긋는 선은?

㉮ 특수선   ㉯ 해칭선
㉰ 절단선   ㉱ 파단선

190

도형의 척도에 비례하지 않을 때 표시하는 방법의 설명으로 틀린 것은?

㉮ 적절한 곳에 "비례척이 아님" 이라고 기입한다.
㉯ 도형의 일부 치수가 비례하지 않을 때에는 치수 아래 직선을 긋는다.
㉰ 척도란 또는 적절한 곳에 "NS" 표시를 한다.
㉱ 치수에 ( )표시를 한다.

풀이 치수 숫자 밑에 줄을 (−) 긋는다.

답 185 ㉰ 186 ㉮ 187 ㉱ 188 ㉮ 189 ㉯ 190 ㉱

191

리드가 9mm인 3줄 나사의 피치는?

㉮ 3mm ㉯ 6mm
㉰ 9mm ㉱ 27mm

 피치 = 리드/줄수

$\dfrac{9}{3} = 3$

192

그림과 같은 겨냥도를 3각법으로 나타낼 때 우측면도는? (단, 화살표 방향이 정면도임)

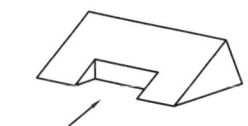

 ㉮  ㉯

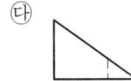 ㉰  ㉱

193

아래 그림 (가), (나)에 해당하는 도면의 종류를 옳게 짝 지어진 것은?

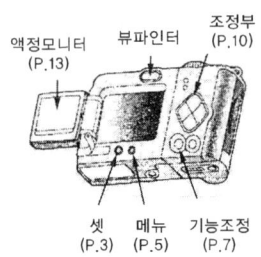

(가)

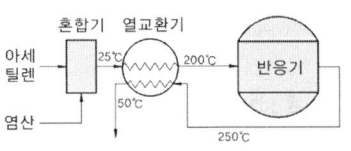

(나)

㉮ (가) 계획도, (나) 공정도
㉯ (가) 계획도, (나) 배관도
㉰ (가) 설명도, (나) 공정도
㉱ (가) 설명도, (나) 배관도

194

아래의 그림의 설명도에서 틀린 것은?

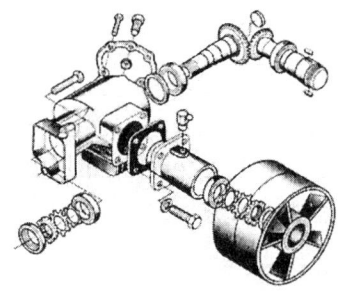

① 실물은 보고 프리핸드로 그린 것이다.
② 제품의 구조, 원리, 기능, 취급 방법을 설명이 목적이다.
③ 만드는 사람이 주문하는 사람 다른 관계자의 검토를 거쳐 승인을 받는 도면이다.
④ 카탈로그 등이 있다.
⑤ 주문서에 첨부하여 만드는 사람에게 제시하는 도면으로 물품의 모양, 정밀도, 기능 등의 개요가 나타나 있다.

㉮ ①, ③, ⑤ ㉰ ②, ③, ⑤
㉯ ①, ②, ⑤ ㉱ ③, ④, ⑤

답 191 ㉮ 192 ㉱ 193 ㉰ 194 ㉮

195

다음 그림의 조립도에 대한 설명 중 옳은 것은?

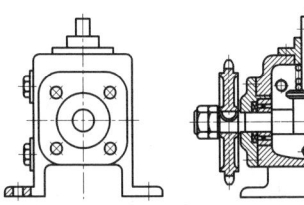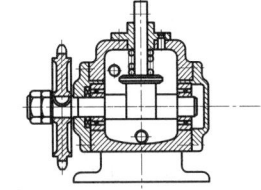

㉮ 기계나 구조물의 전체적인 조립상태를 알 수 있다.
㉯ 제품의 구조, 원리, 기능, 취급방법 등 설명이 목적이다.
㉰ 그림과 같은 조립도는 구조를 알 수 없다.
㉱ 물품을 구성하는 각 부품에 대하여 가장 상세하게 나타낸 도면이다.

196

다음 그림은 여러 개의 전자 부품의 상호 접속된 상태를 나타내는 도면은?

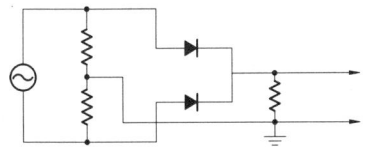

㉮ 상세도   ㉯ 배선도
㉰ 전기 회로도   ㉱ 전자 회로도

 전자회로도 : 전자제품에서 여러개의 전자부품의 상호 접속된 상태를 나타내는 도면

197

다음은 컴퍼스에 대한 설명 중 옳은 것은?

㉮ 원 또는 원호를 그린다.
㉯ 종류는 대, 중 2종류가 있다.
㉰ 중간 컴퍼스는 300mm이상의 원을 그릴 수 있다.
㉱ 스프링 컴퍼스는 반지름이 50mm 이상의 원을 그린다.

 · 큰 컴퍼스 : R70~130
· 중간 컴퍼스 : R50~70
· 스프링 컴퍼스 : R50이하

198

투명이나 반투명 플라스틱의 얇은 판에 원, 타원 등의 기본 도형이나 문자 등을 뚫어놓은 것은?

㉮ 운형자   ㉯ 축적자
㉰ 디바이더   ㉱ 형판

199

T자와 삼각자를 조합하여 작도할 수 없는 각도가 포함된 것은?

㉮ 75°, 105°   ㉯ 105°, 120°
㉰ 120°, 135°   ㉱ 120°, 155°

200

도면의 양식 중 반드시 마련해야 하는 사항으로 짝 지워진 것은?

㉮ 비교 눈금, 중심 마크, 재단 마크
㉯ 윤곽선, 비교 눈금, 재단 마크
㉰ 표제란, 부품란, 중심 마크
㉱ 윤곽선, 표제란, 중심 마크

답 195 ㉮ 196 ㉱ 197 ㉮ 198 ㉱ 199 ㉱ 200 ㉱

201

도면에 그려야 할 내용의 영역을 명확하게 하고, 제도 용지의 가장자리에 생기는 손상으로 기재사항을 해치지 않도록 하기위해 그린 것은 무엇인가?

㉮ 표제란 ㉯ 비교눈금
㉰ 윤곽선 ㉱ 중심마크

202

재료기호 KS D 3503 S S 330 에서 330은 무엇을 나타내는가?

㉮ 최저인장강도 330kgf/cm^2
㉯ 최고인장강도 330kgf/㎟
㉰ 최저인장강도 330N/㎟
㉱ 최고인장강도 330N/㎟

203

선의 굵기에서 가는 실선과 굵은 실선의 굵기 비율로 맞는 것은?

㉮ 1 : 2   ㉯ 2 : 3
㉰ 1 : 4   ㉱ 2 : 5

204

치수 기입에서 (1170)이 표기 되었을 때 ( )는 무엇을 뜻 하는가?

㉮ 완성 치수
㉯ 기준 치수
㉰ 참고 치수
㉱ 비례치수가 아님

205

다음 그림 중에서 설명 중 틀린 것은?

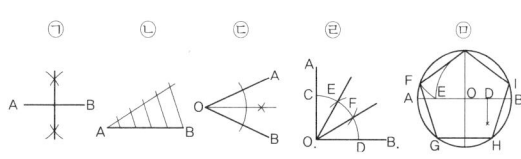

① ㉠은 주어진 선분 A B의 수직 이등분선을 그리는 것이다.
② ㉡은 주어진 선분 A B를 4등분 하는 것이다.
③ ㉢은 ∠AOB를 2등분 하는 것이다.
④ ㉣은 ∠AOB를 3등분 하는 것이다.
⑤ ㉤은 한 변의 길이가 주어진 정오각형을 그리는 것이다.

㉮ ①, ②   ㉯ ②, ④
㉰ ②, ⑤   ㉱ ④, ⑤

 : ㉡ : 5등분, ㉤ 원에 내접하는 정오각형

답 201 ㉰ 202 ㉱ 203 ㉮ 204 ㉰ 205 ㉰

206

다음 도면에 대한 설명 중 옳은 것끼리 짝지어진 것은?

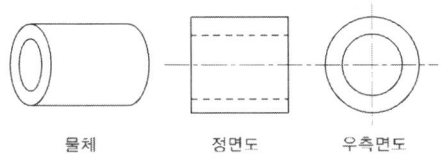

물체   정면도   우측면도

① 원통의 투상은 치수 보조기호 ∅를 사용하여 치수 기입하면 정면도만으로도 투상이 가능하다.
② 좌·우측이 같은 모양이라도 좌·우측면도를 그려야 한다.
③ 속이 빈 원통이므로 단면을 하여 투상하면 구멍을 자세히 나타내면서 숨은 선을 줄일 수 있다.
④ 치수 기입시 치수 보조기호 ∅를 생략하면 우측면도를 꼭 그려야 한다.
⑤ 정면도, 평면도, 측면도로 나타내야만 물체를 정확히 나타낼 수 있다.

㉮ ①, ③, ④ ㉯ ②, ③, ④
㉰ ③, ④, ⑤ ㉱ ①, ④, ⑤

 ② 좌·우측이 같은 모양이면 좌측면도를 생략

207

다음 그림에서 중간 부분을 생략하여 그린 것 중 옳은 것은?

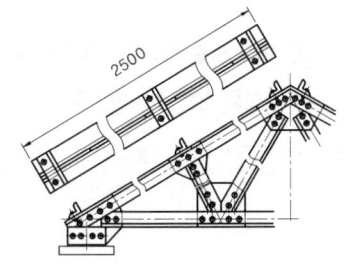

㉮ 좌우, 상하 대칭일 경우 그린 그림
㉯ 반복 도형의 생략
㉰ 물체를 2개 이상으로 절단할 때
㉱ 물체가 길어서 중간 부분을 생략하여 그린 그림

208

다음 그림에서 직육면체의 등각투상도에서 직각으로 만나는 모서리의 각도는 각각 몇 도 인가?

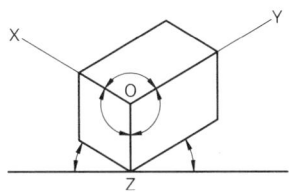

㉮ 30°   ㉯ 60°
㉰ 120° ㉱ 150°

209

다음 전개도에 관한 설명 중 틀린 것은?

㉮ 전개도는 실체치수로 그린다.
㉯ 제품의 모양이 복잡할 때에도 이들 세 가지 방법을 혼합하여 사용하면 안 된다.
㉰ 철판으로 접어서 만드는 상자, 물통, 캐비닛 등의 도면 작성에 많이 사용한다.
㉱ 전개도법에는 평행선법, 삼각형법, 방사선법 등이 있다.

입체표면을 평면위에 펼쳐 그린 그림으로 제품의 모양이 복잡할때도 이들 3가지 방법을 혼합하여 사용하기도 함.

210

" ~ " 는 무엇을 뜻 하는가?

㉮ 제거 가공을 하지 않는 면
㉯ 주조 등의 면
㉰ 연삭가공을 하는 면
㉱ 고급 다듬질 면

답 206 ㉮ 207 ㉱ 208 ㉰ 209 ㉯ 210 ㉮

211

다음에서 가공방법과 기호가 틀린 것은 ?

㉮ 연삭가공 : G ㉯ 드릴가공 : D
㉰ 주조 : C   ㉱ 선반가공 : M

 선반가공 : L

212

다음 그림의 치수 공차의 기입에서 치수 공차는 얼마인가?

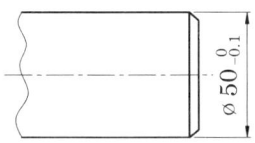

㉮ 50.1 ㉯ 50
㉰ 49.9 ㉱ 0.1

 A-B=0-(-0.1)=0.1

213

다음의 전개도는 원기둥을 전개한 것이다. 어떠한 도법을 사용한 것인가?

㉮ 평행선법   ㉯ 방사선법
㉰ 삼각형법   ㉱ 판뜨기법

214

그림과 같이 정사각뿔의 전개도를 그리기 위하여 빗변의 실제 길이를 구하는 순서가 옳은 것은?

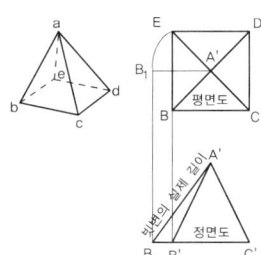 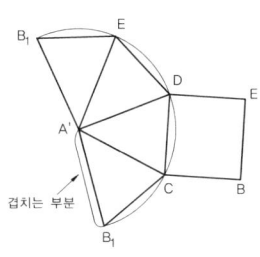

① 정면도와 평면도를 그린다.
② 정면도 A'점과 B'₁점을 연결하면 빗변이 실제 길이가 된다.
③ B₁에서 수선을 내려서 B'C' 연장선과 만나는 점, B'₁점을 구한다.
④ 평면도에서 AE를 반지름으로 하는 원호를 그려 중심선까지 그려서 만나는 점B₁을 구한다.

㉮ ①-②-③-④
㉯ ①-④-③-②
㉰ ①-④-②-③
㉱ ①-③-④-②

215

재료기호 KS D 3503 S S 330 에서 재료의 종류, 최저 인장강도, 화학 성분값 등을 표시한 것은?

㉮ KS D 3503 ㉯ 3503
㉰ S   ㉱ 330

답 211 ㉱ 212 ㉱ 213 ㉮ 214 ㉯ 215 ㉱

216

다음 표준 규격에 대한 〈보기〉의 설명이 옳게 짝지어진 것은?

(가) ISO (나) DIN (다) KS D

────〈보기〉────
ㄱ. 한국가의 모든 이해 관계자들이 협의하고 심의하여 한 국가 내에서 적용하는 규격이다.
ㄴ. 국제적인 공동의 이익을 추구하기 위하여 여러 나라가 협의, 심의, 규정하여 국제적으로 적용하는 규격이다.
ㄷ. 도면에서 부품의 금속재료를 표시할 때 사용하면 재질, 형상, 강도 등을 간단명료하게 나타낼 수 있다.

㉮ (가) -ㄱ (나) -ㄴ (다) -ㄷ
㉯ (가) -ㄴ (나) -ㄱ (다) -ㄷ
㉰ (가) -ㄴ (나) -ㄷ (다) -ㄱ
㉱ (가) -ㄷ (나) -ㄱ (다) -ㄴ

 ㄱ - ISO : 국제표준화기구
ㄴ - DIN : 독일규격
ㄷ - KSD : 한국산업규격(금속)

217

다음의 기계요소와 〈보기〉의 용도가 옳게 짝지어진 것은?

(가) 나사 (나) 기어 (다) 벨트와 벨트 풀리

────보기────
ㄱ. 2개 이상의 부품을 조립 할 때 사용한다.
ㄴ. 동력을 일정한 속도비로 전달할 때 사용한다.
ㄷ. 동력을 전달하는 두 축 사이의 거리가 길 때 사용한다.

㉮ (가) -ㄱ (나) -ㄴ (다) -ㄷ
㉯ (가) -ㄱ (나) -ㄷ (다) -ㄴ
㉰ (가) -ㄴ (나) -ㄱ (다) -ㄷ
㉱ (가) -ㄷ (나) -ㄴ (다) -ㄱ

218

그림은 미완성 된 볼트 제작용 약도를 나타낸 것이다. 이 도면을 완성하고자 할 때 가는 실선으로 그려야 하는 곳은?

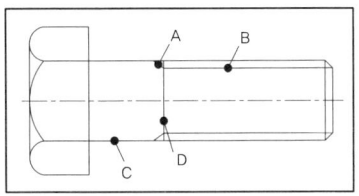

㉮ A, B ㉯ A, D
㉰ B, C ㉱ B, D

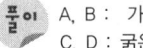 A, B : 가는실선
C, D : 굵은실선

219

그림과 같은 육각 볼트를 제작용 약도로 그리고자 할 때, 그리는 방법 중 〈보 기〉에서 옳은 것은?

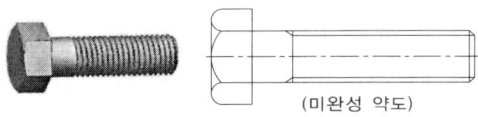

(미완성 약도)

────보기────
ㄱ. 골 지름 선과 불완전 나사부의 끝은 숨은선으로 그린다.
ㄴ. 불완전 나사부의 끝은 축선을 기준으로 30° 되게 그린다.
ㄷ. 나사부의 끝은 45° 모따기로 표시하고, 가는 실선으로 그린다.
ㄹ. 완전 나사부와 불완전 나사부의 경계선은 굵은 실선으로 그린다.

㉮ ㄱ, ㄴ ㉯ ㄱ, ㄹ
㉰ ㄴ, ㄷ ㉱ ㄴ, ㄹ

 ㄱ- 가는실선, ㄷ- 굵은실선

220

도면의 일반적인 분류 중 사용목적에 따른 분류가 아닌 것은?

㉮ 계획도 ㉯ 제작도
㉰ 주문도 ㉱ 부품도

풀이 사용목적에 따른분류 : 계획도, 제작도, 주문도, 승인도, 견적도, 설명도

221

물품을 그리거나 도안할 때 필요한 사항을 제도 기구 없이 프리 핸드(free hand)로 나타낸 도면은?

㉮ 전개도 ㉯ 외형도
㉰ 스케치도 ㉱ 곡면 선도

222

국가별 제도규격 중 옳은 것은?

㉮ 한국 산업 규격 : JIS
㉯ 독일 규격 : DIN
㉰ 영국 규격 : ANSI
㉱ 일본 공업 규격 : BS

풀이 한국산업규격 : KS, 영국 : BS, 일본 : JIS

223

KS의 부문별 분류 기호 중 틀린 것은?

㉮ KS A – 전자 ㉯ KS B – 기계
㉰ KS C – 전기 ㉱ KS D – 금속

풀이 KSA : 기본

224

다듬질 기호에 대한 설명 중 틀린 것은?

㉮ 다듬질 기호에는 삼각형(▽)과 파형(~)이 있다.
㉯ 삼각형의 수가 많을수록 다듬질 면이 거친 것을 의미한다.
㉰ 삼각형은 절삭 가공 면에 표시한다.
㉱ 파형 기호는 가공하지 않을 면을 의미한다.

풀이 많을 수록 매끈함.

225

도형을 생략할 수 있는 경우의 설명 중 틀린 것은?

㉮ 도형이 대칭인 경우에는 대칭 중심선의 한쪽을 생략할 수 있다.
㉯ 같은 종류, 같은 모양의 것이 다수 줄지어 있는 경우에는 반복되는 도형을 생략할 수 있다.
㉰ 같은 단면형의 부분과 같은 모양 규칙적으로 줄지어 있는 부분은 생략할 수 있다.
㉱ 특정 부분의 도형이 작아서 그 부분의 상세한 도시나 치수기입을 할 수 없을 때 생략할 수 있다.

풀이 부분확대도를 그림.

226

단면을 해칭선으로 표시하는 방법 중 틀린 것은?

㉮ 해칭선은 굵은 실선으로 표시한다.
㉯ 해칭선은 경사면에 수평이나 수직으로 그리지 않는다.
㉰ 기본 중심선에 대하여 45° 경사진 각도로 그린다.
㉱ 2~3㎜ 간격으로 하는 것이 좋다.

풀이 해칭선은 가는실선으로 그린다.

답 220 ㉱ 221 ㉰ 222 ㉯ 223 ㉮ 224 ㉯ 225 ㉱ 226 ㉮

227

제3각법에 대한 설명 중 옳은 것은?

㉮ 정면도는 평면도 위에 그린다.
㉯ 눈과 물체 사이에 투상면이 있다.
㉰ 좌 측면도는 정면도의 우측에 그린다.
㉱ 눈의 반대쪽에 투상 화면이 나타난다.

 ㉮, ㉯, ㉱는 1각법

228

투상도를 그리는 방법 중 틀린 것은?

㉮ 조립도등 주로 기능을 표시하는 도면에서는 물체가 사용되는 상태를 그린다.
㉯ 일반적인 도면에서는 물체를 가장 잘 나타내는 상태를 정면도로하여 그린다.
㉰ 주투상도를 보충하는 다른 투상도의 수는 되도록 많게 한다.
㉱ 주투상도 만으로 표시할 수 있을 때에는 다른 투상도를 그리지 않는다.

 보조투상도의 수는 되도록 적게한다.

229

투상법에 대한 설명 중 틀린 것은?

㉮ 제1각법과 제3각법은 정면도를 중심으로 평면도와 측면도의 위치가 다르다.
㉯ 투상법은 제3각법을 따르는 것을 원칙으로 한다.
㉰ 같은 도면에서 제1각법과 제3각법을 혼용할 수 있다.
㉱ 투상법의 기호는 오인할 우려가 없을 경우 생략할 수 있다.

 같은 도면에서 1, 3각법을 혼용할 수 없음

230

경사면부가 있는 물체에서 정투상의 실형을 나타낼 수 없으므로 경사면의 실형을 나타내기 위하여 사용되는 투상도는?

㉮ 보조 투상도   ㉯ 회전 투상도
㉰ 부분 투상도   ㉱ 국부 투상도

231

치수 수치의 표시 방법 중 틀린 것은?

㉮ 길이의 수치 치수는 원칙적으로 ㎜의 단위로 기입하고 단위 기호를 붙인다.
㉯ 각도의 치수 수치는 일반적으로 도의 단위로 기입하고 필요한 경우 분, 초를 병용할 수 있다.
㉰ 각도의 수치를 라디안의 단위로 기입하는 경우에는 그 단위 기호 rad를 기입한다.
㉱ 치수 수치의 소수점은 아래쪽의 점으로 하고 숫자 사이를 적당히 띄워서 그 중간에 약간 크게 찍는다.

 단위 기호는 붙이지 않는다.

232

치수 보조 기호에 대한 설명 중 틀린 것은?

㉮ ø25 : 지름 25㎜
㉯ Sø450 : 구의 지름 450㎜
㉰ t5 : 판의 두께 5㎜
㉱ C42 : 동심원의 길이 42㎜

풀이 C : 45° 모따기

답 227 ㉯ 228 ㉰ 229 ㉰ 230 ㉮ 231 ㉮ 232 ㉱

233

최대 허용 치수와 최소 허용 치수의 차는?

㉮ 치수 ㉯ 허용차
㉰ 오차 ㉱ 공차

풀이) 최대허용치수 − 최소허용치수 = 공차

234

기준 치수의 정의를 옳게 설명한 것은?

㉮ 기계 부품의 완성 치수
㉯ 기계 공작의 기준이 되는 치수
㉰ 부품 조립의 기준이 되는 치수
㉱ 기계 설치의 기준이 되는 치수

235

항상 죔새가 생기는 경우의 설명 중 옳은 것은?

㉮ 축의 최소 허용 치수가 구멍의 최대 허용 치수보다 큰 경우.
㉯ 구멍의 최소 허용 치수가 축의 최대 허용 치수보다 큰 경우.
㉰ 실제 치수가 기준 치수보다 큰 경우
㉱ 축 지름이 구멍의 지름과 같은 경우

236

$\varnothing 40^{+0.025}_{0}$ 의 치수 공차 표시에서 위치수 허용차는?

㉮ −0.050 ㉯ −0.025
㉰ 0 ㉱ 0.025

풀이) 40.025−40=0.025

237

도면에 $\varnothing 40^{+0.005}_{-0.003}$ 으로 표시되었을 때 치수공차는?

㉮ 0.002 ㉯ 0.003
㉰ 0.005 ㉱ 0.008

풀이) 40.005−39.997=0.008

238

구멍의 치수 $\varnothing 40^{+0.025}_{0}$, 축의 치수 $\varnothing 40^{-0.025}_{-0.050}$ 이면 어떤 끼워맞춤 인가?

㉮ 헐거운 끼워 맞춤
㉯ 중간 끼워 맞춤
㉰ 억지 끼워 맞춤
㉱ 끼워 맞춤이 필요 없는 곳

풀이) 구멍의 최소허용치수(40.000)가 축의 최대허용치수(39.975)보다 크므로 헐거운 끼워 맞춤.

239

$\varnothing 50^{+0.04}_{-0.04}$ 로 표시된 구멍을 가공하여 다음과 같은 측정값을 얻었을 때 불량에 속하는 것은?

㉮ 50.000 ㉯ 49.990
㉰ 49.970 ㉱ 49.950

풀이) 구멍의 치수는 49.960에서 50.040까지

답) 233 ㉱ 234 ㉯ 235 ㉮ 236 ㉱ 237 ㉱ 238 ㉮ 239 ㉱

240

기준 치수가 크면 공차를 크게 하고 정밀도는 기준 치수와 공차의 비율로 표시하는 공차는?

㉮ 치수 공차
㉯ IT 공차
㉰ 기하 공차
㉱ 끼워 맞춤

풀이 IT공차 : 같은 등급의 공차라도 기준치수가 작은 경우와 큰 경우는 정밀도가 다르게 표시되는 공차

241

IT 기본 공차의 등급 중 주로 끼워 맞춤에 사용되는 것은?

㉮ IT01 ~ IT4
㉯ IT5 ~ IT10
㉰ IT11 ~ IT14
㉱ IT15 ~ IT18

풀이 게이지류 : IT01~4
일반공차 : IT11~18

242

구멍과 축의 끼워 맞춤에 항상 틈새가 생기는 맞춤은?

㉮ 헐거운 끼워 맞춤
㉯ 중간 끼워 맞춤
㉰ 억지 끼워 맞춤
㉱ 보통 끼워 맞춤

풀이 구멍의 최소허용치수가 축의 최대허용치수보다 클 때 항상 틈새가 생김.

243

강종 SNCM8에서 각각 기호의 표시가 옳은 것은?

㉮ S-강, N-니켈, C-탄소, M-망간
㉯ S-강, N-니켈, C-크롬, M-몰리브덴
㉰ S-강, N-니켈, C-탄소, M-몰리브덴
㉱ S-강, N-니켈, C-크롬, M-망간

풀이 S : 강(Sted), N : 니켈(Ni)
C : 크롬(Cr), M : 몰리브덴(Mo)

244

재료 기호가 SS41 일 때 어떤 재료를 나타내는가?

㉮ 탄소가 0.41% 이상 함유된 강
㉯ 최저 인장강도가 41kgf/㎟ 인 압연 강재
㉰ 경도가 HRC41인 압연 강재
㉱ 최저 인장강도가 41kgf/㎟ 인 주철

풀이 일반구조용 압연강재

245

나사 요소의 도시 방법 중 굵은 실선으로 나타내지 않는 것은?

㉮ 수나사의 바깥지름을 나타내는 선
㉯ 암나사의 안지름을 나타내는 선
㉰ 보이지 않는 나사부와 산봉우리와의 골을 나타내는 선
㉱ 완전 나사부와 불완전나사부의 경계를 나타내는 선

풀이 보이지 않는 나사부와 산봉우리와의 골을 나타내는 선은 굵은파선으로함.

답 240 ㉯ 241 ㉯ 242 ㉮ 243 ㉯ 244 ㉯ 245 ㉰

246

스퍼어 기어의 보통 이에서 기준 피치원의 지름이 108㎜, 잇수가 18개 일 때 모듈(module)은 얼마인가?

㉮ 6   ㉯ 8
㉰ 10 ㉱ 12

풀이 m=D(피치원의 지름)/Z(잇수)=108/18=6

247

대상물의 외형 부분의 모양을 표시하는 데 쓰이는 선의 종류는?

㉮ ─────   ㉯ ─ · ─ · ─
㉰ ─ ─ ─ ─   ㉱ ─ ─ ─ ─

248

다음 그림에서 선을 그을 때 틀린 것은?

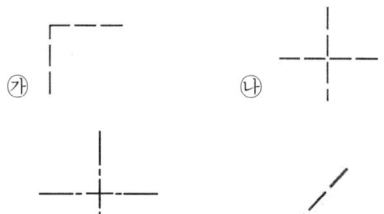

풀이 파선이 서로 만나는 부분은 이어지도록 긋는다.

249

다음 도면의 크기가 a = 594 , b = 841 일 때 틀린 것은?

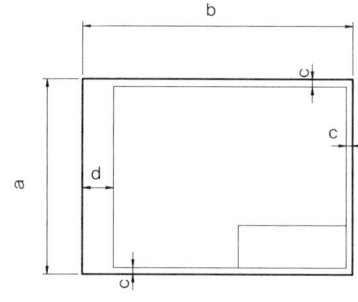

㉮ 도면의 크기의 호칭은 A1 이다.
㉯ 도면을 철하지 않을 때 C의 최소 크기는 20mm 이다.
㉰ 도면을 철할 때 d의 최소 크기는 25mm 이다.
㉱ 중심 마크와 윤곽선이 그려져 있다.

풀이 중심마크가 누락 되었음.

250

다음 입체도에서 3각법으로 나타낸 것 중 옳은 것은?

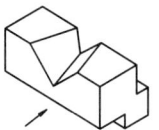

㉮ 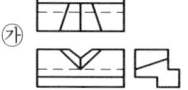   ㉯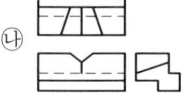

㉰ 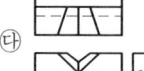   ㉱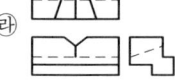

답 246 ㉮ 247 ㉮ 248 ㉯ 249 ㉱ 250 ㉰

251

다음 그림에서 실제 한 변의 길이가 40인 정사각형을 그리려고 한다. 실제 도면에서 한 변의 치수는 얼마인가?

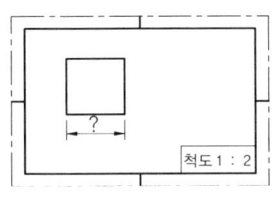

㉮ 40
㉯ 30
㉰ 20
㉱ 10

252

대상물을 1평면의 절단면으로 절단해서 얻어지는 단면을 빼놓지 않고 그린 단면도는?

㉮ 온단면도
㉯ 한쪽단면도
㉰ 회전단면도
㉱ 계단단면도

253

치수공차에서 위 치수허용차를 옳게 나타낸 것은?

㉮ (최대허용치수)-(기준치수)
㉯ (최소허용치수)-(기준치수)
㉰ 치수와 대응하는 기준치수와의 대수차
㉱ 형체에 허용되는 최소 치수

풀이
㉮ : 위치수허용차
㉯ : 아래치수허용차
㉰ : 치수차
㉱ : 최소허용치수

254

90°로 회전시켜서 투상도의 안이나 밖에 그리는 단면도는?

㉮ 회전단면도
㉯ 부분단면도
㉰ 계단단면도
㉱ 전단면도

255

일반적인 도면의 관리 업무 절차는 다음 순서가 옳은 것은?

㉮ 도면작성→검도 및 승인→도면번호 부여→등록→보관
㉯ 도면작성→도면번호 부여→검도 및 승인→등록→보관
㉰ 도면작성→검도 및 승인→등록→도면번호 부여→보관
㉱ 도면작성→검도 및 승인→등록→보관→도면번호 부여

256

절단면이 투상면에 평행 또는 수직하게 계단 형태로 절단된 단면도의 종류가 옳은 것은?

㉮ 온단면도
㉯ 부분단면도
㉰ 계단단면도
㉱ 회전단면도

답 251 ㉰ 252 ㉮ 253 ㉮ 254 ㉮ 255 ㉯ 256 ㉰

257

다음 입체도를 보고 제 3각법으로서 평면도가 옳은 것은? (단, 화살표 방향이 정면도)

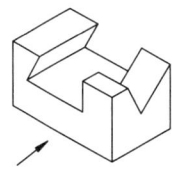

㉮ 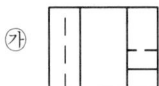 ㉯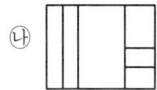

㉰ 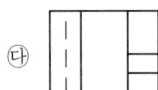 ㉱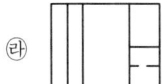

258

다음 표의 빈칸의 ①,②에 옳은 것은?

기 호	의 미
R	①
SØ	②

㉮ ① 반지름치수, ② 지름치수
㉯ ① 구의 지름치수, ② 구의 반지름치수
㉰ ① 반지름치수, ② 구의 지름치수
㉱ ① 구의 반지름 치수, ② 지름치수

259

다음 그림의 투상도로 옳은 것은?

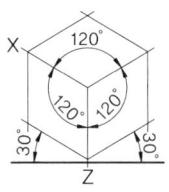

㉮ 사투상도   ㉯ 부등각투상도
㉰ 등각투상도 ㉱ 투시투상도

260

다음 입체도를 3각법으로 나타낸 것 중 옳은 것은?

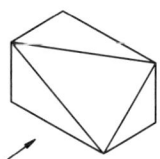

㉮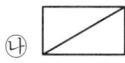

㉯

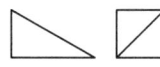

㉰ (삼각형) ㉱

답 257 ㉰ 258 ㉰ 259 ㉰ 260 ㉯

261

다음 입체도를 3각법으로 나타낸 것 중 옳은 것은?

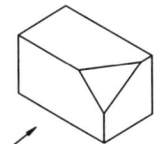

㉮ 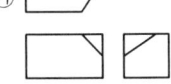   ㉯

㉰    ㉱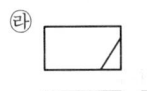

262

다음 입체도를 3각법으로 나타낸 것 중 옳은 것은?

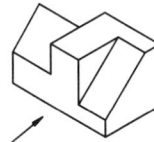

㉮    ㉯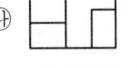

㉰ 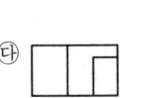   ㉱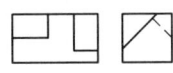

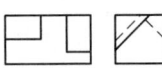

263

다음 입체도를 3각법으로 나타낼 때 우측면도로 옳은 것은?

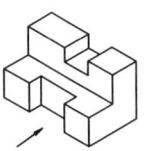

㉮ 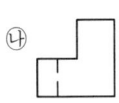   ㉯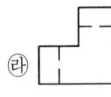

㉰ 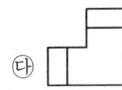   ㉱

264

다음 투상도에서 우측면도로 옳은 것은?

㉮ 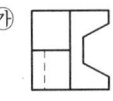   ㉯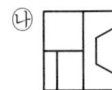

㉰ 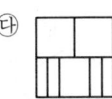   ㉱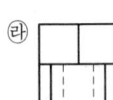

답 261 ㉱ 262 ㉱ 263 ㉱ 264 ㉰

265

다음 그림에서 나타낸 기호의 치수 기입 방법은?

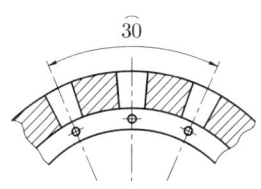

㉮ 현 ㉯ 호
㉰ 곡선 ㉱ 반지름

266

간단한 제품의 부품도, 조립도 등이 일시적 또는 급히 필요한 경우에 그리는 도면은?

㉮ 전개도 ㉯ 스케치도
㉰ 입체도 ㉱ 기초도

267

다음 중 치수기입이 틀린 것은?

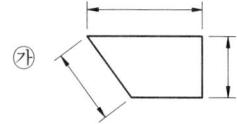 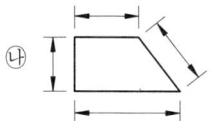

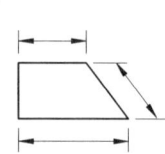 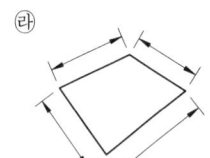

풀이) 높이의 치수가 누락 되었음.

268

선긋기에 대한 일반 사항 중 틀린 것은?

㉮ 1점 쇄선 및 2점 쇄선은 긴쪽 선으로 시작하고 끝나도록 긋는다.
㉯ 원호와 직선이 서로 만나는 부분은 층이 나게 그린다.
㉰ 파선이 서로 평행할 때에는 서로 평행하게 엇갈리게 그린다.
㉱ 모서리는 서로 이어지도록 긋는다.

풀이) 원호와 직선이 만나는 부분은 원활하게 그린다.

269

다음 투상도에서 우측면도로 옳은 것은?

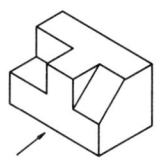

㉮ 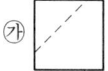 ㉯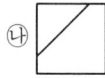

㉰ 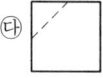 ㉱

답 265 ㉯ 266 ㉯ 267 ㉰ 268 ㉯ 269 ㉱

270

다음 입체도를 제3각법으로 나타낸 것 중 옳은 것은?

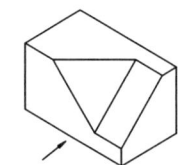

㉮ 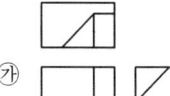　　㉯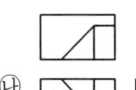

㉰ 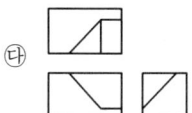　　㉱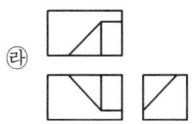

271

다음 입체도를 3각법으로 나타낸 것 중 옳은 것은?

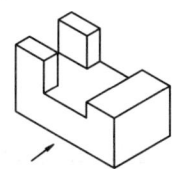

㉮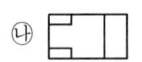

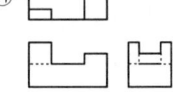

㉰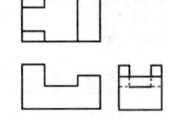

272

다음 입체도를 3각법으로 투상 할 때 정면도로 옳은 것은?

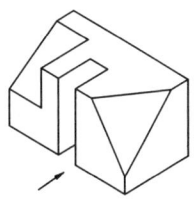

㉮ 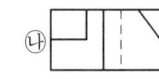　　㉯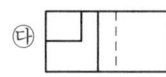

㉰

273

다음 입체도를 3각법으로 나타낸 것 중 옳은 것은?

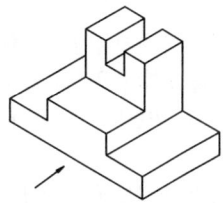

㉮ 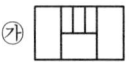　　㉯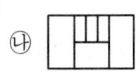

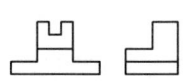　　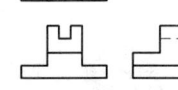

㉰ 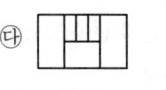　　㉱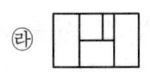

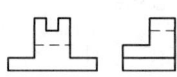　　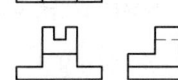

답 270 ㉱　271 ㉰　272 ㉮　273 ㉯

274
구멍의 치수가 축의 치수보다 클 때, 구멍과 축과의 차는?

㉮ 공차 ㉯ 끼워맞춤
㉰ 틈새 ㉱ 죔새

풀이
㉮ 공차 : 최대허용치수와 최소허용치수의 차
㉯ 끼워맞춤 : 구멍, 축의 조립전 치수의 차이에서 생기는 관계
㉱ 죔새 : 축의 치수가 구멍의 치수보다 클때, 축과 구멍의 차

275
다음의 제도 용지 중 크기가 420 × 594㎜에 해당되는 것은?

㉮ A0 ㉯ A1 ㉰ A2 ㉱ A3

276
다음 중 치수 기입법에 대한 설명 중 틀린 것은?

㉮ 치수는 가급적 일직선상에 기입한다.
㉯ 치수는 가급적 도형의 우측과 위쪽에 기입한다.
㉰ 치수는 정면도, 평면도, 측면도에 골고루 나누어 기입한다.
㉱ 치수는 가급적 정면도에 기입하고, 부득이한 것은 평면도와 측면도에 기입한다.

풀이 치수는 가급적 정면도에 기입한다.

277
나사의 제도에서 수나사의 바깥지름은 어떤 선으로 도시하는가? (단, 나사가 보이는 경우임)

㉮ 가는 실선 ㉯ 굵은 실선
㉰ 가는 1점 쇄선 ㉱ 가는 2점 쇄선

278
헐거운 끼워맞춤에서 구멍의 최소허용치수와 축의 최대 허용치수와의 차는?

㉮ 최소틈새 ㉯ 최대틈새
㉰ 최대죔새 ㉱ 최소죔새

279
나사의 머리부를 고리 모양으로 만들어 체인 또는 훅등을 걸 때에 사용하는 볼트는?

㉮ 육각 볼트 ㉯ 아이 볼트
㉰ 나비 볼트 ㉱ 기초 볼트

280
KS D 3504 SS 330의 단위는?

㉮ N/mm^2 ㉯ $N·m/cm^2$
㉰ kgf/mm^3 ㉱ $kgf·cm^3$

281
CAD 시스템의 하드웨어 중 출력장치에 해당하는 것은?

㉮ 디지타이저 ㉯ 마우스
㉰ 키보드 ㉱ 플로터

282
기계구조용 탄소강재를 SM10C로 표기하였을 때 "10C"가 의미하는 것은?

㉮ 연신율 ㉯ 탄소함유량
㉰ 주조응력 ㉱ 인장강도

답 274 ㉰ 275 ㉯ 276 ㉰ 277 ㉯ 278 ㉮ 279 ㉯ 280 ㉮ 281 ㉱ 282 ㉯

283

그림과 같은 물체를 제3각법으로 옳게 그려진 것은?

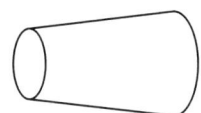

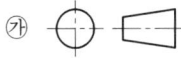 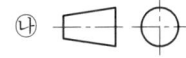

 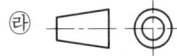

284

표면의 결 표시 방법 중 줄무늬 방향기호가 다음과 같을 때 이것의 의미는?

㉮ 가공에 의한 컷의 줄무늬가 여러 방향으로 교차 또는 무방향
㉯ 가공에 의한 컷의 줄무늬가 기호를 기입한 면의 중심에 대하여 거의 동심원모양
㉰ 가공에 의한 컷의 줄무늬가 기호를 기입한 면의 중심에 대하여 거의 방사 모양
㉱ 가공에 의한 컷의 줄무늬 방향이 기호를 기입한 그림의 투영면에 평행

285

다음 중 가공 부분을 이동하는 특정 위치 또는 이동 한계의 위치를 나타낼 때 쓰이는 선은 어느 것인가?

㉮ 파선 ㉯ 가는 실선
㉰ 굵은 실선 ㉱ 2점 쇄선

286

얇은 판으로 된 입체의 표면을 한 평면을 한 평면 위에 펼쳐서 그린 것은?

㉮ 입체도 ㉯ 전개도
㉰ 사투상도 ㉱ 정투상도

287

구멍의 치수가 $\varnothing 45^{+0.025}_{0}$, 축의 치수가 $\varnothing 45^{-0.009}_{-0.025}$인 경우 어떤 끼워 맞춤인가?

㉮ 헐거운 끼워맞춤
㉯ 억지 끼워맞춤
㉰ 중간 끼워맞춤
㉱ 보통 끼워맞춤

288

45°×45°×90°와 30°×60°×90°의 모양으로 된 2개의 삼각자를 이용하여 나타낼 수 없는 각도는?

㉮ 15° ㉯ 50°
㉰ 75° ㉱ 105°

답 283 ㉰ 284 ㉮ 285 ㉱ 286 ㉯ 287 ㉮ 288 ㉯

289
도면의 척도에서 'NS'로 표시되는 경우는?

㉮ 1:1 현척인 경우
㉯ 2:1 배척인 경우
㉰ 1:2 축척인 경우
㉱ 치수와 비례가 아닌 경우

290
치수를 기입할 때 주의사항 중 틀린 것은?

㉮ 치수 숫자는 선에 겹쳐서 기입한다.
㉯ 치수를 공정별로 나누어서 기입할 수도 있다.
㉰ 치수 수치는 치수선과 교차되는 장소에 기입하지 말아야 한다.
㉱ 가공할 때 기준으로 할 곳이 있는 경우는 그 곳을 기준으로 기입한다.

풀이 치수 숫자는 치수선 중앙 위에 기입한다.

291
SF340A에서 SF가 의미하는 것은?

㉮ 주강
㉯ 탄소강 단강품
㉰ 회주철
㉱ 탄소강 압연강재

292
제도 도면에 거의 사용하지 않는 척도는?

㉮ 1 : 1   ㉯ 1 : 2
㉰ 2 : 1   ㉱ 3 : 1

293
다음 중 가는 실선으로 그리는 선이 아닌 것은?

㉮ 보이는 물체의 면들이 만나는 윤곽을 나타내는 선
㉯ 회전 단면을 한 부분의 윤곽을 나타내는 선
㉰ 가상의 상관관계를 나타내는 선
㉱ 치수선 그리고 치수보조선

풀이 굵은 실선으로 나타낸다.

294
구멍의 치수가 $\varnothing 50^{+0.020}_{0}$, 축의 치수가 $\varnothing 50^{-0.025}_{-0.050}$일 때의 끼워맞춤은?

㉮ 헐거운 끼워 맞춤
㉯ 중간 끼워 맞춤
㉰ 억지 끼워 맞춤
㉱ 가열 끼워 맞춤

295
어떤 물체의 실물을 보고 프리핸드(free hand)로 그린 도면으로, 필요한 사항을 기입하여 완성한 도면은?

㉮ 부품도   ㉯ 설명도
㉰ 스케치도   ㉱ 조립도

답 289 ㉱ 290 ㉮ 291 ㉯ 292 ㉱ 293 ㉮ 294 ㉮ 295 ㉰

296

제작 도면으로 사용할 완성된 도면이 되기 위한 선의 우선 순서로 옳은 것은?

㉮ 외형선→치수선→해칭선→숨은선→중심선→파단선→숫자, 문자, 기호
㉯ 해칭선→외형선→파단선→숨은선→중심선→숫자, 문자, 기호→치수선
㉰ 숫자, 문자, 기호→외형선→숨은선→중심선→파단선→치수선→해칭선
㉱ 중심선→숫자, 문자, 기호→외형선→숨은선→해칭선→파단선

297

도면의 표면기호에서 가공방법을 나타내는 기호로 "M"이 기입되어 있다면 어떤 가공을 의미하는가?

㉮ 브로치 가공 ㉯ 리머 가공
㉰ 선반 가공   ㉱ 밀링 가공

298

도면의 지시선 위에 "46-⌀20" 이라고 기입되어 있을 때의 설명으로 옳은 것은?

㉮ 지름이 20mm인 구멍이 46개
㉯ 지름이 46mm인 구멍이 20개
㉰ 드릴 치수가 20mm인 드릴이 46개
㉱ 드릴 치수가 46mm 인 드릴이 20개

299

물체의 단면을 표시하기 위하여 단면 부분에 흐리게 칠하는 것을 무엇이라 하는가?

㉮ 리브(rib)
㉯ 널링(knurling)
㉰ 스머징(smudging)
㉱ 해칭(hatching)

> 풀이 물체의 단면부분은 스머징 또는 해칭선으로 표시한다.

300

다음 그림과 같은 단면도의 종류가 옳은 것은?

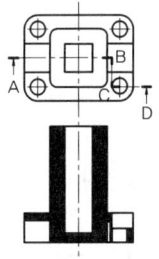

단면 A-B-C-D

㉮ 회전단면도   ㉯ 부분단면도
㉰ 계단단면도   ㉱ 전단면도

301

산업의 부문별 KS 기호로 옳은 것은?

㉮ KS A : 기계
㉯ KS B : 기본
㉰ KS C : 전자
㉱ KS D : 금속

> 풀이 ㉮ 기본, ㉯ 기계, ㉰ 전기

답 296 ㉰ 297 ㉱ 298 ㉮ 299 ㉰ 300 ㉰ 301 ㉱

302

조립도에서 암나사와 수나사가 결합된 겹친 부분을 나타낼 때에는 다음 중 어느 것을 기준으로 하여 그리는가?

㉮ 암나사
㉯ 수나사
㉰ 암·수나사 모두
㉱ 어느 것이나 임의 선택

303

다음 나사의 도시법 중 옳은 것은?

㉮ 수나사와 암나사의 골은 굵은 실선으로 그린다.
㉯ 암나사 탭 구멍의 드릴 자리는 60°의 굵은 실선으로 그린다.
㉰ 완전 나사부와 불완전 나사부의 경계선은 굵은 실선으로 그린다.
㉱ 가려서 보이지 않는 부분의 나사부는 가는 일점 쇄선으로 그린다.

304

아래 그림은 볼트(bolt)의 간략도시법이다. 나사의 불완전부 A는?

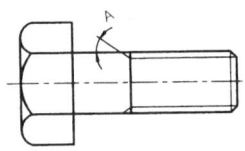

㉮ 30°   ㉯ 45°
㉰ 60°   ㉱ 75°

305

나사의 표시방법 중 틀린 것은?

㉮ S 0.5 : 미니추어 나사
㉯ Tr 10×2 : 미터 사다리꼴 나사
㉰ Rc 3/4 : 관용 테이퍼 암나사
㉱ E10 : 미싱나사

풀이 E10 : 전구나사

306

도면의 나사부분에 다음 내용을 기재하려고 할 때 올바른 표시법은? (단, 나사의 호칭치수 : M 20×2, 나사줄수 : 2줄, 나사등급 : 2급, 나사의 방향 : 왼쪽이다.)

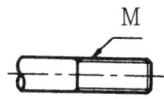

㉮ M 20×2-2 왼쪽 2줄
㉯ 2-M 20×2 왼쪽 2줄
㉰ 왼쪽 2줄 M 20×2-2
㉱ 왼쪽 2줄 2급 M 20×2

307

호칭지름 40mm, 리드 14mm, 피치 7mm 수나사의 등급이 7e인 미터 사다리꼴 나사의 표시방법으로 옳은 것은?

㉮ Tr 40×14(P7)-7e
㉯ TW 40×14(P7)-7e
㉰ Tr 40×7e-14(P7)
㉱ TW 40×7e-14(P7)

답 302 ㉯ 303 ㉰ 304 ㉮ 305 ㉱ 306 ㉰ 307 ㉮

308

나사의 종류를 표시하는 기호이다. ISO 규격의 관용 평행나사를 나타내는 기호는?

㉮ M   ㉯ R
㉰ G   ㉱ E

 M : 미터나사
R : 관용테이퍼나사(PT)
E : 전구나사

309

전선 관용나사의 기호는?

㉮ CTC   ㉯ E
㉰ BC   ㉱ SM

 CTC : 박강 전선관나사
CTG : 후강 전선관나사

310

유니파이 가는나사계 나사의 바깥지름(호칭치수)이 1/2(inch) 1인치당 산수가 20산일 때 나사구멍 드릴의 지름은?

㉮ 9.4   ㉯ 10.4
㉰ 11.4   ㉱ 12.7

 $d = D - P$
$= (\frac{1}{2} \times 25.4) - (\frac{1}{20} \times 25.4) = 11.4$

311

경사 키용이 보스의 키홈의 깊이를 표시하는 방법으로 KS 기계제도에 가장 적합한 것은?

㉮ 키홈의 깊은쪽에서 표시
㉯ 키홈의 낮은쪽에서 표시
㉰ 키홈의 중간부분에 표시
㉱ 깊은쪽과 낮은쪽 양쪽에 표시

312

키의 호칭이 "미끄럼키 25×8×50 양끝 둥금 SM45C" 로 표시되었을 경우 50의 의미는?

㉮ 키의 폭   ㉯ 키의 높이
㉰ 키의 길이   ㉱ 축의 지름

313

키(key)의 호칭이 옳게 표시된 것은? (단, A : 규격번호 또는 명칭, B : 호칭치수, C : 길이, D : 끝 모양의 특별 지정, E : 재료)

㉮ A－B×C D E   ㉯ A B×C－D－E
㉰ A B×C D E   ㉱ A－B×C×D－E

314

다음의 핀에 대한 설명 중 적당하지 않은 것은?

㉮ 테이퍼 핀 호칭은 명칭, $d \times l$, 등급, 재료순이다.
㉯ 슬롯 테이퍼핀 호칭은 명칭, $d \times l$, 재료, 지정사항 순이다.
㉰ 테이퍼 핀의 테이퍼값은 1/50이다.
㉱ 테이퍼 핀의 호칭지름은 가는쪽이 지름이다.

 테이퍼 핀 : 명칭, 등급, $d \times l$, 재료

315

다음 중 슬롯 테이퍼 핀의 호칭을 바르게 나타낸 것은?

㉮ 명칭, $d \times l$, 재료, 지정사항
㉯ 명칭, $d \times l$, 등급, 재료
㉰ 명칭, 등급, $d \times l$, 재료, 지정사항
㉱ 명칭, 종류, $d \times l$, 재료

316

평행핀의 호칭이 바른 것은?

㉮ 명칭, 종류, 형식 $d \times l$, 재료
㉯ 명칭, 형식, 종류, $d \times l$, 재료
㉰ 명칭, $d \times l$, 재료, 지정사항
㉱ 명칭, 재료, $d \times l$, 지정사항

317

분할핀의 호칭지름은 어느 것으로 나타내는가?

㉮ 재료의 지름
㉯ 핀재료를 겹쳤을 때 가상원의 지름
㉰ 핀 구멍의 지름
㉱ 머리 부분의 폭

> **풀이** 핀의 호칭지름 : d
> ① 테이퍼 핀 : 작은쪽 지름(T = 1/50)
> ② 분할핀(스플릿 핀) : 핀 구멍의 지름

318

다음 리벳 이음의 도시법에 관한 설명 중 틀린 것은?

㉮ 리벳의 위치만을 표시할 경우에는 중심선만을 그린다.
㉯ 리벳은 길이방향으로 절단하여 도시하지 않는다.
㉰ 얇은판, 형강 등의 단면은 굵은선으로 도시할 수 있다.
㉱ 여러장의 얇은판이 있을 때에는 각 판의 파단선은 일직선으로 긋는다.

319

리벳 이음의 도면에서 피치가 표시하는 것은?

㉮ 리벳 구멍열과 인접한 리벳 구멍열간의 중심거리
㉯ 같은 중심선 상에 위치하고 있는 리벳 구멍과 여기에 인접한 리벳 구멍간의 중심거리
㉰ 판끝에서 여기에 인접한 리벳 구멍간의 거리
㉱ 리벳의 첫구멍에서 끝구멍까지의 거리

320

리벳 이음의 도시법에 대한 설명 중 틀린 것은?

㉮ 리벳의 위치만을 표시할 때에는 중심선만을 그린다.
㉯ 리벳의 길이방향으로 절단하여 도시하지 않는다.
㉰ 형강의 치수기입은 형강도면 아래쪽에 기입한다.
㉱ 얇은판 형강 등의 단면을 굵은 실선으로 도시한다.

> **풀이** 형강의 치수기입은 형강도면 위쪽에 기입한다.

답 315 ㉮ 316 ㉮ 317 ㉰ 318 ㉱ 319 ㉯ 320 ㉰

321

리벳이 연속으로 있을 때 표시방법으로 옳은 것은?

㉮ 간격치수×치수
㉯ 간격수×간격치수
㉰ 간격수×간격치수=합계치수
㉱ 간격치수×간격수=합계치수

322

열간 둥근머리 리벳 16×20을 바르게 설명한 것은?

㉮ 리벳 구멍수가 16개이고, 리벳 지름이 20mm이다.
㉯ 리벳 구멍수가 20개이고, 리벳 지름이 16mm이다.
㉰ 리벳 지름이 16mm이고, 길이가 20mm이다.
㉱ 리벳 지름이 16mm이고, 리벳 머리부의 지름이 20mm이다.

 리벳의 호칭법 : 종류 $d \times l$, 재료

323

다음 리벳 그림에서 머리부까지 포함한 길이를 호칭길이로 표시한 리벳은?

㉮  ㉯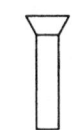

㉰ 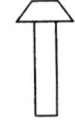 ㉱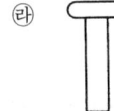

324

다음 그림과 같은 리벳 이음의 명칭은?

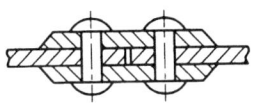

㉮ 1열 겹치기 이음   ㉯ 1열 맞대기 이음
㉰ 2열 겹치기 이음   ㉱ 2열 맞대기 이음

325

다음 중 둥근머리 현장 리벳의 기호는?

㉮ ●   ㉯ ⊘
㉰ ○   ㉱ ∅

 ㉯ 뒷면접시머리 공장리벳
㉰ 양면둥근머리 공장리벳
㉱ 양면접시머리 공장리벳

326

다음과 같은 용접기호 및 치수기입표시 기호에서 L자는 무엇을 표시하는가?

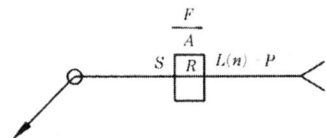

㉮ 루트의 간격   ㉯ 용접의 길이
㉰ 점용접의 수   ㉱ 뜨임용접의 피치

답 321 ㉰ 322 ㉰ 323 ㉯ 324 ㉯ 325 ㉮ 326 ㉯

327

용접 도시기호에서 용접부의 절삭 다듬질방법을 지정하는 보조 기호는?

㉮ F ㉯ G
㉰ C ㉱ M

328

용접부의 설명선에서 용접부를 지시하는 화살표는 기선에 대하여 얼마의 각도로 하는 것이 좋은가?

㉮ 30° ㉯ 45°
㉰ 60° ㉱ 75°

329

다음 용접 종류를 표시한 그림이다. 옳게 설명한 것은?

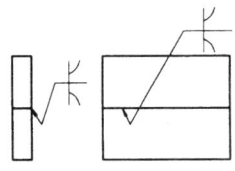

㉮ 양면 U형 용접
㉯ 한쪽으로 U형 용접
㉰ K형 용접
㉱ 양면 J형 용접

330

다음 그림과 같이 용접하고자 한다. 옳은 도시법은?

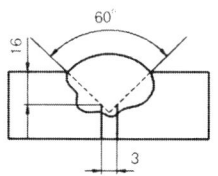

㉮ ㉯ ㉰ ㉱

풀이 V 형용접
① 그루브 깊이 : 16mm
② 그루브 각도 : 60°
③ 루트간격 3mm

답 327 ㉱ 328 ㉰ 329 ㉱ 330 ㉱

331

다음의 용접기호 표시 중 온둘레 현장용접을 나타내는 것은?

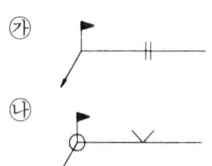

풀이 ① 현장용접 :
② 온둘레 용접 : ○

332

용접 종류와 KS 용접기호가 바르게 연결된 것은?

㉮ 점 용접 :

㉯ 플러그 용접 :

㉰ 필렛 용접 :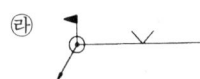

㉱ 심 용접 :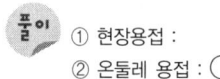

풀이 ㉮ 심용접
㉱ I형

333

다음 중 KS 저항용접기호에 속하지 않는 것은?

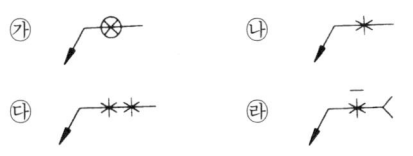

풀이 저항용접에는 점용접(*), 프로젝션용접(*), 심용접(**)이 있다.

334

조립도중의 용접 구성품에 겹침의 관계 및 용접의 종류와 크기를 표시하는 그림은 어느 것인가?

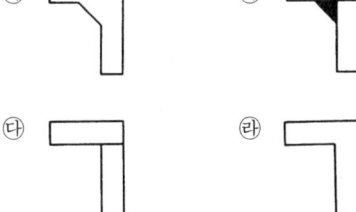

335

기계구조물 도면의 용접부에 방사선 투과시험을 용접선 전체선을 시험하라고 지시할 때의 기호는?

㉮ RT-O   ㉯ UT-N
㉰ RT-W   ㉱ UT-A

풀이 ① RT-O : 방사선 투과시험 전체선
② RT-W : 방사선 투과시험 2중벽 촬영
③ UT-N : 초음파 탐상시험 수직탐상
④ UT-A : 초음파 탐상시험 경사각 탐상

답 331 ㉯ 332 ㉰ 333 ㉮ 334 ㉯ 335 ㉮

336

다음 축의 제도 중 틀린 설명은?

㉮ 축의 일부분의 평면은 대각선을 가는 실선으로 표시한다.
㉯ 길이가 긴 축은 단축하여 그릴 수 있으나 실제치수로 기입한다.
㉰ 축의 일부분을 절단하여 표시할 수 있다.
㉱ 축은 길이 방향으로 절단한다.

337

아래와 같이 베어링 기호와 치수에 대한 설명 중 잘못된 것은?

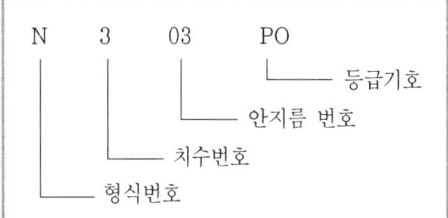

㉮ N … 원통 롤러형
㉯ 3 … 중간하중형
㉰ 03 … 안지름 15
㉱ PO … 정밀급

> 풀이 안지름 번호 3, 4번째자리
> 00 : 10mm
> 01 : 12mm
> 02 : 15mm
> 03 : 17mm
> 04~99는 5를 곱하면 된다.
> 예) 07=07×5=35mm

338

베어링의 형식번호에서 N는 무엇을 나타내는가?

㉮ 단열홈형
㉯ 복열 자동 조심형
㉰ 단열 앵귤러 컨택트형
㉱ 원통 롤러형

339

롤링 베어링의 호칭 번호가 6200, 628, 6300, 6020의 4종류가 있다. 베어링의 안지름이 같은 것은?

㉮ 6200과 6020   ㉯ 6200과 6300
㉰ 6300과 628   ㉱ 620과 628

340

기계제도 도면에서 볼 베어링의 번호가 6308일 경우 조립되는 축의 지름은 몇 mm로 그려야 하는가?

㉮ 8   ㉯ 30
㉰ 40   ㉱ 60

> 풀이 베어링의 안지름 번호는 베어링의 조립되는 축의 지름과 같으므로 08→08×5=40mm

341

롤링 베어링의 호칭번호 6026 P6에서 P6가 뜻하는 것은?

㉮ 베어링 계열기호   ㉯ 등급기호
㉰ 안지름 번호   ㉱ 바깥지름

> 풀이 60 : 베어링 계열기호
> 26 : 안지름번호(베어링안지름)
> P6 : 등급기호(6급)

답 336 ㉱ 337 ㉰ 338 ㉱ 339 ㉯ 340 ㉰ 341 ㉯

342

다음 롤링 베어링의 6026 P6 호칭번호에서 나타내어지지 않은 것은?

㉮ 베어링이 폭 ㉯ 베어링 계열번호
㉰ 베어링 안지름 ㉱ 등급기호

343

롤링 베어링의 도시법 중에서 기호도는 계통도 등에서 롤링 베어링임을 나타내는 데 쓰이는 도면으로 축은 어느 선으로 표시하는가?

㉮ 굵은 실선 ㉯ 굵은 일점 쇄선
㉰ 파선 ㉱ 가는 일점 쇄선

344

다음 그림 기호가 나타내는 베어링은?

㉮ 깊은 홈 볼 베어링
㉯ 원통 롤러 베어링
㉰ 스러스트 볼 베어링
㉱ 니들 롤러 베어링

345

다음 베어링의 기호도중에서 테이퍼 롤러 베어링은 어느 것인가?

풀이
㉮ 스러스트 볼 베어링(단열)
㉯ 레이디얼 볼 베어링(깊은홈)
㉱ 자동조심 롤러 베어링

346

그림은 베어링을 약도로 표시한 것이다. 무슨 베어링인가?

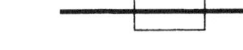

㉮ 원통 롤러 베어링
㉯ 테이퍼 롤러 베어링
㉰ 니들 롤러 베어링
㉱ 자동조심 롤러 베어링

347

평 벨트 풀리를 도시할 때 주의할 사항 중 틀린 것은?

㉮ 축의 직각 방향의 투상을 정면도로 한다.
㉯ 암은 길이 방향으로 절단하여 도시한다.
㉰ 대칭인 것은 그 일부만을 도시할 수 있다.
㉱ 암의 테이퍼 부분의 치수를 기입할 때 치수 보조선은 수평선과 60° 또는 30° 로 긋는다.

풀이 암은 길이 방향으로 절단하여 단면을 도시하지 않는다.

348

평 벨트 풀리의 호칭법으로 맞는 것은?

㉮ 종류, 호칭지름×호칭폭, 재료, 명칭
㉯ 명칭, 종류, 호칭지름×호칭폭, 재료
㉰ 호칭지름×호칭폭, 명칭, 종류, 재료
㉱ 재료, 명칭, 종류, 호칭지름×호칭폭

답 342 ㉮ 343 ㉮ 344 ㉰ 345 ㉯ 346 ㉰ 347 ㉯ 348 ㉯

349

다음 중 V(브이)벨트의 단면의 치수가 가장 큰 것은?

㉮ A형 ㉯ B형
㉰ C형 ㉱ D형

 V벨트의 종류에는 M형 및 A, B, C, D, E형 등의 6종류가 있으며, M형이 가장작고, E형이 가장 크다.

350

벨트의 크기 "A20"은 무엇을 표시하는가?

㉮ A는 벨트의 크기, 20은 번호
㉯ A는 벨트의 종류, 20은 20mm인 길이
㉰ A는 벨트의 단면 기호, 20은 20인치인 길이
㉱ A는 벨트의 단면 기호, 20은 20cm인 길이

351

다음 중 KS 기어의 제도방법으로 올바른 것은?

㉮ 잇봉우리원은 가는 실선으로 그린다.
㉯ 피치선의 지름은 굵은 일점 쇄선으로 그린다.
㉰ 베벨 기어의 이끝원은 원칙적으로 생략한다.
㉱ 이끝원은 굵은 실선으로 그린다.

기어제도
① 잇봉우리원(이끝원) : 굵은실선
② 피치원 : 가는 1점쇄선
③ 이뿌리원(이골원) : 가는실선

352

기어(gear)를 제도할 때 피치원(pitch circle)을 표시하는 선은?

㉮ 가상선 ㉯ 은선
㉰ 1점 쇄선 ㉱ 2점 쇄선

353

스퍼 기어의 요목표에 보통이로 표시되는 것과 가장 관계 깊은 것은?

㉮ 기어 치형 ㉯ 공구압력각
㉰ 다듬질방법 ㉱ 공구치형

354

기어 부품도에서 항목표에 원칙적으로 기입하는 항만으로 되어 있는 것은?

㉮ 재료명, 열처리, 이절삭
㉯ 이절삭, 조립, 검사
㉰ 기어 소재, 조립, 이절삭
㉱ 소재경도, 조립, 이절삭

355

측면도에서 이뿌리원을 생략해도 되는 기어는?

㉮ 스퍼 기어
㉯ 베벨 기어
㉰ 헬리컬 기어
㉱ 나사 기어

356

맞물리는 1쌍의 스퍼 기어에서 맞물림 부분의 측면 잇봉우리원(이끝원)은 무슨 선으로 그리는가?

㉮ 모두 굵은 실선
㉯ 한쪽은 굵은 실선, 다른쪽은 굵은 파선
㉰ 모두 굵은 파선
㉱ 한쪽은 굵은 실선, 다른쪽은 생략한다.

357

서로 물려 있는 한 쌍의 기어 정면도를 단면으로 표시할 때 물려 있는 부분의 이끝원의 표시선은?

㉮ 한쪽은 외형선, 다른쪽은 은선으로 그린다.
㉯ 두쪽 다 은선으로 그린다.
㉰ 두쪽 다 외형선으로 그린다.
㉱ 한쪽은 외형선, 다른쪽은 일점 쇄선으로 그린다.

358

일반용 스퍼 기어 호칭법 –1C 3 –90 W 1, 2에서 3의 기호는 무엇을 나타내는가?

㉮ 구멍지름　　㉯ 모듈
㉰ 종류　　㉱ 이폭

359

다음 그림은 어느 기어를 도시한 것인가?

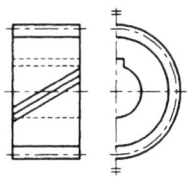

㉮ 스퍼 기어　　㉯ 헬리컬 기어
㉰ 베벨 기어　　㉱ 웜 기어

360

내접 헬리컬 기어의 주투영도를 단면하여 잇줄방향 표시할 때 올바른 설명은?

㉮ 가는 실선 3개로 표시
㉯ 가는 2점쇄선 3개로 표시
㉰ 단면한 뒤쪽의 이의 잇줄방향을 표시
㉱ 단면표시부에는 생략하고 부품도 항목표에만 표시

361

제도에서 잇줄방향을 굵은 실선 1개로만 나타내는 기어는?

㉮ SPUR 기어
㉯ 헬리컬 기어
㉰ 하이포이드 기어
㉱ 웜 기어

답　356 ㉮　357 ㉮　358 ㉯　359 ㉯　360 ㉮　361 ㉰

362

웜 기어의 제도시 정면의 잇줄방향을 나타낼 때는 잇줄의 수를 몇 개의 가는 실선으로 나타내는가?

㉮ 1줄   ㉯ 2줄
㉰ 3줄   ㉱ 4줄

363

로프 휠과 체인 휠을 간략하게 도시할 때는?

㉮ 이끝원과 피치원만 나타낸다.
㉯ 이끝원과 이뿌리원만 나타낸다.
㉰ 이뿌리원과 피치원만 나타낸다.
㉱ 이끝원, 이뿌리원 및 피치원만 나타낸다.

364

스프로킷 휠의 도시법에 관한 설명 중 틀린 것은?

㉮ 정면도의 모양과 치수는 관련 규정에 따른다.
㉯ 스프로킷 부품도에는 그림 및 요목표를 병용한다.
㉰ 요목표에는 원칙적으로 이의 특성을 표시하는 사항을 기입한다.
㉱ 이끝원은 굵은 실선, 피치원은 가는 실선으로 그린다.

풀이 스프로킷 휠 제도법은 스퍼어기어 제도와 동일하며, 이끝원은 굵은실선, 피치원은 가는 1점쇄선, 이뿌리선은 굵은실선이다.

365

스프로킷 휠 제도시 피치원은 어떤 선으로 표시하는가?

㉮ 굵은 실선   ㉯ 가는 실선
㉰ 가는 1점 쇄선   ㉱ 가는 2점 쇄선

366

스프로킷을 축과 직각인 방향에서 단면할 때 이뿌리선은?

㉮ 가는 실선   ㉯ 가는 일점 쇄선
㉰ 숨은선   ㉱ 굵은 실선

367

하중이 걸린 상태에서 제도하는 스프링은?

㉮ 압축 코일 스프링
㉯ 인장 코일 스프링
㉰ 볼류트 스프링
㉱ 겹판 스프링

풀이 ① 무하중상태에서제도 : 코일스프링, 볼류트, 스파이럴, 접시스프링 등
② 사용상태에서 제도 : 겹판 스프링

368

코일 스프링 제도법의 설명으로 틀린 것은?

㉮ 코일 스프링은 간단히 굵은 선으로 생긴 형상을 나타낼 수도 있다.
㉯ 스프링은 하중상태로 나타내는 것이 원칙이다.
㉰ 코일 부분은 곡선이 아닌 직선으로 나타낼 수 있다.
㉱ 양단에 생긴 형태를 그려주고 중앙부에 1점 쇄선으로 나타낼 수 있다.

답 362 ㉰   363 ㉮   364 ㉱   365 ㉰   366 ㉱   367 ㉱   368 ㉯

369

스프링의 종류 및 모양만을 도시하는 경우에는 스프링 재료의 중심선은 어떤 선으로 그리는가?

㉮ 가는 실선 ㉯ 가는 일점 쇄선
㉰ 굵은 파선 ㉱ 굵은 실선

370

스프링 요목표에 최대하중시 높이와 스팬을 기입하는 것은?

㉮ 코일 스프링
㉯ 겹판 스프링
㉰ 볼류트 스프링
㉱ 스파이럴 스프링

371

스프링의 제도방법 중 틀린 것은?

㉮ 코일 스프링은 하중이 가해지지 않은 상태에서 그리는 것을 원칙으로 한다.
㉯ 겹판 스프링의 모양만을 도시할 때에는 스프링의 외형을 가는 1점 쇄선으로 그린다.
㉰ 도면에서 지시가 없는 코일 스프링은 모두 오른쪽으로 감은 것을 나타낸다.
㉱ 코일 스프링의 간략도는 스프링재료의 중심선을 굵은 실선으로 그린다.

 겹판 스프링의 모양을 도시할때는 스프링의 외형을 실선으로 그린다.

372

파이프 내에 흐르는 유체의 문자기호의 연결로 틀린 것은?

㉮ 공기 : A ㉯ 가스 : G
㉰ 유류 : O ㉱ 수증기 : W

 유체의 기호표시
① 공기(Air) : A
② 가스(Gas) : G
③ 유류(Oil) : O
④ 물(Water) : W
⑤ 수증기(Steam) : S
⑥ 증기(Vapor) : V

373

배관계통의 취급을 편리하게 하고 보수관리를 능률적으로 하고 안전도를 높이기 위하여 파이프안에 흐르는 유체의 종류를 색깔 또는 기호를 파이프의 표면에 나타낸다. 물은 어떤 색깔로 나타내는가?

㉮ 파란색 ㉯ 흰색
㉰ 노란색 ㉱ 어두운 빨간색

 배관의 색깔표시
물(청색), 증기(진한적색), 공기(흰색), 가스(황색), 산, 염기(회자색), 기름(진한황적색), 전기(엷은 황적색)

374

다음은 관용나사의 종류를 표시하는 기호 중 테이퍼 암나사를 표시하는 기호는?

㉮ R ㉯ Rc
㉰ Rp ㉱ G

G : 관용평행나사
R : 관용테이퍼나사
Rp : 관용평행 암나사

답 369 ㉱ 370 ㉯ 371 ㉯ 372 ㉱ 373 ㉮ 374 ㉯

375

기계설비 도면에서 기준면에서 해당배관의 관밑면까지의 높이가 1000mm임을 표시하는 기호는?

㉮ POT+1000
㉯ POB+1000
㉰ TOP+1000
㉱ BOP+1000

376

다음 그림 기호가 나타내는 관 결합방식은?

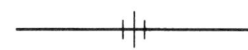

㉮ 용접식   ㉯ 플랜지식
㉰ 턱걸이식   ㉱ 유니온식

377

파이프 이음을 도시할 때 오는 엘보를 플랜지 이음으로 맞게 도시한 기호는?

㉮ ⊙┤├   ㉯ ⊙┤├
㉰ ○┤├   ㉱ ○┤├

풀이 ⊙┤├ : 오는 엘보의 플랜지 이음
      ○┤├ : 가는 엘보의 플랜지 이음

378

배관설비계통의 계기를 표시하는 기호 중 온도계는?

㉮ C   ㉯ L
㉰ P   ㉱ T

풀이 P : 압력계, T : 온도계, F : 유량계

379

다음과 같은 기호는(나사이음) 어떤 밸브를 나타낸 것인가?

㉮ 체크 밸브   ㉯ 게이트 밸브
㉰ 글로브 밸브   ㉱ 슬루스 밸브

380

다음과 같은 기호는(플랜지이음) 어떤 밸브를 나타낸 것인가?

㉮ 글로브 호스밸브   ㉯ 앵글밸브
㉰ 체크 밸브   ㉱ 안전밸브

답 375 ㉱ 376 ㉱ 377 ㉯ 378 ㉱ 379 ㉮ 380 ㉮

열처리기능사 필기&실기

PART 3

금속열처리

- **제1장** 열처리의 개요
- **제2장** 열처리 설비
- **제3장** 열처리의 응용
- **제4장** 열처리의 결함과 대책
- ※ 기출 및 예상문제

제1장 열처리의 개요

1) 열처리
가열온도, 유지 시간, 냉각속도를 변화시켜 필요한 기계적 성질을 얻기 위한 조작

2) 금속의 특징
① 고체상태에서 결정을 이룬다.
② 전기 및 열의 양도체
③ 금속 특유의 광택
④ 이온화 하였을 때 양이온
⑤ 가공변형이 용이

3) 강의 분류
① 저탄소강 : 탄소 0.3% 이하
② 중탄소강 : 탄소 0.3~0.6%
③ 고탄소강 : 탄소 0.6% 이상

4) 원자충전율
① 체심입방격자(BCC) = 68%
② 면심입방격자(FCC) = 74%

5) 고용체
■ 2개 이상의 원소로 된 단상의 합금에서 하나의 성분 원소가 다른 원소에 고용된 것
- 페라이트 : α철에 탄소가 함유된 고용체
  (탄소 고용 한계 상온에서 0.008%, 723℃에서 0.02%)
- 오스테나이트 : γ철에 탄소가 함유된 고용체
  (탄소 고용 한계 723℃에서 0.8%, 1147℃에서 2.0%)

6) 강의 5가지 변태

① A_0 : 시멘타이트가 자성을 잃는 변태(215℃)
② A_1 : $\gamma \rightarrow \alpha + Fe_3C$(723℃)
③ A_2 : 순철이 자성을 잃는 변태(768℃)
④ A_3 : α철 ↔ γ철(순철 : 910℃)
⑤ A_4 : γ철 ↔ δ철(순철 : 1390℃)

7) Fe-Fe₃C 상태도와 조직변화

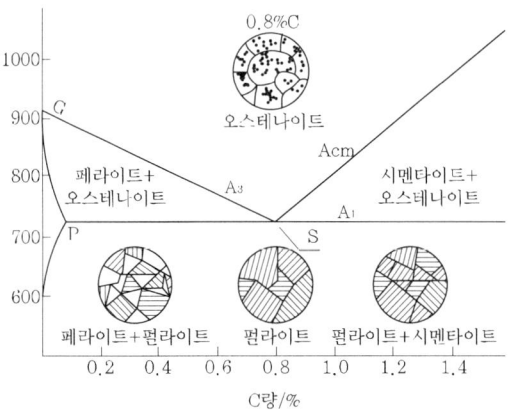

- 0.8%탄소강(S점)을 냉각시 오스테나이트가 페라이트와 시멘타이트로 분해되는 공석반응을 일으키므로 공석강이라 한다.

  A_1 : 오스테나이트 → 페라이트 + 시멘타이트
  A_3(GS선) : 아공석강(0.8%C 이하)이 γ(오스테나이트) 단상으로 변태하는 온도
  Acm : 과공석(0.8% 이상)강이 단상의 오스테나이트로 변태하는 온도

8) 냉각방법의 3가지 형태

냉각방법	열처리의 종류
연속냉각	보통풀림, 보통뜨임, 보통담금질
2단냉각	2단풀림, 2단뜨임, 인상담금질
항온냉각	항온풀림, 항온뜨임, 오스템퍼링, 마템퍼링, 마퀜칭

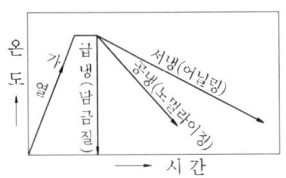
연속 냉각에 의한 열처리

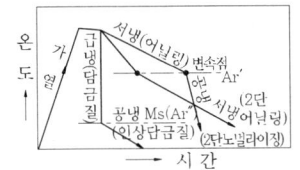
2단 냉각에 의한 열처리

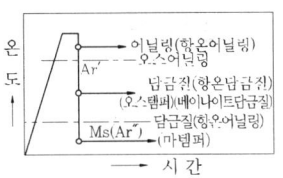
항온 냉각에 의한 열처리

9) 탄소강의 조직과 열처리와의 관계도

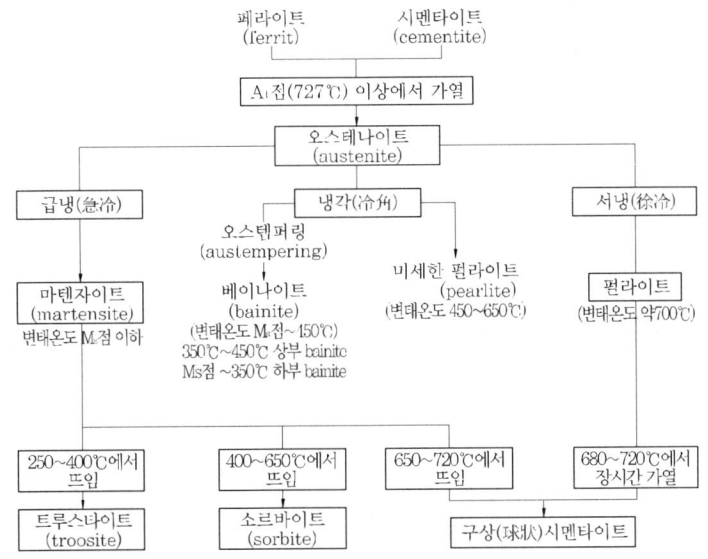

10) 강의 냉각 가열 곡선

① 노 중 냉각
  펄라이트 조직

② 공기 중 냉각
  소르바이트 조직

③ 기름 중 냉각
  트루스타이트 + 마텐자이트 혼합조직

④ 수냉
  마텐자이트 조직

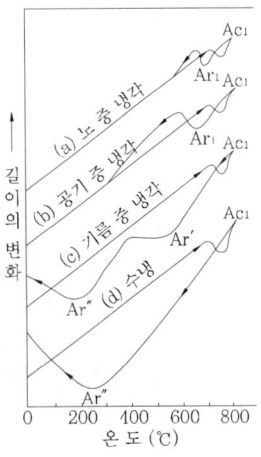

11) 강의 냉각에 따른 조직변화

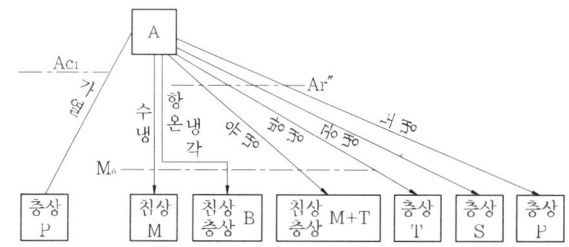

12) S곡선을 구하는 방법

① 조직학적 방법
② 열팽창 측정법
③ 열분석법
④ 자기 분석법

13) S곡선에 영향을 주는 요소

① 최고 가열온도
② 첨가원소
③ 편석
④ 응력의 영향

14) 강의 냉각 방법

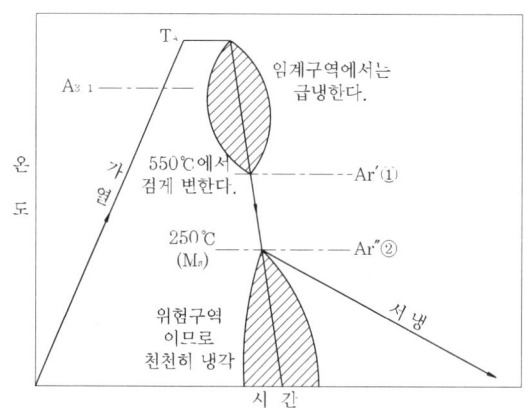

- 임계구역 : 강이 적열되어 화색손실온도(Ar' 또는 코온도)까지
- 위험구역 : M_s온도(Ar") 이하

15) 탄소강의 임계냉각 속도

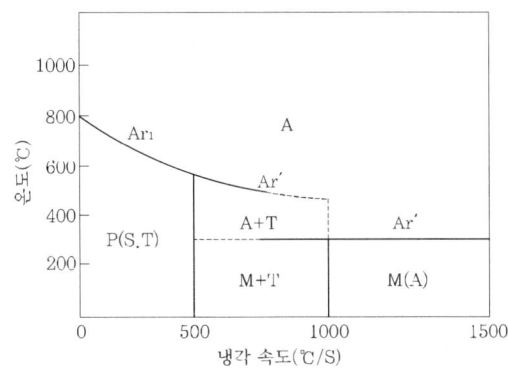

16) 강의 담금질 냉각곡선

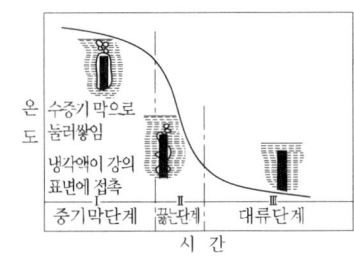

17) 시효

과포화 고용체로부터 다른 상이 석출하는 현상을 이용해서 금속재료의 강도 및 그 밖의 성질을 변화시키는 처리

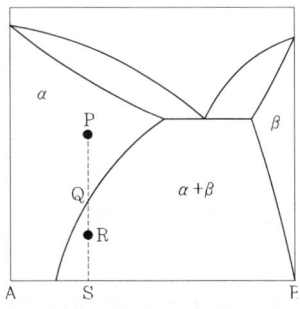

18) 공석강의 열적 변태

① 곡선1(100℃ 물에 냉각) : 펄라이트 조직
② 곡선2(80℃ 물에 냉각) : 마텐자이트 + 트루스타이트 조직
③ 곡선3(20℃ 물에 냉각) : 마텐자이트 조직
④ Ar' 변태 : 오스테나이트 → 트루스타이트 변태
⑤ Ar" 변태 : 오스테나이트 → 마텐자이트 변태

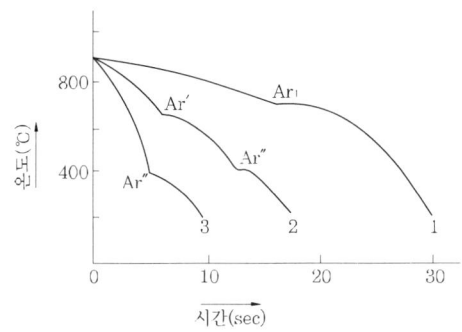

19) 연화의 과정

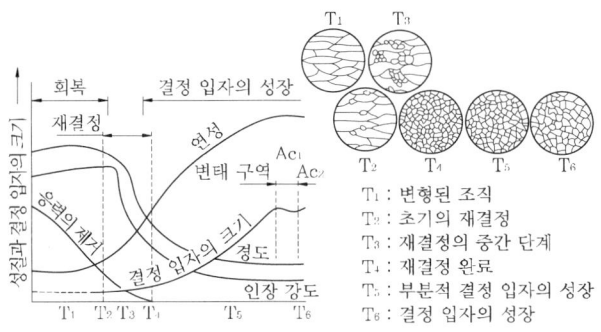

- 회복 → 재결정 → 입자성장

20) 기계구조용 탄소강

인 0.03% 이하, 황 0.035% 이하의 킬드강

21) 강재의 가열방법

노내의 온도상승과 함께 강재의 외부와 내부와의 표면온도가 거의 비례적으로 상승하는 경우

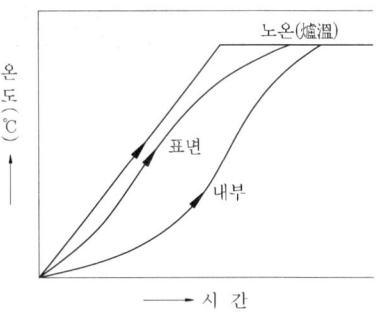

22) 강의 질량효과

강을 급냉시키면 냉각액과 접촉되는 강의 표면조직은 마텐자이트로 되고 강의 내부는 냉각속도가 늦어져 펄라이트, 트루스타이트로 된다 따라서 강재가 크거나 두꺼울수록 강의 내부로 들어갈수록 냉각속도가 늦어져 경도가 저하된다. 이와 같이 강의 질량이 담금질에 미치는 영향을 질량효과라 한다.

> 제3편_ 금속열처리

제2장 열처리 설비

1 열처리용 온도계

1 발열체

① 금속발열체 : 니크롬선, 철-크롬선, 몰리브덴선, 텅스텐선, 백금선
② 비금속 발열체 : 탄화규소 발열체, 규화 몰리브덴질 발열체, 흑연질 발열체

2 온도계

(1) 열전쌍식 온도계

서로 다른 두 종류의 금속 양끝을 접속시켜 온도차를 주면 양쪽 접점 사이에 열기전력이 발생하는 원리를 이용

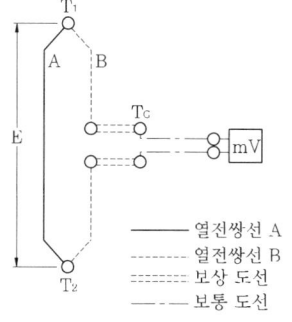

여러 가지 열전쌍

기호	재료	상용온도	가열온도
PR	백금, 백금-로듐	1400	1600
CA	크로멜-알루멜	1000	1200
IC	철-콘스탄탄	600	800
CC	구리-콘스탄탄	300	350

――― 열전쌍선 A
------ 열전쌍선 B
≡≡≡ 보상 도선
―·― 보통 도선

(2) 저항온도계

가는 백금 또는 니켈의 금속선을 내열 전열물에 감아 붙여서 여기에 일정한 전압을 흘릴 때 금속선에 흐르는 전류의 세기를 재어 온도를 측정하는 장치

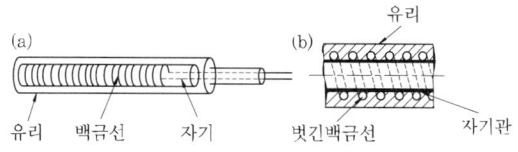

(3) 방사 온도계

측정하고자 하는 물체가 방출하는 온도 방사를 이용한 온도계

(4) 광고온계

고온의 물체온도를 눈으로 측정하는 대신 물체의 휘도와 표준휘도를 가진 백열전구의 필라멘트의 휘도를 수동으로 일치시켜 그 때 전구에 흐르는 전류의 측정치를 읽어 온도를 측정하는 방법

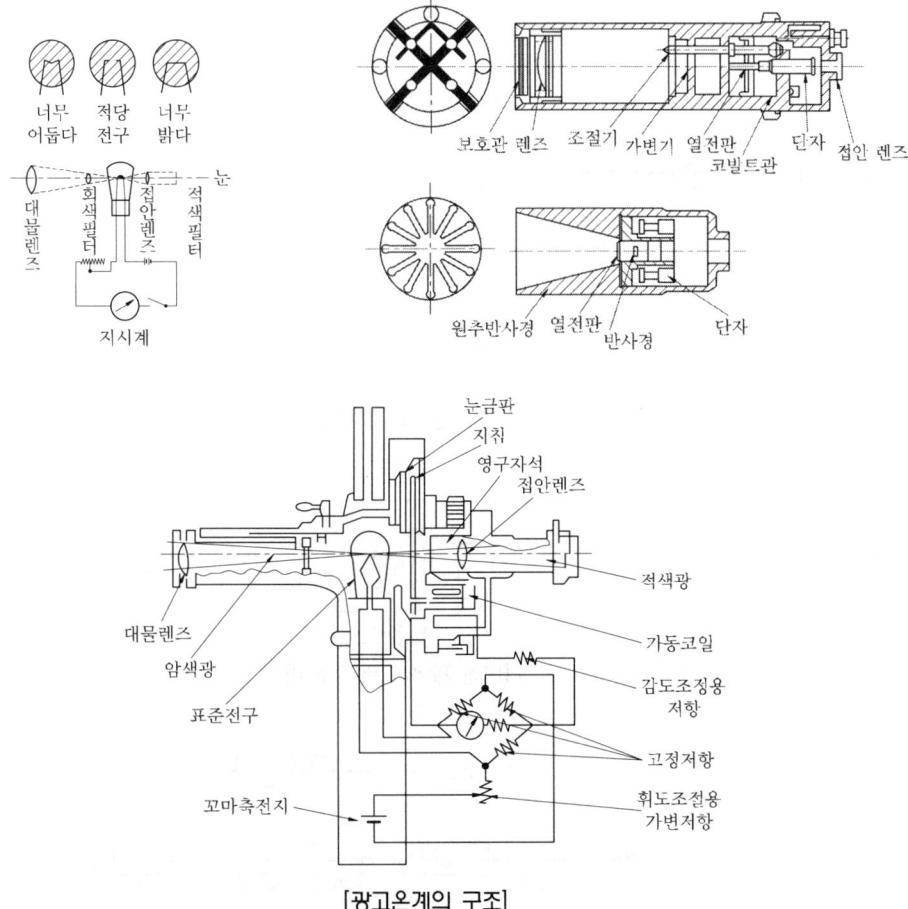

[광고온계의 구조]

2 열처리용 제어장치 및 공구

1 온도제어 장치

(1) 자동 온도 제어장치의 순서

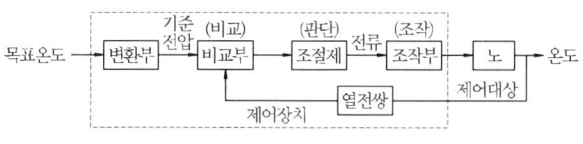

[노의 자동온도제어의 예]

(2) 자동 제어 장치의 종류

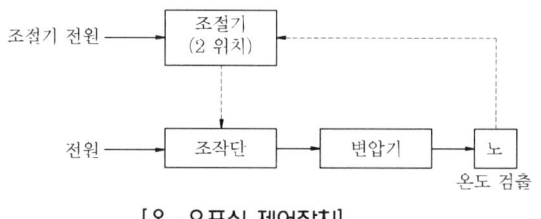

[온-오프식 제어장치]

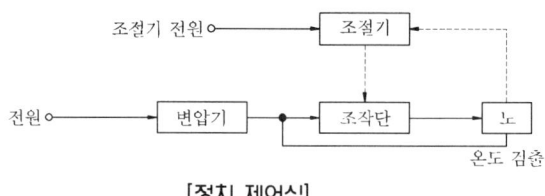

[비례 제어식 제어 장치]

[정치 제어식]

2 열처리 로

(1) 고체침탄 가열로

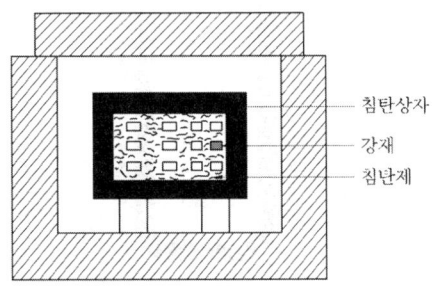

(2) 적하식 침탄로

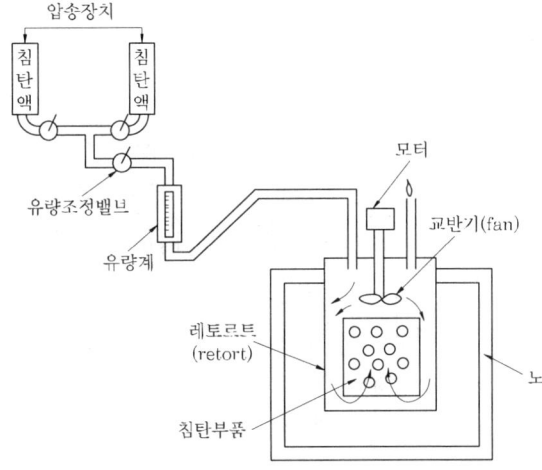

(3) 염욕 연질화로

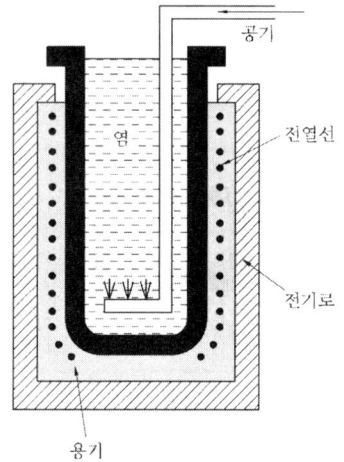

(4) 전기식 염욕로

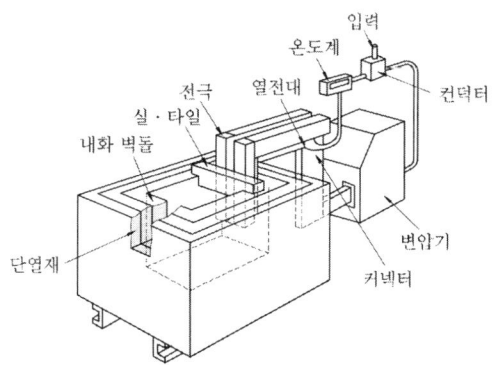

(5) 가스 침탄로

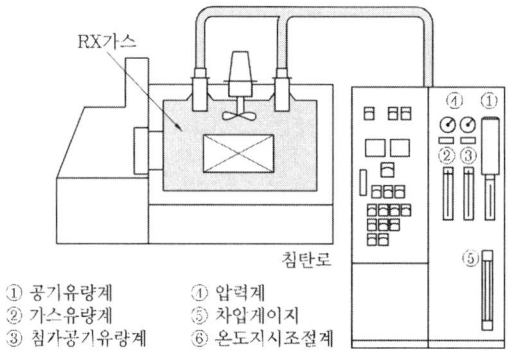

① 공기유량계 　④ 압력계
② 가스유량계 　⑤ 차입게이지
③ 첨가공기유량계 ⑥ 온도지시조절계

제3장 열처리의 응용

1 강의표면경화법

1) 침탄 방지
침탄을 하지 않는 부분은 내화점토에 산화철 10%, 붕사 1%를 혼합하여 규산소다와 함께 강재의 표면에 1~2mm 두께로 발라주거나 청화동 도금을 하기도 한다.

2) 침탄재료를 경화 시키는 과정
저온풀림 → 침탄처리 → 1, 2차 담금질 → 뜨임

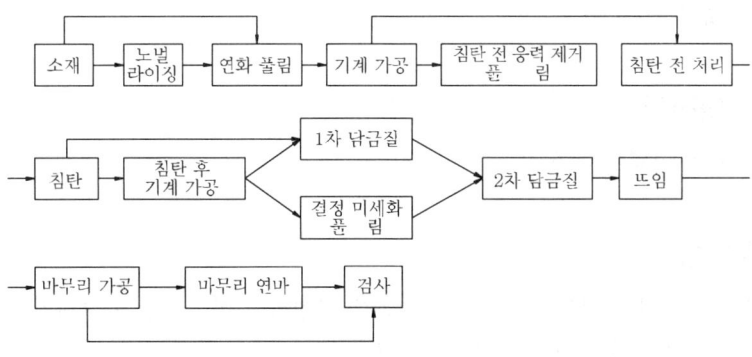

3) 침탄후의 열처리
① ab : 침탄후의 공냉
② bc : 중심부의 조직을 오스테나이트화 하기 위한 가열
③ cd : 1차 담금질 (목적 : 중심부 조직을 미세화)
④ ef : 2차 담금질 (목적 : 침탄층을 경화)

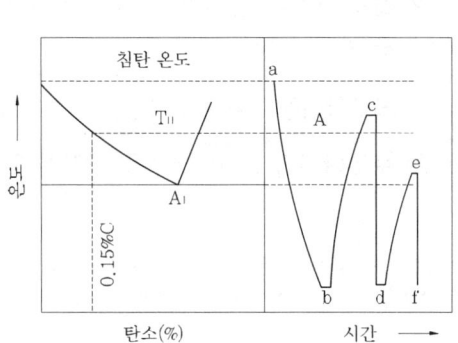

4) 고체 침탄제
① 목탄, $BaCO_3$ 15~20%, Na_2CO_3 10%
② 코크스 10~20%

5) 침탄 완화제
석회, 알루미나, 인산석회, 규산염

6) 고체침탄 반응식
$3Fe + 2CO \rightarrow Fe_3C + CO_2$

7) 액체 침탄제
① 주성분 : NaCN
② 첨가제 : $BaCl_2$, Na_2CO_3, NaCl, $MgCl_2$

8) 질화강에 함유되는 Al, Cr의 효과
① Al : 표면강도 증가
② Cr : 질화층을 두껍게

9) 질화강의 열처리
저온의 페라이트 영역에서 실시

10) 금속 침투법
① 세라다이징 : 강철 표면에 철-아연 합금층을 형성시켜 방청성을 향상시키기 위하여 증기압이 높은 아연 가루 속에서 처리하는 것

② 칼로라이징 : 알루미늄 가루 속에 철강재를 매몰하여 알루미늄을 침투시켜 내열성을 향상 시키는 것

③ 크로마이징 : 내식성 향상을 위해 저탄소강에 크롬을 침투시켜 경도가 높은 강을 만드는 것

④ 보로나이징 : 내마멸성을 향상시키기 위해 철에 붕소를 침투

11) 고주파 전류 발생장치의 종류

종류	특 징
전동발전식 (M-G식)	전동기에 의하여 발전기를 작동시켜 고주파 전류를 얻는 장치
진공관식 (전자관식)	공업용의 대형 진공관과 콘덴서와 코일에 의하여 발진회로를 형성하는 방식
디리스터·인버터	디리스터를 사용하여 저주파전원으로부터 고주파를 얻는 변환장치

12) 침탄층의 경도분포

① 유효경화층 : 강재를 침탄처리 하였을 때 침탄층이 담금질한 상태 또는 200℃ 부근에서 뜨임하였을 때의 경화층으로서 HRC 50(HV=513)까지의 깊이를 말한다.

② 전경화층 : 강재의 표면으로부터 침탄경화층과 강재의 중심 부분의 화학적 또는 물리적 성질의 차이가 구별되지 않는 지점까지의 거리

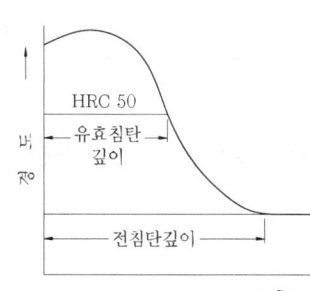

13) 침탄경화층의 깊이 표시법

경화층 깊이	경 도 시 험 방 법		매크로조직시험방법
	시험하중 (1Kg$_f$)	시험하중 (300gr)	
유효경화층 깊이	CD-H-E	CD-h-E	CD-M-E
전경화층 깊이	CD-H-T	CD-h-T	CD-M-T

① CD-H-E 2.5

경도시험법에서 시험하중 1kg$_f$으로 측정하여 유효 경화층의 깊이가 2.5mm인 경우

② CD-h-T 1.1

경도시험방법에서 시험하중 300gr으로 측정하여 전체 경화층의 깊이가 1.1mm인 경우

③ CD-M-E 2.2

매크로 조직시험 방법으로 측정하여 유효 경화층의 깊이가 2.2mm인 경우

- 침탄층과 시간과의 관계

  $x = \beta\sqrt{Dt}$

  x : 표면으로 부터의 거리

  β : 탄소 농도에 따른 상수

  D : 확산 계수

  t : 확산 시간(초)

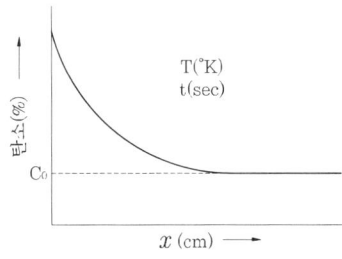

2 강의 분위기 열처리

1) 분위기 가스의 종류

구 분	종 류
불활성가스	Ar, He
중성가스	N_2, H_2, NH_3
산화성가스	O_2, H_2O, CO_2, 연소가스
환원성가스	H_2, CO, CH_4, C_3H_8, C_4H_{10}
질화성가스	암모니아 가스
침탄성가스	CO, CH_4, C_3H_8, C_4H_{10}, AGA302가스

2) 변성가스

프로판, 부탄 등에 적당한 비율의 공기를 첨가하여 열분해 또는 산화분해 시킨 가스

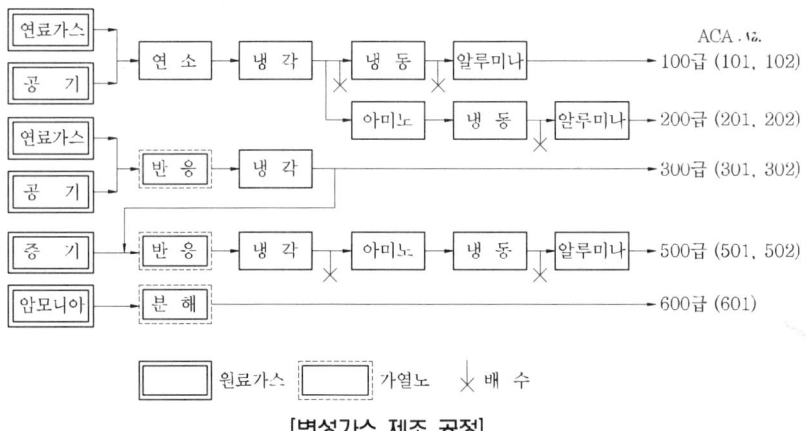

[변성가스 제조 공정]

3) 발열형가스 변성 약도

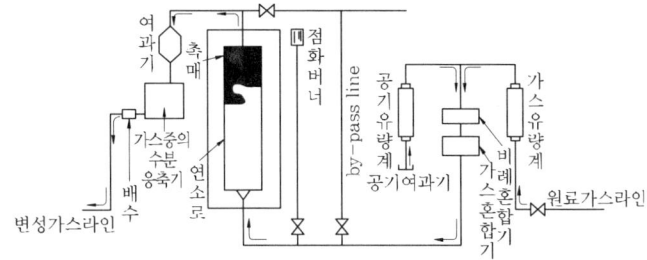

4) 흡열형가스 변성 약도

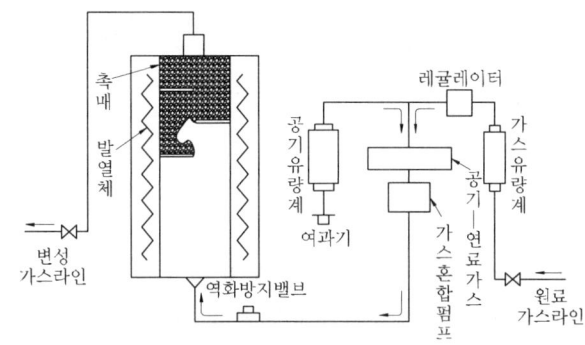

5) 노점계

- 노점 : 수분을 함유하고 있는 분위기 가스를 냉각하면 어떤 온도에서 수분이 응축되어 이슬이 생기게 된다. 이 때의 온도가 노점이다.

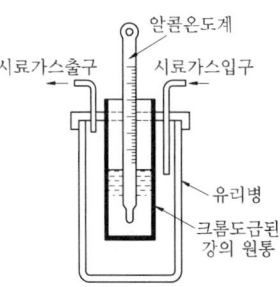

6) 스팅(sting)

변성로나 침탄로 등의 침탄성 분위기 가스로부터 유리된 탄소가 노내의 분위기 속에 부유하여 가공재료, 촉매, 노의 내벽 등에 부착되는 현상

7) 번 아웃(burn out)

스팅(sting)으로 말미암아 변성로나 침탄로에 축적된 유리탄소는 변성로나 침탄로의 기능을 저하시키므로 필요에 따라서 또는 정기적으로 적당한 양의 공기를 송입하여 연소 제거하는 조작

3 강의 열처리

1) 풀림(Annealing)

(1) 목적
① 강을 연화
② 결정조직을 균질화
③ 내부응력을 제거
④ 기계적, 물리적 성질 변화

(2) 가열온도 : $A_3 - A_1$ 또는 A_3변태선 위의 30~50℃ 범위

(3) 냉각방법 : 노냉 또는 2단냉각(서냉)

(4) 풀림의 종류

① 완전풀림

일반적인 풀림, 강을 Ac_3 또는 Ac_1점 이상의 온도에서
적당시간 가열 후 노중냉각 하다 550℃에서 공냉

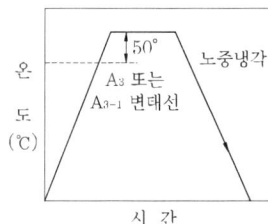

② 항온풀림

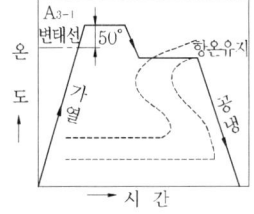
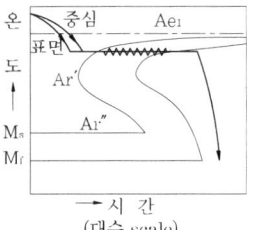

S곡선의 코 또는 이것보다 약간 높은 온도 부근에서 항온유지 시켜 변태를 완료하는
방법(공구강 또는 자경성이 강한 특수강을 연화풀림 하는데 적합)

③ 응력제거 풀림

    냉간가공 부품, 용접부품, 주조상태의 강, 단조한 강, 담금질한 강의 잔류응력을 제거하기 위하여 보통 500~600℃ 정도에서 가열한 후 서냉하는 조작

④ 확산풀림

    강내부의 C, P, S, Mn 등의 미소편석을 제거시키는 작업으로 Ac_3 또는 Acm 이상(1050~1300℃)의 고온에서 하는 풀림

⑤ 중간풀림

    냉간가공에 의하여 경화된 강재를 가공하는 도중 연화시켜 가공을 쉽게 하기 위해서 Ac_1점 직하의 온도에서 강을 2~5시간 유지후 공냉하는 방법

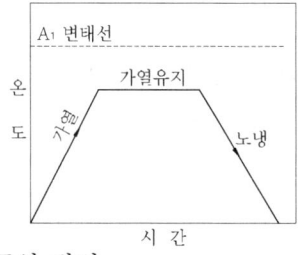

⑥ 구상화 풀림

    목적 : 가공성 향상, 절삭성 향상, 인성을 증가, 담금질 균열 방지

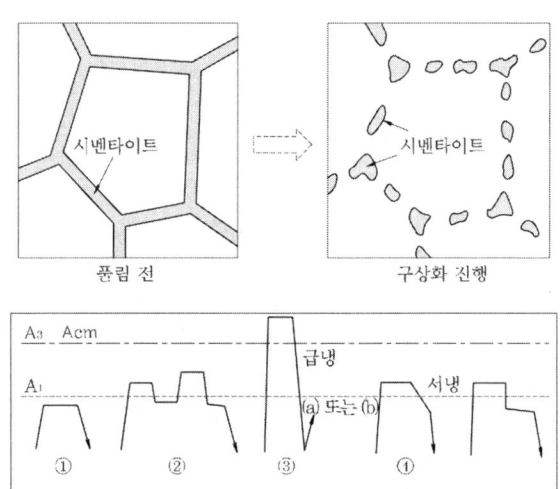

2) 열처리 조직과 절삭성과의 관계

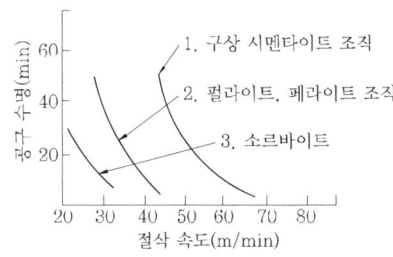

3) 불림(Normalizing)

(1) 목적
① 불균일한 조직을 균질화
② 결정립을 미세화
③ 기계적 성질 향상
④ 표준조직

(2) 가열온도
A_3, Acm 변태선 + 30~50℃ 범위

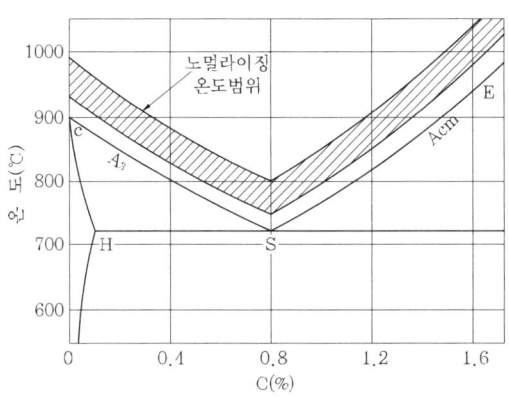

(3) 냉각방법 : 공냉

(4) 불림의 종류

① 보통불림

필요한 불림온도까지 상승시킨 후 일정하게 노내에서 유지시킨 후 대기중에서 방냉

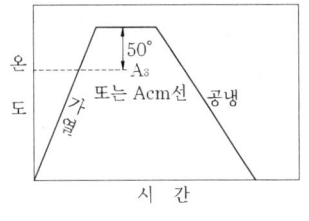

② 2단불림

불림의 온도로부터 화색이 없어지는 온도(약 550℃)까지 공냉한 후 불림상자에서 서냉하여 상온까지 냉각

- 구조용강 – 연신율 및 강인성이 향상
- 고탄소강 – 백점이나 내부균열이 방지

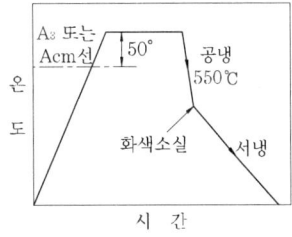

③ 항온불림

항온변태 곡선의 코의 온도와 비슷한 550℃부근에서 항온변태를 시킨 후 상온까지 공냉

- 저탄소 합금강 – 절삭성이 향상

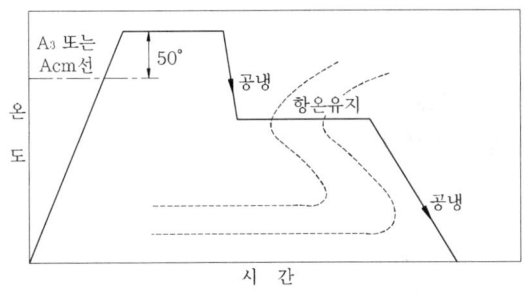

④ 이중불림

- 1회열처리 : 고온불림(930℃ 까지 유지후 공냉)
  (조직의 개선 및 편석성분이 균질화)
- 2회열처리 : 저온불림(820℃ 또는 A_3 부근의 온도에서 공냉)
  (펄라이트 조직의 미세화)

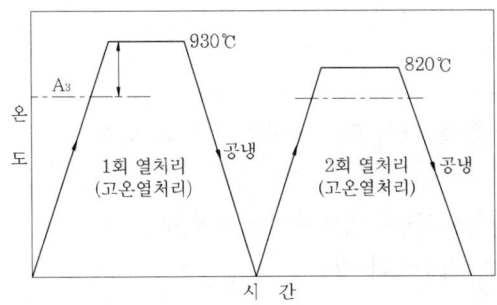

4) 담금질(Quenching)

(1) **목적** : 강을 강하고 경하게 하기 위하여

(2) **가열온도** : A_{3-1} 변태선 + 30~50℃

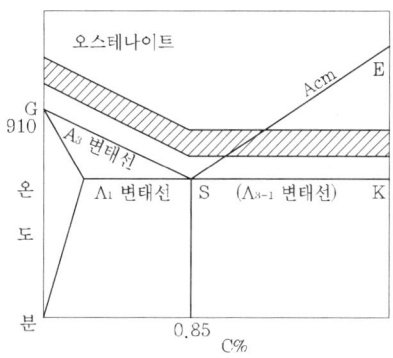

(3) **유지 시간** : 두께 25mm당 30분

(4) **종류**

① 시간담금질(인상담금질)
   냉각속도의 변화를 냉각시간으로 조절하여 주는 것

② 분사 담금질
   담금질하여 경화되는 부분에 담금질액을 분사시켜 하는 방법
   (부분적인 냉각을 필요로 하는 것에 적당)

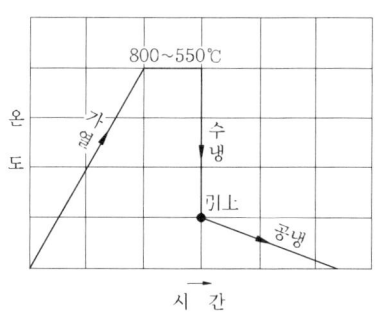

③ 프레스 담금질
   담금질에 의한 처리품의 변형을 방지하기 위해 담금질시 처리품을 금형으로 누른 상태에서 담금질

5) 심냉처리

상온으로 담금질된 강을 다시 0℃ 이하의 온도로 냉각하는 작업

- 목적 : 잔류오스테나이트를 마텐자이트로 변태
- 효과 : 경도 향상, 치수변화 방지

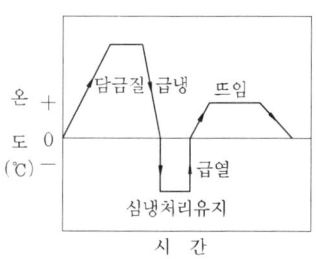

6) 잔류오스테나이트의 생성 원인

① 고탄소강
② 담금질온도가 높을 때
③ 유냉시
④ 합금원소의 양이 많을때

7) 블루잉

강을 250~370℃의 온도에서 가열하면 강의 표면에 청색의 산화피막이 생기는 것.

8) 뜨임

(1) 목적 : 담금질에 의해 경해진 강에 인성을 부여

(2) 뜨임에 의한 조직 변화

단계	온도	변화	부피
1단계	~200℃	α마텐자이트 → β마텐자이트	수축
2단계	200~300℃	잔류오스테나이트 → 마텐자이트	팽창
3단계	250~400℃	마텐자이트 → 트루스타이트	수축
4단계	400~600℃	트루스타이트 → 소르바이트	수축

9) 뜨임취성

① 저온 뜨임취성(300℃ 취성)

250~300℃ 온도에서 뜨임하면 충격치가 최대로 감소하는 현상

② 1차뜨임취성

450~525℃의 온도에서 뜨임하면 뜨임시간이 길어져 충격치가 감소하는 현상
- 예방 : 소량의 Mo 첨가

③ 2차뜨임취성(고온 뜨임취성)

525~600℃의 온도에서 뜨임후 서냉시 충격치가 감소하는 현상
- 예방: , Mo 또는 W 첨가

10) 스냅뜨임

담금질을 행한 재료에 100~200℃의 온도에서 저온뜨임
목적 : 점성과 내마모성 부여

11) 기계구조용 탄소강의 뜨임취성 방지

뜨임온도 보다 낮은 온도로 뜨임

12) 페텐팅 처리

중탄소강 또는 고탄소강을 Ac_3점 또는 Acm점 직상의 온도에서 가열하여 균일한 오스테나이트 상태로 만든 후 400~520℃의 용융염욕 또는 Pb욕 중에 침적한 후 공냉시켜 적당한 시간을 유지시켜 상온까지 냉각 시키는 방법
- 조직 : 베이나이트 또는 소르바이트

13) 용체화 처리

고Mn강(하드필드 강) 또는 오스테나이트 강, 초합금강을 A_3 변태점 이상의 온도로 가열하여 탄화물 및 기타의 화합물을 오스테나이트 중에 고용 시킨 후 그 온도로부터 기름 또는 물중에 시켜 과포화된 오스테나이트를 상온까지 가져오는 처리

14) 강의 항온 열처리

① 오스템퍼링

오스테나이트 상태로부터 강을 S곡선의 코와 M_s점 사이의 항온 염욕에 하여 항온유지 하는 처리
- 조직 : 베이나이트

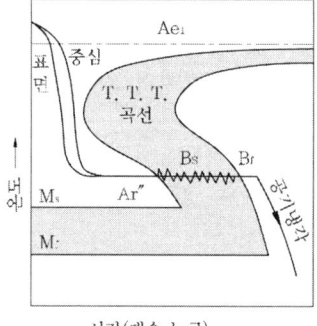

② 마퀜칭

오스테나이트로 부터 M_s점 이상의 온도로 담금질 하여 강 전체의 온도가 균일해질 때까지 냉각제에서 유지한 후 공냉하여 Ar″ 변태를 천천히 진행한 후 뜨임처리 하는 조작
- 조직 : 마텐자이트
- 특징 : 담금질에 의한 변형 및 균열이 없다.

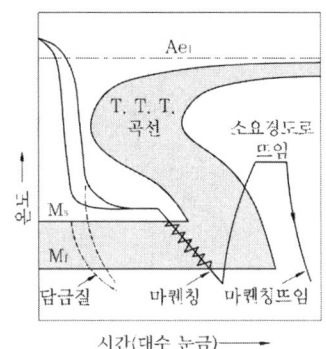

③ 마템퍼링

$M_s \sim M_f$ 사이의 온도의 염욕에 하고, 변태가 완료할 때까지 항온 유지시키는 열처리
- 조직 : 마텐자이트 + 베이나이트

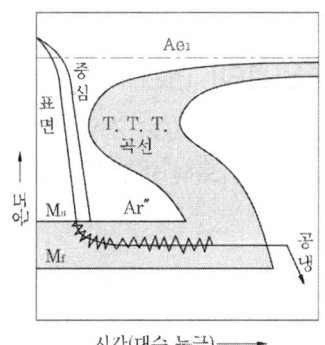

15) 고속도강의 표준형

텅스텐(18%)-크롬(4%)-바나듐(1%)

16) 고속도강의 담금질 온도

1단계 : 500~600℃(서서히)
2단계 : 900~950℃(균일가열)
3단계 : 1250~1290℃(급속가열)

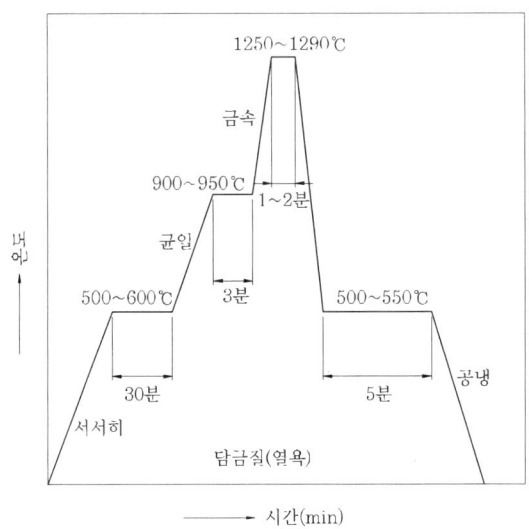

17) 고속도강의 2차경화(뜨임경화) 현상

① 담금실 처리된 고속도강을 500~600℃로 가열하여 뜨임하면 현저하게 경화되는 현상
② 원인 : 1차뜨임시 잔류오스테나이트의 마텐자이트로 변태

18) 고속도강의 뜨임

① 1차뜨임 : 잔류오스테나이트를 마텐자이트로 변태
② 2차뜨임 : 1차뜨임에서 변태된 마텐자이트를 뜨임

19) 합금공구강의 구상화 풀림

조직의 균질화, 기계가공성 향상, 열처리 후의 기계적 성질 향상 등을 위하여 탄화물을 구상화 하기 위한 **구상화 풀림** 처리를 담금질 전에 실시

20) 질화강의 열처리

① 온도 및 조직
  저온의 페라이트 영역

② 함유원소의 영향
  Al : 표면 강도를 증가
  Cr : 질화층을 두껍게 하는 역할

21) 스테인레스강의 3가지 조직

① 페라이트
② 오스테나이트
③ 마텐자이트

22) 마텐자이트계 스테인레스강

대표 : 13크롬강

23) 오스테나이트계 스테인레스강

① 대표 : 18-8스테인레스강(18Cr-8Ni)

② 용체화 처리
18-8 스테인레스강의 기본적인 열처리로써 냉간가공 또는 용접 등에 의해서 생긴 내부 응력을 제거를 위한 열처리
- 조직 : 오스테나이트의 기지위에 풀림쌍정이 나타남.

24) 스프링강의 열처리

목적 : 높은 탄성, 높은 내피로성과 적당한 강인성

25) 스프링강의 담금질 변형 방지 대책

담금질할 때 강재를 압축해 주는 가압담금질

26) Fe-Ni-Cr(Co)계 열처리

용체화 열처리 후 석출경화 열처리
가열유지 온도 : 1000~1300℃에서 가열 유지 후
석출경화 온도 : 700~800℃

4 주철 및 비철합금의 열처리

1) 흑연화 현상

흑심가단주철의 열처리에서 930℃에서 오래 유지하면 분해되어 뜨임탄소가 되는 현상

$$Fe_3C \rightarrow 3Fe + C$$

2) 흑심가단주철의 열처리

흑심가단주철을 제조하기 위해서는 백선주철을 900~950℃에서 20~30시간 가열하는 제1단계 흑연화와 펄라이트를 700~720℃에서 25~40시간 유지하는 2단계 흑연화로 이루어진다.

3) 칠드주철

높은 내마멸성을 요하는 부품에 사용되는 주철로서 표면 부위를 금형에 의하여 함으로써 백선화 시키고, 내부는 비교적 강인한 회주철로 만든 것이다 따라서 표면만을 경화시켜 내마멸성을 부여하고, 전체적으로 인성을 갖게 한 주철

4) 비철금속재료의 열처리

풀림 및 용체화처리, 시효처리

5) 석출경화

합금에 고용된 용질원자의 용해도가 온도의 저하에 따라 감소하는 것을 이용하여 고용되지 않는 용질 원자를 석출시켜 기계적 성질을 향상시키는 것

6) 알루미늄 합금의 열처리 기호

① F : 제조 그대로의 재질
② O : 완전 풀림 상태의 재질
③ H : 가공경화 만으로 소정의 경도에 도달한 재질
④ W : 용체화 후 자연 시효 경화가 진행 중인 상태의 재질
⑤ T : F, O, H 이외의 열처리를 받은 재질
⑥ T_3 : 용체화 후 가공경화를 받는 상태의 재질
⑦ T_4 : 용체화 후 상온 시효가 완료한 상태의 재질
⑧ T_5 : 용체화 처리 없이 인공시효 처리한 상태의 재질
⑨ T_6 : 용체화 처리 후 인공시효한 상태의 재질

7) 황 흑화법

소결철의 표면에 내산화성 검은색 피막을 얻는 방법으로서 공기 중에서 600℃로 가열하여 유냉한다.

8) 침유 처리

진한 암모니아수에 황화수소 가스를 통하여 만든 혼합가스를 400~700℃로 가열하여 소결재 표면에 황화철 피막을 형성시켜 주는 처리

9) 용접품의 열처리

(1) 응력제거 풀림

용접품의 잔류 응력 제거법으로 가장 널리 사용하는 방법으로 용접물 전체 또는 일부를 노 안에서 가열하여 잔류 응력을 제거하고자 600~650℃(탄소강)의 온도에서 유지한 다음 서냉하는 방법

(2) 저온 응력 완화법

그림과 같이 용접선의 양쪽을 일정한 속도로 이동하는 가스 화염에 의해 약 150mm 나비에 걸쳐서 150~200℃로 가열한 다음 바로 수냉함으로써 주로 용접선의 인장 응력을 완화하는 방법

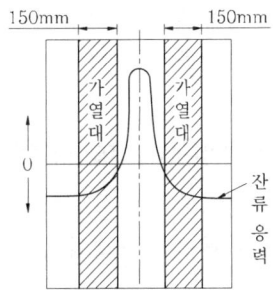

제4장 열처리의 결함과 대책

1) 탈탄 방지 대책
① 탈탄 방지제의 도포
② 가열분위기 조성
③ 가열시간, 온도의 과도함을 제한
④ 강재 탈탄층의 기계적 제거

2) 비트만슈테텐 조직
강재를 1100℃ 이상으로 가열하면 파면은 입자가 조대화되어 메짐이 크고 인성이 약한 조직
- 흰색 – 페라이트
- 검은색 – 펄라이트

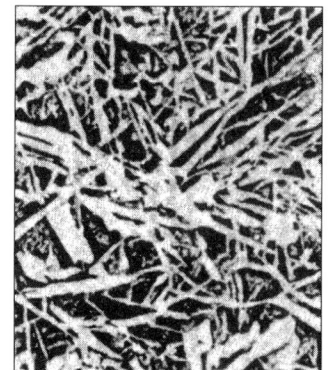

3) 백점(white spot)
용강중의 수소가스로 인하여 강의 파단면에 원형 또는 타원형의 은백색의 빛나는 부분

4) 침탄강의 담금질 경도 부족 원인
① 침탄량이 부족할 때
② 담금질 온도가 너무 낮을 때
③ 탈탄이 되었을 때
④ 담금질 냉각속도가 느릴 때
⑤ 잔류오스테나이트가 많을 때

5) 백점의 원인인 응력이 발생하는 원인
① 잔류응력 ② 온도차
③ 변태응력 ④ 수소가스
⑤ 비금속 개재물 ⑥ 기포 및 편석

6) 담금질 방법

물체를 수직 또는 회전 방식으로

7) 고탄소강의 담금질시 균열의 원인

① 강부품의 내외 온도차로 인한 열적인응력
② 변태로 인하여 생기는 마텐자이트와 오스테나이트의 체적차이로 인한 변태응력

8) 강재의 가열시 과열 및 연소의 원인

① 가열온도 높음
② 장시간가열

9) 강재의 가열시 과열 및 연소를 일으키는 원소

규소, 알루미늄, 크롬이 첨가된 강

10) 침탄시 발생하는 입계산화의 원인

침탄용 RX가스에 함유되어 있는 소량의 산소가 강중의 크롬이나 망간과 결합하여 오스테나이트 결정립계에 산화물을 형성시키는 것

11) 담금질 경도 부족 원인

① 가열온도가 낮을 때
② 탈탄 또는 스케일 부착 → 냉각속도가 맞지 않음.
③ 잔류오스테나이트의 생성
④ 담금질 시간이 짧다.

12) 담금질 균열 방지 대책

① 모양이 복잡하지 않고
② 살 두께가 갑자기 변하지 않고
③ 균일한 냉각
④ 모서리를 죽이며
⑤ 담금질 후 빨리 뜨임

13) 과잉 침탄에 대한 대책
① 침탄 완화제를 사용
② 침탄 후 산화 처리
③ 1, 2차 담금질

14) 침탄강의 담금질 변형 방지
① 1차담금질의 생략
② 프레스 담금질
③ 마퀜칭
④ 심냉처리

15) 고주파 담금질의 경도 부족 경도 얼룩 원인
① 재료가 부적당(0.3%C 이하가 적당)
② 냉각이 부적당
③ 가열온도 부족

16) 고주파 담금질의 균열 원인
① 재료불량
② 담금질 가열 온도의 과대
③ 냉각 방법의 부적당
④ 자연균열
⑤ 연삭균열
⑥ 고주파 담금질로 인한 변형

17) 고주파 담금질의 자연균열 대책
담금질한 후 즉시 저온뜨임

18) 플림시 연화 부족 원인
① 풀림온도가 너무 낮다.
② 풀림시간 부족
③ 풀림 온도로부터 냉각이 부적당
④ 구상화 풀림이 부적당

19) 뜨임균열의 원인

① 뜨임의 급속 가열
② 뜨임온도로 부터의
③ 탈탄층이 있는 경우
④ 담금질이 끝나지 않은 상태의 것을 뜨임한 경우

20) 박리가 생기는 원인

① 과잉침탄시 국부적으로 탄소함량이 너무 많을 때
② 원재료가 너무 연할 때
③ 반복침탄시

21) 열처리 제품의 시험 검사

(1) 불꽃 시험법

강재를 그라인더로 연마하여 불꽃을 발생 시키며 그때 발생하는 불꽃의 분열 상태나 색상 등에 의하여 강의 종류를 식별하는 방법.

(2) 접촉 열기전력법

N, S에 의하여 형성되는 열전쌍 회로의 열기전력을 측정 하고 그 강약과 양, 음으로부터 재질을 판정하는 방법

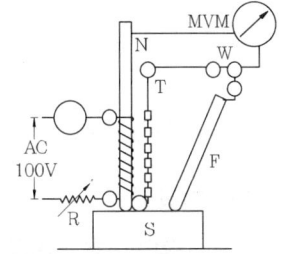

(3) 시약 반응법

① 산 부식법
 산을 떨어뜨렸을 때의 반응에 의하여 판정하는 법

② 점적 반응법
 점적 반응에 의하여 나타나는 색깔에 의하여 재료 중의 특수 미량 성분을 검출하는 법

(4) 조직검사법

① 매크로 시험법
 재료의 조직 검사에 있어서 육안 관찰을 하든지 또는 10배 이내의 확대경을 사용하여 육안 조직을 검사하는 방법

② 현미경 조직 시험법

(5) 경도시험법

① 브리넬 경도시험

지름D(5, 10)mm 인 특수강의 압입자를 시험편 표면에 대고 하중P(kgf)을 가하여 표면에 생기는 지름 d의 들어간 깊이 t를 측정 경도를 구함.

$$HB = \frac{P}{A} = \frac{2P}{\pi D(D - \sqrt{D^2 - d^2})} \, (kg_f/mm^2)$$

② 로크웰 경도시험

꼭지각 120°인 원뿔형 다이아모드 압입자(C 눈금) 또는 지름 1.5875mm($\frac{1}{16}''$)인 강구 압입자(B눈금)를 시험편에 먼저 기준 하중 10(kgf)을 건 다음 시험하중 100kgf(B눈금), 150kgf(C 눈금)을 가한 후 시험하중을 제거 했을 때의 깊이 차로 경도를 구한다.

$$HRB = 130 - 500h \; (적색눈금)$$
$$HRC = 100 - 500h \; (검정색 \; 눈금)$$

③ 비커스 경도 시험

꼭지각 136°인 피라미드형 다이아몬드 압입자 사용

$$HV = 1.8544 \times \frac{P}{d^2}$$

적용 : 얇은 재료, 침탄층, 질화층

(6) 인장시험

- 시험편(4호 시험편)

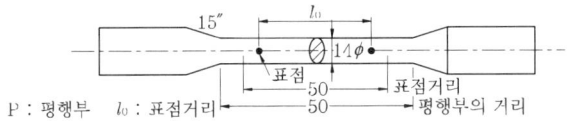

P : 평행부 l_0 : 표점거리

- 인장강도

최대하중(E)을 원단면적으로 나눈 값

$$인장강도(kg_f/mm^2) = \frac{P_m}{A_0}$$

- 연신율

$$연신율(\%) = \frac{l - l_0}{l_0} \times 100$$

- 단면 수축율

$$단면\ 수축율(\%) = \frac{A_0 - A}{A_0} \times 100$$

- 응력 연신율의 관계

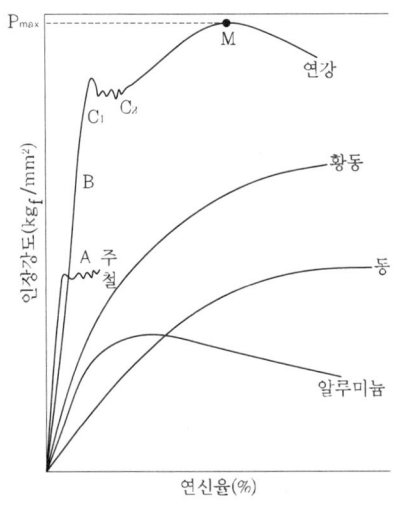

(7) 에릭센 시험
연성을 시험하기 위하여 강구로 시험판을 눌렀을 때 균열이 갈 때의 변형된 깊이를 측정

(8) 조미니 시험
노멀라이징 처리한 시편을 소정 온도로 가열하고 이것을 조미니 시험 장치에 걸고 밑 부분을 분수로 냉각시켜 냉각단으로부터 경도를 측정하여 일정 경도에 이르는 수냉단으로부터의 거리를 측정하여 경화능을 측정하는 방법

(9) 입도시험
비교법(FGC), 절단법(FGI), 평적법(FGP)

(10) 설퍼 프린트
강재 중의 황의 편석 및 그 분포 상태를 검출하는 방법으로 황화물에 묽은 산이 작용시켜 황화수소(H_2S)를 발생시켜 강철 또는 주철에 작용하면 황의 분포를 검출

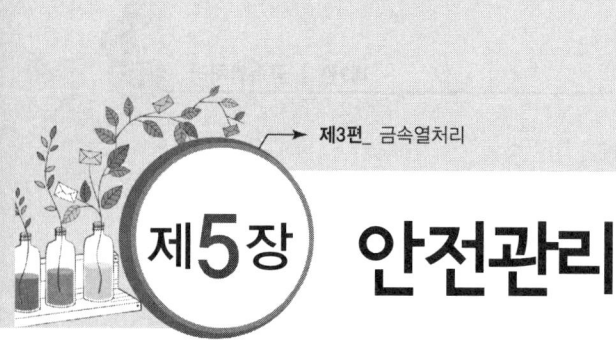

제3편_ 금속열처리

제5장 안전관리

1 일반적인 안전 사항

1 작업 복장

(1) 작업복
  ① 작업복은 신체에 맞고 가벼운 것으로써 때에 따라서는 상의의 끝이나 바지자락이 말려 들어가지 않도록 잡아매는 것이 좋다
  ② 실밥이 풀리거나 터진 것은 즉시 꿰맨다.
  ③ 항상 깨끗이하고 특히 기름이 묻은 작업복은 불이 붙기 쉬우므로 위험
  ④ 여름철이나 고온 작업시에도 작업을 벗지 않으며, 벗으면 직장 규율 및 기장에도 좋지 않으며, 재해의 위험성이 있음
  ⑤ 착용자의 연령, 직종 등을 고려하여 적절한 스타일을 선정

(2) 작업모
  ① 기계의 주위에서 작업을 하는 경우에는 반드시 모자를 착용
  ② 여자 및 장발자의 경에는 모자나 수건으로 머리카락을 완전히 감싸도록 한다.
  ③ 앞머리를 내놓고 모자 착용을 금지

(3) 신발
  ① 신발은 작업 내용에 잘 맞는 것을 선정
  ② 샌들 등은 걸음걸이가 불안정해 넘어질 위험이 있음
  ③ 맨발은 부상당하기 쉽고, 고열의 물체에 닿을 때도 위험하므로 절대 금지
  ④ 신발은 안전화로 착용

(4) 보호구

① 작업에 필요한 적절한 보호구를 선정하고 올바른 사용을 익힘
② 필요한 수량의 비치, 정비, 점검 등 보호구의 관리 철저
③ 필요한 보호구는 반드시 착용
④ **보안경** : 철분, 모래 등이 눈에 들어가지 않도록 착용
⑤ **차광 보호 안경** : 불티나 유행광선이 나오는 작업 사용
⑥ **방진 마스크** : 먼지가 많은 장소나 해로운 가스가 발생되는 작업에 사용
⑦ **산소 마스크** : 산소가 16%이하로 결핍되었을 때 사용
⑧ **장갑** : 기계작업 시에는 착용을 금하고, 고온 작업시에는 내열장갑을 착용
⑨ **귀마개** : 소음이 발생하는 작업 등에서 착용
⑩ **안전모** : 물건이 떨어지거나, 충돌로부터 머리를 보호
⑪ **안전모 상부와 머리 상부 사이의 간격** : 25mm 이상 유지

2 안전수칙과 점검사항

(1) 통행시 안전수칙

① 통행로 위의 높이 2m 이하에는 장애물이 없을 것
② 기계와 다른 시설물과의 사이의 통행로 폭은 80cm 이상으로 할 것
③ 뛰지 말 것
④ 한눈을 팔거나 주머니에 손을 넣고 걷지 말 것
⑤ 통로가 아닌 곳을 걷지 말 것
⑥ 좌측 통행규칙을 지킬 것
⑦ 높은 작업장 밑을 통과할 때 조심할 것
⑧ 작업자나 운반자에게 통행을 양호할 것

(2) 운반시 안전수칙

① 운반차량은 규정 속도를 지킬 것
② 운반시 시야를 가리지 않게 쌓을 것
③ 승용석이 없는 운반차에는 승차하지 말 것
④ 빙판 또는 물기 있는 곳에서의 운행시 미끄럼에 주의할 것
⑤ 긴 물건에는 끝에 표시를 달고 운반할 것
⑥ 통행로, 운반차, 기타 시설물에는 안전표지 색을 이용한 안전표지를 할 것

(3) 작업장에서 작업전 점검 사항
① 공정 라인에 있는 기계 공구가 그 기능이 정상인가?
② 가스 사용시 누설이 없는가?, 폭발의 위험은 없는가?
③ 전기 장치에 이상은 없는가?
④ 작업장 조명이 정사인가?
⑤ 정리 정돈이 잘 되어 있는가?
⑥ 주변에 위험물이 없는가?

(4) 계단 설치시 고려할 사항
① 견고한 구조로 할 것
② 경사는 심하지 않게 할 것
③ 각 계단의 간격과 너비는 동일하게 할 것
④ 높이 5m를 초과할 때에는 높이 5m 이내마다 계단실을 설치할 것
⑤ 적어도 한쪽에는 손잡이를 설치할 것

(5) 공구류 취급시 안전수칙
① 손이나 공구에 묻은 기름, 물 등을 닦아낼 것
② 주위를 정리정돈 할 것
③ 수공구는 그 목적 이외는 사용하지 말 것
④ 좋은 공구를 사용할 것
⑤ 사용법에 알맞게 사용할 것

3 재료시험의 안전관리 사항

(1) 방사선투과장치를 이용한 비파괴검사
① X선 검사시 Pb로 밀폐된 상자에서 촬영
② X선 촬영시 위험지구를 벗어난 위치에 방사선 표지판 설치
③ 관 전압 상승속도에 유의하여 탐상기 작용
④ X선 발생장치에서 정전기 유도작용 등에 의한 전위상승을 고려하여 특별고압의 전기가 충전되는 부분에 접지되어야 함

(2) 강의 불꽃시험용 연삭기 사용
① 시험을 할 때에는 보안경을 착용

② 연마 도중에는 시험편을 놓치지 않도록 함
③ 회전하는 연삭기는 손으로 정지시키지 않음
④ 정전이 되면 곧 스위치를 끔

(3) 금속재료의 조직을 관찰하기 위한 시험편 제작
① 시험편은 평활하게 유지되도록 연마
② 시험편 절단 및 연마 작업시 열 영향을 받지 않도록 함
③ 시험편 제작시 시험편을 견고히 고정하여 튀지 않도록 함
④ 부식액이 피부에 묻지 않도록 주의하고, 묻었을 경우 곧바로 씻음

(4) 피로시험
① 시험편은 정확하게 고정
② 시험편이 회전하지 않는 상태에서 하중을 가하지 않음
③ 시험편은 부식 부분에 응력 집중이 생겨 부식 피로현상이 생기므로 부식되지 않도록 보관

(5) 취성재료의 압축시험 : 시험재료의 파괴 비산을 주의

2 산업 재해

1 산업 재해의 원인

(1) 인적 원인
① 심리적 원인 : 무리, 과실, 숙련도 부족, 난폭, 흥분, 소홀, 고의 등
② 생리적 원인 : 체력의 부작용, 신체결함, 질병, 음주, 수면부족, 피로 등
③ 기타 : 복장, 공동작업 등

(2) 물적 원인
① 건물(환경) : 환기불량, 조명불량, 좁은 작업장, 통로불량 등
② 설비 : 안전장치결함, 고장난 기계, 불량한 공구, 부적당한 설비 등

(3) 사고의 간접 원인

① 기술적 원인
  ㉠ 건물, 기계 장치 설계 불량
  ㉡ 구조, 재료의 부적합
  ㉢ 생산 공정의 부적당
  ㉣ 점검, 정비 보존 불량

② 교육적 원인
  ㉠ 안전 의식의 부족
  ㉡ 안전 수칙의 오해
  ㉢ 경험, 훈련의 미숙
  ㉣ 작업방법의 교육 불충분
  ㉤ 유해 위험 작업의 교육 불충분

③ 작업 관리적 원인
  ㉠ 안전 관리 조직 결함
  ㉡ 안전 수칙 미제정
  ㉢ 작업 준비 불충분
  ㉣ 인원 배치 부적당
  ㉤ 작업 지시 부적당

(4) 재해 원인과 상호관계

① 불안전 행동
  ㉠ 인간의 작업행동의 결함(전체 재해의 54%)
  ㉡ 무리한 행동(16%)
  ㉢ 필요이상 급한 행동(15%)
  ㉣ 위험한 자세, 위치, 동작(8%)
  ㉤ 작업상태 미확인(6%)

② 불안전 상태
  ㉠ 기계 설비의 결함(전체 재해의 46%)
  ㉡ 보전불비(17%)
  ㉢ 안전을 고려하지 않은 구조(15%)
  ㉣ 안전커버가 없는 상태(6%)
  ㉤ 통로, 작업장 협소(7%)

(5) 재해의 경향
① 재해가 가장 많은 계절 : 여름(7~8월)
② 재해가 가장 많은 요일 : 토요일
③ 재해가 가장 많은 작업 : 운반 작업
④ 재해가 가장 많은 전동장치 : 벨트

(6) 재해와 연령
① 50세 이상 : 6.1%
② 30~40세 : 49.5%(년 2.5%)
③ 20~29세 : 33.3%(년 3.3%)
④ 18~19세 : 7.7%

2 산업 재해율

(1) 재해율
① 재해 발생의 빈도 및 손실의 정도를 나타내는 비율
② 재해 발생의 빈도 : 연천인율, 도수율
③ 재해 발생에 의한 손실 정도 : 강도율

(2) 재해 지표
① 연천인율 = $\dfrac{\text{재해건수}}{\text{평균 근로자수(재적인원)}} \times 1{,}000$

② 도수율 = $\dfrac{\text{재해건수}}{\text{연 근로 시간수}} \times 10^6$

③ 연천인율과 도수율과의 관계 = 연천인율 = 도수율×2.4

$$\text{도수율} = \dfrac{\text{연천인율}}{2.4}$$

④ 강도율 = $\dfrac{\text{근로 손실일수}}{\text{연 근로시간수}} \times 1{,}000$

3 재해 이론

(1) 하인리히 도미노 이론

단계	명 칭	특 징
1	유전적 요소 및 사회적 환경	사고를 일으킬 수 있는 바람직하지 않은 유전적 특성 및 인간 성격을 바람직하지 못하게 할 수도 있는 사회적 환경
2	개인적 결함	개인적 기질에 의한 결함(과격한 기질, 신경질적인 기질, 무모함 등)
3	불안전한 행동 또는 불안전한 상태	• 불안전한 행동(인적 요인) : 장치의 기능을 제거, 잘못 사용, 조작 미숙, 자세 및 동작의 불안전, 취급 부주의 등 • 불안전한 상태(물적 요인) : 기계, 방호장치, 보호구, 작업환경, 생산공정이나 배치의 결함 등
4	사고	생산 활동에 지장을 초래하는 모든 사건
5	재해	사고의 최종 결과, 인명의 상해나 재산상의 손실

(2) 수정 도미노 이론(버즈)

단계	명 칭	특 징
1	통제의 부족(관리)	안전에 관한 전문적인 제도, 조직, 지도, 관리의 소홀
2	기본 원리(기원)	사고의 배후, 근원적 원인(개인의 지식 부족, 틀린 사용법 등)
3	직접 원인(징후)	불안전한 행동, 불안전 상태와 같은 징후
4	사고(접촉)	안전 한계를 넘는 에너지원과의 접촉, 신체에 유해한 물질과의 접촉 등
5	상해 및 손상(손실)	근로자의 상해와 재산의 손실

4 기계 설비의 안전

(1) 기계 설비의 안전 조건

안전 조건	안전화 방안
외관의 안전화	밖으로 돌출되어 있는 위험한 부위를 안으로 넣거나 제거하는 것
작업의 안전화	돌발적인 사고 발생을 방지하는 안전장치를 설치하는 것
기능의 안전화	장치들을 안전하게 배치
구조의 안전화	장치의 구조를 안전하게 설계, 제작, 시공

(2) 기계 설비의 안전 수칙

① 방호 장치의 사용 : 위치 제한형, 접근 거부형, 접근 반응형, 포집형, 감지형
② 보호구의 사용 : 안전모, 안전대, 보안경, 안전 장갑, 안전화, 방진 마스크 등

③ 공구의 안전 사용 : 드라이버, 망치, 전기 드릴 등의 안전하게 사용

(3) 기계 설비의 안전 작업
① 시동 전에 점검 및 안전한 상태 확인
② 작업복을 단정히 하고 안전모를 착용할 것
③ 작업물이나 공구가 회전하는 경우는 장갑 착용을 금지할 것
④ 공구나 가공물의 탈부착시에는 기계를 정지시켜야 함
⑤ 운전 중에 주유를 하거나 가공물 측정 금지

(4) 전기 사고의 특징과 원인
① 특징
  ㉠ 전기는 보이지 않고 냄새와 소리도 없음
  ㉡ 전류가 흐르는 전선을 접촉하면 감전
  ㉢ 전선이나 전기 기기에 이상이 생기면 화재가 발생
  ㉣ 사고가 나면 대피할 시간을 판단하여 대응할 시간적 여유가 거의 없음
② 원인
  ㉠ 과열 : 과전류에 의한 전선 및 전기 기구에 많은 열이 발생
  ㉡ 단락 : 절연 불량으로 두 전선이 접촉하면 큰 전류가 흘러 아크가 발생
  ㉢ 누전 : 절연 불량으로 건물, 구조물에 큰 전류가 흐르면 큰 저항열이 생겨 화재 발생

(5) 위험 물질

종 류	특 성
폭발성 물질	산소(산화제)가 없어도 열, 충격, 마찰, 접촉으로 폭발, 격렬 반응하는 액체나 고체 물질
발화성 물질	낮은 온도에서도 발화하는 물질 물과 접촉하여 가연성 가스를 발생시키는 물질
산화성 물질	가열, 마찰, 충격, 다른 물질과의 접촉 등으로 빠르게 분해하거나 반응하는 물질
인화성 물질	대기압에서 인화점이 65℃ 이하인 가연성 물질
가연성 가스	폭발 한계 농도의 하한값이 10%이하이거나 상한값과 하한값의 차이가 20%인 가스
부식성 물질	금속 등을 부식시키고 인체와 접촉하면 심한 상해를 입히는 물질

5 재해 예방

(1) 사고 예방

① 대책의 기본 원리

안전 조직 관리 → 사실의 발견(위험의 발견) → 분석 평가(원인 규명) → 시정 방법의 선정 → 시정책의 적용(목표 달성)

② 예방 효과 : 근로자의 사기 진작, 생산성 향상, 비용 절감, 기업의 이윤 증대

(2) 재해 예방의 원칙

원칙	내용
손실 우연의 원칙	재해에 의한 손실은 사고가 발생하는 대상의 조건에 따라 달라지며 즉 우연이다.
원인 계기의 원칙	사고와 손실의 관계는 우연이지만 원인은 반드시 있다.
예방 가능의 원칙	사고의 원인을 제거하면 예방이 가능하다.
대책 선정의 원칙	재해를 예방하려면 대책이 있어야 한다. • 기술적 대책(안전 기준 선정, 안전 설계, 정비 점검 등) • 교육적 대책(안전 교육 및 훈련 실시) • 규제적 대책(신상 필벌의 사용 : 상벌 규정 엄격히 적용)

3 산업 안전과 대책

1 안전 표지와 색체

(1) 녹십자 표지

① 1964년 고용노동부 예규 제6호로 제정
② 각종 산업 재해로부터 근로자의 생명권 보장
③ 국가 산업 발전에 기여

(2) 안전표지와 색체 사용도

① 적색 : 방화 금지, 방향 표시, 규제, 고도의 위험 등에 사용
② 오렌지색(주황색) : 위험, 일반위험 등에 사용
③ 황색 : 주의표시(충돌, 장애물 등)
④ 녹색 : 안전지도, 위생표시, 대피소, 구호소 위치, 진행 등에 사용

⑤ 청색 : 주의 수리 중, 송전중 표시
⑥ 진한 보라색 : 방사능 위험표시(자주색)
⑦ 백색 : 글씨 및 보조색, 통로, 정리정돈
⑧ 흑색 : 방향 표시, 글씨
⑨ 파랑색 : 출입금지

(3) 가스관련 색체

① 산소 : 녹색
② 액화 이산화탄소 : 파랑색
③ 액화 암모니아 : 흰색
④ 액화 염소 : 갈색
⑤ 아세틸렌 : 노란색
⑥ LPG, 기타 : 쥐색

(4) 작업 환경

① 채광 및 조명 : 자연 광선인 태양광선(4,500룩스)을 충분히 받아 조명

공장		사무실	
장소	조명도	장소	조명도
초정밀작업	700~1,500	정밀사무	700~1,500
정밀작업	300~700	일반사무	300~700
거친작업	70~150	응접실, 서재	150~300

② 환기 통풍

㉠ 온도 : 여름 25~27℃, 겨울 15~23℃
㉡ 상대습도 : 50~60%
㉢ 기류 : 1m/sec

③ 재해와 온도, 습도의 관계

㉠ 감각온도(ET) : 지적작업 60~65ET, 경작업 55~65ET, 근육작업 50~62ET
㉡ 불쾌지수 : 기온과 습도의 상승작용에 의하여 인체가 느끼는 감각 종도를 측정하는 척도

$$EMR = \frac{\text{작업 소비 에너지} - \text{안정한 때의 소비에너지}}{\text{기초 대사}}$$

2 화재 및 폭발 재해

(1) 화재의 분류

구분	명칭	내용
A급	일반 화재	• 연소 후 재가 남는 화재(일반 가연물) • 목재, 섬유류, 플라스틱 등
B급	유류 화재	• 연소 후 재가 없는 화재(유류 및 가스) • 가연성 액체(가솔린, 석유 등) 및 기체(프로판 등)
C급	전기 화재	• 전기 기구 및 기계에 의한 화재 • 변압기, 개폐기, 전기 다리미 등
D급	금속 화재	• 금속(마그네슘, 알루미늄 등)에 의한 화재 • 금속이 물과 접촉하면 열을 내며 분해되어 폭발하며, 소화 시에는 모래나 질석 또는 팽창 질석을 사용

(2) 화재의 원인

① 유류에 의한 착화 : 유류의 증기, 유류 기구의 과열, 유류 누출 등
② 유류에 의한 발화 : 연소 기구의 전도 또는 가연물의 낙하
③ 전기에 의한 발화 : 단락, 누전, 과전류 등

(3) 화재 예방

① 화재의 3요소 : 연료, 산소, 점화원(점화 에너지)
② 화제 예방 : 3요소 중 하나를 제거
　㉠ 연료를 제거하거나 연소 범위 밖의 농도 유지
　㉡ 공기(산소 또는 산화제)를 최소 농도 이하로 유지
　㉢ 점화원을 제거
　　• 기계적 에너지 제거 : 충격이나 마찰 방지
　　• 전기 에너지 제거 : 전기 스파크나 정전기 제거
　　• 전기 불꽃 : 전기 및 가스 용접
③ 소화
　㉠ 제거 소화(가연물) : 가연물 제거 및 연료 산소 농도 이하로 유지
　㉡ 질식 소화(산소) : 최저 산소 농도(15%) 이하로 유지(공기 중 산소 농도 21%)
　㉢ 냉각 소화(열원) : 연료의 발화점 이하로 냉각

(4) 폭발

① 폭발의 종류

폭발의 종류	원 인
가연성 가스나 증기의 폭발	아세틸렌, 수소 등
분해성 가스의 폭발	아세틸렌, 산화에틸렌 등
가연성 미스트의 폭발	분출한 작동유, 디젤유 등
가연성 분진의 폭발	곡물 분진, 석탄 분진, 금속 분말 등
고체 및 액체의 분해 폭발	화약류 및 유기 과산화물 등
수증기의 폭발	용융 금속, 보일러의 물 등의 급격한 팽창

② **폭발의 조건** : 가연성 가스, 증기 또는 분진의 농도가 폭발 한계에 있어야 하며, 밀폐된 공간이나 점화원이 주어져야 폭발

③ **폭발의 방지 대책**

 ㉠ 화학적 폭발 방지 : 가연물(누출 및 방출 방지, 폭발 농도 이하 유지), 공기(산소), 점화원(충격, 전기에너지, 열, 광선 등)을 봉쇄

 ㉡ 폭발 방호 대책 : 불연재나 난연재 사용, 가연물 확산 방지, 안전거리 확보, 압력용기 안전장치 설치 등

 ㉢ 피해 최소화 대책 : 사고확산방지설비 설치(방류둑, 방폭벽, 방화문 설치 등), 소화설비 설치, 워터커튼 설치 등

 ㉣ 폭발 재해의 비상 대책 : 긴급 차단 시스템, 피난 계획, 구명, 응급 조치, 긴급 복구 등

제3편 1. 금속열처리 일반 기출 및 예상문제

001

다음 열처리에 대한 설명 중 틀린 것은?

㉮ 열처리는 재료 시험편의 조직을 균일화한다.
㉯ 열처리는 재료 시험편의 강도 및 경도를 부여해준다.
㉰ 열처리는 금속 내부 조직을 변화시킨다.
㉱ 열처리는 인성 부여 및 취성을 향상시켜 준다.

풀이 열처리의 목적
① 인성부여 및 기계적 성질을 개선
② 재료의 조직 균열화
③ 재료의 강도 및 경도 부여
④ 결정입자 미세화

002

다음 열처리에 대한 설명 중 틀린 것은?

㉮ 일반적으로 가열 온도와 시간이 길어지면 확산이 잘된다.
㉯ 열처리란 금속 재료를 가열과 냉각을 하는 조작이다.
㉰ 냉각시에는 냉각 속도가 작아짐에 따라 입자가 미세해진다.
㉱ 가열시 가열속도가 커지면 입자가 미세하여 진다.

풀이 냉각속도가 빠르면 결정입자는 미세하여 진다.

003

다음 중 열처리의 목적이 아닌 것은?

㉮ 경도 및 인장력 증가
㉯ 조직 조대화 및 취성 부여
㉰ 내식성 개선
㉱ 점성과 연성 부여

풀이 조직 미세화 및 인성 부여

004

다음 중 열처리의 목적으로 틀린 것은?

㉮ 재질을 연하게 만들어 기계 가공을 쉽게 하려면 침탄화한다.
㉯ 단단한 조직을 원한다면 담금질한다.
㉰ 담금질에 의해 단단하고 메짐이 있는 재료에 인성을 부여하기 위해 뜨임한다.
㉱ 재질을 표준 조직으로 만들기 위해 불림을 한다.

풀이 풀림의 목적 : 가공 경화된 재료의 연화

005

다음 중 열처리 분류 중 표면 경화 열처리가 아닌 것은?

㉮ 담금질   ㉯ 질화법
㉰ 침탄법   ㉱ 화염 경화법

풀이 표면 경과 열처리 : 화염 경화법, 고주파 경화법, 침탄법, 질화법, 금속 침투법

답 001 ㉱ 002 ㉰ 003 ㉯ 004 ㉮ 005 ㉮

006
다음 중 열처리시 가열 온도가 $A_{3, 2, 1}$ 변태점 이상으로 가열한 열처리 방법이 아닌 것은?

㉮ 불림 ㉯ 뜨임
㉰ 풀림 ㉱ 담금질

풀이 뜨임은 A_1 변태점 이하에서 실시한다.

007
다음 열처리 방법 중 일반 열처리법이 아닌 것은?

㉮ 담금질 ㉯ 뜨임
㉰ 침유법 ㉱ 풀림

풀이 일반 열처리 종류 : 담금질, 뜨임, 풀림, 불림

008
다음 중 철강을 산화하지 않고 가열하는 방법으로 틀린 것은?

㉮ 숯이나 주철 칩에 묻어 가열하는 방법
㉯ 산화나 탈탄 방지제를 도포하여 가열하는 방법
㉰ 보호 분위기 가스 속에서 가열하는 방법
㉱ 산화성 염욕 중에서 가열하는 방법

풀이 ㉮㉯㉰외에 중성 염욕이나 연욕 중에서 가열하는 방법 및 진공중에서 가열하는 방법이 있다.

009
다음 중 냉각법의 3형태가 아닌 것은?

㉮ 계단 냉각 ㉯ 연속 냉각
㉰ 항온 냉각 ㉱ 열욕 냉각

풀이 냉각법의 형태 : 연속냉각, 계단냉각, 항온냉각

010
다음 중 냉각의 3단계가 아닌 것은?

㉮ 증기막 단계 ㉯ 비등 단계
㉰ 대류 단계 ㉱ 비산 단계

풀이 냉각의 3단계
① 증기막 단계(제1단계) : 서냉 구간
② 비등 단계(제2단계) :   구간
② 대류 단계(제3단계) : 서냉 구간

011
다음 중 되는 냉각 구간은?

㉮ 증기막 단계 ㉯ 비등 단계
㉰ 대류 단계 ㉱ 비산 단계

012
다음 중 가열 방법이 아닌 것은?

㉮ 저온 가열 ㉯ 노와 함께 가열
㉰ 단계 가열 ㉱ 저온 저속 가열

풀이 가열 방법의 4가지 : 저온 가열, 고온 급속 가열, 노와 함께 가열, 단계 가열

답 006 ㉯ 007 ㉰ 008 ㉱ 009 ㉱ 010 ㉱ 011 ㉯ 012 ㉱

013

다음 항온 변태 곡선에 대한 설명 중 틀린 것은?

㉮ 변태가 시작되는 시간과 종료시간을 나타낸다.
㉯ nose부 온도 이상에서 항온 변태시키면 퍼얼라이트가 형성된다.
㉰ nose부 온도 이하에서 항온 변태시키면 베이나이트가 형성된다.
㉱ 항온 변태 곡선 왼쪽 곡선은 변태 종료선을 나타낸다.

풀이 항온 변태 곡선
① 왼쪽 곡선 : 변태 개시선
② 오른쪽 곡선 : 변태 종료선

014

다음 베이나이트 조직에 대한 설명 중 틀린 것은?

㉮ Martensite와 Troostite의 중간 조직이다.
㉯ S곡선의 코와 Ms 점 사이의 온도 구간에 항온 냉각시 나타난다.
㉰ 열처리에 따른 변형이 크고 강도가 낮으면 인성이 작다.
㉱ 침상 조직이며 Troostite보다 단단하고 질기다.

풀이 열처리에 따른 변형이 적고 강도가 높고 인성이 크다.

015

다음 중 S곡선의 형태를 좌우하는 인자가 아닌 것은?

㉮ 가열 온도
㉯ Martensite의 결정 입도
㉰ 가열 속도
㉱ 합금 조성

풀이 S곡선의 형태 좌우 인자 : 가열 온도, 가열 시간, 합금 조성, Austenite 결정 입도

016

S곡선(nose부)의 온도(℃)는?

㉮ 550 ㉯ 350
㉰ 250 ㉱ 150

풀이 S곡선(nose부)의 온도 : 550℃

017

상부 베이나이트 조직이 나타나는 온도(℃) 범위는 얼마인가?

㉮ 850~950 ㉯ 550~650
㉰ 350~550 ㉱ 350~250

풀이 상부 베이나이트 온도 : 550~350℃
하부 Bainite : Ferrite 내에 Cementite가 석출한다.

018

하부 베이나이트 온도(℃)는 얼마인가?

㉮ 850~950 ㉯ 550~650
㉰ 350~550 ㉱ 350~250

풀이 하부 베이나이트 온도 : 350~250℃

답 013 ㉱ 014 ㉰ 015 ㉯ 016 ㉮ 017 ㉰ 018 ㉱

019

다음 중 항온 변태의 결정 방법이 아닌 것은?

㉮ 변태에 의한 팽창 측정 방법
㉯ 경도 변태에 의한 측정 방법
㉰ 현미경에 의한 측정 방법
㉱ α-선에 의한 방법

 항온 변태의 결정
① 변태에 의한 팽창 측정법
② 자기적 측정방법
  (γ 에서 α-Fe로서의 변태 이용)
③ 현미경에 의한 측정법
④ 전기 저항 변화에 의한 측정 방법
⑤ X-선에 의한 측정 방법

020

항온 변태에 영향을 미치는 인자가 아닌 것은?

㉮ 가열 온도   ㉯ 합금 원소
㉰ 가열 속도   ㉱ 경도 및 취성

021

다음 중 항온 열처리의 종류가 아닌 것은?

㉮ 마퀜칭   ㉯ 마템퍼링
㉰ 오스템퍼링   ㉱ 타임 퀜칭

풀이 항온 담금질의 종류 : 오스템퍼링, 마템퍼링, 마퀜칭, MS퀜칭

022

다음 중 항온 변태에서 가열 온도를 고온으로 하였을 때 나타나는 특징이 아닌 것은?

㉮ 결정립이 조대화된다.
㉯ nose부의 변태 개시 온도가 빨라진다.
㉰ 탄화물 고용이 완전해진다.
㉱ 변태 속도가 늦어 담금질성을 향상시킨다.

 nose부의 변태 개시 온도가 늦어진다.

023

350~550℃ 범위의 온도에서 형성되는 조직으로 Ferrite 주위에 Cementite가 석출되는 조직은?

㉮ 상부 베이나이트   ㉯ 하부 베이나이트
㉰ 상부 펄라이트   ㉱ 하부 펄라이트

 상부 Bainite : Ferrite 주위에 Cementite가 석출된다.

024

250~350℃ 온도 범위에서 형성되며 페라이트 내에 시멘타이트가 석출되는 조직은?

㉮ 상부 베이나이트   ㉯ 하부 베이나이트
㉰ 상부 펄라이트   ㉱ 하부 펄라이트

 하부 Bainite : Ferrite 주위에 Cementite가 석출된다.

답 019 ㉱ 020 ㉱ 021 ㉱ 022 ㉯ 023 ㉮ 024 ㉯

025

다음은 펄라이트 변태에 대한 설명 중 틀린 것은?

㉮ 공석강을 650℃까지 냉각시켜서 항온 유지하면 1초 후에 펄라이트가 시작되고 10초 이내에 변태가 완료된다.
㉯ 펄라이트 변태 온도가 낮아짐에 따라 층상 펄라이트는 점점 조대해지고 변태조직의 경도는 감소한다.
㉰ 변태 온도가 낮을수록 층간 거리는 작아진다.
㉱ 공석강은 850℃로부터 750℃까지 냉각해서 이 온도에서 항온 유지시키면 어떠한 변태도 일어나지 않는다.

 Pearlite 변태 온도가 낮아짐에 따라 층상 Pearlite는 점점 미세해지고 변태 조직의 경도는 더욱 증가한다.

026

공석강의 항온 변태에 대한 설명 중 틀린 것은?

㉮ 어느 한 온도에서 변태된 Pearlite의 분율은 시간이 지남에 따라 S형의 곡선을 나타낸다.
㉯ 초기의 변태 속도는 매우 바르다.
㉰ 시간이 지남에 따라 변태 속도는 크게 증가하다가 마지막에는 작아진다.
㉱ Pearlite 변태의 시작부터 끝나는 데까지 걸리는 시간은 항온 변태 곡선과 관계가 있다.

 초기의 변태 속도는 매우 느리다.

027

항온 변태 곡선의 코 위의 온도 구역에서 형성되는 조직은?

㉮ Pearlite   ㉯ Bainite
㉰ Martensite ㉱ Austenite

 S 곡선 코위의 온도 구역의 조직 : Pearlite

028

항온 변태 곡선의 코 밑의 온도 구역에서 형성되는 조직은?

㉮ Pearlite   ㉯ Bainite
㉰ Martensite ㉱ Austenite

곡선 코위의 온도 구역의 조직 : Bainite

029

다음 중 Bainite 조직은?

㉮ 편상 조직   ㉯ 침상 조직
㉰ 구상 조직   ㉱ 괴상 조직

Bainite 조직 : 침상 조직

030

Bainite의 형성은 Austenite 결정립계에서 어느 조직의 핵 생성으로부터 시작한다고 가정하는가?

㉮ Ferrite   ㉯ Troostite
㉰ Martensite ㉱ Pearlite

Ferrite 핵의 형성으로부터 다음은 시작한다.

답 025 ㉯ 026 ㉯ 027 ㉮ 028 ㉯ 029 ㉯ 030 ㉮

031

Bainite 변태에 대한 설명 중 틀린 것은?

㉮ 공석강을 약 550~ 이하의 온도에서 항온 변태시키면 형성된 조직이다.
㉯ 상부 Bainite는 비교적 취약하다.
㉰ 하부 Bainite는 비교적 인성을 가지고 있다.
㉱ Bainite 형성은 Austenite 결정립계에서 Cementite 핵의 형성으로부터 시작한다.

풀이 Bainite 형성은 Austenite 결정립계에서 페라이트 핵의 형성으로부터 시작한다.

032

다음 Bainite 변태에 대한 설명 중 틀린 것은?

㉮ 공석강에서 상부 Bainite에서 하부 Bainite로의 천이는 550℃정도에서 일어난다.
㉯ 하부 Bainite의 경도는 변태 온도가 저하됨에 따라 급격히 증가한다.
㉰ 상부 Bainite는 동일 경도로 담금질 뜨임한 조직보다 인성이 그다지 높지 않다.
㉱ 상부 Bainite의 경도는 변태 온도에 따라 약간 변화한다.

풀이 공석강에서 상부 Bainite에서 하부 Bainite로의 천이는 350℃ 정도에서 일어난다.

※ 다음 연속 냉각 곡선을 보고 물음에 답하시오. (33~41)

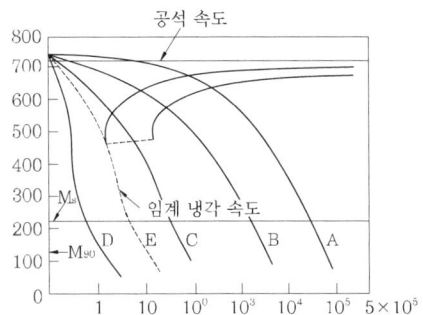

033

곡선 A에 대한 설명으로 옳은 것은?

㉮ 노냉에 의해 조대한 Pearlite를 형성시키는 열처리 방식이다.
㉯ 공냉에 의해 미세한 Pearlite인 Sorbite를 형성시키는 열처리 방법이다.
㉰ 유냉에 의해 미세한 Pearlite인 Troostite와 Martensite의 혼합 조직이다.
㉱ 수냉에 의해 Martensite 조직을 얻는 열처리 방법이다.

034

곡선 B에 대한 설명 중 옳은 것은?

㉮ 노냉에 의해 조대한 Pearlite를 형성시키는 열처리 방식이다.
㉯ 공냉에 의해 미세한 Pearlite인 Sorbite를 형성시키는 열처리 방법이다.
㉰ 유냉에 의해 미세한 Pearlite인 Troostite와 Martensite의 혼합 조직이다.
㉱ 수냉에 의해 Martensite 조직을 얻는 열처리 방법이다.

답 031 ㉱ 032 ㉮ 033 ㉮ 034 ㉯

035

곡선 B에 대한 설명 중 옳은 것은?

㉮ 풀림 열처리 방법이다.
㉯ 불림 열처리 방법이다.
㉰ 뜨임 열처리 방법이다.
㉱ 담금질 열처리 방법이다.

036

곡선 C에 대한 설명 중 옳은 것은?

㉮ 노냉에 의해 조대한 Pearlite를 형성시키는 열처리 방식이다.
㉯ 공냉에 의해 미세한 Pearlite인 Sorbite를 형성시키는 열처리 방법이다.
㉰ 유냉에 의해 미세한 Pearlite인 Troostite와 Martensite의 혼합 조직이다.
㉱ 수냉에 의해 Martensite 조직을 얻는 열처리 방법이다.

037

곡선 D에 대한 설명으로 옳은 것은?

㉮ 노냉에 의해 조대한 Pearlite를 형성시키는 열처리 방식이다.
㉯ 공냉에 의해 미세한 Pearlite인 Sorbite를 형성시키는 열처리 방법이다.
㉰ 유냉에 의해 미세한 Pearlite인 Troostite와 Martensite의 혼합 조직이다.
㉱ 수냉에 의해 Martensite 조직을 얻는 열처리 방법이다.

038

곡선에서 냉각 속도가 가장 빠르게 나타난 곡선은?

㉮ A   ㉯ B
㉰ C   ㉱ D

풀이 냉각속도
① 곡선 A : 공냉
② 곡선 B : 노냉
③ 곡선 C : 유냉
④ 곡선 D : 수냉

039

곡선에서 유냉시 나타나는 곡선은?

㉮ A   ㉯ B
㉰ C   ㉱ D

040

곡선에서 공기 중에서 냉각할 때 나타나는 곡선은?

㉮ A   ㉯ B
㉰ C   ㉱ D

041

곡선에서 노냉시켰을 때 나타나는 곡선은?

㉮ A   ㉯ B
㉰ C   ㉱ D

풀이 연속 냉각 변태도 설명(33~41)
① 곡선 A : 노냉에 의해 조대한 Pearlite를 형성시키는 열처리 방법
② 곡선 B : 공냉에 의해 미세한 Pearlite인 Sorbite를 형성시키는 열처리 방법
③ 곡선 C : 유냉에 의해 미세한 Pearlite인 Troostite와 Martensite의 혼합 조직

답 035 ㉯ 036 ㉰ 037 ㉱ 038 ㉱ 039 ㉰ 040 ㉯ 041 ㉮

④ 곡선 D : 수냉에 의해 Martensite 조직을 얻는 열처리 방법

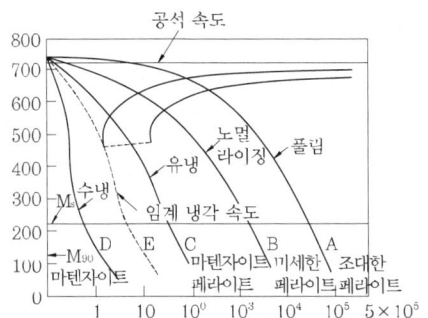

042

α-Fe 내에 탄소가 과포화 상태로 고용된 조직은?

㉮ Martensite ㉯ Binaite
㉰ Austenite   ㉱ Pearlite

풀이 Martensite 조직 : α-Fe 내에 탄소가 과포화 상태로 고용된 조직

043

Martensite 변태가 시작되는 온도점은?

㉮ M_s 점   ㉯ M_f 점
㉰ Ar' 점   ㉱ A_1 점

풀이 M_s 점 : Martensite 변태 시작 점

044

Martensite 변태가 완료되는 온도점은?

㉮ M_s 점   ㉯ M_f 점
㉰ Ar' 점   ㉱ A_1 점

풀이 M_f 점 : Martensite 변태 완료 점

045

다음 Martensite 변태에 대한 설명이 중 틀린 것은?

㉮ 공석강에서 M_s 점은 약 250℃ 정도이다.
㉯ Martensite 조직의 형태는 탄소량에 따라 래스(lsth), 혼합 및 판상(plat) Martensite로 변화한다.
㉰ Martensite 형성은 변태 시간에 영향을 많이 받는다.
㉱ Martensite 형성은 M_s 온도 이하로 온도 강하량에 따라 결정된다.

풀이 Martensite 형성은 변태 시간에는 무관하다.

046

다음 중 M_s 점을 상승시키는 원소는?

㉮ Si   ㉯ Mn
㉰ Cr   ㉱ Co

풀이 M_s 점 상승 원소 : Al, Co

047

다음 원소 중 M_s 점을 강하시키는 원소는?

㉮ Mn   ㉯ W
㉰ Al   ㉱ Co

풀이 M_s 점 강하 원소 : Ms, V, Cr, Ni, C

답 042 ㉮ 043 ㉮ 044 ㉯ 045 ㉰ 046 ㉱ 047 ㉮

048

항온 풀림에 대한 설명 중 틀린 것은?

㉮ 가열한 강재를 S 곡선의 코 부근의 온도(600~700℃)에서 항온 변태시키고 끝난 후에 공냉한다.
㉯ 보통 풀림보다 처리 시간이 길어지고 노를 순환적으로 사용하기 불가능하다.
㉰ 조작시간이 짧고 열효율이 좋다.
㉱ 연속 조업이 가능하며 대량 생산에 적합하다.

풀이 보통 풀림보다 처리 시간이 단축되고 노를 순환적으로 사용하기가 가능하다.

049

Ar′ 변태점과 Ar″ 변태점 사이의 염욕에 담금질하여 과냉 오스테나이트가 변태 완료할 때까지 항온 유지 후 공냉하는 담금질을 무엇이라 하는가?

㉮ 마퀜칭   ㉯ 마템퍼링
㉰ 오스템퍼링   ㉱ Ms퀜칭

풀이 Austempering : Ar′ 변태점과 Ar″ 변태점 사이의 염욕에서 담금질 한다.

050

Austempering에 대한 설명 중 틀린 것은?

㉮ 담금질성이 풍부하며 담금질 균열 및 변형이 적다.
㉯ 살이 얇고 적은 것이 적당하다.
㉰ 열욕에 담금질한 상태로도 일반 담금질과 같은 효과를 얻는다.
㉱ Martensite을 얻는다.

풀이 오스템퍼링시 나타난 조직 : Bainite

051

Ar″ 변태점보다 다소 높은 온도의 열욕에서 담금질한 후 항온 유지하고 과냉 Austenite가 항온 변태를 일으키기 전에 공냉하여 Ar″ 변태가 서서히 일어나도록 처리한 열처리는?

㉮ 마퀜칭   ㉯ 마템퍼링
㉰ 오스템퍼링   ㉱ Ms퀜칭

풀이 Maruqenching : Ar″ 변태점보다 약간 높은 온도의 열욕에서 행한다.

052

Marquenching에 대한 설명 중 틀린 것은?

㉮ 수중 담금질한 것보다 매우 경도가 높다.
㉯ 내외부가 거의 동시에 Martensite 조직으로 변한다.
㉰ 담금 균열, 변형이 생기지 않으며 뜨임 처리 후 사용한다.
㉱ 수냉시 생기는 균열 및 유냉시 변형이 생기는 강재에 사용한다.

풀이 수중 담금질한 것보다 다소 경도가 낮다.

053

다음은 마퀜칭에 대한 설명 중 틀린 것은?

㉮ 열욕 온도는 200℃까지는 광물유, 그 이상은 염욕이 좋다.
㉯ 마퀜칭 후 소정의 온도로 풀림 및 불림 처리한다.
㉰ 담금질에 의한 내부 응력이 제거된다.
㉱ 열욕 유지 시간은 소재 내외부가 동일할 것

답 048 ㉯ 049 ㉰ 050 ㉱ 051 ㉮ 052 ㉮ 053 ㉯

풀이) 잔류 Austenite가 많기 때문에 마퀜칭 후 소정의 온도로 뜨임 및 심냉 처리한다.

054

Ms 점보다 약간 낮은 온도의 염욕에 담금질하여 강의 내외부가 동일한 온도로 될 때까지 항온 유지한 후 수냉하는 열조작은?

㉮ Austempering ㉯ Marquenching
㉰ Ms quenching ㉱ Martempering

풀이) Ms quenching : Ms 점보다 약간 낮은 온도의 염욕에 담금질한다.

055

Ms와 Mf 사이(Ar″ 변태 구역)의 항온 열처리는?

㉮ Austempering ㉯ Marquenching
㉰ Ms quenching ㉱ Martempering

풀이) Martempering : Ar″ 변태구역(Ms와 Mf 사이)의 항온 열처리

056

다음 그림은 무엇을 나타내는 그림인가?

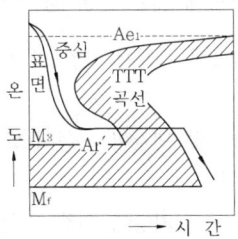

㉮ Austempering ㉯ Martempering
㉰ Marquenching ㉱ Ms quenching

057

다음 그림을 옳게 설명한 것은?

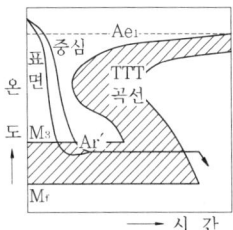

㉮ Austempering ㉯ Martempering
㉰ Marquenching ㉱ Ms quenching

058

다음 그림을 옳게 설명한 것은?

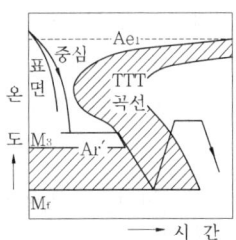

㉮ Austempering ㉯ Martempering
㉰ Marquenching ㉱ Ms quenching

059

열욕 담금질의 일종으로 강선 제조용 열처리이며 Austenite 온도로 가열하여 550~500℃ 열욕에서 담금질한 열처리 조작은?

㉮ 용체화 처리 ㉯ 블루잉
㉰ 오스템퍼링 ㉱ 파텐팅

풀이) partenting : Austenite 온도로 가열하여 550~500℃ 열욕에서 담금질한 열처리 조작

답) 054 ㉰ 055 ㉱ 056 ㉮ 057 ㉯ 058 ㉰ 059 ㉱

060

다음 중 금속 발열체가 아닌 것은?

㉮ 니크롬(80Ni-20Cr) ㉯ 칸탈
㉰ W ㉱ 실리코니트(Sic)

> 풀이) 금속 발열체 종류 : 니크롬(80Ni-20Cr), 칸탈, W, 철크롬(Fe-23~26Cr-4~6Al)

061

열처리로의 처리재의 장입 방식에 따른 분류 중 배치로에 대한 설명 중 틀린 것은?

㉮ 조업 방식은 이송 장치에 의해 처리품을 장입한다.
㉯ 조업 방식은 수작업으로 처리품을 장입한다.
㉰ 장입된 처리품을 소정의 온도로 가열한 후 노 냉한다.
㉱ 장입된 처리품을 소정의 온도로 가열한 후 공 냉한다.

> 풀이) 배치로의 조업 방식은 장입자의 수작업에 의해 처리품을 장입한다.

062

연속로의 조업 방식에 대한 설명 중 틀린 것은?

㉮ 처리품은 이송 장치에 의해 노내에 연속적으로 장입한다.
㉯ 연속로는 다품종 소량 생산에 적합하다.
㉰ 방식에는 푸셔형, 컨베이어형 및 스트랜드형이 있다.
㉱ 처리품은 연속적으로 노 내에 장입되어 이송되면서 가열, 유지 및 냉각을 한다.

> 풀이) 연속로는 소품종 대량 생산에 적합하다.

063

다음 중 연속로 장점의 설명 중 틀린 것은?

㉮ 균일한 처리품을 얻을 수 있다.
㉯ 인건비 절감의 효과가 있다.
㉰ 다품종 소량 열처리에 적합하다.
㉱ 열처리 공정의 자동화에 용이하게 적용할 수 있다.

> 풀이) 소품종 다량 생산에 적합하다.

064

다음 중 배치로의 장점으로 옳은 것은?

㉮ 균일한 처리품을 얻을 수 있다.
㉯ 인건비 절감의 효과가 있다.
㉰ 열처리 공정의 자동화에 용이하게 적용할 수 있다.
㉱ 다품종 소량 열처리에 적합하다.

> 풀이) 배치로의 장점
> ① 다품종 소량 열처리에 적합하다.
> ② 노 내 온도 분포가 균일하다.

065

다음 중 전기로에 대한 설명 중 틀린 것은?

㉮ 비금속 발열체 중에서 흑연 발열체가 많이 사용된다.
㉯ 가열, 유지 및 냉각이 자동적으로 진행할 수 있다.
㉰ 발열체가 전기 저항에 의해 발열되는 원리를 이용한다.
㉱ 열처리 작업에서 가장 일반적으로 이용되는 가열 방식이다.

답) 060 ㉱ 061 ㉮ 062 ㉯ 063 ㉰ 064 ㉱ 065 ㉮

풀이 비금속 발열체는 실리코니트 발열체가 많이 사용된다.

066

전기로에 사용되는 발열체에 대한 설명 중 틀린 것은?

㉮ 금속 발열체는 사용 온도가 비교적 높다.
㉯ 금속 발열체는 가공하기가 어려운 것이 결점이다.
㉰ 가장 많이 사용되는 비금속 발열체는 실리코니트 발열체다.
㉱ 불활성 분위기 또는 진공 중에서는 흑연 발열체도 많이 사용된다.

풀이 금속 발열체의 특징
① 사용 온도가 비교적 높다.
② 가공하기가 쉽다.

067

전기로에 사용되는 발열체가 갖추어야 할 조건으로 틀린 것은?

㉮ 전기 저항이 커야 한다.
㉯ 고온 강도가 커야 한다.
㉰ 용융점이 낮아야 한다.
㉱ 고온에서의 산화 저항성이 커야 한다.

풀이 발열체가 갖추어야 할 조건
① 전기 저항 및 고온 강도가 클 것
② 고온에서의 산화 저항성이 클 것
③ 용융점이 높을 것
④ 가공이 용이할 것

068

금속 발열체 중 최고 사용 온도가 가장 높은 발열체는?

㉮ W   ㉯ Mo
㉰ 칸탈   ㉱ 철크롬

풀이 금속 발열체의 종류 및 최고 사용 온도
① 니크롬 : 1100℃   ② 철크롬 : 1200℃
③ 칸탈 : 1300℃   ④ Mo : 1650℃
⑤ W : 1700℃

069

다음 금속 발열체 중 사용 온도가 가장 낮은 것은?

㉮ W   ㉯ 니크롬
㉰ 칸탈   ㉱ 철크롬

070

다음 금속 발열체 중 최고 사용 온도가 1300℃인 발열체는?

㉮ W   ㉯ 니크롬
㉰ 칸탈   ㉱ 철크롬

071

다음 중 비금속 발열체는 어느 것인가?

㉮ 니크롬   ㉯ 칸탈
㉰ 철크롬   ㉱ 흑연

풀이 비금속 발열체 : 흑연, 실리코니트(SiC)

답 066 ㉯ 067 ㉰ 068 ㉮ 069 ㉯ 070 ㉰ 071 ㉱

072

실리코니트(SiC)의 비금속 발열체의 최고 사용 온도(℃)는?

㉮ 1600 ㉯ 1300
㉰ 1200 ㉱ 1100

풀이 SiC의 최고 사용 온도 : 1600℃

073

열처리 부품의 광휘 표면을 얻기 위한 열처리로 많이 사용되는 노는?

㉮ 연소로 ㉯ 진공로
㉰ 전기로 ㉱ 염욕로

풀이 진공로 : 광휘 표면을 얻기 위하여 진공 중에서 가열하는 爐다.

074

진공로에 대한 설명 중 틀린 것은?

㉮ 진공로의 진공도는 용도에 따라 $10 \sim 10^{-4}$ mmHg 정도가 적당하다.
㉯ 가열 방식에는 외부 가열식과 내부 가열식이 있다.
㉰ 진공로의 최고 사용 온도는 1100℃이다.
㉱ 냉각 방식에 따라 가스 냉각 진공로와 유냉 진공로가 있다.

풀이 진공로의 최고 사용 온도는 1400℃로서 담금질, 풀림, 브레이징 및 소결 등에 이용된다.

075

다음 진공로의 외부 가열 방식에 대한 설명 중 틀린 것은?

㉮ 외부 가열식은 내열강이나 세라믹으로 만들어진 진공 용기의 외측으로부터 발열체로 가열하는 방식이다.
㉯ 내부 가열식에 비해 가열 속도 및 냉각 속도가 느리다.
㉰ 저온에서 처리되는 풀림이나 뜨임에 적절하다.
㉱ 처리 온도가 높고 이 필요한 담금질이나 용체화 처리 등에 적합하다.

풀이 처리 온도가 높고 이 필요한 담금질이나 용체화 처리 등에는 부적합하다.

076

다음 진공로의 내부 가열 방식에 대한 설명 중 틀린 것은?

㉮ 처리 능력이 좋고 값이 저렴하다.
㉯ 급속 냉각이 용이하다.
㉰ 모든 열처리에 용이하게 이용된다.
㉱ 발열체, 단열판 및 열처리 부품이 모두 진공실 내에 있다.

풀이 노벽을 냉각할 필요가 있기 때문에 이중 구조로 되어 있고, 처리 능력에 비해 노 체가 크고 값이 비싸다.

077

저온용 염욕로의 사용 온도 몇 ℃ 이하인가?

㉮ 250 ㉯ 550
㉰ 900 ㉱ 1350

풀이 저온용 염욕료 사용 온도 : 550℃ 이하

답 072 ㉮ 073 ㉯ 074 ㉰ 075 ㉱ 076 ㉮ 077 ㉯

078

다음 염욕로에 대한 설명 중 틀린 것은?

㉮ 중성염 또는 환원성염을 전기, 가스 및 액체 연료 등의 열원을 이용하여 용융시킨 염욕 중에서 처리품을 열처리하는 노이다.
㉯ 염욕로는 구조가 간단하고 설비비가 저렴하다.
㉰ 다품종 소량 생산을 위한 노로서 많이 사용된다.
㉱ 염욕 중에서 열처리 하므로 처리품이 산화 및 탈탄되기 쉽다.

풀이 염욕 중에서 열처리하므로 처리품이 대기와는 접촉되지 않으므로 산화 및 탈탄을 방지할 수 있다.

079

염욕로의 특징이 아닌 것은?

㉮ 다품종 소량 생산에 적합하다.
㉯ 산화 및 탈탄을 방지할 수 있다.
㉰ 미려한 표면을 얻을 수 있다.
㉱ 고온 급속 가열에는 부적합하다.

풀이 고속도강과 같은 고온 고속 가열에 적합하다.

080

다음 염욕로에 대한 설명 중 틀린 것은?

㉮ 강재의 담금질, 뜨임 처리 등에는 중성 염욕이 사용된다.
㉯ 침탄 및 질화 처리에는 환원성 염욕이 사용된다.
㉰ 염욕로를 사용할 경우에는 필히 염욕로를 예열한다.
㉱ 열처리품의 예열은 표면의 수분을 제거하기 위해서이다.

풀이 염욕로를 사용할 경우에는 필히 열처리품을 예열하여 열처리품 표면의 수분을 제거한다.

081

다음 저온용 염욕로에 대한 설명 중 틀린 것은?

㉮ 550℃ 이하에서 사용되는 염욕로이다.
㉯ 사용되는 염은 대부분의 경우 질산염이다.
㉰ 염욕에 탄산가루나 유기물 등이 혼입되면 폭발할 위험이 있다.
㉱ 고속도강, 스테인레스강 등의 열처리에 사용한다.

풀이 고속도강, 스테인레스강 등 고온 열처리에 사용되는 노는 고온용 염욕로이다.

082

중온용 염욕로의 열처리 온도(℃)는?

㉮ 550 이하
㉯ 600~900
㉰ 1000~1350
㉱ 1300 이상

풀이 중온용 염욕로의 열처리 온도 : 600~900℃

083

중온 염욕로에 대한 설명 중 틀린 것은?

㉮ 중성 및 환원성 염욕의 가열로가 주로 사용된다.
㉯ 산성 및 중성 염욕 가열로이다.
㉰ 탄소 공구강 및 특수강의 열처리에 사용된다.
㉱ 고속도강의 열처리시에는 예열로로 사용한다.

풀이 중온 염욕로는 중성 및 환원성 염욕의 가열로가 주로 사용되며 특수강, 탄소 공구강, 액체 침탄 등에 사용된다.

답 078 ㉱ 079 ㉱ 080 ㉰ 081 ㉱ 082 ㉯ 083 ㉯

084

고온용 염욕로의 열처리 온도(℃)는?

㉮ 550 이하
㉯ 600~900
㉰ 1000~1350
㉱ 1300 이상

풀이 고온용 염욕로는 열처리 온도가 1000~1350℃의 경우에 사용한다.

085

고온용 염욕로에 대한 설명 중 틀린 것은?

㉮ 열처리 온도가 1000~1350℃의 경우에 사용된다.
㉯ 고속도강, 스테인레스강 등의 고온 열처리에 사용된다.
㉰ 산성 염욕을 사용한다.
㉱ 중성 염욕을 사용한다.

풀이 고온용 염욕로는 중성 또는 환원성 염욕을 사용한다.

086

다음 중 저온용 염욕제가 아닌 것은?

㉮ 아질산소다($NaNo_3$) ㉯ 질산가리(KNO_3)
㉰ 질산소다($NaNO_3$) ㉱ 염화바륨($BaCl_2$)

풀이 저온용 염욕제(150~550℃) : $NaNO_3$, KNO_3

087

다음 중 중온용 염욕제가 아닌 것은?

㉮ 염화바륨($BaCl_2$) ㉯ 탄산소다(Na_2CO_3)
㉰ 붕사(NaB_2O_7) ㉱ 질산가리(KNO_3)

풀이 중온용 염욕제(600~900℃) : 염화바륨, 염화소다, 염화칼슘, 염화가리, 황산소다, 붕산

088

다음 중 염욕제의 선택 조건이 아닌 것은?

㉮ 불순물이 적고 용해가 쉬울 것
㉯ 흡습성이 좋을 것
㉰ 유동성이 좋고 염류 피막이 열처리 후 용이하게 떨어질 것
㉱ 산화, 부식이 없고 유해 가스 발생이 없을 것

풀이 흡습성이 적을 것

089

염욕로의 특징으로 틀린 것은?

㉮ 고온 급속 가열이 가능하다.
㉯ 산화와 탈탄을 방지할 수 있다.
㉰ 연욕 내의 온도가 균일하다.
㉱ 처리품에 투입시 온도 변화가 크다.

풀이 처리품에 투입시 온도 변화가 적다.

090

알루미나(Al_2O_3)와 같은 고체 입자를 가스와 함께 유동시킨 상태에서 사용하는 노를 무엇이라 하는가?

㉮ 염욕로 ㉯ 가스로
㉰ 연욕로 ㉱ 유동상로

풀이 유동상로 : Al_2O_3와 같은 고체 입자를 가스와 함께 유동시킨 상태에서 사용하는 노

답 084 ㉰ 085 ㉰ 086 ㉱ 087 ㉱ 088 ㉯ 089 ㉱ 090 ㉱

091

유동상로에 대한 설명으로 틀린 것은?

㉮ 환경 문제를 일으키지 않게 하기 위해서 만들어진 노이다.
㉯ 가열 및 냉각 특성은 비교적 우수하다.
㉰ 가열 속도는 염욕에서의 가열 속도와 거의 같다.
㉱ 냉각 속도는 수냉에 가깝다.

풀이 유동상로의 가열 및 냉각 속도는 비교적 우수하며 냉각 속도는 유냉에 가깝다.

092

다음 중 열처리에 사용되는 접촉식 온도계가 아닌 것은?

㉮ 열전 온도계 ㉯ 저항 온도계
㉰ 압력 온도계 ㉱ 방사 온도계

풀이 접촉식 온도계 : 열전 온도계, 저항 온도계, 압력 온도계

093

다음 열처리에 사용되는 온도계 중 비접촉식의 온도계는?

㉮ 열전 온도계 ㉯ 저항 온도계
㉰ 압력 온도계 ㉱ 방사 온도계

풀이 비접촉식 온도계 : 방사 온도계, 광고온계

094

열처리 조업에서 온도 측정으로 가장 많이 사용되는 온도계는?

㉮ 열전 온도계 ㉯ 저항 온도계
㉰ 압력 온도계 ㉱ 방사 온도계

풀이 실제로 거의 모든 열처리 조업에서의 온도 측정은 열전 온도계에 의해 이루어진다.

095

광고온계의 사용 온도(℃) 범위는?

㉮ −200~500   ㉯ −40~500
㉰ 700~2000   ㉱ 800~2000

풀이 광고온계의 사용 온도 범위는 700~2000℃이다.

096

저항식 온도계에 대한 설명 중 틀린 것은?

㉮ 정확도가 우수하다.
㉯ 자동 제어 및 기록이 가능하다.
㉰ 고온 측정이 가능하다.
㉱ 가격이 비싸다.

풀이 저항식 온도계 특징
① 저온 열처리용이다.
② 자동 제어 및 기록 가능
③ 고온 측정 불가
④ 가격이 비싸다.
⑤ 사용 온도 범위 : −200~500℃

답 091 ㉱ 092 ㉱ 093 ㉱ 094 ㉮ 095 ㉰ 096 ㉰

097
저항식 온도계의 사용 범위 온도(℃)는?

㉮ -200~500   ㉯ -40~500
㉰ 700~2000   ㉱ 800~2000

098
압력식 온도계의 사용 온도(℃) 범위는?

㉮ -200~500   ㉯ -40~500
㉰ 700~2000   ㉱ 800~2000

풀이 압력식 온도계의 특징
① 정확도 불량   ② 구조 및 취급 간단
③ 담금질유 온도 측정용   ④ 값이 싸다.
⑤ 사용 온도 범위 : -40~500℃

099
압력식 온도계의 특징이 아닌 것은?

㉮ 정확도가 불량하다.
㉯ 값이 비싸다.
㉰ 구조 및 취급이 간단하다.
㉱ 담금질유 온도 측정에 사용된다.

100
방사 온도계의 사용 온도(℃) 범위는?

㉮ -200~500   ㉯ -40~500
㉰ 700~2000   ㉱ 800~2000

풀이 방사 온도계의 특징
① 저온 측정 불가
② 보정을 요함
③ 화염 경화 및 시험용
④ 사용 온도 범위 : 800~2000℃

101
화염 경화 및 시험용으로 사용하며 저온 측정에는 불가능한 비접촉식 온도계는?

㉮ 열전쌍식 온도계   ㉯ 저항식 온도계
㉰ 압력식 온도계   ㉱ 방사 온도계

102
다음 광고온계에 대한 설명 중 틀린 것은?

㉮ 저온 측정에는 불가능하다.
㉯ 보정 및 숙련이 필요없다.
㉰ 기록 및 제어가 불가능하다.
㉱ 정확도가 좋지 않다.

풀이 보정 및 숙련이 필요하다.

103
다음 열전쌍 중 가열 온도가 가장 높은 것은?

㉮ 구리-콘스탄탄   ㉯ 철-콘스탄탄
㉰ 백금-백금로듐   ㉱ 크로멜-알루멜

풀이 열전쌍의 가열 온도
① 백금-백금로듐(PR) : 1600℃
② 크로멜-알루멜(CA) : 1200℃
③ 철-콘스탄탄(IC) : 900℃
④ 구리-콘스탄탄(CC) : 600℃

104
다음 열전쌍 중 가열 온도가 1200℃인 것은?

㉮ 구리-콘스탄탄   ㉯ 철-콘스탄탄
㉰ 백금-백금로듐   ㉱ 크로멜-알루멜

답 097 ㉮   098 ㉯   099 ㉯   100 ㉱   101 ㉱   102 ㉯   103 ㉰   104 ㉱

105

다음 열전쌍 중 가열 온도가 1600℃인 것은?

㉮ 구리-콘스탄탄 ㉯ 철-콘스탄탄
㉰ 백금-백금로듐 ㉱ 크로멜-알루멜

106

다음 열전쌍 중 가열 온도가 600℃인 것은?

㉮ PR   ㉯ CA
㉰ IC   ㉱ CC

107

다음 철-콘스탄탄에 대한 설명 중 틀린 것은?

㉮ 사용 가능 온도 범위는 -185~870℃이다.
㉯ 산화성 분위기에서는 760℃까지만 사용 가능하다.
㉰ 콘스탄탄의 조성은 55%Cu-45%Ni이다.
㉱ 비교적 고가이다.

 비교적 값이 싸다.

108

산화성 분위기에 적당하고 사용 온도 범위가 높고 기계적 강도가 큰 열전쌍은 다음 중 어느 것인가?

㉮ PR   ㉯ CA
㉰ IC   ㉱ CC

 백금-백금로듐(PR)의 사용 온도 범위 : 870~1650℃

109

다음 중 열처리용 치공구 재료의 필요한 조건 및 주의 사항이 아닌 것은?

㉮ 내식성이 우수할 것
㉯ 변형이 저항이 클 것
㉰ 열 피로에 대한 저항이 클 것
㉱ 고온 강도가 낮을 것

 고온 강도가 크고, 제작하기가 쉽고, 작업성이 좋을 것

110

다음 중 가장 느린 담금질 냉각 속도를 얻고자 하는 경우에 사용되는 냉각 장치는?

㉮ 공냉 장치   ㉯ 수냉 장치
㉰ 유냉 장치   ㉱ 분사 냉각 장치

공냉 장치 : 냉각 장치 중 가장 느린 담금질 냉각 장치이다.

111

다음 공냉 장치에 대한 설명 중 틀린 것은?

㉮ 구조용 합금강의 불림 처리에 사용한다.
㉯ 자경성 금형용 공구강의 담금질 및 뜨임 후의 냉각에 사용한다.
㉰ 대기중에 방치하거나 강제 공냉시키는 방식이 있다.
㉱ 방법이 냉각 장치 중 가장 복잡한 냉각 방법이다.

가장 간단한 방법이다.

답 105 ㉰ 106 ㉱ 107 ㉱ 108 ㉮ 109 ㉱ 110 ㉮ 111 ㉱

112

냉각 속도가 가장 빠른 냉각제는?

㉮ 수냉 ㉯ 공냉
㉰ 유냉 ㉱ 노냉

 물은 냉각 속도가 빠른 냉각제로 널리 사용된다.

113

다음 냉각 장치 중 유냉 장치에 대한 설명 중 틀린 것은?

㉮ 담금질 처리에 가장 널리 사용된다.
㉯ 가열기와 냉각기가 부착되어 있어서 기름의 온도 조절을 할 수 있다.
㉰ 일반적으로 유량은 처리품 중량의 3~5배가 필요하다.
㉱ 교반 방법에 따라 프로펠러식과 펌프식이 있다.

 일반적으로 유량은 처리품 중량의 10~15배가 필요하다.

114

오스템퍼링 또는 마템퍼링 등 항온 열처리에 주로 이용되는 냉각 장치?

㉮ 공냉 장치 ㉯ 수냉 장치
㉰ 유냉 장치 ㉱ 염욕 냉각 장치

 염욕 냉각 장치는 항온 열처리에 주로 사용한다.

115

오스템퍼링시 Austenite화 온도로 가열된 열처리품이 냉각조로 침지된 후의 온도 상승은 몇 ℃ 이내가 적당한가?

㉮ 2   ㉯ 5
㉰ 8   ㉱ 10

 5℃ 이내가 이상적이다.

116

담금질에 의한 변형을 방지하기 위하여 사용하는 냉각 장치는?

㉮ 분사 냉각 장치
㉯ 염욕 냉각 장치
㉰ 수냉 장치
㉱ 프레스 담금질 장치

 프레스 담금질 장치 : 변형을 방지하기 위해 사용

117

냉각능이 가장 작은 냉각제는?

㉮ 공기 ㉯ 물
㉰ 기름 ㉱ 염욕

 냉각제의 냉기능 : 염욕 > 물 > 기름 > 공기

답 112 ㉮ 113 ㉰ 114 ㉱ 115 ㉯ 116 ㉱ 117 ㉮

118

냉각제 중 정지된 물의 냉각능이 1.0일 때 교반하였을 때의 냉각능은?

㉮ 0.2 ㉯ 0.4
㉰ 2.0 ㉱ 4.0

풀이 교반하였을 때의 물의 경화능은 정지물의 2.0배이다.

119

물의 냉각능이 1.0일 때 염수는?

㉮ 0.02 ㉯ 0.25~0.30
㉰ 2.0 ㉱ 5.0

풀이 냉각제의 냉각능 (물을 1로 기준하였을 때)
① 공기 : 0.02 ② 기름 : 0.25~0.30
③ 염수 : 2.0

120

기름의 냉각능을 얼마 정도인가? (단, 물을 1.0으로 하였을 경우)

㉮ 0.02 ㉯ 0.25~0.30
㉰ 2.0 ㉱ 5.0

121

냉각제 중 물에 대한 설명 중 틀린 것은?

㉮ 냉각능이 매우 큰 냉각제이다.
㉯ 수온이 80℃를 넘기면 냉각능이 현저히 저하된다.
㉰ 수온은 30℃ 이하로 유지하고 충분히 교반할 필요가 있다.
㉱ 경우에 따라 경화 얼룩이나 경도 부족을 일으키기 쉽다.

풀이 수온이 30℃를 넘으면 냉각능이 현저히 저하된다.

122

담금질유는 일반적으로 몇 ℃에서 냉각능이 가장 큰가?

㉮ 30 이하 ㉯ 30~50
㉰ 50~60 ㉱ 120 이상

풀이 담금질유는 50~60℃에서 가장 냉각능이 크다.

123

담금질유에 대한 설명 중 틀린 것은?

㉮ 담금질유는 동물섬유가 많이 사용된다.
㉯ 인화점이나 점도가 높아지면 냉각능이 저하된다.
㉰ 기름에 물이 혼입되어 있으면 냉각능이 저하된다.
㉱ 기름에 물이 혼입되어 있으면 담금질 균열의 원인이 된다.

풀이 담금질유는 광물섬유가 널리 사용된다.

124

염욕의 냉각제에 대한 설명으로 틀린 것은?

㉮ 염욕은 열량이 크다.
㉯ 염욕은 증기막을 만들지 않는다.
㉰ 염욕은 냉각능이 작다.
㉱ 염욕은 일반적으로 2가지 이상의 염을 혼합한 것이 사용된다.

풀이 염욕은 열용량이 크고 증기막을 만들지 않으므로 냉각능이 크다.

답 118 ㉰ 119 ㉰ 120 ㉯ 121 ㉯ 122 ㉰ 123 ㉮ 124 ㉰

125

연욕에 대한 설명 중 틀린 것은?

㉮ 비중이 철보다 크기 때문에 강의 열처리시 처리품이 부상한다.
㉯ 다른 열욕보다 냉각능이 좋다.
㉰ 유동성과 온도 균일성이 좋다.
㉱ 유독성이 있으므로 주의해야 한다.

> 풀이: 납(Pb)을 용융시킨 열욕을 말하며 다른 열욕보다 유동성과 온도 균일성이 나쁘다.

126

강의 불림의 온도로 옳은 것은?

㉮ A_1 변태점 이하로 가열한다.
㉯ A_1 변태점보다 30~50℃ 이상으로 가열한다.
㉰ $A_{3, 2, 1}$ 변태점보다 30~50℃ 이상으로 가열한다.
㉱ $A_{3, 2, 1}$ 변태점 또는 Acm선보다 30~50℃ 이상으로 가열한다.

> 풀이: 불림의 온도
> ① 아공석강 : $A_{3, 2, 1}$점보다 30~50℃ 이상
> ② Acm선보다 30~50℃ 이상

127

다음 노멀라이징에 대한 설명 중 틀린 것은?

㉮ 열적 및 미세 조직의 관점에서 고려되는 열처리이다.
㉯ 열적인 의미에서는 Austenite화 후 조용한 공기 중에서 또는 약간 교반시킨 공기 중에서 냉각시키는 과정이다.
㉰ 약 0.8%의 탄소를 함유하는 강의 불림 조직은 Martensite이다.
㉱ 공냉에 의해 담금질되는 강은 노멀라이징을 하지 않는다.

> 풀이: 약 0.8%의 탄소를 함유하는 강의 불림 조직 : Pearlite

128

약 0.8%의 탄소를 함유하는 강의 노멀라이징 조직은?

㉮ Austenite   ㉯ Martensite
㉰ Pearlite   ㉱ Ferrite

129

불림한 강의 정상적인 특성은 어떠한 조직을 보이기 위함인가?

㉮ Austenite   ㉯ Martensite
㉰ Pearlite   ㉱ Ferrite

> 풀이: 불림한 강의 정상적인 특성 : Pearlite을 얻기 위함.

130

다음 노멀라이징에 대한 설명 중 틀린 것은?

㉮ 노멀라이징의 조직은 Pearlite이다.
㉯ 저탄소의 영역은 Martensite 조직이다.
㉰ 과공석강에서는 초석 Cementite가 미세 조직에 존재할 수 있다.
㉱ Austenite강, 스테인레스강, 마레이징강 등에는 대개 노멀라이징을 하지 않는다.

> 풀이: 저탄소의 영역은 Ferrite 조직이다.

답 125 ㉰ 126 ㉱ 127 ㉰ 128 ㉰ 129 ㉰ 130 ㉯

131

다음 노멀라이징의 특성으로 틀린 것은?

㉮ 가공성이 개선되고 결정립 조직이 조대해진다.
㉯ 균질화 및 잔류 응력의 변화가 생긴다.
㉰ 불림에 의한 주물의 균질화로 수지상 조직이 깨지거나 미세해져서 나중에 담금질을 용이하게 한다.
㉱ 불림은 열간 압연에 기인한 띠 모양의 미세 조직을 제거한다.

> **풀이** 불림한 재질은 결정립 조직이 미세해진다.

132

불림의 냉각 속도를 잘못 나타낸 것은?

㉮ Pearlite의 양과 층상 간격 및 크기에 큰 영향을 미친다.
㉯ 냉각 속도가 바르면 더욱 많은 Pearlite가 형성된다.
㉰ 냉각 속도가 빠르면 층상은 조대하여져서 간격이 넓어진다.
㉱ 냉각 속도가 느리면 연한 조직이 생긴다.

> **풀이** 불림시 냉각 속도가 빠르면
> ① 많은 Pearlite가 형성된다.
> ② 층상은 미세해져 간격이 좁아진다.

133

불림의 냉각 속도가 Pearlite에 영향을 미치는 인자가 아닌 것은?

㉮ Pearlite의 양   ㉯ 층상 간격
㉰ 크기   ㉱ 입자 모양

> **풀이** 불림시 냉각 속도 : Pearlite의 양과 층상 간격 및 크기에 큰 영향을 미친다.

134

노멀라이징 온도에서의 유지 시간에 대한 설명 중 틀린 것은?

㉮ 균질화를 이루기에 충분한 정도의 시간이면 된다.
㉯ 탄화물이 존재하면 탄화물의 분해가 일어나야 한다.
㉰ 필요한 최종 조직을 얻기 위해 합금 원소의 원자 이동이 이루어져야 한다.
㉱ 일반적으로 완전한 Pearlite를 이루기 위한 충분한 시간이 필요하다.

> **풀이** 불림 온도에서 유지 시간 : 일반적으로 완전한 Ausenite를 이루기 위한 충분한 시간이 필요하다.

135

다음 중 노멀라이징의 종류가 아닌 것은?

㉮ 일반 불림   ㉯ 2단 불림
㉰ 항온 불림   ㉱ 염욕 불림

> **풀이** 노멀라이징의 종류 : 일반 불림, 2단 불림, 다중 불림, 항온 불림

136

가공 경화된 재료를 연화하기 위해 어떤 열처리를 주로 하는가?

㉮ 불림   ㉯ 풀림
㉰ 뜨임   ㉱ 담금질

> **풀이** 가공 경화된 재료의 연화 목적의 열처리 : 풀림

 131 ㉮ 132 ㉰ 133 ㉱ 134 ㉱ 135 ㉱ 136 ㉯

137

높은 초기 불림 온도를 사용하여 Austenite에서 모든 성분 원소를 완전히 용해시키고 Ac_3 온도에 가까운 불림 온도를 사용하여 초기 불림 처리의 효과를 해치지 않고 최종 펄라이트 결정립 크기를 미세화하기 위한 불림 방법은?

㉮ 2단 불림 ㉯ 항온 불림
㉰ 다중 불림 ㉱ 염욕불림

138

다음 중 풀림의 목적이 아닌 것은?

㉮ 재료를 경화하게 하는 일반적인 처리이다.
㉯ 강에서 냉간 가공이나 기계 가공을 용이하게 한다.
㉰ 기계적 성질 및 전기적 성질을 개선한다.
㉱ 치수 안정성을 증가시키기 위해서 실시한다.

풀이: 주로 재료를 연하게 하는 일반적인 처리이다.

139

다음 풀림의 온도에 대한 설명 중 틀린 것은?

㉮ 최대 온도는 저온 풀림의 경우 A_1 변태 온도 이하이다.
㉯ 이상 영역 풀림(intercritical annealing)시에는 A_1 변태 온도보다 높고 상부 임계 온도보다는 낮다.
㉰ 완전 풀림시에는 A_3 변태 온도보다 높다.
㉱ 고온 풀림 온도는 A_3 변태 온도보다 높다.

풀이: 고온 풀림 : A_1 변태 이상에서 실시

140

다음 중 저온 풀림이 아닌 것은?

㉮ 중간 풀림 ㉯ 응력 제거 풀림
㉰ 재결정 풀림 ㉱ 확산 풀림

풀이: 저온 풀림 : 중간 풀림, 응력 제거 풀림, 재결정 풀림

141

다음 저온 풀림으로 어느 온도 이하에서 실시하는가?

㉮ A_0 변태점 ㉯ A_1 변태점
㉰ A_2 변태점 ㉱ A_3 변태점

풀이: 저온 풀림 : A_1 변태점 이하에서 실시함

142

변태점 이하 또는 이상에서 실시할 수 있는 풀림은?

㉮ 중간 풀림 ㉯ 완전 풀림
㉰ 구상화 풀림 ㉱ 재결정 풀림

풀이: 변태점 이하, 이상에서 실시할 수 있는 풀림 : 구상화 풀림이다.

143

다음 중 고온 풀림의 종류는?

㉮ 중간 풀림 ㉯ 응력 제거 풀림
㉰ 재결정 풀림 ㉱ 확산 풀림

풀이: 고온 풀림의 종류 : 완전 풀림, 확산 풀림, 항온 풀림

답 137 ㉰ 138 ㉮ 139 ㉱ 140 ㉱ 141 ㉯ 142 ㉰ 143 ㉱

144

다음은 아공석강의 기본적인 풀림 과정을 나타내는 개략도이다. ㉠은 어떤 풀림을 나타내는가?

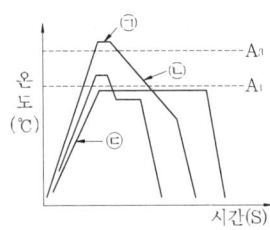

㉮ 완전 풀림 ㉯ 항온 풀림
㉰ 이상 영역 풀림 ㉱ 저온 풀림

풀이 그림 설명
① 완전 풀림 : ㉠
② 이상 영역 풀림 : ㉡
③ 저온 풀림 : ㉢

145

다음 저온 풀림에 대한 설명 중 틀린 것은?

㉮ 재결정이 용이하게 일어나서 새로운 Ferrite 결정을 형성한다.
㉯ A_1 변태점 온도 이하에서 실시한다.
㉰ 경화된 강이나 냉간 가공된 강에 적용할 때 가장 효과적이다.
㉱ 연화 속도는 풀림 온도가 A_1 변태 온도에 접근할수록 감소한다.

풀이 연화 속도는 풀림 온도가 A_1 변태 온도에 접근할수록 증가한다.

146

풀림할 제품을 A_1 변태 온도 이상에서 가열하였을 때의 특징이 아닌 것은?

㉮ 아공석강은 $A_{3, 2, 1}$ 변태 온도 이상인 영역에서 평형 조직은 페라이트와 오스테나이트이다.
㉯ A_1 변태 온도 이상에서는 완전한 오스테나이트가 된다.
㉰ 페라이트와 오스테나이트의 평형 혼합 조직은 순간적으로 이루어지지 않는다.
㉱ 오스테나이트의 균일성은 냉각 속도와 냉각 방법에 의존한다.

풀이 Austenite의 균일성 : 시간과 온도에 의존한다.

147

다음 완전 풀림에 설명 중 틀린 것은?

㉮ 과공석강에서 탄화물과 Austenite는 A_1~Acm 사이의 이상 영역에서 공존한다.
㉯ Austenite화 온도에서 조직의 균일성 정도는 풀림을 한 조직의 성질과 발달에 중요한 사항이다.
㉰ 이상 영역에서 낮은 Austenite화 온도는 Auste-nite의 균일성이 감소하여 구상화탄화물 형성을 촉진시킨다.
㉱ 높은 Austenite화 온도에서 발달한 균일한 조직은 냉각할 때 침상의 탄화물 조직을 감소시킨 경향이 있다.

풀이 높은 Austenite화 온도에서 발달한 균일한 조직은 냉각할 때 층상의 탄화물 조직을 촉진시킨 경향이 있다.

148
완전 풀림시 냉각 방법으로 옳은 것은?

㉮ 유냉   ㉯ 노내 및 재속
㉰ 비눗물   ㉱ 염욕

풀이 노 안에서 또는 재 속에서 냉각한다.

149
다음 완전 풀림에 대한 설명 중 틀린 것은?

㉮ 아공석강은 $A_{3,\ 2,\ 1}$ 변태점보다 30~50℃ 높게 가열한다.
㉯ 공석강 및 과공석강은 A_1 변태점보다 30~50℃ 높게 가열한다.
㉰ 생성 조직은 Martensite이다.
㉱ 소재 길이가 길면 휨 현상, 탈탄이 일어난다.

풀이 생성조직 : Ferrite, Pearlite

150
다음 완전 풀림에 대한 설명 중 틀린 것은?

㉮ 높은 온도 범위에서 Austenite화하면 Pearlite 조직이 생긴다.
㉯ 낮은 온도서는 침상 조직이 지배적이다.
㉰ 노가 클수록 장입량 전체에 균일한 온도를 설정하여 유지하기가 어렵다.
㉱ 노내의 열전대는 장입물의 상, 하 및 측면의 공간 온도를 나타낸다.

풀이 낮은 온도에서는 구상화 조직이 지배적이다.

151
강을 Ferrite 기지에 구상의 탄화물 조직을 형성하기 위한 방법이 아닌 것은?

㉮ Ae_3점 직하에서 장시간 유지한다.
㉯ Ae_1점 직상 및 Ar_1점 직하의 온도 사이에서 반복적인 가열과 냉각을 한다.
㉰ Ae_1점 이상으로 가열하여 Ar_1점 직하의 온도에서 유지하거나 노안에서 서냉한다.
㉱ 망상 탄화물이 다시 형성되는 것을 방지하기 위하여 탄화물이 분해된 최소 온도에서 적당한 속도로 냉각하여 재 가열한다.

풀이 Ae_1점 직하에서 장시간 유지한다.

152
완전한 구상화를 위한 Austenite화 온도 범위는?

㉮ Ac_1 변태점 온도 범위
㉯ Ac_2 변태점 온도 범위
㉰ Ac_1 변태점과 Ac_3 변태점 온도 범위 중 중간 온도
㉱ Acm 선 온도 범위

풀이 Ac_1 변태점과 Ac_3 변태점 온도 범위 중 중간 온도를 사용한다.

153
구상화 풀림은 어떤 조직을 구상화하기 위함인가?

㉮ Cementite   ㉯ Austenite
㉰ Pearlite   ㉱ Ferrite

풀이 구상화 풀림의 목적 : Fe_3C 조직을 구상화

답 148 ㉯ 149 ㉰ 150 ㉯ 151 ㉮ 152 ㉰ 153 ㉮

154

구상화 풀림의 목적에 대한 설명이 틀린 것은?

㉮ 담금질 효과 균일화
㉯ 경도, 강인성 감소
㉰ 담금질 변형 감소
㉱ 망상 시멘타이트를 구상화

풀이 경도, 강인성이 증가된다.

155

Cementite 조직이 구상화되었을 때의 성질이 아닌 것은?

㉮ 연신율은 커진다.
㉯ 탄성한계는 작아진다.
㉰ 강인성은 증가된다.
㉱ 담금질 균열이 증가한다.

풀이 강도는 작아지고 담금질 균열이 방지된다.

156

공정 사이에 풀림 처리를 해주는 열 조작은?

㉮ 완전 풀림 ㉯ 구상화 풀림
㉰ 재결정 풀림 ㉱ 중간 풀림

풀이 가공 도중에 경화된 재료의 연성을 회복시키기 위해 풀림한 열조작을 말한다.

157

다음 중간 풀림에 대한 설명 중 틀린 것은?

㉮ 냉간 가공 도중 경화된 재료를 연화시키기 위한 목적으로 한다.
㉯ 열간 가공한 고탄소강과 합금강의 균열을 방지하기 위한 목적
㉰ Ae_3 온도 이하에서 가열하여 적당히 유지 후 공냉한다.
㉱ 심한 업세팅(upseting)을 하기 위해 선재를 충분히 연하게 하고자 할 때 사용한다.

풀이 온도 이하에서 가열하여 적당히 유지 후 공냉한다.

158

미세 조직, 경도 및 기계적 성질의 우수한 조화를 이룰 수 있는 중간 풀림 온도는?

㉮ Ae_1 아래 11~22℃ 온도 범위
㉯ Ae_3 아래 11~22℃ 온도 범위
㉰ Ae_1 바로 위의 11~22℃ 온도 범위
㉱ Ae_3 바로 위의 11~22℃ 온도 범위

풀이 Ae_1 아래 11~22℃ 온도 범위

159

다음 판재의 풀림에 대한 설명 중 틀린 것은?

㉮ 철강 제품의 판재는 풀림 처리하는 주요한 제품이다.
㉯ 저온 풀림 및 중간 풀림이 적절하다.
㉰ 강판의 풀림에는 배치 풀림과 연속 풀림의 두 방법이 있다.
㉱ 배치 풀림은 약 5분 안에 완료된다.

답 154 ㉯ 155 ㉱ 156 ㉱ 157 ㉰ 158 ㉮ 159 ㉱

> 풀이: 배치 풀림 : 다량의 재료를 처리하므로 일주일까지의 시간이 필요하다.

160

다음 판재의 풀림 방법에 대한 설명 중 틀린 것은?

㉮ 배치 풀림은 다량의 재료를 처리하므로 일주일까지의 시간이 필요하다.
㉯ 배치 풀림은 일반적으로 낮은 온도에서 행한다.
㉰ 배치 풀림은 장입물 전체에 균일한 온도를 유지하기 어렵다.
㉱ 연속 풀림은 약 5시간 안에 완료되며 유사한 재료를 배치 풀림한 것보다 약간 낮은 경도를 나타낸다.

> 풀이: 연속 풀림
> ① 약 5분 안에 완료된다.
> ② 연속 풀림한 경우가 유사한 재료를 배치 풀림한 경우보다 약간 경도가 높게 나타난다.

161

다음 중 확산 풀림의 온도(℃)로 옳은 것은?

㉮ 550~650 ㉯ 800~950
㉰ 1100~1150 ㉱ 1200~1350

> 풀이: 확산 풀림의 온도 : 1100~1150℃

162

황화물의 편석을 없애고, Ni 강에서 망상으로 석출한 황화물은 적열 취성의 원성이 되는데 이것을 막아 주기 위해 1100~1150℃에서 행한 풀림은?

㉮ 재결정 풀림   ㉯ 완전 풀림
㉰ 응력 제거 풀림 ㉱ 확산 풀림

> 풀이: 확산 풀림 : 황화물의 편석을 없애기 위해 1100~1150℃에서 풀림한다.

163

다음은 응력 제거 풀림 온도(℃)는?

㉮ 550~650 ㉯ 800~950
㉰ 1100~1150 ㉱ 1200~1350

> 풀이: 응력 제거 풀림 : 재료의 잔류 응력을 제거하기 위하여 500~600℃(1~2h/mm)로 가열 후 적당시간 유지 후 서냉한다.

164

냉간 가공한 재료를 가열하면 응력이 감소되는 온도(℃)는?

㉮ 300 ㉯ 500
㉰ 600 ㉱ 800

165

적당한 온도에서 물, 기름, 폴리머 용액 및 염에 재료를 담그어 급속히 냉각시키는 열 조작을 무엇이라 하는가?

㉮ 담금질   ㉯ 풀림
㉰ 뜨임   ㉱ 불림

> 풀이: 담금질(爐入, Quenchung) : 강을 Austenite 상태 즉, $A_{3, 2, 1}$ 변태점보다 30~50℃ 정도 높은 온도로 가열하여 일정시간 유지 후 물이나 기름 중에 하는 열 조작

답 160 ㉱ 161 ㉰ 162 ㉱ 163 ㉮ 164 ㉰ 165 ㉮

166

강을 Austenite 상태 즉, $A_{3, 2, 1}$ 변태점보다 30~50℃ 정도 높은 온도로 가열하여 일정시간 유지 후 물이나 기름 중에 하는 열 조작을 무엇이라 하는가?

㉮ 담금질 ㉯ 풀림
㉰ 뜨임 ㉱ 불림

167

다음 중 담금질 온도로 옳은 것은?

㉮ 아공석강 : $A_{3, 2, 1}$ 변태점보다 30~50℃ 정도 높은 온도
㉯ 아공석강 : $A_{3, 2, 1}$ 변태점보다 30~50℃ 정도 낮은 온도
㉰ 과공석강 : $A_{3, 2, 1}$ 변태점보다 30~50℃ 정도 높은 온도
㉱ 과공석강 : $A_{3, 2, 1}$ 변태점 또는 Acm 선 보다 30~50℃ 정도 높은 온도

풀이 담금질 온도
① 아공석강 : $A_{3, 2, 1}$ 변태점보다 30~50℃ 정도 높은 온도
② 과공석강, 공석강 : A_1 점보다 30~50℃ 정도 높은 온도

168

다음 설명 중 틀린 것은?

㉮ 담금질의 효율성은 강을 경화시키는 능력과 관계된다.
㉯ 담금질의 효율성은 가열 특성에 의존한다.
㉰ 담금질 결과는 강의 조성, 냉각제의 교반, 온도, 냉각제의 종류에 따라 변한다.
㉱ 냉각제가 열을 빼앗는 속도는 냉각제의 사용 방법 및 조건에 따라 크게 변한다.

풀이 담금질의 효율성 : 냉각 특성에 의존한다.

169

담금질 결과에 영향을 주는 요인이 아닌 것은?

㉮ 담금질로의 종류
㉯ 강의 조성
㉰ 냉각제의 종류
㉱ 냉각제가 열을 빼앗는 속도

풀이 담금질 결과에 영향을 주는 요인 : 강의 조성, 냉각제의 교반, 온도, 냉각제의 종류 등

170

냉각제에 담금질한 재료를 담그어 냉각시키는 방법으로 강에서 많이 사용되는 담금질 방법은?

㉮ 직접 담금질 ㉯ 시간 담금질
㉰ 선택 담금질 ㉱ 분사 담금질

풀이 직접 담금질
① 냉각제에 담금질할 재료를 담그어 냉각시키는 방법
② 강에서 가장 널리 쓰이는 방법이다.
③ 상대적으로 단순하고 경제적이다.
④ 침탄 부품에서 나타나는 변형은 재가열하여 담금질한 것보다 직접 담금질한 경우가 더 작다.

답 166 ㉮ 167 ㉮ 168 ㉯ 169 ㉮ 170 ㉮

171

다음 직접 담금질에 대한 설명 중 틀린 것은?

㉮ 냉각제에 담금질할 재료를 담그어 냉각시키는 방법이다.
㉯ 강에서 가장 널리 쓰이는 방법이다.
㉰ 직접 담금질은 상대적으로 단순하고 경제적이다.
㉱ 침탄 부품에서 나타나는 변형은 재가열하여 담금질한 것보다 직접 담금질한 경우가 더 크다.

172

시간 담금질의 사용 목적이 아닌 것은?

㉮ 변형의 최소화
㉯ 균열의 최소화
㉰ 치수 변화의 최소화
㉱ 강도와 경도의 최소화

풀이) 시간 담금질은 변형, 균열 및 치수 변화를 최소화하기 위해 많이 사용한다.

173

냉각하는 동안에 담금질되는 제품의 냉각 속도가 갑자기 변할 때 사용하는 담금질 처리는?

㉮ 직접 담금질   ㉯ 시간 담금질
㉰ 선택 담금질   ㉱ 분사 담금질

풀이) 시간 담금질 : 냉각하는 동안에 담금질되는 제품의 냉각 속도가 갑자기 변할 때 사용한다.

174

다음 시간 담금질(time quenching)에 대한 설명 중 틀린 것은?

㉮ 냉각 속도는 요구되는 결과에 따라 증가하거나 감소할 수 있다.
㉯ 일반적인 방법은 첫 번째 냉각제(물)에서 제품의 온도를 TTT 곡선의 코 이하로 냉각할 때까지 감소시킨 후 제품을 꺼낸다.
㉰ 두 번째 냉각제(기름)에서 담금질하여 Martensite 변태 영역을 지나 서냉한다.
㉱ 대부분의 경우 첫 번째 냉각제는 조용한 공기이다.

풀이) 대부분의 경우 두 번째 냉각제는 조용한 공기이다.

175

다음 시간 담금질에 대한 설명 중 틀린 것은?

㉮ 담금질 온도에서 냉각액 속에 담금질하여 일정시간 유지시킨 후 인상하여 서냉하는 열 조작이다.
㉯ 담금질시 Ar′ 변태점에서 서냉하고, Ar″ 변태점에서 한다.
㉰ 두께 3mm당 1초간 담금 및 진동이나 물울음이 정지할 때까지 담금질한다.
㉱ 인상 담금질은 깨지지 않고 높은 경도를 얻고자 할 때 효과적이다.

풀이) 담금질시 Ar′ 변태점에서 하고, Ar″ 변태점에서 서냉한다.

답 171 ㉱ 172 ㉱ 173 ㉯ 174 ㉱ 175 ㉯

176

제품의 일부분이 냉각되지 않기를 원할 때 사용되는 담금질 방법은?

㉮ 직접 담금질 ㉯ 시간 담금질
㉰ 선택 담금질 ㉱ 분사 담금질

풀이) 선택 담금질 : 냉각제를 담금질해야 할 부분에서만 접촉시키는 방법

 177

조미니 시험법에서 첫 경도 측정 위치(수냉단으로부터)는?

㉮ 1/16″ ㉯ 1/8″
㉰ 1/4″   ㉱ 1/2″

풀이) 첫 경도 측정 위치 : 수냉단으로부터 1/16″

178

다음 분사 담금질에 대한 설명 중 틀린 것은?

㉮ 담금질 경화 부분에 냉각제를 분사시켜 하는 방법이다.
㉯ 냉각제의 흐름이 약 825kPa(120psi)까지의 고압으로 분사한다.
㉰ 모든 냉각제가 직접 접촉하기 때문에 냉각 속도가 균일하다.
㉱ 냉각 속도가 느리며 균열 발생이 된다.

풀이) 사용되는 냉각제의 부피가 크고 냉각 속도가 빠르다.

 179

냉각제로 작은 액체 방울 및 가스 캐리어(gas carrier)를 사용한 담금질 방법으로 옳은 것은?

㉮ 선택 담금질 ㉯ 분사 담금질
㉰ 안개 담금질 ㉱ 슬랙 담금질

풀이) 안개 담금질 : 냉각제로 작은 액체 방울의 안개 및 gas carrier(가스 캐리어)를 사용한 담금질 방법

 180

다음 중 경화능 시험법의 종류는?

㉮ 조미니 선단 담금질 시험
㉯ 냉각 곡선 시험
㉰ 자성 시험
㉱ 열선 시험

풀이) 경화능 시험법 : 조미니 선단 담금질 시험, 잠김 담금질 시험

 181

담금질에서 교반의 중요성 때문에 냉각제의 경화능을 평가하는 시험은 무엇인가?

㉮ 조미니 선단 담금질 시험
㉯ 냉각 곡선 시험
㉰ 자성 시험
㉱ 잠김 담금질 시험

풀이) 담금질에서 교반의 중요성 때문에 냉각제의 경화능을 평가는 시료를 잠김 담금질하여 수행한다.

답) 176 ㉰ 177 ㉮ 178 ㉱ 179 ㉰ 180 ㉮ 181 ㉱

182

다음 중 냉각능 시험법이 아닌 것은?

㉮ 조미니 선단 담금질 시험
㉯ 냉각 곡선 시험
㉰ 자성 시험
㉱ 열선 시험

풀이 냉각능 시험법 : 냉각 곡선 시험, 자성 시험, 열선 시험, 인터벌 시험

183

시험편의 여러 부분에 열전쌍을 꽂아 시험편을 담금질하여 온도를 측정하는 방법으로 가장 널리 사용되는 냉각능 시험법은?

㉮ 조미니 선단 담금질 시험
㉯ 냉각 곡선 시험
㉰ 자성 시험
㉱ 열선 시험

풀이 냉각 곡선 시험
시험편의 여러 부분에 열전쌍을 꽂아 시험편을 담금질하여 온도를 측정하는 방법

184

냉각제의 냉각력을 빠르게 비교할 수 있는 방법으로 5초 시험법이라고도 한 냉각 시험법은?

㉮ 자성 시험   ㉯ 냉각 곡선 시험
㉰ 인터벌 시험   ㉱ 열선 시험

풀이 인터벌 시험(5초 시험) : 냉각제의 냉각력을 빠르게 비교할 수 있는 방법으로 5초 시험법이라고도 한 냉각능 시험법

185

담금질유의 냉각능을 비교한 시험법은 다음 중 어느 것인가?

㉮ 조미니 선단 담금질 시험법
㉯ 냉각 곡선 시험법
㉰ 자성 시험법
㉱ 인터벌 시험법

186

5초 시험법에서 냉각제의 냉각력을 나타내는 공식은?

㉮ 냉각능 = $\dfrac{5초간 담금질에 의한 액온 상승}{油 中의온냉에 의한 액온 상승} \times 100$

㉯ 냉각능 = $\dfrac{油 中의온냉에 의한 액온 상승}{5초간 담금질에 의한 액온 상승} \times 100$

㉰ 냉각능 = $\dfrac{5초간 담금질에 의한 액온 상승}{油 中의온냉에 의한 액온 상승} \times 50$

㉱ 냉각능 = $\dfrac{油 中의온냉에 의한 액온 상승}{5초간 담금질에 의한 액온 상승} \times 50$

풀이 냉각능을 나타내는 식
$\dfrac{5초간 담금질에 의한 액온 상승}{油 中의온냉에 의한 액온 상승} \times 50$

187

담금질 액의 냉각 효과를 지배하는 인자의 설명이 잘못된 것은?

㉮ 열전도도, 비열, 기화열, 점성, 온도, 비등점 등이다.
㉯ 기화열이 클수록 냉각능이 크다.
㉰ 기름과 같이 점성이 큰 것은 영향을 받는다.
㉱ 기화열보다 점성이 큰 것에 영향을 받는다.

답 182 ㉮ 183 ㉯ 184 ㉰ 185 ㉱ 186 ㉮ 187 ㉱

풀이 기화열보다 점성이 큰 것에 영향을 받는다.

188

다음은 냉각제에 대한 설명이다. 잘못 짝지어진 것은?

㉮ 액온 : 온도가 높은 것이 좋다.
㉯ 비열 : 큰 것이 좋다.
㉰ 점도 : 작은 것이 좋다.
㉱ 열전도도 : 높은 것이 좋다.

풀이 액온은 온도가 낮은 것이 좋다.

189

다음 담금질 액에 대한 설명이 틀린 것은?

㉮ 보통 물이나 기름이 많이 사용된다.
㉯ 기름은 식물성이 좋다.
㉰ 대체로 냉각 능력은 교반할수록 커진다.
㉱ 물보다 냉각능이 작은 것은 염욕이다.

풀이 물보다 냉각능이 작은 것은 기름, 비눗물 등이다.

190

냉각의 5대 원칙에 대한 설명 중 틀린 것은?

㉮ 긴일감은 장축을 액면에 수직으로 담그고 얇은 판상은 세워서 담금질한다.
㉯ 두께가 고르지 않은 경우는 두꺼운 부분을 먼저 한다.
㉰ 구멍이 막힌 곳, 오목한 곳은 이곳을 아래로 향하게 한다.
㉱ 냉각액 속에서 넣은 방향으로 교반한다.

풀이 구멍이 막힌 곳, 오목한 곳은 이곳을 위로 향하게 한다.

191

냉각제가 강으로부터 열을 빼앗는 과정이 아닌 것은?

㉮ 증기막 단계　　㉯ 비등 단계
㉰ 대류 단계　　　㉱ 복사 단계

풀이 냉각제가 열을 빼앗는 과정 : 증기막 단계, 비등 단계, 대류 단계

192

냉각제의 냉각 속도 크기에 대한 설명 중 틀린 것은?

㉮ 열전도도가 클수록 냉각 속도는 크다.
㉯ 비열이 클수록 냉각 속도는 크다.
㉰ 기화열이 클수록 냉각 속도는 크다.
㉱ 비등점이 낮을수록, 휘발분이 많을수록 냉각 속도는 크다.

풀이 냉각제의 냉각 속도는
① 열전도, 비열, 기화열이 클수록 크다.
② 비등점이 높을 수록 크다.
③ 점도, 휘발분이 적을수록 크다.

답　188 ㉮　189 ㉱　190 ㉰　191 ㉱　192 ㉱

193

다음 냉각제로서 물에 대한 설명 중 틀린 것은?

㉮ 재료 표면에 산화피막이 쉽게 제거될 수 있다.
㉯ 냉각 효과가 매우 크며 쉽게 구할 수 있다.
㉰ 급속한 냉각 속도에 기인하여 변형이나 균열이 생기기 쉬운 저온 영역까지 지속된다.
㉱ 재료에 즉시 녹을 방지하는 처리를 하지 않아도 된다.

풀이 재료에 즉시 녹 방지 처리를 하지 않으면 녹이 생긴다.

194

냉각제로 사용되는 물은 몇 ℃ 이상이면 냉각 효과의 변화가 크게 나타나는가?

㉮ 10　　㉯ 30
㉰ 80　　㉱ 120

풀이 물은 30℃ 이상이 되면 냉각 효과의 변화가 크다.

195

냉각액 중 염수의 장, 단점으로 틀린 것은?

㉮ 냉각 속도가 기름보다 빠르고 물보다 느리다.
㉯ 열처리품의 변형이 감소된다.
㉰ 용액의 냉각을 위한 열 교환기의 필요성이 물이나 기름에 비해 감소한다.
㉱ 염이 증기막 단계의 기간을 효과적으로 감소시키기 때문에 냉각 속도가 증가되기 쉽다.

풀이 냉각 속도가 물보다 빠르다.

196

담금질에 사용되는 염수에 대한 설명 중 틀린 것은?

㉮ 부식성이 있다.
㉯ 열을 포함하는 수용액이다.
㉰ 냉각 속도가 빠르다.
㉱ 열처리품의 변형이 크다.

풀이 열처리품의 변형이 감소된다.

197

담금질용 기름에 대한 설명 중 틀린 것은?

㉮ 기름의 조성, 담금질 효과 및 사용 온도에 따라 종류가 많다.
㉯ 물이나 염수보다 냉각 효과가 작다.
㉰ 냉각 과정의 마지막 단계에서 서냉되어 균열의 위험이 증가된다.
㉱ 열추출 능력은 균일하다.

풀이 냉각 과정의 마지막 단계에서는 서서히 냉각되어 균열이나 변형의 위험이 감소된다.

198

기름은 몇 ℃에서 냉각액으로서 가장 좋은가?

㉮ 40 이하　　㉯ 40~60
㉰ 60~80　　㉱ 120 이상

풀이 기름은 식물성이 좋고 120℃까지 상승하여도(60~80℃가 우수한) 열처리 효과의 변화가 적다.

답 193 ㉱　194 ㉯　195 ㉮　196 ㉱　197 ㉰　198 ㉰

199

다음 조직 중 담금질 조직이 아닌 것은?

㉮ Martensite   ㉯ Troostite
㉰ Pearlite   ㉱ Sorbite

풀이 담금질 조직 : 72Martensite, Troostite, Sorbite, Austenite

200

담금질 조직 중 경도가 가장 큰 조직은?

㉮ Martensite   ㉯ Troostite
㉰ Pearlite   ㉱ Sorbite

풀이 담금질 조직의 경도(HB)
① Martensite : 600~700
② Troostite : 420
③ Sorbite : 270
④ Austenite : 155

201

Sorbite 조직의 브리넬 경도 값은?

㉮ 155   ㉯ 270
㉰ 420   ㉱ 820

202

Martensite 조직보다 냉각 속도를 조금 작게 하였을 때 나타나는 열처리 조직으로 옳은 것은?

㉮ Austenite   ㉯ Troostite
㉰ Pearlite   ㉱ Sorbite

풀이 Toostite : Martensite 조직보다 냉각 속도를 조금 작게 하였을 때 나타나는 열처리 조직

203

다음 조직 중 수중에 냉각시켰을 때 나타나는 조직은?

㉮ Martensite   ㉯ Troostite
㉰ Pearlite   ㉱ Sorbite

풀이 Martensite 조직 : 수냉

204

Troostite 조직에 대한 설명 중 틀린 것은?

㉮ 유냉 또는 수냉 때 나타난 조직이다.
㉯ 강을 유냉시 500℃ 부근에서 생기는 결정상 조직이다.
㉰ 부식이 잘 안되며 절삭력이 작다.
㉱ 페라이트와 극히 미세한 시멘타이트와의 기계적 혼합물이다.

풀이 부식되기 쉽고 절삭력을 가진 절삭 공구용이다.

205

Martensite 조직을 300~400℃에서 뜨임했을 때 나타난 조직은?

㉮ Austenite   ㉯ Troostite
㉰ Pearlite   ㉱ Sorbite

풀이 Troostite : Martensite 조직을 300~400℃에서 뜨임시 나타난 조직

답 199 ㉰ 200 ㉮ 201 ㉯ 202 ㉯ 203 ㉮ 204 ㉰ 205 ㉯

206

Troostite 조직보다 냉각 속도를 작게 하였을 때 나타나는 열처리 조직은?

㉮ Austenite ㉯ Troostite
㉰ Pearlite ㉱ Sorbite

풀이) Sorbite : Troostite 조직보다 냉각 속도를 작게 하였을 때 나타나는 조직

207

Sorbite 조직에 대한 설명 중 틀린 것은?

㉮ 큰 강재는 유냉시, 작은 강재는 공냉시 나타난 조직이다.
㉯ Martensite 조직을 600℃에서 뜨임시 나타난다.
㉰ 조대한 입상 탄화물 조직이며 가공 경화가 가장 큰 조직이다.
㉱ 인성과 탄성을 동시에 요하는 곳에 사용한다.

풀이) 미세한 입상 탄화물 조직이며 가공 경화가 가장 작은 조직이다.

208

Sorbite 조직을 얻기 위한 열처리가 아닌 것은?

㉮ 파텐팅 ㉯ 오스템퍼링
㉰ 조질 처리 ㉱ 수소화 처리

풀이) Sorbite 조직을 얻기 위한 열처리 : 파텐팅, 오스템퍼링, 조질 처리

209

다음 조직 중 응집 상태가 미세한 조직 순으로 옳은 것은?

㉮ Sorbite → Pearlite → Troostite 순으로 미세해진다.
㉯ Sorbite → Pearlite → Troostite 순으로 조대해진다.
㉰ Troostite → Sorbite → Pearlite 순으로 미세해진다.
㉱ Troostite → Sorbite → Pearlite 순으로 조대해진다.

풀이) 응집 상태 : 트르스타이트 → 소르바이트 → 펄라이트 → 조대

210

열소 조직(Burt structure)이 대한 설명 중 틀린 것은?

㉮ 강을 용융점 가까이 가열하였을 때 생긴 조직이다.
㉯ 미세 조직이 나타난다.
㉰ 결정립이 이간된다.
㉱ 산화물 박막이 존재한다.

풀이) 조직이 조대해지며 일산화탄소에 의해 생긴다.

211

공구강 이외의 강의 담금질 경도를 계산하는 식으로 옳은 것은?

㉮ $HRC_{(max)} = 20 + 50 \times C\%$
㉯ $HRC_{(max)} = 30 + 50 \times C\%$
㉰ $HRC_{(max)} = 20 + 60 \times C\%$
㉱ $HRC_{(max)} = 30 + 60 \times C\%$

풀이) $HRC_{(max)} = 30 + 50 \times C\%$

답) 206 ㉱ 207 ㉰ 208 ㉱ 209 ㉱ 210 ㉯ 211 ㉯

212

0.4% 탄소강의 최고 담금질 경도(HRC)는?

㉮ 20 ㉯ 30
㉰ 40 ㉱ 50

풀이) HRC$_{(max)}$ = 30 + 50 × 0.4 = 50

213

담금질에 가장 큰 영향을 미치는 원소는?

㉮ C   ㉯ Si
㉰ Mn ㉱ S

풀이) 담금질에 가장 큰 영향을 미치는 원소 : C

214

다음 질량 효과에 대한 설명 중 틀린 것은?

㉮ 강재의 크기에 의해 담금질 효과가 변하는 것을 말한다.
㉯ 질량이 큰 재료일수록 담금질 효과가 감소된다.
㉰ 질량이 작은 재료일수록 담금질 효과가 증가된다.
㉱ 질향 효과가 크면 담금질성이 좋아진다.

풀이) 질량 효과가 크면 담금질성이 나쁘다.

215

0.4% 탄소강에서 임계 담금질 경도(HRC)는?

㉮ 20 ㉯ 30
㉰ 40 ㉱ 50

풀이) 임계 담금질 경도(HRC) : 24 + 40 × C%

216

다음 뜨임에 대한 설명 중 틀린 것은?

㉮ 강의 특정한 값의 기계적 성질을 얻는다.
㉯ 담금질 응력을 제거한다.
㉰ 기계 가공에 의해 경화된 재료를 연화한다.
㉱ 치수 안정성을 보장할 수 있다.

풀이) 뜨임은 대개 담금질하여 경화된 제품의 경도 약간 연화시키고 강인성을 부여하기 위해서 열처리한다.

217

다음 중 뜨임의 목적으로 옳은 것은?

㉮ 담금질한 강의 강인성 부여
㉯ 가공 경화된 재료의 연화
㉰ 경도 증대
㉱ 표준 조직

풀이) 뜨임의 목적 : 담금질한 강의 강인성 부여

218

저온 뜨임의 목적으로 틀린 것은?

㉮ 내부 응력 제거
㉯ 치수 경년 변화 방지
㉰ 연마 균열 방지
㉱ 조질 목적

풀이) 저온 뜨임의 목적 : 내부 응력 제거, 치수 경년 변화 방지, 연마 균열 방지, 내마모성 향상

답) 212 ㉱ 213 ㉮ 214 ㉱ 215 ㉰ 216 ㉰ 217 ㉮ 218 ㉱

219

다음 중 고온 뜨임의 목적으로 옳은 것은?

㉮ 내부 응력 제거   ㉯ 치수 경년 변화 방지
㉰ 연마 균열 방지   ㉱ 조질 목적

풀이 고온 뜨임의 목적 : 조질 목적(인성 증가)

220

저온 뜨임의 온도(℃)는?

㉮ 150~200   ㉯ 200~300
㉰ 350~450   ㉱ 550~650

풀이 저온 뜨임 온도 : 150~200℃

221

고온 뜨임 온도(℃)는?

㉮ 150~200℃   ㉯ 200~300℃
㉰ 350~450℃   ㉱ 550~650℃

풀이 고온 뜨임 온도 : 550~650℃

222

트루스타이트 조직에서 소르바이트 조직을 얻기 위한 뜨임은?

㉮ 저온 뜨임   ㉯ 고온 뜨임
㉰ 중간 뜨임   ㉱ 확산 뜨임

풀이 고온 뜨임 : Troostite → Sorbite를 얻기 위함

223

담금질한 강을 400℃에서 뜨임하면 어떠한 조직이 나타나는가?

㉮ Martensite   ㉯ Troostite
㉰ Sorbite   ㉱ Pearlite

풀이 Martensite의 뜨임시 조직
① 400℃ 뜨임 : Troostite
② 600℃ 뜨임 : Sorbite

224

담금질한 강을 600℃에서 뜨임하면 어떠한 조직이 나타나는가?

㉮ Martensite   ㉯ Troostite
㉰ Sorbite   ㉱ Pearlite

225

200~400℃에서의 뜨임한 조직의 변태 과정으로 옳은 것은?

㉮ Austenite → Martensite
㉯ Martensite → Troostite
㉰ Troostite → Sorbite
㉱ Sorbite → Pearliute

풀이 뜨임한 조직의 변태
① A → M : 100~300℃
② M → T : 200~400℃
③ T → S : 400~600℃
④ S → P : 600~700℃
※ A : Austenite, M : Martensite, T : Troostite, S : Sorbite, P : Pearlite

답 219 ㉱ 220 ㉮ 221 ㉱ 222 ㉯ 223 ㉯ 224 ㉰ 225 ㉯

226

400~600℃에서의 뜨임한 조직의 변태 과정으로 옳은 것은?

㉮ Austenite → Martensite
㉯ Martensite → Troostite
㉰ Troostite → Sorbite
㉱ Sorbite → Pearliute

227

뜨임색에 영향을 미치는 요인으로 틀린 것은?

㉮ 강의 재질   ㉯ 가열 시간
㉰ 가열 온도   ㉱ 냉각 속도

풀이 뜨임색에 영향을 미치는 요인 : 강질, 가열 시간, 가열 온도

228

뜨임에 의한 용적 변화에 대한 설명 중 옳은 것은?

㉮ Austenite에서 Martensite로 변화시 용적은 팽창한다.
㉯ Troostite에서 Sorbite로 변화시 용적은 팽창한다.
㉰ Martensite에서 Troostite로 변화시 용적은 팽창한다.
㉱ Martensite에서 Pearliute로 변화시 용적은 팽창한다.

풀이 온도에 따른 조직 변화
① Austenite → Martensite : 팽창
② Martensite → Troostite : 수축
③ Troosite → Sorbite : 수축
④ Sorbite → Pearlite : 수축

229

뜨임색에 대한 설명 중 틀린 것은?

㉮ 뜨임색은 강의 산화 피막으로 나타난다.
㉯ 온도가 일정해도 가열 시간이 길면 고온의 색을 나타내기 쉽다.
㉰ 뜨임색은 강질, 냉각 온도 냉각 시간에 따라 영향을 받는다.
㉱ 산화성 분위기에서 뜨임하면 뜨임 온도와 시간에 따라 그 표면에 색이 여러 가지로 나타난 것을 뜨임색이라 한다.

230

뜨임 온도가 220℃일 때 뜨임색으로 옳은 것은?

㉮ 황색   ㉯ 갈색
㉰ 청색   ㉱ 회색

풀이 뜨임색
① 200℃ : 담황색   ② 220℃ : 황색
③ 240℃ : 갈색   ④ 260℃ : 자색
⑤ 300℃ : 청색   ⑥ 350℃ : 회청색
⑦ 440℃ : 회색

231

뜨임 온도가 300℃일 때 뜨임색으로 옳은 것은?

㉮ 황색   ㉯ 갈색
㉰ 청색   ㉱ 회색

232

뜨임 온도가 440℃일 때 뜨임색으로 옳은 것은?

㉮ 황색   ㉯ 갈색
㉰ 청색   ㉱ 회색

답 226 ㉰ 227 ㉱ 228 ㉮ 229 ㉰ 230 ㉮ 231 ㉰ 232 ㉱

233

뜨임 처리한 강의 미세 조직 및 기계적 성질에 영향을 미치는 인자가 아닌 것은?

㉮ 온도 ㉯ 시간
㉰ 조성 ㉱ 방법

 뜨임 처리한 강의 기계적 영향을 미치는 인자 : 온도, 시간, 조성, 냉각 속도

234

뜨임 처리한 강의 성질의 형성을 결정하는 요인이 아닌 것은?

㉮ 탄화물의 크기 ㉯ 탄화물의 가열 방법
㉰ 탄화물의 형태 ㉱ 탄화물의 조성

 뜨임 처리한 강의 성질 결정 : 탄화물의 크기, 형태, 조성 및 분포에 의해 결정된다.

235

다음 뜨임에 대한 설명 중 틀린 것은?

㉮ 탄화물 형성 원소가 포함된 합금강은 이차 경화를 일으킨다.
㉯ 뜨임에서 온도와 시간은 독립 변수이다.
㉰ 뜨임 처리한 강의 미세 조직의 변화가 경도, 인장 강도 및 항복 강도를 증가시키고 연성 및 인성을 감소시킨다.
㉱ 뜨임 처리는 일반적으로 175~700℃의 범위에서 30분~4시간 동안 행한다.

뜨임 처리한 강의 미세조직의 변화가 경도, 인장 강도 및 항복 강도를 감소시키고 연성 및 인성을 증가시킨다.

236

최저 충격 에너지 값을 나타내는 온도(℃)는?

㉮ 150 ㉯ 200
㉰ 300 ㉱ 400

 300℃ 부근에서 최저 충격 에너지를 나타내는 현상을 청열 취성이라 한다.

237

다음 뜨임 온도에 대한 설명 중 틀린 것은?

㉮ 뜨임 온도가 증가할수록 상온 경도와 강도는 증가된다.
㉯ 연신율, 단면 수축률은 뜨임 온도에 따라 연속적으로 증가한다.
㉰ 320℃ 이상에서 충격 에너지는 드임 온도의 증가에 따라 증가한다.
㉱ 300℃ 근처에서 최저 충격 에너지를 나타내는 현상을 청열 취성이라 한다.

뜨임 온도가 증가할수록
① 증가 : 연성
② 감소 : 상온 경도, 강도

238

탄화물 형성에 필요한 탄소와 합금 원소의 확산은 무엇에 의존하는가?

㉮ 온도와 시간 ㉯ 온도와 시간
㉰ 성분과 시간 ㉱ 성분과 속도

답 233 ㉱ 234 ㉯ 235 ㉰ 236 ㉰ 237 ㉮ 238 ㉮

239

상온 경도의 급격한 변화는 뜨임 시작 후 몇 초 안에 발생하는가?

㉮ 10 ㉯ 6
㉰ 4 ㉱ 2

풀이 상온 경도의 급격히 변화는 뜨임 시작 후 10초 안에 생긴다.

240

뜨임 취성에 대한 설명으로 틀린 것은?

㉮ 뜨임시 충격 인성이 증가하는 것을 뜨임 취성이라 한다.
㉯ 뜨임 저항성은 강인화를 방해하는 성질이다.
㉰ 뜨임 취성에 가장 주의해야 할 온도는 300℃이다.
㉱ 뜨임 메짐 방지는 뜨임 온도에서 수냉(또는 유냉)에 한다.

풀이 뜨임 취성은 충격 인성이 감소한다.

241

다음 중 뜨임 취성의 종류가 아닌 것은?

㉮ 뜨임 취성 ㉯ 저온 뜨임 취성
㉰ 고온 뜨임 취성 ㉱ 뜨임 시효 취성

풀이 뜨임 취성의 종류, 온도
① 저온 뜨임 취성 : 250~300℃
② 뜨임 시효 취성 : 450~525℃
③ 고온 뜨임 취성 : 525~600℃

242

다음 중 저온 뜨임 취성 온도(℃)는?

㉮ 250~300 ㉯ 450~525
㉰ 525~600 ㉱ 600~700

243

다음 중 뜨임 시효 취성 온도(℃)는?

㉮ 250~300 ㉯ 450~525
㉰ 525~600 ㉱ 600~700

244

다음 중 고온 뜨임 취성 온도(℃)는?

㉮ 250~300 ㉯ 450~525
㉰ 525~600 ㉱ 600~700

245

뜨임 시효 취성에 대한 설명 중 틀린 것은?

㉮ 500℃ 부근에서 뜨임하면 뜨임 시간이 길어짐에 따라 충격값이 저하한다.
㉯ 입계 경계에 탄화물, 인화물, 질화물 등이 석출하기 때문에 생긴다.
㉰ 구조용강은 이 온도에서 피하고 Mo을 첨가해 방지한다.
㉱ 0.2~0.4% C의 구조용 강에서는 고온 뜨임 취성이 많이 나타난다.

풀이 0.2~0.4% C의 구조용 강에서는 저온 뜨임 취성이 많이 나타난다.

답 239 ㉮ 240 ㉮ 241 ㉮ 242 ㉮ 243 ㉯ 244 ㉰ 245 ㉱

246

입계 경계에 탄화물, 인화물, 질화물이 석출하기 때문에 생기는 뜨임 취성은?

㉮ 뜨임 취성   ㉯ 저온 뜨임 취성
㉰ 고온 뜨임 취성   ㉱ 뜨임 시효 취성

풀이 뜨임 시효 취성 : 입계 경계에 탄화물, 인화물, 질화물이 석출하기 때문에 생긴다.

247

뜨임 균열의 원인으로 틀린 것은?

㉮ 뜨임시 급속히 가열하였을 때
㉯ 탈탄층이 있을 때
㉰ 뜨임 온도에서 급속히 냉각하였을 때
㉱ 뜨임시 서열, 서냉하였을 때

풀이 뜨임 균열의 원인
① 뜨임시 급가열
② 탈탄층이 있을 때
③ 뜨임 온도에서

248

뜨임 균열의 방지책으로 옳은 것은?

㉮ 급가열한다   ㉯ 한다
㉰ 털탄층을 만든다   ㉱ 서냉한다

풀이 뜨임 균열 방지책
① 서열, 서냉한다.
② 뜨임전 탈탄층 제거

249

뜨임 메짐을 방지하는데 효과적인 원소는?

㉮ C   ㉯ Si
㉰ P   ㉱ Mo

풀이 뜨임 취성 방지 원소 : Mo

250

뜨임 온도와 시간과의 관계를 나타내는 식은?
(단, T : 뜨임 온도(°K), C : 재료 상수, t : 뜨임 시간)

㉮ $T = (C \times \log t) + 10^{-2}$
㉯ $T = (C + \log t) + 10^{-2}$
㉰ $T = (C \times \log t) + 10^{-3}$
㉱ $T = (C + \log t) + 10^{-3}$

풀이 뜨임 온도와 시간의 관계 : $T = (C + \log t) + 10^{-3}$

251

담금질한 강의 경도를 증대시키고 시효 변형을 방지하기 위해서 0℃ 이하의 저온에서 처리한 것을 무엇이라 하는가?

㉮ 시효 처리   ㉯ 석출 경화 처리
㉰ 가공 경화 처리   ㉱ 심냉 처리

풀이 심냉 처리(sub-zero) 담금질한 강의 경도 증대, 시효 변형 방지를 위한 0℃ 이하에서의 처리

답 246 ㉱ 247 ㉱ 248 ㉱ 249 ㉱ 250 ㉱ 251 ㉱

252

심냉 처리의 목적으로 틀린 것은?

㉮ 주목적은 강을 강인하게 만들기 위함이다.
㉯ 공구강의 경도 증대, 성능 향상, 절삭성 향상 등이 된다.
㉰ 게이지강의 자연 시효 및 경도를 증대시킨다.
㉱ 담금질한 강의 조직 안정화 및 연성, 메짐을 증대시킨다.

풀이 스테인레스강의 기계적 성질 개선과 담금질한 강의 조직 안정화를 위한 것이다.

253

다음 중 심냉 처리의 효과가 아닌 것은?

㉮ 시효 변형은 뜨임 온도가 높을수록 작다.
㉯ 저온에서 장시간 뜨임한 것이 고온에서 장시간 뜨임한 것보다 시효 변형이 작다.
㉰ 시효 변경을 적게 하도록 하면 경도는 작아진다.
㉱ Cr, Mo, W 등을 첨가한 강은 시효 변형량이 많다.

풀이 Cr, Mo, W 등을 첨가한 강은 시효 변형량이 적다.

254

심냉 처리에 사용되는 냉각제 중 온도가 가장 낮은 것은?

㉮ 암모니아   ㉯ 액제 산소
㉰ 액체 질소   ㉱ 액체 헬륨

풀이 냉각제의 온도
① 암모니아 : -50℃
② 액제 산소 : -183℃
③ 액체 질소 : -196℃
④ 액체 헬륨 : -268.8℃

255

금속 조직을 안정화시켜 치수 경년 변화를 방지하는 열처리는?

㉮ 침탄 처리   ㉯ 심냉 처리
㉰ 안정화 처리   ㉱ 서브-제로 처리

풀이 안정화 처리 : 고용체에서 용해물을 석출시킨 처리

256

다음 중 안정화 처리에 많이 사용되는 원소가 아닌 것은?

㉮ Ti   ㉯ Cd
㉰ S   ㉱ N

풀이 안정화 처리에 많이 사용되는 원소 : Ti, Cd, N

257

안정화 처리에 대한 설명 중 틀린 것은?

㉮ 상온 시효로 경화 경향이 감소한다.
㉯ 고용체에서 용해물을 석출시킨 처리다.
㉰ 가공성이 감소되고 치수 경년 변화가 증가된다.
㉱ 탄화물이 석출하여 입계 부식 방지, 성장 안정이 된다.

풀이 가공성이 향상되며, 치수 경년 변화가 감소한다.

답 252 ㉱ 253 ㉱ 254 ㉱ 255 ㉰ 256 ㉰ 257 ㉰

258

주로 균열, 변형 및 잔류 응력을 감소시킬 목적으로 하는 고온의 담금질 과정을 무엇이라 하는가?

㉮ 오스템퍼링   ㉯ MS퀜칭
㉰ 마템퍼링   ㉱ 마퀜칭

풀이 마템퍼링(Martempering) : 균열, 변형 및 잔류 응력을 감소시킬 목적으로 하는 고온의 담금질 과정

259

마템퍼링 후의 미세 조직은 무엇인가?

㉮ Pearlite   ㉯ Bainitte
㉰ Martensite ㉱ Austenite

풀이 마템퍼링 후의 미세 조직 : Martensite

260

다음 중 A″ 변태 구역(M_s점과 M_f점 사이)에서 열처리하는 항온 열처리는?

㉮ Austempering   ㉯ Maruenching
㉰ Martempering   ㉱ Ms quenching

풀이 Martempering : Ms점과 Mf점 사이에서 항온 처리한다.

261

마템퍼링의 특징에 대한 설명 중 틀린 것은?

㉮ 경도가 높다.
㉯ 인성이 증가된다.
㉰ 충격값이 증가된다.
㉱ 담금질 균열을 방지한다.

풀이 충격값이 감소된다.

262

다음 그림은 어느 열처리 방법인가?

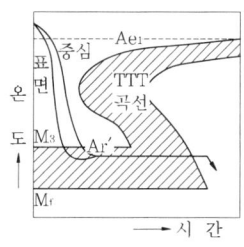

㉮ 오스템퍼링   ㉯ 마퀜칭
㉰ 마템퍼링   ㉱ MS퀜칭

풀이 그림은 마템퍼링의 항온 변태 열처리 곡선이다.

263

마템퍼링에 대한 설명 중 틀린 것은?

㉮ 재료를 일정한 온도로 담금질하여 상온으로 공냉할 때 표면과 중심 사이에 열적인 구배가 감소된다.
㉯ 마템퍼링하는 동안 발달하는 잔류 응력은 기존의 담금질하는 동안 발달한 것보다 작다.
㉰ 균열에 대한 민감성을 증가시킨다.
㉱ 상온으로 냉각하는 동안 재료 전체에 Martensite가 매우 균일하게 형성되어 과잉의 잔류 응력이 형성되지 않는다.

풀이 마템퍼링은 균열에 대한 민감성을 감소시키거나 제거한다.

답 258 ㉰ 259 ㉰ 260 ㉰ 261 ㉰ 262 ㉰ 263 ㉰

264

다음 마템퍼링에 대한 설명 중 틀린 것은?

㉮ 일반적으로 합금강이 탄소강보다 마템퍼링에 적합하다.
㉯ 탄소량이 증가할수록 Martensite 변태 온도 범위는 좁아진다.
㉰ 유냉으로 경화되는 강은 마템퍼링을 할 수 있다.
㉱ 마템퍼링의 성공은 강의 변태 특성(TTT 곡선)에 의존한다.

풀이 탄소량이 증가할수록 마텐자이트 변태 온도 범위는 넓어지고 변태 개시 온도는 낮아진다.

265

마템퍼링에서 조절되어야 하는 처리 변수에 대한 설명이 아닌 것은?

㉮ 오스테나이트화 온도
㉯ 마텐자이트화 온도
㉰ 마템퍼링욕의 온도
㉱ 욕에서의 유지 시간

풀이 마템퍼링에서 조절되어야 하는 처리 변수 : Austenite화 온도, 마템퍼링의 욕의 유지 온도, 욕의 오염 여부, 교반 정도 및 냉각 속도, 욕에서의 유지 시간

266

마템퍼링에서 조절되어야 하는 처리 변수 중 Austenite화 온도에 대한 설명 중 틀린 것은?

㉮ Austenite 결정립의 크기를 조절한다.
㉯ Ms 온도에 영향을 끼치지 않는다.
㉰ 균질화 정도를 조절한다.
㉱ 탄화물의 용해량을 조절한다.

풀이 M_s 온도에 영향을 끼치므로 매우 중요하다.

267

마템퍼링 욕의 온도에 대한 설명 중 틀린 것은?

㉮ 유냉시에는 95℃에서 시작하여 경도와 변형 사이에 최상의 조화를 얻을 때까지 온도를 증가한다.
㉯ 염에서 담금질할 때는 60℃에서 시작하여 경도와 변형 사이에 최상의 조화를 얻을 때까지 온도를 증가한다.
㉰ Austenite화 온도 및 원하는 결과 등에 의존한다.
㉱ 재료의 조성에 의존한다.

풀이 염에서 담금질할 때 마템퍼링의 욕의 온도 : 175℃에서 시작하여 경도와 변형 사이에 최상의 조화를 얻을 때까지 온도를 증가한다.

268

마템퍼링 욕에서의 유지 시간의 의존에 대한 설명이 틀린 것은?

㉮ 단면의 두께
㉯ 가열 방법
㉰ 온도 및 교반
㉱ 냉각제의 종류

풀이 마템퍼링 욕에서의 유지 시간 : 단면 두께, 냉각제의 종류, 온도 및 교반 정도

답 264 ㉯ 265 ㉯ 266 ㉯ 267 ㉯ 268 ㉯

269

기름욕에서 온도를 균일하게 하기 위해 필요한 마템퍼링 시간은 염욕에서 필요한 시간의 몇 배 정도가 좋은가?

㉮ 약 2~3배   ㉯ 약 4~6배
㉰ 약 6~7배   ㉱ 약 8~9배

풀이 약 4~5배이다.

270

Pearlite 형성 온도보다 낮고 Martensite 형성 온도보다는 높은 온도에서 행하는 철계 합금의 항온 변태는?

㉮ 마템퍼링   ㉯ 오스템퍼링
㉰ 마퀜칭   ㉱ MS퀜칭

풀이 강의 오스템퍼링 : Pearlite 형성 온도보다 낮고 Martensite 형성 온도보다는 높은 온도에서 행하는 철계 합금의 항온 변태

271

Ar′ 변태와 Ar″ 변태점 사이의 염욕에 담금질하여 과냉 오스테나이트가 변태 완료할 때까지 항온 유지 후 공냉하는 담금질은?

㉮ 마템퍼링   ㉯ 오스템퍼링
㉰ 마퀜칭   ㉱ MS퀜칭

풀이 Austempering : Ar′와 Ar″ 사이에서 행한 항온 열처리

272

Bainite 조직이 얻어지는 항온 열처리는?

㉮ 마템퍼링   ㉯ 오스템퍼링
㉰ 마퀜칭   ㉱ MS퀜칭

풀이 오스템퍼링시 Bainite 조직이 나타난다.

273

다음 그림은 어느 열처리를 나타내는가?

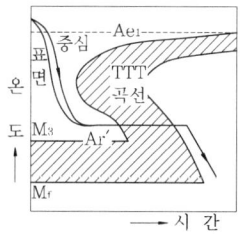

㉮ 오스템퍼링   ㉯ 마템퍼링
㉰ 마퀜칭   ㉱ MS퀜칭

풀이 오스템퍼링을 나타내는 그림이다.

274

다음 중 오스템퍼링의 장점으로 틀린 것은?

㉮ 주어진 경도에서 연성 및 노치 인성이 증가한다.
㉯ 변형이 증가하여 가공 시간을 증가시킨다.
㉰ HRC 35~55의 경도 범위 내로 경화시키기 위한 전처리 시간이 짧아져서 에너지 절감 효과가 있다.
㉱ 자본 절감 효과가 있다.

풀이 변형 저항이 감소하여 가공 시간 및 가격을 감소시킨다.

275

오스템퍼링용 냉각제에 가장 일반적으로 사용되는 염에 대한 특징이 잘못 설명된 것은?

㉮ 열을 급속히 전달한다.
㉯ 담금질 초기의 단계에서 증기상의 문제를 실질적으로 제거한다.
㉰ 광범위한 온도에서 점성이 균일하고 오스템퍼링 온도에서 점성이 작다.
㉱ 작업 온도에서 안정하고 물에 용해되지 않으므로 나중에 세척하기가 어렵다.

 작업 온도에서 안정하며 물에 완전히 용해되어 나중에 세척이 쉽다.

276

오스템퍼링을 하기 위한 강의 선택시 고려 사항이 아닌 것은?

㉮ TTT 곡선의 코의 위치와 코를 통과하는 데 필요한 시간
㉯ 오스템퍼링 온도에서 Austenite가 완전히 Bainite로 변태하는 데 필요한 시간
㉰ 오스템퍼링 온도에서 Bainite가 완전히 Austenite로 변태하는 데 필요한 시간
㉱ Ms 점의 위치

277

오스템퍼링의 적용 범위에 대한 설명이 잘못된 것은?

㉮ 지름이 작은 봉으로 만든 부품
㉯ 단면적이 작은 강관으로 제조된 부품
㉰ HRC 50 정도의 경도를 가지고 예외적인 인성을 요구하는 얇은 단면의 탄소강 부품에 적용된다.
㉱ 균열 및 변형의 가능성을 쉽게 하기 위한 부품

 오스템퍼링이 기존의 담금질과 뜨임에 대체되어 사용되는 이유
① 향상된 기계적 성질을 얻기 위해
② 균열 및 변형의 가능성을 감소시키기 위해

278

오스템퍼링 처리 변수의 조절 의존 방법이 아닌 것은?

㉮ 욕의 온도
㉯ 유지 시간
㉰ 욕의 교반
㉱ 욕의 종류

 오스템퍼링 처리 변수 조절 : 욕의 온도 조절, 유지 시간 및 욕의 교반에 의존한다.

279

오스템퍼링 욕의 온도가 몇 ℃를 초과하는 온도에서 질산염욕은 욕의 용기뿐만 아니라 강재 부품의 피팅(pitting) 부식을 일으키는가?

㉮ 300
㉯ 455
㉰ 595
㉱ 780

455℃를 초과한 온도에서 질산염욕에서 욕의 용기뿐만 아니라 강재 부품의 피팅 부식을 일으킨다.

답 275 ㉱ 276 ㉰ 277 ㉱ 278 ㉱ 279 ㉯

280

Ar″(M_s)점보다 다소 높은 온도의 열욕에 담금질한 후 항온 유지하고 과냉 오스테나이트가 항온변태를 일으키기 전에 공냉하여 Ar″ 변태가 서서히 일어나도록 처리한 항온 열처리는?

㉮ 오스템퍼링 ㉯ 마템퍼링
㉰ 마퀜칭 ㉱ MS퀜칭

풀이 Marquenching : Ar″ 점보다 바로 위의 온도의 열욕에서 항온 처리한다.

281

기계 구조용 합금강의 담금질에 대한 설명 중 틀린 것은?

㉮ 담금질 방법은 일부를 제외하고는 유냉한 것이 원칙이다.
㉯ 충분히 교반할 필요가 있다.
㉰ 기름의 온도는 60~80℃ 정도로 유지하는 것이 좋다.
㉱ 물의 온도는 60℃ 정도로 유지하는 것이 좋다.

282

기계 구조용 합금강의 뜨임 처리에 대한 설명 중 틀린 것은?

㉮ 뜨임은 원칙적으로 550~650℃의 고온 뜨임 처리가 행해진다.
㉯ SCr 계와 같이 뜨임 연화 저항성이 작은 강종은 약간 낮은 온도에서 뜨임한다.
㉰ 침탄용강은 150~200℃의 저온 뜨임을 행한다.
㉱ 고온 뜨임과 저온 뜨임의 중간 온도에서의 온도 범위가 가장 뜨임에 알맞은 온도이다.

풀이 저온 뜨임과 고온 뜨임의 중간 온도에서는 뜨임 메짐이 나타나서 충격 인성이 현저히 떨어지므로 이 온도 범위에서의 뜨임은 피한다.

283

Cr강의 열처리를 설명 중 틀린 것은?

㉮ 열처리 온도는 830~880℃에서 유냉한다.
㉯ 뜨임은 550~650℃에서 한다.
㉰ 뜨임 후 메짐을 방지하기 위해서 유냉한다.
㉱ 뜨임 취성 방지를 위해 소량의 Mo을 첨가한다.

풀이 뜨임 취성을 방지하기 위해 뜨임후 수냉한다.

284

다음 Cr-Mo 강(SCM 420)의 열처리를 설명 중 틀린 것은?

㉮ 불림 : 870~925℃로 가열 후 적당시간 유지 후 공냉한다.
㉯ 풀림 : 830~860℃로 가열 후 적당시간 유지 후 노냉한다.
㉰ 뜨임 : 200~700℃에서 최소 30분 유지 후 공냉 또는 수냉한다.
㉱ 담금질 : 300~550℃로 가열하여 유지한 후 수냉한다.

풀이 SCM 420 강의 담금질
① 845~870℃로 가열하여 유지한 후 수냉한다.
② 860~885℃로 가열하여 유지한 후 유냉한다.

답 280 ㉰ 281 ㉱ 282 ㉱ 283 ㉰ 284 ㉱

285

SCM 420 강의 열처리에 대한 설명 중 틀린 것은?

㉮ 불 림 : 가열 온도 = 870~925℃,
　　　　　냉각 방법 = 공냉
㉯ 풀 림 : 가열 온도 = 830~860℃,
　　　　　냉각 방법 = 노냉
㉰ 담금질 : 가열 온도 = 845~870℃,
　　　　　냉각 방법 = 수냉
㉱ 구상화 : 가열 온도 = 150~200℃,
　　　　　냉각 방법 = 수냉

풀이 SCM 420 강의 구상화
① 760~775℃로 가열, 4~12시간 유지 후 서냉한다.
② 침탄강은
　㉠ 1차 담금질 : 850~900℃, 유냉
　㉡ 2차 담금질 : 800~850℃, 유냉
　㉢ 뜨임 : 150~900℃, 공냉

286

Ni-Cr 강의 뜨임 온도(℃)로 옳은 것은?

㉮ 200~300　　㉯ 550~650
㉰ 750~870　　㉱ 900~970

풀이 Ni-Cr 강의 열처리 온도
① 담금질 온도 : 820~880℃
② 뜨임 온도 : 550~650℃

287

다음 중 Ni-Cr-Mo 강(SMCN 8)의 불림 온도(℃)는?

㉮ 200~300　　㉯ 550~650
㉰ 750~870　　㉱ 845~900

풀이 SMCN 8강의 열처리 온도
① 불림 온도 : 845~900℃
② 풀림 온도 : 830~860℃
③ 뜨임 온도 : 200~650℃
④ 담금질 온도 : 800~845℃

288

다음 중 Ni-Cr-Mo 강(SMCN 8)의 풀림 온도(℃)는?

㉮ 200~300　　㉯ 550~650
㉰ 750~820　　㉱ 830~860

289

다음 중 Ni-Cr-Mo 강(SMCN 8)의 뜨임 방법은?

㉮ 200~650℃에서 최소 30분 동안 유지 후 공냉한다.
㉯ 200~650℃에서 최소 30분 동안 유지 후 수냉한다.
㉰ 750~820℃에서 최소 30분 동안 유지 후 공냉한다.
㉱ 750~820℃에서 최소 30분 동안 유지 후 수냉한다.

답 285 ㉱　286 ㉯　287 ㉱　288 ㉱　289 ㉮

290

SMCN 8 강의 구상화 방법으로 옳은 것은?

㉮ 200~650℃에서 최소 30분 동안 유지 후 공냉한다.
㉯ 200~650℃에서 최소 30분 동안 유지 후 수냉한다.
㉰ 730~750℃로 가열하고 수시간 유지한 뒤 상온까지 노냉한다.
㉱ 성형 가공이나 기계 가공한 후 650~675℃로 열처리를 한다.

풀이 SMCN 8 강의 구상화 방법 : 730~750℃로 가열하고 수시간 유지한 뒤 상온까지 노냉한다.

291

SMCN 8 강의 기계 가공 후 응력 제거 처리는 몇 ℃에서 행하는가?

㉮ 200~650 ㉯ 650~675
㉰ 730~750 ㉱ 830~860

풀이 SMCN 8 강의 기계 가공 후 응력 제거 처리 온도 : 650~675℃

292

마레이징 강의 열처리에 대하여 잘못 설명한 것은?

㉮ 마레이징 강은 재가열하여도 뜨임 반응이 일어나지 않는다.
㉯ 마레이징 강은 담금질은 잘되나 뜨임이 되지 않는다.
㉰ 용체화 처리 및 시효 처리에 의해 강화시킨다.
㉱ 기본적인 처리 방법은 850℃에서 1시간 유지하여 용체화 처리한 후 공냉 또는 수냉한다.

풀이 마레이징 강의 열처리
① 용체화 처리 및 시효 처리에 의해 강화한다.
② 850℃에서 1시간 유지 후 용체화 처리 후 공냉(수냉)
③ 480℃에서 3시간 시효 처리

293

다음 중 공구강의 구비 조건이 아닌 것은?

㉮ 상온 및 고온 경도가 클 것
㉯ 내마멸성이 클 것
㉰ 가열에 의한 경도 변화가 적을 것
㉱ 여림성이 클 것

풀이 공구강의 구비 조건
① 상온, 고온 경도가 클 것
② 가열에 의한 경도 변화가 적을 것, 인성이 클 것
③ 내마멸, 내식성이 클 것
④ 압축 강도가 클 것
⑤ 열처리가 용이하고 열처리에 의한 변형이 적을 것
⑥ 기계 가공성이 양호할 것
⑦ 열균열을 발생하지 않을 것

294

다음 중 공구강의 구비 조건이 아닌 것은?

㉮ 압축 강도가 클 것
㉯ 열처리가 용이할 것
㉰ 열처리에 의한 변형이 클 것
㉱ 내산화성, 내식성이 클 것

답 290 ㉰ 291 ㉯ 292 ㉯ 293 ㉱ 294 ㉰

295

공구강을 담금질 및 냉간 가공시 발생될 수 있는 균열의 위험을 줄이고 기계 가공성을 향상시키기 위한 조직을 만들기 위한 열처리는?

㉮ 완전 풀림   ㉯ 구상화 풀림
㉰ 뜨임   ㉱ 불림

 구상화 풀림을 하여 구상화 조직으로 한다.

296

탄소 공구강의 구상화 풀림에 대한 설명으로 틀린 것은?

㉮ 공구강은 담금질 전에 탄화물(Fe_3C)을 충분히 구상화시킨다.
㉯ 공구강의 담금질 전처리로서 꼭 필요하다.
㉰ 시멘타이트를 구상화시키면 내열성이 향상된다.
㉱ 시멘타이트를 구상화시키면 인성이 향상된다.

 Fe_3C를 구상화시키면 마멸성이 향상된다.

297

Pearlite 중의 층상 Cementite 또는 초석의 망상 Cementite가 그대로 존재하면 공구강은 어떻게 되는가?

㉮ 기계 가공성이 좋아진다.
㉯ 담금질시 변형이 생기지 않는다.
㉰ 담금질시 균열이 생기지 않는다.
㉱ 인성이 부족하게 된다.

 인성이 부족하게 된다.

298

다음 중 구상화 풀림의 방법이 아닌 것은?

㉮ Ac_1점 아래의 온도에서 장시간 가열 유지 후 냉각한다.
㉯ A_4점 위, 아래의 온도에서 여러 번 반복 가열한다.
㉰ Ac_1점 이상 Acm 이하의 온도로 1~2시간 가열한 후 Ac_1 점 이하까지 서냉한다.
㉱ Ac_1점 이상 Acm 이하로 가열한 후 Ar_1 점 이하의 온도로 유지하여 변태가 끝난 후 냉각한다.

299

Ac_1 점 아래의 온도에서 장시간 가열 유지 후 냉각하는 구상화 처리에 대한 설명 중 틀린 것은?

㉮ 냉간 가공재의 재료에 적용된다.
㉯ 담금질 상태의 재료에 적용된다.
㉰ 거칠고 큰 망상 Cementite는 이 방법으로는 구상화되지 않는다.
㉱ 크기가 작은 공구강의 Cementite를 급속히 구상화시키는데 이용된다.

 ㉱항은 A_1점 ±20~30℃로 반복 가열 냉각할 때 나타난다.

답 295 ㉯ 296 ㉰ 297 ㉱ 298 ㉯ 299 ㉱

300

A_1 점 위, 아래의 온도(±20~30℃)에서 여러 번 반복 가열 하여 구상화 처리하는 방법의 특징이 틀린 것은?

㉮ A_1점 이상으로 가열하는 것은 망상 Cementite를 절단하기 위한 것이다.
㉯ A_1점 이하로의 가열은 구상화시키기 위한 것이다.
㉰ 크기가 작은 공구강의 Cementite를 급속히 구상화시키는데 이용된다.
㉱ Pearlite와 망상 Cemintite를 갖는 강에 적용된다.

 Ac_1 점 이상 Acm 이하의 온도로 1~2시간 가열한 후 Ar_1 점 이하까지 서냉하는 방법이 펄라이트와 망상 시멘타이트를 갖는 강에 적용된다.

301

재료를 연하게 하여 가공하기 쉽도록 하기 위한 열처리는?

㉮ 구상화 풀림   ㉯ 연화 풀림
㉰ 항온 풀림   ㉱ 불림

 650~750℃에서 1~3시간 가열하여 공냉 또는 수냉

302

다음 중 공구강의 완전 풀림 온도로 옳은 것은?

㉮ 아공석강은 Ac_1 점 이하 약 30~50℃로 가열 후 노냉한다.
㉯ 아공석강은 Ac_3 점 이상 약 30~50℃로 가열 후 노냉한다.
㉰ 과공석강은 Ac_1 점 이하 약 30~50℃로 가열 후 노냉한다.
㉱ 과공석강은 Ac_3 점 이하 약 30~50℃로 가열 후 노냉한다.

 완전 풀림 온도 : Ac_3(아공석강) 또는 Ac_1(과공석강) 이상 약 30~50℃로 가열 후 노냉

303

단시간에 완전 풀림의 목적이 달성된 풀림 처리는?

㉮ 연화 풀림   ㉯ 항온 풀림
㉰ 중간 풀림   ㉱ 응력 제거 풀림

 항온 풀림 : S곡선의 코 부근의 온도(600~650℃)에서 항온 변태 후 공냉 또는 수냉한 것으로 신속히 연화 풀림의 목적을 달성하는 조작이다.

304

내부 응력 제거 풀림의 온도로 적당한 온도(℃)는?

㉮ 200~300   ㉯ 400~500
㉰ 500~700   ㉱ 700~900

 내부 응력 제거 풀림 : 500~700℃의 온도가 적당

305

공구강의 노멀라이징에 대한 설명 중 틀린 것은?

㉮ Ac_3 또는 Acm 이상의 Austenite 온도 범위로 가열한 후 공기 중에서 냉각하는 열 조작이다.
㉯ 단조재의 조대한 결정립 조직을 미세화한다.
㉰ 담금질 후처리로 행해지며 가열 온도는 너무 높게 하면 결정립이 미세해지므로 과열은 피한다.
㉱ 담금질에 의한 변형과 균열을 방지할 수 있다.

답 300 ㉱ 301 ㉯ 302 ㉯ 303 ㉯ 304 ㉰ 305 ㉰

풀이 공구강의 불림 처리
① 담금질 전처리로 행한다.
② 가열 온도는 너무 높게 하면 결정립이 조대해지므로 과열은 피한다.

306

탄소 공구강의 담금질 방법에 대한 설명 중 틀린 것은?

㉮ 경화능이 나쁘므로 수냉으로 경화시킨다.
㉯ Austenite화 온도는 760~820℃의 범위로 한다.
㉰ 온도를 정확히 조절하여 미용해 탄화물이 과잉으로 용해되지 않도록 한다.
㉱ 온도가 너무 낮으면 잔류 Austenite양이 증가하여 담금질 경도를 증가한다.

풀이 온도가 너무 높으면 잔류 Austenite양이 증가되어 담금질 경도를 저하한다.

307

탄소 공구강의 담금질용 물의 온도(℃)는?

㉮ 20~30 ㉯ 40~50
㉰ 50~60 ㉱ 120~140

풀이 담금질용 물의 온도 : 20~30℃

308

탄소 공구강의 담금질용 기름의 온도(℃)는?

㉮ 20~30 ㉯ 40~50
㉰ 50~60 ㉱ 120~140

풀이 담금질용 기름의 온도 : 50~60℃

309

탄소 공구강의 뜨임 온도로 옳은 것은?

㉮ 150~200℃에서 25mm당 30분 유지 후 공냉한다.
㉯ 150~200℃에서 25mm당 30분 유지 후 수냉한다.
㉰ 150~200℃에서 25mm당 1시간 유지 후 공냉한다.
㉱ 150~200℃에서 25mm당 1시간 유지 후 수냉한다.

풀이 탄소강의 뜨임 온도 : 150~200℃에서 25mm당 1시간 유지 후 공냉한다.

310

수냉 경화형 합금 공구강의 뜨임 온도(℃) 구간은?

㉮ 150~340 ㉯ 300~440
㉰ 600~700 ㉱ 700~850

풀이 수냉 경화형 합금 공구강의 뜨임 온도 구간 : 150~340℃

311

수냉 경화형 합금 공구강의 풀림 처리로 틀린 것은?

㉮ 분위기로에서 풀림 처리하는 방법이 좋다.
㉯ 보호 용기에 의해 상자 풀림을 한다.
㉰ 함유된 V에 의해 열처리 후 탄소 공구강보다 미세한 조직을 얻을 수 있다.
㉱ 보호 용기에 의해 상자 풀림을 하면 탈탄을 촉진시킨다.

풀이 보호 용기에 의해 상자 풀림을 하면 탈탄 방지를 위해 바람직하다.

답 306 ㉱ 307 ㉮ 308 ㉰ 309 ㉰ 310 ㉮ 311 ㉱

312

수냉 경화형 합금 공구강의 풀림 처리를 할 때 소재의 크기와 탄소 함량에 따른 풀림 공정의 3가지 유형으로 틀린 것은?

㉮ 불림 후 풀림 : 탄소량이 1.1% 이하이고, 크기 50mm 이상일 때
㉯ 유냉 후 풀림 : 탄소량이 1.1% 이하이고, 크기 50mm 이상일 때
㉰ 풀림 : 탄소량이 1.1% 이하이고, 크기 50mm 이하일 때
㉱ 풀림 후 유냉: 탄소량이 1.1% 이하이고, 크기 50mm 이상일 때

풀이 풀림 공정의 3가지 유형
① ㉮, ㉯, ㉰ 항이다.

313

수냉 경화형 합금 공구강의 불림, 풀림 및 유냉 후 풀림 처리할 때 적정 온도에서의 유지 시간은?

㉮ 25mm당 30분간 유지
㉯ 25mm당 45분간 유지
㉰ 25mm당 1시간 유지
㉱ 25mm당 3시간 유지

풀이 최대 두께 25mm당 최소 45분간 유지하는 것이 바람직하다.

314

수냉 경화형 합금 공구강의 담금질 방법으로 맞는 것은?

㉮ 서열 후 Austenite화 온도에서 최대 두께 25mm당 최소 30분 동안 유지시킨다.
㉯ 냉각은 보통 수냉한다.
㉰ 염수 냉각을 하면 열처리 효과가 확실하고 균일한 경도가 보장되므로 바람직하다.
㉱ 치수가 크고 낮은 경도가 주요 목적이 아닐 경우에는 공냉해도 무방하다.

풀이 치수가 작고 높은 경도가 주요 목적이 아닐 경우에는 유냉하여도 무방하다.

315

수냉 경화형 합금 공구강의 담금질시 탄소량이 0.70~0.90%일 때 적정 오스테나이트 온도(℃)?

㉮ 723~750   ㉯ 750~770
㉰ 760~790   ㉱ 780~800

풀이 탄소량에 따른 Austenite화 온도
① 0.70~0.90% : 780~800℃
② 1.00~1.15% : 760~790℃
③ 1.20~1.30% : 750~770℃

316

수냉 경화형 합금 공구강의 담금질시 탄소량 1.00~1.15%일 때 적정 오스테나이트 온도(℃)?

㉮ 723~750   ㉯ 750~770
㉰ 760~790   ㉱ 780~800

317

수냉 경화형 합금 공구강의 뜨임은 적정 온도에서 최대 25mm당 최소 유지 시간은 얼마인가?

㉮ 30분   ㉯ 45분
㉰ 1시간   ㉱ 3시간

풀이 최소 유지 시간 : 25mm/h

답 312 ㉱   313 ㉯   314 ㉱   315 ㉱   316 ㉰   317 ㉰

318

내충격용 합금 공구강(STS 41)의 풀림 가열 온도(℃)는?

㉮ 723~750　　㉯ 750~770
㉰ 780~810　　㉱ 800~910

 STS 41 강의 풀림 온도 : 780~810℃로 가열하여 최대 두께 25mm당 최소한 1시간 동안 유지 650℃ 이하로 시간당 30℃의 속도로 냉각시키고 공냉한다.

319

STS 41 강의 풀림은 780~810℃로 가열 후 최대 두께가 25mm당 유지 시간은 최소 얼마로 하는가?

㉮ 30분　　㉯ 45분
㉰ 1시간　　㉱ 3시간

320

STS 41 강의 담금질 방법에 대한 설명 중 틀린 것은?

㉮ 예열 온도는 790℃이다.
㉯ 930~980℃로 가열하여 Austenite화시킨다.
㉰ 보통 950℃의 온도가 사용된다.
㉱ Austenite화 온도에서 균일한 가열이 끝난 후 노냉한다.

 STS 41 강의 담금질 방법 : 보통 950℃의 온도에서 Austenite화시키며 이 온도에서 균일한 가열이 끝난 후 유냉한다.

321

열간 가공용 공구의 뜨임 방법으로 옳은 것은?

㉮ 580~650℃에서 최대 두께 25mm당 최소 1시간 유지시킨다.
㉯ 580~650℃에서 최대 두께 25mm당 최소 30분 유지시킨다.
㉰ 150~260℃에서 최대 두께 25mm당 최소 1시간 유지시킨다.
㉱ 150~260℃에서 최대 두께 25mm당 최소 30분 유지시킨다.

 열간 가공용 공구의 뜨임 방법 : 580~650℃에서 최대 두께 25mm당 최소 1시간 유지시킨다.

322

공냉 경화형 공구강(STD 12)의 풀림 온도(℃)는 얼마인가?

㉮ 950~980　　㉯ 830~880
㉰ 580~650　　㉱ 170~200

 STD 12 강의 풀림 온도 : 830~880℃

323

냉간 가공용 공구의 뜨임 방법으로 옳은 것은?

㉮ 150~260℃에서 최대 두께 25mm당 최소 1시간 유지시킨다.
㉯ 150~260℃에서 최대 두께 25mm당 최소 30분 유지시킨다.
㉰ 580~650℃에서 최대 두께 25mm당 최소 1시간 유지시킨다.
㉱ 580~650℃에서 최대 두께 25mm당 최소 30분 유지시킨다.

답　318 ㉰　319 ㉰　320 ㉱　321 ㉮　322 ㉯　323 ㉮

풀이 | 냉간 가공용 공구의 뜨임 방법 : 150~260℃에서 최대 두께 25mm당 최소 1시간 유지시킨다.

324

STD 12의 풀림시 충분한 연화를 위해 거쳐야 할 과정 중 틀린 것은?

㉮ 900℃로 서열 후 이 온도에서 최대 두께 25mm당 약 2시간 유지한다.
㉯ 620℃까지 시간당 30℃의 냉각 속도로 수냉한다.
㉰ 730℃에서 재가열하고 이 온도에서 최대 두께 25mm당 약 3시간 유지한다.
㉱ 590℃까지 시간당 10℃의 냉각 속도로 노냉한다.

풀이 | 650℃까지 시간당 10℃의 냉각 속도로 노냉한다.

325

공냉 경화형 공구강(STD 12)의 담금질 온도(℃)는?

㉮ 950~980   ㉯ 830~880
㉰ 580~650   ㉱ 170~200

풀이 | (STD 12) 담금질 온도 : 950~980℃

326

STD 12의 담금질 온도에서 유지 시간은?

㉮ 15~20분   ㉯ 15~45분
㉰ 45~60분   ㉱ 1~2시간

풀이 | STD 12의 담금질 온도에서 유지 시간 : 15~45분

327

공냉 경화형 공구강(STD 12)의 담금질 방법에 대한 설명 중 틀린 것은?

㉮ 탈탄을 방지하기 위해 불활성 물질로 채운 용기 내에서 열처리한다.
㉯ 탈탄을 방지하기 위해 분위기로 및 연욕로 등을 사용한다.
㉰ 담금질 온도로 가열하기 전에 900℃로 예열한다.
㉱ 예열 과정을 거친 후에 담금질하면 불균일한 치수 변화를 최소한으로 억제할 수 있다.

풀이 | 담금질에는 Austenite화 온도인 950~980℃로 가열하기 전에 650℃로 예열한다.

328

STD 12 강의 가장 좋은 뜨임 온도(℃)는?

㉮ 950~980   ㉯ 830~880
㉰ 580~650   ㉱ 170~200

풀이 | STD 12 강의 뜨임 온도 : 170~200℃

329

다음은 STD 12의 담금질 온도에서 유지 시간에 대한 설명 중 틀린 것은?

㉮ 경화 온도와 예열 온도에서의 유지 시간은 최대 두께 25mm당 약 1시간이 보통이다.
㉯ 상자에 넣는 경우는 상자의 단면 25mm당 4시간의 비율로 유지 시간을 정한다.
㉰ 담금질 온도에서의 유지 시간은 유리 탄화물이 Austenite에 고용하기에 충분한 시간이어야 한다.
㉱ 일반적으로 15~45분으로도 좋다.

답 | 324 ㉱ 325 ㉮ 326 ㉯ 327 ㉰ 328 ㉱ 329 ㉯

풀이 상자에 넣는 경우는 상자의 단면 25mm당 30분의 비율로 유지 시간을 정한다.

330

STD 12 강의 뜨임 온도에서 유지 시간은?

㉮ 최소한 두께 25mm당 15분을 유지한다.
㉯ 최소한 두께 25mm당 30분을 유지한다.
㉰ 최소한 두께 25mm당 45분을 유지한다.
㉱ 최소한 두께 25mm당 60분을 유지한다.

풀이 최소한 두께 25mm당 1시간을 유지한다

331

다음 중 열간 가공용 공구강의 요구되는 성질 중 틀린 것은?

㉮ 고온 작업 온도에서 강도, 경도 및 내마멸성이 클 것
㉯ 상온 및 작업 온도에서의 인성이 클 것
㉰ 경화능이 좋고 열처리가 용이할 것
㉱ 방향성이 크고 열처리 변형이 클 것

풀이 방향성이 적고 균질해야 하며 열처리 변형이 될 수 있는 한 적을 것

332

STD 61의 담금질 온도 및 냉각 방법은?

㉮ 담금질 온도 : 1000~1050℃, 냉각 방법 : 공냉
㉯ 담금질 온도 : 820~870℃, 냉각 방법 : 공냉
㉰ 담금질 온도 : 800~850℃, 냉각 방법 : 공냉
㉱ 담금질 온도 : 550~650℃, 냉각 방법 : 공냉

풀이 STD 61의 열처리 온도
① 소입 온도 : 1000~1050℃, 공냉
② 풀림 온도 : 820~870℃
③ 뜨임 온도 : 550~650℃, 공냉

333

열간 가공용 공구강의 뜨임 상태에서 온도와 시간을 포함하는 파라미터에 의한 표시로 옳은 것은? (단, P : 뜨임 파라미터, T : 뜨임 온도(절대온도), t : 유지 시간)

㉮ $P = T(20 - \log t) \times 10^{-3}$
㉯ $P = T(20 + \log t) \times 10^{-3}$
㉰ $P = T(20 - \log t) \times 10^{3}$
㉱ $P = T(20 + \log t) \times 10^{3}$

풀이 $P = T(20 + \log t) \times 10^{3}$

334

일반적으로 열간 가공용 공구강의 뜨임 온도(℃)는?

㉮ 200~300 ㉯ 500~600
㉰ 800~850 ㉱ 1000~1050

풀이 열간 가공용 공구강의 뜨임 온도 : 500~600℃

335

고속도강의 풀림 처리에 대한 설명으로 틀린 것은?

㉮ 단조한 후 내부 응력을 제거하기 위해서는 반드시 풀림한다.
㉯ 조직을 균일하게 하기 위해서는 반드시 풀림한다.
㉰ 고속도강의 풀림 목적은 조직의 균질화 및 연화의 2가지이다.
㉱ 고속도강은 자경성이 약하므로 풀림시 냉각 속도를 해야 한다.

풀이 고속도강은 자경성이 강하므로 풀림시 냉각 속도를 서냉해야 한다.

답 330 ㉱ 331 ㉱ 332 ㉮ 333 ㉯ 334 ㉯ 335 ㉱

336

W계 고속도강의 완전 풀림 온도(℃)는?

㉮ 200~300 ㉯ 500~600
㉰ 870~900 ㉱ 1000~1050

풀이 W계에서는 온도는 870~900℃가 적정 온도이며 유지 시간은 1시간으로 충분하다.

337

고속도강의 풀림에 대한 설명 중 틀린 것은?

㉮ 자경성이 강하므로 풀림시의 냉각 속도는 극히 서냉해야만 한다.
㉯ 화색이 없어지는 온도까지는 8~22℃/h의 속도로 냉각한다.
㉰ 그 이후에는 공냉해도 무방하다.
㉱ 고속도강은 항온 풀림은 부적당하다.

풀이 항온 풀림을 하는 방법도 좋은 방법이다.

338

고속도강을 완전 풀림을 하면 장시간이 소요되기 때문에 이것을 해결하기 위하여 풀림 처리 시간을 단축시키기 위한 풀림 방법을 무엇이라 하는가?

㉮ 항온 풀림 ㉯ 응력 제거 풀림
㉰ 중간 풀림 ㉱ 재결정 풀림

풀이 완전 풀림의 풀림 처리 시간을 단축하기 위하여 항온 풀림을 한다.

339

고속도강의 항온 풀림 방법으로 옳은 것은?

㉮ 900℃로 가열한 후 약 750℃에서 30분 정도 유지하여 항온 변태를 완료 후 노에서 꺼내어 공냉한다.
㉯ 900℃로 가열한 후 약 750℃에서 30분 정도 유지하여 항온 변태를 완료 후 노냉한다.
㉰ 900℃로 가열한 후 약 750℃에서 30분 정도 유지하여 항온 변태를 완료 후 노에서 꺼내어 수냉한다.
㉱ 900℃로 가열한 후 약 750℃에서 30분 정도 유지하여 항온 변태를 완료 후 노에서 꺼내어 유냉한다.

풀이 고속도강의 항온 풀림 : 900℃로 가열한 후 약 750℃에서 30분 정도 유지하여 항온 변태를 완료 후 노에서 꺼내어 공냉한다.

340

고속도강의 응력 제거 풀림 처리 온도는?

㉮ A_1 변태점 이상의 온도로 가열해서 행한다.
㉯ A_1 변태점 이하의 온도로 가열해서 행한다.
㉰ A_3 변태점 이상의 온도로 가열해서 행한다.
㉱ A_3 변태점 이하의 온도로 가열해서 행한다.

풀이 고속도강의 응력 제거 풀림 처리 온도 : A_1 변태점 이하의 온도로 가열해서 행한다.

답 336 ㉰ 337 ㉱ 338 ㉮ 339 ㉮ 340 ㉯

341
고속도강의 응력 제거 풀림 처리 방법으로 처리 시간은?

㉮ 650~700℃에서 30분간 처리한다.
㉯ 650~700℃에서 45분간 처리한다.
㉰ 650~700℃에서 1시간 동안 처리한다.
㉱ 650~700℃에서 2시간 동안 처리한다.

풀이 고속도강의 응력 제거 풀림 처리 시간 : 650~700℃에서 1시간 처리하는 것이 좋다.

342
고속도강의 담금질에 주의해야 할 것이 아닌 것은?

㉮ 담금질 온도   ㉯ 유지 방법
㉰ 가열 방법   ㉱ 냉각방법

풀이 고속도강의 담금질시 주의해야 할 조건 : 담금질 온도, 유지 시간, 가열 방법, 냉각 방법

343
고속도강의 담금질 온도는(℃)?

㉮ 550~650   ㉯ 650~700
㉰ 820~860   ㉱ 1250~1350

풀이 고속도강의 담금질 온도 : 1250~1350℃

344
고속도강의 담금질 냉각액은?

㉮ 수냉   ㉯ 유냉
㉰ 공냉   ㉱ 염욕냉

풀이 고속도강의 냉각액 : 기름에 냉각한다.

345
고속도강의 예열 중 1차 예열의 온도(℃)는?

㉮ 540~650   ㉯ 850~900
㉰ 1100~1200 ㉱ 1250~1350

풀이 고속도강의 1차 예열 : 2단 예열시에 행하는 1차 예열 온도는 강이 탄성체에서 소성체로 변하는 온도, 즉 540~650℃가 좋다.

346
고속도강의 2차 예열 온도(℃)는?

㉮ 540~650   ㉯ 850~900
㉰ 1100~1200 ㉱ 1250~1350

347
고속도강의 담금질시 예열을 위한 가열 시간은?

㉮ 25mm당 약 25분 정도
㉯ 25mm당 약 40분 정도
㉰ 25mm당 약 1시간 정도
㉱ 25mm당 약 1.5시간 정도

풀이 고속강의 예열 가열시간 : 25mm당 약 40분 정도

답 341 ㉰ 342 ㉯ 343 ㉱ 344 ㉯ 345 ㉮ 346 ㉯ 347 ㉯

348

다음 중 고속도강의 담금질 온도에서의 유지 시간에 대한 설명으로 틀린 것은?

㉮ 담금질 온도가 동일해도 유지 시간이 달라지면 담금질 경도가 변화된다.
㉯ 유지 시간은 담금질 온도에 도달한 후부터의 시간을 의미한다.
㉰ 1100℃에서 담금질한 경우에는 유지 시간에 따라 경도가 증가하다가 5분 유지시에 최고가 된다.
㉱ 1200℃에서 담금질한 것은 유지 시간이 10분일 때 최고 경도를 갖는다.

 고속도강의 담금질 유지 시간에 따른 경도
① 1100℃에서 5분 유지시 경도가 최대가 된다.
② 1200℃에서 2분 유지시 경도가 최대가 된다.

349

고속도강의 담금질 온도에서의 유지 시간은 제품의 내외부가 함께 소정의 담금질 온도에 도달한 후 최적의 시간은 얼마인가?

㉮ 1.5~2분   ㉯ 2~3분
㉰ 3~4분   ㉱ 5~10분

 고속도강의 유지 시간 : 담금질 온도에서 1.5~2분이 최적이다.

350

고속도강의 담금질 냉각제로 가장 좋은 것은?

㉮ 물   ㉯ 60~80℃의 기름
㉰ 공기   ㉱ 비눗물

 보통 60~80℃의 기름에서 행한다.

351

고속도강의 냉각 방법으로 틀린 것은?

㉮ Ar′ 변태를 억제하고 Ar″ 변태만을 100% 일으킨다.
㉯ 1300℃로부터 800℃까지는 시킨다.
㉰ 염욕 담금질(450~550℃)은 변형이나 균열 발생을 방지한다.
㉱ 임계 냉각 속도 이하로 냉각한다.

 S곡선의 코를 통과시키지 않는 냉각 속도, 즉 임계 냉각 속도 이상으로 냉각하는 것이 제1의 조건이다.

352

고속도강의 위험 구역은 몇 ℃인가?

㉮ 1300~800   ㉯ 800~600
㉰ 500~300   ㉱ 300~150

 고속도강의 위험 구역 : 300~150℃

353

다음 고속도강의 위험 구역에 대한 설명 중 틀린 것은?

㉮ 고속도강의 위험 구역은 300~150℃ 이하이다.
㉯ 위험 구역에서는 Austenite가 Martensite의 1차 Ar″ 변태를 일으켜 팽창을 가져 온다.
㉰ 위험 구역 이하에서는 하는 것이 균열을 일으키지 않는다.
㉱ 위험 구역 이하에서는 서냉하는 것이 균열을 일으키지 않는다.

 위험 구역 이하에서는 서냉하는 것이 균열을 일으키지 않는다.

답 348 ㉱ 349 ㉮ 350 ㉯ 351 ㉱ 352 ㉱ 353 ㉰

354

고속도강의 2차 경화(뜨임 경화) 온도(℃)는?

㉮ 1300~800 ㉯ 800~600
㉰ 500~600 ㉱ 300~150

풀이) 고속도강 2차 경화 온도 : 500~600℃

355

고속도강의 뜨임에 대한 설명이 틀린 것은?

㉮ 2차 뜨임은 1차 뜨임에서 변태된 Austenite를 뜨임한 것이다.
㉯ 고속도강의 뜨임은 2~3회 반복하는 것이 일반적이다.
㉰ 2차 경화는 잔류 Austenite의 Martensite화에 기인한다.
㉱ 1차 뜨임을 2차 담금질이라 하고 2차 뜨임이 실제적인 뜨임이다.

풀이) 고속도강의 뜨임
① 1차 뜨임 : 잔류 Austenite → Matensite
② 2차 뜨임 : 1차 뜨임에서 변태된 Martensite를 뜨임
③ 고속도강의 뜨임은 2~3회 반복한다.

356

Mo계 고속도강의 풀림 처리에 대한 설명 중 틀린 것은?

㉮ 풀림 온도 : 870~900℃
㉯ 유지 시간 : 1시간
㉰ 냉각 속도 : 22℃/h
㉱ 냉각 방법 : 약 550℃까지는 수냉 그 이하는 유냉

풀이) Mo계 고속도강의 냉각 방법 : 약 550℃까지는 서냉하고 그 이하로는 공냉해도 괜찮다.

357

Mo계 고속도강의 응력 제거 풀림 온도(℃)는?

㉮ 870~900 ㉯ 600~700
㉰ 400~600 ㉱ 200~300

풀이) Mo계의 응력 제거 풀림 온도 : 600~700℃

358

Mo계 고속도강의 담금질 온도(℃)는?

㉮ 730~845 ㉯ 850~900
㉰ 900~1100 ㉱ 1200~1230

풀이) Mo계 고속도강의 담금질 온도 : 1200~1230℃

359

다음 Mo계 고속도강의 담금질에 대한 설명 중 틀린 것은?

㉮ 예열 온도는 730~845℃를 적용한다.
㉯ 2단 예열을 할 경우에 1차 예열 온도는 550~600℃, 2차 예열 온도는 850~900℃를 채용한다.
㉰ 경도를 중요시하는 담금질 온도는 55~110℃ 높은 온도에서 행하는 것이 좋다.
㉱ 담금질 온도는 1200~1230℃가 적당하다.

풀이) Mo계의 담금질 온도
① 소입 온도 : 1200~1300℃
  ㉠ 경도를 중시할 경우 : 담금질 온도를 8~17℃ 높인다.
  ㉡ 인성을 중시할 경우 : 담금질 온도를 55~110℃ 낮게 한다.

답) 354 ㉰ 355 ㉮ 356 ㉱ 357 ㉯ 358 ㉱ 359 ㉰

360

Mo계 고속도강의 담금질 온도에 대한 설명 중 틀린 것은?

㉮ 경도를 중시하는 경우는 담금질 온도를 8~17℃ 정도 높인다.
㉯ 인성을 중시하는 경우는 담금질 온도를 55~110℃ 정도 낮은 온도에서 행한다.
㉰ 담금질 온도가 1240℃ 이상이 되면 구상의 탄화물이 석출되어 인성을 증가시킨다.
㉱ 담금질 온도가 1175℃ 이하이면 경화가 불충분하다.

 담금질 온도 1240℃ 이상이 되면 각형 탄화물이 석출되어 인성이 저하된다.

361

Mo계 고속도강의 뜨임 온도(℃)는?

㉮ 540~580 ㉯ 850~900
㉰ 900~1100 ㉱ 1200~1300

 Mo계 고속도강의 뜨임 온도 : 540~580℃

362

다음 중 회주철의 풀림의 종류가 아닌 것은?

㉮ 페라이트화 풀림 ㉯ 중간 풀림
㉰ 흑연화 풀림 ㉱ 확산 풀림

 회주철의 풀림 종류 : 페라이트화 풀림, 중간(완전) 풀림, 흑연화 풀림

363

회주철의 Ferrite화 풀림 온도(℃)는?

㉮ 540~580 ㉯ 705~760
㉰ 850~900 ㉱ 900~1100

 회주철의 Ferrite화 풀림 온도 : 705~760℃

364

회주철의 중간(완전) 풀림 온도(℃)는?

㉮ 540~580 ㉯ 705~760
㉰ 790~900 ㉱ 850~950

 회주철의 중간(완전) 풀림 온도 : 790~900℃

365

다음 회주철의 흑연화 풀림에 대한 설명 중 틀린 것은?

㉮ 흑연화 풀림의 목적은 덩어리 상태의 탄화물을 Pearlite와 흑연으로 바꾸는 작업이다.
㉯ 탄화물을 분해하기 위하여 최소한 870℃의 온도가 요구된다.
㉰ 냉각 속도는 회주철의 용도와는 무관하다.
㉱ 유지 온도가 55℃씩 증가할수록 분해 속도는 2배가 되어 900~955℃의 유지 시간이 일반적이다.

 냉각 속도는 최종 용도에 따라 달라진다.

답 360 ㉰ 361 ㉮ 362 ㉱ 363 ㉯ 364 ㉰ 365 ㉰

366

회주철의 주목적이 탄화물을 분해하거나 최대 강도 및 마멸 저항의 유지를 원할 때의 풀림 온도(℃)는?

㉮ 540℃까지 노냉하여 Pearlite 조직의 형성을 촉진한다.
㉯ 540℃까지 공냉하여 Cementite 조직의 형성을 촉진한다.
㉰ 540℃까지 유냉하여 Austenite 조직의 형성을 촉진한다.
㉱ 540℃까지 수냉하여 Mearlite 조직의 형성을 촉진한다.

풀이 540℃까지 노냉해 펄라이트 조직의 형성을 촉진한다.

367

회주철의 최대 기계 가공성이 목적일 때의 풀림 온도(℃)는?

㉮ 540 ㉯ 670
㉰ 790 ㉱ 900

풀이 최대 기계 가공성이 목적일 때의 풀림 온도 : 540℃

368

회주철에서 잔류 응력을 최소하기 위한 풀림 방법은?

㉮ 540℃에서 290℃까지 110℃/h의 속도로 냉각한다.
㉯ 540℃에서 290℃까지 80℃/h의 속도로 냉각한다.
㉰ 540℃에서 290℃까지 60℃/h의 속도로 냉각한다.
㉱ 540℃에서 290℃까지 40℃/h의 속도로 냉각한다.

풀이 회주철에서 잔류 응력을 최소화하기 위한 풀림 방법 : 540℃에서 290℃까지 110℃/h의 속도로 냉각

369

회주철의 노멀라이징에 대한 설명 중 틀린 것은?

㉮ 변태 영역 이상의 온도로 가열하여 최대 단면 두께 25mm당 약 1시간 유지하고 상온으로 공냉한다.
㉯ 경도와 강도의 증가 등 기계적 성질을 개선한다.
㉰ 흑연화 등 다른 열처리에 의해 변화된 주조 상태의 성질을 회복한다.
㉱ 가열 온도는 기계적 성질에 영향을 미치나 미세 조직에는 무관하다.

풀이 가열 온도는 경도와 인장 강도 등의 기계적 성질 및 미세 조직에 크게 영향을 끼친다.

370

회주철의 불림 온도(℃) 범위는?

㉮ 540~580 ㉯ 705~760
㉰ 790~850 ㉱ 885~925

풀이 회주철의 불림 온도 범위 : 885~925℃

답 366 ㉮ 367 ㉮ 368 ㉮ 369 ㉱ 370 ㉱

371

무합금 회주철의 대략적인 A_1 변태 온도를 결정하는 공식은?

㉮ ℃ = 730 + 28.0(%P) − 25.0(%S)
㉯ ℃ = 730 + 28.0(%Si) − 25.0(%Mn)
㉰ ℃ = 910 + 28.0(%C) − 25.0(%Mn)
㉱ ℃ = 910 + 28.0(%P) − 25.0(%Si)

풀이) 무합금 회주철의 A_1 변태 온도를 결정하는 공식
℃ = 730 + 28.0(%Si) − 25.0(%Mn)

372

구상 흑연 주철의 풀림 처리에 대한 설명으로 틀린 것은?

㉮ 900~955℃에서 1시간 유지하며 단면 두께 25 mm 증가할 때마다 유지 시간을 1시간씩 증가한다.
㉯ 얇은 주물은 955℃에서 1~3시간 유지로서 충분하다.
㉰ 모서리에 칠이 형성된 두꺼운 단면의 주물은 690℃에서 1~2시간 유지한다.
㉱ 잔류 응력을 피하려면 균일하게 690℃로 냉각하여 5시간 유지한다.

풀이) 모서리에 칠이 형성된 두꺼운 단면의 주물은 995℃에서 3~8시간 유지한다.

373

구상 흑연 주철의 풀림 온도(℃)는?

㉮ 540~580 ㉯ 705~760
㉰ 790~850 ㉱ 900~955

풀이) 900~955℃에서 유지 후 650℃로 노냉한다.

374

구상 흑연 주철의 풀림은 900~955℃에서 유지 후 650℃로 노냉하는데 790~650℃의 온도 범위를 통과할 때의 냉각 속도는?

㉮ 20℃/h를 초과하지 않을 것
㉯ 30℃/h를 초과하지 않을 것
㉰ 40℃/h를 초과하지 않을 것
㉱ 60℃/h를 초과하지 않을 것

풀이) 20℃/h를 초과하지 않을 것

375

구상 흑연 주철의 불림 온도(℃)는?

㉮ 540~580 ㉯ 790~850
㉰ 870~940 ㉱ 950~980

풀이) 구상 흑연 주철의 불림 온도 : 870~940℃

376

구상 흑연 주철의 담금질 방법은?

㉮ 540~580℃, 노냉 ㉯ 790~850℃, 공냉
㉰ 845~925℃, 유냉 ㉱ 950~980℃, 수냉

풀이) 구상 흑연 주철의 담금질 방법 : 845~925℃, 유냉

377

복잡한 형상의 구상 흑연 주철 주물의 응력 제거 처리 온도(℃)는?

㉮ 510~670 ㉯ 790~850
㉰ 870~940 ㉱ 950~980

답) 371 ㉯ 372 ㉰ 373 ㉱ 374 ㉮ 375 ㉰ 376 ㉰

열처리하지 않을 때 복잡한 형상의 구상흑연 주철 주물은 510~675℃에서 응력 제거 처리한다.

378

합금하지 않는 구상 흑연 주철의 응력 제거 처리 온도(℃)는?

㉮ 510~565 ㉯ 565~595
㉰ 595~650 ㉱ 620~675

 510~565℃

379

저합금 구상 흑연 주철의 응력 제거 처리 온도(℃)는?

㉮ 510~565 ㉯ 565~595
㉰ 595~650 ㉱ 620~675

 565~595℃

380

고합금 구상 흑연 주철의 응력 제거 처리 온도(℃)는?

㉮ 510~565 ㉯ 565~595
㉰ 595~650 ㉱ 620~675

 595~650℃

381

Austenite 구상 흑연 주철의 응력 제거 처리 온도(℃)는?

㉮ 510~565 ㉯ 565~595
㉰ 595~650 ㉱ 620~675

 620~675℃

382

가단 주철의 처리 중요 3단계가 아닌 것은?

㉮ 첫 단계 : 흑연화를 일으키는 단계
㉯ 두 번째 단계 : 제1단 흑연화
㉰ 세 번째 단계 : 제2단 흑연화
㉱ 네 번째 단계 : 철의 동소 변태 영역을 지나 서냉한 단계

 가단 주철의 풀림 처리가 이루어지는 주요 3단계
① 첫 단계 : 흑연의 핵 생성을 일으키는 단계
② 두 번째 단계 : 제1단 흑연화 단계
③ 세 번째 단계 : 제2단 흑연화 단계

383

가단 주철의 풀림 처리 단계에서 흑연의 핵생성을 일으키는 것으로 고온의 유지 온도로 가열하는 동안 시작하는 단계는?

㉮ 첫 단계   ㉯ 두 번째 단계
㉰ 세 번째 단계   ㉱ 네 번째 단계

답 377 ㉮ 378 ㉮ 379 ㉯ 380 ㉰ 381 ㉱ 382 ㉱ 383 ㉮

384

가단 주철의 풀림 처리시 제1단 흑연화 온도(℃)는?

㉮ 510~565 ㉯ 665~695
㉰ 725~740 ㉱ 900~970

풀이 두 번째 단계 유지 온도 : 900~970℃

385

가단 주철의 풀림 처리 단계 중 덩어리 탄화물을 제거하는 단계는?

㉮ 첫 단계 ㉯ 두 번째 단계
㉰ 세 번째 단계 ㉱ 네 번째 단계

풀이 가단주철의 두 번째 단계
① 덩어리 탄화물을 제거한다.
② 900~970℃에서 유지한다.

386

가단 주철의 풀림 처리 단계 중 철의 동소 변태 영역을 지나 서냉하는 단계는?

㉮ 첫 단계 ㉯ 두 번째 단계
㉰ 세 번째 단계 ㉱ 네 번째 단계

387

가단 주철의 풀림 처리 단계에서 세 번째 단계에 대한 설명 중 틀린 것은?

㉮ 흑연의 핵생성을 일으키는 단계이다.
㉯ 철의 동소 변태 영역을 지나 서냉하는 단계이다.
㉰ 제2단 흑연화라 한다.
㉱ 2~17℃/hr의 속도로 냉각할 때 Pearlite와 탄화물이 없는 완전한 Ferrite 기지가 생긴다.

풀이 흑연의 핵발생은 첫 단계에서 일으킨다.

388

Austenite 주철의 응력을 제거하기 위한 처리 온도(℃)는?

㉮ 620~675℃에서 단면 두께 25mm당 30분간 동안 응력 제거
㉯ 620~675℃에서 단면 두께 25mm당 1시간 동안 응력 제거
㉰ 845~870℃에서 단면 두께 25mm당 30분간 동안 응력 제거
㉱ 845~870℃에서 단면 두께 25mm당 1시간 동안 응력 제거

풀이 Austenite 주철의 응력 제거 풀림 온도 : 620~675℃에서 단면 두께 25mm당 1시간 동안 응력 제거

389

Al 합금에서 석출을 일으키는 과정으로 필요한 일반적인 온도 범위와 시간?

㉮ 온도 범위 : 115~190℃, 시간 : 1~3시간
㉯ 온도 범위 : 115~190℃, 시간 : 5~48시간
㉰ 온도 범위 : 200~300℃, 시간 : 1~3시간
㉱ 온도 범위 : 200~300℃, 시간 : 5~48시간

풀이 석출을 일으키는 열처리
① 온도 범위 : 115~190℃
② 시간 범위 : 5~48시간

답 384 ㉱ 385 ㉯ 386 ㉰ 387 ㉮ 388 ㉯ 389 ㉯

390

Al 합금의 강도를 증가시키기 위한 열처리 3단계가 아닌 것은?

㉮ 용체화 처리 : 고용상의 분해
㉯ : 과포화 고용체의 형성
㉰ 시효 : 상온 시효(자연 시효)
㉱ 담금질 처리 : 석출 경화

> 풀이 Al 합금의 강도를 증가시키기 위한 열처리의 3단계
> 용체화 처리, , 시효

391

열처리형 Al 합금의 질별 기호가 틀린?

㉮ O : 풀림 상태
㉯ W : 용체화 처리 상태
㉰ T : O보다 안정한 성질을 가지기 위한 열처리
㉱ P : W보다 안정한 성질을 가지기 위한 열처리

> 풀이 열처리형 Al 합금의 질별 기호
> ① O : 풀림 상태
> ② W : 용체화 처리 상태
> ③ T : O보다 안정한 성질을 가지기 위한 열처리

392

열처리형 Al 합금의 질별 기호 중 용체화 처리 후 자연 시효되는 합금에 적용되는 불안정한 재질은?

㉮ O ㉯ W
㉰ T ㉱ T1

> 풀이 용체화 처리 상태(W) : 용체화 처리 후 자연 시효되는 합금에 적용된다.

393

가장 낮은 강도를 얻기 위해서 풀림한 가공용 제품에 적용하는 열처리형 Al 합금의 재질 기호는?

㉮ O ㉯ W
㉰ T ㉱ Ti

> 풀이 O(풀림 상태)
> ① 가장 낮은 강도를 얻기 위해서 풀림한 가공용 제품에 적용된다.
> ② 연성 및 치수 안정성을 개선시키기 위해 풀림한 주조 제품에 적용된다.

394

연성 및 치수 안정성을 개선시키기 위해 풀림한 주조 제품에 적용되는 열처리형 Al 합금의 재질 기호는?

㉮ O ㉯ W
㉰ T ㉱ T1

395

다음 열처리형 Al 합금의 질별 기호에 대한 설명 중 틀린 것은?

㉮ T_1 : 높은 온도에서 가공 후 냉각하고, 안정된 상태로 자연 시효한다.
㉯ T_2 : 높은 온도에서 가공 후 냉각한 다음 냉간 가공하고 안정된 상태로 자연 시효한다.
㉰ T_3 : 용체화 처리 후 냉간 가공하고 안정한 상태로 자연 시효한다.
㉱ T_4 : 높은 온도에서 가공하고 냉각한 다음 인공 시효한다.

> 풀이 ① T_4 : 용체화 처리하고 안정한 상태로 자연 시효함.
> ② T_5 : 높은 온도에서 가공하고 냉각한 다음 인공 시효한다.
> ③ T_6, T_7 : 용체화 처리하고 인공 시효한다.

답 390 ㉱ 391 ㉱ 392 ㉯ 393 ㉮ 394 ㉮ 395 ㉱

396

용체화 처리하고 인공 시효한 후 냉간 가공한 처리는?

㉮ T6 ㉯ T7
㉰ T8 ㉱ T9

397

용체화 처리에 대한 설명과 거리가 먼 것은?

㉮ 석출 경화 반응을 이용하기 위해서 먼저 고용체를 만드는 과정을 용체화 처리라 한다.
㉯ 목적은 고용될 수 있는 용질 원소를 최대로 고용체 내에 잡아 두는 것이다.
㉰ 균일한 고용체를 얻기 위해서 충분히 높은 온도로 유지시킨다.
㉱ 균일한 고용체를 얻기 위해서는 유지 시간을 단축시킨다.

> **풀이** 균일한 고용체를 얻기 위해서 충분히 높은 온도서 충분히 긴시간 동안 합금을 유지시킨다.

398

구리 합금의 열처리 중 균질화에 대한 설명으로 틀린 것은?

㉮ 균질화는 응고의 결과로 발생하는 화학적 편석이나 유핵 조직을 감소시키기 위해 장시간 고온에서 유지하는 과정이다.
㉯ 균질화는 인청동과 같이 넓은 응고 범위를 가지는 합금에 필요하다.
㉰ 온도는 풀림 영역의 상부 온도 이하이다.
㉱ 노 내 분위기는 표면과 내부의 산화를 조절할 수 있도록 선택한다.

> **풀이** 균질화를 위한 유지시간은 3~10시간이고, 온도는 풀림 영역의 상부 온도(고상 온도의 50℃ 이내) 이상이다.

399

균질화를 위해 필요한 시간과 온도에 변화를 주는 요인이 아닌 것은?

㉮ 합금의 종류
㉯ 주조 결정립의 크기
㉰ 원하는 균질화 정도
㉱ 합금의 가공 방법

> **풀이** 균질화를 위해 필요한 시간과 온도
> ① 합금의 종류 ② 주조 결정립의 크기
> ③ 원하는 균질화 정도

400

균질화를 위한 전형적인 유지 시간은?

㉮ 1~2시간 ㉯ 3~10시간
㉰ 11~15시간 ㉱ 20시간 이상

> **풀이** 균질화 유지 시간 : 3~10시간

401

Mn 청동이나 Al 청동 등의 주물에 적용되는 풀림 온도(℃)는?

㉮ 315~345 ㉯ 580~700
㉰ 680~750 ㉱ 780~800

> **풀이** Mn청동, Al청동 주물에 적용되는 풀림 온도 : 580~700℃/h

답 396 ㉱ 397 ㉱ 398 ㉰ 399 ㉱ 400 ㉯ 401 ㉯

402

용체화 처리한 Cu-Be 합금을 시효할 때 적당한 온도(℃)는?

㉮ 315~370   ㉯ 580~700
㉰ 680~750   ㉱ 780~800

 용체화 처리한 Cu-Be 합금을 시효할 때 적당한 온도 : 315~370℃±6℃

403

Al 청동의 뜨임 온도와 시간으로 옳은 것은?

㉮ 315~370℃, 2시간
㉯ 565~675℃, 2시간
㉰ 680~750℃, 2시간
㉱ 780~800℃, 2시간

풀이 Al 청동의 뜨임 온도와 시간 : 565~675℃, 2시간

404

Al 청동의 열처리에 대한 설명 중 틀린 것은?

㉮ 미세 조직과 열처리 능력은 Al 양에 따라 다르다.
㉯ 크고 복잡한 단면은 균열을 피하기 위해 서열을 해야 한다.
㉰ 두껍고 복잡한 단면은 기름에서 담금질해야 한다.
㉱ 뜨임 후 서냉해야 한다.

 뜨임 후 하는 것이 중요하다.

405

Mg 합금의 열처리에서 기계적 성질에 크게 영향을 주지 않고 응력을 제거할 수 있는 방법으로 틀린 것은?

㉮ Mg-Al-Mn 합금 : 260℃에서 1시간 열처리한다.
㉯ Mg-Al-Zn 합금 : 260℃에서 1시간 열처리한다.
㉰ ZK61A 합금 : 330℃에서 1시간 열처리한다.
㉱ ZK41A 합금 : 330℃에서 2시간 열처리한다.

 ZK61A 합금의 열처리
① 330℃에서 2시간 열처리
② 130℃에서 48시간 열처리

406

산화 및 탈탄을 방지하기 위한 열처리는?

㉮ 분위기 열처리   ㉯ 표면 경화 열처리
㉰ 고주파 열처리   ㉱ 항온 열처리

풀이 산화 및 탈탄을 방지하기 위한 열처리 : 분위기 열처리

407

분위기 열처리에 대한 설명 중 틀린 것은?

㉮ 산화 및 탈탄을 막기 위한 열처리다.
㉯ 분위기 중에서 열처리하면 산세 등의 처리가 필요하다.
㉰ 광휘 표면을 얻는다.
㉱ 열처리 전후의 치수 정밀도를 확보할 수 있다.

 분위기 중에서 열처리하면 산화 스케일이 생기지 않으므로 산세 등의 후처리가 필요치 않다.

답 402 ㉮   403 ㉯   404 ㉱   405 ㉰   406 ㉮   407 ㉯

408

열처리하는 도중에 산화 및 탈탄을 일으키면 열처리품에 여러 요인이 발생한다. 이 중 틀린 것은?

㉮ 담금질 경화가 불충분하게 일어난다.
㉯ 담금질 균열이 발생한다.
㉰ 광휘 표면이 얻어진다.
㉱ 변형을 유발시킨다.

 산화 및 탈탄을 일으키면 제품의 성질은
① 담금질 경화의 불충분
② 담금질 균열, 변형 발생
③ 내마멸성, 내식성, 내피로성 저하

409

분위기 가스에 대한 설명 중 틀린 것은?

㉮ 분위기 가스란 산화 및 탈탄을 방지하기 위한 목적으로 사용하는 보호 분위기 가스를 의미한다.
㉯ 불활성 가스, 중성 가스도 사용된다.
㉰ 사용하는 분위기로서는 강종과 열처리 목적에 따라 여러 가지가 사용된다.
㉱ 공업적으로는 각종 탈탄성 가스가 많이 사용된다.

풀이 공업적으로는 각종 변성 가스가 많이 사용된다.

410

다음 분위기 가스 중 불활성 가스는?

㉮ Ar, He
㉯ N_2, H_2
㉰ CO, CH_2
㉱ NH_3, CO_2

풀이 불활성 가스 : Ar, He

411

일정 기압하에서 수증기를 함유하는 가스를 냉각시키면 어느 온도에서 가스 중의 수증기가 물방울 또는 이슬로 응결되는데 이 분리 온도를 무엇이라 하는가?

㉮ 변성
㉯ 노점(dew point)
㉰ 탄소 포텐샬(carbon potential)
㉱ 수소 메짐

412

암모니아 분해 가스의 변성 가스의 장점으로 틀린 것은?

㉮ 조성이 안정하고 순도가 높다.
㉯ 간단한 열분해로 제조할 수 있다.
㉰ 다른 변성 가스보다 자연 범위가 넓다.
㉱ 탄소강에 대해서 중성이다.

 장점
① 조성 안정하고, 순도 높음.
② 간단한 열분해로 제조할 수 있다.
③ 탄소강에 대해 중성이다.

413

암모니아 분해 가스의 변성 가스의 단점으로 틀린 것은?

㉮ 탄화수소계의 변성 가스에 비해 고가이다.
㉯ 수소 메짐이 문제로 되는 재료에는 사용할 수 없다.
㉰ 미분해 암모니아가 미량이라도 남아 있으면 질화물을 형성하여 촉매 작용을 약화시킨다.
㉱ 다른 변성 가스보다 가연 범위가 좁다.

답 408 ㉰ 409 ㉱ 410 ㉮ 411 ㉯ 412 ㉰ 413 ㉱

풀이 다른 변성 가스보다 가연 범위가 넓다.

414

다른 금속과 산화나 환원 등의 어떠한 반응도 일으키지 않는 가스를 총칭하여 무엇이라 하는가?

㉮ 불활성 가스 ㉯ 중성 가스
㉰ 발열형 가스 ㉱ 흡입형 가스

풀이 다른 금속과 어떤 반응도 일으키지 않는 가스의 총칭 : 불활성 가스

415

광휘 열처리를 위한 보호 가스로서 가장 이상적인 가스는?

㉮ 불활성 가스 ㉯ 중성 가스
㉰ 발열형 가스 ㉱ 흡입형 가스

풀이 광휘 열처리를 위한 가장 좋은 보호 가스 : 불활성 가스

416

분위기로에 사용되는 중성 가스에 대한 설명 중 틀린 것은?

㉮ 취급이 간단하다. ㉯ 값이 비싸다
㉰ 산화를 방지한다. ㉱ 탈탄을 방지한다.

풀이 값이 저렴하다.

417

진공 열처리에 대한 설명 중 틀린 것은?

㉮ 후가공이 불가능한 금형이나 치수 정밀도를 요하는 공구에 진공 열처리를 하면 산화 및 탈탄이 방지된다.
㉯ 가열은 복사열에 의해 이루어지며 가열 속도가 빠르다.
㉰ 산세, 연마 등의 후처리가 생략된다.
㉱ 환경 오염을 일으키지 않는 무공해 열처다.

풀이 가열은 전적으로 복사열에 의해서 이루어지므로 가열 속도가 느리다.

418

진공 열처리에 대한 설명 중 틀린 것은?

㉮ 진공 열처리는 우수한 광휘 표면을 얻을 수 있다.
㉯ 장입량과 장입 방법에 제한을 받는다.
㉰ 분위기 관리가 번거롭다.
㉱ 가스 냉각 방법은 처리품을 이동시킬 필요가 없다.

풀이 진공 열처리의 장점
① 산세, 연마 등의 후처리가 생략된다.
② 번거로운 분위기 관리도 필요치 않다.

답 414 ㉮ 415 ㉮ 416 ㉯ 417 ㉯ 418 ㉰

419

다음 진공 분위기 열처리의 냉각 방법 중 가스 냉각법의 설명 중 틀린 것은?

㉮ 가스 냉각법과 유냉법이 있다.
㉯ 가스 냉각법은 냉각 직전에 질소 가스 등을 노 내로 불어넣은 후 순환시키면서 냉각시키는 것이다.
㉰ 처리 강종에 제한을 받지 않는다.
㉱ 처리 부품을 이동시킬 필요가 없으므로 간단히 이루어진다.

풀이 처리 강종의 경화능이 좋아야 한다는 제한 조건이 있다.

420

다음 진공 분위기 열처리의 냉각 방법 중 유냉법의 설명 중 틀린 것은?

㉮ 처리 강종의 제한을 받지 않는다.
㉯ 고가이다.
㉰ 표면 광휘는 가스법보다 나쁘다.
㉱ 설비가 간단하다.

풀이 유냉법은 설비가 복잡하여 고가라는 단점이 있다.

421

진공도의 크기를 잘못 설명한 것은?

㉮ 진공 단위는 1기압(atm) = 1.01×10^5Pa = 760 Torr = 760mmHg이다.
㉯ 저진공은 대기압~1Torr 범위를 말한다.
㉰ 중진공은 1~10^{-3}Torr 범위를 말한다.
㉱ 초고진공은 10^{-3}~10^{-7}Torr 범위를 말한다.

풀이 진공도의 크기
① 저진공 : 대기압~1Torr
② 중진공 : 1~10^{-3}Torr
③ 고진공 : 10^{-3}~10^{-7}Torr
④ 초고진공 : 10^{-7}Torr 이하

422

로터리 펌프에 의해서 얻을 수 있는 최대 진공도는?

㉮ 2.5×10^{-2}Torr   ㉯ 2.5×10^{-3}Torr
㉰ 2.5×10^{-4}Torr   ㉱ 2.5×10^{-7}Torr

풀이 로터리 펌프에 의해서 얻을 수 있는 최대 진공도 : 2.5×10^{-2}Torr

423

확산 펌프는 얼마의 진공도를 얻고자 할 때 로터리 펌프와 조합하여 사용하는가?

㉮ 10^{-2}Torr 이상   ㉯ 10^{-3}Torr 이상
㉰ 10^{-4}Torr 이상   ㉱ 10^{-5}Torr 이상

풀이 확산 펌프의 사용 진공도 : 10^{-3}Torr 이상

424

일반적으로 대기압에서부터 0.01 기압까지의 저진공을 측정하는데 정확한 압력을 측정할 수 있는 진공 게이지는?

㉮ 열전도 게이지   ㉯ 이온 게이지
㉰ 보돈 게이지   ㉱ 페닝 게이지

풀이 보돈(Bourdon) 게이지 : 대갑에서부터 0.01기압까지의 저진공을 측정에 사용

답 419 ㉰ 420 ㉱ 421 ㉱ 422 ㉮ 423 ㉯ 424 ㉰

425

압력 변화에 따른 기체의 열전도율의 변화를 이용한 진공 게이지는?

㉮ 열전도 게이지 ㉯ 이온 게이지
㉰ 보돈 게이지 ㉱ 페닝 게이지

 열전도 게이지
① 압력 변화에 따른 기체의 열전도율의 변화를 이용
② $1 \sim 10^{-3}$ Torr 범위의 압력을 측정하는데 사용

426

$1 \sim 10^{-3}$ Torr 범위의 압력을 측정하는데 사용하는 진공 게이지는?

㉮ 열전도 게이지 ㉯ 이온 게이지
㉰ 보돈 게이지 ㉱ 페닝 게이지

 열전도 게이지의 종류
① 피라니(Pirani) 게이지
② 열전쌍(thermocouple) 게이지

427

10^{-3} Torr 이하의 압력을 측정하는데 사용하는 진공 게이지는?

㉮ 열전도 게이지 ㉯ 이온 게이지
㉰ 보돈 게이지 ㉱ 피라니 게이지

 10^{-3} Torr 이하의 압력을 측정하는데 사용한 게이지
① 이온(ionization) 게이지
② 페닝(penning) 게이지

428

열간 가공용 합금 공구강(STD 61)의 광휘 담금질에 필요한 흡열형 가스의 가열 온도와 노점의 온도(℃)는?

㉮ 가열 온도 : 1010℃, 노점 온도 : 4.4~12.2℃
㉯ 가열 온도 : 1010℃, 노점 온도 : -6.7~21.1℃
㉰ 가열 온도 : 788℃, 노점온도 : 7.7~12.8℃
㉱ 가열 온도 : 954℃, 노점 온도 : 4.4~7.2℃

 광휘 담금질에 필요한 흡열형 가스의 노점
① ㉮항 : 열간 가공용 합금강
② ㉯항 : 고탄소, 고Cr 합금강
③ ㉰항 : 유냉 경화형 합금강
④ ㉱항 : 내충격용 합금강

429

아연을 15% 이상 함유한 황동의 광휘 열처리는 매우 어렵다. 그 이유로 옳은 것은?

㉮ 탈아연 현상을 일으킨다.
㉯ 수소 메짐 때문이다.
㉰ 취화가 심하게 일어난다.
㉱ 블라스터의 형성 때문이다.

 황동(15%Zn 이상)에서 광휘 열처리가 어려운 이유
① 황동은 산화하기 쉽다.
② 풀림 온도에서 Zn 증발이 쉽다.
(탈아연 현상을 일으킴)

답 425 ㉮ 426 ㉮ 427 ㉯ 428 ㉮ 429 ㉮

430

진공 분위기 열처리에서 승온의 특성에 대한 설명 중 틀린 것은?

㉮ 진공 분위기 중에서 부품을 가열할 때 주로 복사에 의한 열전달만이 이루어진다.
㉯ 진공 분위기 열처리에서 승온 속도는 빨라진다.
㉰ 열처리하기 위하여 가열할 때 승온 속도는 염욕 〉 분위기 〉 진공의 순서로 된다.
㉱ Austenite 결정립의 이상 성장(fish scale)을 일으키기 쉽다.

풀이 진공 분위기 중에서 부품을 가열할 때 분위기 중의 기체 분자량이 적으므로 대류에 의한 열전달보다는 주로 복사에 의한 열전달만이 이루어지므로 열처리 부품의 승온 온도는 느려질 수 밖에 없다.

431

진공 분위기 열처리에서 열처리하기 위해서 가열할 때 승온 속도의 순서로 옳은 것은?

㉮ 진공 〉 분위기 〉 염욕
㉯ 분위기 〉 진공 〉 염욕
㉰ 염욕 〉 분위기 〉 진공
㉱ 진공 〉 염욕 〉 분위기

풀이 염욕 〉 분위기 〉 진공

432

다음은 진공 열처리에서 가열시 승온 속도에 대한 설명 중 틀린 것은?

㉮ 승온 속도가 느리므로 Austenite 결정립의 이상 성장을 일으키기 쉽다.
㉯ 승온 속도를 빠르게 하면 Austenite 결정립의 이상 조대화를 방지한다.
㉰ 승온 속도가 느리므로 균일한 가열이 가능하다.
㉱ 승온 속도가 느리므로 담금질 변형을 증가시킨다.

풀이 승온 속도가 느리므로 균일한 가열이 가능하고 이것이 담금질 변형을 감소시킨다.

433

진공 중에서 담금질 냉각 방법에 대한 설명 중 틀린 것은?

㉮ 냉각 속도를 느리게 한다.
㉯ 냉각은 가스 냉각 또는 유냉이 이용된다.
㉰ 오스테나이트화 온도에서 소정의 유지 시간이 과 후 즉시 냉각한다.
㉱ 진공 열처리시의 냉각은 주로 질소 가스에 의한 가스 냉각이 이루어지고 있다.

풀이 냉각 속도는 빠르게 한다.

434

진공 열처리시 가스 냉각에 대한 설명 중 틀린 것은?

㉮ 실제 진공 열처리시의 냉각은 주로 질소 가스가 이용되고 있다.
㉯ 가스 냉각은 유냉보다 냉각 속도가 빠르다.
㉰ 담금질 냉각시에 탄화물의 입계 석출을 일으킨다.
㉱ 충전되는 냉각 가스로는 불활성 가스나 질소 가스가 많이 사용된다.

풀이 가스 냉각은 유냉보다 냉각 속도가 느리므로 담금질 냉각시에 탄화물의 입계 석출을 일으켜서 기계적 성질을 해친다.

답 430 ㉯ 431 ㉰ 432 ㉱ 433 ㉮ 434 ㉯

435
진공 열처리에 사용되는 가스 중 질소를 냉각 속도 1로 하였을 때 수소는?

㉮ 0.7 ㉯ 1.2
㉰ 2.2 ㉱ 3.2

 냉각 속도(질소 : 1일 경우)
① 수소 : 2.2 ② 헬륨 : 1.2 ③ 아르곤 : 0.7

436
실제의 진공 열처리시의 냉각은 주로 어떤 가스에 의한 가스 냉각이 행하여지고 있는가?

㉮ 산소 ㉯ 수소
㉰ 아르곤 ㉱ 질소

 주로 질소 가스에 의한 가스 냉각이 행하여지고 있다.

437
진공 열처리에서 가스 냉각 특성에 대한 설명 중 틀린 것은?

㉮ 일반적으로 대기압에 가까워질수록 냉각 속도는 느리다.
㉯ 냉각 가스의 압력에 따라서 냉각 속도가 좌우된다.
㉰ 헬륨은 불활성이고 안정성이 좋다.
㉱ 수소 가스는 냉각 속도를 크기 하는데 효과적이다.

풀이 일반적으로 대기압에 가까워질수록 냉각 속도는 빠르다.

438
진공 열처리에서 냉각 특성 중 유냉의 특성이 틀린 것은?

㉮ 탄소강이나 저합금강과 같이 가스 냉각으로는 충분히 경도가 얻어지지 않는 강종은 유냉이 이용된다.
㉯ 유냉시에는 압력의 영향을 받지 않는다.
㉰ 냉각시의 압력이 높아지면 냉각 속도가 빨라진다.
㉱ 충분히 노내 압력을 상승시킨 후에 기름에 침지할 필요가 있다.

 유냉시에서는 압력의 영향을 크게 받는다.

439
각종 스테인레스강을 진공 열처리할 때 주의해야 할 현상은?

㉮ 탈니켈 현상 ㉯ 탈아연 현상
㉰ 탈크롬 현상 ㉱ 탈황 현상

 각종 스테인레스강을 진공 열처리하는 경우에는 탈크롬 현상에 주의해야 한다.

440
진공 열처리의 큰 장점은 광휘성이 우수하다는 것이다. 이 광휘성의 좋고 나쁨을 좌우하는 인자가 아닌 것은?

㉮ 합금 원소
㉯ 가열시의 압력
㉰ 온도와 유지 시간
㉱ 가열 속도 및 가열유

답 435 ㉰ 436 ㉱ 437 ㉮ 438 ㉯ 439 ㉰ 440 ㉱

풀이 광휘성의 좌우 인자
① 재질(합금 원소)
② 가열시의 압력, 온도 및 유지 시간
③ 가스 중의 불순물
④ 냉각유의 종류 및 냉각 속도

441

진공 열처리에서 광휘성을 좌우하는 인자 중 거리가 가장 먼 것은?

㉮ 가열 방법   ㉯ 가스 중의 불순물
㉰ 냉각유의 종류 ㉱ 냉각 속도

442

진공 열처리에서 강의 좋은 광휘성을 얻기 위한 방법으로 틀린 것은?

㉮ 진공 담금질하는 경우 비교적 가열 온도가 낮은 탄소강이나 저합금강 등은 고진공에서 가열하는 것이 좋다.
㉯ STS 304 스테인레스강을 1100℃에서 용체화 처리한 경우는 가열시 압력에 관계없이 광휘도가 나타나지 않는다.
㉰ 강을 진공 풀림하는 경우 광휘 표면을 얻기 위해서는 고진공이 요구된다.
㉱ 950℃ 이상의 고온 가열하는 합금 공구강은 저진공에서 가열할 때 광휘 표면이 얻어진다.

풀이 STS 304 스테인레스강을 1100℃에서 용체화 처리한 경우는 가열시 압력에 관계없이 우수한 광휘도가 얻어진다.

443

진공도가 클수록 열처리 후의 표면 거칠기는?

㉮ 거칠어진다.   ㉯ 미세해 진다
㉰ 변화가 없다.   ㉱ 영향을 미치지 않는다.

풀이 진공도가 클수록 열처리 후의 표면은 거칠어진다.

444

다음 강의 표면을 경화 경화시키는 방법에 대한 설명 중 틀린 것은?

㉮ 방법에는 화학적 경화법과 물리적 경화법이 있다.
㉯ 강의 표면에 여러 가지 원소를 확산·침입시켜서 표면 조성의 변화에 의한 경화층을 얻는 방법을 화학적 경화법이라 한다.
㉰ 표면층의 조성은 변화시키지 않고 조직만을 변화시켜서 경화층을 얻은 방법을 물리적 방법이라 한다.
㉱ 물리적인 방법에는 침탄, 질화, 금속 침투법 등이 있다.

풀이 화학적인 방법 : 침탄, 질화, 침탄 질화, 금속 침투법

445

표면 경화법 중 물리적 방법은?

㉮ 화염 경화법   ㉯ 침탄법
㉰ 침탄 질화법   ㉱ 금속 침투법

풀이 물리적 방법 : 고주파 유도 경화법, 화염 경화법

답 441 ㉮ 442 ㉯ 443 ㉮ 444 ㉱ 445 ㉮

446

침탄 경화법에 대한 설명 중 틀린 것은?

㉮ 침탄시 강재의 적당한 탄소 함유량은 0.2% 이하이다.
㉯ 고탄소강의 표면을 저탄소강으로 만들어 표면을 경화한다.
㉰ 강의 침탄을 방지할 곳은 구리 도금 처리한다.
㉱ 침탄층의 탄소량은 고체 침탄시 0.85~0.9%이다.

풀이 침탄 경화 : 저탄소강의 표면에 탄소를 침투 확산시켜 고탄소강으로 만든 다음 담금질하여 경화시키는 방법

447

다음 중 침탄 처리 중 경화 불량의 원인 중 틀린 것은?

㉮ 침탄의 부족
㉯ 담금질시 탈탄
㉰ 담금질 온도가 높다.
㉱ 냉각 속도가 느리다.

풀이 침탄 처리시 경화불량 원인
① 침탄이 부족하다.
② 담금질시 탈탄
③ 담금질 온도가 낮다.
④ 냉각 속도가 느리다.
⑤ 가열 시간이 부족하다.

448

침탄용 강의 구비 조건으로 틀린 것은?

㉮ 표면에 결점이 없을 것
㉯ 고온·장시간 가열시 결정 입자의 성장이 안 될 것
㉰ 강재 주조시 완전을 기할 것
㉱ 고탄소강(0.2%C 이상)일 것

풀이 저탄소강(0.2%C 이상)일 것

449

다음은 침탄법에서 침탄 속도에 대한 설명 중 틀린 것은?

㉮ 내외부에 탄소 함유량의 농도차에 반비례한다.
㉯ 침탄량은 침탄제와 강의 종류, 가열 온도에 따라 다르다.
㉰ 동일 강에서는 내부에 확산하는 속도는 온도에 의한다.
㉱ 탄소 함유량과 내부 침탄제 확산 온도에 지배한다.

풀이 내외부에 탄소 함유량의 농도차에 비례한다.

450

다음 중 침탄 속도에 영향을 주는 요인이 아닌 것은?

㉮ 내부 확산   ㉯ 냉각 방법
㉰ 가열 시간   ㉱ 가열 온도

풀이 내부 확산, 가열 온도, 시간에 의존하며 CO의 증가에 따라 빨라진다.

451

침탄시 강재의 적당한 탄소 함유량은?

㉮ 0.2% 이하   ㉯ 0.2% 이상
㉰ 0.8% 이하   ㉱ 0.8% 이상

풀이 침탄시 강재의 적당한 C% : 0.2%C 이하

답 446 ㉯ 447 ㉰ 448 ㉱ 449 ㉮ 450 ㉯ 451 ㉮

452

침탄 담금질시 박리가 생기는 원인으로 틀린 것은?

㉮ 과잉 침탄이 생겨 국부적으로 탄소 함유량이 너무 많을 때
㉯ 원재료가 너무 연할 때
㉰ 원재료가 너무 단단할 때
㉱ 반복 침탄할 때

453

침탄 경화 과정으로 옳은 것은?

㉮ 침탄 처리→ 저온 처리→ 1차 담금질→ 2차 담금질→ 뜨임 처리
㉯ 침탄 처리→ 1차 담금질→ 2차 담금질→ 저온 처리→ 뜨임 처리
㉰ 침탄 처리→ 뜨임 처리→ 1차 담금질→ 2차 담금질→ 저온 처리
㉱ 침탄 처리→ 저온 처리→ 뜨임 처리→ 1차 담금질→ 2차 담금질

풀이 침탄 경화 과정 : 침탄 처리→ 저온 처리→ 1차 담금질→ 2차 담금질→ 뜨임 처리

454

다음 중 침탄 처리 과정의 설명 중 틀린 것은?

㉮ 침탄 처리 : 액체 침탄법, 고체 침탄법, 가스 침탄법
㉯ 저온 풀림 : Martensite의 구상화 처리
㉰ 1차 담금질 : 조대한 결정 입자 미세화 및 시멘타이트의 구상화
㉱ 2차 담금질 : 표면 경화

풀이 침탄 처리 과정
① 침탄 처리 : 액체, 고체, 기체
② 저온 처리 : Fe_3C의 구상화
③ 1차 담금질 : 조대 입자 미세화, Fe_3C의 구상화
④ 2차 감금질 : 표면 경화
⑤ 뜨임 처리 : 150~200℃(기계적 성질 개선)

455

침탄 처리시 뜨임 처리하는 온도(℃)는?

㉮ 100~150   ㉯ 150~200
㉰ 200~300   ㉱ 350~400

456

침탄 처리로 만들어진 침탄층의 깊이(두께)에 영향을 미치는 인자가 아닌 것은?

㉮ 강의 종류   ㉯ 침탄제의 종류
㉰ 침탄 후처리 방법   ㉱ 침탄 시간

풀이 침탄층의 깊이는 강종이나 침탄제의 종류, 온도, 시간에 따라 다르다.

457

고체 침탄법에서 침탄 속도에 가장 큰 영향을 미치는 인자는?

㉮ 침탄제   ㉯ 침탄 촉진제
㉰ 침탄 온도   ㉱ 강의 재질

풀이 침탄 속도에 가장 큰 영향 미치는 요인 : 침탄 온도

답 452 ㉰   453 ㉮   454 ㉯   455 ㉯   456 ㉰   457 ㉰

458

고체 침탄법에 대한 설명 중 틀린 것은?

㉮ 침탄제 : 목탄, 입상 코크스, 골탄 등
㉯ 침탄 촉진제 : 탄산 바륨($BaCO_3$), 탄산 소오다($NaCO_3$) 등
㉰ 침탄층의 탄소량 : 0.85~0.9%
㉱ 가열 온도 및 시간 : 520~550℃에서 50~100시간

[풀이] 900~950℃에서 4~6시간 유지하면 강재 표면에 0.5~2.0mm 정도의 침탄층을 얻는다.

459

고체 침탄법에서 침탄층의 탄소량은?

㉮ 0.30% 이하 ㉯ 0.30~0.45%
㉰ 0.65~0.86% ㉱ 0.85~0.90%

[풀이] 침탄층의 탄소량은 0.85~0.90%가 적당하다.

460

고체 침탄법에서 침탄 온도(℃)는?

㉮ 200~500 ㉯ 520~550
㉰ 850~900 ㉱ 900~950

[풀이] 침탄 온도 : 900~950℃

461

고체 침탄법에서 침탄 깊이에 따른 침탄 온도에 대한 설명 중 틀린 것은?

㉮ 침탄 온도가 높을수록 단시간 내에 소정의 깊이로 침탄된다.
㉯ 침탄 시간을 짧게 하기 위해서는 침탄 온도를 높게 한다.
㉰ 950℃ 이상에서 실시하면 Austenite 결정립이 거칠어진다.
㉱ 침탄 온도가 950℃를 넘으면 내부 조직의 변화가 생기지 않는다.

[풀이] 침탄 온도가 950℃를 넘으면 내부 조직의 변화가 생긴다.

462

다음 중 설명이 틀린 것은?

㉮ Na_2CO_3 너무 많으면 강 표면에 용착되어 침탄을 촉진한다.
㉯ 재료 중에 Cr이 포함되면 탄소 확산이 늦어진다.
㉰ 과잉 침탄의 원인이 되는 원소는 Cr이다.
㉱ 일산화탄소(CO)가 증가하면 침탄 속도가 빨라진다.

[풀이] Na_2CO_3 너무 많으면 강표면에 용착되어 침탄을 방지한다.

463

고체 침탄시 과잉 침탄의 원인이 되는 원소는?

㉮ CO ㉯ Cr
㉰ S   ㉱ P

[풀이] 과잉 침탄의 원인이 되는 원소는 Cr이다.

답 458 ㉱ 459 ㉱ 460 ㉱ 461 ㉱ 462 ㉮ 463 ㉯

464

침탄 처리에 영향을 주는 요인에 대한 설명 중 틀린 것은?

㉮ 침탄 온도는 900~950℃가 적당하다.
㉯ 침탄 깊이가 너무 깊으면 인성을 적게 한다.
㉰ 침탄 속도에 가장 큰 영향을 주는 요인은 침탄 촉진제이다.
㉱ 침탄제 입도가 너무 작으면 열통과 속도가 늦어진다.

풀이) 침탄 속도에 가장 큰 영향을 주는 요인 : 침탄 온도

465

고체 침탄법의 단점이 아닌 것은?

㉮ 대량 생산에 부적합하다.
㉯ 균일 침탄이 곤란하다.
㉰ 침탄층의 조절이 어렵다.
㉱ 침탄층이 너무 깊으면 인성이 증가한다.

풀이) 고체 침탄법의 단점
① 대량 생산이 부적합
② 균일 침탄이 곤란하다.
③ 침탄층의 조절이 어렵다.

466

고체 침탄제의 구비 조건으로 틀린 것은?

㉮ 침탄 온도에서 가열 중 용적 감소가 커야 한다.
㉯ 흡습성이 없을 것
㉰ P이나 S분이 적고 가열 중 강 표면에 밀착하지 않을 것
㉱ 열전도율이 높고 소모가 적을 것

풀이) 침탄 온도에서 가열 중 용적 감소가 작아야 하며, 침탄력 감퇴가 적고 내구력을 가질 것

467

침탄 후의 열처리에 대한 설명으로 틀린 것은?

㉮ 1차 담금질은 조대화된 결정 조직의 미세화한다.
㉯ 2차 담금질은 표면층의 경도를 낮추고 인성을 부여한다.
㉰ 침탄 후 강의 응력을 제거한다.
㉱ 풀림은 시멘타이트를 구상화한다.

풀이) 2차 담금질 : 표면 침탄층의 경도를 높이기 위해 750~880℃로 가열 후 수냉 또는 유냉한다.

468

침탄 후 2차 담금질 온도(℃)는?

㉮ 150~200   ㉯ 300~450
㉰ 520~550   ㉱ 750~880

풀이) 2차 담금질 온도 : 750~880℃로 가열 후 수냉 또는 유냉한다.

469

침탄 후 1차 담금질 방법으로 옳은 것은?

㉮ 조대화된 결정 조직의 미세화 및 유리 Fe_3C의 고용을 목적으로 A_3 변태점 이상 30℃ 정도로 가열 후 수냉 또는 유냉한다.
㉯ 표면 침탄층의 경도를 높이기 위해 750~880℃로 가열 후 수냉 또는 유냉한다.
㉰ 침탄 후 담금질한 강의 응력 제거 및 Martensite의 안정화를 위해 150~200℃에서 처리함.
㉱ 침탄층에 나타난 망상 Cementite를 구상화하기 위해 650~700℃에서 처리한다.

답) 464 ㉰ 465 ㉱ 466 ㉮ 467 ㉯ 468 ㉱ 469 ㉮

풀이
① ㉮항 : 1차 담금질 ② ㉯항 : 2차 담금질
③ ㉰항 : 뜨임 처리 ④ ㉱항 : 구상화 풀림

470

액체 침탄법에 대한 설명 중 틀린 것은?

㉮ 침탄제 : 시안화칼륨, 시안화나트륨 등이 있다.
㉯ 침탄 촉진제 : 탄산칼륨, 탄산나트륨, 염화칼륨 등이 있다.
㉰ 침탄 부분의 탄소 함유량은 1.0~1.5% 정도가 된다.
㉱ 침탄 깊이 : 800~900℃로 20~30분간 가열하면 0.1~0.5mm 정도의 침탄층이 생긴다.

풀이 침탄 부분의 탄소 함유량은 0.7~1.0% 정도가 된다.

471

강의 표면에 탄소와 질소가 동시에 침투 확산되는 침탄법이 아닌 것은?

㉮ 청화법   ㉯ 고체 침탄법
㉰ 침탄 질화법   ㉱ 액체 침탄법

풀이 액체 침탄법을 시안화법, 침탄 질화법, 청화법이라고도 한다.

472

다음 액체 침탄법에 대한 설명 중 틀린 것은?

㉮ 침탄제로는 보통 NaCN 54%, Na_2CO_3 44%, 기타 약 2%를 혼합한 것이 많이 사용된다.
㉯ 처리 온도가 700℃ 이하인 경우에는 질화층이 얻어진다.
㉰ 처리 온도가 800℃ 이상의 고온에서는 주로 침탄이 일어난다.
㉱ 침탄 깊이는 가열 온도 700℃에서 30분 처리에 의해 1.0mm 정도가 얻어지며 처리 온도가 높을수록 얕아진다.

풀이 액체 침탄의 침탄 깊이 : 가열 온도 900℃에서 30분 처리에 의해 0.1~0.5mm 정도가 얻어지며 처리 온도가 높을수록 얕아진다.

473

다음 중 액체 침탄법의 장점이 아닌 것은?

㉮ 산화가 쉬우므로 가공 시간이 절약된다.
㉯ 제품의 변형을 방지할 수 있다.
㉰ 온도 조절이 용이하다.
㉱ 가열이 균일하다.

풀이 액체 침탄법의 장점
① 가열이 균일하다.
② 제품 변형을 방지함.
③ 온도 조절이 용이하다.
④ 산화가 방지되므로 가공시간 절약

474

다음 중 액체 침탄법의 단점이 아닌 것은?

㉮ 침탄층이 얇다.
㉯ 온도 조절이 어렵다.
㉰ 발생하는 가스가 유독하다.
㉱ 침탄제의 값이 비싸다.

풀이 액체 침탄법의 단점
① 침탄층이 얇다.
② 발생 가스가 유독하다.
③ 침탄제의 값이 비싸다.

답 470 ㉰ 471 ㉯ 472 ㉱ 473 ㉮ 474 ㉯

475

가스 침탄법의 설명 중 틀린 것은?

㉮ 주로 작은 부품의 침탄에 이용된다.
㉯ 가스들을 변성로에 넣어 Ni를 촉매로 해서 침탄 가스로 변성시킨 후 가열로에 다시 불어넣어 침탄 처리한다.
㉰ 가스 침탄은 가스 중에 CO나 메탄(CH_4)이 주 침탄제 역할을 한다.
㉱ 침탄 온도가 높을수록 반응 속도가 감소되어 침탄 깊이도 낮아진다.

풀이 침탄 온도
① 침탄 온도가 높을수록 반응 속도는 증가한다.
② Acm 선을 따라 탄소의 고용한계가 높아질 수 있고
③ 침탄 깊이도 깊어진다.

476

가스 침탄에서 가스를 변성로에 넣어 침탄 가스로 변성시키는데 사용하는 촉매는?

㉮ Cu   ㉯ Mn
㉰ NI   ㉱ CO

풀이 가스 침탄 가스로 변성시키는 촉매 : Ni

477

침탄층에 나타난 망상의 시멘타이트는 담금질 전에 구상화시키는 것이 바람직하다. 1차 및 2차 담금질을 행할 때에는 1차 담금질 한 후 구상화 풀림을 하는 온도(℃)는?

㉮ 650~700   ㉯ 800~850
㉰ 850~900   ㉱ 900~1000

풀이 1차 및 2차 담금질을 행할 때에는 1차 담금질한 후 구상화 풀림(650~700℃)을 하는 것이 좋다.

478

침탄에 미치는 탄소의 영향 중 틀린 것은?

㉮ 침탄은 강 표면에 흡착된 탄소가 내부로 확산함에 따라 진행된다.
㉯ 일반적으로 침탄강에는 0.8~1.0%의 탄소가 함유되어 있다.
㉰ 내부와 외부 사이의 탄소 농도차가 클수록 침탄 속도는 빨라진다.
㉱ 처리재의 탄소 함유량은 적어야 한다.

풀이 실용상 강재의 내부는 이성을 가지도록 하고 표면은 경도를 높여 내마멸성을 가지도록 하는 것이 침탄의 목적이므로 처리재의 탄소 함유량(0.08~0.2%)은 적어야 한다.

479

침탄에 미치는 각종 원소의 영향에 대한 설명 중 틀린 것은?

㉮ Cr : 강 중에 탄소의 확산 속도를 느리게 하는 원소이다.
㉯ Ni : 침탄성을 저해하기 때문에 표면 탄소 농도 및 침탄 깊이를 감소시킨다.
㉰ W : 결정립 성장을 향상시킨다.
㉱ Mo : 탄화물을 형성하여 표면 탄소량을 증가시킨다.

풀이 W는 결정립 성장을 억제한다.

답 475 ㉱   476 ㉰   477 ㉮   478 ㉯   479 ㉰

480

침탄에 미치는 각종 원소의 영향에 대한 설명 중 틀린 것은?

㉮ V : 침탄성을 저해하는 경향이 강하다.
㉯ Si : 침탄성을 저해하는 효과가 매우 크다.
㉰ Mn : 중심부의 결정립 성장을 조장한다.
㉱ Ti : 탄소의 침탄 깊이를 증가시킨다.

풀이) Ti은 탄소의 침탄 깊이를 감소시키고 결정립의 크고 거칠음을 방지한다.

481

침탄에 미치는 각종 원소의 영향에 대한 설명 중 틀린 것은?

㉮ MN : 10% 첨가까지는 침탄성을 감소시킨다.
㉯ Al : 현저하게 침탄성을 저해한다.
㉰ P : 침탄성을 현저하게 저해한다.
㉱ S : 침탄성을 현저하게 저해한다.

풀이) Mn은 10% 첨가까지는 침탄성을 증가시키지만 그 이상이 첨가되면 침탄성이 감소되고 중심부의 결정립 성질을 조장하여 침탄층을 취약하게 한다.

482

S은 침탄성을 현저하게 저해하는 원소이다. 그러므로 침탄강에 함유되는 함유량은 얼마로 규정하는가?

㉮ 0.03% 이하   ㉯ 0.2% 이하
㉰ 0.3% 이하   ㉱ 0.36% 이하

풀이) 0.03% 이하로 규정한다.

483

침탄에 미치는 W의 영향에 대한 설명 중 틀린 것은?

㉮ 강 중에 탄소의 확산 속도를 느리게 한다.
㉯ 탄화물을 형성하여 표면 탄소량을 증가시킨다.
㉰ 침탄 깊이를 증가한다.
㉱ 결정립을 미세화시킨다.

풀이) 침탄 깊이를 감소시키고 결정립을 미세화시킴과 동시에 결정립 성장을 억제한다.

484

암모니아를 고온으로 가열하면 $NH_3 \rightleftarrows N + 3H\uparrow$ 로 되어 이 때의 발생기의 질소와 수소로 분해되는데 질소를 강의 표면에 침투 확산시켜 경화하는 방법은?

㉮ 침탄법   ㉯ 화염 경화법
㉰ 청화법   ㉱ 질화법

풀이) 질화법(Nitriding) : 암모니아를 고온으로 가열하면 $NH_3 \rightleftarrows N + 3H\uparrow$로 되어 이 때의 발생기의 질소와 수소로 분해되는데 질소를 강의 표면에 침투 확산시켜 경화하는 방법

485

강의 표면에 질소를 침투 확산시켜 표면을 단단하게 하는 표면 경화법은?

㉮ 침탄법   ㉯ 화염 경화법
㉰ 청화법   ㉱ 질화법

486

질화 경도의 향상에 가장 효과적인 원소는?

㉮ Cr ㉯ Mo
㉰ Al ㉱ Co

풀이 질화 경도의 향상에 가장 효과적인 원소 : Al

487

질화 경도의 향상뿐만 아니라 뜨임 메짐을 방지하는 목적을 갖는 원소는?

㉮ Cr ㉯ Mo
㉰ Al ㉱ Co

풀이 질화 경도의 향상뿐만 아니라 뜨임 메짐을 방지하는 목적을 갖는 원소 : Mo

488

질화 경도의 향상에 효과적인 원소의 순서로 옳은 것은?

㉮ Al > Cr > Mo ㉯ Al > Mo > Cr
㉰ Cr > Al > Mo ㉱ Mo > Al > Cr

풀이 질화 경도의 향상에 효과적인 원소의 순서 : Al > Cr > Mo

489

질화 처리 온도는 보통 몇 ℃에서 하는가?

㉮ 500~550 ㉯ 600~650
㉰ 700~750 ㉱ 800~950

풀이 질화 처리 온도 : 500~550℃

490

질화법에 대한 설명 중 틀린 것은?

㉮ 질화 처리는 500~550℃에서 50~100시간 처리한다.
㉯ 주철, 탄소강 및 Ni, Co 등을 함유한 강은 질화 경화가 잘된다.
㉰ 내마모성, 내식성이 있고 고온에서 안정된다.
㉱ 침탄보다 시간이 많이 걸린다.

풀이 주철, 탄소강 및 Ni, Co 등을 함유한 강은 질화하여도 경화되지 않으나 Al, Cr, Ti, V, Mo 등을 함유한 강은 심하게 경화한다.

491

다음 중 질화 처리의 장점이 아닌 것은?

㉮ 높은 경도를 얻는다.
㉯ 내마모성의 증가와 피로 한도가 향상된다.
㉰ 내식성이 우수하고 고온 처리로 변형이 적다.
㉱ 고온 강도, 내열성이 높다.

풀이 질화 처리의 장점
① 높은 경도 얻음
② 내마모성, 피로 한도 향상
③ 내열, 내식, 고온강도 우수
④ 저온 처리로 변형이 적다.

492

질화 처리 조직으로 적당한 조직은?

㉮ Austenite ㉯ Troostite
㉰ Martensite ㉱ Sorbite

풀이 질화 처리 조직으로 적당한 조직 : Sorbite

답 486 ㉰ 487 ㉯ 488 ㉮ 489 ㉮ 490 ㉯ 491 ㉰ 492 ㉱

493

다음은 침탄법과 질화법의 비교 설명 중 틀린 것은?

㉮ 경도는 질화층이 침탄층보다 높다.
㉯ 침탄 후 열처리는 필요하나 질화 후에는 필요 없다.
㉰ 침탄법은 경화로 인한 변형이 생기나 질화법은 변형이 적다.
㉱ 침탄층이 질화층보다 여리다.

풀이 질화층이 침탄층보다 여리다.

494

금속 침투법의 목적이 아닌 것은?

㉮ 내식성 향상   ㉯ 내열성 향상
㉰ 내마멸성 향상 ㉱ 메짐성 향상

풀이 금속 침투법의 목적 : 내식성, 내열성, 경도, 내마멸성, 방청성, 내고온 산화성 등의 성질 향상

495

다음 금속 침투법 중 화학적 성질을 향상시키기 위한 침투 원소가 아닌 것은?

㉮ Al   ㉯ Zn
㉰ Ti   ㉱ Si

풀이 화학적 성질을 향상시키기 위한 침투 원소 : Al, Zn, Si, Cr

496

다음 금속 침투법 중 기계적 성질을 향상시키기 위한 침투 원소가 아닌 것은?

㉮ Cr   ㉯ Zn
㉰ Ti   ㉱ V

풀이 기계적 성질을 향상시키기 위한 침투 원소 : Ti, Cr, V

497

강력한 탄화물 형성 원소로만 짝 지워진 것은?

㉮ Cr, Ti, V   ㉯ Zn, Al, V
㉰ Ti, Zn, Si ㉱ V, Cr, An

풀이 강력한 탄화물 형성 원소 : Ti, Cr, V

498

탄화물 피복층에 대한 설명 중 틀린 것은?

㉮ 탄화물층은 매우 치밀하다.
㉯ 내식성, 내열충격성이 부족하다.
㉰ 내마멸성, 내소착성이 우수하다.
㉱ 모재와의 밀착성이 크다.

풀이 내식성, 내열충격성이 우수하다.

499

용융 염욕 중에 침지시켜서 철강 재료, 비철 금속 및 초경 합금 등의 표면에 VC, NbC, Cr_7C_3 등의 탄화물을 형성시키는 처리를 무엇이라 하는가?

㉮ 세라다이징   ㉯ 칼로라이징
㉰ TD 처리   ㉱ 크로마이징

답 493 ㉱ 494 ㉱ 495 ㉰ 496 ㉯ 497 ㉮ 498 ㉯ 499 ㉰

풀이 TD 처리 : VC, NbC, Cr₇C₃ 등의 탄화물을 형성시키는 처리를 말한다.

500

내식성을 개선하기 위해서 Zn을 침투 확산시켜 금속 침투법은?

㉮ 칼로라이징   ㉯ 세라다이징
㉰ TD 처리   ㉱ 크로마이징

풀이 세라다이징(sheradizing) : Zn을 침투 확산시킨 방법

501

내열성을 개선하기 위해서 Al을 침투 확산시켜 금속 침투법은?

㉮ 칼로라이징   ㉯ 세라다이징
㉰ TD 처리   ㉱ 크로마이징

풀이 칼로라이징(calorizing) : Al을 침투 확산시킨 방법

502

내마멸성을 개선하기 위해 B를 침투 확산시켜 금속 침투법은?

㉮ 칼로라이징   ㉯ 세라다이징
㉰ 보로나이징   ㉱ 크로마이징

풀이 보로나이징(boronizing) : B를 침투 확산시킨 방법

503

내열성, 내식성, 내마멸성을 개선하기 위해서 Cr을 침투 확산시켜 금속 침투법은?

㉮ 칼로라이징   ㉯ 세라다이징
㉰ 보로나이징   ㉱ 크로마이징

풀이 크로마이징(chromizing) : Cr을 침투 확산시킨 방법

504

고주파 경화법의 장점으로 틀린 것은?

㉮ 가열 시간이 길다.
㉯ 국부적인 경화에 이용할 수 있다.
㉰ 표면 산화와 탈탄이 최소로 일어난다.
㉱ 변형이 적다.

풀이 가열 시간이 짧다.

505

다음 중 고주파 경화법의 장점으로 틀린 것은?

㉮ 피로 강도가 향상된다.
㉯ 시설비가 저렴하다.
㉰ 대량 생산이 가능하다.
㉱ 처리 공절을 생산라인과 바로 연결시켜 사용할 수 있다.

풀이 시설비가 고가이다.

답 500 ㉯ 501 ㉮ 502 ㉰ 503 ㉱ 504 ㉮ 505 ㉯

506

고주파 경화법의 단점이 아닌 것은?

㉮ 시설비가 고가이다.
㉯ 고주파 경화에 적합한 형상을 갖는 부품에서만 적용된다.
㉰ 비교적 높은 온도에서 담금질할 수 있는 강종에 제한한다.
㉱ 고주파 경화시킬 수 있는 강종이 제한되어 있다.

풀이) 비교적 낮은 온도에서 담금질할 수 있는 강종이 좋다.

507

표면 냉간 가공의 일종으로 금속 재료의 표면에 고속으로 강철이나 주철의 작은 입자를 분사시켜서 금속의 표면층을 가공 경화에 의해 경화시키는 방법은?

㉮ 방전 경화법   ㉯ 용사법
㉰ 화염 경화법   ㉱ 숏 피닝

풀이) shot peening법이다.

508

용융 상태의 금속이나 세라믹을 연속적으로 모재 표면에 분사시켜서 피막을 적층시키는 표면 경화법은?

㉮ 방전 경화법   ㉯ 용사법
㉰ 화염 경화법   ㉱ 숏 피닝

풀이) 용사법이라 한다.

509

담금질·뜨임 등의 일반 열처리와 연삭 가공 등이 완료된 강재 부품에 증기 처리를 하여 표면층에 2.5~5.0 μm 정도의 얇은 Fe_3O_4 산화 피막을 형성시키는 방법은?

㉮ 보로라이징   ㉯ 방전 경화법
㉰ 용사법   ㉱ 수증기 처리

풀이) 수증기 처리법이다.

510

방전 경화법에서 보통 120V의 전압으로서 50~70 μm 두께의 경화층을 얻는다. 이 경화층의 경도(HV)는?

㉮ 800~900   ㉯ 1000~1200
㉰ 1300~1400   ㉱ 1400~1600

풀이) 경화층의 경도 : HV 1400~1600

511

거시 조직 시험법 종류 중 가장 많이 사용되는 것은?

㉮ 강산 부식법   ㉯ 산세법
㉰ 파면 검사법   ㉱ 약산 검사법

풀이) 거시 조직 시험법의 종류 : 강산 부식법(가장 많이 사용), 산세법, 파면 검사법 등

답) 506 ㉰ 507 ㉱ 508 ㉯ 509 ㉱ 510 ㉱ 511 ㉮

512

거시적 조직 시험법에 대한 설명 중 틀린 것은?

㉮ 편석 등의 화학적 균일성을 검출하는데 이용된다.
㉯ 육안 또는 확대경 등의 저배율로 관찰하는 방법이다.
㉰ 비교적 크기가 큰 결함을 검출하는데 이용한다.
㉱ 기포, 비금속 개재물, 모세 균열 등의 결함을 검출한다.

풀이 편석 등의 화학적 불균일성을 검출하는데 이용된다.

513

현미경 조직 시험의 목적으로 틀린 것은?

㉮ 재료를 부식시키기 않고 결함을 관찰하는 방법이다.
㉯ 금속 조직학상의 상의 종류, 형상 크기, 양 및 분포 등을 관찰하기 위한 것이다.
㉰ 결정립의 크기를 확인하기 위한 것이다.
㉱ 미세 결함을 검출 및 전위, 석출물을 관찰하기 위한 것이다.

풀이 현미경 조직 시험에서 가장 주의할 점
① 목적에 알맞은 시료 제작
② 절절한 시료 채취 위치 선정 및 세심한 연마
③ 최적의 부식

514

현미경 조직 시험용 시료의 채취 부위에 대한 설명 중 옳은 것은?

㉮ 시료 절단시의 발생열로 인하여 시료가 가열되지 않도록 한다.
㉯ 표면 가까이의 부를 선택한다.
㉰ 가능하면 얇은 부위를 선택한다.
㉱ 가능하면 두꺼운 부위를 선택한다.

풀이 시료 채취시 피해야할 부위
① 표면 가까이의 부
② 얇은 부위
③ 두꺼운 부위

515

다음 철강용 부식액 중 탄소강의 소재의 부식액은?

㉮ 피크랄(5%) ㉯ 나이탈(5%)
㉰ 염화제이구리 ㉱ 염산 알코올

풀이 탄소강 소재 상태의 부식액 : 피크랄(5%) = 피크린산(5%), 알코올(95%)

516

탄소강의 열처리재 부식액은?

㉮ 피크랄(5%) ㉯ 나이탈(5%)
㉰ 염화제이구리 ㉱ 염산 알코올

풀이 탄소강의 열처리재 부식액 : 나이탈(5%) = 질산(5%), 알코올(95%)

517

투명한 석영창을 통하여 시료 표면의 변화를 관찰할 수 있도록 되어 있는 현미경은?

㉮ 고온 현미경 ㉯ 광학 현미경
㉰ 전자 현미경 ㉱ 주사 전자 현미경

풀이 고온 현미경이다.
① 진공 중에서 W 발열체를 이용하여 시료를 가열하고
② 투명한 석영창을 통하여 시료 표면의 변화를 관찰할 수 있도록 되어 있는 현미경
③ 배율 : 400~1000배 정도
④ 고온에서의 결정립 성장, 베이나이트 및 마텐자이트 변태를 관찰할 수 있다.

답 512 ㉮ 513 ㉮ 514 ㉮ 515 ㉮ 516 ㉯ 517 ㉮

518
고온 현미경의 배율은?

㉮ 400~1000배 정도   ㉯ 3000~4000배 정도
㉰ 5000배 정도   ㉱ 200만배 정도

519
소정의 열처리 온도로 가열할 때 나타나는 결함의 발생 주요 원인이 아닌 것은?

㉮ 노 내 온도의 불균일
㉯ 급열에 따른 결함
㉰ 온도 측정의 부정확
㉱ 부품 내의 온도 불균일

 가열시 결함의 주요 발생 원인
① 노 내 온도의 불균일
② 부품 내의 온도 불균일
③ 온도 측정의 부정확

520
소정의 열처리 온도로 가열할 때 생긴 결함인 산화에 대한 설명이 틀린 것은?

㉮ 공기 등의 산화성 분위기 중에서 가열할 때 생긴다.
㉯ 가열 온도가 낮으면 산화 반응이 촉진된다.
㉰ 가열 시간이 길어지면 산화 반응이 촉진된다.
㉱ 산화 정도는 가열 장치, 가열 방식 및 사용 재료에 따라 다르다.

가열 온도가 높거나 가열 시간이 길어지면 산화 반응이 촉진되어 이산화 스케일의 두께가 커진다.

521
산화 스케일이 형성되었을 때 제품에 나타나는 현상으로 틀린 것은 어느 것인가?

㉮ 제품의 표면이 미세해진다.
㉯ 탈탄이 발생된다.
㉰ 스케일이 부착된 상태로 담금질하면 담금질 얼룩이 생긴다.
㉱ 스케일이 부착된 상태로 담금질하면 연점 및 균열 발생이 쉽다.

 산화 스케일이 형성되면
① 제품의 표면이 거칠어지고
② 탈탄이 발생한다.
③ 스케일이 부착된 상태로 담금질하면 담금질 얼룩, 연점 및 균열 발생이 쉽다.

522
산화 방지 및 산화 스케일의 제거하는 방법 중 틀린 것은?

㉮ 황산 또는 염산 수용액으로 산세를 한다.
㉯ 샌드 블라스트 등의 기계적 방법으로 제거한다.
㉰ 산화 방지를 위해 노 내 분위기를 조절한다.
㉱ 가열 시간을 길게 하고 가열 온도를 높인다.

 스케일 제거 및 산화 방지
① 황산, 염산 수용액에 산세
② 기계적 방법으로 제거한다.
③ 산화 방지를 위해 노 내 분위기를 조절한다.

답 518 ㉮ 519 ㉯ 520 ㉯ 521 ㉮ 522 ㉱

523

강재 표면의 탄소량이 점차 감소하여 마침내 표면층이 연한 페라이트 층으로 변화되는 것은?

㉮ 산화 ㉯ 탈탄
㉰ 과열 ㉱ 연소

> 풀이 탈탄이다.

524

탈탄에 가장 큰 영향을 미치는 것은?

㉮ 수분 ㉯ 공기
㉰ CO ㉱ CO_2

> 풀이 탈탄에는 수분이 가장 큰 영향을 끼친다.

525

산화나 탈탄을 방지하기 위해서 어떤 분위기에서 열처리하는 것이 바람직한가?

㉮ 중성 또는 진공 분위기
㉯ 염기성 또는 진공 분위기
㉰ 산화성 또는 중성 분위기
㉱ 중성 또는 염기성 분위기

> 풀이 산화 및 탈탄 방지를 위한 분위기 : 중성이나 진공 분위기

526

탈탄된 강재를 담금질하면 나타나는 성질 중 틀린 것은?

㉮ 담금질 경도가 부족하다.
㉯ 담금질 얼룩이 생긴다.
㉰ 피로 강도가 증가한다.
㉱ 내마멸성이 나빠진다.

> 풀이 피로 강도가 나빠진다.

527

강재를 산화성 분위기 중에서 1100℃ 이상의 온도로 가열하면 결정립은 조대화된다. 이 때의 조직은?

㉮ 페라이트 ㉯ 펄라이트
㉰ 마텐자이트 ㉱ 비트만슈테텐

> 풀이 비트만슈테텐 조직이 된다.

528

과열 조직에 대한 설명 중 틀린 것은?

㉮ 침상의 비트만슈테텐 페라이트 조직이 나타난 조직이다.
㉯ 과열 조직으로 이루어진 강재는 성질이 취약하다.
㉰ 킬드강보다는 림드강에서 과열 조직이 나타나기 어렵다.
㉱ 과열 조직으로 이루어진 강재는 인성과 항복 강도가 낮다.

> 풀이 림드강에서보다는 킬드강에서 과열 조직이 나타나기 어렵다.

답 523 ㉯ 524 ㉮ 525 ㉮ 526 ㉰ 527 ㉱ 528 ㉰

529

과열 및 연소를 일으키기 쉬운 합금강의 합금 원소는?

㉮ Ni ㉯ Al
㉰ Cu ㉱ Si

풀이 과열 및 연소는 Ni, Co 및 Mo 등의 합금 원소가 함유된 강에서는 일어나기 쉽다.

530

과열 및 연소를 일어나기 어렵게 하는 합금 원소는?

㉮ Cu ㉯ Ni
㉰ Co ㉱ Mo

풀이 과열 및 연소는 Cu, Al, Si, 및 Cr 등의 합금 원소가 첨가되면 일어나기 어렵다.

531

다음 설명 중 틀린 것은?

㉮ 탈탄부의 현미경 조직은 저탄소강의 조직으로 나타난다.
㉯ 탈탄부의 현미경 조직은 밝은 색의 Ferrite 조직으로 나타난다.
㉰ 탈탄부는 저탄소강의 불꽃을 나타낸다.
㉱ 탈탄부는 미세한 결정면을 나타난다.

풀이 탈탄부는 백색의 크고 거친 결정립면으로 나타난다.

532

다음 설명 중 틀린 것은?

㉮ 과열 조직은 비트만슈테텐 조직이 전형적이다.
㉯ 연소를 일으킨 부위는 크고 거친 결정립 사이에 산화물이 존재한다.
㉰ 과열 조직으로 이루어진 강재는 인성과 항복 강도가 증가된다.
㉱ 과열 조직은 매우 밝은 광택을 나타낸다.

풀이 과열 조직으로 이루어진 강재는 인성과 항복 강도가 낮아진다.

533

다음은 담금질 균열에 대한 설명 중 틀린 것은?

㉮ 담금질 균열은 담금질 냉각시에 일어난다.
㉯ 담금질 냉각시 Cemenite 변태와 함께 일어난다.
㉰ 으로 인한 부품 내외의 온도 차이에 다른 열응력 때문에 발생하기도 한다.
㉱ 일반적으로 변태에 의한 부피 팽창이 균열 발생의 주원인이다.

풀이 담금질 냉각시 Martensite 변태와 함께 일어나는 균열이다.

답 529 ㉮ 530 ㉮ 531 ㉱ 532 ㉰ 533 ㉯ 534 ㉯

534

담금질 균열의 주원인은?

㉮ 변태에 의한 부피의 수축이 균열 발생의 주원인이다.
㉯ 변태에 의한 부피의 팽창이 균열 발생의 주원인이다.
㉰ 담금질 냉각시 Cementite 변태와 함께 일어난다.
㉱ 담금질 가열시 Martensite 변태와 함께 일어난다.

풀이 담금질 균열의 주원인 : 일반적으로 변태에 의한 부피 팽창이 균열 발생의 주원인이다.

535

열처리품의 담금질 균열이 발생하는 곳으로 적당하지 않는 곳은?

㉮ 살두께의 급변부
㉯ 예리한 모서리
㉰ 구멍 부위
㉱ 열처리품의 내부 중앙 부위

풀이 담금질 균열이 발생하는 부위 : 살두께의 급변부, 예리한 모서리, 구멍 부위 등

536

담금질에 따른 결함의 3가지 종류가 아닌 것은?

㉮ 담금질 균열   ㉯ 담금질 변형
㉰ 변태점   ㉱ 연화점

풀이 담금질에 따른 결함 3가지 : 담금질 균열, 담금질 변형, 연화점

537

다음 중 담금질 균열이 발생하기 쉬운 요인으로 옳지 않은 것은?

㉮ 담금질 온도가 너무 높을 때
㉯ 냉각시 상온까지 도달시켰을 때
㉰ 단조 후에 뜨임 처리를 하지 않고 담금질한 경우
㉱ 부품의 표면이 거칠었을 경우

풀이 단조 후에 풀림 처리를 하지 않고 담금질한 경우에 담금질 균열이 발생하기 쉽다.

538

담금질 균열을 방지하는 방법으로 거리가 먼 것은?

㉮ Ar″ 변태점에서 서냉한다.
㉯ 담금질 후 즉시 뜨임 처리한다.
㉰ 구멍이 있는 부분은 점토, 석면 등으로 막을 것
㉱ 되도록 담금질 온도를 높일 것

풀이 필요 이상으로 담금질 온도를 높이지 말 것

539

다음 중 담금질 균열 방지책으로 틀린 것은?

㉮ 을 피하고 일정한 냉각 속도를 유지한다.
㉯ 가능한 수냉을 피하고 유냉을 할 것
㉰ 부분적 온도차를 적게 하고 부분 단면을 일정하게 할 것
㉱ 재료의 흑피를 그대로 두고 담금질할 것

풀이 재료의 흑피를 완전히 제거하여 담금액 접촉이 잘되게 할 것

답 535 ㉱   536 ㉰   537 ㉰   538 ㉱   539 ㉱

540

다음 중 담금질 균열 방지책으로 틀린 것은?

㉮ 직각 부분을 적게 할 것
㉯ 결정 입자 성장 및 열응력 증대를 시키지 말 것
㉰ 담금질 후 시효 변형을 막기 위해 심냉 처리하여 잔류 말텐자이트를 완전한 오스테나이트로 변태시킬 것
㉱ 길고, 얇은 재료는 가열과 냉각시 변형을 막기 위해 packing할 것

풀이 담금질 후 시효 변형을 막기 위해 심냉 처리하여 잔류 Austenite를 완전한 말텐자이트로 변태시킬 것

541

다음 중 담금질할 때 생기는 균열 시기가 아닌 것은?

㉮ 200℃ 이하로 냉각할 때
㉯ 냉각액으로부터 끝이 올렸을 때
㉰ 담금질 후 시간이 경과하였을 때
㉱ 담금질 온도가 너무 낮았을 때

풀이 담금질 온도가 높을 때

542

다음 중 담금질할 때 생기는 균열 시기가 아닌 것은?

㉮ 담금질 경우 상온까지 냉각시켰을 때
㉯ 소재 표면이 미려했을 때
㉰ 담금질 직후 뜨임하지 않았을 때
㉱ 담금질한 후 2~3분 후에

풀이 소재 표면이 거칠었을 때

543

담금질 처리에 좋지 않은 영향을 미치는 형상에 대한 설명 중 틀린 것은?

㉮ 두께의 급변화   ㉯ 예리한 모서리
㉰ 라운딩 부분   ㉱ 계단 부분

풀이 담금질 처리에 나쁜 영향을 미치는 형상 : 두께의 급변화, 예리한 모서리, 계단 부분, 막힌 구멍

544

담금질하기 전에 잔류 응력을 제거하기 위한 응력 제거 풀림 온도(℃)는 얼마가 적당한가?

㉮ 200~300   ㉯ 350~400
㉰ 450~600   ㉱ 700~850

풀이 응력 제거 풀림 온도 : 450~600℃

545

다음은 담금질 변형에 대한 설명 중 틀린 것은?

㉮ 담금질 변형에는 지수 변화와 변형이 있다.
㉯ 치수 변화는 방지할 수 있으나 변형은 방지할 수 없다.
㉰ 치수 변화는 담금질시 변태에 따른 팽창 및 수축을 말한다.
㉱ 변형은 가열 및 냉각시 처리품의 휨, 비틀림 및 처짐을 말한다.

풀이 치수 변화는 변태시 결정구조의 변화에 따른 고유 성질이므로 방지할 수 없지만 변형은 적절한 대책에 의해 방지할 수 있다.

답 540 ㉰ 541 ㉱ 542 ㉯ 543 ㉰ 544 ㉰ 545 ㉯

546
담금질 변형의 방지법으로 틀린 것은?

㉮ 미리 변형을 예측하고 반대 방향으로 변형시킨다.
㉯ 프레스 담금질을 한다.
㉰ 유냉보다는 수냉을 한다.
㉱ 프레스 뜨임을 한다.

풀이 냉각 방법 : 수냉 〉 유냉 〉 공냉 순으로 변형이 작아진다.

547
담금질 처리시에 흔히 국부적으로 경화되지 않은 연한 부분을 무엇이라 하는가?

㉮ 담금질 균열   ㉯ 담금질 변형
㉰ 담금질 경화   ㉱ 연점

풀이 연점(soft spot) : 담금질 처리시에 흔히 국부적으로 경화되지 않은 연한 부분

548
연점(soft spot)의 발생 원인에 대한 설명 중 틀린 것은?

㉮ 냉각제 교반의 균일화
㉯ 노내 온도 분포 불균일
㉰ 표면의 산화 스케일
㉱ 가열 시간 부적절

풀이 연점의 발생 원인
① 노내 온도 분포의 부적절
② 가열 온도의 부적절
③ 가열 시간의 부적절
④ 수냉시의 기포 부착
⑤ 냉각제의 교반 불균일
⑥ 표면의 산화 스케일
⑦ 탈탄층

549
다음 연점의 발생 원인 중 틀린 것은?

㉮ 가열 온도의 부적절   ㉯ 불균일한 냉각
㉰ 표면의 산화 스케일   ㉱ 침탄층

550
다음 중 연점의 방지책이 아닌 것은?

㉮ 탈탄을 방지하거나 제거한 후 담금질한다.
㉯ 노 내 온도 분포, 가열 온도 및 가열 시간을 적절히 한다.
㉰ 강재의 경화능과 냉각제의 경화능을 다르게 한다.
㉱ 균일한 냉각이 되도록 한다.

풀이 강재의 경화능과 냉각제의 경화능을 고려하여 적당한 강재를 선택한다.

551
다음 강괴 중 연점의 발생 가능성이 가장 큰 강괴는?

㉮ 킬드강괴   ㉯ 림드강괴
㉰ 세미 킬드강괴 ㉱ 캡트 강괴

풀이 킬드강보다 림드강이, 합금강보다 탄소강의 연점 발생 가능성이 크다.

답 546 ㉰ 547 ㉱ 548 ㉮ 549 ㉱ 550 ㉰ 551 ㉯

552

경도 불균일의 원인에 대한 설명이 틀린 것은?

㉮ 표면 탈탄층의 탈탄부는 경화되지 않는다.
㉯ 불완전한 Austenite가 있으면 경화되지 않는다.
㉰ 냉각이 균일할 때 기포, 스케일이 부착되어 경화되지 않는다.
㉱ 화학 성분의 편석으로 경화 경도가 불균일하다.

풀이 냉각이 불균일할 때 기포, 스케일이 부착되어 불균일한 냉각이 된다.

553

경도 불균일의 방지책이 아닌 것은?

㉮ 탈탄 방지 및 탈탄을 제거한 후 담금질한다.
㉯ 적당한 담금질 온도를 유지한다.
㉰ 냉각을 균일하게 하고 서냉한다.
㉱ 경화능을 고려하여 적당한 화학 성분계의 재료를 선택한다.

풀이 냉각을 균일하게 또는 시킨다.

554

다음 중 담금질 경도 부족 원인이 아닌 것은?

㉮ 담금질 가열 온도가 너무 낮을 때
㉯ 담금질 개시 온도가 너무 높을 때
㉰ 냉각 속도가 임계 냉각 속도보다 느릴 때
㉱ 잔류 오스테나이트로 인한 경도 부족

풀이 담금질 개시 온도가 너무 낮을 때에 경도 부족 원인이 일어난다.

555

다음 중 뜨임 균열의 원인이 아닌 것은?

㉮ 급속 가열에 의한 균열
㉯ 뜨임 온도로부터의 시 균열
㉰ 담금질 직후 뜨임하는 경우
㉱ 탈탄층이 있는 경우

풀이 담금질이 끝나지 않는 상태의 것을 뜨임한 경우

556

다음 중 뜨임 균열의 방지책으로 틀린 것은?

㉮ 가열을 천천히 한다.
㉯ 잔류 응력을 제거한다.
㉰ 결정립의 취성을 나타내는 화학 성분을 감소시킨다.
㉱ 뜨임 즉시 탈탄을 제거하고 뜨임 후 한다.

풀이 뜨임 전에 탈탄을 제거하고 뜨임 후 서냉 또는 유냉(고속도 강)한다.

557

다음 중 뜨임 균열이 생기는 경우를 잘못 설명한 것은?

㉮ 담금질 후 강재의 온도가 완전히 내려가지 않는 동안에 뜨임 후 하면 균열이 생긴다.
㉯ 뜨임으로 인해 2차 경화되는 뜨임 온도에서 서냉으로 열응력이 생겨 현상이 좋지 않으면 균열이 발생한다.
㉰ 잔류 Austenite가 많은 경우에 Martensite 조직에 얼룩이 생겨 파손되기 쉽다.
㉱ 내부 조직이 외부의 탈탄층과의 조직이 다를 때 균열이 발생한다.

답 552 ㉰ 553 ㉰ 554 ㉯ 555 ㉰ 556 ㉱ 557 ㉯

풀이 뜨임으로 인해 2차 경화되는 뜨임 온도에서 으로 열응력이 생겨 현상이 좋지 않으면 균열이 발생한다.

558

뜨임 취성을 방지하는 원소가 아닌 것은?

㉮ S ㉯ Cr
㉰ Mo ㉱ V

풀이 뜨임 취성 방지 원소 : Cr, V, Mo, W

559

연마 균열에 대한 설명 중 틀린 것은?

㉮ 가벼운 연마 균열은 구갑상(龜甲狀)으로, 심한 연마 균열은 연마 방향에 수직한 평행선으로 나타난다.
㉯ 연마 균열은 연삭 도중이 아니라 연삭 후에 나타난다.
㉰ 담금질한 강을 그라인더로 연마하면 온도가 상승하여 일어난다.
㉱ 연마열이 더욱 높아져서 표면층의 온도가 300℃ 정도 일어난다.

풀이 가벼운 연마 균열은 연마 방향에 수직한 평행선으로, 심한 연마 균열은 구갑상(龜甲狀)으로 나타난다.

560

연마 균열의 깊이는 보통 얼마(mm) 정도인가?

㉮ 0.1~0.2 ㉯ 0.2~0.3
㉰ 0.3~0.4 ㉱ 0.4~0.5

풀이 연마 균열의 깊이 : 0.1~0.2mm

561

침탄시 발생하는 결함이 아닌 것은?

㉮ 경화 불량 ㉯ 연점
㉰ 박리 ㉱ 균열

풀이 침탄시 발생되는 결함 : 경화 불량, 연마 균열, 연점, 박리

562

침탄시 경화 불량의 원인이 아닌 것은?

㉮ 침탄 부족 및 임계 산화
㉯ 침탄 후 담금질 온도가 너무 높았을 때
㉰ 침탄 후 담금질시 탈탄이 되었을 때
㉱ 침탄 후 담금질시 냉각 속도가 느릴 때

풀이 침탄 후 담금질 온도가 너무 낮았을 때 또는 표면층에 잔류 Austenite가 많이 존재할 때

563

침탄시의 결함 중 담금질 얼룩에 대한 설명 중 틀린 것은?

㉮ 침탄 표면의 일부에 표면 경화가 되지 않는 부분을 말한다.
㉯ 편석이 많은 강에서 나타난다.
㉰ 킬드강 등의 재료 자체의 불량에 의한 침탄 얼룩
㉱ 가열 온도의 균균일과 냉각 속도에 따른 얼룩

풀이 림드강 등의 재료 자체의 불량에 의한 침탄 얼룩과 담금질

답 558 ㉮ 559 ㉮ 560 ㉮ 561 ㉱ 562 ㉯ 563 ㉰

564

박리가 생기는 원인과 대책에 대한 설명 중 틀린 것은?

㉮ 과잉 침탄이 생겨서 탄소 함유량이 너무 많을 때
㉯ 원 재료가 너무 연할 때
㉰ 침탄을 반복 침탄하였을 때
㉱ 과잉 침탄은 침탄 촉진제를 사용한다.

풀이 과잉 침탄은 침탄 완화제를 사용하고 침탄 후 확산 풀림한다.

565

침탄 부족의 원인에 대한 설명 중 틀린 것은?

㉮ 노 내 및 침탄 상자 내의 온도 불균일
㉯ 급속한 냉각에 의한 침탄 상자 내의 온도 부족
㉰ 급속 가열에 의한 침탄 상자 내의 온도 상승의 지연
㉱ 침탄 온도에서의 유지 시간

풀이 급속 가열에 의한 침탄 상자 내의 온도 부족

566

과잉 침탄의 원인과 대책에 대한 설명 중 틀린 것은?

㉮ 침탄 분위기 상태에서 오는 탄소량의 과대
㉯ 탄화물의 생성 원소를 많이 함유한 침탄강의 탄소 확산 속도가 느리기 때문에 강표면에 탄소량이 너무 높아진다.
㉰ 완화 침탄제를 이용한다.
㉱ 침탄 후 확산 처리를 피한다.

풀이 과잉 침탄의 방지 대책
① 완화 침탄제를 이용한다.
② 침탄 후 확산 처리한다.
③ 1차, 2차 담금질을 한다.

567

침탄 담금질로 생긴 변형을 방지하는 방법으로 틀린 것은?

㉮ 고온으로부터의 1차 담금질한다.
㉯ 프레스 담금질한다.
㉰ 마템퍼링한다.
㉱ 심냉 처리한다.

풀이 고온으로부터의 1차 담금질은 변형 발생이 크므로 될 수 있는 한 생략한다.

568

침탄 담금질한 표면에 경화되지 않는 부분이 생기는 담금질 얼룩을 무엇이라 하는가?

㉮ 박리 ㉯ 경화 불량
㉰ 연점 ㉱ 연마 균열

풀이 연점이라 한다.

569

연점에 대한 설명 중 틀린 것은?

㉮ 편석된 강에서 많이 나타난다.
㉯ 침탄 담금질한 표면에 국부적으로 경화되지 않는 부분
㉰ 과잉 침탄이 생겨서 탄소 함유량이 너무 많을 때 나타난다.
㉱ 림드강을 침탄할 때 나타나는 이상 조직을 가지는 부품을 담금질할 때 현저히 나타난다.

풀이 과잉 침탄이 생겨서 탄소 함유량이 너무 많을 때 나타나는 현상은 박리가 생기는 원인이다.

 564 ㉱ 565 ㉯ 566 ㉱ 567 ㉮ 568 ㉰ 569 ㉰

570

침탄시 탄소 농도의 변화가 급격하여 경도 변화가 클 때 경화층이 떨어져 나가는 현상을 무엇이라 하는가?

㉮ 박리   ㉯ 경화 불량
㉰ 연점   ㉱ 연마 균열

> 풀이: 박리 : 침탄시 탄소 농도의 변화가 급격하여 경도 변화가 클 때 경화층이 떨어져 나가는 현상

571

연마 균열을 방지하기 위해서는 심냉 처리 후 뜨임 처리는 몇 도(℃)에서 행하는 것이 좋은가?

㉮ 100~200   ㉯ 200~300
㉰ 300~400   ㉱ 400~500

> 풀이: 연마 균열 방지를 위한 뜨임 처리 온도 : 100~200℃

572

고주파 경화시에 발생하는 결함이 아닌 것은?

㉮ 담금질 균열   ㉯ 연점
㉰ 박리   ㉱ 취성

> 풀이: 고주파 경화시 발생한 결함 : 담금질 균열, 연점, 박리

573

고주파 경화시의 결함에 대한 설명 중 틀린 것은?

㉮ 사용 강종의 탄소량이 0.5% 이상이면 균열 발생이 생긴다.
㉯ 분수 구멍이 막힐 때나 분수 구멍의 수와 크기가 부적절할 때 연점이 발생한다.
㉰ 경화층과 비경화부와의 경도 변화가 급격할 때 박리가 생긴다.
㉱ 박리는 고주파 경화된 부품의 표면에 암자색의 무늬가 생긴다.

> 풀이: 고주파 경화된 부품의 표면에 암자색의 무늬가 생기는 경우가 있다. 이렇게 착색된 부분이 연점이다.

574

고주파 담금질의 결함 중 경도 부족 및 경도 얼룩의 원인으로 틀린 것은?

㉮ 재료가 부적당하다.
㉯ 탄소 함유량이 0.3% 이상이어야 한다.
㉰ 고주파 발진기의 power 부족에 의한 가열 온도가 부족하다.
㉱ 냉각이 부적당하다.

> 풀이: 탄소 함유량이 0.3% 이하이어야 한다.

575

고주파 담금질의 결함 중 균열에 대한 설명으로 틀린 것은?

㉮ 탄소 함유량이 0.4% 이상 함유하면 균열이 생기기 쉽다.
㉯ 담금질 가열 온도가 과대하였을 때 균열이 생긴다.
㉰ 공냉은 냉각 얼룩은 일으키고 균열의 원인이 된다.
㉱ 담금질 경도 깊이가 깊어질수록 균열이 일어나기 쉽다.

> 풀이: 수냉은 냉각 얼룩은 일으키고 균열의 원인이 된다.

답 570 ㉮   571 ㉮   572 ㉱   573 ㉱   574 ㉯   575 ㉰

576

고주파 경화시의 결함 중 박리에 원인의 설명으로 옳은 것은?

㉮ 경화층과 비경화부와의 경도 변화가 급변할 때 나타난다.
㉯ 분수 구멍이 막혔을 때, 분수 구멍의 수와 크기가 부적절할 때 발생하는 현상이다.
㉰ 경화층의 깊이가 너무 클 때 일어나기 쉽다.
㉱ 고주파 가열시 모서리, 구멍 주변부 등의 과열에 의해 일어난다.

풀이 박리의 원인
① 경화층과 비경화부와의 경도 변화가 급변할 때
② 경화층의 깊이가 너무 작을 때 일어나기 쉽다.

577

질화 처리에의 결함 중 경도 부족으로 원인으로 틀린 것은?

㉮ 표면 상태가 탈탄, 탈황 등이 있는 경우
㉯ 전처리가 불충분한 경우
㉰ 온도가 너무 낮거나 너무 높은 경우
㉱ 시간이 너무 긴 경우

풀이 질화층의 경도 부족
① 조직 : Sorrlte가 아닌 경우
② 표면상태 : 탈탄, 탈황인 경우
③ 전처리 : 불충분한 경우
④ 온도 : 너무 높고, 낮은 경우
⑤ 시간 : 부족한 경우

578

매크로 에칭이나 셜퍼 프린트법에 의해 쉽게 식별할 수 있는 편석은?

㉮ 일반 편석   ㉯ 거시 편석
㉰ 미시 편석   ㉱ 정 편석

 거시 편석이다.

579

재료의 편석 중 미시 편석과 거리가 먼 것은?

㉮ 강괴 균열, 취성 파단 등은 미시 편석과 밀접한 관계가 있다.
㉯ 열간 가공시의 적열 메짐, 용접 균열, 밴드 조직의 형성은 강괴의 미시 편석과 밀접한 관계가 있다.
㉰ 수지상정 사이에 생긴 국부적인 편석이다.
㉱ 셜퍼 프린트법에 의해 쉽게 식별할 수 있는 편석이다.

풀이 ㉱항은 거시 편석이다.

580

수지 상정 사이에 생긴 국부적이 편석을 무엇이라 하는가?

㉮ 일반 편석   ㉯ 거시 편석
㉰ 미시 편석   ㉱ 정 편석

 미시 편석이다.

581

현미경에 의해서 관찰할 수 있는 크기의 개재물을 무엇이라 하는가?

㉮ 비금속 개재물   ㉯ 소지흠 개재물
㉰ 편석 개재물   ㉱ 질화물 개재물

풀이 비금속 개재물 : 현미경에 의해서 관찰할 수 있는 크기의 개재물

답 576 ㉮ 577 ㉱ 578 ㉯ 579 ㉱ 580 ㉰ 581 ㉮

582

비금속 개재물의 크기는?

㉮ 0.1mm 이하 ㉯ 0.2mm 이하
㉰ 0.3mm 이하 ㉱ 0.4mm 이하

풀이 비금속 개재물의 크기 : 일반적으로 0.1mm 이하이다.

583

압연 방향에 평행하게 단속적으로 나타나는 비교적 깊은 선상의 흠은?

㉮ 선상 흠 ㉯ 세로 균열
㉰ 모래 흠 ㉱ 귀갑상 균열

풀이 선상 흠 : 압연 방향에 평행하게 단속적으로 나타나는 비교적 깊은 선상의 흠

584

강재의 표면에 비교적 미세하고 비늘(fish scake) 모양으로 발생하는 흠은?

㉮ 선상 흠 ㉯ 세로 균열
㉰ 모래 흠 ㉱ 귀갑상 균열

풀이 귀갑형 균열
① 강재의 표면에 비교적 미세하고 비늘 모양으로 발생하는 흠
② Cu, Sn, S 등의 불순물이 많을 때 생긴다.
③ 결정립계가 취약한 경우에 생긴다.
④ 탈탄 불량으로 주상정 내에 존재하는 기포가 외기와 접촉하여 산화된 경우에 가공시부터 균열

585

귀갑상 균열에 대한 설명 중 틀린 것은?

㉮ 강재 표면에 조대하고 비늘 모양으로 발생한다.
㉯ Cu, Sn, S 등의 불순물이 많을 때 생긴다.
㉰ 결정립계가 취약한 경우에 생긴다.
㉱ 탈탄 불량으로 주상정 내에 존재하는 기포가 외기와 접촉하여 산화된 경우에 가공시부터 균열이 나타난다.

586

플럭스(flux)나 내화재가 조괴 작업 중에 용강에 혼입되어 강괴 표면에 나타나는 강괴의 흠은?

㉮ 선상 흠 ㉯ 세로 균열
㉰ 모래 흠 ㉱ 귀갑상 균열

풀이 모래 흠이다.

587

다음 중 열간 가공에 의해서 생기는 표면 흠은?

㉮ 선상 흠 ㉯ 겹침
㉰ 모래 흠 ㉱ 귀갑상 균열

풀이 열가 가공에 의해 생기는 표면 흠 : 겹침, 주름살

588

전 단계의 압연시에 형성되었던 귀부분이 다음 단계의 압연시에 접혀서 생기는 흠은?

㉮ 선상 흠 ㉯ 겹침
㉰ 모래 흠 ㉱ 주름살

답 582 ㉮ 583 ㉮ 584 ㉱ 585 ㉮ 586 ㉰ 587 ㉯ 588 ㉯

589

압연시에 롤에 접촉하지 않는 자유 압축면에 생기는 주름상의 결함은?

㉮ 선상 흠 ㉯ 겹침
㉰ 모래 흠 ㉱ 주름살

590

가스 반응을 이용하여 금속, 탄화물, 질화물, 산화물 및 황화물 등을 기판(substrate)에 피복하는 방법은?

㉮ CVD법 ㉯ PVD법
㉰ TVD법 ㉱ AVD법

 CVD법(화학적 증착법) : 가스 반응을 이용하여 금속, 탄화물, 질화물, 산화물, 황화물 등을 기판에 피복하는 법

591

물리적 증착법에 대한 설명 중 틀린 것은?

㉮ CVD법이라고도 하며 고온에서 이루어진다.
㉯ 박막 형성에 이용되어 온 방법이다.
㉰ 다른 방법으로는 할 수 없는 저온 처리에 의해서 간단히 박막을 얻을 수 있다.
㉱ 표면 경화의 한 수단으로 이용되고 있다.

 CVD법 : 화학적 증착법
PVD법 : 물리적 증착법

592

물리적 증착법(PVD법)의 분류 중 틀린 것은?

㉮ 진공 증착법 ㉯ 스퍼터링
㉰ 이온 플레이팅 ㉱ 이중 코팅

 PVD법의 분류 : 진공 증착법, 스퍼터링, 이온 플레이팅, 이온 주입, 이온 빔 믹싱

593

PVD법의 분류 중 이온을 이용하지 않는 PVD법은?

㉮ 진공 증착법 ㉯ 스퍼터링
㉰ 이온 플레이팅 ㉱ 이중 코팅

 진공 증착법(evaporation) : 이온을 이용하지 않는 PVD

594

이온이 가지고 있는 에너지를 효과적으로 이용하여 저온 영역에서 우수한 피막을 형성할 수 있는 PVD법이 아닌 것은?

㉮ 진공 증착법 ㉯ 스퍼터링
㉰ 이온 플레이팅 ㉱ 이온 주입

이온을 이용하여 저온 영역에서 우수한 피막을 형성할 수 있는 PVD법 : 이온 플레이팅, 이온 주입, 이온 빔 믹싱

답 589 ㉱ 590 ㉮ 591 ㉮ 592 ㉱ 593 ㉮ 594 ㉮

595

PVD법 중에서 밀착성이 가장 우수한 물리적 증착법은?

㉮ 진공 증착법 ㉯ 스퍼터링
㉰ 이온 플레이팅 ㉱ 이온 주입

풀이 이온 플레이팅(ion plating) : PVD법 중에서 밀착성이 가장 우수하다.

596

진공 증착법에 사용하는 진공도는?

㉮ 10^{-3}Torr ㉯ 10^{-4}Torr
㉰ 10^{-5}Torr ㉱ 10^{-6}Torr

풀이 진공 증착법에 사용되는 진공도 : 10^{-5}Torr

597

이온 플레이팅(Ion plating)의 특징이 아닌 것은?

㉮ 피막과 기판과의 밀착성이 우수하다.
㉯ 피막의 치밀성이 양호하다.
㉰ TiC, TiN, CrN, Al_2O_3, SiO_2 등과 같은 화합물 피막을 얻을 수 있다.
㉱ 코팅 온도가 높으므로 기판을 형성시킨다.

풀이 코팅 온도가 낮으므로 기판을 형성시키지 않는다.

598

탄화물 피복된 TD 처리재의 특성으로 틀린 것은?

㉮ 초경 합금보다 훨씬 높은 경도를 갖는다.
㉯ 초경 합금보다 같은 또는 그 이상의 내마멸성을 갖는다.
㉰ 스테인레스보다 우수한 취성을 갖는다.
㉱ 스테인레스강보다 우수한 내식성을 갖는다.

풀이 TD 처리재의 특성
① 초경합금보다 훨씬 큰 경도를 갖는다
② 초경합금보다 같은 또는 그 이상의 내마멸성이 있다.
③ 스테인레스보다 우수한 내식성이 있다.
④ 스테인레스강보다 우수한 내산화성이 있다.
⑤ 초경 합금보다 우수한 내소착성이 있다.
⑥ Cr도금, PVD법 등에 의한 표면층보다 좋은 내박리성이 있다.
⑦ 우수한 절삭 및 전단 특성이 있다.

599

탄화물 피복된 TD 처리재의 특성으로 틀린 것은?

㉮ 초경 합금보다 우수한 내소착성을 갖는다.
㉯ Cr 도금, PVD법 등에 의한 표면층보다 좋은 내박리성이 있다.
㉰ 붕화물층의 피복은 어려우나 탄화물층의 피복은 가능하다.
㉱ 우수한 절삭 및 전단 특성이 있다.

답 595 ㉰ 596 ㉰ 597 ㉱ 598 ㉰ 599 ㉰

600

이온 질화법의 특징으로 틀린 것은?

㉮ 다른 질화법에 의해서 작업 환경이 매우 좋다.
㉯ 질화 속도가 비교적 느리다.
㉰ 400℃ 이하의 저온에서도 질화가 가능하다.
㉱ 가스 비율을 변화시켜서 동일 처리 온도에서도 화합물층의 조성을 제어할 수 있다.

풀이 질화 속도가 비교적 빠르다.

601

이온 질화법의 특징으로 틀린 것은?

㉮ 처리 부품의 정확한 온도 측정이 어렵다.
㉯ 미세한 홀 내면, 긴 부품의 내면 등에는 균일한 질화가 어렵다.
㉰ 형상이 복잡한 부품의 균일한 질화가 곤란하다.
㉱ 표면적이나 질량차가 작은 부품을 동시에 처리할 때 균일한 질화가 어렵다.

풀이 표면적이나 질량차가 큰 부품을 동시에 처리할 때 균일한 질화가 어렵고, 수냉이나 유냉 등의 급속 냉각이 어렵다.

답 600 ㉯ 601 ㉱

열처리기능사 필기&실기

PART 4

열처리기능사 실기 예상문제

제1장 열처리기능사 실기 예상문제

제2장 철강의 열처리 조직

제3장 원소 기호표

1. 열처리기능사 실기 예상문제

1. 다음은 재료를 900℃로 가열한 후 300℃의 염욕에 15분 동안 항온유지 후 염수 담금질한 것으로 검은 침상의 조직명은? (배율 : 400배, 0.74%C의 탄소강, 부식액 : 3% Nital)

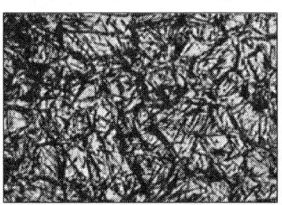

[답] Bainite

2. 950℃에서 불림처리한 조직(0.03%C)으로 백색 바탕의 조직명은?

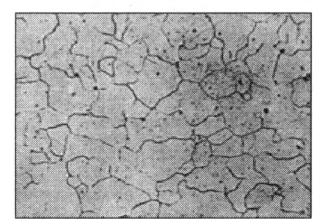

[답] Ferrite

3. 열처리 냉각법의 형태 중 계단냉각의 형태를 그림으로 표시하고 설명하시오.

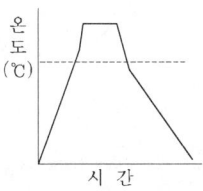

[답] 냉각도중 냉각속도를 변화시키는 방법

4. 백심가단 주철을 제조할 때 침탄상자 내부에서 일어나는 반응을 쓰시오.

[답] $Fe_3C + CO_2 \rightarrow 3Fe + 2(CO)$

5. STS5종을 납염욕(Lead salt bath)에 가열하여 기름에 담금질시 염욕 표면에 숯가루나 흑연가루를 덮는 가장 큰 이유는?

[답] 납의 산화를 방지

6. 담금질에서 Ar″ 변태란 어느 조직이 어떠한 조직으로 변태하는 것을 말하는가?

[답] Austenite조직이 Martensite조직으로 변태

7. 분위기 열처리에서 분위기의 탄소포텐셜(potential)이 0.9일 경우 0.3%C의 탄소강을 열처리 하면 어떠한 현상이 일어나는가?

[답] 침탄된다

8. 담금질에 의해 경화된 강중의 잔류 Austenite를 Martensite로 변태시킬 목적으로 하는 열처리 방법은?

[답] 심냉처리[Sub-zero treatment(서브제로 처리)]

9. 질화강 중 몰리브덴(Mo)을 첨가하는 가장 큰 목적은?

[답] 뜨임 취성 방지 = 취성 방지

10. 고체침탄에서 2차 담금질을 하는 경우가 있다. 1차 담금질의 목적은 중심부의 미세화이다. 2차 담금질의 목적은?

[답] 표면경화 = 침탄층경화

11. 950℃에서 노중 냉각시킨 0.06%의 순철(상온에서 α철)에 가까운 탄소강의 조직이다. 조직명은? (×100)

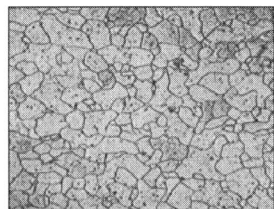

[답] Ferrite

12. 침탄재료를 경화시키는 올바른 과정을 순서대로 쓰시오.

(공정 : 뜨임처리, 침탄처리, 2차담금질, 1차담금질, 저온풀림)

[답] 침탄처리 → 저온풀림 → 1차담금질 → 2차담금질 → 뜨임처리

13. 화학성분이 동일한 재료의 경우, 가열시 결정입의 크기가 커지면 담금질성은 어떻게 변화하는가?

[답] 좋아진다 = 커진다

14. 850℃에서 수냉, 350℃에서 뜨임 시킨 0.8%C 탄소강의 조직명은? (배율 : 400배, 부식액 : 3% Nital)

[답] Troostite

15. 자동온도 제어장치의 종류 중에서 ON과 OFF의 시간비를 편차에 비례해서 목표전압에 접근시키는 온도제어 방법은?

[답] 비례제어식

16. STS 304 스테인레스 강의 기본적인 열처리로 냉간가공 및 용접 등에 의해 발생한 내부응력의 제거를 위한 열처리 방법은?

[답] 응력제거풀림

17. 0.85%C의 탄소강을 900℃에서 노중 냉각시킨 것으로 전체적인 조직명은? (부식액 : 5% 피크린산 알콜용액)

[답] 펄라이트

18. 정밀기계의 베드(bed)면을 기계담금질한 후 어떠한 표면경화법으로 경화시키는 것이 가장 좋은가?

[답] 화염 경화법 = 고주파 경화법

19. 열처리 방법 중 풀림을 하여 얻어지는 효과(목적)를 쓰시오.

[답] ① 내부 응력 제거   ② 경도 저하
③ 절삭성 향상   ④ 연화
⑤ 냉간 가공 개선   ⑥ 결정조직의 조정

20. 스테인레스강의 3가지 조직형태는? (조직명을 기입할 것)

[답] 1) 페라이트   2) 마텐자이트
3) 오스테나이트   4) 석출 경화형(Precipitation hardening)

21. 알루미늄 합금의 열처리 상태를 나타내는 기호 T_6을 설명하시오.

[답] 담금질 후 인공시효

22. 침탄경화의 공정도이다.

( )에 알맞은 말을 보기에서 고르시오.

[보기] 노멀라이징, 뜨임, 응력 제거 풀림, 침탄, 결정미세화 풀림, 전처리, 냉각, 용체화처리

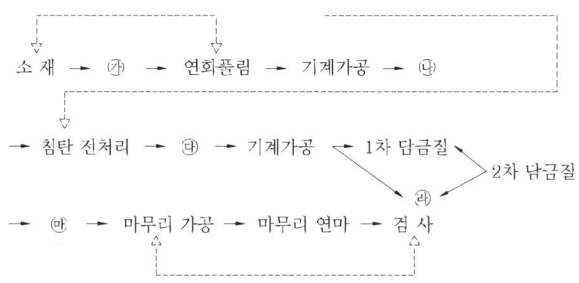

[답] (가) : 노멀라이징   (나) : 응력제거 풀림   (다) : 침탄
(라) : 결정미세화 풀림   (마) : 뜨임

23. 열처리에 사용되는 광온도계의 원리를 설명하시오.

[답] 고온체의 적색 방사선을 계기내에 있는 표준 필라멘트와 그 밝기를 비교 측정함.

24. 코발트 기지계(Fe-Ni-Co)내열합금은 주조재의 경우에는 주조한 상태로 사용되나 그밖의 강종에서는 어떤 열처리를 실시하여 사용하는가?

[답] 용체화 처리, 석출 경화

25. 광휘 열처리에서 표면을 환원 또는 원래 상태로 유지시켜 표면광택을 향상시키는 환원성 가스와 불활성 가스는 무엇인가?

[답] 환원성 가스 : CO, H_2, CH_4 불활성가스 : He, Ar

26. 고속도강(SKH)의 3단계 담금질 방법에서 각 단계별 온도(℃)를 쓰시오.

[답] ① 제1단계 : 500~600(±50)   ② 제2단계 : 900~950(±50)
③ 제3단계 : 1250~1320(±50) 뜨임 : 540~570℃

27. 930℃에서 물에 담금질한 후 400℃로 뜨임한 1.04%C 강의 조직으로 전체적인 조직명은? (배율 : 500배, 부식액 : 2% 질산알콜용액)

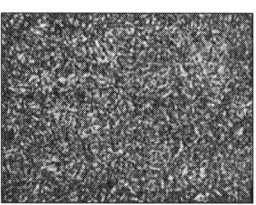

[답] 트루스타이트 = 화인펄라이트

28. 유도가열에 의해 표면을 약 870℃에 급열하고 분사 수로 담금질한 0.44%C의 탄소강으로 바탕조직은? (배율 : 400배, 부식액 : 3, 나이탈액부식시간 : 9~11초)

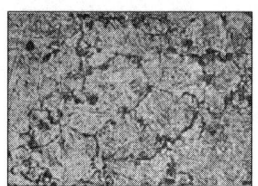

[답] 마텐자이트

29. 강재를 담금질하여 경화시키는데 필요한 최소의 냉각속도를 무엇이라 하는가?

[답] 임계 냉각속도

30. 고주파경화 열처리 작업을 하는 이유(목적)를 쓰시오.

[답] ① 재료표면의 산화와 탈탄을 방지
② 결정입자의 조대화를 방지

31. 기계구조용 합금강을 불림처리 했을 때 얻어지는 조직명은?

[답] 페라이트와 펄라이트

32. 표면경화법에서 강표면에 철-아연 합금층을 형성 시켜 방청을 향상시키기 위하여 증기압이 높은 아연가루 속에서 처리하는 방법은?

[답] 세라다이징

33. 항온열처리 중 오스템퍼링에서 얻어지는 조직은?

[답] 베이나이트

34. 청열취성(메짐)에 대해서 설명하시오.

[답] 탄소강을 200~300℃ 정도로 가열하면 상온에서보다 인장강도나 경도가 커지고 연신율, 단면수축율이 감소되는 현상

35. 실용재료의 열처리 중에서 가장 중요한 것의 하나로서 시효(Aging)가 있다. 시효처리의 원리를 설명하시오.

[답] 과포화 고용체로부터 다른 상이 석출하는 현상을 이용하여 금속 재료의 강도 및 그 밖의 성질을 변화

36. 공석강을 770℃ 산화성 분위기에서 6시간 가열한 조직이다. 흰색 부분의 조직명은 무엇인가?

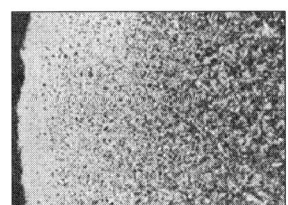

[답] 페라이트

37. 재료 중 과포화된 고용탄화물이 시간의 경과에 따라 탄화물이 석출되어 재료가 경하게 되는 현상을 무엇이라 하는가?

[답] 석출경화

38. 분위기 가스 중에서 가장 많이 사용되는 불활성 가스를 쓰시오.

[답] Ar, He

39. 열처리할 때 냉각재의 교반작용이 커지면 냉각속도는 어떻게 되는가?

[답] 커진다(빨라진다, 교반시 정지보다 약 4배 빠르다)

40. 경화된 강중의 잔류 오스테나이트 조직을 마텐자이트로 변태시키고자 한다. 어떤 열처리 방법이 좋은가?

[답] 심냉처리

41. 열처리 제품을 냉각하는 요령(방법)을 쓰시오.

[답] 연속, 계단, 항온

42. 탄소강(SM40C)의 담금질 온도는 Ac_1 또는 Ac_3 이상 30~50℃의 온도범위를 택하는 것이 좋다. 이 탄소강을 담금질할 때 두께 25mm에 대한 가장 적합한 유지시간은 얼마인가? (승온시간 1시간)

[답] 30분(0.5시간)

43. 흑심가단주철의 열처리에서 930℃에서 오래 유지하면 분해되면서 뜨임 탄소가 된다. (흑연화 현상) 이 때의 화학반응식을 쓰시오.

[답] $Fe_3C \rightarrow 3Fe + C$

44. 다음은 노의 자동 온도 제어의 한 흐름도이다. 공정 순서대로 쓰시오.

[보기] 비교부, 조절계, 변환부, 조작부

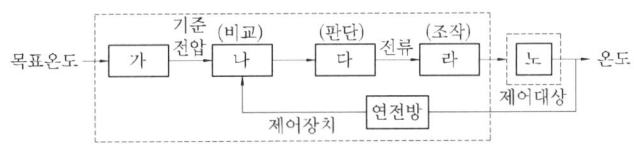

[답] (가) : 변환부   (나) : 비교부   (다) : 조절계   (라) : 조작부

45. 표면경화 열처리에서 침탄 담금질 중 박리가 생기는 원인을 쓰시오.

[답] ① 과잉 침탄(탄소량 과다) ② 원재료가 너무 연할 때
③ 반복 침탄할 때

46. 강재를 1100℃ 이상으로 가열(풀림)하면 파면은 조립이 되어 Widmanstatten 조직이 된다. 이때에 재료는 어떻게 되는가?

[답] 취성이 크다 = 인성이 작다

47. 0.84%C의 강을 930℃에서 가열유지한 후 400℃의 염욕속에 담금질하여 40초 동안 변태 후 수냉(오스템퍼링)한 것으로 흰바탕의 조직명은? (부식액 : 3% 나이탈 용액, 부식시간 : 7-8초)

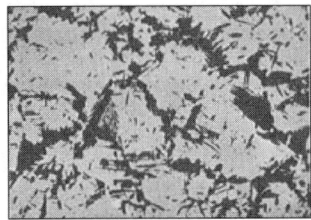

[답] 마텐자이트

48. 0.81%C의 강을 950℃에서 1시간 가열 후 1℃/분의 비율로 서냉시킨 것으로 전체적인 조직명은?
(부식액 : 5% 피크랄용액)

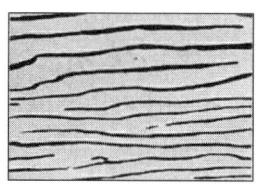

[답] 펄라이트

49. 담금질한 재료에 점성과 내마멸성을 주기 위하여 100~200℃에서 저온뜨임을 하는 열처리방법은?
(내부응력이 감소되고 경도는 거의 변화 없음)

[답] 스냅뜨임(Snap tempering)

50. 다음은 탄소강의 응력제거 풀림이다. (1)은 무슨 변태곡선인가?

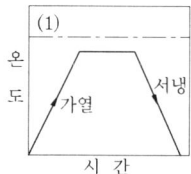

[답] A_1 변태선

51. 18-8 스테인레스강을 용체화처리 했을 때 얻어지는 효과를 쓰시오.

[답] ① 내부응력제거　② 재결정
　　③ 크롬 탄화물 제거　④ 연성회복

52. 고주파 담금질 열처리에서 고주파 담금질을 그대로 방치하면 자연균열이 생기는 경우가 있다. 이의 방지대책은?

[답] 저온 뜨임

53. 다음은 온도계를 도시한 것이다. 온도계의 명칭을 쓰시오.

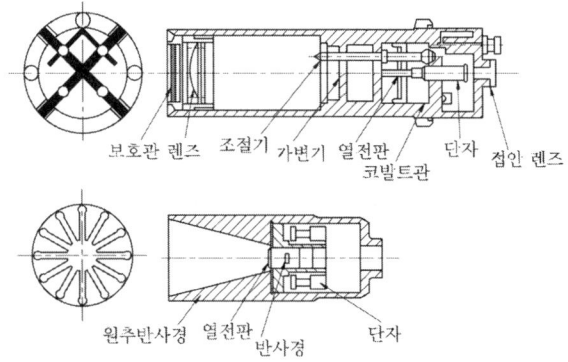

[답] 방사 온도계

54. 심냉처리를 하는 주목적을 쓰시오.

[답] 잔류 오스테나이트를 마텐자이트로 변화(경도 증가)

55. 열처리용 치구에 필요한 조건을 쓰시오.

[답] ① 내식성이 좋을 것　　　② 변형이 없을 것
　　 ③ 제작이 쉬울 것　　　　 ④ 작업성이 좋을 것
　　 ⑤ 치구에 겸용성이 있을 것

56. 강의 질화처리 중 표면에 백층이 많은 경우에 이의 생성 방지대책은?

[답] ① 질화시간을 짧게　　　② 질화온도를 높게
　　 ③ 해리도 20% 이상

57. 공석강을 750℃에서 1시간 유지한 후 물에서 급냉한 것으로 바탕의 조직명은? (부식액 : 5% Picral)

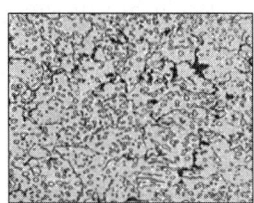

[답] 마텐자이트

58. 0.7%C, 2.0%Ni 강을 고온에서 가열유지한 후 공냉시킨 조직이다. 조직명은? (부식액 : 왕수, 염화 제1동 포화액)

[답] 오스테나이트

59. 냉간가공한 재료를 가열하면 연화된다. 이 때 연화되는 과정 3단계를 쓰시오.
[답] ① 변화순서 : 회복 → 재결정 → 결정립 성장
② 연화과정 : 내부응력제거 → 연화 → 재결정

60. 담금질에 의한 표면경화의 "예"이다. 보통 담금질, 고주파 담금질로 구분하시오.

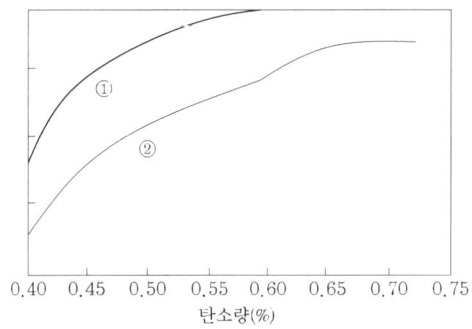

[답] ① 고주파   ② 보통

61. 탄화수소계 가스(프로판 등)에 다량의 공기를 가하여 원료가스를 연소시켜 만든 가스로서 흡열형 가스보다 CO_2, H_2O 등의 함량이 많은 분위기 가스를 무엇이라고 하는가?
[답] 산화성가스 = 발열성가스

62. 구조용강을 구상화 풀림하는 이유는 무엇인가?
[답] 소성 가공성 향상 = 펄라이트 층상조직 용이 = 절삭 가공성 향상 = 인성 향상

63. 침탄경화의 공정도이다. ( )를 보기에서 고르시오.

[보기] 불림, 풀림, 뜨임

1차 담금질, 소재→(①)→연화풀림→기계가공→(②)→침탄처리→침탄→기계가공성→(③)→2차 담금질풀림→뜨임→검사→마무리

[답] ① 불림   ② 풀림   ③ 1차 담금질

64. 다음 그림은 무슨 열처리로인가?

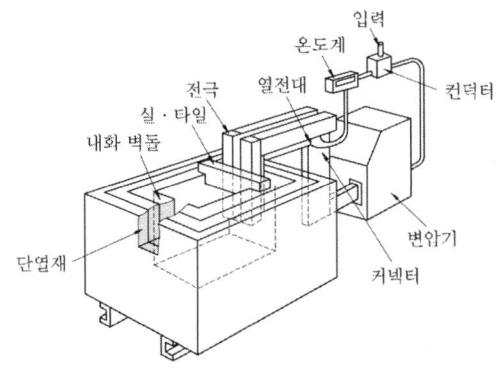

[답] 염욕로

65. 강을 Ac_1 이상의 오스테나이트 상태에서 물에 급냉시키면 몇 ℃ 부근에서 마텐자이트 조직으로 되는가?

[답] 150~250℃

66. 백점(White spot)은 대부분 응력이 작용함에 따라 발생하는데 이 응력의 주원인을 쓰시오.

[답] ① 잔류 응력   ② 온도차   ③ 수소   ④ 변태 응력
     ⑤ 기포   ⑥ 편석   ⑦ 비금속 개재물

67. 광휘열처리로에서 CO, H_2 또는 N_2, Ar 등을 사용하여 가열, 냉각함으로써 얻어지는 효과는?

[답] 표면 환원 = 표면 광택 향상 = 재료의 원상태 유지

68. 침탄 열처리 중 과잉침탄이 생길 때의 대책을 쓰시오.

[답] ① 완화 침탄제 사용   ② 침탄 후 산화처리
     ③ 1차(2차)담금질

69. 0.44%C의 탄소강을 950℃에서 1시간 가열한 후 노중 냉각시킨 것으로 층상(검은)부분의 조직명은? (부식액 : 5% 피크랄용액)

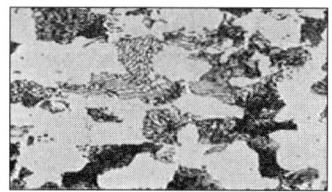

[답] 펄라이트

70. 다음은 프로판 가스에 의한 침탄법의 공정도이다. ( )안에 들어갈 물질과 열처리 로의 이름을 쓰시오.

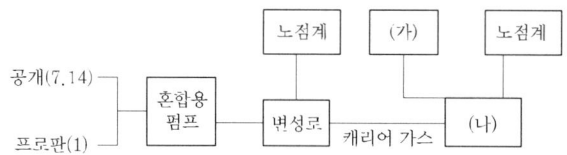

[답] (가) 프로판   (나) 침단로

71. 다음은 58℃ 정수에 있어서의 냉각곡선이다. 물음에 답하시오.

(가) 가장 급격한 온도 변화가 일어나는 구간은?

(나) 증기막이 강의 표면에 점차 기포가 생기면서 떨어져 나가며 액이 숨은열을 빼앗아 가는 구간은?

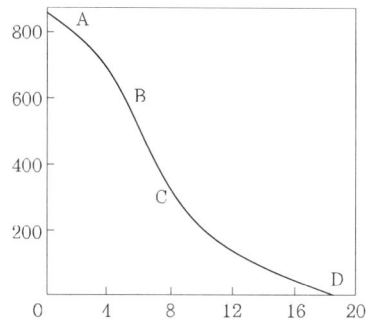

[답] (가) BC   (나) BC

72. 재료 내외부의 열처리 효과에 대한 차이가 있는 현상을 무엇이라 하는가?

[답] 질량효과

73. 고탄소강을 구상화 풀림하는 목적을 쓰시오.

[답] ① 기계가공성 개선   ② 강인성 증가
③ 담금질균열 방지   ④ 내마멸성 증가
⑤ 내부응력제거   ⑥ 조직의 미세화

74. 일반 열처리에서 Ar′ 변태는 어느 조직이 어느 조직으로 변태하는 것을 말하는가?

[답] Austenite → Troostite

75. M_s점과 M_f점 사이의 항온 염욕에 급냉하고 변태완료 후 공냉시켰다. 이 열처리는 무엇인가?

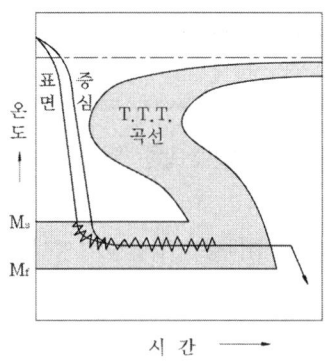

[답] 마템퍼링

76. 염욕 열처리할 때 발생되는 탈탄현상의 방지대책을 쓰시오.

[답] ① 수분 제거   ② 탈탄방지제 도포
③ 가열분위기 조성   ④ 가열시간 제한
⑤ 탈탄층 제거

77. 700℃에서 냉각속도(℃/sec)의 크기를 순서대로 쓰시오. (액온은 40℃)

[보기] 증류수, 11% 식염수, 수돗물, 광물기름

[답] 11% 식염수 〉 증류수 〉 수도물 〉 광물기름

78. 긴 물건을 담금질 시키고자 한다. 담금질액에 어떤 방향으로 담가야 하는가?

[답] 수직

79. 공석탄소강의 항온변태조직(극히 미세한 층상 조직임)을 배율 1600으로 관찰한 전체적인 조직명은?

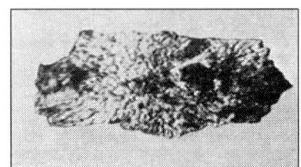

[답] Troostite

80. 구조용강과 같은 종류의 강은 500℃ 부근에서 뜨임하면 뜨임시간이 길어져 충격값이 적어지므로 이 온도를 피하는데, 이렇게 충격값이 떨어지는 성질을 무엇이라고 하는가?

[답] 1차 소려취성(Mo첨가방지)

81. 다음은 고체침탄 처리에서 침탄시료 방법에 관한 것을 도시한 것이다. [보기]에서 각 번호에 해당되는 내용을 고르시오.

[보기] 침탄제, 침탄용강, 침탄상자, 몰탈, 슬랙, 중유

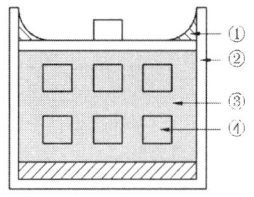

[답] ① 몰탈 ② 침탄상자 ③ 침탄제 ④ 침탄용강

82. 내식성 향상을 위해 저탄소강에 크롬을 침투시켜 경도가 높은 강을 만드는 처리를 무엇이라 하는가?

[답] 크로마이징

83. 탄소강을 담금질할 때 A_3 이상 30~50℃가 적당하다. 이 온도보다 높은 온도로 담금질할 때는 어떤 현상이 일어나는가?

[답] 결정립의 조대화 = 균열 = 강인성 저하

84. 다음은 가스 침탄처리의 주된 변성가스 제조 공정도이다. ( )를 보기에서 고르시오.

[보기] 냉각, 연소, 가열, 분해, 응고, 증기, 중유

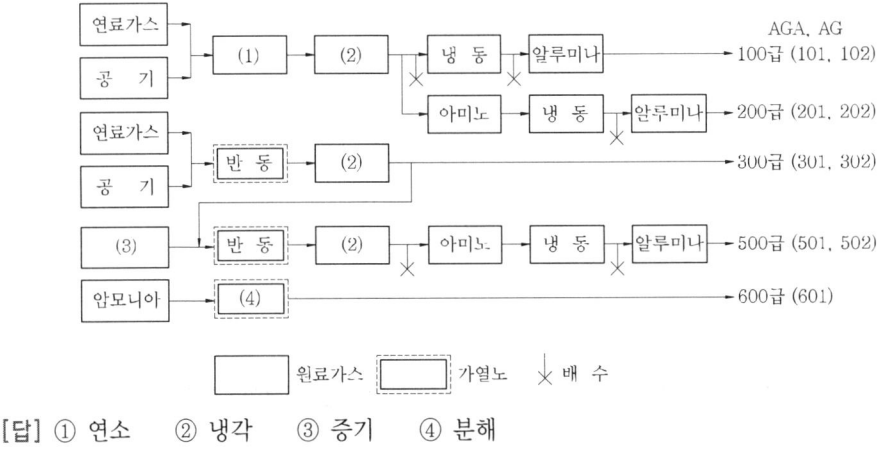

[답] ① 연소 ② 냉각 ③ 증기 ④ 분해

85. 다음의 침탄반응식을 완성하시오.

$$2CO + 3Fe \rightarrow (㉮) + (㉯)$$

[답] ㉮ Fe_3C ㉯ CO_2

86. 탄소공구강을 오스테나이트 조직의 온도로 가열하여 일정시간 유지 후 급냉시켰을 경우 얻어지는 조직은 무엇인가?

[답] Martensite

87. 단조용 탄소강의 완전풀림 열처리에서 필요 이상의 고온에서 가열하면 어떤 현상이 발생하는가?

[답] 조직의 조대화 = Austenite 조대화

88. 1.2%C, 10% Mn강을 1000℃에서 가열유지한 후 담금질한 것으로 전체적인 조직명은? (부식액 : 5% 나이탈 용액, 부식시간 : 20초)

[답] Austenite

89. 탄소강의 담금질 냉각의 요령을 도시한 것이다. ①, ②는 무엇인가?

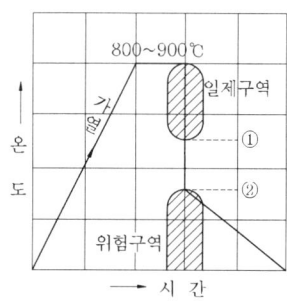

[답] ① Ar′   ② Ar″

90. 냉간가공의 가열에 의한 성질의 변화를 도시한 것이다. ①, ②는 무엇을 나타낸 것인가?

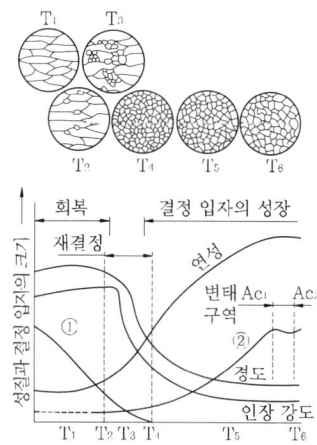

[답] ① 응력의 제거   ② 결정립의 크기

91. 생형에서 주조한 그대로 관찰한 것으로 바탕의 조직명은? (부식액 : 3% 나이탈용액, 부식시간 : 7~8초)

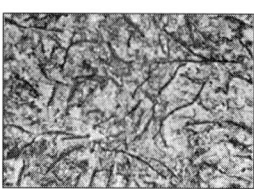

[답] Pearlite

92. 주조나 단조 후 편석과 응력 등의 불균일을 제거하고 결정립을 미세화시켜 기계가공을 쉽게 하며 조직을 균일화 시켜 표준조직을 얻기 위한 열처리는 무엇인가?

[답] 불림

93. 0.32%C 강을 900℃에서 가열, 800℃에서 수중 담금질한 것으로 바탕의 조직은 무엇인가? (부식액 : 5% 피크랄 용액, 부식시간 : 1~2분)

[답] Martensite

94. Fe-Ni-Cr(Co)계는 고용화 열처리 후 석출경화 열처리를 실시한다. 이때 가열유지 온도와 석출경화 온도를 쓰시오.

[답] ① 가열유지온도(℃) : 1000~1300℃
② 석출경화온도(℃) : 700~800℃

95. 다음 그림은 열처리로를 도시한 것인가?

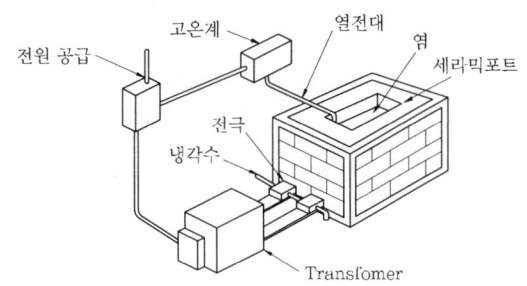

[답] 전기침탄로

96. 표준 고속도강(18-4-1형)은 열전도성이 좋지 않아 담금질을 위한 가열은 극히 서서히 해야 하며 보통 3단계의 가열방법을 사용한다. 이 3단계 가열 방법의 내용들을 쓰시오.

구 분	온도(℃)	가열방법
제1단계	가	서서히 가열
제2단계	900~950	균일 가열
제3단계	나	다

[답] (가) 500~600 (나) 1250~1320 (다) 급속 가열

97. 다음은 어떠한 열처리로를 도시한 것인가?

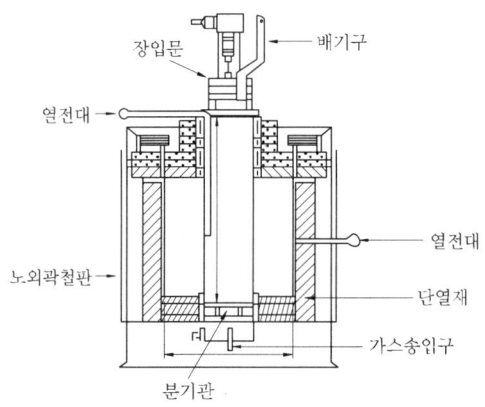

[답] 침탄로

98. 스테인레스 강이나 고속도강과 같이 고온(1000~1350℃)열처리에 사용되는 고온용 염욕로의 염욕제로 가장 많이 사용되는 것을 쓰시오.

[답] 염화바륨

99. 백선을 탄화철 속에서 900℃로 3일간 가열 탈탄한 것으로 검은 부분의 조직명은?

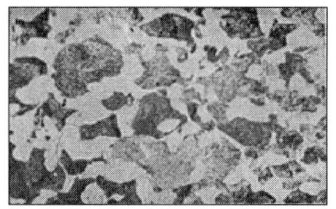

[답] Pearlite

100. 산화성 Gas인 수증기가 Fe와 작용시 반응식은?

[답] ① $Fe + H_2O \rightarrow (FeO) + H_2$
② $3Fe + 4H_2O \rightarrow (Fe_3O_4) + 4H_2$

101. 탄소강의 뜨임에 의한 조직과 부피변화에 관한 내용이다. 빈칸을 채우시오.

변화시작온도(℃)	변화급진 온도(℃)	부피변화	조직변화내용
60	125~170	가	α-martensite → β-martensite
150	230~350	나	잔류austenite → martensite

[답] (가) 수축   (나) 팽창

102. 다음은 탄소강의 담금질 온도범위를 나타낸 것이다. (가)의 조직명은 무엇인가?

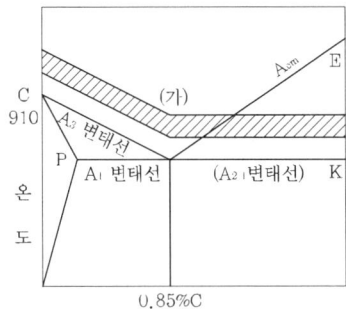

[답] Austenite

103. 강재의 가열방법 중 노내의 온도상승과 함께 강재의 외부와 내부의 표면온도가 거의 비례적으로 상승되는 경우를 표면과 내부로 구분하여 그리시오.

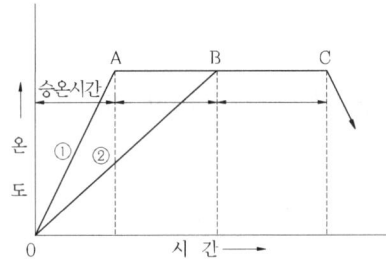

[답] ① 표면   ② 중심부

104. 강의 적열메짐이 생기는 원인이 되는 원소는 무엇인가?

[답] S(황)

105. 과공석강을 1100℃에서 1시간 가열 후 기름 담금질한 것으로 전체적인 조직명은? (부식액 : 5% 피크랄용액, 부식시간 : 1~3분)

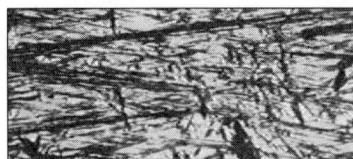

[답] Martensite

106. SM30C 이상의 중탄소강을 담금질할 때 두께가 75mm이고 승온시간이 1~1.5 시간일 때 유지 시간(분)은 어느 정도가 적당한가?

[답] 1시간(25mm : 30분, 50mm : 30분, 75mm : 1시간)

107. 구조용 합금강(SNC836)을 경도(HB) 192~229가 되도록 불림 및 풀림을 하고자 한다. 적당한 온도(℃)는 얼마인가?

[답] ① 불림(공냉) : 820~880℃　　② 풀림(노냉):820℃

108. 강의 Ingot 결정내에 존재하는 편석을 없애 주기 위한 확산풀림의 가열온도(℃)는?

[답] 1050 ~ 1300℃

109. 피처리 담금질재 가까이에서 복사열이 큰아-크 방전을 일으켜 가열한 후 냉각하는 담금질 열처리 방법은 무엇인가?

[답] 방전경화법

110. 풀림 열처리 작업시 탈탄의 주원인이 되는 원소(또는 원소공존)를 쓰시오.

[답] ① gas중의 산소의 존재　　　　② 수분이 포함된 수소 gas
　　③ 발열형 lean gas(AGA NO.101 gas)

111. 10 × 60 × 120mm의 STD61종을 MS담금질 하고자 한다. MS퀜칭 곡선을 그리시오.

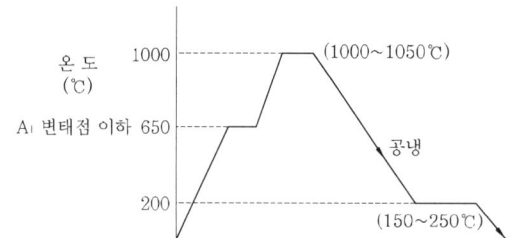

112. 담금질한 강을 180~200℃에서 뜨임하면 충격값은 어느 정도 증가하지만, 250~300℃ 부근에서는 최대로 감소한다. 이것을 무엇이라 하는가?

[답] 청열취성(Blue shortness)

113. 다음은 시멘타이트(Fe₃C)의 어떤 열처리 방법을 도시한 것인가?

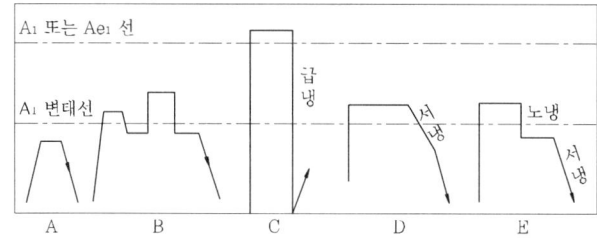

[답] 구상화 풀림

114. 기계구조용 탄소강(SM20C)은 어떤 강괴로부터 제조되는가?

[답] 림드강(Rimmed steel)
 ┌ 0.3%C 이상의 강재, 고급강 : 킬드강(Killed steel)
 └ 0.15 – 0.3%C 저탄소강 : 쎄미 킬드강(Semi-killed steel)

115. 다음은 가스침탄의 처리공정도이다. 사용되는 로의 명칭을 쓰시오.

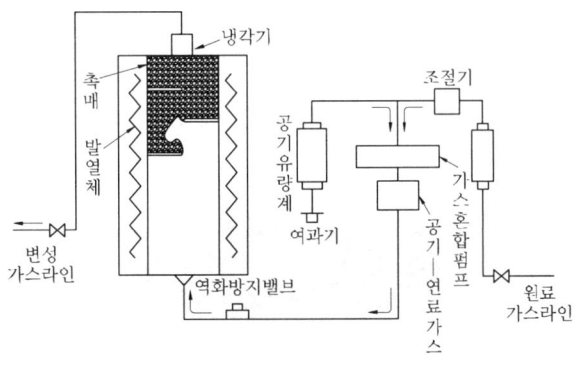

[답] 흡열형 가스 변성로

116. 0.9%C 탄소강을 담금질하여 재료를 가열했다가 기름 중에서 냉각하면 그때의 조직은? (페라이트와 극히 미세한 시멘타이트의 기계적 혼합조직임)

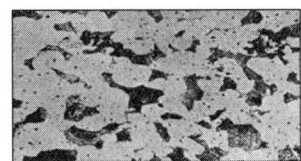

[답] 트루스타이트(Troostite)

117. 고열의 강부품이 냉각액(수냉)으로 부터 냉각되는 과정의 3단계를 쓰시오.

[답] 증기막 단계 → 비등 단계 → 대류 단계

118. 탄소강의 용접부분의 응력제거풀림 온도는?

[답] 500~600℃
 ※ 주조, 냉간가공 등의 잔류응력을 제거하기 위해.

119. 내마멸성을 주기 위해 철에 붕소를 침투, 확산 시키는 처리를 무엇이라 하는가?

[답] 보로나이징
 * Si → Siliconizing(실리코나이징)
 * Al → Calorizing(칼로라이징)

* Cr → Chromizing(크로마이징)
* Zn → Sheradizing(세라다이징)

120. 고주파 다듬질시 균열이 발생하는 원인을 쓰시오.

[답] ① 두께가 고르지 못할시 ② 냉각제 불량
　　 ③ 가열온도 불균일　　　　④ 뜨임 시기 부적절
　　 ⑤ 유도 코일 부적정　　　　⑥ 주파수 부적절
　　 ⑦ 작업 방법 부적절

121. C 1.04%, Mn 0.41%, Si 0.19%인 탄소강을 930℃에서 수냉후 400℃로 뜨임한 조직으로 전체적인 조직 이름은?

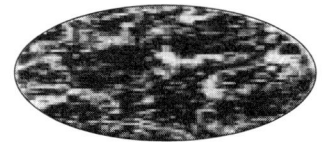

[답] 트루스타이트

122. 다음 그림은 ON - OFF식 제어장치이다. (가)에 설치되는 기기는?

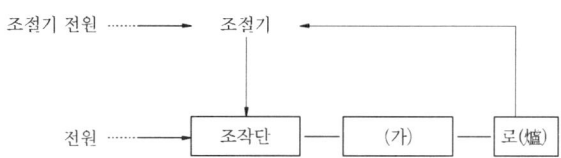

[답] 변압기

123. 0.84%C의 강을 930℃에서 가열유지한 후 400℃의 염욕로 속에 담금질, 40초 동안 항온변태 후 수냉(Austemperig)한 것으로 흰 바탕의 조직명은? (부식액 : 0.3% 나이탈 용액, 부식시간 : 7~8초)

[답] ① 흰색 : 마텐자이트　② 검은색 : 베이나이트

124. 파텐팅(Patenting)처리는 무슨 조직을 얻기 위한 처리인가?

[답] ① Air patenting : Sorbite
　　 ② Lead　　〃　 : Bainite

125. 0.44%C의 강을 930℃에서 불림한 것으로 흑색 및 층상은 무슨 조직인가?

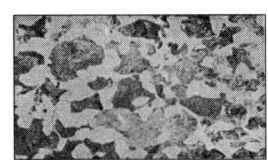

[답] ①백색 : 페라이트   ② 검정 : 펄라이트

126. 담금질 작업시 Ar' 변태가 일어나는 구역에서의 냉각은 어떤 방법으로 해야 하는가?

[답] ① Ar' : 급냉   ② Ar'' : 서냉 및 급냉
(Crack을 방지하기 위해서 서냉)
(잔류 오스테나이트를 적게 하기 위해 급냉)

127. 정체된 물속에서의 담금질 3단계 냉각을 도시한 것이다. Ⅰ, Ⅱ는 각각 무엇인가?

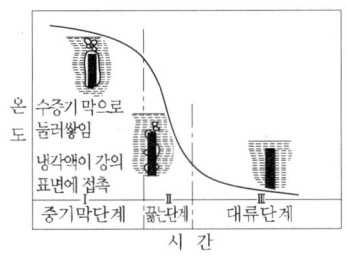

[답] ①Ⅰ : 증기막   ② Ⅱ : 비등

128. 다음은 침탄질화법의 화학식이다. ( )안에 알맞는 것을 쓰시오.

[보기] $2NaCN + O_2 = 2NaCNO$
$4NaCNO = 2NaCN + Na_2CO_3 + (\ ) + N_2$

[답] CO

129. 그림은 노점분석기의 노점 컵 구조를 나타낸 것이다. ⓐ의 명칭을 쓰시오.

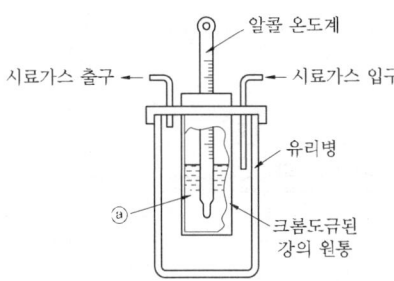

[답] 드라이 아이스 + 알콜

130. 알루미늄 합금의 열처리시 T4 처리란 무엇을 뜻 하는가?

[답] 담금질 후 상온 시효를 끝낸 것

131. KCN용액이나 NaCN용액으로 침탄질화 작업할 때 경화층을 얇게 하려면 어떻게 처리하여야 하는가?

[답] 높은 농도의 욕에 낮은 온도(750~850℃정도)에서 실시

132. 질화처리의 공정도를 나타낸 그림이다. 어떤 질화처리 공정도인지 그 명칭을 쓰시오.

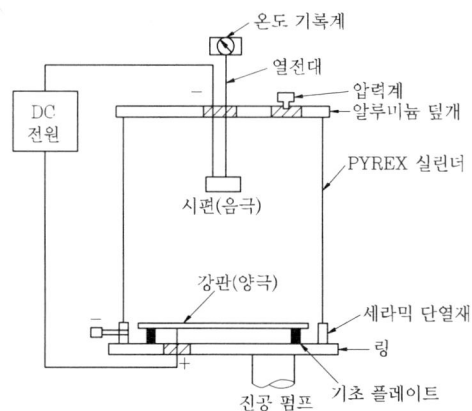

[답] 이온질화처리

133. 열처리에 사용되는 내화재는 주로 산성 또는 중성 내화재이다. 그 내화재의 주성분의 분자식을 쓰시오.

[답] ① 산 성 : 규소(SiO_2)
   ② 염기성 : 마그네시아(MgO), 산화크롬(Cr_2O_3)
   ③ 중 성 : 알루미나(Al_2O_3)

134. 그림은 강재의 침탄반응을 표시한 그림이다. ⓐ에 그 반응식을 쓰시오.

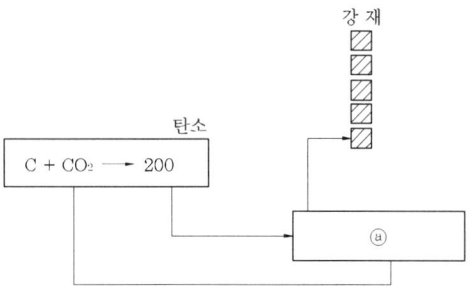

[답] $2CO \rightarrow C + CO_2$

135. 피처리물을 가열하면 아래와 같은 형식으로 가열된다. 다음 ( ) 안에 알맞은 것을 쓰시오.

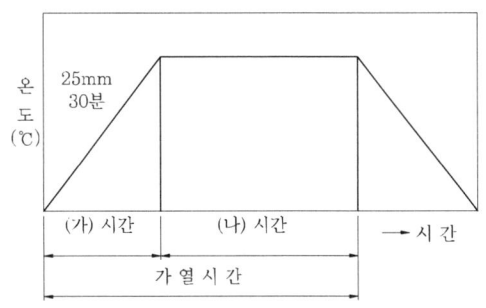

[답] (가) 승온   (나) 유지

136. 강의 조직 중 마텐자이트의 결정격자는 무엇인가?

[답] ① α-M(BCT) : 체심정방격자
　　② β-M(BCC) : 체심입방격자

137. 다음 그림은 열처리 제품의 성분검사에 쓰이는 기기의 구조를 나타낸 것이다. 어떤 방법을 도시한 것인가?

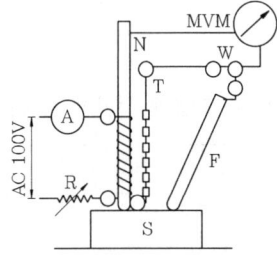

[답] 접촉열 기전력법

138. 일반적으로 강의 담금질 온도는 Ac_3, Ac_1 선보다 몇도 높게 하는가?

[답] 30℃~50℃

139. 다음 그림은 냉각속도에 따른 조직생성 관계인 분열변태를 나타낸 그림이다. 각 구간별 A, B, C, D의 조직명은?

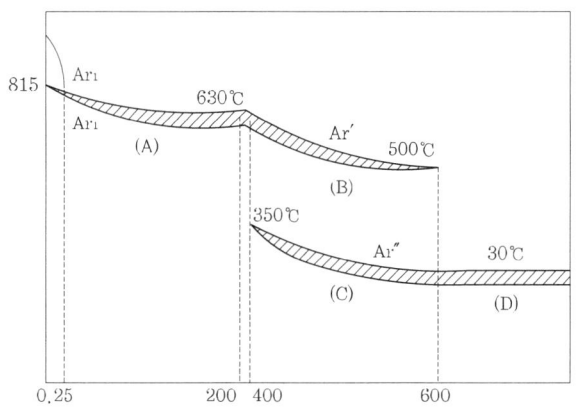

[답] A : Sorbite   B : Troostite
       C : Troostite   D : Martensite + Martensite

140. 질화강의 열처리에서 사용되는 온도 및 조직은? 어떤 영역에서 사용 하는가?

[답] 저온 Ferrite구역(α - Fe구역)

141. 그림은 공구강, 특수강, 자경성이 큰 재료에 적합한 풀림을 도시한 것이다. 무슨 풀림인가?

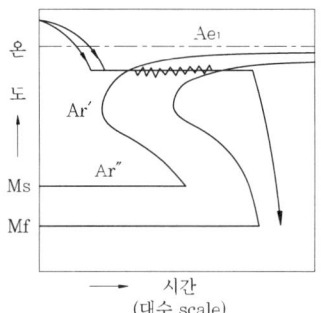

[답] 항온 풀림

142. 아래 그림은 침탄 후의 열처리 방법이다. Cd(굵은 수직선) 처리의 목적은?

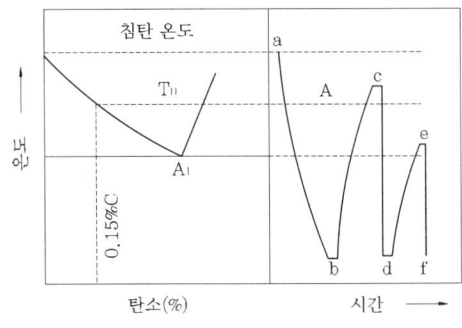

[답] 표면경화

143. 탄소강 담금질시 목표 경도치가 되지 않았다. 원인을 쓰시오.

[답] ① 담금질온도가 낮다. ② 담금질 시간이 짧다.
③ 냉각속도가 너무 느리다.

144. 900℃ 1시간 유지 후 공냉시킨 주강의 조직으로 검은 부분의 조직명은 무엇인가? (단, 배율 : 200, 부식액 : 3% 나이탈 용액 부식시간 : 7-8초)

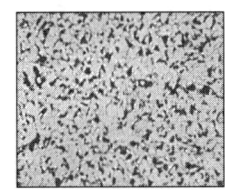

[답] 흑색 : Pearlite, 백색 : Ferrite

145. 0.7%C 강을 880℃에서 a : 수냉, b : 290℃의 염욕속에 15분 유지 후 수냉 c : 400℃의 염욕속에 15분 유지 후 수냉하였을 때 각각의 조직은?

[답] a : 마텐자이트, b : 하부베이나이트, c : 상부베이나이트

146. 열처리 단계에 따른 조직변화를 나타내었다. 빈칸에 알맞은 것은?

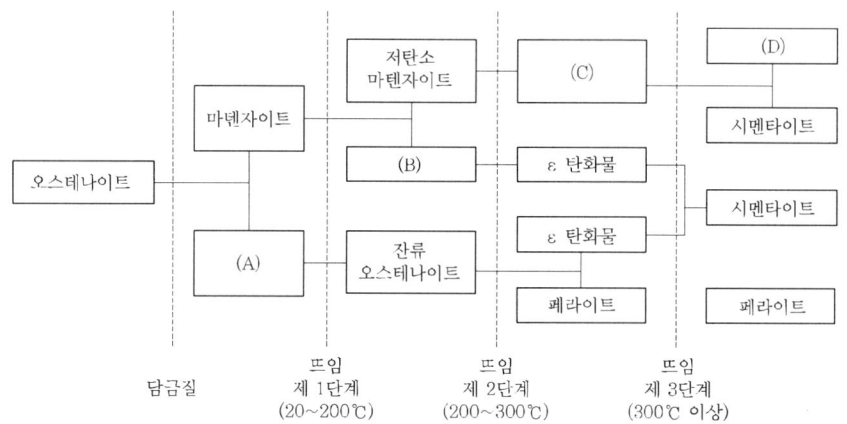

[답] A : 잔류Austenite, B : ε 철탄화물
C : 저탄소 Martensite, D : Ferrite

147. 탄소강의 현미경 조직을 중량법에 의해 측정한 결과 페라이트가 10%, 펄라이트가 90%였다. 이 재료의 탄소함량은 몇 Wt.%인가? (단, 페라이트 및 펄라이트 중의 탄소함유량은 각각 0.01%, 0.8Wt.%임)

[답] 0.72%

148. 10 × 60 × 120mm의 STD61종을 Ms 담금질하고자 한다. Ms퀜칭 곡선을 그리시오.

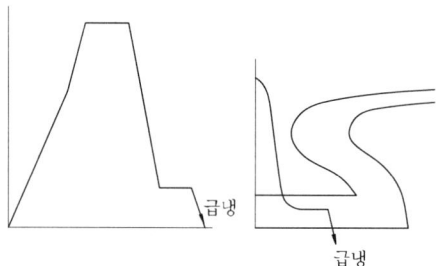

149. 냉간공구강(STD11)을 1000℃까지 가열유지 후 유냉한 것으로 조직명은? (부식액 : 5% 나이탈 용액, 부식시간 : 5초, 배율 : 720배)

[답] Martensite

150. 이슬점이란?

[답] 분위기 중에서 수분의 응축이 생기기 시작하는 온도

151. 질화전 예비처리의 방법 및 처리 후 조직은?

[답] ① 900℃로 가열하여 기름 담금질한 후 680℃부근에서 뜨임
② 조직은 소르바이트

152. 다음은 0.45%C 탄소강의 현미경 조직변화도이다. (가), (나)의 조직은 무엇인가?

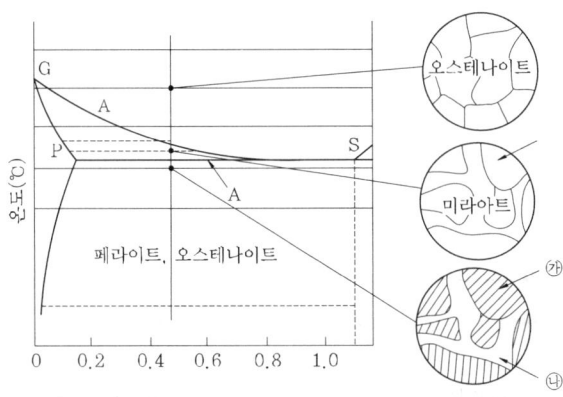

[답] (가) : 펄라이트, (나) : 페라이트

153. 구상흑연 열처리의 1단계 흑연화 풀림과 2단계 흑연화 풀림의 목적은?

[답] ① 1단계 : 기계적 성질 및 절삭성 향상(유리 시멘타이트의 흑연화)
② 2단계 : 연화 향상(펄라이트 중의 시멘타이트 흑연화)

154. 다음과 같은 구상흑연주철의 조직명은 무엇인가?

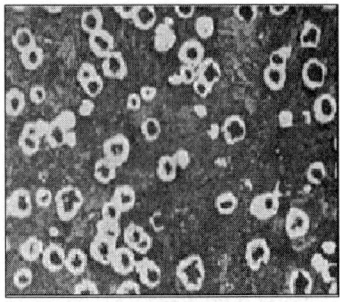

[답] Bull's eye structure

155. 고속도강(SKH2)의 과열조직으로 바탕의 조직명은 무엇인가? (단 1380℃ × 60초 유냉)

[답] Austenite(M포함)

156. 철강 표면에 탈탄이 발생하므로 인하여 발생되는 결함의 종류를 쓰시오.

[답] ① 소입경화 불충분   ② 크랙의 원인
     ③ 얼룩 발생   ④ 내피로성 저하

157. 열전대 이용시 기전력이 같은 선으로 사용하는 선은?

[답] 보조용선

158. 침탄강의 담금질변형 방지대책을 쓰시오.

[답] ① 1차 담금질 생략   ② 프레스 담금질
     ③ 마르퀜칭 실시   ④ 심냉 처리

159. 광휘 열처리의 목적을 쓰시오.

[답] 표면환원, 광택, 재료의 원상태 유지, 산화 및 탈탄 방지

160. 펄라이트 조도 문제, 결정입자 형성시 입자간의 사이에 영향을 주는 요인을 쓰시오.

[답] 냉각 속도, 탄소 함유량, 가열 온도, 합금 원소

161. 노내 가열시간은 (①)과 (②)로 이루어져 있다. ( )안에 맞는 것을 쓰시오.

[답] ① 예열시간, ② 유지시간

162. ①과 ②의 조직명칭을 쓰시오.

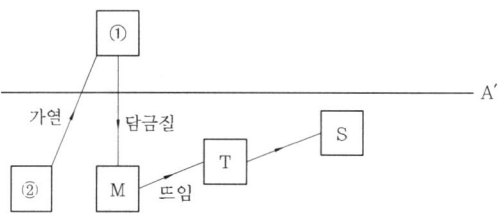

[답] ① 오스테나이트, ② 펄라이트

163. 금속 표면경화법에서 확산, 침투층의 성장속도 방정식을 쓰시오.
(X : 확산층의 두께, k : 확산계수, t : 시간)

[답] $X = \beta \sqrt{kt}$ (β : 탄소 농도에 따른 상수)

164. 가공용 마그네슘 합금에서 다음 문자들의 합금 명칭을 쓰시오.

[답] A : 알루미늄   Z : 아연
     K : 지르코늄   H : 토륨

E : 희토류   M : 망간
Q : 은

165. SNCM 8종을 850℃ 가열 후 유냉한 후 590℃에서 뜨임 처리한 조직은?

[답] 소르바이트

166. 다음 그림에서 탄소함유량이 적은 것부터 많은 순으로 쓰시오.

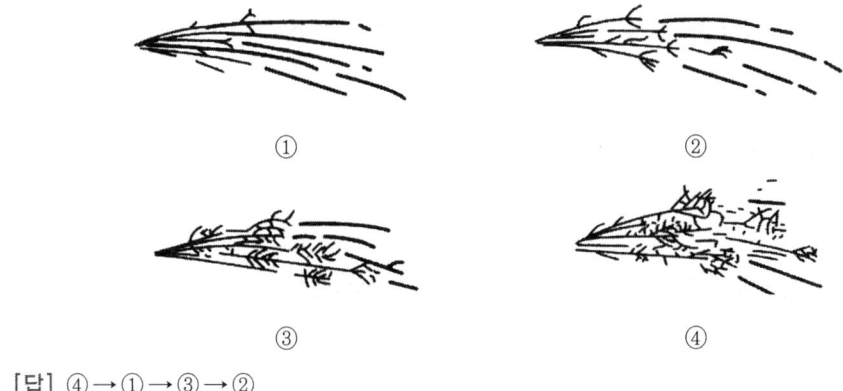

[답] ④→①→③→②

167. 다음은 시멘타이트의 풀림전과 풀림후의 그림이다. 무슨 열처리 방법인가?

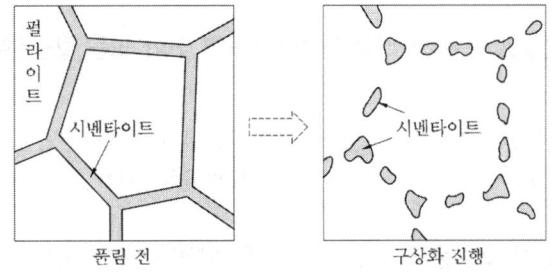

[답] 구상화풀림

168. 담금질 방향의 올바른 방법은?

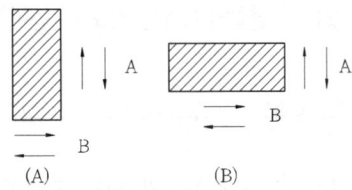

[답] A

169. 자동온도 장치 중 정치제어식 장치이다. ( )를 채우시오.

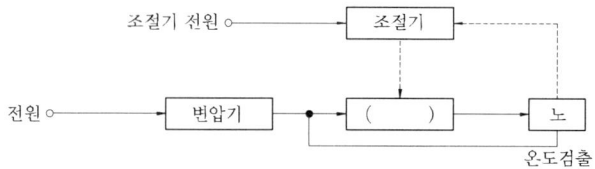

[답] 조작단

170. 담금질 재료 가열시 물품지지 간격은 물품 직경의 몇 배로 하여야 하는가?

[답] 3배를 넘지 않아야 한다

171. 강을 노멀라이징 했을 때 주조조직은 개선되고 미세한 ( )조직이 형성된다. ( )를 채우시오.

[답] 펄라이트(소르바이트)

172. 탄소강을 변태점 이상 가열 후 유냉시킬 때에 나타나는 조직은?

[답] 트루스타이트

173. 로크웰 경도시험기 중 다이아몬드 누르개를 사용하는 스케일을 쓰시오.

[답] A, C, D scale

174. 강을 가열할 때 적절한 분위기가 이루어지지 않으면 산화 또는 탈탄된다. 탈탄된 강에서 나타나는 현상을 쓰시오.

[답] ① 담금질시 경화 불충분 ② 담금질시 균열 및 변형
③ 재료 표면에 얼룩 ④ 내피로성 저하

175. 특수재료의 열처리 중 소결품의 열처리에서 진한 암모니아수에 황화수소를 섞어 400~700℃로 가열하여 황화철 피막을 형성시키는 방법은?

[답] 침유법

176. 강과 같은 변태점을 가지지 않는 비철합금에서는 강도를 높이는 수단으로 어떻게 열처리하는지 설명하시오.

[답] 용체화처리 및 시효경화(석출경화)

177. 단조 가공한 소형기어 소재(SNC 21)를 절삭하기 쉽고 또 침탄 소입 했을 때 심부가 강인하도록 하는 열처리는 몇 ℃에서 어떤 열처리를 하는가?

[답] 900℃, 불림

178. 스테인리스강에서 수소 때문에 생기는 취성은?

[답] 백점, 수소 취성

179. 담금질시 급냉 조작을 잘못시 생기는 변화는?

[답] ① 냉각의 불균일   ② 열응력 또는 변태응력 중복
③ 잔류응력 발생

180. 침탄층 깊이, 질화층 깊이 표면 경화층의 깊이를 측정하는 시험기는?

[답] 마이크로 비커스

181. 다음 그림과 같은 열처리 방법은?

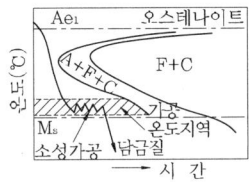

[답] 오스포밍(Ms점 직상에서 소성가공한 후 소입)

182. 탄소량 4.3%에서 생기는 주철의 공정조직은?

[답] 레데뷰라이트

183. 액체침탄에 대하여 다음 물음에 답하시오.

(1) 온도가 높을시 잔류 오스테나이트 양은?

[답] 증가

(2) 사용하는 재료(침탄제)

[답] NaCN, KCN

(3) 침탄후에는 무슨 열처리를 하는가?

[답] 마퀜칭, 마템퍼링

184. 가스침탄의 온도는?

[답] 900~950℃

185. 고주파 담금질 후 crack을 방지하기 위하여 하는 열처리는?

[답] 저온 뜨임

186. 철의 산화층을 나타낸 것이다. 외부에서부터 순서대로 쓰시오.

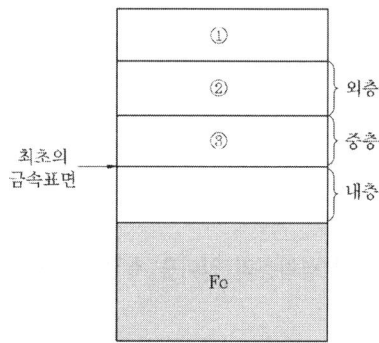

[답] ① Fe_2O_3 ② Fe_3O_4 ③ FeO

187. 전경화층의 깊이를 구하시오. (단 K=0.635, 900°C에서 4시간)

[답] 76.2mm

※ $D=Kt^{1/2}$을 이용

188. 그림에서 표기된 침탄 유효 경화층의 경도값은?

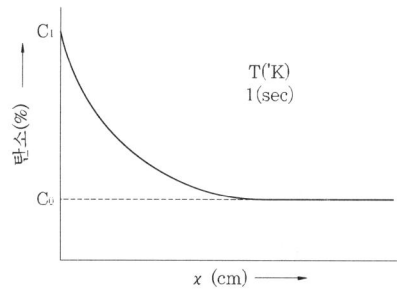

[답] HRC50(HV513)

※ 유효경화층 : 침탄 후 침탄층을 담금질한 상태의 경화층 또는 200°C부근에서 뜨임하였을 때의 경화층

189. Gas 침탄에 사용되는 침탄 gas를 쓰시오.

[답] CH_4, C_3H_8, C_4H_{10}

190. Spring steel의 열처리 주목적을 쓰시오.

[답] ① 높은 탄성 및 내피로성   ② 강인성부여

191. 광휘 열처리란?

[답] ① 강의 표면 광택을 유지하기 위하여 환원성, 중성 분위기 또는 진공로에서 실시하는 열처리
② 종류 : 불활성 Gas법, 진공열처리, 환원성 Gas법, 용융염욕법

192. 고온체내의 적색방사선을 계기내의 표준 필라멘트와 밝기를 비교 측정하는 온도계는?

[답] 광온도계

193. 강의 불림 열처리 곡선이다. 미완성 부분을 완성하시오.

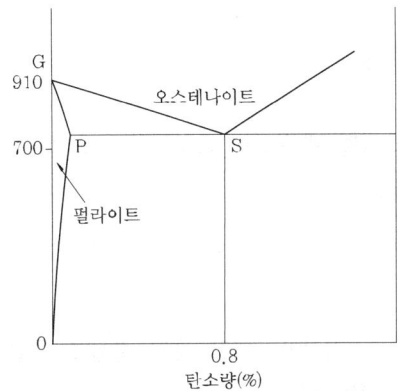

[답] ① 아공석강 : Ac_3 + 30~50℃
② 공석강 : Ac_1 + 30℃~50℃
③ 과공석강 : Acm + 30~50℃

194. Pearlite중의 초석 Cementite나 망상 Cementite를 구상화 시켜 가공성을 향상시키는 열처리는?

[답] 구상화풀림

195. Al, Cr, Ti 합금강이 질화처리가 잘되는 이유는?

[답] Al, Cr, Ti는 질화물을 잘 형성하여 담금질성을 향상

196. 0.8%C를 함유한 탄소강을 Austenite구역에서 서냉하여 A1변태점에서 공석변태를 일으킨 Pearlite의 생성과정을 나타낸 그림으로서 먼저 생성된 빗금친 부분의 조직명은?

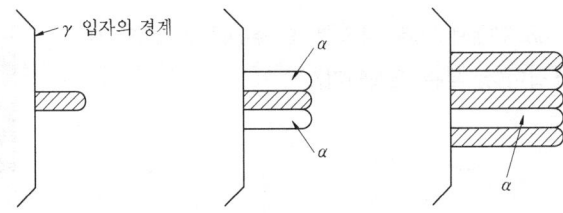

[답] 시멘타이트(Cementite)

197. 어떤 강의 열처리 방법인가?

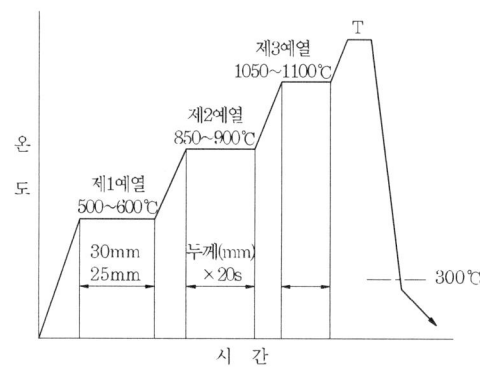

[답] High speed steel(고속도강)

198. 담금질 후 Martensite를 뜨임할 때 온도나 조직을 ( )에 쓰시오

Martensite → Troostite → ( ) → Pearlite
(300℃)　　　　(550℃)　　(650℃)

[답] 소르바이트

199. 긋기 경도시험의 일종으로 꼭지각이 90°인 긋기 흠집을 만들며 이때 하중의 무게를 그램(gram)으로 표시한 경도기는 무엇인가?

[답] 마르텐스 경도계

200. 철강재료에 존재하는 황의 분포상태와 편석을 1~5%의 황산수용액에 브로마이드 인화지를 사용하여 검사하는 방법은 무엇인가?

[답] Sulfur print(설퍼 프린트)

201. 현미경 조직검사를 하기 위한 시험편 제작공정에 대한 설명이다. 다음 보기에서 찾아 순서대로 쓰시오

[보기] 시험편 연마, 시험편 채취, 시험편 검경, 시험편 부식, 시험편 마운팅

[답] 시험편 채취 → 시험편 마운팅 → 시험편 연마 → 시험편 부식 → 시험편 검경

202. 스프링강(SUP6)을 860℃에서 30분 유지한 후 유냉하고 500℃에서 90분간 뜨임한 조직이다. 무슨 조직인가?

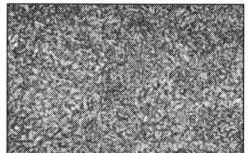

[답] Sorbite(소르바이트)

203. 그림은 시멘타이트의 구상화 풀림을 나타낸 것이다. ( )은 무슨 선인가?

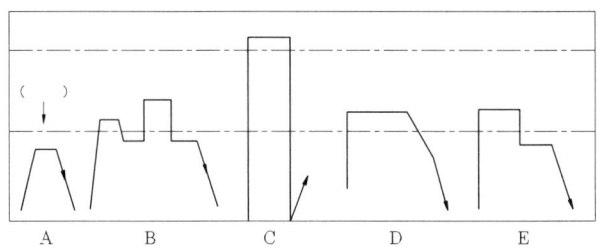

[답] A₁ 변태선

204. 침탄 후의 열처리 중 2차 담금질을 하는 이유를 쓰시오.

[답] 표면경화 침탄층 경도증가 표면경도 증가

205. 피복하려는 철강제품의 표면을 깨끗이 한 후 철재 용기중의 아연 분말속에 넣어 가열하여 합금 피복층을 얻는 금속침투법을 무엇이라 하는가?

[답] 세라다이징(Sheradizing)

206. 불림을 하기 위하여 재료를 가열한 다음 냉각하고자 할 때 어떤 냉각방법으로 하는 것이 적합한가?

[답] 공냉

207. 0.8%C 조성의 탄소강을 오스테나이트(Austenite)구역에서 탄소를 완전히 고용시킨 후 노냉한 결과 다음과 같은 조직을 얻었다. (가)의 조직명을 쓰시오.

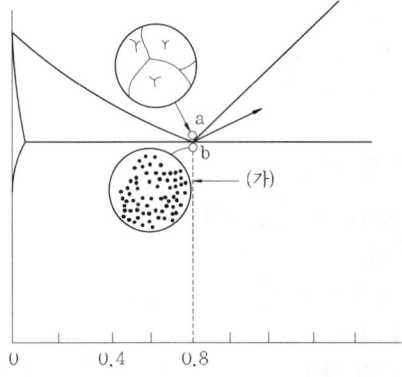

[답] Pearlite(펄라이트)

208. 다음 그림은 주조, 단조, 기계가공, 냉간가공, 용접, 노멀라이징 등을 한 뒤 행하는 풀림인데 이러한 풀림을 하는 목적을 쓰시오.

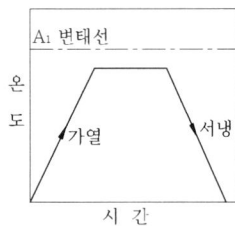

[답] (잔류)응력제거

209. 주조 등의 고온가공을 한 철강의 스케일을 나타낸 것이다. ①에서 발생되는 산화물 층은 무엇인가?

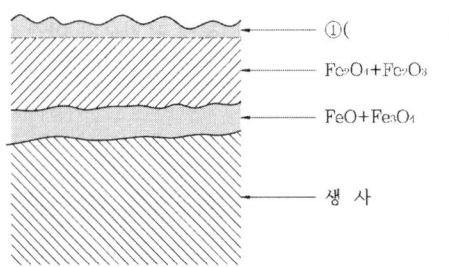

[답] Fe_2O_3

210. 1.4%C의 탄소강을 서냉할 경우와 유냉시의 조직은?

[답] (1) 서냉시 ① 흰색 : Fe_3C
　　　　　　　② 흑색 : pearlite
　　(2) 유냉시 ① 흰색 : 잔류 Austenite
　　　　　　　② 흑색 : Martensite

211. 담금질시 균열의 방지 대책을 쓰시오.

[답] ① 담금질 가열온도를 적당한 온도로 선정
　　② 담금질 다음 즉시 뜨임
　　③ 급작스런 두께 편차를 없게 한다.
　　④ Ms점 이하 온도에서 서냉
　　⑤ 임계구역 급냉 위험구역 서냉
　　⑥ 모서리를 둥글게 한다.

212. 주파열처리 후 경화층의 깊이를 측정하는 방법은?

[답] ① 마이크로 비커스　② 긁힘 경도계

213. 인성을 향상시키는 열처리는?

[답] 뜨임(Tempering)

214. Al 금속분말을 침투시켜 표면을 경화하는 것은?

[답] Calorzing(칼로라이징)

215. 18%Cr - 8%Ni 스테인레스강의 기본적인 열처리로 냉간가공 및 용접 등에 의해 발생한 내부 응력 제거를 위한 열처리 방법은?

[답] 용체화처리(Solidsolution)

216. 노의 자동온도 제어장치에서 공정의 흐름을 순서대로 쓰시오.

[답] ① 검출 → ② 비교 → ③ 판단 → ④ 조작

217. 0.4%C 강을 서냉하였을 때 D의 조직은?

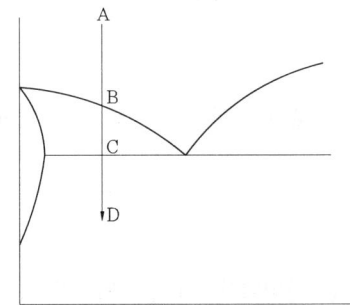

[답] Ferrite + pearlite(페라이트 + 펄라이트)

218. 다음 그림을 보고 균열의 원인을 쓰시오

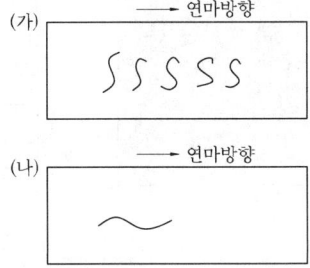

[답] (가) 연마불량균열, (나) 다듬질불량균열

219. 그림은 노점분석기의 구조를 나타낸 것이다. ①, ②의 명칭을 쓰시오.

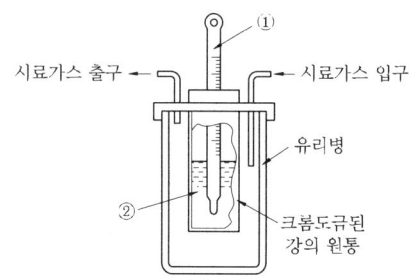

[답] ① 알콜온도계
② 드라이아이스 + 알콜

220. 용접품 등의 응력제거를 위하여 가장 많이 사용되는 열처리 방법은?

[답] 풀림(Annealing)

221. 주철의 응력제거를 위해 550℃ 부근에서 소둔하는 열처리를 무엇이라 하는가?

[답] 응력제거풀림

222. 금속 재료의 조직검사에 있어서 육안 관찰을 하든지 또는 10배 이내의 확대경을 사용하여 조직을 검사하는 방법은?

[답] 메크로 시험법

223. 다음은 비파괴 검사에 사용되는 장비이다. 이 장비에 의해서 활용되는 비파괴 검사의 명칭을 쓰시오.

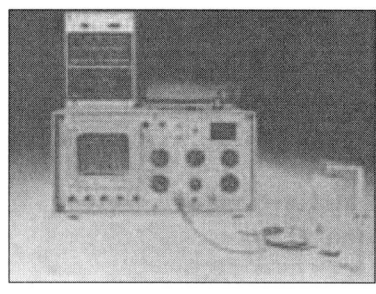 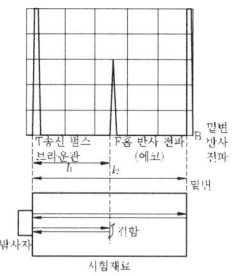

[답] 초음파 탐상법

224. 가스 침탄로를 도시한 것이다. 침탄로에서 (가)의 명칭은?

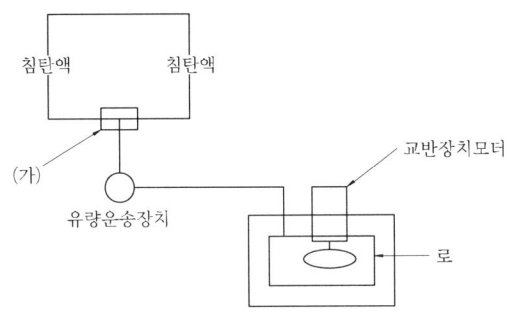

[답] 유량계

225. 0.03%C탄소강을 60%냉간압연 후 550℃에서 1시간 소둔시킨 조직으로 흰부분의 조직명은?

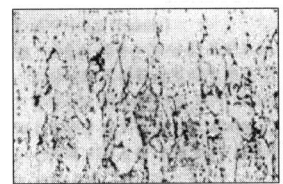

[답] 페라이트

226. 과공석강의 표준조직은 층상 pearlite가 망상으로 석출한 시멘타이트로 둘러싸인 조직을 나타낸 것이다. 이중 시멘타이트를 구상화하는 이유는?

[답] 연신율, 충격값 향상

227. 다음은 전기 침탄로를 도시한 것이다. 각각의 명칭을 쓰시오.

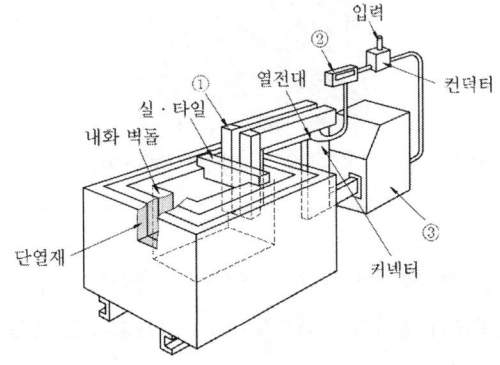

[답] ① (합금)전극   ② 고온계(온도계)   ③ 변압기

228. 다음은 온도측정용 계기이다. ①, ②, ⑤의 명칭을 쓰시오.

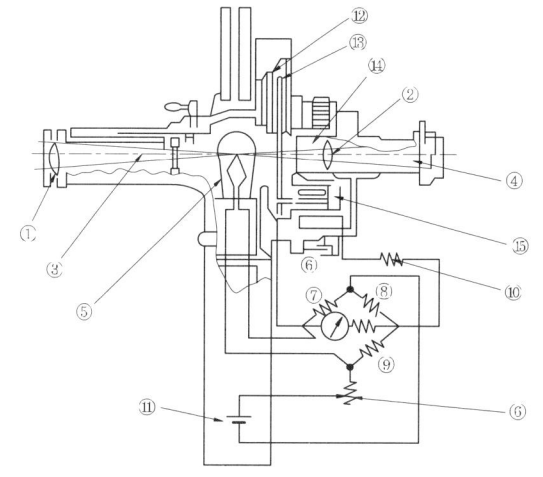
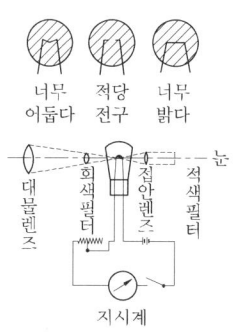

[답] ① 대안렌즈 ② 대물렌즈 ⑤ 표준전구

229. STC5를 950℃에서 풀림한 다음 3% 나이탈로 8초 동안 부식한 현미경 조직사진이다. 층상 펄라이트와 다른 하나의 조직(흰부분)은?

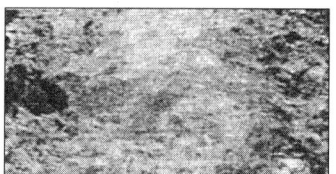

[답] 시멘타이트

230. STC2를 900℃에서 풀림한 다음 3%의 나이탈로 10초동안 부식한 현미경 사진이다. 조직명을 쓰시오(검게 보이는 조직과 희게 보이는 부분).

[답] ① 검은색 : (층상)펄라이트 ② 흰색 : (망상)시멘타이트

231. 고속도공구강을 담금질 한 후 여러 가지 온도에서 뜨임하여 보면 약 550℃ 부근에서 뜨임한 것이 담금질 직후의 경우보다 높아지는 경우가 있다. 이것을 무슨 현상이라 하는가?

[답] 제2차 경화 현상

232. 다음은 연속냉각곡선을 나타낸 그림이다. martensite와 pearlite가 혼합된 조직을 얻을 수 있는 냉각방법을 고르시오.

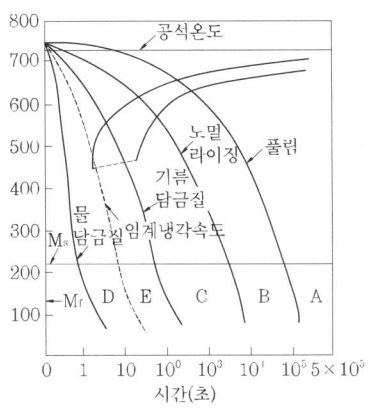

[답] C

※ A : 조대한 펄라이트, B : 미세한 펄라이트, D : 마텐자이트

233. 구조용강을 구상화 풀림을 하는 이유는?

[답] 인성부여

234. 강재 가열방법에서 강재의 표면과 내부온도를 일정한 지점까지 상승시켜 강재의 표면과 내부의 온도차이를 줄인 후 다시 필요 온도까지 가열하는 방법을 도시하시오.

[답]
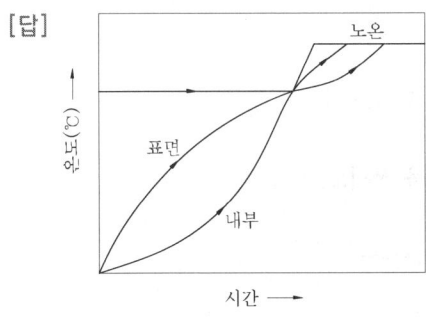

235. 그림은 고속도강(SKH2)의 작은 시험편을 1260℃에서 유냉후 400℃에서 1시간 뜨임한 것이다. 백색입상은 무엇인가?

[답] (복)탄화물

236. 탄소강을 담금질할 때 A3이상 30~50℃가 적당하다. 이 온도보다 높은 온도로 담금질할 때는 어떤 현상이 생기는가?

[답] 과열조직(결정립성장)(결정립 조대화)

237. 공정흑연 주철조직을 3%나이탈에서 6~8초 정도 부식시켜 120배의 배율로 본 것이다. 하얀 부분의 조직명은 무엇인가?

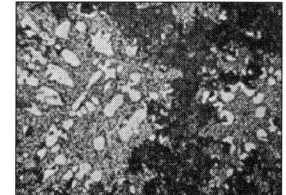

[답] 페라이트

238. 열전쌍 온도계의 원리에서 (가)에 사용되는 것은?

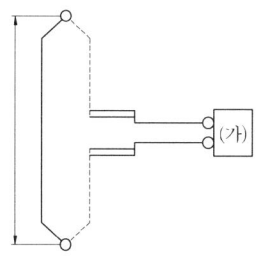

[답] mV(전압계)

239. 강의 열처리에서 유화물의 편석을 없애기 위한 열처리 방법은 무엇인가?

[답] 확산풀림

240. 열전대를 노내에 장입하는 방법을 설명하시오.

[답] 수직(수평)으로 하고 노내의 중심온도를 측정할 수 있어야 한다.

241. 항온변태곡선을 보고 각 구역에서 생성되는 조직명을 쓰시오.

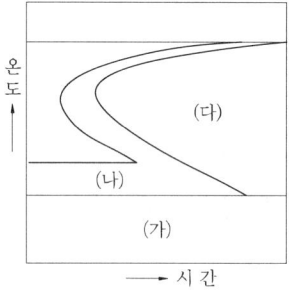

[답] (가) Martensite (나) Martensite + (Bainite) (다) Bainite

242. 금형강을 공기 중에서 가열 냉각시킨 결과 표면층에 탄소 농도가 감소 되었다. 어떠한 현상인가?

[답] 탈탄현상

243. 침탄용강을 500℃이상에서 1차 예열을 실시하는데 그 목적을 쓰시오.

[답] 침탄조직을 안정화시키기 위하여

244. 담금질시 생기는 결함의 일종인 얼룩이 생기는 원인을 쓰시오.

[답] ① 탈탄 부분의 담금질 불량
② 원소의 편석 표면에 기포나 스케일 존재 시
③ 냉각속도가 늦을 때

245. 담금질 중 보통담금질보다 고주파담금질이 담금질성이 좋은 이유는?

[답] 중심부까지 높은 온도로 신속히 가열, 직접 가열로 열효율이 좋기 때문

246. 질량효과에 대해 쓰고 담금질성을 향상시키는 원소는?

[답] ① 질량효과 : 강의 질량이 담금질에 미치는 효과로 강재가 크거나 두꺼울수록 강의 내부로 갈수록 냉각속도는 늦어지고 경도는 감소하는 현상
② 담금질성 향상원소 : Mn, Mo, Cr, Si, Ni, B

247. 다음 중 가열 및 냉각구간을 찾아 쓰시오.

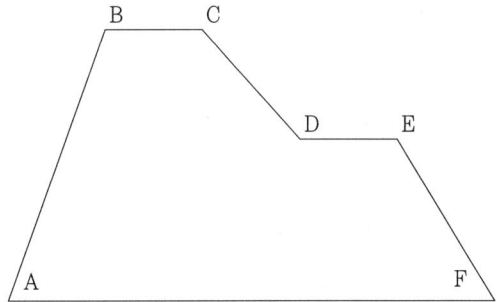

[답] ① 가열 : A~B ② 냉각 : C~D, E~F

248. 마찰이 심한 기계부품의 내마모를 위하여 열처리하고자 작업방안을 세워보니 열처리온도가 α구역 (550℃부근)이었다. 변형이 적은 반면 처리시간은 장시간 이었다. 어떤 열처리 방법인가?

[답] 질화처리

249. NaCN이 주성분으로 750~900℃에서 할 수 있는 열처리 방법은?

[답] 침탄 질화처리

250. Gas 침탄 열처리의 cycle이다. (   )안을 채우시오.

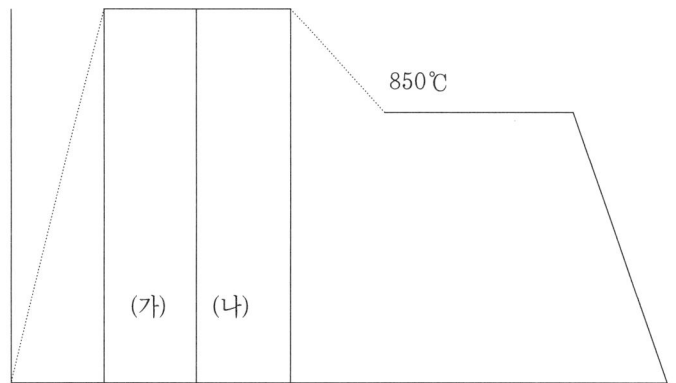

[답] (가) 침탄 : 930℃(캐리어가스에 enrich gas 첨가)
　　(나) 확산 : 930℃(캐리어가스 만)

251. 담금질한 Al나 강의 표면에 생기는 결함을 측정하는 비파괴 시험은?

[답] 육안시험, 침투탐상시험

252. 열처리 수주시 주요한 관찰 대상은?

[답] ① 강의 재질상태　　② 사용목적

253. 다음 중 항온 열처리 구간은?

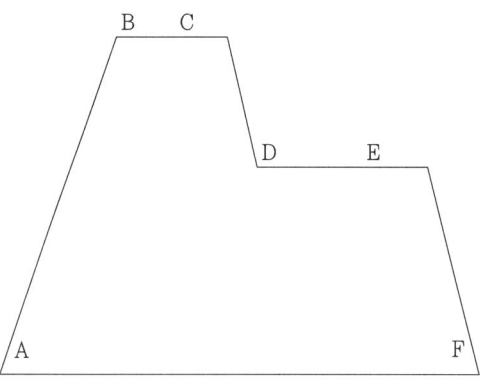

[답] DE

254. 강의 항온열처리를 도시한 것이다. 열처리 방법의 명칭을 쓰시오.

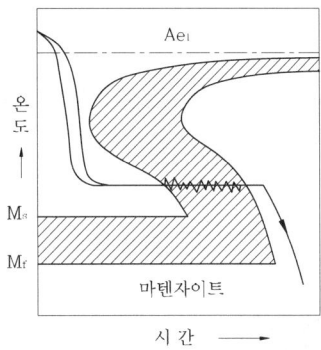

[답] 오스템퍼링

255. 그림과 같이 강에서 S곡선이 1단 변태형을 갖는 항온 변태곡선을 나타내는 경우는 어떠한 원소들을 함유한 때인가?

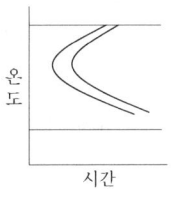

[답] Ni, Cu, Al(탄화물을 안만드는 원소)

256. 다음은 액체침탄용로에 사용되는 부품이다. ( )는 무엇인가?

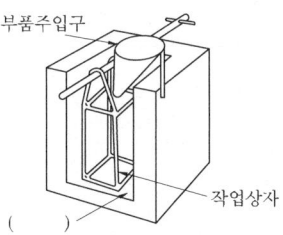

[답] 침탄염

257. 담금질 후 뜨임시 마텐자이트 분해로 트루스타이트가 될 때 부피변화는 어떻게 되는가?

[답] 수축(감소)

258. 강을 Ar'와 Ar"(Ms점) 사이의 구역에서 열욕(Hot bath)중에 일정하게 유지시킨 후 공냉 또는 수냉시키면 어떠한 조직이 나타나는가?

[답] 베이나이트(Bainite)

259. 고온조직인 γ를 급냉하여 상온에서도 γ조직을 얻는 처리를 무엇이라 하는가?

[답] 용체화처리

260. 탄소강의 열처리에서 스냅뜨임(Snap tempering)의 방법과 목적을 쓰시오.

[답] ① 방법 : 100~150℃   ② 목적 : 내부응력제거

261. 프로판가스 변성로의 흐름도이다. 각 번호의 명칭을 쓰시오.

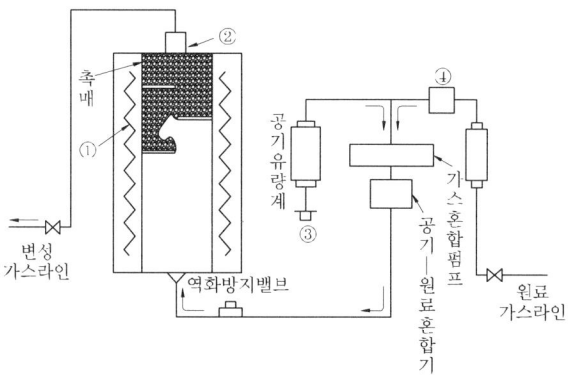

[답] ① 발열체   ② 쿠울러(냉각기)   ③ 여과기   ④ 레귤레이터(조절기)

262. 다음과 같은 항온풀림에 가장 적합한 재료는 무엇인가?

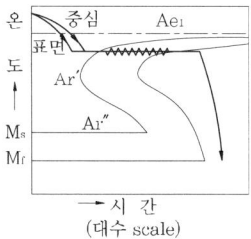

[답] 공구강

263. 작은 시편을 1260℃에서 기름담금질 후 400℃에서 1시간 뜨임 시킨 조직이다. 바탕의 조직명은? (SKH2의 열처리 조직임)

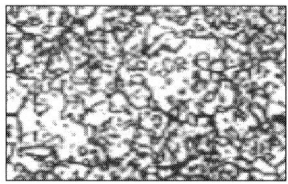

[답] 마텐자이트(Martensite)

264. 0.4%C강을 1100℃에서 공냉한 조직이다. 검은색의 조직명은?

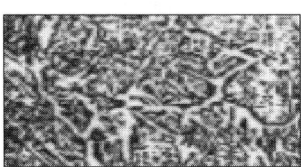

[답] 펄라이트(Pearlite)

265. 강을 단조 압연하여 가공중의 불균일한 조직을 균일화 시키고 결정립을 미세화 시켜 기계가공성을 쉽게 하기 위한 열처리 방법은?

[답] 불림(Normalizing)

266. 기계구조용 탄소강을 변형제거 풀림 할 때 뜨임취성의 발생 방지를 위하여 어떻게 처리하는 것이 좋은가?

[답] 뜨임 온도보다 낮은 온도에서 실시(550~600℃에서 실시)

267. 고온용 염욕에서 염이 고온에서 증발되는 것과 변질되는 것을 방지하기 위하여 무엇을 첨가하는가?

[답] 붕사(Na_2BKO_3)

268. 고탄소강을 900℃정도로 가열하여 급냉할 때 균열이 일어나는 원인을 쓰시오.

[답] Ar″ 변태가 일어날 때(Austenite→Martensite로 급격한 팽창이 일어남

269. 다음 그림은 어떤 열처리 방법인가?

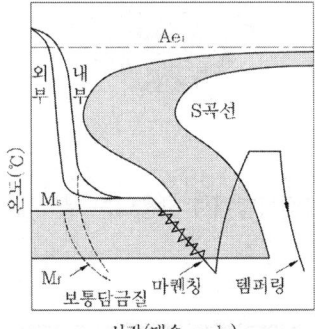

[답] 마르퀜칭(Marquenching)

270. 철강재료를 담금질 할 때 잔류오스테나이트가 많이 생기는 이유를 쓰시오.

[답] ① 기름에 담금질 할 때 　　② 고탄소강 일 때
　　　③ 합금원소의 양이 많을 때 　② 온도가 높을 때
　　　⑤ 조대한 조직일 때

271. 임계구역 범위를 설명하시오.

[답] 담금질 온도부터 항온변태곡선의 nose부까지

272. 항온변태곡선에서 Ms담금질과 Marquenching에 대한 작업곡선을 나타내시오

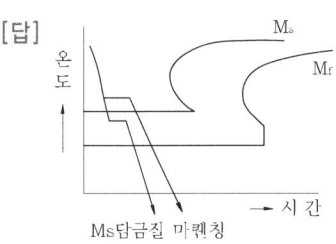
[답]

273. $2CO + 3Fe \rightarrow [Fe_3C] + CO_2$의 반응에 의해 표면을 처리하는 방법은 무엇인가?

[답] 침탄법

274. 그림은 1.04%의 강을 930℃에서 물에 담금질 한 후 600℃로 뜨임한 것이다. 전체적인 조직명은 무엇인가? (2% 질산 알콜 용액)

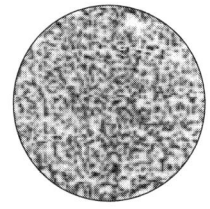

[답] 소르바이트

275. Au, Pt 등의 귀금속 현미경 조직시험에서 사용되는 부식제는 무엇인가?

[답] 왕수

276. Martensite조직을 약 400℃로 가열하였을 때 생기는 조직이름과 뜨임 색깔은?

[답] 트루스타이트, 회색

277. 항온풀림에 가장 적합한 강 종류 3가지를 쓰시오.

[답] 베어링강, 텅스텐공구강, 고속도강

278. 담금질 경화되는 깊이를 좌우하는 인자는 무엇인가?

[답] 탄소%, 결정입도, 특수원소

279. 주조직전에 Mg 0.2%를 첨가한 구상흑연주철로 하얀 부분의 조직명은? (부식액 : 3%Nital, 부식시간: 7~8초)

[답] 페라이트

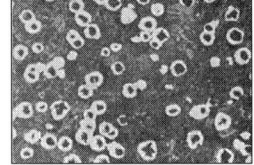

280. 고주파 열처리의 목적을 쓰시오.

[답] 표면경화, 중심부 인성부여

281. 강의 담금질 목적, 가열온도, 유지시간을 쓰시오.

[답] ① 목적 : 강의 경화
② 가열온도 : 공석강 및 아공석강 : Ac_3 + 30~50℃
　　　　　　 과공석강 : Ac_1 + 30~50℃
③ 유지시간 : 두께 25mm(1 in3당) 20~30분

282. 900℃로 가열시킨 Fe-0.8%C강의 냉각속도에 따른 항복강도의 변화를 아래 그림에 나타내시오.

[답]
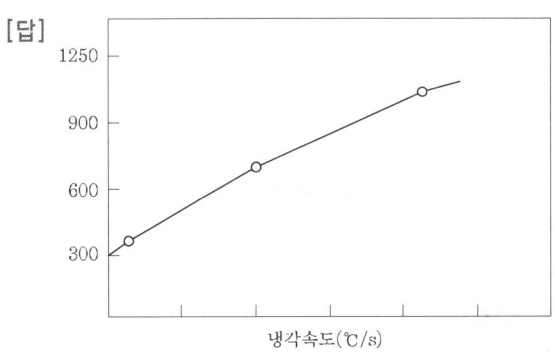

283. 업적으로 프로판 부탄가스 등에 적당한 비율로 공기를 첨가하여 열분해 또는 산화분해 시킨 가스를 무엇이라 하는가?

[답] 변성가스, 캐리어가스

284. 일정온도에서 일정시간 가열 후 비교적 느린 속도로 냉각시키는 풀림의 목적은?

[답] ① 합금의 성질변화→재질의 연화
② 안정조직 형성→조직의 균질화
③ 가스 및 불순물의 방출 및 확산→내부응력 저하

285. 마레이징강은 저탄소강으로 담금질로 경화시킬 수 없다. 이 경우 (가)구간 같이 장시간 유지시켜 경화시키는 조작은?

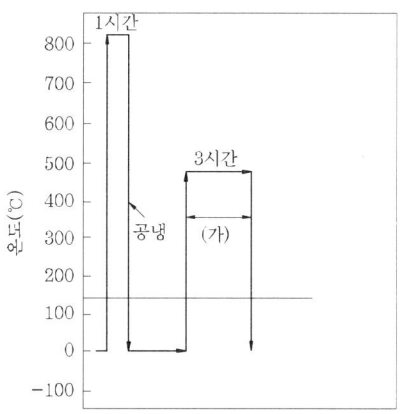

[답] 석출(시효)경화

286. 금속재료에 스케일이 부착된 상태 그대로 담금질하면 어떤 현상이 일어나며 스케일을 제거하는 방법은?

[답] ① 일어나는 현상 : 담금질 얼룩, 균열발생
② 제거방법 : 산세, 샌드블라스트

287. 강의 표면층에 고용한 탄소를 확산시키는 현상을 무엇이라 하는가?

[답] 침탄

288. 침탄 열처리 공정의 열처리싸이클로서 전체 가열 유지시간은 ①의 시간과 ②의 시간의 합으로 나타낸다. 이때 ①과 ②의 명칭은?

[답] ① 침탄시간   ② 확산시간

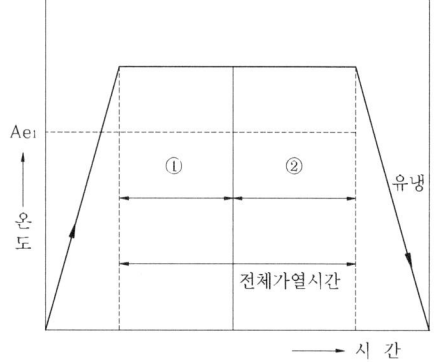

289. 마찰이 심한 기계부품에서 내마모를 위하여 열처리하고자 작업 방안을 세워보니 열처리 온도가 α구역(550℃) 부근이며 변형이 적은 반면 처리시간이 장시간 이었다. 무슨 열처리인가?

[답] 질화처리

290. 진공열처리에서 진공분위기의 진공로 크기는 대기압~1Torr범위를 저진공이라 한다. 다음을 쓰시오.

[답] ① 중진공 → (1 Torr~10^{-3} Torr)
② 고진공 → (10^{-3} Torr~10^{-8} Torr)
③ 초고진공 → (10^{-8} Torr~10^{-10} Torr)

291. 탄소강의 조직과 열처리의 관계이다. ( )의 조직은?

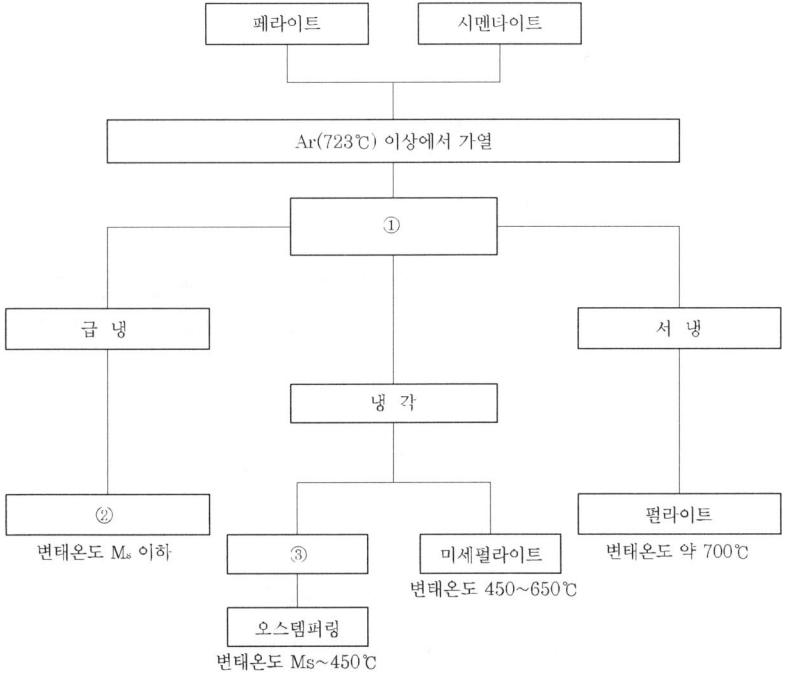

[답] ① 오스테나이트   ② 마텐자이트   ③ 베이나이트

292. 탄소강 제품을 열처리 후 조직검사를 하고자 한다. 조직관찰을 하기 위한 준비작업 즉 시료채취에서 판독까지 시험과정을 6단계로 쓰시오.

[답] ① 시료채취(시험하고자 하는 부분을 중점적으로)
② 마운팅(시험편의 연마를 쉽게 하기 위해서)
③ 조연마(사포연마, #1200까지)
④ 폴리싱(산화크롬이나 알루미나를 이용하여)
⑤ 세척 및 부식(물이나 알코올을 이용하여 세척하고 나이탈이나 피크랄을 이용하여 부식)
⑥ 검경(저배율에서 고배율로)

293. 그림과 같은 곡선으로 열처리 하는 목적을 쓰시오.

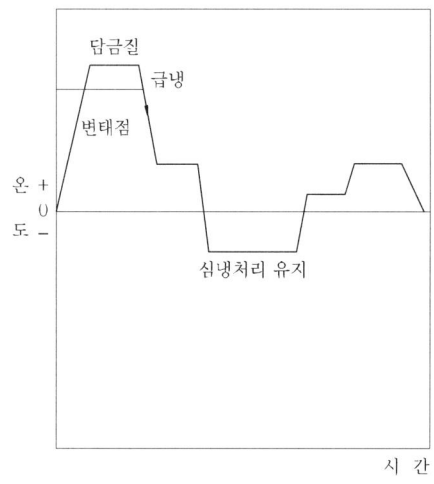

[답] ① 잔류오스테나이트의 마텐자이트화
　　　　(경도값 상승)
　　　② 치수변화(균열, 변형) 방지

294. 오스테나이트 상태의 강을 S 곡선의 코와 M_s점 사이의 항온 염욕에 급냉하고 이 온도에서 변태를 완료시킨 후 공냉 시키면 변형이나 균열이 방지되고 강인성이 큰 재료가 되는데 이때 얻어지는 항온변태조직은 무엇인가?

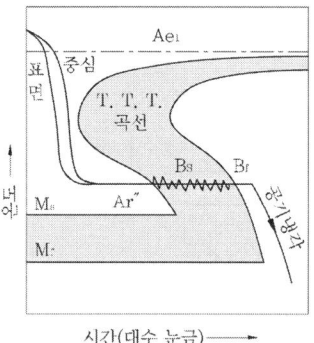

[답] 베이나이트

295. Fe-0.3%C강을 1280℃로 1시간 가열 유지한 후 공냉(과열조직)한 조직으로 흰색 및 흑색부분의 조직명은?

[답] ① 흰색 : 페라이트　　② 흑색 : 펄라이트

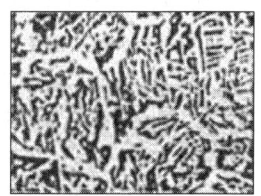

296. 다음은 물의 온도, 재료의 직경, 담금질균열과의 관계도이다. 담금질 균열 발생이 많은 곳은?

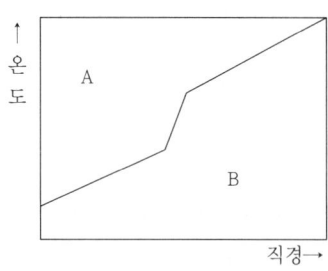

[답] A

297. 로크웰 경도기의 측정 방법은?

[답] ① 시험편을 준비한다.
② 0점을 맞춘다.
③ 시험편에 하중을 가한다.(B스케일 100kgf, C스케일 150kgf)
④ 30초정도 시간이 흐른 후 하중을 제거한다.
⑤ 하중을 측정한다.

298. 로크웰 경도시험에서 대면각이 120°인 다이아몬드 콘을 사용하여 경도시험을 하는 것은?

[답] C스케일(HRC)
[참조] B스케일(지름이 1/16″인 강구 사용)

299. 철강조직 중 페라이트 조직에 대하여 설명하시오.

[답] α 고용체라고도 하며 최대 탄소함유량은 0.05%까지이며, 나이탈로 부식시켜 현미경 관찰시 백색으로 보이며 강도(경도)는 낮으나 연성이 풍부하다.

300. 전기유도가열로 급속가열, 표면담금질, 압연, 단조, 냉간압연 Roll등의 용도에 알맞은 열처리를 쓰시오.

[답] 고주파유도가열, 저주파유도가열

301. 다음의 탄소강 사진을 보고 탄소량이 적은 순서대로 나열하시오.

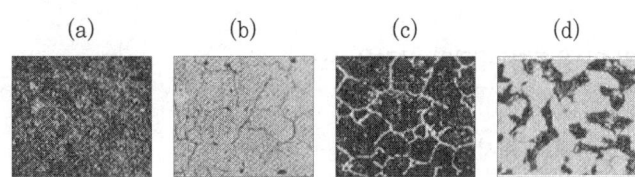

[답] (b)→ (d) → (a) → (c)

[참조] (a) : 공석강(0.8%C) (b) : 순철(0.021%C)
       (c) : 과공석강(1.2%C) (d) : 아공석강(0.4%C)

302. 항온변태곡선과 같은 뜻을 가진 용어를 쓰시오.

[답] TTT곡선, S곡선, C곡선

303. 0.8%C를 함유한 탄소강을 800℃로 가열하여 충분한 시간 유지한 후 서서히 냉각할 때 공석반응이 일어나는데 이때 800℃로 가열된 오스테나이트 조직은 어떠한 조직으로 변하는가?

[답] 펄라이트(α -Ferrite + Cementite)

304. 재료의 가공개선, 결정조직의 미세화, 균질화, 잔류 응력을 제거할 목적으로 A_3 및 Acm + 50℃ 이내의 온도에서 행하는 열처리는?

[답] 불림[노멀라이징(Normalizing)]

305. CO + CO_2 혼합가스 분위기에서 570℃ 이하일 때 Fe에 대한 화학반응식은?

[답] $3Fe + 4CO_2 \rightarrow Fe_3O_4 + 4CO$

306. 수냉 경화형의 공구강이 두께 5mm일 때 담금질시 최소유지시간은?

[답] 6분(25mm당 30분이므로)

307. 6.67%C를 함유한 철탄화물로 대단히 부서지기 쉬우며 경도가 HB 800정도인 조직은?

[답] 시멘타이트(Cementite)

308. 아래의 반응식은 어떤 종류의 침탄인가?

$$2NaCN + 2O_2 \rightarrow Na_2CO_3 + CO + 2N$$

[답] 액체침탄

309. 분위기 열처리로 장치에서 분위기 가스를 조정하는 장치명을 쓰시오.

[답] 가스변성장치

310. 저온템퍼링(뜨임)의 온도범위(℃)와 목적을 쓰시오.

[답] ① 약 100℃ ~ 200℃
    ② 목적 : 담금질에 의해서 발생한 내부응력 제거
              강재의 표면에 발생한 응력제거

311. 고속도공구강(SKH2)의 새로운 열처리 방법으로 다음 곡선과 같이 처리되는 열처리 방법은?

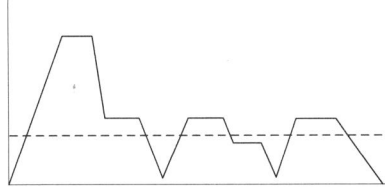

[답] 베이나이트 담금질 + 뜨임

312. 담금질액의 구비조건을 쓰시오.

[답] ① 비등점이 높을 것 ② 비열이 클 것
③ 증발 숨은열이 클 것 ④ 열전도도가 클 것
⑤ 점도가 낮을 것

313. 열처리시 냉각제를 교반하면 냉각 속도는 어떻게 되는가?

[답] 빨라진다. 또는 경화가 잘된다.

314. 기계구조용 탄소강(SM15C)을 4호 인장 시험편으로 가공한 후 노멀라이징하여 인장시험한 결과 최대하중이 8113kgf였다면 이때의 인장강도는?

[답] 인장강요 = $\dfrac{\text{최대하중}(\text{kg}_f)}{\text{시험편 평행부의 시험전 단면적}(\text{mm}^2)}(\text{kg}_f/\text{mm}^2)$

315. 회주철(GC200)을 풀림하여 브리넬 경도시험을 한 결과 압입 자국의 지름이 4.48mm이었다. 이 때의 브리넬 경도는 얼마인가? (단, 압입자 지름 10mm, 하중 3000kgf)

[답] ① $\dfrac{P}{A} = \dfrac{P}{\pi Dh} = \dfrac{2P}{\pi D(D - \sqrt{D^2 - d^2})}(\text{kg}_f/\text{mm}^2)$

- P : 시험하중(kgf)
- A : 압입자국의 표면적(mm²)
- π : 3.14(원주율)
- D : 압입강구의 지름(mm)
- h : 시험편 표면에 형성된 압입자국의 깊이(mm)
- D : 시험편 표면에 형성된 압입자국의 지름(mm)

316. 그림의 열분석 곡선으로 얻어질 수 있는 상태도는 무엇인가?

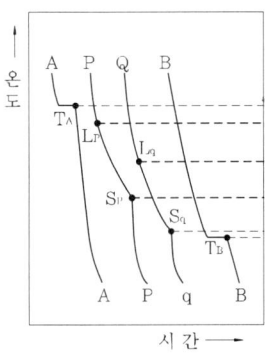

[답] 고용체(전율 고용체)

317. 그림의 연속 냉각 변태의 선도에서 점선 (a)는 무엇을 나타내는가?

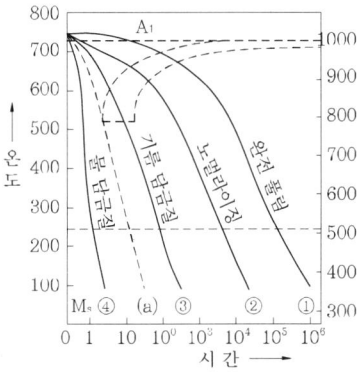

[답] 임계 냉각 속도

318. 확산은 금속의 결정 내에서 원자가 이동하는 현상으로, 이 결과에 따라 금속의 성질에 변화가 일어난다. 이와 같은 현상을 잘 이용하면 금속 재료의 성질을 개량할 수 있다. 금속 재료의 열처리에 이용되고 있는 확산의 대표적인 것 3가지를 쓰시오.

[답] 인장강도 = $\dfrac{\text{최대하중}(kg_f)}{\text{시험편 평행부의 시험전 단면적}(mm^2)}$ (kg_f/mm^2)

319. 공석강을 오스테나이트 상태에서 여러 냉각 속도로 냉각했을 때의 열팽창 곡선에서 ①, ②에 해당하는 냉각 방법을 쓰시오.

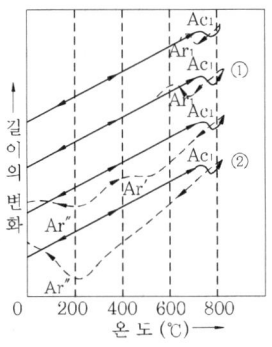

[답] ① 공기중 냉각(공냉)   ② 수중 냉각(수냉)

320. 그림과 같이 오스테나이트 상태로부터 M_s 바로 위 온도의 염욕 중에 담금질 하여 강의 내외가 동일한 온도가 되도록 항온 유지하고, 과냉 오스테나이트가 항온 변태를 일으키기 전에 공기 중에서 Ar″ 변태가 천천히 진행되도록 하는 조작은 무엇인가?

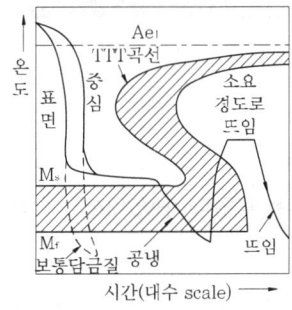

[답] 마퀜칭(marquenching)

321. 그림과 같이 여러 조성의 강을 담금질 한 결과, 표면의 경도는 같으나 경화 깊이의 현저한 차이를 나타내는 현상은?

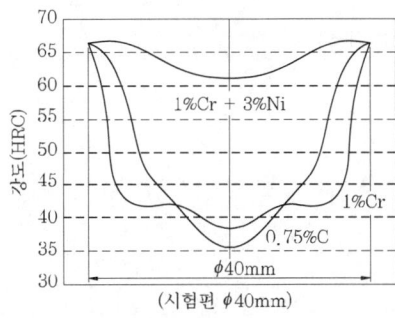

[답] 질량효과(mass effec)

322. 같은 조성의 강을 같은 방법으로 담금질해도 그 재료의 굵기나 두께가 다르면 냉각속도가 다르게 되므로 담금질 깊이도 달라진다. 이와 같이 강재의 크기, 즉 질량의 크기에 따라 담금질의 효과에 미치는 영향을 (①)라 하며, 같은 질량의 재료를 같은 조건에서 담금질하여도 조성이 다르면 담금질 깊이가 다르다. 이 때, 담금질의 난이성을 강의 (②)이라 한다.

[답] ① 질량효과(mass effect)
② 담금질(hardenability)

323. 고온에서 강을 냉각하는 능력을 그림으로 나타내었다. 그림에서 제1, 2, 3단계를 쓰시오.

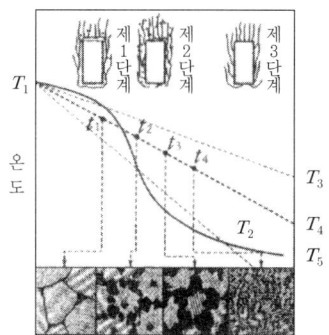

[답] ① 제1단계 : 증기막 단계
② 제2단계 : 비등 단계
③ 제3단계 : 대류단계

324. 그림은 침탄한 제품의 단면을 나타내었다. HV513까지에 해당하는 깊이를 무엇이라 하는가?

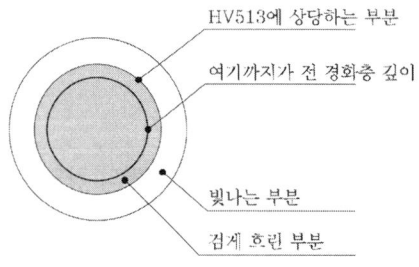

[답] 유효 경화층 깊이(유효 경화층)

325. 그림과 같이 두랄루민을 담금질한 다음 상온에서 방치하면 인장강도 등의 변화가 초기에는 빠르게 증가하며, 그 후 변화는 점점 느려져 약 4일 정도 지나면 완료된다. 이러한 상온 방치에 따른 기계적 변화를 무엇이라 하는가?

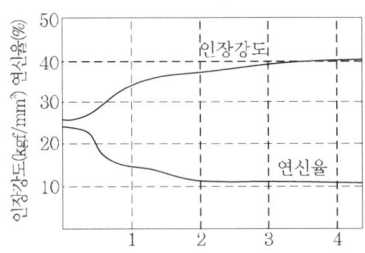

[답] 상온시효경화(시효경화)

326. KS에서 내화재의 내화도는 몇 번 이상으로 규정하는가?

[답] SK 26번(1580℃)

327. 그림과 같이 두 종류의 금속선 양단을 접합하고 양 접합점에 온도차를 부여하면 기전력이 발생한다. 이 때 전위차를 측정하여 온도를 측정하는 온도계는?

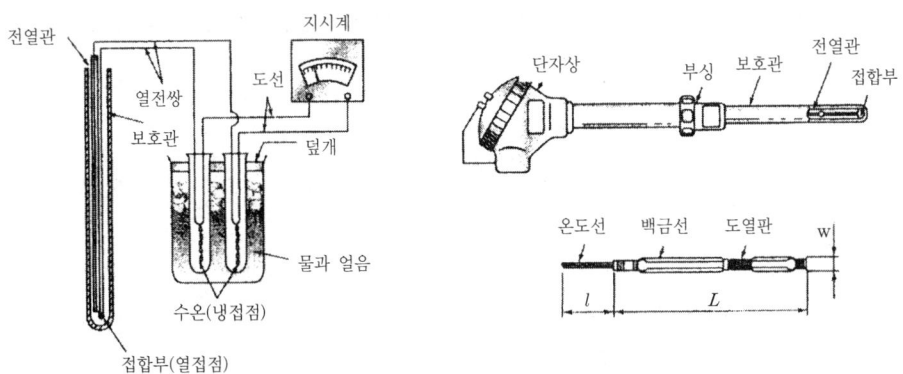

[답] 열전쌍(thermocouple)온도계

328. 그림과 같은 온도 제어 장치로 전기로의 전기 회로를 2회 분할하여 그 한쪽을 단속시켜서 전력을 제어하는 장치는 무엇인가?

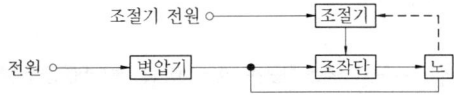

[답] 정치제어식 온도제어장치

329. 열처리 제품의 성분 검사법으로 불꽃 시험과 함께 강재의 간이 감별법에 사용되며, 그림과 같이 열전쌍의 원리를 이용한 방법은 무엇인가?

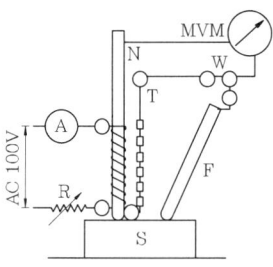

[답] 접촉 열기전력법

330. 담금질에 의하여 일어나는 담금질 균열은 대부분이 담금질하는 순간에 일어나는 데 담금질 후 얼마 후에 일어나는 경우도 있다. 이러한 담금질 균열이 가장 발생이 잘되는 곳을 쓰시오.

[답] ① 예리한 모서리
② 단면이 급변하는 부분
③ 구멍 부위

331. 그림과 같이 기계구조용 탄소강을 노멀라이징 할 때 600℃에서 약 20분간 유지하는 이유는 무엇인가?

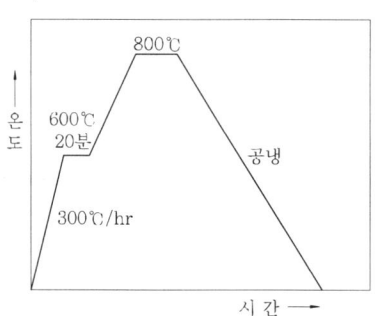

[답] 시험편(재료)의 수축과 팽창이 가장 활발하기 때문

332. 열처리 제품을 냉각하는 방법은?

[답] 연속냉각, 계단냉각, 항온냉각

333. 탄소강(SM45C)의 담금질 온도는 Ac_1 또는 Ac_3 이상 30~50℃의 온도 범위를 택하는 것이 좋다. 이 탄소강을 담금질할 때 두께 25mm에 가장 적합한 유지시간은?

[답] 30분

334. 표면경화 열처리에서 침탄 담금질 중 박리가 생기는 원인 3가지를 쓰시오.

[답] ① 과잉 침탄을 했을 때
② 원재료가 너무 연할 때
③ 반복 침탄을 했을 때

335. 고주파경화 열처리를 하는 목적을 쓰시오.

[답] (1) 재료 표면을 신속히 가열하여 경화 할 수 있다.
(2) 표면의 산화탈탄 방지
(3) 과열현상이 일어나지 않아 결정입자의 조대화가 일어나지 않는다.

336. 기계구조용 합금강을 불림처리 했을 때 얻어지는 조직은?

[답] Ferrite + Pearlite

337. 표면경화시 Zn을 침투시키는 방법을 무엇이라 하는가?

[답] 세라다이징(Sheradizing)

338. Austempering시 상온에서의 조직은?

[답] Bainite

339. 풀림 열처리의 목적을 쓰시오.

[답] (1) 연화 (2) 내부 응력 제거
(3) 조직의 균일화 (4) 냉간 가공성 개선

340. 강을 균열이 없이 경화시키기 위한 가장 효율적인 열처리 방법은?

[답] 임계구역은 급냉 하고, 위험구역(M_s~M_f)은 서냉

341. gas 침탄시 carbon potential을 높게 해주는 기간과 낮게 해주는 간을 각각 무엇이라 하는가?

[답] 높게 : 침탄기, 낮게 : 확산기

342. 과공석강의 cementite 조직과 아공석강의 ferrite조직을 판별하기 위한 좋은 부식액은?

[답] 피크린산 나트륨용액(착색실험)

343. sub-zero처리를 실시하는 주된 목적은?

[답] 잔류 austenite의 martensite화

344. 탄소 공구강을 오스테나이트 조직의 온도로 가열하여 일정시간 유지 후 급냉 시켰을 때 얻어지는 조직은?

[답] martensite

345. 탄소강의 완전풀림 열처리에서 필요 이상의 고온에서 가열하면 어떤 현상이 발생 하는가?

[답] 결정립이 조대화 되고 산화물이 많이 발생.

346. 구조용강을 구상화풀림 하는 이유는?

[답] (1) 소성가공이나 절삭가공을 용이하게 함.
(2) 탄화물을 구상화시켜 기계적 성질을 개선

347. 강 표면에 철-아연 합금층을 형성시켜 방청성을 향상시키기 위하여 증기압이 높은 아연가루 속에서 처리하는 방법은?

[답] sheradizing

348. KCN 용액이나 NaCN 용액으로 침탄질화 작업시 경화를 얇게 하려면 어떻게 처리 하는가?

[답] 고농도의 욕에서 저온으로(750~850℃) 실시

349. 백점(white spot)은 응력이 작용함에 따라 발생 하는데 이 응력이 발생하는 주된 원인 2가지를 쓰시오.

[답] (1) H_2가 냉각 도중에 방출되어 국부적으로 집적
(2) 원소의 편석

350. 공구강을 구상화 시키는 이유는?

[답] (1) 망상의 cementite를 구상화시켜 절삭가공성 및 인성의 향상
(2) 담금질 균열의 방지

351. 기체 침탄에서 침탄층과 시간과의 관계를 쓰시오.

[답] ※ $x = \beta D \sqrt{t}$
X : 표면으로부터 침탄층 두께
β : 탄소 농도에 따른 상수
D : 확산계수
t : 확산시간(초)

352. 질화반응식을 쓰시오.

[답] $2NH_3 \rightleftarrows 2N + 3H_2$

353. 강을 확산 풀림하여 균질화 시키는 온도를 쓰시오.

[답] ① 주괴 편석 제거온도 : 1200~1300℃
② 고탄소강 편석 제거온도 : 1100~1200℃
③ 단조나 압연재의 섬유상 편석 제거온도 : 900~1200℃

2. 철강의 열처리 조직

1. 0.03%C, 950℃에서 가열 유지한 후 소둔처리한 조직으로 하얀 부분의 조직명은?

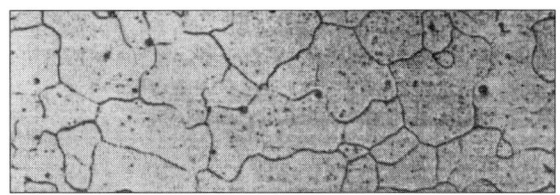

[답] Ferrite

2. 0.86%C, 950℃에서 가열 유지한 소둔한 pearlite 조직으로 백색 부분의 조직명은?

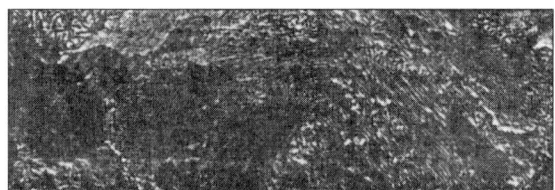

[답] 초석 Cementite

3. 0.44%C, 930℃에서 가열 유지한 후 소둔한 조직으로 백색 부분 및 흑색 부분의 조직명은?

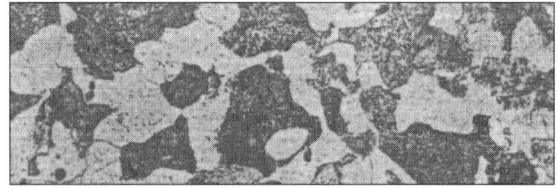

[답] 백색 : Ferrite   흑색 : Pearlite

4. 1.13%C, 소둔처리한 다음 780℃에서 1시간 가열 유지한 후 노냉한 구상 Cementite의 조직으로 바탕의 흰색부분의 조직명은?

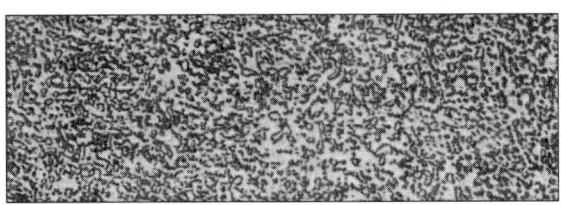

[답] Ferrite

5. 0.81%C, 850℃에서 가열 유지한 후 수냉시킨 조직은?

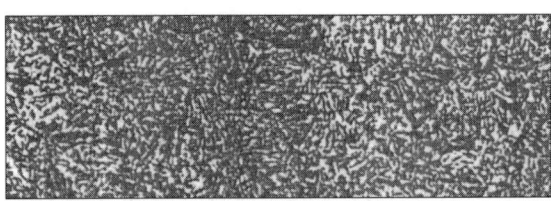

[답] Martensite

6. 0.81%C, 820℃에서 가열 유지한 후 수냉처리한 다음 580℃에서 뜨임한 조직은?

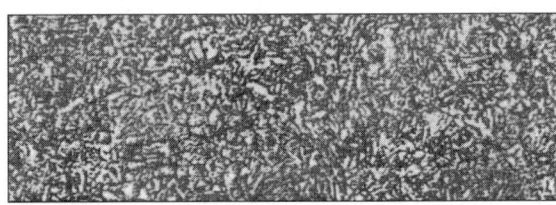

[답] Sorbite

7. 0.84%C, 930℃에서 가열 유지한 후 400℃의 염욕에 소입하여 40초 동안 등온(항온)변태시킨 다음 수냉처리(Austempering) 한 조직으로 검은 부분의 조직명은?

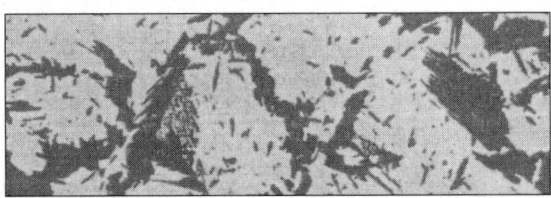

[답] 상부 베이나이트

8. 0.74%C, 공석강을 900℃에서 가열 유지한 후 300℃ 부근의 염욕에서 등온 변태 하여 발생한 조직으로 검은 부분의 조직명은?

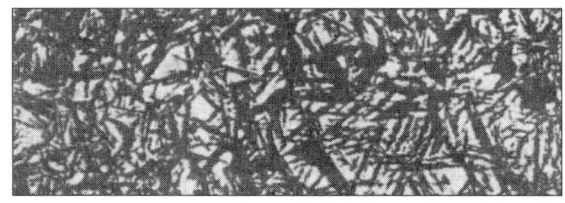

[답] 하부 베이나이트

9. 1.13%C, 1030℃에서 가열 유지한 후 유냉시킨 조직으로 침상 부분 및 흰 바탕의 조직명은?

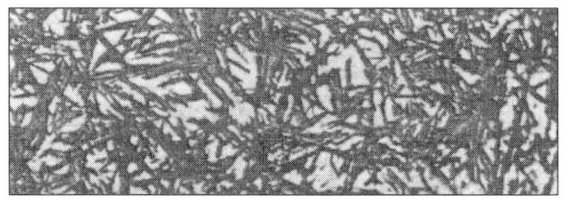

[답] 침상부분 : Martensite   흰 부분 : 잔류 Austenite

10. 0.41%C, 850℃에서 가열 유지한 후 유냉시킨 조직으로 바탕의 조직명은?

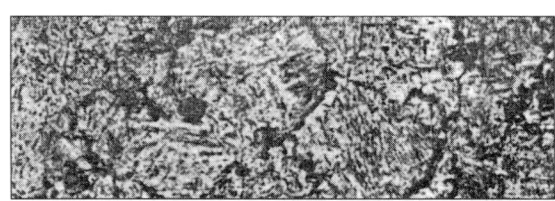

[답] 바탕 : Martensite   둥근부분 : Troostite(Fine pearlite)

11. 0.33%C, 950℃에서 가열 유지한 후 750℃까지 노냉한 다음 수냉시킨 조직으로 흑색 바탕 및 흰색 부분의 조직명은?

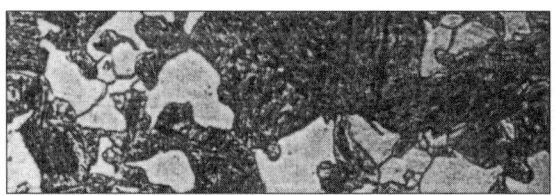

[답] 흑색 : Martensite   흰 부분 : Ferrite

12. 0.33%C, 1280°C로 1시간 가열 유지한 후 공냉(과열조직)한 조직으로 흑색 및 흰 부분의 조직명은?

[답] 흑색: pearlit   흰색 : ferrite(Widmannstatten)

13. 2.95%C, 금형에 주조한 상태로의 조직으로 흰 부분, 검은 부분 벌집모양의 조직명은?

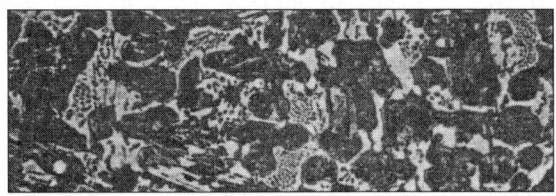

[답] ① 흰부분 : Cementite
　　② 검은부분 : Pearlite
　　③ 벌집모양 : Ledebulite

14. 3.43%C, 회주철을 생사형에 주조한 조직으로 검은 편상 및 소지(기지)의 조직명은?

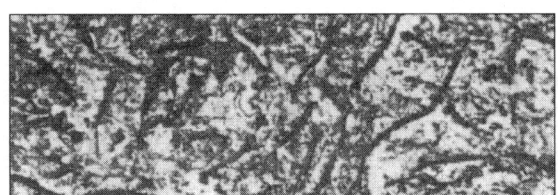

[답] 검은편상 : 흑연   소지 : Pearlite

15. 3.45%C, 주조 직전 Mg를 0.2% 첨가한 구상흑연 주철으로 ① 가지조직 ② 흰 부분 ③ 가운데 검은 부분의 조직명은?

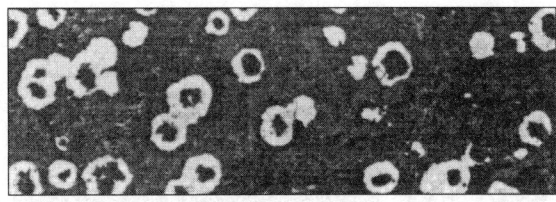

[답] ① Pearlite   ② Ferrite   ③ 흑연

16. 2.67%C 백선을 철상자에 넣고 900℃로 1~2일간 가열 유지한 후 750℃로 5시간 가열하여 서냉한 조직으로 ① 흰 부분 ② 검은 부분의 조직은?

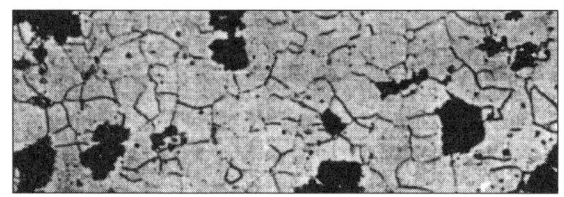

[답] ① 흰 부분 : Ferrite   ② 검은 부분 : 뜨임탄소

17. 2.67%C, 백주철을 탄화철에 묻고 900℃로 가열하여 3일간 유지하여 가열 탈탄 시킨 것으로 ① 흰 부분 ② 검은 부분 ③ 흑점의 조직명은?

[답] ① Ferrite   ② Pearlite   ③ 뜨임탄소(템퍼카본)

18. 0.22%C, 900℃에서 가열하여 40분 유지한 후 공냉한 주강(Cast steel)으로 흰 부분, 검은 부분의 조직명은?

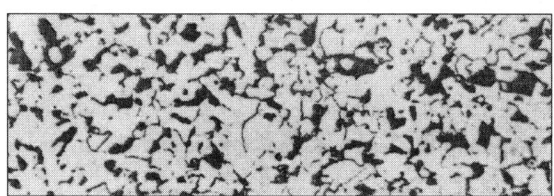

[답] ② Pearlite

19. 1.34%C, STS1종을 840℃에서 가열하여 40분 유지한 후 서냉, 600℃에서 노냉한 재료로서 바탕의 조직명은?

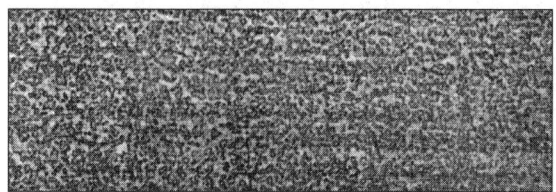

[답] Ferrite

20. 1.10%C, STS2종을 850℃에서 가열 유지하여 5초 동안 수냉한 후 유냉시킨 다음(이단 소입) 180℃에서 60분간 뜨임 처리한 조직으로 바탕의 조직명은? (HRC62)

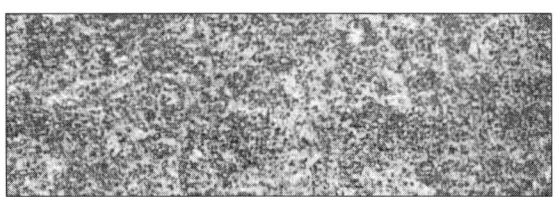

[답] Martensite

21. 2.12%C, STD1종을 1050℃에서 가열하여 30분간 유지한 후 유냉(油冷)처리한 다음 -100℃에서 60分 동안 Sub-zero 처리한 조직으로 ① 바탕 ② 구상의 조직명은?

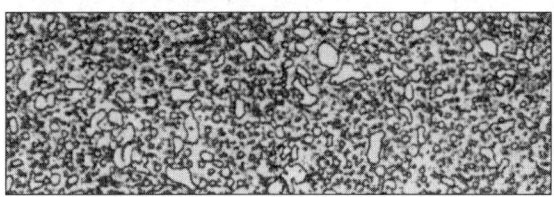

[답] ① Martensite   ② 복탄화물

22. 0.74%C, SKH2종을 1280℃에서 가열하여 90초 동안 유지한 후 유냉(油冷)처리한 조직으로 ① 소지조직 ② 망상의 흑선은?

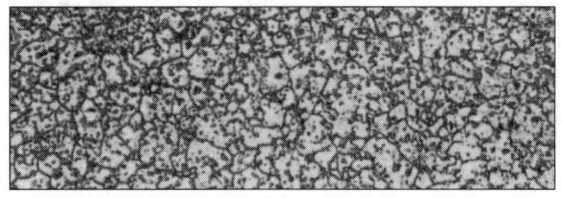

[답] ① Martensite(Austenite포함)   ② Austenite 결정입계

23. 0.74%C, SKH2종을 1380℃에서 가열하여 60초 동안 유지한 후 유냉(油冷)(과열조직)시킨 조직으로 소지조직은?

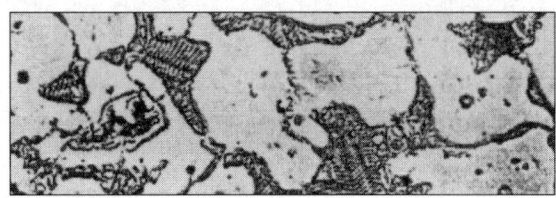

[답] Austenite(Martensite를 함유)

24. 0.73%C, SKH2종을 1280℃에서 가열하여 90초 유지한 후 유냉(油冷)시킨 다음 570℃에서 30분간 연화 뜨임(HRC66) 시킨 조직으로 바탕의 조직명은?

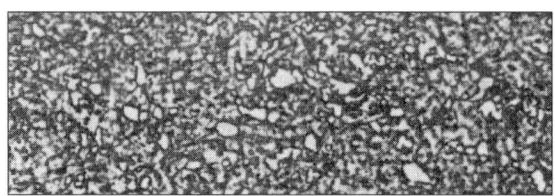

[답] Martensite

25. 0.12%C, 고장력강(80kg급)의 조질(910℃ 소입 후 640℃에서 뜨임)조직으로 바탕의 조직명은?

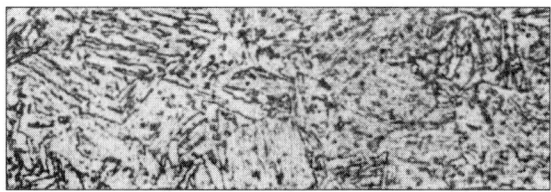

[답] 뜨임 Martensite

26. 0.34%C, SNC3종을 900℃에서 가열하여 60分 유지한 후 서냉(550℃까지 15°/hr) 시킨 조직으로 ① 백색 ② 흑색의 조직명은?

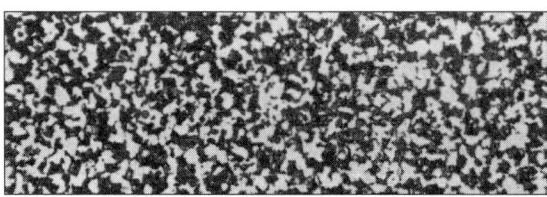

[답] ① 백색 : Ferrite ② 흑색 : Pearlite

27. 0.35%C, SCM3종을 850℃에서 가열하여 30分 유지한 후 유냉(油冷)한 다음 630℃에 90分간 뜨임한 후 급냉한 조직은?

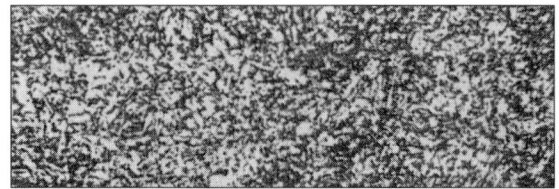

[답] Sorbite

28. 0.06%C, Ni : 9.5%, Cr : 18.5%의 조성을 지닌 SUS304종을 1100℃에서 가열하여 30분간 유지한 후 수냉(水冷)(연화) 시킨 조직명은?

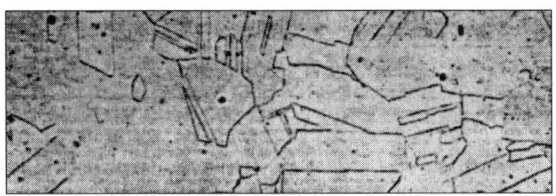

[답] Austenite

29. 0.22%C, SUH3 10종을 1100℃에서 가열하여 30分 유지한 후 수냉(水冷)한 조직명은?

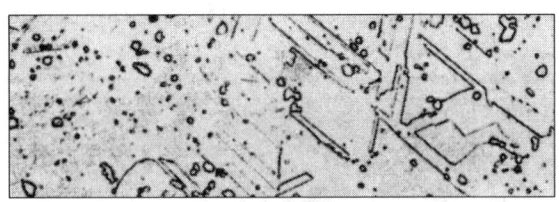

[답] Austenite

30. 0.05%C, 7.3%Ni, 16.4%Cr 17-7 PH 강을 1030℃에서 가열 유지하여 수냉(水冷)(용체화)한 후, 950℃에서 가열하여 20분간 유지하여 공냉한 다음 -73℃에서 8시간(Sub-zero 처리) 후, 510℃에서 60分 가열(석출경화)시킨 조직으로 바탕의 조직명은?

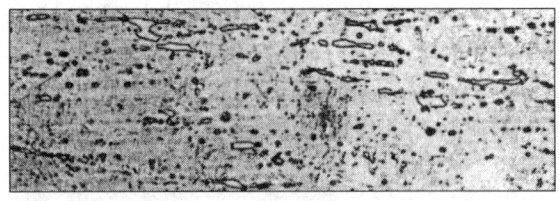

[답] Martensite

31. 1.07%C, 12.3%Mn SCMN H1종을 1000℃에서 가열하여 20分간 유지한 후 유냉(油冷)시킨 고망간강의 조직은?

[답] Austenite

32. 1.53%C, STC1종의 풀림 조직으로 피크린산소다 용액에서 수분간 끓인 경우로써 백색부분의 조직명은?

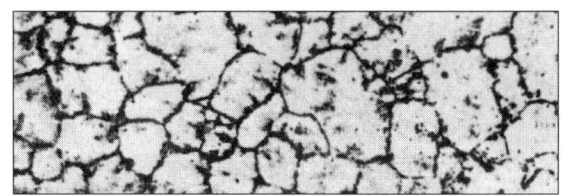

[답] Pearlite
    Cementite: 적갈색으로 착색. Pearlite: 희게 남음.

33. 0.82%C, STC5종을 800℃에서 가열하여 1시간 유지한 후 수냉(水冷)시킨 조직으로 중앙부에 있는 검은 부분의 조직명은?

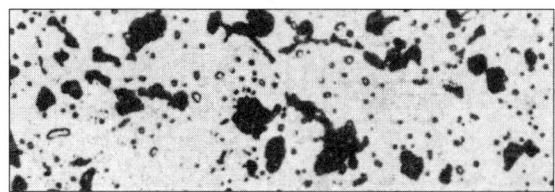

[답] Troostite
    troostite는 부식되기 쉬워 흑색으로 되고 Martensite는 부식되지 않고 희게 된다.

34. 0.32%C, SM35C종을 900℃로 가열 유지한 후 800℃까지 서냉한 다음 수냉(水冷)시킨 조직으로 백색으로 나타난 망상의 조직명은?

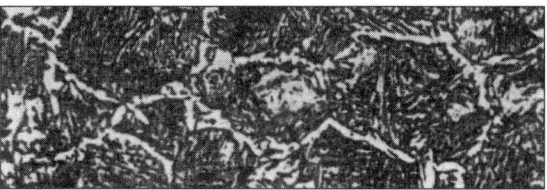

[답] Ferrite   기지 : Martensite

35. 0.32%C, 20%Ni강을 900℃로 가열 유지한 후 공냉시킨 조직으로 백색의 바탕조직은?

[답] Austenite   대나무상 : Martensite

3. 원소 기호표

원자기호	원소기호	원 소	원 자 량	녹 는 점(m.p.)	끓 는 점(b.p.)	비 중(d)
1	H	수 소	1.0079	-259.14℃	-252.9℃	0.08987g/ℓ
2	He	헬 륨	4.0026	-272.2℃(26atm)	-268.9℃	0.1785g/ℓ
3	Li	리 튬	6.94	180.54℃	1347℃	0.534
4	Be	베 릴 륨	9.01218	1280℃	2970℃	1.85
5	B	붕 소	10.81	2300℃	2550℃	1.73(비결정성)
6	C	탄 소	12.011	3550℃(비결정성)	4827℃(비결정성)	1.8~2.1(비결정성)
7	N	질 소	14.0067	-209.86℃	-195.8℃	1.2507g/ℓ
8	O	산 소	15.9994	-218.4℃	-182.96℃	1.4289g/ℓ(0℃)
9	F	불 소	18.998	-219.62℃	-188℃	1.696g/ℓ(0℃)
10	Ne	네 온	20.17	-248.67℃	-246.0℃	0.90g/ℓ
11	Na	나 트 륨	22.9898	97.90℃	877.50℃	0.971(20℃)
12	Mg	마 그 네 슘	24.305	650℃	1100℃	1.741
13	Al	알 루 미 늄	26.98154	660.4℃	2467℃	2.70(20℃)
14	Si	규 소	28.085	1414℃	2335℃	2.33(18℃)
15	P	인	30.973	44.1℃(황린)	280.5℃(황린)	1.82(황린, α)
16	S	황	32.06	112.8℃(α)	444.7℃	2.07(α)
17	Cl	염 소	35.45	-100.98℃	-34.6℃	3.214g/ℓ(0℃)
18	Ar	아 르 곤	39.94	-189.2℃	-185.7℃	1.17834g/ℓ
19	K	칼 륨	39.0983	63.5℃	774℃	0.86(20℃)
20	Ca	칼 슘	40.08	850℃	1440℃	1.55
21	Sc	스 칸 듐	44.9559	1539℃	2727℃	2.992
22	Ti	티 탄	47.9	1675℃	3260℃	4.50(20℃)
23	V	바 나 듐	50.9415	1890℃	3380℃	5.98(18℃)
24	Cr	크 롬	51.996	1890℃	2482℃	7.188(20℃)
25	Mg	마 그 네 슘	24.305	650℃	1100℃	1.741
26	Fe	철	55.84	1535℃	2750℃	7.86(20℃)
27	Co	코 발 트	58.9332	1494℃	3100℃	8.9(20℃)
28	Ni	니 켈	58.7	1455℃	2732℃	8.845(25℃)
29	Cu	구 리	63.549	10847.5℃	2595℃	8.92(20℃)
30	Zn	아 연	65.38	419.6℃	907℃	7.14(20℃)
31	Ga	갈 륨	69.72	29.78℃	2403℃	5.913(20℃)
32	Ge	게 르 마 늄	72.59	958.5℃	2700℃	5.325(25℃)
33	As	비 소	74.9216	817℃(28atm)	613℃(승화)	5.73(회색)
34	Se	셀 렌	78.96	144℃(결정)	684.8℃	4.4(결정)

원자기호	원소기호	원소	원자량	녹는 점(m.p.)	끓는 점(b.p.)	비 중(d)
35	Br	브 롬	79.904	-7.2℃	58.8℃	3.10(25℃)
36	Kr	크 립 톤	83.3	-156.6℃	-152.3℃	3.74g/ℓ(0℃)
37	Rb	루 비 듐	85.4678	38.89℃	688℃	1.53(20℃)
38	Sr	스 트 론 튬	87.62	769℃	1384℃	2.6(20℃)
39	Y	이 트 륨	88.9059	1495℃	2927℃	4.45
40	Zr	지 르 코 늄	91.22	1852℃	3578℃	6.52(25℃)
41	Nb	니 오 브	92.9064	2468℃	3300℃	8.56(25℃)
42	Mo	몰 리 브 덴	95.94	2610℃	5560℃	10.23
43	Tc	테 크 네 튬	97	2200℃	5030℃	11.5
44	Ru	루 테 늄	101.17	2250℃	3900℃	12.41
45	Rh	로 듐	102.9055	1963℃	3727℃	12.41(20℃)
46	Pd	팔 라 듐	106.4	1555℃	3167℃	12.03
47	Ag	은	107.868	961.9℃	2212℃	10.49(20℃)
48	Cd	카 드 뮴	112.41	321.1℃	765℃	8.642
49	In	인 듐	114.82	156.63℃	2000℃	7.31(20℃)
50	Sn	주 석	118.69	231.97℃	2270℃	5.80(α20℃)
51	Sb	안 티 몬	121.75	630.7℃	1635℃	6.69(20℃)
52	Te	텔 루 르	127.6	449.8℃	1390℃	6.24(비결정성.α)
53	I	요 오 드	126.904	113.6℃	184.4℃	4.93(25℃)
54	Xe	크 세 논	131.3	-111.9℃	-107.1℃	5.85g/ℓ(0℃)
55	Cs	세 슘	132.9054	28.5℃	690℃	1.873(20℃)
56	Ba	바 륨	137.33	725℃	1140℃	3.5
57	La	란 탄	138.9055	920℃	3469℃	6.19(α)
58	Ce	세 륨	140.12	795℃	3468℃	6.7(α)
59	Pr	프라세오디뮴	140.9077	935℃	3127℃	6.78
60	Nd	네 오 디 뮴	144.24	1024℃	3027℃	6.78
61	Pm	프 로 메 튬	147	1080℃	2730℃	7.2
62	Sm	사 마 륨	150.4	1072℃	1900℃	7.586
63	Eu	유 로 퓸	151.96	826℃	1439℃	5.259
64	Gd	가 돌 리 늄	157.2	1312℃	3000℃	7.948(α)
65	Tb	테 르 븀	158.9254	1356℃	2800℃	8.272
66	Dy	디스프로슘	162.5	1407℃	2600℃	8.56
67	Ho	홀 뮴	164.93	1461℃	2600℃	8.803
68	Er	에 르 븀	167.26	1522℃	2510℃	9.051
69	Tm	툴 륨	168.9342	1545℃	1721℃	9.332
70	Yb	이 테 르 븀	173.04	824℃	1427℃	6.977(α)
71	Lu	루 테 튬	174.97	1652℃	3327℃	9.872

원자기호	원소기호	원소	원자량	녹는 점(m.p.)	끓는 점(b.p.)	비 중(d)
72	Hf	하프늄	178.49	2150℃	5400℃	13.31(20℃)
73	Ta	탄탈	180.947	2996℃	5425℃	16.64(20℃)
74	W	텅스텐	183.8	3387℃	5927℃	19.3(0℃)
75	Ra	레늄	186.207	3180℃	5627℃	21.02(20℃)
76	Os	오스뮴	1902	2700℃	5500℃	22.57
77	Ir	이리듐	192.2	2447℃	4527℃	22.42(17℃)
78	Pt	백금	195.09	1772℃	3827℃	21.45
79	Au	금	196.9665	1064℃	2966℃	19.3(20℃)
80	Hg	수은	200.59	−38.86℃	356.66℃	13.558(15℃)
81	Tl	탈륨	204.3	302.6℃	1457℃	11.85(0℃)
82	Pb	납	207.2	327.5℃	1744℃	11.3437(16℃)
83	Bi	비스무트	208.9804	271.44℃	1560℃	9.80(20℃)
84	Po	폴로늄	209	254℃	962℃	9.32(α)
85	At	아스타틴	210			
86	Ra	라돈	222	−71℃	−61.8℃	9.73g/ℓ(0℃)
87	Fr	프랑슘	223			
88	Ra	라듐	226.03	700℃	1140℃	5
89	Ac	악티늄	227.03	1050℃	3200℃	10.07
90	Th	토륨	232.0381	약1800℃	3000℃	11.5
91	Pa	프로악티늄	231.0359	1230℃	1600℃	15.37(계산치)
92	U	우라늄	238.029	1133℃	3818℃	19.050(α)
93	Np	넵투늄	237.0482	640℃		20.45(α20℃)
94	Pu	플루토늄	244	639.5℃	3235℃	19.816
95	Am	아메리슘	243	850℃	2600℃	13.7
96	Cm	퀴륨	247	1350℃		13.51
97	Bk	버클륨	247			
98	Cf	칼리포르늄	251			
99	Es	아인시타이늄	254			
100	Fm	페르뮴	257			
101	Md	멘델레븀	258			
102	No	노벨륨	259			
103	Lr	로렌슘	260			
104	Rf	러더포듐	104			
105	Db	더브늄	105			
106	Sg	시보귬				
107	Bh	보륨				
108	Hs	하슘	265			
109	Mt	마이트러늄	268			

열처리기능사 필기&실기

PART 5

열처리기능사 실기 공개문제

제1장 열처리기능사 실기 공개문제

국가기술자격실기시험

| 자격종목 | 열처리기능사 | 과제명 | 열처리 작업 |

비 번 호 :

○ 시험시간 : 3시간 30분(필답형은 별도로 시행됩니다.)

1. 유의사항

1) 시험편은 수령과 동시에 시험편에 쓰여져 있는 비번을 실기 답안지(별지)에 기입하되 비번과 재질명의 정정은 없도록 하여야 합니다.
2) 열처리 완료된 시험편은 감독위원으로 하여금 변형 및 결함을 측정한 직후 수험자가 본인의 시험편을 로크웰 경도시험 하여야 합니다.(감독위원의 지시에 따르시오.)
3) 실기 답안지는 비번, 시험편 비번, 재질명, 온도, 방법 등의 조건을 기입하고 열처리 작업 전 제출 합니다.(작성할 때 작업 조건 등을 완전히 숙지하시오.)
4) 로(爐)가 인원에 비해 부족할 때에는 감독위원 입회하에 수험자들끼리 묶어 로(爐)를 작업에 알맞도록 분배해도 좋습니다.
5) 찰흙은 시험편의 구멍 또는 홈, 철사는 노내장입 및 추출에 용이하도록(철사로 시험편을 2~4회로 감는 것) 사용하는 것 이외에는 활용해서는 안됩니다.
6) 가열된 시험편의 냉각은 반드시 본인이 직접 하여야 하며 작업 완료된 시험편에 대한 다듬질 등 불량에 대한 위장은 할 수 없습니다.
7) 다음의 경우에는 채점대상에서 제외됩니다.
   ○ 오작
      - 작업 완료된 시편의 결함(균열 또는 변형이나 파손 등)이 2mm를 초과할 때
      - 시험편을 석면이나 철사로 완전히 메워서 작업할 때
   ○ 기권
      - 수험자 본인이 수험 도중 시험에 대한 의사를 표시하고 포기하는 경우
      - 필답형 및 작업형 실기시험 2가지 모두 응시하지 않은 경우
   ○ 실격
      - 열처리작업 중 시험편 냉각을 본인이 하지 않거나 작업 완료된 후 다듬질 등 불량을 위장했을 때
      - 변형, 균열 등의 표면에 대한 위장 가공은 할 수 없으며, 위장하여 측정 판단이 불가능하다고 감독험위원이 합의한 경우

　　　　－ 장비조작미숙, 장비파손 및 안전 불이행 등 수검이 불가능한 경우
8) 국가기술자격 실기 답안지(별지)는 다음 사항에 유의하여 작성합니다.
　가) 시험편비번과 재질명의 정정은 할 수 없으며, 기타 란은 반드시 감독위원의 확인 날인이 있어야 합니다.
　나) * 란은 수험자가 기입하지 않습니다.
　다) 가) 나)항을 지키지 않을 때는 해당란은 0점 처리됩니다.(단, 비번을 기입치 않을 때는 채점대상에서 제외)
　라) 재질명이 틀릴 때 경도값의 점수는 경도 수치에 관계없이 0점 처리됩니다.
9) 반드시 안전수칙을 준수하여야 하며 이를 지키지 않을 때에는 퇴장시키고, 채점대상에서 제외됩니다.
10) 주어진 사포는 열처리 후 제품에 대한 변형(파손), 균열 및 경도 등을 정확하게 측정하기 위한 후처리용으로만 사용합니다.
11) 답안 작성시 반드시 흑색 필기구(연필류는 제외)만을 계속 사용하여야 하며 기타의 필기구를 사용한 답항은 0점 처리됩니다.

| 자격종목 | 열처리기능사 | 작품명 | 모조품(1) | 척도 | NS |

1. 시험시간 : 3시간 30분

2. 요구사항

   가. 열처리작업용 시험편("나"항의 예시 시험편에서 택일지급)을 불꽃시험으로 재질 판별하시오.

   나. 재질을 판별한 시험편은 다음의 요구 경도값(HRC)으로 담금질 및 뜨임 처리하시오.(요구경도값은 다소 변동 될 수 있음)

   - 예시 시험편

     STC3 : 58~62 이상,   SKH51 : 58~60 이상,   STD11 : 57~61 이상,

     STS3 : 58~62 이상,   SNCM447(439) : 31~38,   SPS9 : 40~46,

     STD61 : 45~50,   SM45C : 22~30,   SCM440 : 31~38,   기타합금강

   다. 열처리 완료된 시험편을 로크웰 경도기로 경도시험하고 경도값을 측정하시오.

3. 도 면

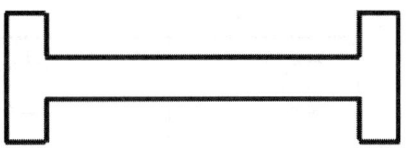

| 자격종목 | 열처리기능사 | 작품명 | 모조품(2) | 척도 | NS |

1. 시험시간 : 3시간 30분

2. 요구사항

가. 열처리작업용 시험편("나"항의 예시 시험편에서 택일지급)을 불꽃시험으로 재질 판별하시오.

나. 재질을 판별한 시험편은 다음의 요구 경도값(HRC)으로 담금질 및 뜨임 처리하시오.(요구경도값은 다소 변동 될 수 있음)

- 예시 시험편

STC3 : 58~62 이상, SKH51 : 58~60 이상, STD11 : 57~61 이상,

STS3 : 58~62 이상, SNCM447(439) : 31~38, SPS9 : 40~46,

STD61 : 45~50, SM45C : 22~30, SCM440 : 31~38, 기타합금강

다. 열처리 완료된 시험편을 로크웰 경도기로 경도시험하고 경도값을 측정하시오.

3. 도 면

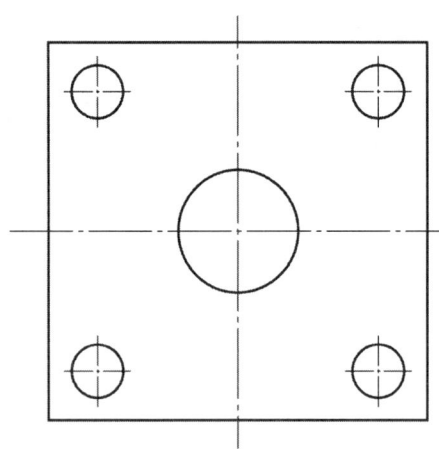

제5편 ┃ 열처리기능사 실기 공개문제

| 자격종목 | 열처리기능사 | 작품명 | 모조품(3) | 척도 | NS |

1. 시험시간 : 3시간 30분

2. 요구사항

가. 열처리작업용 시험편("나"항의 예시 시험편에서 택일지급)을 불꽃시험으로 재질 판별하시오.

나. 재질을 판별한 시험편은 다음의 요구 경도값(HRC)으로 담금질 및 뜨임 처리하시오.(요구경도값은 다소 변동 될 수 있음)

 - 예시 시험편

　　STC3 : 58~62 이상, 　SKH51 : 58~60 이상, 　STD11 : 57~61 이상,

　　STS3 : 58~62 이상, 　SNCM447(439) : 31~38, 　SPS9 : 40~46,

　　STD61 : 45~50, 　SM45C : 22~30, 　SCM440 : 31~38, 　기타합금강

다. 열처리 완료된 시험편을 로크웰 경도기로 경도시험하고 경도값을 측정하시오.

3. 도 면

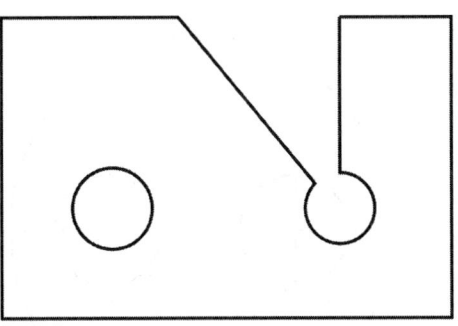

제1장 열처리기능사 실기 공개문제 · **419**

| 자격종목 | 열처리기능사 | 작품명 | 모조품(4) | 척도 | NS |

1. 시험시간 : 3시간 30분

2. 요구사항

　가. 열처리작업용 시험편("나"항의 예시 시험편에서 택일지급)을 불꽃시험으로 재질 판별하시오.

　나. 재질을 판별한 시험편은 다음의 요구 경도값(HRC)으로 담금질 및 뜨임 처리하시오.(요구경도값은 다소 변동 될 수 있음)
　　- 예시 시험편
　　　STC3 : 58~62 이상,　SKH51 : 58~60 이상,　STD11 : 57~61 이상,
　　　STS3 : 58~62 이상,　SNCM447(439) : 31~38,　SPS9 : 40~46,
　　　STD61 : 45~50,　SM45C : 22~30,　SCM440 : 31~38,　기타합금강

　다. 열처리 완료된 시험편을 로크웰 경도기로 경도시험하고 경도값을 측정하시오.

3. 도　면

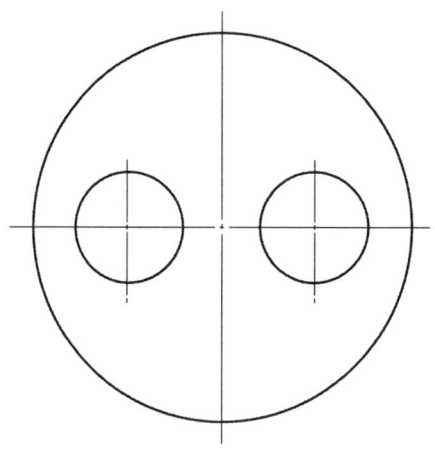

| 자격종목 | 열처리기능사 | 작품명 | 모조품(5) | 척도 | NS |

1. 시험시간 : 3시간 30분

2. 요구사항

가. 열처리작업용 시험편("나" 항의 예시 시험편에서 택일지급)을 불꽃시험으로 재질 판별하시오.

나. 재질을 판별한 시험편은 다음의 요구 경도값(HRC)으로 담금질 및 뜨임 처리하시오.(요구경도값은 다소 변동 될 수 있음)
- 예시 시험편
  STC3 : 58~62 이상,   SKH51 : 58~60 이상,   STD11 : 57~61 이상,
  STS3 : 58~62 이상,   SNCM447(439) : 31~38,   SPS9 : 40~46,
  STD61 : 45~50,   SM45C : 22~30,   SCM440 : 31~38,   기타합금강

다. 열처리 완료된 시험편을 로크웰 경도기로 경도시험하고 경도값을 측정하시오.

3. 도 면

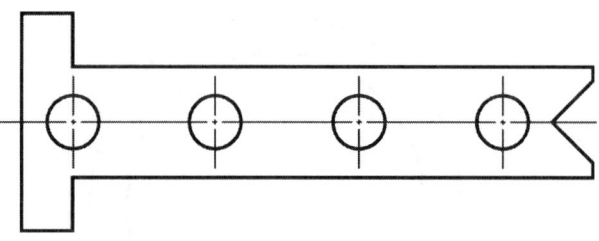

자격종목	열처리기능사	작품명	모조품(6)	척도	NS

1. 시험시간 : 3시간 30분

2. 요구사항

   가. 열처리작업용 시험편("나" 항의 예시 시험편에서 택일지급)을 불꽃시험으로 재질 판별하시오.

   나. 재질을 판별한 시험편은 다음의 요구 경도값(HRC)으로 담금질 및 뜨임 처리하시오.(요구경도값은 다소 변동 될 수 있음)

     - 예시 시험편

       STC3 : 58~62 이상,   SKH51 : 58~60 이상,   STD11 : 57~61 이상,

       STS3 : 58~62 이상,   SNCM447(439) : 31~38,   SPS9 : 40~46,

       STD61 : 45~50,   SM45C : 22~30,   SCM440 : 31~38,   기타합금강

   다. 열처리 완료된 시험편을 로크웰 경도기로 경도시험하고 경도값을 측정하시오.

3. 도 면

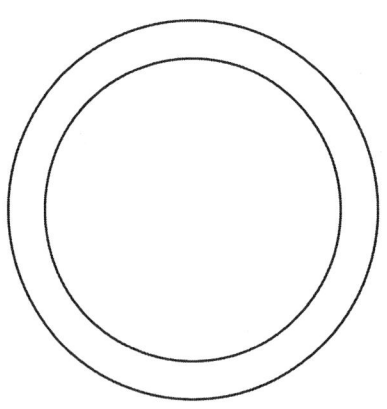

| 자격종목 | 열처리기능사 | 작품명 | 모조품(7) | 척도 | NS |

1. **시험시간 : 3시간 30분**

2. **요구사항**

   가. 열처리작업용 시험편("나" 항의 예시 시험편에서 택일지급)을 불꽃시험으로 재질 판별하시오.

   나. 재질을 판별한 시험편은 다음의 요구 경도값(HRC)으로 담금질 및 뜨임 처리하시오.(요구경도값은 다소 변동 될 수 있음)
   - 예시 시험편

     STC3 : 58~62 이상,   SKH51 : 58~60 이상,   STD11 : 57~61 이상,

     STS3 : 58~62 이상,   SNCM447(439) : 31~38,   SPS9 : 40~46,

     STD61 : 45~50,   SM45C : 22~30,   SCM440 : 31~38,   기타합금강

   다. 열처리 완료된 시험편을 로크웰 경도기로 경도시험하고 경도값을 측정하시오.

3. **도 면**

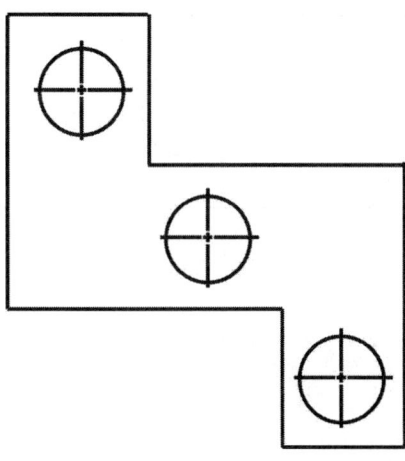

| 자격종목 | 열처리기능사 | 작품명 | 모조품(8) | 척도 | NS |

1. 시험시간 : 3시간 30분

2. 요구사항

    가. 열처리작업용 시험편("나"항의 예시 시험편에서 택일지급)을 불꽃시험으로 재질 판별하시오.

    나. 재질을 판별한 시험편은 다음의 요구 경도값(HRC)으로 담금질 및 뜨임 처리하시오.(요구경도값은 다소 변동 될 수 있음)

      - 예시 시험편

        SSTC3 : 58~62 이상,   SKH51 : 58~60 이상,   STD11 : 57~61 이상,

        STS3 : 58~62 이상,   SNCM447(439) : 31~38,   SPS9 : 40~46,

        STD61 : 45~50,   SM45C : 22~30,   SCM440 : 31~38,   기타합금강

    다. 열처리 완료된 시험편을 로크웰 경도기로 경도시험하고 경도값을 측정하시오.

3. 도 면

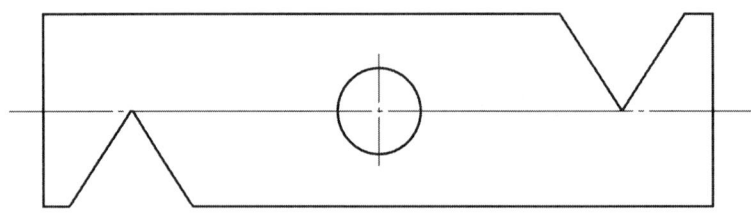

| 자격종목 | 열처리기능사 | 작품명 | 모조품(9) | 척도 | NS |

1. 시험시간 : 3시간 30분

2. 요구사항

가. 열처리작업용 시험편("나"항의 예시 시험편에서 택일지급)을 불꽃시험으로 재질 판별하시오.

나. 재질을 판별한 시험편은 다음의 요구 경도값(HRC)으로 담금질 및 뜨임 처리하시오.(요구경도값은 다소 변동 될 수 있음)

- 예시 시험편

STC3 : 58~62 이상, SKH51 : 58~60 이상, STD11 : 57~61 이상,

STS3 : 58~62 이상, SNCM447(439) : 31~38, SPS9 : 40~46,

STD61 : 45~50, SM45C : 22~30, SCM440 : 31~38, 기타합금강

다. 열처리 완료된 시험편을 로크웰 경도기로 경도시험하고 경도값을 측정하시오.

3. 도 면

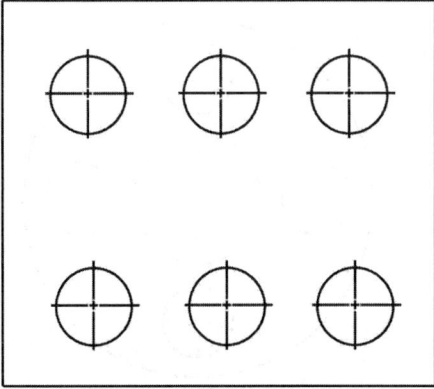

| 자격종목 | 열처리기능사 | 작품명 | 모조품(10) | 척도 | NS |

1. 시험시간 : 3시간 30분

2. 요구사항

가. 열처리작업용 시험편("나"항의 예시 시험편에서 택일지급)을 불꽃시험으로 재질 판별하시오.

나. 재질을 판별한 시험편은 다음의 요구 경도값(HRC)으로 담금질 및 뜨임 처리하시오.(요구경도값은 다소 변동 될 수 있음)

- 예시 시험편

STC3 : 58~62 이상, SKH51 : 58~60 이상, STD11 : 57~61 이상,

STS3 : 58~62 이상, SNCM447(439) : 31~38, SPS9 : 40~46,

STD61 : 45~50, SM45C : 22~30, SCM440 : 31~38, 기타합금강

다. 열처리 완료된 시험편을 로크웰 경도기로 경도시험하고 경도값을 측정하시오.

3. 도 면

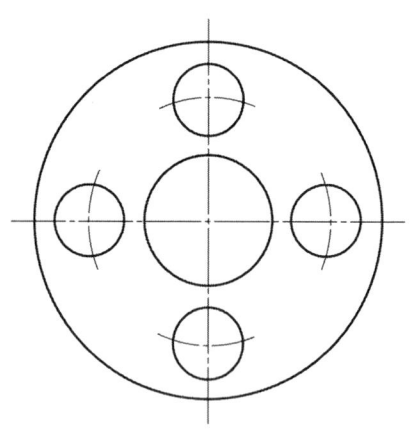

| 자격종목 | 열처리기능사 | 작품명 | 모조품(11) | 척도 | NS |

1. **시험시간** : 3시간 30분

2. **요구사항**

   가. 열처리작업용 시험편("나"항의 예시 시험편에서 택일지급)을 불꽃시험으로 재질 판별하시오.

   나. 재질을 판별한 시험편은 다음의 요구 경도값(HRC)으로 담금질 및 뜨임 처리하시오.(요구경도값은 다소 변동 될 수 있음)

   - 예시 시험편

     STC3 : 58~62 이상, SKH51 : 58~60 이상, STD11 : 57~61 이상,

     STS3 : 58~62 이상, SNCM447(439) : 31~38, SPS9 : 40~46,

     STD61 : 45~50, SM45C : 22~30, SCM440 : 31~38, 기타합금강

   다. 열처리 완료된 시험편을 로크웰 경도기로 경도시험하고 경도값을 측정하시오.

3. **도 면**

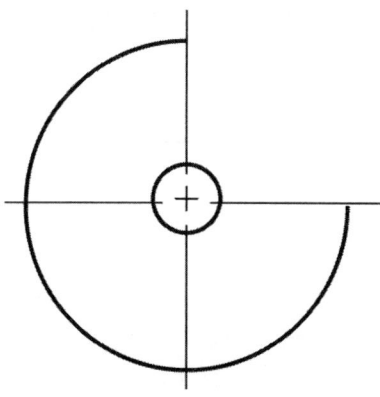

| 자격종목 | 열처리기능사 | 작품명 | 모조품(12) | 척도 | NS |

1. 시험시간 : 3시간 30분

2. 요구사항

　가. 열처리작업용 시험편("나"항의 예시 시험편에서 택일지급)을 불꽃시험으로 재질 판별하시오.

　나. 재질을 판별한 시험편은 다음의 요구 경도값(HRC)으로 담금질 및 뜨임 처리하시오.(요구경도값은 다소 변동 될 수 있음)

　　- 예시 시험편

　　　STC3 : 58~62 이상,　SKH51 : 58~60 이상,　STD11 : 57~61 이상,

　　　STS3 : 58~62 이상,　SNCM447(439) : 31~38,　SPS9 : 40~46,

　　　STD61 : 45~50,　SM45C : 22~30,　SCM440 : 31~38,　기타합금강

　다. 열처리 완료된 시험편을 로크웰 경도기로 경도시험하고 경도값을 측정하시오.

3. 도 면

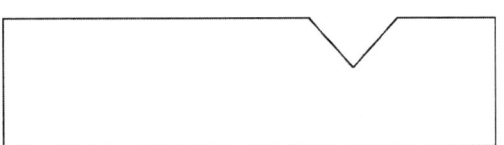

| 자격종목 | 열처리기능사 | 작품명 | 모조품(13) | 척도 | NS |

1. 시험시간 : 3시간 30분

2. 요구사항

가. 열처리작업용 시험편("나"항의 예시 시험편에서 택일지급)을 불꽃시험으로 재질 판별하시오.

나. 재질을 판별한 시험편은 다음의 요구 경도값(HRC)으로 담금질 및 뜨임 처리하시오.(요구경도값은 다소 변동 될 수 있음)

- 예시 시험편

  STC3 : 58~62 이상,   SKH51 : 58~60 이상,   STD11 : 57~61 이상,

  STS3 : 58~62 이상,   SNCM447(439) : 31~38,   SPS9 : 40~46,

  STD61 : 45~50,   SM45C : 22~30,   SCM440 : 31~38,   기타합금강

다. 열처리 완료된 시험편을 로크웰 경도기로 경도시험하고 경도값을 측정하시오.

3. 도 면

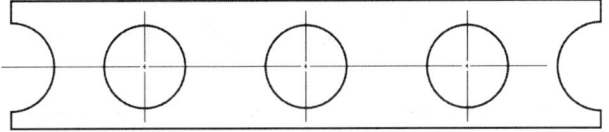

| 자격종목 | 열처리기능사 | 작품명 | 모조품(14) | 척도 | NS |

1. 시험시간 : 3시간 30분

2. 요구사항

가. 열처리작업용 시험편("나" 항의 예시 시험편에서 택일지급)을 불꽃시험으로 재질 판별하시오.

나. 재질을 판별한 시험편은 다음의 요구 경도값(HRC)으로 담금질 및 뜨임 처리하시오.(요구경도값은 다소 변동 될 수 있음)

- 예시 시험편

STC3 : 58~62 이상, SKH51 : 58~60 이상, STD11 : 57~61 이상,

STS3 : 58~62 이상, SNCM447(439) : 31~38, SPS9 : 40~46,

STD61 : 45~50, SM45C : 22~30, SCM440 : 31~38, 기타합금강

다. 열처리 완료된 시험편을 로크웰 경도기로 경도시험하고 경도값을 측정하시오.

3. 도 면

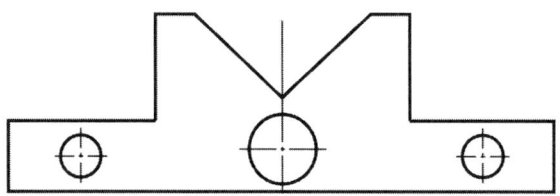

자격종목	열처리기능사	작품명	모조품(15)	척도	NS

1. 시험시간 : 3시간 30분

2. 요구사항

  가. 열처리작업용 시험편("나"항의 예시 시험편에서 택일지급)을 불꽃시험으로 재질 판별하시오.

  나. 재질을 판별한 시험편은 다음의 요구 경도값(HRC)으로 담금질 및 뜨임 처리하시오.(요구경도값은 다소 변동 될 수 있음)

    – 예시 시험편

      STC3 : 58~62 이상, SKH51 : 58~60 이상, STD11 : 57~61 이상,

      STS3 : 58~62 이상, SNCM447(439) : 31~38, SPS9 : 40~46,

      STD61 : 45~50, SM45C : 22~30, SCM440 : 31~38, 기타합금강

  다. 열처리 완료된 시험편을 로크웰 경도기로 경도시험하고 경도값을 측정하시오.

3. 도 면

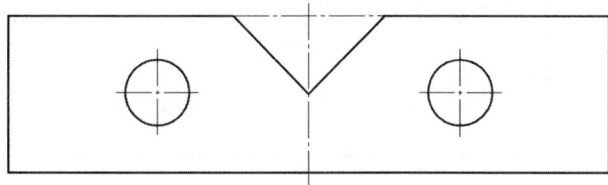

| 자격종목 | 열처리기능사 | 작품명 | 모조품(16) | 척도 | NS |

1. 시험시간 : 3시간 30분

2. 요구사항

   가. 열처리작업용 시험편("나"항의 예시 시험편에서 택일지급)을 불꽃시험으로 재질 판별하시오.

   나. 재질을 판별한 시험편은 다음의 요구 경도값(HRC)으로 담금질 및 뜨임 처리하시오.(요구경도값은 다소 변동 될 수 있음)

   - 예시 시험편

     STC3 : 58~62 이상, SKH51 : 58~60 이상, STD11 : 57~61 이상,

     STS3 : 58~62 이상, SNCM447(439) : 31~38, SPS9 : 40~46,

     STD61 : 45~50, SM45C : 22~30, SCM440 : 31~38, 기타합금강

   다. 열처리 완료된 시험편을 로크웰 경도기로 경도시험하고 경도값을 측정하시오.

3. 도 면

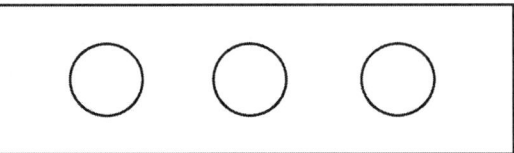

PART 6

열처리기능사 필기&실기

열처리기능사 필기 시행문제

제6편 열처리기능사 필기 시행문제 (2002년 1회)

001
금속의 소성에서 열간가공(hot working)과 냉간가공(cold working)을 구분하는 것은?

㉮ 소성가공률 ㉯ 응고온도
㉰ 재결정온도 ㉱ 회복온도

002
다음 중 전, 연성이 가장 큰 것은?

㉮ 백금 ㉯ 금
㉰ 텅스텐 ㉱ 철

003
상온에서 순철(α철)의 결정 격자는?

㉮ 면심입방격자 ㉯ 체심입방격자
㉰ 조밀육방격자 ㉱ 정방격자

004
다음 중 기계적 성질이 아닌 것은?

㉮ 열팽창 계수 ㉯ 강도
㉰ 취성 ㉱ 탄성한도

005
금속의 변태점을 측정하는 방법이 될 수 없는 것은?

㉮ 전기 저항 측정법 ㉯ 열팽창계법
㉰ 열분석법 ㉱ 자기 탐상법

006
γ철을 옳게 표현한 것은?

㉮ 페라이트 ㉯ 시멘타이트
㉰ 오스테나이트 ㉱ 소르바이트

007
철강에 나타나는 조직 중 가장 강인성이 풍부한 조직은?

㉮ 펄라이트 ㉯ 소르바이트
㉰ 레데뷰라이트 ㉱ 시멘타이트

008
회주철품의 기호로 옳은 것은?

㉮ WCD 200 ㉯ HCD 200
㉰ GC 250 ㉱ HC 250

답 001 ㉰ 002 ㉯ 003 ㉯ 004 ㉮ 005 ㉱ 006 ㉰ 007 ㉯ 008 ㉰

009

비중이 19.3 이고 용융점 3410℃인 금속은?

㉮ Pt ㉯ W
㉰ Fe ㉱ Mo

010

냉간 가공한 7 : 3 황동판이나 봉이 응력에 의하여 발생하는 시기균열(season cracking)을 방지하기 위한 풀림의 온도(℃) 범위는?

㉮ 10~50 ㉯ 50~100
㉰ 200~300 ㉱ 400~550

011

알루미늄의 방식방법이 아닌 것은?

㉮ 수산법 ㉯ 산화법
㉰ 황산법 ㉱ 크롬산법

012

우라늄과 토륨은 무엇으로 사용하는가?

㉮ 항공기 소재 ㉯ 구리 합금
㉰ 방식 재료 ㉱ 핵연료

013

경합금에 해당되지 않는 것은?

㉮ 마그네슘 합금 ㉯ 알루미늄 합금
㉰ 티탄 합금 ㉱ 특수강 합금

014

용융점이 약 1538(℃)인 금속 원소는?

㉮ Pt ㉯ W
㉰ Fe ㉱ Mn

015

원자 충전율이 74%이며 전성과 연성이 좋아 가공이 쉬운 결정구조는?

㉮ 조밀정방격자 ㉯ 체심입방격자
㉰ 면심입방격자 ㉱ 정방격자

016

기계 부품의 완성된 치수를 무엇이라 하는가?

㉮ 실제 치수 ㉯ 한계 치수
㉰ 기준 치수 ㉱ 허용 치수

017

제도 도면에서 다음 선 중 가장 굵게 긋는 선은?

㉮ 은선 ㉯ 중심선
㉰ 외형선 ㉱ 절단선

018

기어 제도에서 피치원을 나타내는 선은?

㉮ 굵은 실선 ㉯ 가는 1점쇄선
㉰ 가는 2점쇄선 ㉱ 은선

답 009 ㉯ 010 ㉰ 011 ㉯ 012 ㉱ 013 ㉱ 014 ㉰ 015 ㉰ 016 ㉮ 017 ㉰ 018 ㉯

019
도면에서 반지름 치수를 기입할 때 같이 사용하는 기호는?

㉮ R   ㉯ φ
㉰ C   ㉱ P

020
도면에 기입된 "43-φ20드릴" 표시에서 43이 뜻하는 것은?

㉮ 드릴 지름   ㉯ 드릴 구멍수
㉰ 드릴 구멍간격   ㉱ 드릴 구멍깊이

021
제도의 치수 기입방법 설명으로 잘못된 것은?

㉮ 길이의 치수는 mm로 단위로 기입하고 단위기호는 쓰지 않는다.
㉯ 각도는 보통 "도"로 나타내며 필요시에는 "분", "초"를 병용하여 기입한다.
㉰ 소수점은 숫자 아래에 점을 찍으며, 숫자를 적당히 띄어 그 중간에 (.)을 표시한다.
㉱ 치수 자리수가 많을 경우에는 세 자리씩 끊어 자리점을 찍는다.

022
다음 중 치수공차를 계산하는 옳은 식은?

㉮ 최대허용치수 – 최소허용치수
㉯ 위치수허용차 – 기준치수
㉰ 최대허용치수 – 기준치수
㉱ 기준치수 – 최소허용치수

023
가공 방법의 약호 중 리머 가공을 표시하는 것은?

㉮ FR   ㉯ SH
㉰ FL   ㉱ B

024
IT공차 등급이 동일한 경우 호칭치수가 커질수록 공차는 어떻게 되는가?

㉮ 동일하다.
㉯ 공차가 작아진다.
㉰ 구멍공차는 작아지고, 축의 공차는 커진다.
㉱ 공차가 커진다.

025
3/8-16UNC-2A의 나사기호에서 2A는?

㉮ 나사의 잠긴 방향   ㉯ 나사산의 줄 수
㉰ 나사의 등급   ㉱ 나사의 호칭

026
제 3각법에서 우측면도의 좌측에 위치하는 투상도는?

㉮ 정면도   ㉯ 좌측면도
㉰ 평면도   ㉱ 배면도

답 019 ㉮ 020 ㉯ 021 ㉱ 022 ㉮ 023 ㉮ 024 ㉱ 025 ㉰ 026 ㉮

027
대상물의 일부를 파단한 경계 또는 일부를 떼어 낸 경계를 표시하는 선은?

㉮ 굵은 실선 ㉯ 가는 실선
㉰ 가는 파선 ㉱ 가는 1점쇄선

028
공구강을 담금질한 후 인성부여를 위한 열처리는?

㉮ Annealing ㉯ Quenching
㉰ Tempering ㉱ Normalizing

029
표면 경화시 관련이 가장 적은 것은?

㉮ 질화 ㉯ 침탄
㉰ 탈탄 ㉱ 금속침투

030
침탄이 완료된 강에 대한 1차 담금질의 목적은?

㉮ 중심부 조직의 미세화
㉯ 침탄층 경화
㉰ 경화층 안정화
㉱ 경화층 인성화

031
강을 침탄제 속에 넣어 고온가열 해서 탄소를 필요한 깊이까지 침투시킨 후 열처리하는 방법은?

㉮ 금속침투법 ㉯ 질화법
㉰ 침탄법 ㉱ 고주파 경화법

032
열처리에 의하여 발생한 스케일을 제거하는 공정은?

㉮ 정련 ㉯ 중화
㉰ 산세 ㉱ 혼련

033
담금갈림이 생기는 장소로 적당치 않은 것은?

㉮ 단면이 급변하는 곳에 생긴다.
㉯ 구멍이 있는 곳에 생긴다.
㉰ 예리한 부분에 생긴다.
㉱ 단면의 변화가 없는 곳에 생긴다.

034
전기가 방전되어 스파크가 발생하면 공기 중에 무엇이 생성되는가?

㉮ 오존 ㉯ 수소
㉰ 질소 ㉱ 탄소

035
염욕제의 종류가 아닌 것은?

㉮ 염화물 ㉯ 황산염
㉰ 질산염 ㉱ 아질산염

답 027 ㉯ 028 ㉰ 029 ㉰ 030 ㉮ 031 ㉰ 032 ㉰ 033 ㉱ 034 ㉮ 035 ㉯

036
냉간 신선 작업의 전처리로 하는 열처리는?

㉮ 용체화 처리　㉯ 서브제로 처리
㉰ 파텐팅 처리　㉱ 불루잉 처리

037
시안화물이 강과 작용하여 침탄과 동시에 질화가 진행되는 것은?

㉮ 고체 침탄　㉯ 가스 침탄
㉰ 액체 침탄　㉱ 항온 침탄

038
보통 강재의 담금질, 고속도강의 예열 템퍼링 또는 오스템퍼링 등에 사용되는 염욕은?

㉮ 표면 경화처리용 염욕
㉯ 저온용 염욕
㉰ 중온용 염욕
㉱ 고온용 염욕

039
큰 중량물의 가열 또는 다수의 소형 물품처리와 같이 피가열 물의 장입 및 회수작업이 곤란한 경우 사용되는 로는?

㉮ 도가니로　㉯ 대차로
㉰ 전로　㉱ 고로

040
소방기관에서 연소물질에 따른 D급화재는?

㉮ 보통화재　㉯ 유류화재
㉰ 전기화재　㉱ 금속화재

041
뜨임 취성(temper-brittleness)이 가장 많이 나타나는 강종은?

㉮ Si강　㉯ Mn강
㉰ Ni-Cr강　㉱ W-Mo강

042
질화강의 질화층 표면강도를 높여주는 금속은?

㉮ Al　㉯ Cu
㉰ Co　㉱ Ci

043
액체 침탄법에서 경화층을 두껍게 하려면 시안화소오다의 농도를 어떻게 하여야 하는가?

㉮ 고농도　㉯ 중농도
㉰ 저농도　㉱ 상관없다.

044
전기기계, 기구에서 발생하는 안전사고의 가장 중요한 원인은?

㉮ 설비의 대형화　㉯ 기계의 자동화
㉰ 장갑의 착용　㉱ 취급의 부주의

답　036 ㉰　037 ㉰　038 ㉰　039 ㉯　040 ㉱　041 ㉰　042 ㉮　043 ㉰　044 ㉱

045
강의 열처리시 탈탄 방지 대책 중 옳지 않은 것은?

㉮ 탈탄 방지제의 도포
㉯ 수분 제거
㉰ 가열 시간의 연장
㉱ 가열 온도의 과도함 제한

046
기름이 묻어있는 재료를 열처리할 때 그 전처리로써 탈지에 사용할 수 있는 용제는?

㉮ 트리클로로에틸렌 ㉯ 염산
㉰ 황산 ㉱ 염화제이철용액

047
열간 가공으로(단조, 압연)인하여 발생되는 표면 결함이 아닌 것은?

㉮ 탈탄 ㉯ 주름살
㉰ 균열 ㉱ 침식

048
공구강으로 구비되어야 할 조건은?

㉮ 상온 및 고온 강도가 작을 것
㉯ 가열에 의한 경도 변화가 클 것
㉰ 내마멸성이 클 것
㉱ 내 압축성이 작을 것

049
담금질 경우에 나타나는 얼룩방지 대책은?

㉮ 강의 부품 냉각을 불균일하게 서서히 한다.
㉯ 부품 장입 후 급속가열로 가열시간을 단축해야 한다.
㉰ 강의 담금질성을 고려하여 화학성분이 알맞은 재료를 선택해야한다.
㉱ 탈탄이 잘 되도록 담금질 한다.

050
S, R형의 열전쌍의 음극으로 사용되는 것은?

㉮ Fe ㉯ Cu
㉰ Pt ㉱ Al

051
고주파 발생 장치의 축전기에 특히 주의해야 하는 로는?

㉮ 가스로 ㉯ 유도로
㉰ 염욕로 ㉱ 연욕로

052
다음 염욕제 중 가장 높은 온도에 사용하는 것은?

㉮ $BaCl_2$ ㉯ $NaCl$
㉰ KNO_3 ㉱ KCl

답 045 ㉰ 046 ㉮ 047 ㉮ 048 ㉰ 049 ㉰ 050 ㉰ 051 ㉯ 052 ㉮

053

재료 또는 부품을 가열할 때 고려해야 할 사항 중 틀린 것은?

㉮ 무게 검사 ㉯ 변형
㉰ 외관청결여부검사 ㉱ 균열

054

탄소공구강을 경화하기 위해서는 어떤 냉각이 가장 좋은가?

㉮ 수냉 ㉯ 서냉
㉰ 공냉 ㉱ 노냉

055

금속선의 전기저항 R이 온도T에 비례하여 증가하는 것을 이용한 온도계는?

㉮ 열전쌍식 온도계 ㉯ 저항식 온도계
㉰ 광 고온계 ㉱ 방사 온도계

056

강재를 산화성 분위기중에서 1100℃ 이상으로 가열하면 결정립은 조대화되고 취약하며 인성이 약한 조직은?

㉮ 레데뷰라이트 조직 ㉯ 비트만슈테텐 조직
㉰ 마텐자이트 조직 ㉱ 시멘타이트 조직

057

고속도강 및 스테인리스강 계통의 열처리 염욕제는?

㉮ 저온용 염욕 ㉯ 중온용 염욕
㉰ 고온용 염욕 ㉱ 저온용 연(lead)욕

058

냉각 장치 중 가장 신속한 냉각을 할 수 있는 것은?

㉮ 서서히 흐르는 물의 냉각장치
㉯ 수냉로에 바람을 부는 냉각장치
㉰ 물을 분사시키는 냉각장치
㉱ 밑에서 물을 보내는 순환 냉각장치

059

고속도강에 대한 확산풀림의 온도(℃)로 적당한 것은?

㉮ 700~800 ㉯ 800~900
㉰ 900~950 ㉱ 1100~1150

060

일반적으로 노말라이징을 잘 하지 않는 강은?

㉮ 공석강 ㉯ 아공석강
㉰ 과공석강 ㉱ 오스테나이트강

답 053 ㉮ 054 ㉮ 055 ㉯ 056 ㉯ 057 ㉰ 058 ㉰ 059 ㉱ 060 ㉱

제6편 열처리기능사 필기 시행문제 (2002년 2회)

001
재결정온도가 가장 낮은 것은?

㉮ Au ㉯ Sn
㉰ Cu ㉱ Ni

002
금속간 화합물을 바르게 설명한 것은?

㉮ 일반적으로 복잡한 결정구조를 갖는다.
㉯ 변형하기 쉽고 인성이 크다.
㉰ 용해 상태에서 존재하며 전기저항이 작고 비금속성질이 약하다.
㉱ 원자량의 정수비로는 절대 결합되지 않는다.

003
가공으로 내부변형을 일으킨 결정립이 그 형태대로 내부변형을 해방하여 가는 과정은?

㉮ 재결정 ㉯ 회복
㉰ 결정핵성장 ㉱ 시효완료

004
알파(α)철의 자기변태점은?

㉮ A_1 ㉯ A_2
㉰ A_3 ㉱ A_4

005
금속의 결정격자에 속하지 않는 기호는?

㉮ FCC ㉯ LDN
㉰ BCC ㉱ CPH

006
18-8 스테인리스강에 해당되지 않는 것은?

㉮ Cr 18%-Ni 8%이다.
㉯ 내식성이 우수하다.
㉰ 상자성체이다.
㉱ 오스테나이트계이다.

007
탄소가 가장 많이 함유되어 있는 조직은?

㉮ 페라이트 ㉯ 펄라이트
㉰ 오스테나이트 ㉱ 시멘타이트

008
Fe-C 평형상태도에서 γ고용체가 최대로 함유할 수 있는 탄소의 양은 약 어느 정도인가?

㉮ 0.02% ㉯ 0.86%
㉰ 2.0% ㉱ 4.3%

답 001 ㉯ 002 ㉮ 003 ㉯ 004 ㉯ 005 ㉯ 006 ㉰ 007 ㉱ 008 ㉰

009
함석판은 얇은 강판에 무엇을 도금한 것인가?

㉮ 니켈 ㉯ 크롬
㉰ 아연 ㉱ 주석

010
탄소강에서 나타나는 상온메짐의 원인이 되는 주 원소는?

㉮ 인   ㉯ 황
㉰ 망간 ㉱ 규소

011
청동합금에서 탄성, 내마모성, 내식성을 향상시키고 유동성을 좋게 하는 원소는?

㉮ P   ㉯ Ni
㉰ Zn ㉱ Mn

012
네이벌(Naval Brass)황동이란?

㉮ 6 : 4 황동에 주석을 약 0.75% 정도 넣은 것
㉯ 7 : 3 황동에 망간을 약 2.85% 정도 넣은 것
㉰ 7 : 3 황동에 납을 약 3.55% 정도 넣은 것
㉱ 6 : 4 황동에 철을 약 4.95% 정도 넣은 것

013
양은(양백)의 설명 중 맞지 않는 것은?

㉮ Cu-Zn-Ni계의 황동이다.
㉯ 탄성재료에 사용된다.
㉰ 내식성이 불량하다.
㉱ 일반전기저항체로 이용된다.

014
공작기계용 절삭공구재료로써 가장 많이 사용되는 것은?

㉮ 연강   ㉰ 저탄소강
㉯ 회주철   ㉱ 고속도강

015
스프링강(spring steel)의 기호는?

㉮ STS ㉯ SPS
㉰ SKH ㉱ STD

016
도면에서 단위 기호를 생략하고 치수 숫자만 기입할 수 있는 단위는?

㉮ inch ㉯ m
㉰ cm   ㉱ mm

답 009 ㉰ 010 ㉮ 011 ㉮ 012 ㉮ 013 ㉰ 014 ㉱ 015 ㉯ 016 ㉱

017

물체의 일부 생략 또는 파단면의 경계를 나타내는 선으로 자를 쓰지 않고 손으로 자유로이 긋는 선은?

㉮ 가상선 ㉯ 지시선
㉰ 절단선 ㉱ 파단선

018

다음 중 가는 실선을 사용하는 선이 아닌 것은?

㉮ 지시선 ㉯ 치수선
㉰ 치수보조선 ㉱ 외형선

019

물체의 보이지 않는 곳의 형상을 나타낼 때 사용하는 선은?

㉮ 실선 ㉯ 파선
㉰ 일점 쇄선 ㉱ 이점 쇄선

020

정투상법에서 물체의 모양과 기능을 가장 뚜렷하게 나타내는 면을 어떤 투상도로 선택하는가?

㉮ 평면도 ㉯ 정면도
㉰ 측면도 ㉱ 배면도

021

물체의 여러면을 동시에 투상하여 입체적으로 도시하는 투상법이 아닌 것은?

㉮ 등각투상도법 ㉯ 사투상도법
㉰ 정투상도법 ㉱ 투시도법

022

치수 숫자와 같이 사용된 기호 t가 뜻하는 것은?

㉮ 두께 ㉯ 반지름
㉰ 지름 ㉱ 모떼기

023

도면의 표면거칠기 표시에서 6.3S가 뜻하는 것은?

㉮ 최대높이거칠기 $6.3\mu m$
㉯ 중심선평균거칠기 $6.3\mu m$
㉰ 10점평균거칠기 $6.3\mu m$
㉱ 최소높이거칠기 $6.3\mu m$

024

재료기호 "SS400"(구기호 : SS41)의 400이 뜻하는 것은?

㉮ 최고인장강도 ㉯ 최저인장강도
㉰ 탄소함유량 ㉱ 두께치수

답 017 ㉱ 018 ㉱ 019 ㉯ 020 ㉯ 021 ㉰ 022 ㉮ 023 ㉮ 024 ㉯

025
유니파이 가는나사의 호칭 기호는?

㉮ M
㉯ PT
㉰ UNF
㉱ PF

026
최대허용치수와 최소허용치수의 차는?

㉮ 위치수허용차
㉯ 아래치수허용차
㉰ 치수공차
㉱ 기준치수

027
아래 오른쪽 그림과 같은 물체의 온단면도는?

028
강(steel)의 풀림(annealing)의 주 목적은?

㉮ 연화 및 조직의 균일화
㉯ 내마모성과 내부응력의 증가
㉰ 경도와 강도의 향상
㉱ 조직의 조대화 및 취성 증가

029
0.58%C의 탄소강을 담금질 했을 때 나타나는 조직은?

㉮ 페라이트
㉯ 오스테나이트
㉰ 시멘타이트
㉱ 마텐자이트

030
가늘고 긴 제품의 가열은 어떤 방법이 좋겠는가?

㉮ 수평으로 가열한다.
㉯ 노의 한쪽 모퉁이에 밀착시켜 가열한다.
㉰ 수직으로 세워 가열한다.
㉱ 중앙부를 매달아 가열한다.

031
구상화 풀림의 일반적인 목적이 아닌 것은?

㉮ 기계적인 가공성 증가
㉯ 강인성 증가
㉰ 취성 증가
㉱ 담금질 균열의 방지

032
염욕로에 의한 열처리의 특징이 틀린 것은?

㉮ 탈탄을 방지할 수 있다.
㉯ 고온 급속 가열에 적합하다.
㉰ 구조가 복잡하고 산화성 염욕이 사용된다.
㉱ 처리품이 대기와는 접촉되지 않는다.

답 025 ㉰ 026 ㉰ 027 ㉮ 028 ㉮ 029 ㉱ 030 ㉰ 031 ㉰ 032 ㉰

033

열처리용 광휘 열처리로의 설명 중 틀린 것은?

㉮ 강재의 표면을 산화 또는 탈탄시키지 않는다.
㉯ 환원성가스는 효과적이나 불활성가스 사용이 곤란하다.
㉰ 표면상태 그대로 유지되는 장점이 있다.
㉱ 표면광택을 향상시킬 수 있다.

034

담금질용 냉각제로 기름(oil)을 사용할 때 냉각능이 가장 클 때의 온도(℃)는?

㉮ 5~10 ㉯ 20~30
㉰ 50~60 ㉱ 90~100

035

열처리 작업 중 가장 고온 열처리로의 용도로 적합한 열전대 기호는?

㉮ PR ㉯ CA
㉰ IC ㉱ CC

036

동일한 조건에서 강재를 담금질할 때 냉각효과가 가장 큰 물질은?

㉮ 기름 ㉰ 소금물
㉯ 비눗물 ㉱ 물

037

침탄강으로 가공된 부품을 침탄해서 경화시키는 과정이 옳은 것은?

㉮ 저온풀림 → 침탄처리 → 1차 담금질 → 2차 담금질 → 뜨임 처리
㉯ 1차 담금질 → 저온풀림 → 2차 담금질 → 침탄처리 → 뜨임 처리
㉰ 1차 담금질 → 침탄처리 → 2차 담금질 → 저온풀림 처리 → 뜨임 처리
㉱ 침탄처리 → 저온풀림 → 1차 담금질 → 2차 담금질 → 뜨임 처리

038

염욕제가 구비해야 할 조건이 아닌 것은?

㉮ 불순물이 적어야 한다.
㉯ 용해가 용이하여야 한다.
㉰ 유해가스 발생이 없어야 한다.
㉱ 흡수성이 커야한다.

039

평면의 냉각속도를 1이라 할 때 (x)의 냉각속도는? (냉각비)

㉮ 3
㉯ 1/3
㉰ 7
㉱ 1

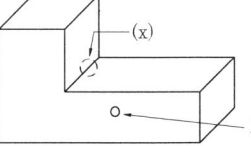

답 033 ㉯ 034 ㉯ 035 ㉮ 036 ㉰ 037 ㉱ 038 ㉱ 039 ㉯

040

담금질 균열을 방지하기 위한 대책은?

㉮ 담금질 후 곧 뜨임한다.
㉯ 풀림하지 않고 담금질을 되풀이 한다.
㉰ 차디 찰 때까지 냉각한다.
㉱ 담금질 온도를 아주 높게 한다.

041

액체 침탄법에서 경화층을 얇게 하기 위한 조건은?

㉮ 고농도의 NaCN에 비교적 저온으로
㉯ 저농도의 NaCN에 비교적 저온으로
㉰ 저농도의 NaCN에 비교적 고온으로
㉱ 고농도의 NaCN에 비교적 고온으로

042

가열로에 사용되는 온도계로 정밀도가 좋고 가격이 저렴하며 전위차계에 의해서 $-200 \sim 1500\,^\circ\text{C}$까지 측정이 가능한 것은?

㉮ 열전쌍식 온도계 ㉯ 저항식 온도계
㉰ 압력식 온도계 ㉱ 광 온도계

043

경도가 큰 가공재료에 인성을 부여할 목적으로 A_1변태점 이하에서 가열하는 것은?

㉮ 노말라이징(normalizing)
㉯ 담금질(quenching)
㉰ 풀림(annealing)
㉱ 뜨임(tempering)

044

질화에 의한 표면경화시 사용되는 것은?

㉮ 구리 ㉯ 산소
㉰ 황 ㉱ 질소

045

열전대의 보호를 위해 사용되는 보호관이 아닌 것은?

㉮ 산화림드강 ㉯ 알루미나관
㉰ 석영관 ㉱ 스테인리스관

046

합금강의 열처리시 풀림온도가 너무 낮을 때의 현상은?

㉮ 연화가 잘 된다. ㉯ 경화가 잘 된다.
㉰ 취성이 촉진된다. ㉱ 연화 불충분이 된다.

047

가스로에 활용되는 로(爐)의 종류 중 열의 전달방식에 따른 분류에 해당되는 것은?

㉮ 반간접식 가열로 ㉯ 하부 연소식 가열로
㉰ 대차식 가열로 ㉱ 측부 연소식 가열로

048

강의 구상화 풀림은 무슨 조직을 구상화 시키는가?

㉮ 오스테나이트 ㉯ 마텐자이트
㉰ 시멘타이트 ㉱ 펄라이트

답 040 ㉮ 041 ㉮ 042 ㉮ 043 ㉱ 044 ㉱ 045 ㉮ 046 ㉱ 047 ㉮ 048 ㉰

049
강재의 오스템퍼링(Austempering)시 얻어지는 조직은?

㉮ Martensite ㉯ Pearlite
㉰ Sorbite   ㉱ Bainite

050
강의 경화능 측정 시험에 적합한 방법은?

㉮ 조미니시험법   ㉯ 현미경조직시험법
㉰ 자분탐상법   ㉱ 초음파시험법

051
규폐병의 원인이 되는 모래먼지를 많이 발생하기 때문에 특별히 작업환경에 주의를 요하는 작업은?

㉮ 카브라이징   ㉯ 아연용융법
㉰ 샌드블라스트   ㉱ 염욕법

052
주로 질산염을 사용하여 염욕에 탄소가루나 유기물 등이 혼입되면 폭발의 위험성이 있는 것은?

㉮ 유동상로   ㉯ 저온용염욕로
㉰ 중온용염욕로   ㉱ 고온용염욕로

053
열처리 경화층 단면을 측정할 수 있는 경도계는?

㉮ 쇼어 경도계   ㉯ 비커스 경도계
㉰ 브리넬 경도계 ㉱ 아이죠드 경도계

054
직경 1mm 정도의 작은 강구를 열처리품에 투사하여 표면의 오물을 없애는 장치는?

㉮ 쇼트블라스트   ㉯ 그라인더
㉰ 용사   ㉱ 호모 처리

055
근로자가 안전 보호구를 선택 하고자 할 때 유의할 사항으로 옳지 않은 것은?

㉮ 사용목적에 적합할 것
㉯ 완성제품의 가격에 따라 선택할 것
㉰ 사용법과 손질하기가 쉬울 것
㉱ 크기가 근로자에게 알맞을 것

056
노내의 어떤 가스를 주입하면 환원성 분위기 열처리를 할 수 있는가?

㉮ 산소   ㉯ 질소
㉰ 수증기 ㉱ 수소

057
탈탄부의 현미경조직에서 흰색부분의 조직은?

㉮ 펄라이트   ㉯ 페라이트
㉰ 마텐자이트   ㉱ 비트만슈테텐

답 049 ㉱ 050 ㉮ 051 ㉰ 052 ㉯ 053 ㉯ 054 ㉮ 055 ㉯ 056 ㉱ 057 ㉯

058

냉각능시험 방법이 아닌 것은?

㉮ 냉각곡선 시험 ㉯ 자성 시험
㉰ 열선 시험 ㉱ 누설 시험

059

강재의 표면을 강력한 가열력을 가진 산소-아세틸렌 불꽃을 사용하여 급속하게 가열시킴으로써 오스테나이트 상태로 만든 후 냉각수로 급냉시켜 표면만을 경화시키는 방법은?

㉮ 가스 침탄법 ㉯ 가스 질화법
㉰ 화염 경화법 ㉱ 세라 다이징

060

표점 거리가 50mm인 봉상 시험편(4호)을 인장시험한 결과 표점 거리가 55mm가 되었다. 이 시험편의 공칭 연신율(%)은?

㉮ 15 ㉯ 10
㉰ 5 ㉱ 0.1

답 058 ㉱ 059 ㉰ 060 ㉯

제6편 열처리기능사 필기 시행문제 (2002년 5회)

001
경금속에 속하지 않는 것은?

㉮ 나트륨 ㉯ 마그네슘
㉰ 베리륨 ㉱ 니켈

002
조밀육방격자의 결정구조에 속하는 것은?

㉮ α-Fe ㉯ γ-Fe
㉰ 상온에서의 Cu ㉱ 상온에서의 Mg

003
정육각기둥의 꼭지점과 위아래 면의 중심 그리고 정육각기둥의 형상을 하고 있는 6개의 정삼각기둥 중 1개 또는 삼각기둥의 중심에 1개씩의 원자가 있는 것은?

㉮ 체심입방격자 ㉯ 면심입방격자
㉰ 조밀육방격자 ㉱ 저심면방격자

004
이온화 경향이 가장 큰 것은?

㉮ Cr ㉯ Mg
㉰ Zn ㉱ Cu

005
철(Fe)의 자기변태점(℃)은?

㉮ 358 ㉯ 423
㉰ 768 ㉱ 1120

006
철-탄소계 평형상태도에서 Acm선은?

㉮ δ 고용체에서 γ 고용체가 석출하는 선
㉯ γ 고용체에서 시멘타이트가 석출하는 선
㉰ α 고용체에서 펄라이트가 석출하는 선
㉱ γ 고용체에서 α 고용체가 석출하는 선

007
철-탄소 이중 상태도(double line)에서 실선은 탄소의 어떤 상태를 나타내는 선도인가?

㉮ 안정선도 ㉯ 준안정선도
㉰ 불안정선도 ㉱ 미완성선도

008
핵연료로 활용되는 금속은?

㉮ Fe, Cu ㉯ Si, Ta
㉰ U, Th ㉱ W, Pt

답 001 ㉱ 002 ㉱ 003 ㉰ 004 ㉯ 005 ㉰ 006 ㉯ 007 ㉯ 008 ㉰

009

자동차나 항공기 등의 내연기관에 사용되는 밸브용 재료로 가장 적합한 것은?

㉮ Cr-Si계 내열강   ㉯ Ni-S계 피삭성강
㉰ Cu-Nb계 내산성강   ㉱ Mg-W계 경화성강

010

탄화철(Fe_3C)의 금속간화합물에 있어서 C의 원자비(%)는?

㉮ 15   ㉯ 25
㉰ 45   ㉱ 75

011

순금속과 합금에 대한 일반적 성질 중 맞는 것은?

㉮ 열과 전기의 전도체이다.
㉯ 전성 및 연성이 나쁘다.
㉰ 상온에서 기체이며 비결정체이다.
㉱ 빛에 대하여 투명체이다.

012

저탄소 저규소의 주철에 칼슘실리케이트를 접종하여 강도를 높인 주철은?

㉮ 구상흑연주철   ㉯ 미하나이트주철
㉰ 펄라이트가단주철   ㉱ 흑심가단주철

013

용융점이 가장 높은 것은?

㉮ W   ㉯ Au
㉰ Co   ㉱ Mg

014

6:4 황동에 철, 망간, 니켈, 알루미늄 등을 넣어서 메지지 않으며 방식성, 특히 내해수성이 강한 고강도 황동은?

㉮ 델타메탈   ㉯ 주석황동
㉰ 포금   ㉱ 문쯔메탈

015

구리 합금으로 청동에 속하는 것은?

㉮ 흑심철   ㉯ 펄라이트강
㉰ 포금   ㉱ 엘린바

016

굵은 일점쇄선을 사용하는 경우는?

㉮ 인접 부분을 참고로 표시할 때
㉯ 특수한 가공을 실시하는 부분을 표시할 때
㉰ 가공 전후의 모양을 나타낼 때
㉱ 기어의 피치원을 도시할 때

답 009 ㉮ 010 ㉯ 011 ㉮ 012 ㉯ 013 ㉮ 014 ㉮ 015 ㉰ 016 ㉯

017
지름이 20mm인 구(球)의 치수 표시로 옳은 것은?

㉮ S⌀20 ㉯ 20S
㉰ R20 ㉱ S20R

018
아래 그림에 표시된 도형은 어느 단면도에 속하는가?

㉮ 합성 단면도
㉯ 계단 단면도
㉰ 부분 단면도
㉱ 온 단면도

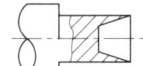

019
척도 1/2인 제도 도면에서 실제 길이 10mm는 몇 mm로 그려지는가?

㉮ 5 ㉯ 10
㉰ 20 ㉱ 25

020
그림과 같은 겨냥도를 3각법으로 나타낼 때 우측면도는? (단, 화살표 방향이 정면도임)

021
SS 330으로 표시된 재료기호에서 330이 뜻하는 것은?

㉮ 재질 번호 ㉯ 재질 등급
㉰ 탄소 함유량 ㉱ 최저 인장강도

022
큰 도면을 접어서 보관할 경우에 기준이 되는 크기는?

㉮ A_2 ㉯ A_3
㉰ A_4 ㉱ A_5

023
정투상도법에서 물체의 뒤쪽에서 바라본 형상을 도시한 투상도는?

㉮ 저면도 ㉯ 배면도
㉰ 평면도 ㉱ 정면도

024
도면에서 치수 숫자와 함께 사용되는 보조기호 중 반지름을 나타내는 기호는?

㉮ ⌀ ㉯ R
㉰ C ㉱ P

답 017 ㉮ 018 ㉰ 019 ㉮ 020 ㉱ 021 ㉱ 022 ㉰ 023 ㉯ 024 ㉯

025
제도에서 문자나 숫자, 기호 및 부호 등을 기입할 때 사용되는 용구는?

㉮ 형판 ㉯ 문자판
㉰ 지우개판 ㉱ 운형자

026
나사 도시법에서 숫나사의 골지름을 나타내는 선은?

㉮ 가는 실선 ㉯ 굵은 실선
㉰ 가는 일점쇄선 ㉱ 가는 이점쇄선

027
구멍과 축의 끼워맞춤에 항상 죔새가 생기는 맞춤은?

㉮ 헐거운끼워맞춤 ㉯ 중간끼워맞춤
㉰ 억지끼워맞춤 ㉱ 보통끼워맞춤

028
강의 표면이 탈탄되면 강표면에 어떤 조직(연화층)이 형성되는가?

㉮ 오스테나이트 ㉯ 페라이트
㉰ 마텐자이트 ㉱ 시멘타이트

029
가열한 다음 기름에서 제품을 냉각하는 방법은?

㉮ 유냉 ㉯ 수냉
㉰ 공냉 ㉱ 노냉

030
담금질 처리가 가장 곤란한 것은?

㉮ STC3 ㉯ SM10C
㉰ STD11 ㉱ STS3

031
주택, 점포, 공공 건물에서 일어나는 화재와 소화 활동에 따른 파괴로 인한 손해는?

㉮ 광산재해 ㉯ 교통재해
㉰ 도시화재 ㉱ 해상화재

032
고주파 담금질의 특징을 설명한 것 중 틀린 것은?

㉮ 피로 강도가 향상된다.
㉯ 가열 시간이 길다.
㉰ 경화면의 산화가 적다.
㉱ 변형이 적다.

033
고온도용 염욕제로 사용되는 것으로 용융온도가 약 950℃ 되는 것은?

㉮ $NaNO_3$ ㉯ KNO_3
㉰ KCl ㉱ NaF

답 025 ㉯ 026 ㉮ 027 ㉰ 028 ㉯ 029 ㉮ 030 ㉯ 031 ㉰ 032 ㉯ 033 ㉱

034

담금질시 혼수비에 따라 냉각 속도가 조절되어 편리하며 화재나 공해 관계로 이용되는 냉각액은?

㉮ 수용성 담금질 액
㉯ 염화나트륨 냉각액
㉰ 솔벤트 냉각액
㉱ 글리세린 냉각액

035

침탄용 강재로 적합한 것은?

㉮ 0.17%C ㉯ 1.2%C
㉰ 2.0%C ㉱ 3.5%C

036

주조강의 담금질 처리전 열균열 방지 목적으로 행하는 사전 열처리 방법은?

㉮ 저온담금질 ㉯ 뜨임처리
㉰ 확산풀림   ㉱ 심냉처리

037

열처리 전의 최대 인장하중이 6280kgf이였는데 열처리 후 에는 7850kgf이 되었다면 증가된 응력값은? (단, 인장시험편의 지름이 20mm인 경우이다.)

㉮ $5kg_f/mm^2$ ㉯ $10kg_f/mm^2$
㉰ $20kg_f/mm^2$ ㉱ $25kg_f/mm^2$

038

광휘 열처리로의 가스 분위기에서 사용되지 않는 것은?

㉮ O_2 ㉯ H_2
㉰ N_2 ㉱ CO

039

담금질 균열을 방지하기 위한 시간 담금질 방법 중 가장 옳은 것은?

㉮ 물속에 시간 담금질할 때는 두께 1mm당 30초간 수냉 후 꺼낸다.
㉯ 기름속에 시간 담금질할 때는 두께 1mm당 50초간 유냉 후 꺼낸다.
㉰ 수냉할 때는 진동 또는 물소리가 정지한 순간에 꺼낸다.
㉱ 유냉할 때는 기름의 기포가 올라오자마자 꺼낸다.

040

고속도 공구강의 재료기호는?

㉮ SNC415 ㉯ STS3
㉰ SWS41   ㉱ SKH51

041

고온체의 붉은색 방사선을 표준 필라멘트와 그 밝기를 비교하여 측정하는 온도계는?

㉮ 저항식 온도계 ㉯ 방사온도계
㉰ 광고온계   ㉱ 압력식 온도계

답 034 ㉮ 035 ㉮ 036 ㉰ 037 ㉮ 038 ㉮ 039 ㉰ 040 ㉱ 041 ㉰

042

수온이 몇 도(℃)를 넘으면 물의 냉각능이 급격히 저하되는가?

㉮ 0 ㉯ 5
㉰ 15 ㉱ 30

043

다음 그림은 어떤 온도제어 장치인가?

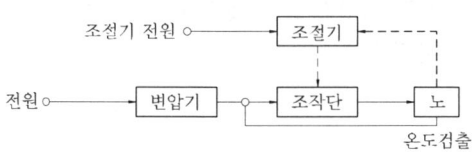

㉮ 온-오프식 ㉯ 비례제어식
㉰ 정치제어식 ㉱ 프로그램 제어식

044

18-8 스테인리스강의 기본적인 열처리로 냉간가공 또는 용접에 의해서 생긴 내부응력 등을 제거하기 위한 열처리는?

㉮ 인장제거 뜨임 ㉯ 용융화 처리
㉰ 담금질 ㉱ 용체화 처리

045

열전대의 단자 부분이 가지는 온도 변화에 따라 생기는 오차를 보상하기 위하여 사용되는 선은?

㉮ 리드선 ㉯ 보상도선
㉰ 에나멜선 ㉱ 열선

046

열전쌍에 이용되는 콘스탄탄의 주성분은?

㉮ 구리-니켈 ㉯ 니켈-크롬
㉰ 백금- 롬 ㉱ 알루미늄-크롬

047

다음 중 A급 화재에 속하는 것은?

㉮ 일반 가열물 화재
㉯ 유지류, 석유제품 등의 화재
㉰ 전기 장치의 화재
㉱ 가연성 금속의 화재

048

담금질시 급냉조작 잘못으로 생기는 변화가 아닌 것은?

㉮ 냉각의 불균일
㉯ 열응력 또는 변태응력 중복
㉰ 잔류응력 발생
㉱ 경도의 상승

049

탄소강의 열처리에서 담금질의 주 목적은?

㉮ 조직을 조대화 하기 위하여
㉯ 연화 하기 위하여
㉰ 경화 하기 위하여
㉱ 표면만 취화 하기 위하여

답 042 ㉱ 043 ㉰ 044 ㉱ 045 ㉯ 046 ㉮ 047 ㉮ 048 ㉱ 049 ㉰

050
확산현상을 이용한 표면 경화법이 아닌 것은?

㉮ 질화법   ㉯ 침탄법
㉰ 금속침투법   ㉱ 고주파 경화법

051
가스로의 일반적인 특징이 아닌 것은?

㉮ 노내 온도 조절이 용이하다.
㉯ 온도를 균일하게 지속시킬 수 있다.
㉰ 복사열 작용을 한다.
㉱ 점화가 복잡하다.

052
염욕 열처리의 특징이 아닌 것은?

㉮ 산화와 탈탄을 방지할 수 있다.
㉯ 열처리 온도를 조절할 수 있다.
㉰ 강재의 가열속도를 크게 할 수 있다.
㉱ 공해발생이 없다.

053
열처리 작업 중 발에 화상을 입었을 때 가장 옳은 응급처치 방법은?

㉮ 먼저 양말을 벗기고 정지 된 물로 씻는다.
㉯ 양말을 가위를 사용하여 잘나낸 다음 흐르는 물로 씻어낸다.
㉰ 양말을 벗기고 흙을 바른다.
㉱ 양말을 벗기고 침을 바른다.

054
질화경도의 부족 원인과 관계가 없는 것은?

㉮ 조직이 소르바이트조직이 아닌 경우
㉯ 재료의 표면상태가 탈탄, 탈황 등이 있는 경우
㉰ 20%이하에서 해리도가 변동하는 경우
㉱ 조직이 마텐자이트인 경우

055
합금공구강(KS D 3753)을 강종으로 분류한 것이 아닌 것은?

㉮ 절삭공구용   ㉯ 내충격공구용
㉰ 냉간금형용   ㉱ 산화성 공구용

056
강의 표면에 질소(N)을 침투, 확산시킴으로 표면 경화효과를 목적으로 하는 처리 방법은?

㉮ 침탄처리   ㉯ 질화처리
㉰ 염욕처리   ㉱ 광휘열처리

057
알루미늄 합금의 열처리시 석출경화반응을 이용하기 위해 먼저 고용체로 만드는 것은?

㉮ 용체화처리   ㉯ 급냉
㉰ 시효   ㉱ 서브제로처리

답 050 ㉱ 051 ㉱ 052 ㉱ 053 ㉯ 054 ㉱ 055 ㉱ 056 ㉯ 057 ㉮

058

가연성 분위기 가스를 취급하는 경우 폭발의 위험을 방지하기 위하여 작업자가 염두에 두어야 하는 것이 아닌 것은?

㉮ 가연성가스와 불연성가스의 차이
㉯ 노기를 치환할 경우 일어날 수 있는 여러 현상
㉰ 노기가 착화온도 350℃ 이하이면 이들 가연성 가스는 안전하게 노로 송입하여 가열할 수 있다는 점
㉱ 노내에 공기가 남아 있고 착화온도 이하이면 가연성 가스를 노내에 송입했을 때 폭발의 위험이 있다는 점

059

구조용 합금강의 뜨임취성에 대한 설명으로 틀린 것은?

㉮ 500(℃) 전, 후에서 나타나는 취성은 1차 뜨임 취성
㉯ 500(℃) 이상에서 나타나는 취성은 2차 뜨임 취성
㉰ 300(℃) 전, 후에서 나타나는 취성은 저온취성
㉱ 2차취성은 담금질 및 뜨임 후 서냉하면 방지

060

강의 균열, 변형 및 잔류 응력을 감소시킬 목적으로 오스테나이트화 온도로부터 뜨거운 유체(기름, 용융염 등)속에 Ms점 이상의 온도로 담금질 하는 고온의 담금질 과정은?

㉮ 마템퍼링   ㉯ 오스템퍼링
㉰ 마레이징   ㉱ 오스포밍

답 058 ㉰ 059 ㉱ 060 ㉯

제6편 열처리기능사 필기 시행문제 (2003년 1회)

001
내부 변형이 있는 결정립이 내부 변형이 없는 새로운 결정립으로 치환되어 가는 과정은?

㉮ 경화　　　　　㉯ 히스테리시스
㉰ 소결　　　　　㉱ 재결정

002
하나의 원소가 온도에 따라 두 가지 이상의 결정 구조를 가지는 경우 각각의 상을 무엇이라 하는가?

㉮ 동소체　　　　㉯ 결정입계
㉰ 천이금속　　　㉱ 변태입자

003
금속의 동소 변태를 설명한 것 중 옳은 것은?

㉮ 특수원소를 첨가하면서 성질이 변화되는 현상이다.
㉯ 퀴리점이 급격히 상승하는 것이다.
㉰ 탄성한도와 인장변형이 변화되는 현상이다.
㉱ 고체상태에서 원자배열의 변화이다.

004
가공한 재료를 고온으로 가열했을 때 나타나는 현상으로 틀린 것은?

㉮ 내부 응력의 제거　㉯ 연화
㉰ 재결정　　　　　　㉱ 결정 입자의 축소

005
동일한 조건에서 비중이 가장 무거운 것은?

㉮ Mg　　　　　㉯ Al
㉰ Pt　　　　　　㉱ Na

006
재료의 기계적 성질 중 질기고 충격에 잘 견디는 성질은?

㉮ 인성　　　　　㉯ 전성
㉰ 연성　　　　　㉱ 취성

007
철-탄소계 합금 중 상온에서 가장 불안정한 조직은?

㉮ 펄라이트　　　㉯ 페라이트
㉰ 오스테나이트　㉱ 시멘타이트

답 001 ㉱　002 ㉮　003 ㉱　004 ㉱　005 ㉰　006 ㉮　007 ㉰

008
냉간가공에 의하여 금속이 변화하는 성질 중 틀린 것은?

㉮ 인장강도의 증가 ㉯ 연신의 감소
㉰ 전기저항의 감소 ㉱ 경도의 증가

009
일반적인 합금강의 성질이 아닌 것은?

㉮ 강도 및 경도가 커진다.
㉯ 결정입도의 성장을 촉진한다.
㉰ 담금질성을 향상시킨다.
㉱ 내식, 내마멸성을 증대시킨다.

010
정밀 기계의 스프링에 사용하는 불변강인 엘린바아(elinvar)의 주성분이 아닌 것은?

㉮ Cr   ㉯ Cu
㉰ Ni   ㉱ Fe

011
탄소공구강의 재료기호(KS)는?

㉮ SM   ㉯ STC
㉰ SKH ㉱ SCM

012
18-8 스테인리스강의 첨가 성분으로 옳은 것은?

㉮ Cr-Ni ㉯ W-Cu
㉰ Si-Sn ㉱ Zn-Mg

013
산소나 탈산제를 품지 않은 무산소구리는?

㉮ OFHC ㉯ TPC
㉰ ECC   ㉱ RHD

014
구리 합금에 대한 설명 중 틀린 것은?

㉮ 7 : 3 황동은 구리와 주석의 합금이다.
㉯ 황동에는 탈아연 작용이 있다.
㉰ 황동은 주조성이 좋다.
㉱ 양은(German silver)은 니켈이 포함되어 있는 황동합금이다.

015
상온에서 비중이 약 2.7이며 융점이 660℃ 정도인 금속으로 기계부품, 항공기, 건축, 차량 등에 사용되는 것은?

㉮ Fe   ㉯ Pb
㉰ Mg   ㉱ Al

016
다음 선의 종류 중 굵기가 다른 것은?

㉮ 치수보조선 ㉯ 해칭선
㉰ 피치선   ㉱ 외형선

답 008 ㉰ 009 ㉯ 010 ㉯ 011 ㉯ 012 ㉮ 013 ㉮ 014 ㉮ 015 ㉱ 016 ㉱

017

도면에서 치수 숫자와 병행하여 사용하는 기호 중 반지름을 뜻하는 것은?

㉮ C ㉯ φ
㉰ R ㉱ t

018

도면에서 프리핸드(free hand)로 가는 실선을 불규칙하게 긋는 경우는?

㉮ 부품이 회전하는 것임을 표시할 때
㉯ 표면처리 부분임을 표시할 때
㉰ 대상물의 일부를 파단한 경계를 표시할 때
㉱ 물체의 보이지 않는 부분을 표시할 때

019

얇은 판을 가공하여 만든 제품은 전개했을 때의 형상을 평면도에 나타낸다. 이러한 투상도는?

㉮ 보조 투상도 ㉯ 전개 투상도
㉰ 요점 투상도 ㉱ 회전 투상도

020

부품의 표면에 담금질을 하는 등 특수한 가공을 하는 경우 그 부분에 어떤 선을 사용하여 도시하는가?

㉮ 굵은 실선 ㉯ 가는 실선
㉰ 가는 1점 쇄선 ㉱ 굵은 1점 쇄선

021

정투상도에서 물체의 높이가 나타나지 않는 도형은?

㉮ 정면도 ㉯ 평면도
㉰ 우측면도 ㉱ 좌측면도

022

그림과 같은 겨냥도를 3각법으로 옳게 투상한 것은?

㉮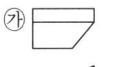
㉯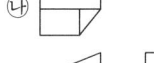
㉰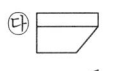
㉱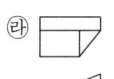

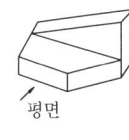
평면

023

KS 재료 기호에서 일반적으로 첫째자리 문자가 표시하는 것은?

㉮ 제품명 ㉯ 규격명
㉰ 강도 ㉱ 재질명

024

헐거운 끼워맞춤에서 구멍의 최소허용치수와 축의 최대 허용치수와의 차는?

㉮ 최소 죔새 ㉯ 최대 죔새
㉰ 최소 틈새 ㉱ 최대 틈새

답 017 ㉰ 018 ㉰ 019 ㉯ 020 ㉱ 021 ㉯ 022 ㉮ 023 ㉱ 024 ㉰

025
나사의 호칭지름은 어느 것으로 나타내는가?
- ㉮ 수나사의 안지름
- ㉯ 수나사의 바깥지름
- ㉰ 암나사의 산지름
- ㉱ 암나사의 유효지름

026
도면의 부품란에 기입되는 사항이 아닌 것은?
- ㉮ 도면명칭
- ㉯ 부품번호
- ㉰ 재질
- ㉱ 부품수량

027
도형을 5 : 1로 그리는 경우, 치수는 어떻게 기입하는가?
- ㉮ 실물 치수 그대로 기입한다.
- ㉯ 실물 치수의 1/5배로 기입한다.
- ㉰ 실물 치수의 5배로 기입한다.
- ㉱ 실물 치수의 25배로 기입한다.

028
심냉처리의 가장 큰 목적은?
- ㉮ 구조용강의 연성 증가
- ㉯ 페라이트 조직의 생성
- ㉰ 공구강의 경도 증가
- ㉱ 오스테나이트 조직의 생성

029
얇은판 또는 강선과 같이 냉간가공에 의해서 경화된 재료를 연화시키는 열처리로 A_1점 이하에서 가열 유지한 후 공냉하는 열처리 방법은?
- ㉮ Process annealing
- ㉯ Spheroidizing
- ㉰ Marquenching
- ㉱ Water tempering

030
강의 질화층 경도 향상에 가장 효과적인 원소는?
- ㉮ 알루미늄
- ㉯ 황
- ㉰ 납
- ㉱ 탄소

031
벨트를 사용하여 연속적으로 다량의 제품을 처리하는데 적합하도록 설계된 열처리로의 형식은?
- ㉮ 터널형
- ㉯ 피트형
- ㉰ 콘베이어형
- ㉱ 푸셔형

032
이상전류 유입시 수초 또는 수분내에 자동적으로 용단되는 일종의 차단기 역할을 하는 것은?
- ㉮ 바이메탈
- ㉯ 퓨우즈
- ㉰ 열전기재료
- ㉱ 광전관

답 025 ㉯ 026 ㉮ 027 ㉮ 028 ㉰ 029 ㉮ 030 ㉮ 031 ㉰ 032 ㉯

033
Ni-Cr강의 담금질 온도(℃)와 냉각액으로 가장 적합한 것은?

㉮ 350~400, 수돗물
㉯ 450~500, 소금물
㉰ 550~650, 증류수
㉱ 820~880, 기름

034
열처리 현장에서 널리 사용되는 분위기로는?

㉮ 소결로　　㉯ 전기로
㉰ 가스로　　㉱ 용해로

035
질산염의 염욕은 몇 ℃ 이상에서 현저한 산화작용을 하여 제품 및 도가니를 침식하는가?

㉮ 50　　㉯ 200
㉰ 350　　㉱ 500

036
상온으로 가공한 스프링강 또는 피아노선등을 250~370℃로 가열하여 탄성한도나 피로한도를 높이는 처리는?

㉮ 불루잉　　㉯ 구상화
㉰ 서브제로　㉱ 액체화

037
낙뢰로부터 건조물을 보호하기 위하여 몇 m 이상 건조물이나 위험물 또는 폭발물 저장고에 피뢰침을 설치하는가?

㉮ 0.5　　㉯ 2.5
㉰ 6　　　㉱ 20

038
비례 제어식에서 전기로의 전력공급은 조절기의 신호가 온(ON)일 때 몇 %로 하는가?

㉮ 20　　㉯ 40
㉰ 60　　㉱ 100

039
항온 변태곡선(S곡선)에서 가장 빨리 변태 개시선에 도달하는 구역(이것을 잠복기라 한다)은?

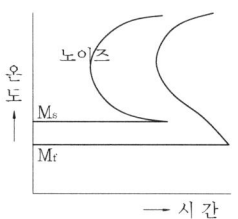

㉮ 펄라이트 변태구역　㉯ Ms직상의 구역
㉰ 노우즈 구역　　　　㉱ Mf 구역

040
오스템퍼링 열처리에서 얻어지는 주 조직은?

㉮ 시멘타이트　　㉯ 베이나이트
㉰ 소르바이트　　㉱ 펄라이트 + 페라이트

답　033 ㉱　034 ㉰　035 ㉱　036 ㉮　037 ㉱　038 ㉱　039 ㉰　040 ㉯

041

기계구조용 탄소강(SM45C)의 담금질온도 및 냉각방법으로 가장 적합한 것은?

㉮ 300~400℃ 수냉
㉯ 550~600℃ 공냉
㉰ 830~880℃ 수냉
㉱ 1000~1100℃ 유냉

042

강을 노내에서 가열할 때 가장 높은 온도에서의 불꽃 색깔은?

㉮ 흰색　　　　㉯ 빨강색
㉰ 암갈색　　　㉱ 황색

043

스테인리스강 시편의 담금질색이 빨강색일 때의 온도(℃)는?

㉮ 약 400　　　㉯ 약 480
㉰ 약 600　　　㉱ 약 850

044

강을 담금질할 때 생기며 경도가 높고 무확산 변태를 하는 조직은?

㉮ 페라이트　　㉯ 마텐자이트
㉰ 소르바이트　㉱ 오스테나이트

045

주철의 열처리에서 연화 풀림의 목적과 관련이 가장 적은 것은?

㉮ 절삭성을 양호하게 한다.
㉯ 강도를 증가시킨다.
㉰ 연성을 향상시킨다.
㉱ 백선부분을 제거시킨다.

046

공냉 경화형공구강(STD 12)의 담금질시 경화 온도와 예열온도의 유지시간은 최대두께 25mm 당 약 어느 정도인가?

㉮ 1분　　　　㉯ 10분
㉰ 20분　　　㉱ 60분

047

물리적 표면경화법에 속하는 것은?

㉮ 침탄법　　　㉯ 금속 침투법
㉰ 질화법　　　㉱ 고주파 경화법

048

기름을 오스템퍼링용 냉각제로 사용하지 않는 가장 큰 이유는?

㉮ 열을 급속히 전달한다.
㉯ 증기를 발생한다.
㉰ 급냉되기 때문이다.
㉱ 오스템퍼링 온도에서 점성이 변한다.

답　041 ㉰　042 ㉮　043 ㉱　044 ㉯　045 ㉯　046 ㉱　047 ㉱　048 ㉱

049

장비가 위치한 실내의 환기에 가장 주의해야 하는 열처리 로는?

㉮ 균열로 ㉯ 가스로
㉰ 수냉로 ㉱ 유도로

050

기어 표면의 높은 경도와 내마모, 중심부의 강인성을 주기 위해 침탄 열처리 하고자 할 때 적합한 강종은?

㉮ SNCM 220 ㉯ STD 11
㉰ STS 3 ㉱ FCD 60

051

고주파 경화법의 장점이 아닌 것은?

㉮ 국부적인 경화에 이용 할 수 있다.
㉯ 피로강도가 저하된다.
㉰ 가열 시간이 짧다.
㉱ 변형이 적다.

052

청백색의 고체금속으로서 베어링용 합금, 반도체 제조 등에 쓰이며 이타이이타이병이라는 직업병을 일으키는 금속은?

㉮ Hg ㉯ Cr
㉰ Pb ㉱ Cd

053

액체 침탄법의 이점이 아닌 것은?

㉮ 제품의 변형을 방지할 수 있다.
㉯ 온도 조절이 용이하다.
㉰ 가공 시간이 절약된다.
㉱ 침탄제의 가격이 아주 싸다.

054

열처리할 부품 표면에 있는 기름 성분을 제거하는 전처리는?

㉮ 산세 ㉯ 연삭
㉰ 탈지 ㉱ 연마

055

열처리 제품의 표면을 쇼트 피이닝(Shot peening) 처리할 때 효과나 목적이 아닌 것은?

㉮ 금속의 표면층을 경화시킨다.
㉯ 경강 등의 충격파괴 저항이 상승한다.
㉰ 연강 등의 저온취성 온도를 강화시켜 안전하게 한다.
㉱ 철구(shot)는 제품보다 반드시 경도가 낮아야 한다.

056

고속도강의 열처리에 알맞는 염욕은?

㉮ 저온용 염욕
㉯ 중온용 염욕
㉰ 고온용 염욕
㉱ 저온용과 중온용의 염욕

답 049 ㉯ 050 ㉮ 051 ㉯ 052 ㉱ 053 ㉱ 054 ㉰ 055 ㉱ 056 ㉰

057

열전대에 쓰이는 재료의 설명 중 틀린 것은?

㉮ 내열, 내식성이 좋아야 한다.
㉯ 고온에서도 기계적 강도가 커야 한다.
㉰ 열기전력이 작고 호환성이 없어야 한다.
㉱ 히스테리시스 차가 없어야 한다.

058

펄라이트 형성 온도보다는 낮고 마텐자이트 형성 온도보다는 높은 온도에서 행하는 철계합금의 항온 변태 열처리는?

㉮ 마템퍼링
㉯ 마퀜칭
㉰ 오스템퍼링
㉱ 뜨임메짐

059

공구강의 열처리시 고려할 사항으로 틀린 것은?

㉮ 담금질 후에 구상화풀림을 한다.
㉯ 급냉으로 인한 변형을 적게 한다.
㉰ 담금질 후 뜨임 처리한다.
㉱ 담금질과 뜨임 후 시효 변화가 적어야 한다.

060

18-8 스테인리스강의 기본적인 열처리로 냉간가공 또는 용접에 의해 생긴 내부응력을 제거하고 내식성을 증가시키는 열처리는?

㉮ 고용화 처리
㉯ 구상화 처리
㉰ 흑연화 풀림
㉱ 프로세스 어닐링

답 057 ㉰ 058 ㉰ 059 ㉮ 060 ㉮

제6편 열처리기능사 필기 시행문제 (2003년 2회)

001
금속의 동소변태를 설명한 것 중 옳은 것은?

㉮ 합금을 형성하면서 그 성질이 변화되는 현상이다.
㉯ 자기의 강도가 변화되는 현상이다.
㉰ 크리프의 한도와 이슬점이 변화되는 현상이다.
㉱ 결정격자의 형식이 바뀌는 현상이다.

002
핵연료 및 신소재에 해당되는 것은?

㉮ 우라늄, 토륨
㉯ 티탄합금, 저용융점합금
㉰ 합금철, 순철
㉱ 황동, 납땜용합금

003
체심입방격자의 표시로 맞는 것은?

㉮ LCC   ㉯ BCC
㉰ HCL   ㉱ CPC

004
금속의 소성변형에 속하지 않는 것은?

㉮ 단조   ㉯ 인발
㉰ 압연   ㉱ 주조

005
재결정 온도가 가장 낮은 금속은?

㉮ W   ㉯ Fe
㉰ Cu   ㉱ Pb

006
온도 t℃, 길이 ℓ 인 물체가 t'℃로 가열되었을 경우 길이가 ℓ' 로 늘어났을 때 선팽창계수를 구하는 식은?

㉮ $\dfrac{\ell-\ell'}{\ell(t'-t)}$ ㉯ $\dfrac{\ell'-\ell}{\ell(t'-t)}$

㉰ $\dfrac{\ell-\ell'}{\ell'(t'-t)}$ ㉱ $\dfrac{\ell'-\ell}{\ell'(t'-t)}$

007
자기변태가 일어나는 온도는?

㉮ 이슬점   ㉯ 상점
㉰ 퀴리점   ㉱ 동소점

답 001 ㉱ 002 ㉮ 003 ㉯ 004 ㉱ 005 ㉱ 006 ㉯ 007 ㉰

008
합금의 평형상태도는 어떤 요소에 의해서 표시된 선도인가?

㉮ 중량과 시간 ㉯ 농도와 온도
㉰ 수축과 중량 ㉱ 부피와 질량

009
청동의 주 성분은?

㉮ 구리-니켈 ㉯ 구리-주석
㉰ 철-납 ㉱ 철-알루미늄

010
순철(Fe)의 비중으로 맞는 것은?

㉮ 약 7.8 ㉯ 약 8.9
㉰ 약 9.7 ㉱ 약 10.3

011
다음 중 자석강이 아닌 것은?

㉮ KS강 ㉯ OP강
㉰ GC강 ㉱ MK강

012
시멘타이트(Fe_3C)를 약 몇도[℃]로 가열하면 빠른 속도로 흑연을 분리시키는가?

㉮ 1154 ㉯ 1021
㉰ 768 ㉱ 210

013
톰백은 어느 것에 속하는가?

㉮ 콘스탄탄 ㉯ 황동
㉰ 인코넬 ㉱ 합금강

014
면심입방격자이며 용융점이 약 660℃인 원소는?

㉮ Fe ㉯ Al
㉰ W ㉱ Sn

015
상온에서 고체가 아닌 것은?

㉮ Au ㉯ Ag
㉰ Hg ㉱ Ti

016
물체의 구조 및 기능을 설명하기 위한 도면은?

㉮ 상세도 ㉯ 계획도
㉰ 설명도 ㉱ 견적도

017
기어 제도에서 피치원을 나타내는 선은?

㉮ 굵은 실선 ㉯ 가는 1점 쇄선
㉰ 가는 2점 쇄선 ㉱ 은선

답 008 ㉯ 009 ㉯ 010 ㉮ 011 ㉰ 012 ㉮ 013 ㉯ 014 ㉯ 015 ㉰ 016 ㉰ 017 ㉯

018

물체의 보이지 않는 부분을 나타내는 데 사용되는 선은?

㉮ 실선　　　㉯ 파선
㉰ 일점쇄선　㉱ 이점쇄선

019

제도 용지의 종류 중 A4 용지의 크기는?

㉮ 594 × 841　㉯ 420 × 594
㉰ 350 × 450　㉱ 210 × 297

020

다음 물체의 투상도에서 평면도로 옳은 것은?

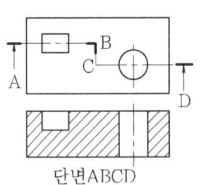

021

다음 도형은 어느 단면도에 속하는가?

㉮ 온단면도
㉯ 회전 도시 단면도
㉰ 한쪽단면도
㉱ 조합에 의한 단면도

022

물체의 수평면이나 수직면의 일부 모양만을 도시해도 충분할 경우에 어떤 투상도로 나타내면 좋은가?

㉮ 요점 투상도　㉯ 부분 투상도
㉰ 회전 투상도　㉱ 복각 투상도

023

$\phi 100 \pm 0.05$로 표시된 치수의 공차는?

㉮ 0.05　㉯ 0.1
㉰ −0.05　㉱ 0.01

024

KS 규격에 의한 표면의 결(거칠기) 도시 기호 중 특별한 표면 가공을 하지 않을 때 사용하는 기호는?

025

탄소강 단강품을 나타내는 재료기호는?

㉮ BrC₃　㉯ SF
㉰ SM　㉱ SCP

답 018 ㉯　019 ㉱　020 ㉮　021 ㉱　022 ㉯　023 ㉯　024 ㉮　025 ㉯

026
미터 보통나사를 나타내는 기호는?
㉮ TM ㉯ TP
㉰ M   ㉱ P

027
다음 그림에서 테이퍼 값은 얼마인가?
㉮ 1/10
㉯ 1/5
㉰ 2/5
㉱ 1/2

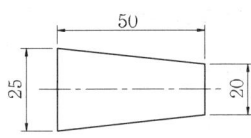

028
기계구조용 탄소강 중 담금질이 가장 잘되는 것은?
㉮ SM15C   ㉯ SM30C
㉰ SM35C   ㉱ SM50C

029
담금질한 강을 뜨임처리하는 목적과 관련이 가장 적은 것은?
㉮ 담금질 응력을 제거한다.
㉯ 치수 안정성을 보장한다.
㉰ 인성을 증가시킨다.
㉱ 경도와 강도를 증가시킨다.

030
일반적으로 심냉처리를 하지 않는 강종은?
㉮ 합금 공구강   ㉯ 기계구조용 저탄소강
㉰ 고속도강   ㉱ 스테인리스강

031
다음 제품을 열처리할 경우 1부위의 냉각속도를 1로 기준할 때 2부위의 냉각속도는?
㉮ 2
㉯ 7
㉰ $\frac{1}{3}$
㉱ 3

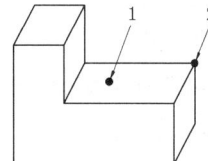

032
고체 침탄제의 구비조건이 아닌 것은?
㉮ 침탄력이 강할 것
㉯ 습기를 적게 흡수할 것
㉰ 열 전도율이 낮을 것
㉱ 여러번 사용할 수 있을 것

033
Cu-Be 합금이 스프링 재료로 우수한 성질을 나타내는 것은 무슨 처리를 한 것인가?
㉮ 소성   ㉯ 연신
㉰ 열간   ㉱ 시효

답 026 ㉰ 027 ㉮ 028 ㉱ 029 ㉱ 030 ㉯ 031 ㉯ 032 ㉰ 033 ㉱

034

복사고온계를 사용하는 방법 중 틀린 것은?

㉮ 고온계와 물체의 도중에는 방사에너지에 영향을 주는 수증기나 연기가 있어야 한다.
㉯ 복사능에 따라 보정하여 물체의 실제온도를 구한다.
㉰ 고온계와 물체와의 거리를 일정하게 한다.
㉱ 렌즈나 반사경 등이 희미하지 않도록 한다.

035

탄소강의 열처리시 물 담금질 온도(℃)로 가장 적합한 것은?

㉮ 0~5 ㉯ 5~10
㉰ 20~30 ㉱ 50~60

036

M_s점의 설명 중 틀린 것은?

㉮ Ar″ 변태점이라고 한다.
㉯ 마텐자이트 조직이 나타나기 시작하는 점이다.
㉰ 성분이 다른 재료의 강은 M_s점이 다르다.
㉱ 풀림 후 노멀라이징하여 취성을 증가하는 것이다.

037

강에서 담금질 균열의 발생 방지대책 중 틀린 것은?

㉮ 날카로운 모서리를 이루게 한다.
㉯ 냉각시 온도의 불균일을 적게 한다.
㉰ 살두께 차이, 급변을 가급적 줄인다.
㉱ 구멍에 석면을 채운다.

038

열처리 작업 중 가장 완만한 담금질 또는 풀림시 사용하는 냉각법은?

㉮ 수냉법 ㉯ 공냉법
㉰ 유냉법 ㉱ 분사냉각법

039

담금질에 의하여 표면을 경화시키는 물리적 경화법은?

㉮ 가스 액화법 ㉯ 고주파 경화법
㉰ 과시효 연질화법 ㉱ 구상화법

040

열처리에 사용하는 전기로의 종류가 아닌 것은?

㉮ 머플로 ㉯ 진공로
㉰ 도가니로 ㉱ 소결로

041

강의 담금질성을 가장 나쁘게 하는 원소는?

㉮ 탄소 ㉯ 망간
㉰ 크롬 ㉱ 황

042

노기 가스의 분석에 사용되는 기기는?

㉮ 점결탄 분석기 ㉯ 활성오니 분석기
㉰ 적외선 CO_2 분석기 ㉱ 액화 분석기

답 034 ㉮ 035 ㉰ 036 ㉱ 037 ㉮ 038 ㉯ 039 ㉯ 040 ㉱ 041 ㉱ 042 ㉰

043

비철재료 중 경합금에 이용되는 가장 적합한 열처리 방법은?

㉮ 시효 경화 열처리   ㉯ 점토화 열처리
㉰ 액화 열처리   ㉱ 표면 취화 열처리

044

고온체의 적색방사선을 계기 내의 표준필라멘트와 그밝기를 비교, 측정하는 온도계는?

㉮ 열전쌍식 온도계   ㉯ 압력식 고온계
㉰ 광 고온계   ㉱ 방사 온도계

045

마템퍼링 과정이 옳게 된 것은?

① M_s 이상의 온도로 담금질
② 오스테나이트화 온도까지 가열
③ 공기중에서 냉각
④ 강 전체의 온도가 균일해질 때까지 냉각노에서 유지

㉮ ②-①-④-③   ㉯ ③-④-①-②
㉰ ④-③-②-①   ㉱ ①-④-③-②

046

탄소 공구강을 담금질처리할 때 수냉으로 경화시키는 이유는 무엇 때문인가?

㉮ 저탄소강으로 탄소량이 적으므로
㉯ 황의 성분이 많으므로
㉰ 경화능이 나쁘므로
㉱ 담금질 온도가 100℃ 정도로 낮으므로

047

열처리에 사용되는 발열체 중 최고 사용온도가 1600℃인 비금속 발열체는?

㉮ 몰리브덴   ㉯ 실리코 니트
㉰ 칸탈   ㉱ 텅스텐

048

염욕로에 대한 설명 중 틀린 것은?

㉮ 구조가 비교적 간단하다.
㉯ 열원은 전기, 가스 및 액체연료를 이용한다.
㉰ 소품종 대량생산을 위한 로이다.
㉱ 산화 및 탈탄을 방지할 수 있다.

049

열처리에서 사용되는 온도 측정장치 중 제벡(Seebeck) 효과를 이용한 것은?

㉮ 열전쌍 온도계   ㉯ 방사 온도계
㉰ 압력식 고온계   ㉱ 광 고온계

050

다음 중 방진 마스크를 사용하여야 하는 작업은?

㉮ 고체 침탄 작업   ㉯ 초음파 탐상 작업
㉰ 현미경 시험 작업   ㉱ 수세 작업

답 043 ㉮ 044 ㉰ 045 ㉮ 046 ㉰ 047 ㉯ 048 ㉰ 049 ㉮ 050 ㉮

051

광휘 열처리 작업시 안전 및 유의사항이 아닌 것은?

㉮ 분위기 가스의 흐름과 일감을 놓는 방법 및 노내 온도의 균형 등에 주의한다.
㉯ 가열 중에 일감이 스스로의 무게로 인하여 변형되지 않게 유지한다.
㉰ 분위기로의 문을 열 경우 화염 커튼이 점화 되도록 한다.
㉱ 화염 커튼이 문을 완전히 덮도록 연소 방향이나 불꽃의 높이 등을 조절한다.

052

냉간가공시 마찰을 적게 하기 위하여 유제품을 도포하고자 한다. 열처리를 하기 전에 거쳐야 하는 작업은?

㉮ 용접　　　　　㉯ 액 산화
㉰ 탈지　　　　　㉱ 염산 에칭

053

담금질한 강을 0℃ 이하로 급냉시키는 처리는?

㉮ 항온 염욕처리　㉯ 심냉처리
㉰ 용체화처리　　㉱ 시효처리

054

표면경화 열처리에서 고주파 담금질 후 내부응력을 제거하는 템퍼링 온도(℃)로 가장 적합한 것은?

㉮ 150~200　　　㉯ 700~750
㉰ 800~850　　　㉱ 950~1000

055

가열로에 사용되는 중성내화재의 주 성분은?

㉮ SiO_2　　　　㉯ MnO
㉰ MgO　　　　㉱ Al_2O_3

056

열처리시 산화방지를 위한 가장 좋은 방법은?

㉮ 결정립을 조대화시킨다.
㉯ 탈탄생성을 촉진시킨다.
㉰ 노내분위기를 조절한다.
㉱ 산화분위기에서 가열한다.

057

강에서 오스테나이트 안정화 원소이며 펄라이트 변태를 지연시키는 것은?

㉮ Pb　　　　　㉯ Ni
㉰ Cu　　　　　㉱ Si

058

냉각제 중 염수의 장점이 아닌 것은?

㉮ 냉각속도가 물보다 빠르다.
㉯ 열처리품의 변형이 감소한다.
㉰ 용액의 냉각을 위한 열교환기의 필요성이 물이나 기름에 비해 감소한다.
㉱ 부식성이 없다.

답　051 ㉰　052 ㉰　053 ㉯　054 ㉮　055 ㉱　056 ㉰　057 ㉯　058 ㉱

059

200~300℃ 부근에서 강의 인장 강도나 경도가 상온인 경우 보다 커지고 연신율, 드로잉성이 작아져 깨어지기 쉬워지는 성질은?

㉮ 청열 메짐 ㉯ 저온 메짐
㉰ 상온 메짐 ㉱ 적열 메짐

060

열을 급속히 전달하므로 강에서 오스템퍼링용 냉각제로 가장 널리 쓰이는 것은?

㉮ 흑연 ㉯ 공기
㉰ 기름 ㉱ 용융염

답 059 ㉮ 060 ㉱

제6편 열처리기능사 필기 시행문제 (2003년 5회)

001
순금속의 용해온도가 가장 낮은 것은?

㉮ Ag   ㉯ Al
㉰ Sn   ㉱ Pb

002
오스테나이트(austenite)의 결정구조는?

㉮ 체심입방정   ㉯ 면심입방정
㉰ 육방정   ㉱ 정방정

003
강(steel) 중에 함유되어 있는 철 이외의 보통 원소는?

㉮ W, Mo, Ni, Cu, Cr
㉯ Pt, C, B, He, H
㉰ C, Si, Mn, P, S
㉱ Au, Pb, Cd, Ag, Zn

004
가공으로 내부변형을 일으킨 결정립이 그 형태대로 내부변형을 해방하여 가는 과정은?

㉮ 재결정   ㉯ 회복
㉰ 결정핵성장   ㉱ 시효완료

005
이온화 경향이 가장 작은 금속은?

㉮ Ni   ㉯ Mn
㉰ Hg   ㉱ Cr

006
강(steel)의 열처리 조직 중 경도가 가장 큰 조직은?

㉮ 마텐자이트   ㉯ 오스테나이트
㉰ 트루스타이트   ㉱ 소르바이트

007
금속의 입방정계지수에서 결정면과 방향을 규정하는 것과 관련이 가장 깊은 것은?

㉮ 밀러지수   ㉯ 탄성계수
㉰ 가공지수   ㉱ 전이계수

답 001 ㉰ 002 ㉯ 003 ㉰ 004 ㉯ 005 ㉰ 006 ㉮ 007 ㉮

008

합금강에 첨가하는 특수원소와 관련이 가장 적은 것으로 비중이 알루미늄의 약 2/3 되는 원소는?

㉮ 크롬 ㉯ 바나듐
㉰ 망간 ㉱ 마그네슘

009

다음 중 불변강이 아닌 것은?

㉮ 인바아(invar)
㉯ 엘린바아(elinvar)
㉰ 코엘린바아(coelinbar)
㉱ 스텔라이트(stellite)

010

철족 결합금속으로서 접합, 소결한 복합합금으로 된 공구강은?

㉮ 고속도강 ㉯ 다이스강
㉰ 쾌삭강   ㉱ 초경합금

011

펄라이트의 탄소 함유량(%)은 약 얼마인가?

㉮ 0.1 ㉯ 0.4
㉰ 0.8 ㉱ 1.2

012

청동은 어느 것에 속하는 금속인가?

㉮ 구리와 아연의 합금으로 내식성과 내마모성이 우수하다.
㉯ 구리와 납의 합금으로 내식성은 우수하나 내마모성이 나쁘다.
㉰ 구리와 주석의 합금으로 내식성과 내마모성이 우수 하다.
㉱ 구리와 황의 합금으로 내식성은 우수하나 내마모성이 나쁘다.

013

금속의 소성변형 원리와 관련이 없는 것은?

㉮ 재결정 ㉯ 쌍정
㉰ 전위   ㉱ 미끄럼

014

우라늄과 토륨은 무엇으로 사용하는가?

㉮ 강의 탈산제   ㉯ 구리 합금
㉰ 도장 재료   ㉱ 원자로용 1차금속

015

전기용강으로 가장 적합한 특수강은?

㉮ 강인강 ㉯ 규소강
㉰ 질화강 ㉱ 림드강

016

도면을 접을 때는 A_4 크기를 원칙으로 하고 있다. A_4 용지의 크기는?

㉮ 148 × 210(mm) ㉯ 210 × 297(mm)
㉰ 297 × 420(mm) ㉱ 420 × 594(mm)

답 008 ㉱ 009 ㉱ 010 ㉱ 011 ㉰ 012 ㉰ 013 ㉮ 014 ㉱ 015 ㉯ 016 ㉯

017

도면의 치수숫자와 병행하여 사용하는 기호가 아닌 것은?

㉮ ∅ ㉯ □
㉰ ⊠ ㉱ R

018

기어의 피치를 나타내는 선은?

㉮ 굵은 실선 ㉯ 가는 파선
㉰ 가는 1점 쇄선 ㉱ 가는 2점 쇄선

019

물체의 원근감을 느낄 수 있으며 하나의 시점과 물체의 각점을 방사선으로 이어서 그리는 도법은?

㉮ 등각 투상도법 ㉯ 투시도법
㉰ 부등각 투상도법 ㉱ 사투상도법

020

다음 물체를 제3각법으로 올바르게 투상한 것은?

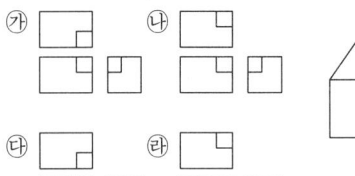

021

물체의 아래, 위 또는 좌, 우가 대칭인 물체에서 외형과 단면을 동시에 나타내고자 할 때 쓰이는 단면도는?

㉮ 회전단면도 ㉯ 온단면도
㉰ 부분단면도 ㉱ 한쪽단면도

022

치수 기입법 설명으로 옳은 것은?

㉮ 치수 숫자는 치수선에 붙여서 기입한다.
㉯ 평면도나 측면도에 집중적으로 기입한다.
㉰ 도형 가까운 쪽에 큰 치수를 먼저 기입한다.
㉱ 가급적 도형의 외부에 기입한다.

023

치수 공차를 계산하는 식으로 옳은 것은?

㉮ 최대허용치수 – 최소허용치수
㉯ 최대허용치수 – 기준치수
㉰ 기준치수 – 최소허용치수
㉱ 기준치수 – 최대허용치수

024

가공 모양에서 가공에 의한 선이 여러 방향으로 교차, 또는 무방향일 때의 표면기호는?

㉮ X ㉯ M
㉰ R ㉱ C

답 017 ㉰ 018 ㉰ 019 ㉯ 020 ㉮ 021 ㉱ 022 ㉱ 023 ㉮ 024 ㉯

025
탄소 공구강의 KS 기호는?

㉮ SCM   ㉯ STC
㉰ SKH   ㉱ SPS

026
나사의 도시법에서 수나사의 골을 표시하는 선은? (단, 나사가 보이는 경우의 간략 도시임.)

㉮ 가는 파선   ㉯ 가는 일점쇄선
㉰ 굵은 실선   ㉱ 가는 실선

027
물품을 그리거나 도안할 때 필요한 사항을 제도기구 없이 프리 핸드(free hand)로 그린 도면은?

㉮ 전개도   ㉯ 외형도
㉰ 스케치도   ㉱ 곡면선도

028
변태점 이하로 가열하는 강의 열처리 방법으로 인성을 부여하는 것은?

㉮ 완전 풀림   ㉯ 노말라이징
㉰ 담금질   ㉱ 뜨임

029
보통주철을 열처리 작업하는 가장 큰 목적은?

㉮ 합금 성분의 변화   ㉯ 응력제거
㉰ 취성의 증가   ㉱ 특수조직의 성장

030
담금질 경도의 저하없이 잔류 오스테나이트를 제거하는 방법으로 가장 좋은 것은?

㉮ 저온 뜨임   ㉯ 저온 풀림
㉰ 심냉 처리   ㉱ 2단 담금질

031
침탄 후 열처리의 제 1차 담금질(quenching) 주목적은?

㉮ 강중심부의 미세화   ㉯ 강표면의 경화
㉰ 강표면의 연화   ㉱ 강표면의 미세화

032
교류, 유도코일 등이 필요한 것으로 표면을 가열하는 표면 경화법은?

㉮ 화염경화처리   ㉯ 고주파경화처리
㉰ 석출경화처리   ㉱ 침탄질화처리

033
소음의 기준 단위로 맞는 것은?

㉮ dB   ㉰ LP
㉯ NA   ㉱ LD

답 025 ㉯ 026 ㉱ 027 ㉰ 028 ㉱ 029 ㉯ 030 ㉰ 031 ㉮ 032 ㉯ 033 ㉮

034
침탄용강으로서의 구비조건 중 틀린 것은?

㉮ 강재는 저탄소강 이어야 한다.
㉯ 고온에서 장시간 가열시 결정입자가 성장하지 않아야 한다.
㉰ 기포나 균열결함이 없어야 한다.
㉱ 경화층 경도와 내피로성이 낮아야 한다.

035
인체에 가장 해롭고 취급에 주의해야할 염욕제의 성분은?

㉮ NaOH
㉯ NaNO₃
㉰ CaCO₃
㉱ NaCN

036
강을 가열시 일반적으로 강의 결정입자가 큰 것은 작은 것에 비해서 어떻게 되는가?

㉮ 담금질이 잘 안된다.
㉯ 담금질이 잘 된다.
㉰ 담금질은 잘되지만 경화상태는 불량하다.
㉱ 담금질도 잘 안되고 강의 성질도 취약해진다.

037
광휘열처리가 가능한 열처리로는?

㉮ 전로
㉯ 중유로
㉰ 용광로
㉱ 분위기로

038
전지를 사용하고 주로 연구용으로 많이 이용되며 정밀도가 좋은 것으로 500℃ 이하의 온도를 측정하는데 사용되는 것은?

㉮ 압력식 온도계
㉯ 방사 온도계
㉰ 저항식 온도계
㉱ 광 온도계

039
강의 담금질시 변형을 방지하는 대책 중 틀린 것은?

㉮ 담금질하기 전에 뜨임을 충분히 한다.
㉯ 균일한 냉각을 한다.
㉰ 프레스 담금질을 한다.
㉱ 롤러 담금질을 한다.

040
응집상태가 가장 미세한 담금질 조직은?

㉮ 펄라이트
㉯ 화인 펄라이트
㉰ 페라이트
㉱ 오스테나이트

041
산세 방법이 잘못 설명된 것은?

㉮ 황산, 염산 등의 수용액에서 한다.
㉯ 부식 억제제를 넣기도 한다.
㉰ 산세 후 알칼리 용액에 중화시킨다.
㉱ 물은 사용하지 않는다.

답 034 ㉱ 035 ㉱ 036 ㉯ 037 ㉱ 038 ㉰ 039 ㉮ 040 ㉯ 041 ㉱

042

염욕제로써 구비해야 할 조건이 틀린 것은?

㉮ 불순물이 적고 순도가 높아야 한다.
㉯ 증발 및 휘발성이 적어야 한다.
㉰ 흡습성 또는 조해성이 없어야 한다.
㉱ 점성이 커야 한다.

043

STD 11종의 탄소함유량(%)은 어느 정도인가?

㉮ 0.3~0.4 ㉯ 0.5~0.6
㉰ 0.8~0.9 ㉱ 1.4~1.6

044

니켈-크롬강, 고망간강, 고니켈강에서 용강중에 수소가스로 인하여 강의 파단면에 원형 또는 타원형의 은백색의 빛나는 부분이 생김으로써 균열의 원인이 되는 것은?

㉮ 비금속 개재물 ㉯ 수축공
㉰ 백점 ㉱ 표면흠

045

열전재료 중 CA용 열전쌍(기호 : K)의 (+)선으로 쓰이는 것은?

㉮ Pt90%, Rh10% ㉯ Ni90%, Cr10%
㉰ Cu55%, Ni45% ㉱ Cu100%

046

열전대 온도계는 두가지의 서로 다른 도선이 연결되어 기전력의 차를 이용한다. 최고 상용한도가 약 600℃이고 IC로 표시되는 열전대의 성분은?

㉮ 텅스텐-몰리브덴 ㉯ 인-인코넬
㉰ 철-크로멜 ㉱ 아연-콘스탄탄

047

광휘 열처리는 강재의 표면을 산화탈탄이 일어나지 않도록 표면을 환원 또는 원래상태로 유지시킨다. 표면광택을 향상시키기 위해 사용되는 분위기의 가스가 아닌 것은?

㉮ Ar ㉯ N_2
㉰ H_2 ㉱ O_2

048

탈탄방지 대책으로 맞지 않는 것은?

㉮ 가열분위기 조정
㉯ 탈탄방지제의 도포
㉰ 가열시간, 온도의 과도함을 제한
㉱ 수분을 함유한 염욕 열처리

049

강 또는 철의 작은 입자를 고속으로 공작물의 표면에 쏘아 표면에 붙어 있는 녹 등을 제거하는 방법은?

㉮ 샌드블라스트 ㉯ 산세
㉰ 탈지 ㉱ 쇼트피닝

답 042 ㉱ 043 ㉱ 044 ㉰ 045 ㉯ 046 ㉰ 047 ㉱ 048 ㉱ 049 ㉱

050
산소용기의 취급상 주의 할 사항으로 맞는 것은?

㉮ 운반시 캡을 씌운다.
㉯ 산소병 표면온도를 40℃가 넘도록 한다.
㉰ 겨울철에 용기가 동결시 직화로 녹인다.
㉱ 산소가 새는 것을 조사할 때 불을 붙여 본다.

051
계속해서 일정시간 간격을 두고 부품을 노내에 장입 및 추출하는 대량생산에 가장 적합한 로는?

㉮ 벳치로   ㉯ 연속로
㉰ 핏트로   ㉱ 대차로

052
공기 특히 산소분압이 낮으므로 산화가 생기지 않고 절대압력이 낮으므로 가스나 불순물이 없는 상태에서 이루어지는 열처리는?

㉮ 고주파 열처리   ㉯ 염욕 열처리
㉰ 진공 열처리   ㉱ 침탄가스 열처리

053
침탄시 탄소농도의 변화가 급격하여 경도 변화가 클 때 경화층이 떨어져 나가는 현상은?

㉮ 연점   ㉯ 박리
㉰ 백점   ㉱ 수축공

054
구조용 합금강, 고 망간강, 고 니켈강 등에서 용강 중의 수소 가스로 인하여 발생하기 쉬운 백점을 방지하기 위한 방법으로 틀린 것은?

㉮ 진공 용해   ㉯ 진공 주조
㉰ 탈 수소 뜨임 ㉱ 산소 취입

055
전기로의 발열체 중에서 금속 발열체가 아닌 것은?

㉮ 니크롬선   ㉯ 철 크롬선
㉰ 몰리브덴선 ㉱ 흑연 발열체

056
담금질액의 냉각능을 지배하는 인자가 아닌 것은?

㉮ 열전도도   ㉯ 비열
㉰ 기화열   ㉱ 색깔

057
열처리할 때 가장 안전한 작업방법은?

㉮ 열처리품을 수냉 후 손으로 취급해도 된다.
㉯ 열처리할 때 치공구를 사용하지 않아도 된다.
㉰ 열처리할 때 보호장구를 반드시 착용한다.
㉱ 숙련된 작업자는 보호장구가 필요하지 않다.

058
작업장에 화재가 발생했을 때 화재 신고는?

㉮ 119   ㉯ 112
㉰ 114   ㉱ 128

답 050 ㉮ 051 ㉯ 052 ㉰ 053 ㉯ 054 ㉱ 055 ㉱ 056 ㉱ 057 ㉰ 058 ㉮

059

항온풀림의 장점이 아닌 것은?

㉮ 처리시간 단축
㉯ 노를 순환적으로 이용
㉰ 절삭성 개선
㉱ 공구강이나 자경성 강에는 부적합

060

고체 침탄에 주로 쓰이는 침탄제는?

㉮ 목탄
㉯ 시안화나트륨
㉰ 시안화칼륨
㉱ 탄산나트륨

답 059 ㉱ 060 ㉮

제6편 열처리기능사 필기 시행문제 (2004년 1회)

001 다음 중 이온화 경향이 가장 큰 금속은?

㉮ Au ㉯ Cu
㉰ Ni ㉱ Zn

002 금속의 색깔을 탈색하는 힘이 가장 큰 것은?

㉮ Cu ㉯ Zn
㉰ Sn ㉱ Ag

003 불활성 가스 원소에 속하는 것은?

㉮ Pb, Fe ㉯ He, Ar
㉰ Hg, Cu ㉱ Sn, Mg

004 경금속과 중금속의 비중을 구분하는 것은?

㉮ 약 1.9 ㉯ 약 3.2
㉰ 약 4.5 ㉱ 약 7.8

005 18-8 스테인리스강에 해당되지 않는 것은?

㉮ Cr18%-Ni8%이다.
㉯ 내식성이 우수하다.
㉰ 상자성체이다.
㉱ 오스테나이트계이다.

006 순금속과 합금에 대한 일반적인 공통 성질 중 옳은 것은?

㉮ 열과 전기의 전도체이다.
㉯ 전성 및 연성이 나쁘다.
㉰ 상온에서 고체이며 비결정체이다.
㉱ 빛에 대하여 투명체이다.

007 감마(γ)철을 맞게 표현한 것은?

㉮ 페라이트 ㉯ 시멘타이트
㉰ 오스테나이트 ㉱ 소르바이트

답 001 ㉱ 002 ㉰ 003 ㉯ 004 ㉰ 005 ㉰ 006 ㉮ 007 ㉰

008

구상흑연주철을 만들 때 접종제로 사용되는 것은?

㉮ 칼슘, 마그네슘　　㉯ 크롬, 니켈
㉰ 질소, 붕소　　　　㉱ 인, 황

009

강에서 망간(Mn)의 영향이 아닌 것은?

㉮ 점성증가, 고온가공이 용이하다.
㉯ 담금질이 잘된다.
㉰ 강도와 경도 및 강인성이 감소한다.
㉱ 고온에서 결정성장을 감소시킨다.

010

강의 열처리 작업방법과 관련이 가장 먼 것은?

㉮ 항온　　　㉯ 전주
㉰ 침탄　　　㉱ 풀림

011

황동에 속하는 것은?

㉮ 질화강　　　㉯ 톰백
㉰ 스텔라이트　㉱ 화이트 메탈

012

알루미늄의 설명 중 옳은 것은?

㉮ 온도에 관계없이 항상 체심입방격자이다.
㉯ 강(steel)에 비하여 가볍다.
㉰ 주조품 제작시 주입온도는 1000℃ 이다.
㉱ 전기 전도율이 구리보다 높다.

013

개량처리하여 실용화하고 있는 실루민의 합금은?

㉮ Mo-Pb　　㉯ Cu-P
㉰ Al-Si　　　㉱ Fe-Mn

014

고온, 고압의 용접부품이나 보일러드럼에 생기는 파이프 등의 내부결함을 검출하는 비파괴결함검사법으로 적당한 것은?

㉮ X-선투과검사법　㉯ 마크로 부식법
㉰ 접촉열기전력법　㉱ 시약반응법

015

탄소강의 열처리 조직이 아닌 것은?

㉮ 마텐자이트　㉯ 트루스타이트
㉰ 스테다이트　㉱ 소르바이트

답　008 ㉮　009 ㉰　010 ㉯　011 ㉯　012 ㉯　013 ㉰　014 ㉮　015 ㉰

016

치수선 또는 치수보조선은 어떤 선으로 긋는가?

㉮ 가는실선 ㉯ 일점쇄선
㉰ 굵은선   ㉱ 파선

017

특수한 가공을 하는 부분 등 특별한 요구사항을 적용할 수 있는 범위를 표시하는데 사용되는 선은?

㉮ 가는 일점 쇄선 ㉯ 굵은 실선
㉰ 굵은 일점 쇄선 ㉱ 가는 파선

018

제도 용지 A_4의 크기는 A_3의 몇 배인가?

㉮ 2배   ㉯ 1/2배
㉰ 4배   ㉱ 1/4배

019

정투상도 도면 중 물체의 높이가 나타나지 않는 도면은?

㉮ 정면도   ㉯ 좌측면도
㉰ 우측면도 ㉱ 평면도

020

물체의 경사진 부분을 실제 크기와 모양으로 나타낼 필요가 있다. 이럴 때는 경사면에 평행한 별도의 투상면을 설정하고 이 면에 투상하면 실제 모양이 그려진다. 이 때의 투상면은?

㉮ 보조 투상면   ㉯ 정면 투상면
㉰ 평면 투상면   ㉱ 부분 투상면

021

아래 도형과 같은 형태로 도시되는 단면도의 종류는?

㉮ 온단면도
㉯ 한쪽 단면도
㉰ 부분 단면도
㉱ 조합 단면도

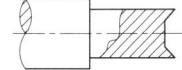

022

다음 표면기호에서 M이 뜻하는 것은?

㉮ 표면 정도   ㉯ 가공 모양
㉰ 가공 방법   ㉱ 파상도

023

아래에 입체적으로 도시된 물체의 우측면도로 옳은 것은?

㉮   ㉯
㉰   ㉱

답 016 ㉮ 017 ㉰ 018 ㉯ 019 ㉱ 020 ㉮ 021 ㉰ 022 ㉰ 023 ㉮

024
재료 기호에 사용되는 기호 중 주조품의 표시는?

㉮ H ㉯ F
㉰ O ㉱ C

025
단면 형상을 90° 회전시켜 도형내의 절단한 곳에 겹쳐서 도시할 때 단면의 형상을 나타내는 선의 종류는?

㉮ 가는 실선 ㉯ 굵은 실선
㉰ 가는 파선 ㉱ 굵은 1점 쇄선

026
도면의 분류 중 용도에 따른 분류에 속하는 것은?

㉮ 부품도 ㉯ 조립도
㉰ 배치도 ㉱ 설명도

027
나사의 간략 도시에서 숫나사의 산은 어떤 선으로 도시하는가?

㉮ 가는 실선 ㉯ 굵은 실선
㉰ 가는 1점 쇄선 ㉱ 가는 2점 쇄선

028
다음 중 가장 좋은 담금질 작업 방법은?

㉮ 담금질액에 넣을때는 얇은 부분을 먼저 냉각시킨다.
㉯ 오목면이 있는 물체는 오목면이 아래로 향하도록 투입한다.
㉰ 가늘고 긴 물건은 수직으로 넣는다.
㉱ 구멍뚫린 곳이나 형상이 복잡한 곳에는 다른 모양에 비해 급격한 속도로 냉각하여야 한다.

029
발열체 및 피가열체의 산화를 방지하고 높은 온도를 얻을 수 있는 열처리로는?

㉮ 진공로 ㉯ 연용해로
㉰ 소결로 ㉱ 탄화로

030
40[V]의 전원전압에 의하여 4[A]의 전류가 흐르는 회로전기에서 이 회로의 저항은?

㉮ 5[Ω] ㉯ 10[Ω]
㉰ 15[Ω] ㉱ 20[Ω]

031
금속의 열처리 목적은?

㉮ 금속을 도장하는 방법이다.
㉯ 금속을 분해하는 방법이다.
㉰ 금속을 가열과 냉각의 조작으로 여러성질을 개선시키는 방법이다.
㉱ 금속의 취성과 응력을 증가시키는 방법이다.

답 024 ㉱ 025 ㉮ 026 ㉱ 027 ㉯ 028 ㉰ 029 ㉮ 030 ㉯ 031 ㉰

032

침탄강으로 가공된 부품을 침탄하여 경화시키는 과정이 옳은 것은?

㉮ 저온풀림 → 침탄처리 → 1차 담금질 → 2차 담금질 → 뜨임처리
㉯ 1차 담금질 → 저온풀림 → 2차 담금질 → 침탄처리 → 뜨임처리
㉰ 1차 담금질 → 침탄처리 → 2차 담금질 → 저온풀림 → 뜨임처리
㉱ 침탄처리 → 저온풀림 → 1차 담금질 → 2차 담금질 → 뜨임처리

033

질화강에서 질화층을 두껍게 하는데 가장 효과적인 원소는?

㉮ Mg   ㉯ Co
㉰ Cr   ㉱ Cu

034

열처리 전, 후 제품의 조직 검사 방법으로 적합한 것은?

㉮ 마멸 시험법   ㉯ 불꽃 시험법
㉰ 현미경 조직시험   ㉱ 충격 시험법

035

인체에 전류가 흐름으로서 신경과 기관을 자극하거나 손상을 입히는 것은?

㉮ 접지   ㉯ 감전
㉰ 와전류   ㉱ 절연

036

열처리 재료의 경화능을 알기위한 시험은?

㉮ 피로시험   ㉯ 크맆시험
㉰ 조미니시험   ㉱ 충격시험

037

강의 기체 침탄시 사용되는 것은?

㉮ 목탄   ㉯ 수산화나트륨
㉰ 염화바륨   ㉱ 메탄

038

고열물 취급 및 작업에 대한 유의사항 중 틀린 것은?

㉮ 고온에서는 즉시 옷을 벗고 손발을 씻을 것
㉯ 신체 노출부를 될수록 적게 할 것
㉰ 안전화를 착용 할 것
㉱ 염욕의 튀김을 억제 할 것

039

0.3% 탄소강을 1200℃로 가열 후 공냉한 과열된 조직은?

㉮ Cementite   ㉯ 침상 martensite
㉰ Widmanstätten   ㉱ Sorbite

답 032 ㉱ 033 ㉰ 034 ㉰ 035 ㉯ 036 ㉰ 037 ㉱ 038 ㉮ 039 ㉰

040

담금질액의 냉각 효과를 지배하는 요소와 관련이 가장 적은 것은?

㉮ 비중 ㉯ 열전도도
㉰ 기화열 ㉱ 점성

041

재료의 표면을 신속히 가열하거나 표면 담금질 하는데 가장 좋은 가열로는?

㉮ 중유로 ㉯ 가스로
㉰ 전기로 ㉱ 고주파로

042

강의 담금질시 결함 중 균열의 주 원인은?

㉮ 테이퍼가 완만하다.
㉯ 변태에 의해 부피가 팽창한다.
㉰ 열응력이 생기지 않는다.
㉱ 제품을 서냉시킨다.

043

다음 그림은 어떤 열처리 방법을 나타낸 것인가?

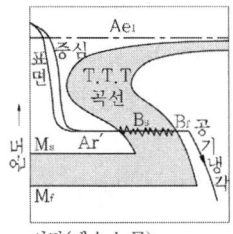

㉮ 오스템퍼링 ㉯ 타임퀜칭
㉰ 스파터링 ㉱ 쇼트피닝

044

전대에 쓰이는 재료 중 가장 높은 온도를 측정하는데 사용되는 것은?

㉮ 백금-로듐 ㉯ 크로멜-알루멜
㉰ 철-크로멜 ㉱ 구리-콘스탄탄

045

18-8 스테인리스강의 기본적인 열처리로 냉간가공 또는 용접에 의해서 생긴 내부응력 등을 제거하기 위한 열처리는?

㉮ 인장제거 뜨임
㉯ 용해화 처리
㉰ 쇼트브라스트
㉱ 용체화 처리

046

산화 및 탈탄을 방지하고 표면 광택을 유지하기 위해 진공 중에 행하는 열처리는?

㉮ 염욕 열처리 ㉯ 조질 열처리
㉰ 광휘 열처리 ㉱ 연화 열처리

답 040 ㉮ 041 ㉱ 042 ㉯ 043 ㉮ 044 ㉮ 045 ㉱ 046 ㉰

047
염욕 열처리시 유의해야할 사항이 아닌 것은?

㉮ 액체침탄 등 CN기를 사용할 경우 폐기 처리 장치가 필요하다.
㉯ 되도록 순도가 낮은 염을 사용한다.
㉰ 보조 전압 사용시 저전압에서 가열한 후 고전압으로 작업해야 한다.
㉱ 안전복과 안면보호장비를 착용한 후 작업한다.

048
철강의 내식성을 목적으로 하는 크롬(Cr)침투 확산법은?

㉮ 크로마이징 ㉯ 세라다이징
㉰ 칼로라이징 ㉱ 실리콘나이징

049
염욕 열처리의 특성이 아닌 것은?

㉮ 균일한 가열이 가능하다.
㉯ 강의 표면산화와 탈탄을 촉진시킨다.
㉰ 염의 성분을 조성하므로서 임의의 열처리온도를 얻을 수 있다.
㉱ 강재의 가열속도를 높일 수 있다.

050
고온체의 적색 방사선을 계기 내의 표준 필라멘트와 밝기를 비교 측정하는 온도계는?

㉮ 저항식 온도계 ㉯ 광 고온계
㉰ 열전쌍식 온도계 ㉱ 방사선 온도계

051
제품의 산화 결함 방지를 위한 대책이 아닌 것은?

㉮ 로내 분위기를 진공상태로 한다.
㉯ 높은 온도에서 긴시간 열처리 한다.
㉰ 로내 분위기를 환원성으로 한다.
㉱ 연소 가스 조정에 의한 중성염 가열 등을 한다.

052
금속에서 다음과 같은 변태는? 〈오스테나이트 ⇌ 페라이트 + 시멘타이트(⇌는 냉각과 가열)〉

㉮ 펄라이트 변태 ㉯ 마텐자이트 변태
㉰ 탄성 변태 ㉱ 자기 변태

053
0.45%탄소를 함유한 탄소강을 담금질할 때 어느 조직의 온도로 가열해야 하는가?

㉮ 페라이트 ㉯ 오스테나이트
㉰ 레데뷰라이트 ㉱ 시멘타이트

054
강재를 산화성 분위기 중에서 1100℃이상의 온도로 가열하면 어떤 현상이 생기는가?

㉮ 결정립이 조대화된다.
㉯ 마텐자이트 조직이 형성된다.
㉰ 조직이 치밀해진다.
㉱ 경도와 인성이 증가한다.

답 047 ㉯ 048 ㉮ 049 ㉯ 050 ㉯ 051 ㉯ 052 ㉮ 053 ㉯ 054 ㉮

055

불꽃시험에서 밝기가 가장 좋은 강재는?

㉮ 0.45%탄소를 함유한 탄소강
㉯ 다이스강
㉰ 고속도강
㉱ 합금공구강

056

염욕열처리시 염욕이 갖추어야 할 조건이 아닌 것은?

㉮ 염욕의 순도가 높아야 한다.
㉯ 가급적 흡습성 또는 조해성이 커야한다.
㉰ 열처리 온도에서 염욕의 점성이 적어야 한다.
㉱ 용해가 쉽고 유해가스발생이 적어야 한다.

057

내열강재의 용기를 외부에서 가열하고 그 용기속에 열처리품을 장입하여 간접가열하는 가스로는?

㉮ 오븐로   ㉯ 머플로
㉰ 원통로   ㉱ 복사관로

058

붕소(B)를 확산시키는 방법으로 HV1000 이상의 경도가 얻어지는 표면경화법은?

㉮ 세라나이징   ㉯ 갈바나이징
㉰ 크로마이징   ㉱ 보로나이징

059

동일한 조건에서 냉각능이 가장 큰 냉각제는?

㉮ 물   ㉯ 기름
㉰ 공기   ㉱ 염수

060

강재의 표면을 강력한 가열력을 가진 산소-아세틸렌 불꽃을 사용하여 급속하게 가열시킴으로써 오스테나이트 상태로 만든 후 냉각수로 급냉시켜 표면만을 경화시키는 방법은?

㉮ 가스 연질화법   ㉯ 고체 탄화법
㉰ 화염 경화법   ㉱ 세라 다이징법

답 055 ㉮   056 ㉯   057 ㉯   058 ㉱   059 ㉱   060 ㉰

제6편 열처리기능사 필기 시행문제 (2004년 2회)

001
소성가공이 아닌 것은?

㉮ 단조 ㉯ 인발
㉰ 주조 ㉱ 압연

002
금속의 비중에 관한 설명이 옳지 못한 것은?

㉮ 일반적으로 비중이 약 4.5 이하의 것을 경금속(light metal)이라 한다.
㉯ 단조, 압연, 드로오잉 가공한 것은 주조상태의 것보다는 비중이 작다.
㉰ 비중이 크다는 것은 무겁다는 뜻이며, 구리, 수은, 니켈 등은 중금속이다.
㉱ 동일한 금속일지라도 금속의 순도, 온도 및 가공법에 따라서 비중이 변한다.

003
면심입방격자의 기호는?

㉮ HCP ㉯ BCC
㉰ FCC ㉱ BCT

004
용융금속의 응고에서 용융점이 내부로 전달되는 속도를 Vm라 하고 이 때의 결정입자 성장속도를 G라 하면 주상(columnar)결정이 생기는 가장 좋은 조건은?

㉮ G < Vm ㉯ G = Vm
㉰ G ≦ Vm ㉱ G ≧ Vm

005
상온에서 순철의 결정구조는?

㉮ 면심입방격자 ㉯ 정방격자
㉰ 조밀육방격자 ㉱ 체심입방격자

006
주철에서 백선화 촉진원소가 아닌 것은?

㉮ Mo ㉯ Cr
㉰ Mn ㉱ Si

답 001 ㉰ 002 ㉯ 003 ㉰ 004 ㉱ 005 ㉱ 006 ㉱

007
금속의 일반적인 성질 중 가장 옳은 것은?

㉮ 열과 전기의 전도체이다.
㉯ 전성 및 연성이 나쁘다.
㉰ 상온에서 기체이며 비결정체이다.
㉱ 빛에 대하여 투명체이다.

008
일반적으로 가공한 재료를 고온으로 가열할 때 발생되지 않는 현상은?

㉮ 결정입자의 성장 ㉯ 내부응력 제거
㉰ 재결정 ㉱ 경화

009
다음 특수강 중 저 망간강은?

㉮ 자경강 ㉯ 스테인리스강
㉰ 듀콜강 ㉱ 고속도강

010
주성분이 구리인 구리합금의 종류가 아닌 것은?

㉮ 톰백 ㉯ 문쯔메탈
㉰ 포금 ㉱ 탕칼로이

011
황동(brass)의 주성분은?

㉮ Cu-Al ㉯ Cu-Pb
㉰ Cu-Sn ㉱ Cu-Zn

012
구리에 대한 설명 중 틀린 것은?

㉮ 녹는 점은 약 1083℃이다.
㉯ 원자량은 약 63.6이다.
㉰ 상온에서 체심입방격자이다.
㉱ 전기, 열의 양도체이다.

013
공작기계용 절삭공구재료로써 가장 많이 사용되는 것은?

㉮ 연강 ㉯ 회주철
㉰ 저탄소강 ㉱ 고속도강

014
Fe-C 상태도에서 공석점 이상의 강은?

㉮ 저공석강 ㉯ 과공석강
㉰ 공석강 ㉱ 아공석강

015
탄소강의 주성분 원소는?

㉮ 철과 규소 ㉯ 규소와 망간
㉰ 철과 탄소 ㉱ 철과 인

016
물체의 보이지 않는 곳의 모양을 나타내는 선은?

㉮ 피치선 ㉯ 파선
㉰ 2점 쇄선 ㉱ 1점 쇄선

답 007 ㉮ 008 ㉱ 009 ㉰ 010 ㉱ 011 ㉱ 012 ㉰ 013 ㉱ 014 ㉯ 015 ㉰ 016 ㉯

017

다음 중 가상선을 사용하지 않는 경우는?

㉮ 인접 부분을 참고로 표시하는 경우
㉯ 특수한 가공을 하는 부분을 표시하는 경우
㉰ 가공 전후의 모양을 표시하는 경우
㉱ 같은 모양의 되풀이를 표시하는 경우

018

도면에 치수숫자와 같이 사용하는 기호 중 45도 모따기를 나타내는 것은?

㉮ P
㉯ C
㉰ R
㉱ t

019

제도 용지의 짧은 변과 긴 변의 길이의 비는?

㉮ $\sqrt{2} : \sqrt{3}$
㉯ $1 : 2$
㉰ $1 : \sqrt{2}$
㉱ $1 : \sqrt{3}$

020

풀리의 암(arm)을 단면도로 그릴 때 가장 적합한 단면도법은?

㉮ 온단면도법
㉯ 회전 단면도법
㉰ 한쪽 단면도법
㉱ 계단 단면도법

021

기계제도에서는 주로 몇 각법을 이용하여 제도하는가?

㉮ 1 각법
㉯ 2 각법
㉰ 3 각법
㉱ 4 각법

022

도면에서 원칙적인 길이 치수의 단위는?

㉮ m
㉯ mm
㉰ cm
㉱ inch

023

다음 중 공차값이 가장 작은 치수는?

㉮ $50^{+0.02}_{-0.01}$
㉯ 50 ± 0.01
㉰ $50^{+0.03}_{0}$
㉱ $50^{0}_{-0.03}$

024

구멍과 축의 끼워맞춤 치수 ∅10H₈h₇에서 구멍의 IT공차등급은?

㉮ 8급
㉯ 7급
㉰ 1급
㉱ 10급

답 017 ㉯ 018 ㉯ 019 ㉰ 020 ㉯ 021 ㉰ 022 ㉯ 023 ㉯ 024 ㉮

025

다음 물체를 제3각법으로 옳게 도시한 것은?
(단, 화살표 방향을 정면으로 한다)

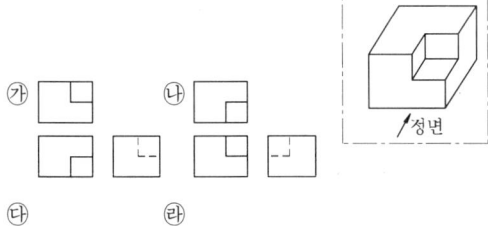

026

다음 도형에서 테이퍼 값을 구하는 옳은 식은?

㉮ b / a
㉯ a / b
㉰ (a + b) / L
㉱ (a − b) / L

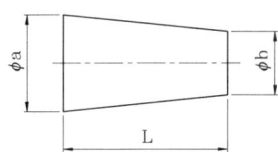

027

나사의 일반 도시 방법 설명 중 틀린 것은?

㉮ 수나사의 바깥지름과 암나사의 안지름은 굵은 실선으로 도시한다.
㉯ 완전 나사부와 불완전 나사부의 경계는 굵은 실선으로 도시한다.
㉰ 나사를 끝단에서 보고 그릴 때 나사의 골은 가는 실선으로 원주의 3/4 정도만 그린다.
㉱ 수나사와 암나사의 조립부를 그릴 때는 암나사를 위주로 그린다.

028

담금질한 고속도강의 뜨임에 가장 적합한 온도 (℃) 범위는?

㉮ 180~200　　㉯ 250~300
㉰ 350~450　　㉱ 550~600

029

드릴과 같이 길이가 긴 물품을 기름 속에 담금질 할 때 가장 적당한 방법은?

㉮ 수평으로 눕혀서 한다.
㉯ 수직으로 세워서 수직 방향으로 한다.
㉰ 수평면과 약 45° 정도 경사시켜서 한다.
㉱ 수평면과 약 15° 정도 경사시켜서 한다.

030

구조용 탄소강을 담금질 후 뜨임을 하여 쓰는 이유는?

㉮ 절연성을 증가시키기 위해서
㉯ 결정립을 조대화하고 결정의 성장을 돕기 위해서
㉰ 강자성을 갖게 하기 위해서
㉱ 인성을 증가시키기 위해서

031

안전표지판의 기본 재료로 적합하지 않은 것은?

㉮ 방식가공을 한 철판　㉯ 알루미늄판
㉰ 목재판　　　　　　㉱ 합성수지판

답　025 ㉱　026 ㉱　027 ㉱　028 ㉱　029 ㉯　030 ㉱　031 ㉰

032
구상화 풀림의 일반적인 목적이 아닌 것은?

㉮ 기계적인 가공성 증가
㉯ 강인성 증가
㉰ 취성 증가
㉱ 담금질 균열의 방지

033
과잉 침탄이 생긴 재료는 먼저 어떤 처리를 하는 것이 좋은가?

㉮ 직접 담금질 한다.
㉯ 먼저 조직의 미세화 처리를 한다.
㉰ 구상화 풀림처리를 한다.
㉱ 다시 침탄 처리 한다.

034
가스(GAS) 침탄에 이용되는 침탄제는?

㉮ 목탄   ㉯ 암모니아
㉰ 염화나트륨   ㉱ 메탄가스

035
강의 경화능 시험법에는 어떤 방법이 많이 쓰이는가?

㉮ 탐만 시험법   ㉯ 조미니 시험법
㉰ 현미경 시험법 ㉱ 술퍼 프린트법

036
금속의 화색 소실 온도는 약 몇 ℃인가?

㉮ 100   ㉯ 200
㉰ 550   ㉱ 1200

037
전기가 방전되어 스파크가 발생하면 공기 중에 무엇이 생성되는가?

㉮ 오존   ㉯ 수소
㉰ 질소   ㉱ 탄소

038
합금공구강(STS3)의 담금질 온도(℃)는 약 어느 정도인가?

㉮ 380   ㉯ 520
㉰ 830   ㉱ 1200

039
시안화물이 강과 작용하여 침탄과 동시에 질화가 진행되는 것은?

㉮ 고체 침탄   ㉯ 가스 침탄
㉰ 액체 침탄   ㉱ 항온 침탄

040
염욕로에서 사용되는 염욕제로서 가장 높은 온도용 염욕제는?

㉮ $NaNO_3$ ㉯ $BaCl_2$
㉰ KNO_2 ㉱ $CaCO_3$

답 032 ㉰ 033 ㉰ 034 ㉱ 035 ㉯ 036 ㉰ 037 ㉮ 038 ㉰ 039 ㉰ 040 ㉯

041
전기로에 사용되는 발열체 중 비금속 발열체는?

㉮ 니크롬선　㉯ 칸탈선
㉰ 백금선　㉱ 흑연질

042
열처리 작업에서 급냉각제와 관련이 가장 적은 것은?

㉮ 물　㉯ 증류수
㉰ 공기　㉱ 소금물

043
스프링강의 열처리 주 목적은?

㉮ 산화성 부여　㉯ 탄성 부여
㉰ 연성 부여　㉱ 전성 부여

044
평면의 냉각속도를 1이라 할 때 (x)의 냉각속도는?

㉮ 3
㉯ 1/3
㉰ 7
㉱ 1

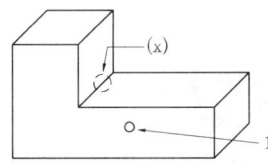

045
열처리로의 전열 방식이 아닌 것은?

㉮ 복사　㉯ 저항
㉰ 대류　㉱ 전도

046
절연이 열화된 부분에 누전이 발생하여 감전 등 위험의 발생을 방지하기 위해 설치하는 것은?

㉮ 접지공사　㉯ 방전물
㉰ 전열제　㉱ 배전설비

047
담금질 균열의 가장 큰 원인은?

㉮ 담금질 전의 풀림조직이 충분할 때
㉯ 담금질 직후 뜨임 처리를 하지 않았을 때
㉰ 재질 및 질량에 대하여 냉각 속도가 느릴 때
㉱ 시간 담금질을 실시 하였을 때

048
기름이 묻어있는 재료를 열처리할 때 그 전처리로서 탈지에 사용할 수 있는 것으로 가장 적합한 용제는?

㉮ 트리클로로에틸렌　㉯ 염산
㉰ 황산　㉱ 염화제이철용액

049
강의 열처리 작업이 아닌 것은?

㉮ 담금질　㉯ 뜨임
㉰ 풀림　㉱ 무전해전착

답　041 ㉱　042 ㉰　043 ㉯　044 ㉯　045 ㉯　046 ㉮　047 ㉯　048 ㉮　049 ㉱

050
산 세정의 목적을 바르게 설명한 것은?

㉮ 표면을 거칠게 한다.
㉯ 산화피막, 녹을 제거시킨다.
㉰ 염을 부착시킨다.
㉱ 스케일 형성을 도와준다.

051
열전온도계에서 가장 높은 온도를 측정하는데 사용되는 것은?

㉮ 철-콘스탄탄 ㉯ 동-콘스탄탄
㉰ 백금-백금로듐 ㉱ 알루멜-크로멜

052
화염경화시에 사용되며, 물체가 발하는 복사에너지를 열전대에 연결시켜 온도를 측정하는 것은?

㉮ 열전온도계 ㉯ 저항식온도계
㉰ 전류식온도계 ㉱ 복사온도계

053
염욕 처리로 할 수 없는 열처리는?

㉮ 서브제로 처리 ㉯ 마르 퀜칭
㉰ 항온 열처리   ㉱ 마르 템퍼링

054
침탄 부품에 나타나는 결함 중 경화불량이 생기는 원인으로 틀린 것은?

㉮ 침탄 열처리시 침탄이 부족할 경우
㉯ 담금질할 때 탈탄이 되었을 때
㉰ 담금질 온도가 높을 때
㉱ 냉각 속도가 느릴 때

055
고주파 경화시 발생되는 결함이 아닌 것은?

㉮ 담금질 균열 ㉯ 연점
㉰ 박리   ㉱ 수축공

056
근로자가 안전 보호구를 선택 하고자 할 때 유의할 사항 중 관련이 가장 먼 것은?

㉮ 사용목적에 적합할 것
㉯ 완성제품의 가격에 따라 선택할 것
㉰ 사용법과 손질하기가 쉬울 것
㉱ 크기가 근로자에게 알맞을 것

057
산화, 탈탄에 의한 직접적인 열처리 불량이 아닌 것은?

㉮ 담금질 무늬가 된다.
㉯ 열처리 변형이 생기기 쉽다.
㉰ 균열을 일으키기 쉽다.
㉱ 표면이 매끄러워진다.

답 050 ㉯ 051 ㉰ 052 ㉱ 053 ㉮ 054 ㉰ 055 ㉱ 056 ㉯ 057 ㉱

058

저탄소강의 표면에 탄소를 침입시키는 처리는?

㉮ 침탄   ㉯ 질화
㉰ 칼로라이징   ㉱ 세라다이징

059

고속도 공구강의 주요 성분원소가 아닌 것은?

㉮ Cr   ㉯ W
㉰ Mo   ㉱ Cu

060

마텐자이트 조직이 경도가 큰 이유가 아닌 것은?

㉮ 결정립의 미세화
㉯ 급냉으로 인한 내부응력
㉰ 탄소원자에 의한 Fe격자의 강화
㉱ α Fe+Fe$_3$C 혼합물 생성

답   058 ㉮   059 ㉱   060 ㉱

제6편 열처리기능사 필기 시행문제 (2004년 5회)

001
동소변태의 설명이 틀린 것은?

㉮ 결정격자가 변화된다.
㉯ 동소변태는 3가 또는 4가의 천이금속에 많다.
㉰ 원자배열은 변하지 않는다.
㉱ 순철은 동소변태를 한다.

002
상온에서 금, 은, 알루미늄, 구리 등의 격자는?

㉮ 체심입방격자   ㉯ 면심입방격자
㉰ 체심정방격자   ㉱ 조밀입방격자

003
비중(specific gravity)이 가장 작은 금속은?

㉮ Mg   ㉯ Cr
㉰ Mn   ㉱ Pb

004
펄라이트는 어떤 조직으로 되어 있는가?

㉮ 페라이트와 오스테나이트
㉯ 페라이트와 시멘타이트
㉰ 오스테나이트와 시멘타이트
㉱ 오스테나이트와 레데뷰라이트

005
상온 메짐(cold shortness)의 주 원인이 되는 것은?

㉮ Si   ㉯ P
㉰ Mn   ㉱ S

006
탄소함량이 가장 많은 것은?

㉮ 경강   ㉯ 연강
㉰ 반연강   ㉱ 극연강

007
과공정 주철의 탄소 함유량은 몇(%)이상인가?

㉮ 4.3   ㉯ 2.0
㉰ 0.8   ㉱ 0.02

008
Fe(99.9%)의 재결정 온도(℃)는 약 얼마로 인가?

㉮ 400   ㉯ 750
㉰ 900   ㉱ 1200

답 001 ㉰ 002 ㉯ 003 ㉮ 004 ㉯ 005 ㉯ 006 ㉮ 007 ㉮ 008 ㉮

009

탄성률이 높아 스프링 재료로 가장 적합한 것은?

㉮ Al 청동   ㉯ Mn 청동
㉰ Ni 청동   ㉱ P 청동

010

금속이 열 및 전기전도도가 좋은 가장 큰 이유는?

㉮ 고체이기 때문이다.
㉯ 비중이 크기 때문이다.
㉰ 자유전자가 이동하기 때문이다.
㉱ 변태점을 갖고 있기 때문이다.

011

가공물 표면에 강구를 고속으로 분사시켜 표면을 경화시키는 방법은?

㉮ 쇼트 피닝   ㉯ 금속침투법
㉰ 침탄법   ㉱ 시안화법

012

반도체용 재료 제조시 이용되는 정제 방법이 아닌 것은?

㉮ 대역 정제 법   ㉯ 플로팅 존 법
㉰ 브리지만 법   ㉱ CVD법

013

알루미늄합금의 대표적인 것으로 알루미늄에 10~14%의 규소가 함유된 합금을 무엇이라고 하는가?

㉮ 실루민   ㉯ 두랄루민
㉰ Y합금   ㉱ 하이드로날륨

014

그림과 같은 단위격자의 a, b, c는 1Å 정도의 크기이다. 이 그림의 a, b, c는?

㉮ 공간격자
㉯ 결정격자
㉰ 격자상수
㉱ 미세결정

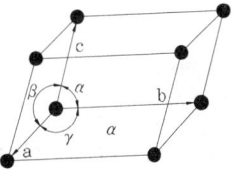

015

재료가 지니고 있는 질긴 성질을 무엇이라 하는가?

㉮ 취성   ㉯ 인성
㉰ 강성   ㉱ 경성

016

제도에서 선이 겹쳐서 나타나는 경우 가장 우선적으로 도시되는 선은?

㉮ 은선   ㉯ 절단선
㉰ 외형선   ㉱ 중심선

답 009 ㉱ 010 ㉰ 011 ㉮ 012 ㉱ 013 ㉮ 014 ㉰ 015 ㉯ 016 ㉰

017

물체의 일부분의 조립을 명시한 도면은?

㉮ 부분조립도   ㉯ 공정도
㉰ 배선도   ㉱ 정면도

018

제도에서 치수선은 어떤 모양의 선으로 긋는가?

㉮ 가는 실선   ㉯ 가는 1점쇄선
㉰ 굵은 실선   ㉱ 중간 굵기의 파선

019

다음 도면에서 해칭한 부분은?

㉮ 물체의 두께
㉯ 물체의 회전단면도
㉰ 물체의 계단단면도
㉱ 물체의 온단면도

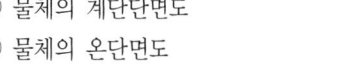

020

정투상도법에서 정면도의 선택 방법으로 틀린 것은?

㉮ 물체의 주요면이 되도록 투상면에 평행 또는 수직하게 나타낸다.
㉯ 물체의 특징을 가장 명료하게 나타내는 투상도를 정면도로 한다.
㉰ 관련 투상도는 되도록 은선으로 그릴 수 있게 배치한다.
㉱ 물체는 되도록 자연스러운 위치로 두고 정면도를 선택한다.

021

정투상도법 중 제 3각법에서 좌측면도는 정면도를 기준으로 어느 위치에 그려지는가?

㉮ 정면도 좌측   ㉯ 정면도 우측
㉰ 정면도 위   ㉱ 정면도 아래

022

물체의 수평면이나 수직면의 일부 모양만을 도시해도 충분할 경우에 어떤 투상도로 나타내면 좋은가?

㉮ 요점 투상도   ㉯ 부분 투상도
㉰ 회전 투상도   ㉱ 복각 투상도

023

구멍의 치수가 $\varnothing 50^{+0.035}_{0}$, 축의 치수가 $\varnothing 50^{-0.015}_{-0.035}$ 인 경우, 이 끼워맞춤의 명칭은?

㉮ 억지 끼워맞춤   ㉯ 중간 끼워맞춤
㉰ 헐거운 끼워맞춤 ㉱ 열간 끼워맞춤

024

도면에서 다음과 같이 표시된 치수의 공차는?

$$30^{+0.02}_{-0.01}$$

㉮ +0.02   ㉯ -0.01
㉰ 0.03   ㉱ 0.01

답 017 ㉮   018 ㉮   019 ㉯   020 ㉰   021 ㉮   022 ㉯   023 ㉰   024 ㉰

025
금속재료를 표시하는 기호로서 SS330의 330은 무엇을 나타내는가?

㉮ 경도 ㉯ 신장율
㉰ 탄소 함유량 ㉱ 최저인장강도

026
도면에서 'UNF3/8 - 36'으로 표시된 나사의 종류 명칭은?

㉮ 미터나사 ㉯ 유니파이 가는나사
㉰ 사다리꼴 나사 ㉱ 관용나사

027
KS의 분류기호 중 금속 부문을 나타내는 기호는?

㉮ KS A ㉯ KS B
㉰ KS C ㉱ KS D

028
소성가공이나 절삭가공을 쉽게 하고 기계적 성질을 개선할 목적으로 탄화물을 구상화 시키는 열처리는?

㉮ 표면경화처리 ㉯ 시효경화
㉰ 구상화풀림 ㉱ 항온뜨임

029
침탄 열처리할 때 침탄온도가 너무 높으면 강재의 입자는 어떻게 되는가?

㉮ 아주 치밀해진다. ㉯ 조대해진다.
㉰ 단단해진다. ㉱ 온도와는 관계없다.

030
광휘 열처리로와 관련이 가장 적은 것은?

㉮ 염욕로 ㉯ 가스로
㉰ 불활성가스 ㉱ 환원성가스

031
심냉처리(subzero treatment)하였을 때의 현상으로 맞는 것은?

㉮ 공구강의 경도가 증가한다.
㉯ 정밀 기계 부품의 취성이 증가한다.
㉰ 시효변형이 촉진된다.
㉱ 내부응력이 증가한다.

032
가스침탄시 주 침탄제 역할을 하는 것은?

㉮ CO ㉯ SO_2
㉰ Ni ㉱ Ar

답 025 ㉱ 026 ㉯ 027 ㉱ 028 ㉰ 029 ㉯ 030 ㉮ 031 ㉮ 032 ㉮

033

표면에 침탄한 후 열처리함으로서 얻어지는 효과 중 틀린 것은?

㉮ 표면층에 압축응력을 부여한다.
㉯ 오스테나이트 조직으로 하여 강취성을 부여한다.
㉰ 내피로성을 향상시킨다.
㉱ 표면층에 높은 표면강도를 준다.

034

산화, 탈탄작용을 하지 않고 주로 스테인리스강의 열처리, 공구강의 담금질 및 광휘 열처리에 적합한 것은?

㉮ 중유로   ㉯ 도가니로
㉰ 용선로   ㉱ 분위기로

035

표면경화 때 침탄층과 시간과의 관계를 나타낸 것은? (단, x : 침탄층, D : 확산계수, β : 탄소농도에 따른 상수 t : 시간(sec))

㉮ $x = \beta \cdot \dfrac{t}{D}$ ㉯ $x = \beta \cdot Dt^2$
㉰ $x = \beta \cdot 2Dt$ ㉱ $x = \beta \cdot \sqrt{Dt}$

036

시험품 검사에서 안전에 가장 주의해야 하므로 서베이 메타가 필요한 시험은?

㉮ 누프시험   ㉯ 방사선투과시험
㉰ 크리프시험   ㉱ 조미니시험

037

노멀라이징이나 뜨임을 한 다음에는 주로 어떤 냉각을 실시하는가?

㉮ 급냉   ㉯ 분사
㉰ 공냉   ㉱ 수냉

038

다음 분위기 가스 중에서 산화성인 것은?

㉮ N_2가스   ㉯ CO_2가스
㉰ CH_4가스   ㉱ CO가스

039

강의 담금질 후 마텐자이트에 오스트나이트가 잔류시 나타나는 영향으로 맞는 것은?

㉮ 조직의 균형있는 변화로 강도가 커진다.
㉯ 두가지 조직이 존재하므로 즉시 파괴된다.
㉰ 경도가 낮고 사용중에 변형될 우려가 있다.
㉱ 마텐자이트와 오스트나이트는 비슷한 조직으로 영향이 없다.

040

질화에 의해 표면경화시키는데 사용되는 것은?

㉮ 생석회   ㉯ 암모니아가스
㉰ 탄산칼슘   ㉱ 탄산가스

답 033 ㉯ 034 ㉱ 035 ㉱ 036 ㉯ 037 ㉰ 038 ㉯ 039 ㉰ 040 ㉯

041
열기전력 또는 전위차계에 의해서 측정하는 온도계는?

㉮ 열전쌍식 ㉯ 저항식
㉰ 방사 ㉱ 압력

042
Ar″변태는 어떻게 조직이 변하는 것인가?

㉮ Austenite → Martensite
㉯ Pearlite → Ferrite
㉰ Bainite → Martensite
㉱ Austenite → Troostite

043
열처리 불량인 박리가 생길 때의 대책 중 틀린 것은?

㉮ 침탄 완화제를 사용한다.
㉯ 침탄 후 확산처리 한다.
㉰ 소재의 재질을 강도가 높은 것으로 한다.
㉱ 탄소량을 다량 첨가한다.

044
S곡선의 Nose 또는 이것보다 높은 온도에서 항온처리를 하여 비교적 신속히 연화의 목적을 달성시키기 위한 조작은?

㉮ 완전 풀림 ㉯ 응력제거 풀림
㉰ 항온 풀림 ㉱ 구상화 풀림

045
자동온도제어 장치의 올바른 순서는?

㉮ 검출 → 판단 → 비교 → 조작
㉯ 비교 → 검출 → 조작 → 판단
㉰ 비교 → 판단 → 조작 → 검출
㉱ 검출 → 비교 → 판단 → 조작

046
광고온계(optical pyrometer)의 온도(℃)측정 범위는?

㉮ 200 이하 ㉯ 200~400
㉰ 400~600 ㉱ 600~2000

047
무거운 물체를 운반할 때 올바른 방법이 아닌 것은?

㉮ 힘의 균형을 잘 맞추어 어느 한쪽으로 기울지 않게 한다.
㉯ 미끄러운 장갑을 끼고 한다.
㉰ 기계를 사용한다.
㉱ 지렛대와 케이블을 사용한다.

048
산화와 탈탄을 방지할 수 있고 고속도강과 같이 고온 급속 가열이 필요할 때 이용하는 로(爐)는?

㉮ 연소로 ㉯ 전로
㉰ 용해로 ㉱ 염욕로

답 041 ㉮ 042 ㉮ 043 ㉱ 044 ㉰ 045 ㉱ 046 ㉱ 047 ㉯ 048 ㉱

049

열처리한 강재의 표면이 연한 페라이트 층으로 변화되는 주 이유는?

㉮ 산화 ㉯ 탈탄
㉰ 과열 ㉱ 연소

050

담금질에 의하여 경화된 고속도강을 500~600℃로 가열하여 뜨임할 때 다시 경화되는 뜨임 경화 현상은?

㉮ 소성경화 ㉯ 1차경화
㉰ 2차경화 ㉱ 3차경화

051

다음 그림은 Fe_3C의 어떤 열처리 방법을 도시한 것인가?

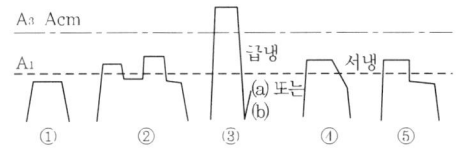

㉮ 완전풀림 ㉯ 항온풀림
㉰ 구상화풀림 ㉱ 연화풀림

052

강의 질화처리에서 순질화와 연질화의 처리온도(℃) 범위로 가장 적당한 것은?

㉮ 100~110, 150~160
㉯ 210~220, 315~325
㉰ 380~390, 450~460
㉱ 500~510, 570~580

053

고열물 작업시 유의 사항으로 틀린 것은?

㉮ 신체의 노출부분을 될수록 적게 한다.
㉯ 노내의 탕이나 재료가 튀지 않게 주의 한다.
㉰ 안전화는 꼭 착용 할 필요가 없다.
㉱ 로에 재료를 넣을 때는 부딪치지 않게 한다.

054

일반적으로 열처리용 치공구 재료에 필요한 조건 및 주의사항이 아닌 것은?

㉮ 내식성이 우수할 것
㉯ 변형 저항성이 작을 것
㉰ 고온 강도가 클 것
㉱ 제작하기 쉬울 것

055

담금질시 균열의 방지 대책이 아닌 것은?

㉮ 담금질 가열온도를 적당한 온도로 선정한다.
㉯ 담금질한 다음 즉시 뜨임한다.
㉰ 급작스런 두께 편차를 만든다.
㉱ Ms점 이하 온도에서 서냉한다.

답 049 ㉯ 050 ㉰ 051 ㉰ 052 ㉱ 053 ㉰ 054 ㉯ 055 ㉰

056

산화성 분위기에서 760℃까지 사용 가능한 것으로 J의 기호인 철-콘스탄탄의 (-)선의 조성은?

㉮ Cr-Mo ㉯ Pb-Sn
㉰ Pt-Rh ㉱ Cu-Ni

057

베어링강의 열처리시 편석을 제거하는 방법은?

㉮ 강괴를 작게 하여 급냉시킨다.
㉯ 단조비를 가능한 작게 한다.
㉰ 결정립을 성장시킨다.
㉱ 표면을 산화시킨다.

058

합금하지 않은 구상 흑연 주철의 응력제거 온도(℃)로 가장 적합한 것은?

㉮ 510~565 ㉯ 700~755
㉰ 810~865 ㉱ 925~980

059

스프링강의 처리에 대한 설명으로 옳은 것은?

㉮ 경도 상승과 더불어 피로한도가 상승한다.
㉯ 성형 가열온도가 높으면 충격저항이 증가한다.
㉰ 탈탄되면 피로강도가 상승한다.
㉱ 프레스 담금질로 변형이 예방된다.

060

침탄 담금질한 표면에 국부적으로 경화되지 않은 부분이 생기는 담금질 얼룩은?

㉮ 연점 ㉯ 백점
㉰ 블로홀 ㉱ 헤어 크랙

답 056 ㉱ 057 ㉮ 058 ㉮ 059 ㉱ 060 ㉮

제6편 열처리기능사 필기 시행문제 (2005년 1회)

001
과공석강에 대한 설명 중 가장 올바른 것은?

㉮ 층상 조직인 펄라이트 이다.
㉯ 페라이트와 시멘타이트의 층상조직이다.
㉰ 페라이트와 펄라이트의 층상조직이다.
㉱ 펄라이트와 시멘타이트의 혼합조직이다.

002
열팽창 계수가 작아 줄자나 표준자 등 불변강에 쓰이는 것은?

㉮ 인바   ㉯ 엘디강
㉰ 토마스강   ㉱ 듀랄류민

003
핵연료 및 신소재에 해당되는 것은?

㉮ 우라늄, 토륨
㉯ 티탄합금, 저용융점합금
㉰ 합금철, 순철
㉱ 황동, 납땜용합금

004
고급주철의 특성으로 옳지 않은 것은?

㉮ 기계가공이 가능할 것
㉯ 충격에 대한 저항이 클 것
㉰ 내열, 내식성이 있을 것
㉱ 조직이 조대할 것

005
금속의 소성가공을 재결정온도 이상에서 하는 것은?

㉮ 냉간가공   ㉯ 상온가공
㉰ 취성가공   ㉱ 열간가공

006
흑연화를 주목적으로 열처리하는 방법은?

㉮ 흑심가단주철 ㉯ 칠드주철
㉰ 보통주철   ㉱ 합금주철

007
재료의 경도 측정 방법에 속하지 않는 것은?

㉮ 압입경도   ㉯ 반발경도
㉰ 인장절단경도 ㉱ 긁힘경도

답 001 ㉱ 002 ㉮ 003 ㉮ 004 ㉱ 005 ㉱ 006 ㉮ 007 ㉰

008

반자성체에 속하는 금속은?

㉮ Co ㉯ Fe
㉰ Au ㉱ Ni

009

금속의 특성을 설명한 것 중 옳은 것은?

㉮ 자연에 존재하는 원소는 103종이다.
㉯ 모든 금속은 상온에서 고체 상태이다.
㉰ 압축강도가 커서 소성가공이 어렵다.
㉱ 빛에 대하여 불투명체이다.

010

응고시 금속 중 이종원자가 있어 고용되지 않는 불순물은 최후에 주로 어느 곳에 모이게 되는가?

㉮ 결정의 중심부에 모인다.
㉯ 결정 입계에 모인다.
㉰ 결정의 모서리에 모인다.
㉱ 조직의 성장과는 관계가 없다.

011

황동이나 청동에 비해 기계적 성질과 내식성이 좋아 화학공업용 기계, 기어, 축수, 등에 사용되는 합금은?

㉮ 에버듀어 ㉯ 알루미늄청동
㉰ 콜슨합금 ㉱ 알브락

012

항공기 본체용 재료에 쓰이는 고강도 Al 합금은?

㉮ 라우탈 ㉯ 두랄루민
㉰ 실루민 ㉱ 하이드로날륨

013

충전율이 68%이며, 배위수가 8인 결정구조를 가지고 있는 격자는?

㉮ 조밀정방격자 ㉯ 체심입방격자
㉰ 면심입방격자 ㉱ 정방격자

014

알루미늄-구리합금 설명 중 틀린 것은?

㉮ 구리 함유량 증가에 따라 인장강도가 증가한다.
㉯ 주조성이 양호하며 가벼운 합금이다.
㉰ 순수한 알루미늄보다 내식성이 훨씬 크다.
㉱ 주조시 고온에서 균열발생 우려가 있다.

015

크로멜이나 알루멜 등을 가장 쉽고 간단하게 감별할 수 있는 것으로 밀리볼트계가 사용되는 것은?

㉮ 시약분석법 ㉯ 조직시험법
㉰ 접촉열기전력법 ㉱ 불꽃시험법

답 008 ㉱ 009 ㉱ 010 ㉯ 011 ㉯ 012 ㉯ 013 ㉯ 014 ㉰ 015 ㉰

016
다음 중 제도에서 스케치도를 작성할 때 가장 적합한 용지는?

㉮ 미농지　　　　㉯ 기름종이
㉰ 트레이싱지　　㉱ 방안지(모눈종이)

017
축이나 보스(boss)에 가공된 키 홈의 형상을 제도할 때 키 홈의 위치는?

㉮ 도형의 위쪽　　㉯ 도형의 아래쪽
㉰ 도형의 왼쪽　　㉱ 도형의 오른쪽

018
도면에 표시된 NS가 뜻하는 것은?

㉮ 나사의 종류　　㉯ 배척
㉰ 비례척이 아님　㉱ 축척

019
단면도의 종류 중 상하 또는 좌우 대칭인 물체를 1/4만 절단하여 도형의 반쪽만 단면으로 나타내는 것은?

㉮ 온 단면도　　㉯ 한쪽 단면도
㉰ 1/4 단면도　　㉱ 부분 단면도

020
물체면의 가공방법이 연삭인 경우 기입하는 기호는?

㉮ L　　　　㉯ G
㉰ M　　　　㉱ C

021
다음 중 기계구조용 탄소강을 표시하는 기호는?

㉮ SM20C　　㉯ STC51
㉰ GC25　　　㉱ SCM21

022
정투상법의 제3각법에서 평면도의 위치는?

㉮ 정면도 위쪽　　　정면도 아래쪽
㉰ 정면도 왼쪽　　㉱ 정면도 오른쪽

023
투상도에서 물체의 보이지 않는 부분을 나타내는 선은?

㉮ 가는 실선　　㉯ 굵은 실선
㉰ 일점 쇄선　　㉱ 파선

024
도면 치수 기입의 구성 요소가 아닌 것은?

㉮ 치수보조선　　㉯ 치수선
㉰ 치수 단위　　　㉱ 화살표

답　016 ㉱　017 ㉮　018 ㉰　019 ㉯　020 ㉯　021 ㉮　022 ㉮　023 ㉱　024 ㉰

025
도면에서 구멍의 치수가 $\varnothing 50^{+0.025}_{0}$로 표시되었을 때 이 구멍의 최대허용치수는?

㉮ 50.025 ㉯ 49.975
㉰ 50 ㉱ 0.025

026
나사의 도시방법 설명 중 틀린 것은?

㉮ 수나사와 암나사의 골지름은 가는 실선으로 그린다.
㉯ 완전 나사부와 불완전 나사부의 경계는 가는 실선으로 그린다.
㉰ 수나사의 바깥지름과 암나사의 안지름은 굵은 실선으로 그린다.
㉱ 불완전나사부는 가는 실선으로 그린다.

027
물체의 단면도에 나타내는 해칭선의 모양은?

㉮ 굵은 실선 ㉯ 가는 실선
㉰ 중간 굵기의 파선 ㉱ 가는 일점쇄선

028
단조 또는 압연으로 만든 제품의 경우 고주파경화에 앞서 자기이력(hysteresis)을 제거하기 위한 전처리가 아닌 것은?

㉮ 담금질 ㉯ 풀림
㉰ 노말라이징 ㉱ 구상화풀림

029
분위기 가스가 투입되는 Batch Type 전기로에서 침탄열처리를 할 때 온도 측정 및 제어용으로 가장 적합한 온도계는?

㉮ IC 열전대 온도계 ㉯ CA 열전대 온도계
㉰ 광고온계 ㉱ 압력계 온도계

030
화염 경화법의 특징이 아닌 것은?

㉮ 로에 들어가지 않는 대형 부품의 국부 담금질이 가능하다.
㉯ 표면을 경화시킨다.
㉰ 산소-아세틸렌 불꽃을 사용한다.
㉱ 부분 담금질이 어렵고 표면조성의 변화가 있다.

031
광휘열처리 목적은?

㉮ 산화 및 탈탄을 방지하기 위해서
㉯ 잔류오스테나이트 조직을 제거하기 위해서
㉰ 시멘타이트 조직을 구상화시키기 위해서
㉱ 잔류응력을 제거하기 위해서

032
염욕 열처리할 때 안전사고의 원인이 되는 것은?

㉮ 열처리품은 예열을 해야 한다.
㉯ 열처리품의 표면에 수분이 있어야 한다.
㉰ 작업장에 환기시설이 있어야 한다.
㉱ 작업시 보호장구를 착용 한다.

답 025 ㉮ 026 ㉯ 027 ㉯ 028 ㉮ 029 ㉯ 030 ㉱ 031 ㉮ 032 ㉯

033
선반바이트로 사용되는 고속도강(SKH 51)의 담금질 온도로 가장 적합한 것은?

㉮ 750℃ ㉯ 850℃
㉰ 1050℃ ㉱ 1250℃

034
질량효과에 대한 설명으로 틀린 것은?

㉮ 화학성분에 영향을 받음
㉯ 질량효과가 크다는 것은 담금질이 잘 된다는 뜻
㉰ 오스테나이트 결정입도가 클 수록 작음
㉱ 담금질제의 종류 및 상태에 영향을 받음

035
열처리할 부품 표면에 있는 기름 성분을 제거하는 전처리 과정은?

㉮ 산세 ㉯ 연삭
㉰ 탈지 ㉱ 연마

036
동일한 조건에서 강을 담금질 작업할 때 냉각효과가 가장 큰 물질은?

㉮ 기름 ㉯ 비눗물
㉰ 소금물 ㉱ 물

037
인체에 가장 유해하고 취급시 주의해야 할 염욕제는?

㉮ $CaCl_2$ ㉯ KCN
㉰ NaOH ㉱ $NaNO_3$

038
18-8 스테인리스강의 기본적인 열처리는?

㉮ 표면연화 열처리
㉯ 취성화 열처리
㉰ 조직조대화 열처리
㉱ 고용화 열처리

039
강의 뜨임 작업시 유의사항과 관계가 먼 것은?

㉮ Quenching 후 Tempering 작업을 한다.
㉯ 시편의 급격한 온도변화를 피해준다.
㉰ 200~300℃ 뜨임 취성에 유의한다.
㉱ A_1 변태점 이상 급속히 가열한 다음 급히 냉각시켜야 한다.

040
작업장 분진 피해의 대책으로 틀린 것은?

㉮ 작업 공정에서 발생 억제
㉯ 비산 방지 조치
㉰ 환기 중지
㉱ 보호구 착용으로 흡입방지

답 033 ㉱ 034 ㉯ 035 ㉰ 036 ㉰ 037 ㉯ 038 ㉱ 039 ㉱ 040 ㉰

041
담금질한 강의 시효 균열이나 시효 변형을 방지하기 위한 방법을 가장 바르게 설명한 것은?

㉮ 담금질 한 후에 방청유를 바른다.
㉯ 담금질 한 후 중간 풀림을 실시하면 좋다.
㉰ 담금질 한 후 곧바로 뜨임을 실시해야 한다.
㉱ 담금질 한 후 상온에서 장시간 방치하면 좋다.

042
담금질한 강을 0℃ 이하로 급냉시키는 처리는?

㉮ 항온 염욕처리   ㉯ 심냉처리
㉰ 용체화처리   ㉱ 시효처리

043
강의 경화능 측정 시험에 적합한 방법은?

㉮ 조미니시험법   ㉯ 현미경조직시험법
㉰ 자분탐상법   ㉱ 초음파시험법

044
온도측정장치 중 800~2000℃의 온도 측정에 이용되는 온도계는?

㉮ 저항식 온도계   ㉯ 콘스탄탄 온도계
㉰ 압력식 온도계   ㉱ 방사 온도계

045
소성가공이나 절삭가공을 쉽게 하고 기계적 성질을 개선할 목적으로 탄화물을 열처리하는 것은?

㉮ 항온풀림   ㉯ 완전풀림
㉰ 확산풀림   ㉱ 구상화풀림

046
침탄시 탄소농도의 변화가 급격하여 경도 변화가 클 때 경화층이 떨어져 나가는 현상은?

㉮ 연점   ㉯ 박리
㉰ 백점   ㉱ 수축공

047
금속발열체로 사용온도가 가장 높은 것은?

㉮ 니크롬   ㉯ 칸탈
㉰ 철크롬   ㉱ 텅스텐

048
열처리용 치공구 재료에 필요한 조건이 아닌 것은?

㉮ 내식성이 우수할 것
㉯ 고온강도가 클 것
㉰ 변형이 클 것
㉱ 제작하기 쉬울 것

답 041 ㉰   042 ㉯   043 ㉮   044 ㉱   045 ㉱   046 ㉯   047 ㉱   048 ㉰

049

열처리시 산화방지를 위한 가장 좋은 방법은?

㉮ 결정립을 조대화시킨다.
㉯ 탈탄생성을 촉진시킨다.
㉰ 노내분위기를 조절한다.
㉱ 산화분위기에서 가열한다.

050

다음 그림과 같은 특수 열처리 방법은?

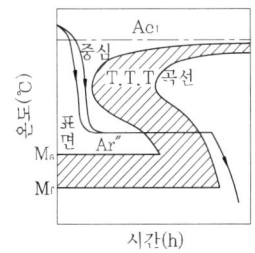

㉮ 오스템퍼링   ㉯ 마템퍼링
㉰ 마퀜칭   ㉱ 가공 열처리

051

지름이 큰 롤러나 축등의 냉각에 이용하면 효과적인 냉각장치는?

㉮ 공냉장치   ㉯ 수냉장치
㉰ 유냉장치   ㉱ 분사냉각장치

052

마텐자이트 변태의 시작과 끝나는 온도를 바르게 표시한 것은?

㉮ M_s, M_f ㉯ M_t, M_c
㉰ M_r, M_e ㉱ M_a, M_y

053

구조용강을 전기로에서 열처리할 때 유의해야 할 사항이 아닌 것은?

㉮ 젖은 손으로 전원 스위치를 조작해서는 안된다.
㉯ 재료를 넣을 때나 꺼낼 때 화상을 입지 않도록 유의한다.
㉰ 승온시 급가열하여 가열시간을 단축한다.
㉱ 산화, 탈탄 방지에 노력한다.

054

고체 침탄법에 사용되는 침탄제는?

㉮ 황산   ㉯ 암모니아
㉰ 목탄   ㉱ 시안화소다

055

시멘타이트와 순철의 자기변태가 맞는 것은?

㉮ A_1, A_3 ㉯ A_0, A_2
㉰ A_3, A_4 ㉱ A_1, A_4

답 049 ㉰ 050 ㉮ 051 ㉱ 052 ㉮ 053 ㉰ 054 ㉰ 055 ㉯

056
금속침투법 중 침투원소로 Cr을 사용하는 방법은?

㉮ 세라다이징 ㉯ 칼로라이징
㉰ 보로나이징 ㉱ 크로마이징

057
스프링강의 구비조건이 아닌 것은?

㉮ 탄성한도가 높아야 한다.
㉯ 피로한도가 낮아야 한다.
㉰ 충격값이 높아야 한다.
㉱ 내열성, 내부식성이 양호해야 한다.

058
다음 중 초경합금 공구강에 대한 설명은?

㉮ 전기로에서 Cr, W 등을 첨가하여 제조
㉯ 1200~1250(℃)에서 담금질, 550~650(℃)에서 뜨임처리 하여 사용
㉰ WC와 Co분말을 1400(℃)의 수소기류 중에서 가열 소결한다.
㉱ Co, Cr, W을 용해하여 주조한 그대로 사용

059
침탄이 완료된 강의 설명 중 옳은 것은?

㉮ 중심부 조직이 조대화 된다.
㉯ 경화처리가 필요치 않다.
㉰ 표면이 고탄소로 된다.
㉱ 중심부가 고탄소로 된다.

060
가스로의 일반적인 특징이 아닌 것은?

㉮ 노내 온도 조절이 용이하다.
㉯ 온도를 균일하게 지속시킬 수 있다.
㉰ 복사열 작용을 한다.
㉱ 점화가 복잡하다.

답 056 ㉱ 057 ㉯ 058 ㉰ 059 ㉰ 060 ㉱

제6편 열처리기능사 필기 시행문제 (2005년 2회)

001
순철의 용융점(℃)은 약 몇 ℃ 정도인가?

㉮ 768 ㉯ 1,013
㉰ 1,538 ㉱ 1,780

002
다음 중 퀴리점이란?

㉮ 동소변태점
㉯ 결정격자가 변하는 점
㉰ 자기변태가 일어나는 온도
㉱ 입방격자가 변하는 점

003
고속도강의 성분으로 옳은 것은?

㉮ Cr-Mo-Sn-Zn ㉯ Ni-Cr-Mo-Mn
㉰ C-W-Cr-V ㉱ W-Cr-Ag-Mg

004
변압기, 발전기, 전동기 등의 철심용으로 사용되는 재료는 무엇인가?

㉮ Fe-Si ㉯ P-Mn
㉰ Cu-N ㉱ Cr-S

005
청동의 합금원소는?

㉮ Cu-Zn ㉯ Cu-Sn
㉰ Cu-B ㉱ Cu-Pb

006
소성가공에 속하지 않는 가공법은?

㉮ 단조 ㉯ 인발
㉰ 표면처리 ㉱ 압출

007
금속의 결정격자에 속하지 않는 기호는?

㉮ FCC ㉯ LDN
㉰ BCC ㉱ HCP

답 001 ㉰ 002 ㉰ 003 ㉰ 004 ㉮ 005 ㉯ 006 ㉰ 007 ㉯

008

탄소강의 표준조직에 대한 설명 중 옳지 않은 것은?

㉮ 탄소강에 나타나는 조직의 비율은 C량에 의해 달라진다.
㉯ 탄소강의 표준조직이란 강종에 따라 A_3점 또는 A_{cm}보다 30~50° 높은 온도로 강을 가열하여 오스테나이트 단일 상으로 한 후, 대기 중에서 냉각했을 때 나타나는 조직을 말한다.
㉰ 탄소강은 표준조직에 의해 탄소량을 추정할 수 없다.
㉱ 탄소강의 표준조직은 오스테나이트, 펄라이트, 페라이트 등이다.

009

다음 중 불변강의 종류가 아닌 것은?

㉮ 플래티나이트 ㉯ 인바
㉰ 엘린바아 ㉱ 아공석강

010

바나듐의 기호로 옳은 것은?

㉮ Mn ㉯ Ni
㉰ Zn ㉱ V

011

금속간 화합물에 관한 설명 중 옳지 않은 것은?

㉮ 변형이 어렵다.
㉯ 경도가 높고 취약하다.
㉰ 일반적으로 복잡한 결정구조를 갖는다.
㉱ 경도가 높고 전연성이 좋다.

012

탄소 2.11%의 γ고용체와 탄소 6.68%의 시멘타이트와의 공정조직으로서 주철에서 나타나는 조직은?

㉮ 펄라이트 ㉯ 오스테나이트
㉰ α고용체 ㉱ 레데뷰라이트

013

티타늄탄화물(TiC)과 Ni의 예와 같이 세라믹과 금속을 결합하고 액상소결하여 만들어 절삭공구로 사용하는 고경도 재료는?

㉮ 서멧(cermet)
㉯ 두랄루민(duralumin)
㉰ 고속도강(high speed steel)
㉱ 인바(invar)

답 008 ㉰ 009 ㉱ 010 ㉱ 011 ㉱ 012 ㉱ 013 ㉮

014

재료의 강도를 이론적으로 취급할 때는 응력의 값으로서는 하중을 시편의 실제 단면적으로 나눈 값을 쓰지 않으면 안 된다. 이것을 무엇이라 부르는가?

㉮ 진응력 ㉯ 공칭응력
㉰ 탄성력 ㉱ 하중력

015

응고범위가 너무 넓거나 성분 금속 상호간에 비중의 차가 클 때 주조시 생기는 현상은?

㉮ 붕괴 ㉯ 기포수축
㉰ 편석 ㉱ 결정핵 파괴

016

제도에 사용하는 다음 선의 종류 중 굵기가 가장 큰 것은?

㉮ 치수보조선 ㉯ 피치선
㉰ 파단선 ㉱ 외형선

017

아래와 같은 투상도(정면도 및 우측면도)에 대하여 평면도를 옳게 나타낸 것은?

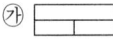

018

나사의 간략도시에서 수나사 및 암나사의 산은 어떤 선으로 나타내는가? (단, 나사 산이 눈에 보이는 경우임)

㉮ 가는 파선 ㉯ 가는 실선
㉰ 중간 굵기의 실선 ㉱ 굵은 실선

019

KS의 부문별 분류 기호 중 틀리게 연결된 것은?

㉮ KS A – 전자 ㉯ KS B – 기계
㉰ KS C – 전기 ㉱ KS D – 금속

020

치수 기입시 치수 숫자와 같이 사용하는 기호의 설명으로 잘못된 것은?

㉮ Ø : 지름 ㉯ R : 반지름
㉰ C : 구의 지름 ㉱ t : 두께

021

아래와 같은 도형의 테이퍼 값은?

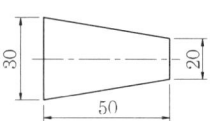

㉮ 1/5 ㉯ 1/10
㉰ 2/5 ㉱ 3/10

답 014 ㉮ 015 ㉰ 016 ㉱ 017 ㉮ 018 ㉱ 019 ㉮ 020 ㉰ 021 ㉮

022

도면의 치수 기입법 설명으로 옳은 것은?

㉮ 치수는 가급적 평면도에 많이 기입한다.
㉯ 치수는 중복되더라도 이해하기 쉽게 여러번 기입한다.
㉰ 치수는 측면도에 많이 기입한다.
㉱ 치수는 가급적 정면도에 기입하되 투상도와 투상도 사이에 기입한다.

023

다음 재료 기호 중 고속도 공구강은?

㉮ SCP
㉯ SKH
㉰ SWS
㉱ SM

024

도면에 기입된 구멍의 치수 ϕ50H7에서 알 수 없는 것은?

㉮ 끼워맞춤의 종류
㉯ 기준치수
㉰ 구멍의 종류
㉱ IT 공차등급

025

도면의 부품란에 기입되는 사항이 아닌 것은?

㉮ 도면명칭
㉯ 부품번호
㉰ 재질
㉱ 부품수량

026

제3각법에서 평면도는 어느 곳에 위치하는가?

㉮ 정면도의 위
㉯ 좌측면도의 위
㉰ 우측면도의 위
㉱ 정면도의 아래

027

도형이 단면임을 표시하기 위하여 가는실선으로 외형선 또는 중심선에 경사지게 일정 간격으로 긋는 선은?

㉮ 특수선
㉯ 해칭선
㉰ 절단선
㉱ 파단선

028

풀림하였을 때 냉간 가공성과 절삭성은 어떻게 되는가?

㉮ 향상된다.
㉯ 감소된다.
㉰ 변화없다.
㉱ 냉간가공성만 감소된다.

029

전기 화재의 원인이 되는 것은?

㉮ 개폐기는 습기나 먼지가 없는 곳에 부착한다.
㉯ 하나의 콘센트에 과다한 전기기구를 사용하지 않는다.
㉰ 가전제품의 플러그를 뺄 때 반드시 플러그 몸체를 잡고 뽑는다.
㉱ 비닐 코드전선을 못이나 스테이플로 고정한다.

답 022 ㉱ 023 ㉯ 024 ㉮ 025 ㉮ 026 ㉮ 027 ㉯ 028 ㉮ 029 ㉱

030

기계 부품을 열처리하는 중 부품에 나사구멍이 있는 경우 열처리전 준비작업으로 가장 옳은 방법은?

㉮ 구멍을 내화몰탈로 막는다.
㉯ 나사구멍을 면으로 막는 것이 좋다.
㉰ 나사구멍을 볼트로서 채워서 열처리 하는 것이 좋다.
㉱ 나사구멍을 진흙으로 메우는 것이 가장 좋다.

031

오스테나이트 상태로부터 Ms점 이상 온도의 염욕으로 담금질 후 공냉 조작하는 열처리 방법은?

㉮ 오스포밍   ㉯ 마퀜칭
㉰ 오스템퍼링   ㉱ 마템퍼링

032

담금질용 기름은 몇 ℃ 정도에서 냉각속도가 가장 크게 나타나는 온도는?

㉮ 약 0   ㉯ 약 30
㉰ 약 40   ㉱ 약 80

033

산세에 대한 설명으로 틀린 것은?

㉮ 산화물이나 녹의 제거에 쓰인다.
㉯ 수산나트륨 등의 수용액 중에 물건을 담근 후 물로 씻는다.
㉰ 산에 억제제를 넣어 부식을 적게한다.
㉱ 산세 후 알칼리 용액에 담그어 중화작업을 한다.

034

연속 냉각 처리시 공기중에서 행하는 선(Line)을 나타낸 것은?

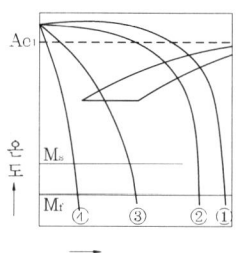

㉮ ①번   ㉯ ②번
㉰ ③번   ㉱ ④번

035

복사고온계를 사용하는 방법으로 틀린 것은?

㉮ 고온계와 물체의 도중에는 방사에너지에 영향을 주는 수증기나 연기가 있어야 한다.
㉯ 복사능에 따라 보정하여 물체의 실제온도를 구한다.
㉰ 고온계와 물체와의 거리를 일정하게 한다.
㉱ 렌즈나 반사경 등이 희미하지 않도록 한다.

036

고주파 담금질 경화법의 장점으로 틀린 것은?

㉮ 가열시간을 단축 할 수 있다.
㉯ 변형을 억제할 수 있다.
㉰ 산화, 탈탄이 방지된다.
㉱ 가스를 충분히 이용할 수 있다.

답 030 ㉰ 031 ㉯ 032 ㉱ 033 ㉯ 034 ㉯ 035 ㉮ 036 ㉱

037
저온뜨임의 장점이 아닌 것은?

㉮ 응력제거
㉯ 경년변화 방지
㉰ 연마균열 발생
㉱ 내마모성 향상

038
보로나이징(boronizing)처리와 관련이 깊은 원소는?

㉮ 붕소
㉯ 크롬
㉰ 알루미늄
㉱ 규소

039
안전표지판의 기본 재료로 적합하지 않은 것은?

㉮ 방식가공을 한 철판
㉯ 알루미늄판
㉰ 목재판
㉱ 합성수지판

040
조직검사에 사용되는 현미경의 대물렌즈배율이 100, 대안 렌즈배율이 10일 경우 조직의 배율은?

㉮ 10
㉯ 100
㉰ 500
㉱ 1,000

041
불꽃 시험(그라인딩)에 의한 강종의 추정에서 주의 깊게 관찰해야 할 사항과 가장 거리가 먼 것은?

㉮ 유선
㉯ 파열
㉰ 온도
㉱ 손의 느낌

042
알루미늄 합금의 열처리에서 150℃ 전후의 온도로 가열하여 실시하는 시효처리는?

㉮ 자연시효
㉯ 안정화시효
㉰ 상온시효
㉱ 인공시효

043
강의 열처리 작업이 아닌 것은?

㉮ 담금질
㉯ 뜨임
㉰ 풀림
㉱ 무전해전착

044
침투탐상시험과 자분탐상시험의 비교 시 자분탐상시험 설명으로 옳은 것은?

㉮ 금속재료, 도자기, 플라스틱재료에 적용된다.
㉯ 전원 및 수도가 없는 곳에서도 시험이 가능하다.
㉰ 자분 모양이 변하지 않으므로 판정이 용이하다.
㉱ 복잡한 형상도 가능하다.

답 037 ㉰ 038 ㉮ 039 ㉰ 040 ㉱ 041 ㉰ 042 ㉱ 043 ㉱ 044 ㉰

045
담금질에 의한 처리품의 변형을 방지하기 위해서 금형으로 누른 상태에서 구멍으로부터 냉각제를 분사시켜 담금질 하는 장치는?

㉮ 펌프순환식 냉각장치
㉯ 분사 냉각장치
㉰ 염욕 냉각장치
㉱ 프레스 담금질 장치

046
열처리에 의하여 발생한 스케일을 제거하는 공정은?

㉮ 정련   ㉯ 중화
㉰ 산세   ㉱ 훈련

047
작업장에서 가장 높은 비율을 차지하는 사고원인은?

㉮ 근로자의 불안전한 행동
㉯ 작업방법
㉰ 시설 및 장비 결함
㉱ 작업 환경

048
산업 안전 표지의 종류에 속하지 않는 것은?

㉮ 금지표지   ㉯ 경고표지
㉰ 안내표지   ㉱ 보고표지

049
열전도성, 균열성, 분위기 조절의 용이성 등이 뛰어나고 각종 금형 및 공구열처리에 널리 이용되는 것은?

㉮ 탈탄열처리   ㉯ 가공열처리
㉰ 침탄열처리   ㉱ 염욕열처리

050
탄소 함유량이 0.6%인 강은?

㉮ 공석강   ㉯ 공구강
㉰ 아공석강   ㉱ 과공석강

051
구상화어닐링의 목적으로 옳지 못한 것은?

㉮ 고탄소강의 담금질 효과 균일화
㉯ 담금질 변형의 감소
㉰ 저탄소강의 매끄러운 절삭면을 얻기 위한 가공성 확보
㉱ 과공석강의 망상 시멘타이트를 구상화시켜 기계 가공성 향상

052
마레이징 강의 열처리 방법으로 옳은 것은?

㉮ 담금질만 한다.
㉯ 담금질 후 뜨임 한다.
㉰ 용체화 처리 후 시효처리 한다.
㉱ 항온 변태 열처리한다.

답 045 ㉱ 046 ㉰ 047 ㉮ 048 ㉱ 049 ㉱ 050 ㉰ 051 ㉰ 052 ㉰

053

니켈-크롬강에 나타나는 뜨임취성을 방지하기 위한 합금원소는?

㉮ Cr ㉯ Mn
㉰ Al ㉱ Mo

054

염욕로에서 특히 시안화물을 함유한 염욕은 환경오염이 큰 데 이러한 환경오염 문제를 일으키지 않아야만 한다는 요구에 부응하기 위하여 탄생된 노는?

㉮ 유동상로 ㉯ 질산염욕로
㉰ 중성염욕로 ㉱ 환원성염욕로

055

중성염 염욕의 변질을 방지하기 위해 염욕면을 덮어주는 가스가 아닌 것은?

㉮ 산화성 가스 ㉯ 환원성 가스
㉰ 중성 가스 ㉱ 불활성 가스

056

표면은 경도가 높아 마모에 견디며 중심부는 질기면서 충격에 견디어야 될 제품의 처리 방법은?

㉮ 조질 처리 ㉯ 노멀라이징 처리
㉰ 항온 처리 ㉱ 침탄 질화

057

저온용 염욕로의 처리온도(℃)로 적합한 것은?

㉮ 550 이하 ㉯ 720~790
㉰ 800~900 ㉱ 1,000~1,350

058

냉각도중 냉각속도를 바꾸는 방법으로써, 필요한 온도범위만을 필요한 냉각속도로 하고 그 이후는 인위적으로 냉각속도를 조절하는 방법은?

㉮ 연속냉각법 ㉯ 항온냉각법
㉰ 계단냉각법 ㉱ 연속항온냉각법

059

열처리용 가열로에 해당되지 않는 것은?

㉮ 중유로 ㉯ 용광로
㉰ 가스로 ㉱ 전기로

060

정밀한 기기를 사용하지 않고 금속의 조직을 육안 또는 확대경으로 검사하는 방법은?

㉮ 매크로 시험 ㉯ X선 검사
㉰ 수침법 ㉱ 펄스에코우 시험

답 053 ㉱ 054 ㉮ 055 ㉮ 056 ㉱ 057 ㉮ 058 ㉰ 059 ㉯ 060 ㉮

제6편 열처리기능사 필기 시행문제 (2006년 5회)

001

7:3 황동에 1% 내외의 주석(Sn)을 첨가하여 내해수성을 증대시킨 황동은?

㉮ 애드미럴티 황동 ㉯ 네이벌 황동
㉰ 콜슨 황동 ㉱ 에버듀어 메탈

002

다음의 철-탄소계 평형상태도에서 ECF 선은?

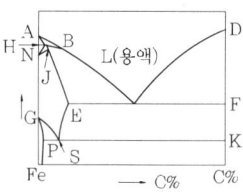

㉮ 포정선 ㉯ 공정선
㉰ 공석선 ㉱ 자기 변태선

003

강 중에 함유되어 있는 H_2의 영향으로 생기는 결함은?

㉮ 고온 취성 ㉯ 뜨임 취성
㉰ 헤어 크랙 ㉱ 고스트라인

004

강에서 적열메짐(red shortness)의 원인이 되는 주된 원소는?

㉮ 인 ㉯ 황
㉰ 망간 ㉱ 규소

005

오스테나이트계 18-8 스테인리스강의 18과 8이 의미하는 원소로 옳은 것은?

㉮ Si-Mn ㉯ Mo-Mn
㉰ Cr-Ni ㉱ Si-W

006

강의 표면경화법에 속하지 않는 것은?

㉮ 침탄법 ㉯ 마템퍼링법
㉰ 금속침투법 ㉱ 고주파 경화법

007

반도체적 특성을 이용하여 전자공업에 이용되는 것으로 비중이 5.32인 금속은?

㉮ Ni ㉯ Bi
㉰ Be ㉱ Ge

답 001 ㉮ 002 ㉯ 003 ㉰ 004 ㉯ 005 ㉰ 006 ㉯ 007 ㉱

008

소성변형 후의 위치가 어떠한 면을 경계로 하여 대칭이 되는 것과 같은 변형을 했을 때를 무엇이라 하는가?

㉮ 쌍정   ㉯ 전주
㉰ 전단   ㉱ 탄성

009

구리에 대한 설명 중 틀린 것은?

㉮ 용융점은 약 1083℃이다.
㉯ 원자량은 약 63.6이다.
㉰ 상온에서 체심입방격자이다.
㉱ 전기, 열의 양도체이다.

010

반복적인 응력을 받을 때 구조물이나 부품이 정적하중에 의한 항복강도나 인장강도보다 낮은 응력상태에서 파손이 일어나게 되는 현상은?

㉮ 회복(recovery)   ㉯ 부식(corrosion)
㉰ 피로(fatiuue)   ㉱ 확산(diffusion)

011

다음 중 고속구 공구강의 기호는?

㉮ STC   ㉯ STS
㉰ SPS   ㉱ SKH

012

그림의 응력-변형곡선에서 항복점은?

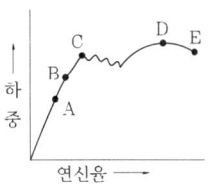

㉮ A   ㉯ B
㉰ C   ㉱ D

013

순철의 A_3 변태점의 온도는 약 몇(℃)인가?

㉮ 768   ㉯ 910
㉰ 1394   ㉱ 1538

014

주철조직에 함유되어 있는 Fe_3C는 $Fe_3C \rightarrow 3Fe + C$로 분해되는데 이 반응을 무엇이라 하는가?

㉮ 시멘타이트의 흑연화
㉯ 주철의 부피변화
㉰ 주철의 접종처리
㉱ 용체화 처리

015

철광석이 환원되는 순서 중 ( )에 들어갈 성분으로 옳은 것은?

$$Fe_2O_3 \rightarrow Fe_3O_4 \rightarrow (\quad) \rightarrow Fe$$

㉮ FeO_5 ㉯ Fe_3C
㉰ FeO ㉱ Fe_6O

답 008 ㉮ 009 ㉰ 010 ㉰ 011 ㉱ 012 ㉯ 013 ㉯ 014 ㉮ 015 ㉰

016

물체의 표면에 특수한 가공을 하는 부분 등 특별한 요구사항을 적용할 수 있는 범위를 표시하는 데 사용하는 선은?

㉮ 굵은 실선 ㉯ 가는 이점쇄선
㉰ 굵은 파선 ㉱ 굵은 일점쇄선

017

도면의 치수 기입법 설명으로 옳은 것은?

㉮ 치수 숫자는 치수선에 붙여서 기입한다.
㉯ 평면도나 측면도에 집중적으로 기입한다.
㉰ 도형 가까운 쪽에 큰 치수를 먼저 기입한다.
㉱ 가급적 도형의 외부에 기입한다.

018

좌우 또는 상하 대칭인 물체의 외형과 단면을 절반씩 도시하는 단면도는?

㉮ 온단면도 ㉯ 한쪽단면도
㉰ 계단단면도 ㉱ 파쇄단면도

019

가공면의 줄무늬 방향을 나타내는 기호 중 가공에 의한 커터의 줄무늬가 기호를 기입한 면의 중심에 대하여 대략 동심원 모양인 것은?

㉮ X ㉯ R
㉰ C ㉱ M

020

KS 재료 기호에서 일반적으로 첫째 자리 문자가 표시하는 것은?

㉮ 제품명 ㉯ 규격명
㉰ 강도   ㉱ 재질명

021

아래 그림과 같은 나사 도시에 대한 성명으로 옳은 것은?

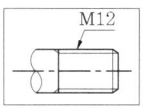

㉮ 인치나사(암나사)로서 호칭지름이 12″이다.
㉯ 유니파이나사(수나사)로서 호칭지름 12mm다.
㉰ 사다리꼴나사(암나사)로서 호칭지름이 12mm다.
㉱ 미터나사(수나사)로서 호칭지름이 12mm다.

022

제도 도면에서 보조 투상도를 사용하는 경우는?

㉮ 물체의 모양이 복잡하여 이해하기 곤란할 때
㉯ 물체 면이 투상면에 경사져서 실제의 길이와 모양이 나타나지 않을 때
㉰ 특수한 부분만을 별도로 확대할 필요가 있을 때
㉱ 물체 내부의 보이지 않는 부분을 명확히 나타내고자 할 때

답 016 ㉱ 017 ㉱ 018 ㉯ 019 ㉰ 020 ㉱ 021 ㉱ 022 ㉯

023

제도에서 선이 겹쳐서 나타나는 경우 가장 우선적으로 도시되는 선은?

㉮ 은선   ㉯ 절단선
㉰ 외형선 ㉱ 중심선

024

∅100±0.05로 표시된 치수의 공차는?

㉮ 0.05   ㉯ 0.1
㉰ -0.05 ㉱ 0.01

025

제도용지 A_3는 A_4 용지의 몇 배 크기가 되는가?

㉮ $\sqrt{2}$ 배   ㉯ 4배
㉰ 2배   ㉱ $\frac{1}{2}$ 배

026

치수 숫자와 같이 사용하는 기호 중 정사각형의 치수를 나타내는 기호는?

㉮ ∅   ㉯ □
㉰ t   ㉱ R

027

정투상법에서 물체의 특징을 가장 잘 나타내는 면은 무슨 투상도로 하는가?

㉮ 평면도   ㉯ 정면도
㉰ 우측면도 ㉱ 좌측면도

028

침탄강의 구비조건으로 틀린 것은?

㉮ 강재는 저탄소강이어야 한다.
㉯ 강재의 결함이 없어야 한다.
㉰ 고합금강, 고탄소강이어야 한다.
㉱ 결정립의 고온성상이 없어야 한다.

029

온도측정장치 중 접촉식이 아닌 것은?

㉮ 방사 온도계   ㉯ 저항식 온도계
㉰ 압력식 온도계 ㉱ 열전쌍식 온도계

030

진공 열처리의 특징이 아닌 것은?

㉮ 가열속도가 빠르다.
㉯ 산화 및 탈탄을 방지한다.
㉰ 우수한 광휘 표면을 얻을 수 있다.
㉱ 산세 및 연마 등의 후처리가 생략될 수 있다.

답 023 ㉰ 024 ㉯ 025 ㉰ 026 ㉯ 027 ㉯ 028 ㉰ 029 ㉮ 030 ㉮

031

고속도강의 뜨임온도는 약 몇 ℃ 부근이 가장 적당한가?

㉮ 50~100　　㉯ 100~200
㉰ 250~350　　㉱ 550~650

032

금형강이나 공구강을 열처리할 때 또는 냉각시에 발생할 수 있는 변형의 방지 대책으로 옳은 것은?

㉮ 작고 단순한 금형을 버너로 가열할 때는 한 방향 또는 일부분만 가열한다.
㉯ 자중에 의한 처짐을 작게 하기 위해서는 횡형의 로를 사용하는 것이 좋다.
㉰ 냉각시에 가열된 금형의 길이 방향이 액면과 수직이 되도록 액 속에 넣는다.
㉱ 공냉을 하기 위하여 금형을 바닥에 놓을 때에는 공기에 접하는 면과 바닥에 접촉하는 면의 냉각속도를 다르게 한다.

033

침탄 부족의 원인이 아닌 것은?

㉮ 침탄 온도에서 유지시간의 부족
㉯ 로내 및 침탄 상자 내부의 온도 불균일
㉰ 급속한 가열에 의한 침탄 상자 내부의 온도 상승의 지연 및 낮은 온도
㉱ 침탄 분위기 상태에서 오는 탄소량 과다(過多)

034

경도가 높은 가공재료에 인성을 부여할 목적으로 A_1 변태점 이하에서 가열하는 열처리 방법은?

㉮ 뜨임(tempering)
㉯ 담금질(quenching)
㉰ 풀림(annealing)
㉱ 노멀라이징(normalizing)

035

염욕로에 제품을 넣었을 경우 급격한 증발에 의하여 용융염이 튈 위험이 있으므로 제품을 예열하여 사용한다. 그 주된 이유는 무엇 때문인가?

㉮ 담금질 균열 방지　　㉯ 담금질 변형 방지
㉰ 표면의 수분제거　　㉱ 재료의 응력제거

036

냉간용 금형 공구강이 담금질 온도 이상으로 높았을 때 나타나는 현상으로 틀린 것은?

㉮ 담금질 경도가 증가된다.
㉯ 담금질 균열이 발생되기 쉽다.
㉰ 잔류 오스테나이트 양이 증가된다.
㉱ 오스트네아트 결정립이 조대해진다.

037

1300℃ 정도에서 고속도강을 염욕 열처리할 때 산화 및 침식작용을 방지하기 위해 첨가하는 것은?

㉮ Mg-Al　　㉯ $CaSi_2$
㉰ $BaCl_2$　　㉱ KF

답　031 ㉱　032 ㉰　033 ㉱　034 ㉮　035 ㉰　036 ㉮　037 ㉯

038

열처리 제품의 표면에 붙어 있는 산화 스케일을 제거하는 방법으로 규사를 투사하여 제거하는 방법은?

㉮ 샌드블라스트 ㉯ 아크방전
㉰ 쇼트피이닝 ㉱ 그라인더

039

열전쌍 중 S 및 R형의 음극으로 사용되는 것은?

㉮ Re ㉯ Cu
㉰ Pt ㉱ Al

040

강에 적당한 원소를 넣어 주면 기계적 성질을 개선할 수 있다. 특히 내식성과 내산화성이 좋아지고, 강의 3중 도금에도 사용되는 원소는?

㉮ C ㉯ Ni
㉰ P ㉱ S

041

표점 거리가 50mm인 봉상 시험편(4호)을 인장 시험한 결과 표점 거리가 55mm가 되었다. 이 시험편의 공칭 연신율(%)은?

㉮ 5 ㉯ 10
㉰ 15 ㉱ 20

042

다음 그림이 나타내는 열처리 방법은?

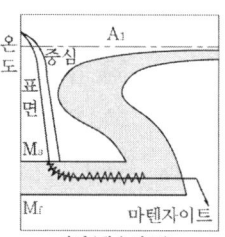

㉮ 마퀜칭 ㉯ 오스템퍼링
㉰ 오스포밍 ㉱ 인상담금질

043

중온용 염욕로의 처리온도(℃)로 가장 적합한 것은?

㉮ 120~550 ㉯ 600~950
㉰ 1000~1350 ㉱ 1400~1850

044

내화도 및 고온강도가 크므로 열처리품의 장입 및 취출시에 내화재가 마멸되기 쉬운 장소에 사용되는 중성 내화 벽돌은?

㉮ 샤모트벽돌 ㉯ 규석벽돌
㉰ 고알루미나질벽돌 ㉱ 크롬벽돌

답 038 ㉮ 039 ㉰ 040 ㉯ 041 ㉯ 042 ㉮ 043 ㉯ 044 ㉱

045

인체에 전류가 흐름으로서 신경과 기관을 자극하거나 손상을 입히는 것은?

㉮ 접지 ㉯ 감전
㉰ 와전류 ㉱ 절연

046

뜨임메짐을 방지하는데 가장 효과적인 원소는?

㉮ Cr ㉯ Mn
㉰ Sn ㉱ Mo

047

고주파 열처리 작업 시 안전에 유의해야할 사항 중 틀린 것은?

㉮ 고주파 유도가열장치의 조작방법을 숙지한 후 사용한다.
㉯ 발진 가열 중 감전에 주의한다.
㉰ 고주파 유도가열장치의 이상 유무를 확인한다.
㉱ 가열용 유도코일에 냉각수를 차단한다.

048

기계 구조용 탄소강(SM45C)의 완전 풀림 곡선에서 (가)와 (나)에 알맞은 온도와 냉각방법은?

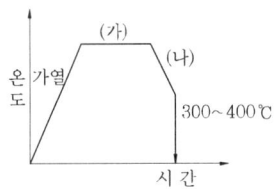

㉮ 510℃, 유냉 ㉯ 630℃, 수냉
㉰ 810℃, 서냉 ㉱ 1250℃, 서냉

049

공구강의 구상화 풀림은 무엇을 구상하는가?

㉮ 펄라이트 ㉯ 페라이트
㉰ 시멘타이트 ㉱ 오스테나이트

050

보통 Ac₃ 점 또는 Acm 점보다 40~60℃의 높은 온도에서 가열한 후 공기 중에서 냉각하는 열처리 방법은?

㉮ 뜨임 ㉯ 불림
㉰ 마템퍼링 ㉱ 용체화 처리

051

염욕의 구비조건으로 적당한 것은?

㉮ 흡습성이 있어야 한다.
㉯ 점성이 커야 한다.
㉰ 휘발성이 좋아야 한다.
㉱ 용해가 쉬워야 한다.

052

스프링강의 구비조건이 아닌 것은?

㉮ 탄성한도가 높아야 한다.
㉯ 피로한도가 낮아야 한다.
㉰ 충격값이 높아야 한다.
㉱ 내열성, 내부식성이 양호해야 한다.

답 045 ㉯ 046 ㉱ 047 ㉱ 048 ㉰ 049 ㉰ 050 ㉯ 051 ㉱ 052 ㉯

053
금속의 열처리에서 심냉처리에 사용되는 냉매는?

㉮ 액체 질소 ㉯ 수산화나트륨
㉰ 염화나트륨 ㉱ 탄산나트륨

054
다음 [보기]에서 설명하는 표면 경화 방법은?

[보 기]
- 노 내의 도가니 속에 시안화 나트륨을 주성분으로 하는 용융 염욕을 900℃ 안팎으로 보존하여 제품을 담금질 한다.
- 일정 시간 가열 후 재료를 물 또는 기름 속에 담금질한다.

㉮ 고체 침탄법 ㉯ 액체 침탄법
㉰ 가스 침탄법 ㉱ 질화법

055
다음 중 강의 질화층 경도 향상에 가장 효과적인 원소는?

㉮ 납(Pb) ㉯ 황(S)
㉰ 탄소(C) ㉱ 알루미늄(Al)

056
열처리 제품의 조직 시험법으로 가장 적합한 것은?

㉮ 불꽃 시험법 ㉯ 접촉열 기전력 시험법
㉰ 마멸 시험법 ㉱ 현미경 부식 시험법

057
동일 조건하에서 냉각속도가 가장 느린 것은?

㉮ 수냉 ㉯ 유냉
㉰ 노냉 ㉱ 급냉

058
탄소강이나 합금강 뜨임시에 일반적으로 약 300℃ 부근에서 최저 충격 에너지를 나타내는 현상은?

㉮ 저온메짐 ㉯ 청열메짐
㉰ 냉간메짐 ㉱ 상온메짐

059
고주파 열처리에 대한 설명으로 옳은 것은?

㉮ 변형이 많다.
㉯ 가열시간이 길다.
㉰ 생산라인과 바로 연결시켜 사용할 수 있다.
㉱ 경화시킬 수 있는 재료 선택의 폭이 넓다.

060
표면 경화 열처리 중 화학적 증착법은?

㉮ CVD ㉯ PVD
㉰ 진공증착 ㉱ 이온플레이팅

답 053 ㉮ 054 ㉯ 055 ㉱ 056 ㉱ 057 ㉰ 058 ㉯ 059 ㉰ 060 ㉮

제6편 열처리기능사 필기 시행문제 (2007년 2회)

001
인장시험 중 응력이 적을 때 늘어난 재료로 하중을 제거하면 원위치로 되돌아가는 현상을 무엇이라 하는가?

㉮ 런성변형 ㉯ 상부 항복점
㉰ 하부 항복점 ㉱ 최대 하중점

002
다음 중 금속의 일반적인 특성에 대한 설명으로 틀린 것은?

㉮ 수은을 제외하고는 고체상태에서 결정구조를 갖는다.
㉯ 전성 및 연성이 좋다.
㉰ 전기 및 열의 부도체이다.
㉱ 금속 고유의 광택을 가진다.

003
상온의 철-탄소계 평형 상태도에서 탄소 0.99% 되는 과공석강의 조직은?

㉮ 오스테나이트 + 페라이트
㉯ 페라이트 + 펄라이트
㉰ 펄라이트 + 시멘타이트
㉱ 오스테나이트 + 소르바이트

004
다음 중 Mg에 대한 설명으로 틀린 것은?

㉮ 상온에서 비중은 약 1.74이다.
㉯ 구상흑연의 첨가제로 사용한다.
㉰ 절삭성이 양호하고, 산이나 염수에 잘 견디나 알칼리에는 침식된다.
㉱ Mg은 용융점 이상에서 공기와 접촉하여 가열되면 폭발 및 발화되기 때문에 주의가 필요하다.

005
컬러 텔레비전의 전자총에서 나온 광선의 영향을 받아 섀도 마스크가 열팽창하면 엉뚱한 색이 나오게 된다. 이를 방지하기 위해 섀도 마스크의 제작에 사용되는 불변강은?

㉮ 스테인리스강 ㉯ 인바
㉰ 플래티 나이트 ㉱ Ni-Cr 강

006
Al-Si계 합금의 개량 처리에 사용되는 나트륨의 첨가량과 용량의 적정온도로 옳은 것은?

㉮ 약 0.01%, 약 750~800℃
㉯ 약 0.1%, 약 750~800℃
㉰ 약 0.01%, 약 850~900℃
㉱ 약 0.1%, 약 850~900℃

답 001 ㉮ 002 ㉰ 003 ㉰ 004 ㉰ 005 ㉯ 006 ㉮

007

자기변태를 설명한 것 중 옳은 것은?

㉮ 고체상태에서 원자배열의 변화이다.
㉯ 일정온도에서 불연속적인 성질변화를 일으킨다.
㉰ 일정 온도구간에서 연속적으로 변화한다.
㉱ 고체상태에서 서로 다른 공간격자 구조를 갖는다.

008

다음 중 시험체의 두께 제한을 받지 않으며, 내부 결함 검출력이 우수하고 안전성이 뛰어난 비파괴 검사법은?

㉮ 와전류탐상검사　㉯ 초음파탐상검사
㉰ 자분탐상검사　　㉱ 침투탐상검사

009

금속의 비중에 관한 설명으로 틀린 것은?

㉮ 일반적으로 비중이 약 4.5 이하의 것을 경금속(light metal)이라 한다.
㉯ 물과 같은 부피를 가진 물체의 무게와 물의 무게와의 비를 비중이라 한다.
㉰ 비중이 크다는 것은 단위체적당 무게가 크다는 뜻이며, 구리, 수은, 니켈 등은 중금속에 속한다.
㉱ 동일한 금속일지라도 금속의 순도, 온도 및 가공법에 따라서 비중은 변화하지 않는다.

010

공정점 4.3%C에서는 용액으로부터 γ-고용체와 시멘타이트가 동시에 정출한다. 이 때의 공정 조직명은?

㉮ 페라이트　　㉯ 펄라이트
㉰ 오스테나이트　㉱ 레데뷰라이트

011

원자 충전율이 68%이며, 배위수가 8인 결정구조를 가지고 있는 격자는?

㉮ 조밀정방격자　㉯ 체심입방격자
㉰ 면심입방격자　㉱ 정방격자

012

다음 중 금속간 화합물은?

㉮ 펄라이트　　㉯ 레데뷰라이트
㉰ 시멘나이트　㉱ 오스테나이트

013

다음 중 기지(바탕)조직이 페라이트(ferrite)로 된 것은?

㉮ 스프링강　㉯ 고망간강
㉰ 공구강　　㉱ 순철

답　007 ㉰　008 ㉯　009 ㉱　010 ㉱　011 ㉯　012 ㉰　013 ㉱

014

동(Cu)합금 중에서 가장 큰 강도와 경도를 나타내며 내식성, 도전성, 내피로성 등이 우수하여 베어링, 스프링, 전기접전 및 전극재료 등으로 사용되는 재료는?

㉮ 규소(Si) 동 ㉯ 베릴륨(Be) 동
㉰ 니켈(Ni) 청동 ㉱ 인(P) 청동

015

탄소강에 함유되어 있는 원소 중 저온 메짐을 일으키는 것은?

㉮ Mn ㉯ S
㉰ Si ㉱ P

016

도면에서 가공방법 지시기호 중 밀링가공을 나타내는 약호는?

㉮ L ㉯ M
㉰ P ㉱ G

017

도면에 t4로 표시되었다면 다음 중 옳은 것은?

㉮ 한변이 4mm 정사각형
㉯ 넓이가 4mm^{2}인 정사각형
㉰ 두께가 4mm 판재
㉱ 강도가 4kg$_f$/mm^{2}인 재료

018

다음 중 정투상법에 대한 설명으로 틀린 것은?

㉮ 물체의 특징을 가장 잘 나타내는 면을 정면도로 한다.
㉯ 제3각법은 정면도와 측면도를 대조하는데 편리하다.
㉰ 정면도의 위치를 먼저 결정하고 이를 기준으로 평면도, 측면도의 위치를 정한다.
㉱ 제1각법으로 투상도를 얻는 원리는 "눈→투상면→물체"의 순서이다.

019

제도에서 치수선은 어떤 모양의 선으로 긋는가?

㉮ 가는 실선 ㉯ 가는 1점 쇄선
㉰ 굵은 실선 ㉱ 중간 굵기의 파선

020

제도시 도면의 길이를 재어 옮기는 경우나 선을 등분할 때 가장 적합한 제도 기구는?

㉮ 디바이더 ㉯ 컴퍼스
㉰ 운형자 ㉱ 형판

답 014 ㉯ 015 ㉱ 016 ㉯ 017 ㉰ 018 ㉱ 019 ㉮ 020 ㉮

021

한 도면에서 두 종류 이상의 선이 같은 장소에 겹치게 되는 경우에 선의 우선 순위로 옳은 것은?

㉮ 절단선 → 숨은선 → 외형선 → 중심선 → 무게중심선
㉯ 무게중심선 → 숨은선 → 절단선 → 중심선 → 외형선
㉰ 외형선 → 숨은선 → 절단선 → 중심선 → 무게중심선
㉱ 중심선 → 외형선 → 숨은선 → 절단선 → 무게중심선

022

나사의 종류를 표시하는 기호에서 미터나사를 나타내는 기호는?

㉮ M   ㉯ S
㉰ UNC   ㉱ UNF

023

SS330으로 표시된 재료 기호를 바르게 설명한 것은?

㉮ 기계구조용 탄소강재, 최대인장강도 330N/mm²
㉯ 기계구조용 탄소강재, 탄소 함유량 3.3%
㉰ 일반구조용 압연강재, 최저인장강도 330N/mm²
㉱ 일반구조용 압연강재, 탄소 함유량 3.3%

024

다음 중 공차값이 가장 작은 치수는?

㉮ $50^{+0.02}_{-0.01}$ ㉯ 50 ± 0.01
㉰ $50^{+0.03}_{0}$ ㉱ $50^{0}_{-0.03}$

025

도형의 치수기입 방법을 설명한 것 중 틀린 것은?

㉮ 치수는 중복 기입을 피한다.
㉯ 치수는 계산할 필요가 없도록 기입한다.
㉰ 치수는 가급적 도형(투상도)내부에 기입한다.
㉱ 치수는 될 수 있는 대로 주투상도에 기입해야 한다.

026

제품을 그리거나 도안할 때 필요한 사항을 제도 기구 없이 프리핸드(free hand)로 그린 도면은?

㉮ 전개도   ㉯ 외형도
㉰ 스케치도   ㉱ 곡면선도

027

다음 그림과 같은 단면도는?

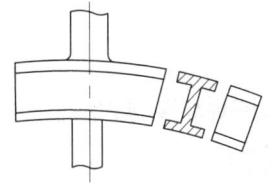

㉮ 부분 단면도   ㉯ 계단 단면도
㉰ 한쪽 단면도   ㉱ 회전 단면도

028
염욕제 중 고온용(약 1000~1350℃) 염욕제로 사용되는 것은?

㉮ NaCl　　　㉯ KNO₃
㉰ NaNO₃　　㉱ BaCl₂

029
소성 가공이나 절삭 가공을 쉽게 하거나 기계적 성질을 개선할 목적으로 망상 시멘타이트 또는 층상 시멘타이트를 가열에 의해 일정한 모양의 시멘타이트로 만드는 열처리는?

㉮ 구상화 풀림　　㉯ 항온 풀림
㉰ 확산 풀림　　　㉱ 연화 풀림

030
다음 중 표면경화용 강의 박리현상이란?

㉮ 침탄시 탄소농도의 변화가 급격하여 경도변화가 클 때 경화층이 떨어져 나가는 현상
㉯ 침탄시 탄소농동의 변화가 급격하여 경도변화가 클 때 비침탄층이 떨어져 나가는 현상
㉰ 침탄의 부족으로 경도가 부족한 경우의 현상
㉱ 담금질시 잔류오스테나이트가 나타나는 현상

031
전기기계, 기구에서 발생하는 안전사고의 가장 중요한 원인은?

㉮ 설비의 대형화　　㉯ 기계의 자동화
㉰ 장갑의 착용　　　㉱ 취급의 부주의

032
초대형 열처리재를 표면만 경화시키기 위하여 사용되는 냉각 장치는?

㉮ 유냉 장치　　㉯ 수냉 장치
㉰ 공냉 장치　　㉱ 분사 냉각 장치

033
알루미늄 합금의 열처리시 석출경화를 위하여 고용체로 만드는 과정을 무엇이라 하는가?

㉮ 시효처리　　　㉯ 급냉처리
㉰ 용체화처리　　㉱ 서브제로처리

034
고속도 공구강을 담금질 할 때 담금질 온도가 상승함에 따른 설명으로 옳은 것은?

㉮ 탄화물의 고용량이 감소한다.
㉯ 오스테나이트 결정립이 미세화된다.
㉰ 잔류오스테나이트 양이 증가한다.
㉱ 충격치, 인성 등이 증가한다.

035
열처리 제품의 표면을 쇼트 피이닝(Shot peening) 하였을 때의 설명으로 틀린 것은?

㉮ 금속의 표면층을 경화시킨다.
㉯ 경강에서는 충격파괴 저항이 상승한다.
㉰ 표면이 청소되어 금속적 광택을 낸다.
㉱ 황동에서는 시효 균열을 일으킨다.

답　028 ㉱　029 ㉮　030 ㉮　031 ㉱　032 ㉱　033 ㉰　034 ㉰　035 ㉱

036

다음 중 화염경화법의 장·단점에 대한 설명으로 틀린 것은?

㉮ 전용 담금질 장치를 제외하고 가열 장치의 이동이 가능하다.
㉯ 화구의 설계와 화염의 조절이 어렵다.
㉰ 로에 들어가지 않는 대형 부품의 국부 담금질이 가능하다.
㉱ 부분 담금질이나 담금질 깊이 조절이 어렵다.

037

열처리 작업을 할 때 주의 사항으로 틀린 것은?

㉮ 가스로의 작업자는 로 내에 기름이나 구리스 등을 칠해야 한다.
㉯ 유도로는 고주파 발생장치의 축전기 등이 정상적으로 가동되는지 점검해야 한다.
㉰ 금속을 염욕 열처리시에는 실내의 환기 상태를 좋게 하여야 한다.
㉱ 금속을 염욕 열처리시에는 수분을 완전히 제거하여야 한다.

038

다음의 안전진단 형태 중 사전에 예고 없이 특정 부서 및 근로자에 대하여 진단하고 문제점을 찾아 시정하는 것은?

㉮ 정기진단 ㉯ 임시진단
㉰ 사후진단 ㉱ 분기진단

039

다음 중 고체 침탄법에서 사용되는 침탄제는?

㉮ 탄산나트륨 ㉯ 염화바륨
㉰ 목탄 ㉱ 시안화나트륨

040

반복되는 하중이 가해지는 부품의 내구성을 판단하기 위해서 사용되는 시험방법은?

㉮ 피로시험 ㉯ 마멸시험
㉰ 내식성시험 ㉱ 크리프시험

041

다음 중 사용온도가 가장 높은 열전쌍은?

㉮ 철-콘스탄탄 ㉯ 크로멜-알루멜
㉰ 구리-콘스탄탄 ㉱ 니켈-크롬

042

천 등으로 만든 버프 류의 둘레에 연마제를 부착시켜 고속으로 회전시키면서 제품의 표면을 연마하고 광택을 내는 가공법은?

㉮ 액체 호닝 ㉯ 샌드 브라스트
㉰ 버프 연마 ㉱ 배럴 연마

답 036 ㉱ 037 ㉮ 038 ㉯ 039 ㉰ 040 ㉮ 041 ㉯ 042 ㉰

043

강을 뜨임작업할 때의 유의사항으로 가장 관계가 먼 것은?

㉮ 담금질 한 후 뜨임 작업을 한다.
㉯ 시편의 급격한 온도변화를 피해준다.
㉰ 약 200~320℃에서는 청열 취성에 유의한다.
㉱ A_1 변태점 이상의 온도로 급속히 가열한 다음 급히 냉각시켜야 한다.

044

다음 중 염욕로에 대한 설명으로 틀린 것은?

㉮ 고온 급속 가열이 가능하다.
㉯ 염욕 내의 온도가 균일하다.
㉰ 산화와 탈탄을 방지할 수 있다.
㉱ 공해가 발생되지 않는다.

045

오스테나이트화 하여 담금질 한 탄소강을 뜨임하게 되면 나타나는 조직의 변화로 옳은 것은?

㉮ 트루스타이트 → 마텐자이트 → 소르바이트
㉯ 마텐자이트 → 트루스타이트 → 소르바이트
㉰ 소르바이트 → 트루스타이트 → 마텐자이트
㉱ 마텐자이트 → 소르바이트 → 트루스타이트

046

강재를 산화성 분위기 중에서 약 1100℃ 이상으로 가열하면 결정립은 조대화되고 취약하며 인성이 약해진다. 이러한 시험편을 광학 현미경으로 관찰하였을 때 페라이트 침상의 형태로 나타나며, 과열 조직이라 불리우는 것은?

㉮ 레데뷰라이트 조직   ㉯ 비트만슈테텐 조직
㉰ 마텐자이트 조직   ㉱ 시멘타이트 조직

047

천연가스, 프로판가스, 메탄마스 등의 가스를 변성로 안에 넣어 무엇을 촉매로 하여 침탄가스로 변성시키는가?

㉮ Ni   ㉯ SO_2
㉰ Ne   ㉱ Ar

048

강을 로 속이나 공기 중에서 방냉하여 표준조직으로 만드는 열처리 작업은?

㉮ 침탄   ㉯ 어닐링
㉰ 담금질   ㉱ 노멀라이징

049

오스테나이트 상태로부터 Ms 이상의 일정온도에서 염욕으로 담금질하고, 과냉 오스테나이트가 염욕 중에서 항온변태가 종료할 때까지 항온을 유지한 후 공기 중에 냉각하는 열처리 방법은?

㉮ 마템퍼링   ㉯ 마퀜칭
㉰ 오스템퍼링   ㉱ 뜨임메짐

답 043 ㉱ 044 ㉱ 045 ㉯ 046 ㉯ 047 ㉮ 048 ㉱ 049 ㉰

050

고속도강의 일반적인 열처리에서 담금질 온도와 뜨임 온도를 바르게 연결한 것은?

㉮ 담금질 온도 : 약 850℃,
　　뜨임 온도 : 약 100~200℃
㉯ 담금질 온도 : 약 1050℃,
　　뜨임 온도 : 약 300~400℃
㉰ 담금질 온도 : 약 1250℃,
　　뜨임 온도 : 약 550~600℃
㉱ 담금질 온도 : 약 1500℃,
　　뜨임 온도 : 약 650~700℃

051

열처리하기 위해서 제품을 가열할 때의 승온 속도가 빠른 것부터 나열된 것은?

㉮ 염욕로 > 분위기로 > 진공로
㉯ 분위기로 > 염욕로 > 진공로
㉰ 진공로 > 분위기로 > 염욕로
㉱ 진공로 > 염욕로 > 분위기로

052

강의 표면에 질소(N)을 침투, 확산시킴으로 표면을 경화시키는 열처리 방법은?

㉮ 탈탄처리　　㉯ 질화처리
㉰ 염산처리　　㉱ 연화처리

053

합금 공구강을 담금질 온도로 가열하기 전에 예열하는 가장 큰 이유는?

㉮ 탈탄을 확산시키기 위해
㉯ 불균일한 치수변화를 억제하기 위해
㉰ 산화피막을 형성한 금형을 얻기 위해
㉱ 가공성을 향상시키기 위해

054

열처리형 알루미늄 합금의 질별 기호인 F가 나타내는 의미는?

㉮ 풀림 상태　　　　㉯ 용체화처리 한 것
㉰ 가공경화한 것　　㉱ 제조한 그대로의 것

055

열전쌍의 (−)극에 이용되는 콘스탄탄의 주성분은?

㉮ 구리-니켈　　㉯ 니켈-크롬
㉰ 백금-구리　　㉱ 알루미늄-크롬

056

전기화학을 응용한 것으로 전기도금의 역조작이 되는 처리 방법은?

㉮ 전해 연마　　㉯ 탈지 연마
㉰ 액체 호닝　　㉱ 증기 연마

답　050 ㉰　051 ㉮　052 ㉯　053 ㉯　054 ㉱　055 ㉮　056 ㉮

057

열처리로에서 사용되는 내화재의 구비 조건으로 옳은 것은?

㉮ 열전도도가 작을 것
㉯ 화학적 침식 저항이 작을 것
㉰ 마모에 대한 저항이 작을 것
㉱ 융점 및 연화점이 낮을 것

058

온도 측정장치는 접촉식과 비접촉식으로 대별될 수 있다. 이 때 비접촉식 온도계에 속하는 것은?

㉮ 열전쌍식 온도계 ㉯ 저항식 온도계
㉰ 압력식 온도계 ㉱ 방사 온도계

059

내화재의 분류 중 산성 내화재인 것은?

㉮ 마그네시아(MgO) ㉯ 규산(SiO_2)
㉰ 산화크롬(Cr_2O_3) ㉱ 알루미나(Al_2O_3)

060

초심냉 처리에 쓰이는 냉매로서 약 -196℃까지 심냉처리가 적합한 것은?

㉮ 얼음 ㉯ 알콜
㉰ 액체 질소 ㉱ 드라이 아이스

답 057 ㉮ 058 ㉱ 059 ㉯ 060 ㉰

제6편 열처리기능사 필기 시행문제 (2007년 5회)

001
구리에 5~20%Zn을 첨가한 황동을 말하며, 강도는 낮으나 전연성이 좋고 색깔이 금색에 가까우므로, 모조 금이나 판 및 선 등에 사용되는 것은?

㉮ 톰백 ㉯ 켈밋
㉰ 포금 ㉱ 문쯔메탈

002
다음 중 금속현미경의 부속장치에 속하지 않는 것은?

㉮ 반사경 ㉯ 접안렌즈
㉰ 조리개 ㉱ 탐촉자

003
다음 중 금속재료가 파괴되는 원인으로 틀린 것은?

㉮ 피로에 의한 파괴
㉯ 충격적인 힘에 의한 파괴
㉰ 크리프에 의한 파괴
㉱ 경도에 의한 파괴

004
다음 중 상온 메짐(Cold shortness)의 주 원인이 되는 것은?

㉮ Si ㉯ P
㉰ Mn ㉱ S

005
금속의 동소변태에 관한 설명 중 틀린 것은?

㉮ 고체에 있어서의 결정격자의 변화이다.
㉯ 고체에 있어서의 원자배열의 변화이다.
㉰ 고체에 있어서의 자성의 변화이다.
㉱ 급속히 비연속적으로 변화한다.

006
다음 중 소성가공이 아닌 것은?

㉮ 인발 ㉯ 압연
㉰ 단조 ㉱ 도금

007
다음 중 강에 S, Pb 등을 첨가하여 절삭할 때 칩을 잘게 하고, 피삭성을 좋게 하는 강은?

㉮ 립드강 ㉯ 전로강
㉰ 쾌삭강 ㉱ 단조강

답 001 ㉮ 002 ㉱ 003 ㉱ 004 ㉯ 005 ㉰ 006 ㉱ 007 ㉰

008
다음 중 마그네슘(Mg)의 비중은 약 얼마인가?

㉮ 1.74 ㉯ 2.69
㉰ 6.62 ㉱ 8.93

009
다음 중 전성과 연성이 좋으며 상온에서 면심입방격자인 금속은?

㉮ Na ㉯ Mo
㉰ Cr ㉱ Al

010
금속표면에 스텔라이트, 초경합금 등의 금속을 용착시켜 표면을 경화하는 방법은?

㉮ 하드 페이싱 ㉯ 쇼트 피이닝
㉰ 금속 용사법 ㉱ 금속 침투법

011
다음 중 시멘타이트(Fe_3C)의 자기 변태점의 온도(℃)는?

㉮ 870 ㉯ 770
㉰ 410 ㉱ 210

012
나트륨, 수산화나트륨, 플루오르화알칼리, 알칼리 염류 등을 주조 전에 용탕에 넣어 조직을 미세화시키는 개량 처리를 하는 알루미늄 합금은?

㉮ 실루민(sillumin) ㉯ SAP
㉰ 알드리(aldrey) ㉱ 알민(almin)

013
처음에 주어진 특정한 모양의 것을 인장하거나 소성 변형한 것이 가열에 의하여 원래의 상태로 돌아가는 현상은?

㉮ 석출경화효과 ㉯ 시효현상효과
㉰ 형상기억효과 ㉱ 자기변태효과

014
금속재료의 일반적인 성질 중 물리적 성질로만 짝지어진 것은?

㉮ 자성, 열기전력, 열전도율
㉯ 주조성, 전연성, 산화
㉰ 탄성한도, 인장강도, 부식
㉱ 이온화 경향, 내열성, 내식성

015
금속의 특성을 설명한 것 중 옳은 것은?

㉮ 자연에 존재하는 금속원소는 103종이다.
㉯ 모든 금속은 상온에서 부도체이다.
㉰ 압축강도가 커서 소성가공이 어렵다.
㉱ 빛에 대하여 불투명체이다.

답 008 ㉮ 009 ㉱ 010 ㉮ 011 ㉱ 012 ㉮ 013 ㉰ 014 ㉮ 015 ㉱

016
다음 투상도 중 물체의 높이를 알 수 없는 것은?

㉮ 정면도 ㉯ 우측면도
㉰ 좌측면도 ㉱ 평면도

017
도면에 $\varnothing 40^{+0.005}_{-0.003}$으로 표시되었다면 치수 공차는?

㉮ 0.002 ㉯ 0.003
㉰ 0.005 ㉱ 0.008

018
다음의 물체를 제3각법으로 옳게 나타낸 것은? (단, 화살표 방향으로 투상한 것이 정면도임)

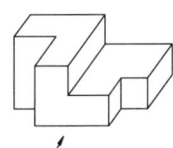

㉮ 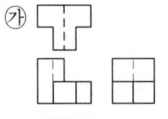   ㉯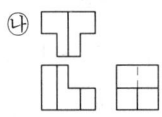

㉰ 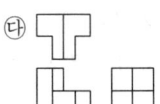   ㉱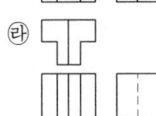

019
제도 도면에서 반지름 치수를 나타내는 기호는?

㉮ R ㉯ t
㉰ SR ㉱ C

020
다음 [도면]과 같은 단면도는?

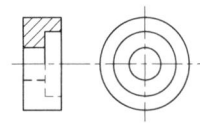

㉮ 온단면도(전단면도) ㉯ 한쪽단면도(반단면도)
㉰ 부분단면도 ㉱ 계단단면도

021
다음 [그림]에서 테이퍼 값은 얼마인가?

㉮ 1/10
㉯ 1/5
㉰ 2/5
㉱ 1/2

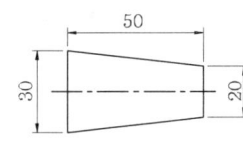

022
용도에 따른 선의 종류와 선의 모양이 옳게 연결된 것은?

㉮ 피치선 – 굵은 2점 쇄선
㉯ 숨은선 – 가는 실선
㉰ 가상선 – 굵은 실선
㉱ 중심선 – 가는 1점 쇄선

답 016 ㉱ 017 ㉱ 018 ㉯ 019 ㉮ 020 ㉯ 021 ㉯ 022 ㉱

023

한 도면에 두 종류 이상의 선이 같은 장소에 겹치게 될 때에는 선의 우선순위가 빠른 것부터 나열된 것은?

㉮ 외형선 → 숨은선 → 절단선 → 중심선 → 무게중심선
㉯ 외형선 → 숨은선 → 무게중심선 → 중심선 → 절단선
㉰ 절단선 → 숨은선 → 외형선 → 중심선 → 무게중심선
㉱ 절단선 → 외형선 → 숨은선 → 무게중심선 → 중심선

024

다음 중 파단선에 대한 설명으로 옳은 것은?

㉮ 가는 1점 쇄선으로 그린다.
㉯ 단면도의 절단면을 나타내는 선이다.
㉰ 불규칙한 파형, 지그재그의 가는 실선으로 그린다.
㉱ 물체의 보이지 않는 형상을 나타낼 때 사용하는 선이다.

025

다음 로마자의 서체 종류로 옳은 것은?

㉮ 로마체
㉯ 라운드리체
㉰ 고딕체
㉱ 이탤릭체

026

제도 도면에서 미터나사를 나타내는 기호는?

㉮ M
㉯ PT
㉰ PF
㉱ UNF

027

재료 기호 KS D 3503 SS 440에서 "440"이 의미하는 것은?

㉮ 최저인장강도
㉯ 최고인장강도
㉰ 재료의 호칭번호
㉱ 탄소 함유량

028

다음 냉각제 중 냉각능이 가장 우수한 것은?

㉮ 10% NaOH 액
㉯ 18℃의 물
㉰ 기계유
㉱ 중유

029

다음 알루미늄 합금의 질별 기호 중 T_6는?

㉮ 용체화 처리 후 자연시효 경화 처리한 것
㉯ 용체화 처리 후 안정화 경화 처리한 것
㉰ 용체화 처리 후 인공시효 경화 처리한 것
㉱ 고온에서 가공하고 냉각 후 인공시효 경화 처리한 것

030

금속 열처리를 할 때 생긴 산화 스케일을 제거하는 방법으로 틀린 것은?

㉮ 황산 수용액으로 산세
㉯ 염산 수용액으로 산세
㉰ 샌드블라스트로 제거
㉱ 스피터링법

031

열전대 재료로 사용되는 크로멜의 주성분으로 옳은 것은?

㉮ Cu-Ni ㉯ Cu-Al
㉰ Ni-Cr ㉱ Ni-Al

032

다음 중 심냉처리시 사용하는 냉각방법으로 가장 거리가 먼 것은?

㉮ 액체 질소에 의한 방법
㉯ 열유 담금질에 의한 냉각 방법
㉰ 액체공기와 알콜에 의한 방법
㉱ 드라이아이스와 알콜에 의한 방법

033

침탄처리 한 후 1차 담금질과 2차 담금질의 목적으로 옳은 것은?

㉮ 1차 담금질 : 결정립 미세화,
   2차 담금질 : 표면 경화
㉯ 1차 담금질 : 표면 경화,
   2차 담금질 : 결정립 미세화
㉰ 1차 담금질 : 경도 부여,
   2차 담금질 : 인성 부여
㉱ 1차 담금질 : 인성 부여,
   2차 담금질 : 경도 부여

034

강의 담금질시 냉각속도를 가장 빨리해야 하는 구역은?

㉮ 임계구역 ㉯ 위험구역
㉰ 가열구역 ㉱ 대류구역

035

다음 중 뜨임 균열의 방지 대책으로 틀린 것은?

㉮ 급격한 가열은 가급적 피한다.
㉯ 고속도강의 경우 뜨임하지 않고 바로 수(급)냉하여 사용한다.
㉰ M_1 점, M_s 점이 낮은 고합금강은 두 번 뜨임하면 효과적이다.
㉱ 담금질이 끝나지 않은 상태에서 뜨임하여 급냉하면 균열이 발생할 수 있다.

답 030 ㉱ 031 ㉰ 032 ㉯ 033 ㉮ 034 ㉮ 035 ㉯

036
고주파 담금질의 특징을 설명한 것 중 옳은 것은?

㉮ 간접가열에 의한 열효율이 낮다.
㉯ 표면이 연화되어 내마모성이 떨어진다.
㉰ 열처리 불량이 많고 항시 변형 보정을 해야 한다.
㉱ 가열시간이 매우 짧아 경화면의 탈탄이나 산화가 극히 적다.

037
계속해서 일정시간 간격을 두고 부품을 로내에 장입 및 추출하는 무인 분위기 열처리 설비로 대량생산에 가장 적합한 로는?

㉮ 진공로 ㉯ 연속로
㉰ 피트로 ㉱ 염욕로

038
다음 중 염욕제의 구비조건으로 틀린 것은?

㉮ 불순물이 적고 순도가 높아야 한다.
㉯ 흡습성 또는 조해성이 없어야 한다.
㉰ 증발 및 휘발성이 적어야 한다.
㉱ 점성이 커야 한다.

039
염욕처리시 고온용염욕으로 1000~1350℃에서 사용하는 염욕은?

㉮ $BaCl_2$ ㉯ $NaNO_2$
㉰ KNO_3 ㉱ $NaNO_3$

040
열간가공한 고탄소강과 합금강의 균열을 방지하고 전단 및 선반가공을 하기 위해 연화시킬 목적으로 하는 것은?

㉮ 심냉처리 ㉯ 중간풀림
㉰ 담금질   ㉱ 뜨임

041
프레스 금형재료인 STS3의 경도를 HRC 58~60으로 열처리하고자 할 때 담금질 온도(℃)로 가장 적합한 것은?

㉮ 650~750   ㉯ 790~850
㉰ 980~1080   ㉱ 1100~1200

042
18-8 스테인리스강을 냉간가공 또는 용접 등에 의해 생긴 내부응력을 제거하는 열처리는?

㉮ 표면연화 열처리 ㉯ 취성화 열처리
㉰ 조직조대화 열처리 ㉱ 고용화 열처리

043
다음 중 열전쌍 온도계를 설명한 것으로 옳은 것은?

㉮ 제백(seebeck) 효과를 이용한 온도계이다.
㉯ 1000℃ 이상에서는 사용할 수 없다.
㉰ 기록이나 제어가 불가능하다.
㉱ 비접촉식 온도계이다.

답 036 ㉱ 037 ㉯ 038 ㉱ 039 ㉮ 040 ㉯ 041 ㉯ 042 ㉱ 043 ㉮

044
다음 중 진공분위기의 이온질화처리에서 재료 표면에 확산되어 경화시키는 가스는?

㉮ 수소 ㉯ 질소
㉰ 아세틸렌 ㉱ 부탄

045
저탄소강의 표면에 탄소를 침입시키는 처리는?

㉮ 침탄 ㉯ 질화
㉰ 아세틸렌 ㉱ 부탄

046
다음 중 열처리할 때의 안전 및 유의사항으로 가장 옳은 것은?

㉮ 숙련된 작업자는 보호장구가 필요하지 않다.
㉯ 열처리할 때 치공구를 사용하지 않아도 된다.
㉰ 열처리할 때 보호장구를 반드시 착용한다.
㉱ 열처리품을 수냉 한 후에는 손으로 취급해도 된다.

047
측온하는 물체가 방출하는 적외선의 방사에너지를 한점에 모으고, 거기에 온도계의 감온부를 놓아 열전쌍으로 온도를 읽어 내어 측정물의 온도를 측정하는 온도계는?

㉮ 공고온계 ㉯ 복사 온도계
㉰ 저항 온도계 ㉱ 색 온도계

048
열처리시 탈탄의 방지대책으로 틀린 것은?

㉮ 염욕 및 금속욕에서 가열한다.
㉯ 탈탄 방지제를 도포하여 가열한다.
㉰ 수분이 있는 재료는 고온, 장시간 가열한다.
㉱ 분위기 가스 속에서 가열하거나 진공 중에 가열한다.

049
다음 중에서 산화성 가스에 속하는 것은?

㉮ He ㉯ Ar
㉰ O_2 ㉱ NH_3

050
다음 중 가늘고 긴 제품의 균일한 냉각을 위한 방법으로 옳은 것은?

㉮ 수평으로 냉각한다.
㉯ 45° 경사지게 매달아 냉각한다.
㉰ 수직으로 세워 냉각한다.
㉱ 로의 한쪽 모퉁이에 밀착시켜 냉각한다.

051
침탄 담금질 시 부품에 나타나는 결함 중 경화불량이 생기는 원인으로 틀린 것은?

㉮ 침탄 담금질시 침탄이 부족할 경우
㉯ 침탄 담금질시 탈탄이 되었을 때
㉰ 침탄 담금질 온도가 높을 때
㉱ 냉각 속도가 느릴 때

답 044 ㉯ 045 ㉮ 046 ㉰ 047 ㉯ 048 ㉰ 049 ㉰ 050 ㉰ 051 ㉰

052

다음 중 고체 침탄법에 대한 설명으로 틀린 것은?

㉮ 대량생산이 쉽다.
㉯ 탄분진에 의한 환경 오염이 심하다.
㉰ 표면에 망상 탄화물이 생기기 쉽다.
㉱ 가열에 균일성이 없으므로 침탄층도 균일성이 없다.

053

제품의 일부분이 냉각제에 접촉되지 않기를 원할 때 사용하는 방법으로 담금질할 부분이 보호되도록 하거나 담금질할 부분만 냉각제에 접촉시키는 담금질법은?

㉮ 안개 담금질   ㉯ 선택 담금질
㉰ 분사 담금질   ㉱ 시간 담금질

054

다음 중 안전·보건표지의 색채가 파랑일 때의 용도는?

㉮ 안내   ㉯ 금지
㉰ 경고   ㉱ 지시

055

열처리로를 이용한 작업시 안전사항으로 가장 관계가 먼 것은?

㉮ 고온에 주의한다.   ㉯ 폭발성에 주의한다.
㉰ 유독성에 주의한다.   ㉱ 품질향상에 주의한다.

056

분위기 가스 중의 수분을 이슬로 만드는 점의 명칭은?

㉮ 증발점   ㉯ 빙점
㉰ 용융점   ㉱ 노점

057

다음 재료 중 죠미니 시험을 하였을 경우 수냉단(경화된 끝부분)의 경도가 가장 높은 재료는?

㉮ 0.15%C 탄소강
㉯ 0.20%c + 1%Cr 합금강
㉰ 0.45%C 탄소강
㉱ 0.35%C + 1%Cr + 0.2%Mo 합금강

058

고탄소강을 구상화 풀림시 어느 조직을 구상화시키는가?

㉮ 펄라이트   ㉯ 시멘타이트
㉰ 페라이트   ㉱ 오스테나이트

059

다음 중 뜨임취성에 대한 설명으로 틀린 것은?

㉮ Mo 등을 첨가하여 뜨임취성을 방지할 수 있다.
㉯ 응력이 집중되는 부분은 열처리상 알맞게 설계한다.
㉰ 구조용강의 고온 뜨임취성의 경우 800~900℃에서 뚜렷하게 나타난다.
㉱ 저온 뜨임취성은 250~400℃의 P와 N이 많이 함유한 강재에서 나타난다.

답 052 ㉮ 053 ㉯ 054 ㉱ 055 ㉱ 056 ㉱ 057 ㉰ 058 ㉯ 059 ㉰

060

공구강이 구비해야 할 성질에 대한 설명으로 옳은 것은?

㉮ 내마멸성이 작을 것
㉯ 압축 강도가 적을 것
㉰ 상온 및 고온 경도가 클 것
㉱ 가열에 의한 경도의 변화가 클 것

답 060 ㉰

제6편 열처리기능사 필기 시행문제 (2008년 2회)

001
FRP가 가진 우수한 비강도, 비탄성 뿐만 아니라 내열성, 내후성 등의 특성을 가진 복합재료는?

㉮ 섬유 강화 금속 ㉯ 분산 강화 금속
㉰ 입자 강화 금속 ㉱ 클래드 재료

002
다음 중 두랄루민의 주성분 원소로 옳은 것은?

㉮ 알루미늄(Al) – 구리(Cu) – 마그네슘(Mg) – 망간(Mn)
㉯ 니켈(Ni) – 구리(Cu) – 인(P) – 망간(Mn)
㉰ 망간(Mn) – 아연(Zn) – 철(Fe) – 마그네슘(Mg)
㉱ 칼슘(Ca) – 규소(Si) – 마그네슘(Mg) – 망간(Mn)

003
철강 제품의 생산 과정을 순서대로 올바르게 나열한 것은?

㉮ 제강 → 제선 → 압연
㉯ 압연 → 제강 → 제선
㉰ 제강 → 압연 → 제선
㉱ 제선 → 제강 → 압연

004
다음 중 Ni-Fe 합금이며, 불변강이라 불리는 합금이 아닌 것은?

㉮ 인바   ㉯ 모넬메탈
㉰ 슈퍼인바   ㉱ 엘린바

005
시험편의 원표점 길이가 90mm이며, 시편의 파괴 직전의 표점 길이가 102mm이었을 때 연신율은?(%)

㉮ 13.3   ㉯ 15.5
㉰ 18.5   ㉱ 26.3

006
다음 중 해드필드(Hadfield)강에 대한 설명으로 틀린 것은?

㉮ 오스테나이트조직의 Mn 강이다.
㉯ 성분은 10~14Mn%, 0.9~1.3℃ 정도이다.
㉰ 이 강은 고온에서 취성이 생기므로 1000~1100℃에서 공냉한다.
㉱ 내마멸성과 내충격성이 우수하고, 인성이 우수하기 때문에 파쇄장치, 임펠러 플레이트 등에 사용한다.

답 001 ㉮ 002 ㉮ 003 ㉱ 004 ㉯ 005 ㉮ 006 ㉰

007

다음 중 충격인성을 알기 위한 시험기로 옳은 것은?

㉮ 피로 시험기
㉯ 만능 시험기
㉰ 샤르피 시험기
㉱ 비틀림 시험기

008

다음 중 상온에서 구리(Cu)의 결정격자 형태는?

㉮ FCC
㉯ BCC
㉰ HCT
㉱ CPH

009

다음 중 공구강의 구비조건을 설명한 것으로 틀린 것은?

㉮ 내마모성이 클 것
㉯ 상온 및 고온경도가 작을 것
㉰ 가공 및 열처리성이 양호할 것
㉱ 강인성 및 내충격성이 우수할 것

010

순철이 910℃에서 Ac_3 변태를 할 때 결정격자의 변화로 옳은 것은?

㉮ BCT → FCC
㉯ BCC → FCC
㉰ FCC → BCC
㉱ FCC → BCT

011

다음 중 주철에 대한 설명으로 틀린 것은?

㉮ 단조용으로 적당하다.
㉯ 인장강도가 강에 비하여 낮다.
㉰ 일반적으로 압축강도가 높다.
㉱ 주조성이 우수하여 복잡한 형상도 주조가 가능하다.

012

금속의 응고 과정에서 형성된 결정책(seed crystal)을 중심으로 결정이 나뭇가지와 같이 성장하는 것을 무엇이라 하는가?

㉮ 주상결정
㉯ 섬유상조직
㉰ 수지상결정
㉱ 공석상조직

013

다음 중 6.67%의 C와 Fe의 화합물은?

㉮ 시멘타이트
㉯ 페라이트
㉰ 마텐자이트
㉱ 오스테나이트

014

5~20 Zn% 황동으로 강도는 낮으나 전연성이 좋고, 색깔이 금색에 가까워 모조금이나 판 및 선에 사용되는 합금은?

㉮ 톰백
㉯ 알루미늄황동
㉰ 네이벌 황동
㉱ 애드미럴티황동

답 007 ㉰ 008 ㉮ 009 ㉯ 010 ㉯ 011 ㉮ 012 ㉰ 013 ㉮ 014 ㉮

015

다음 중 냉간 가공에 대한 설명으로 틀린 것은?

㉮ 가공면이 깨끗하고, 정밀가공이 용이하다.
㉯ 가공경화로 인하여 강도, 경도가 증가한다.
㉰ 재결정온도 이상에서 가공한다.
㉱ 균일한 제품을 얻고, 결정입자가 미세화된다.

016

다음 중 핀에 대한 호칭과 이에 따른 지름의 표시로 틀린 것은?

㉮ 평행 핀 – 핀의 지름
㉯ 테이퍼 핀 – 작은 쪽의 지름
㉰ 분할 핀 – 핀 구멍의 치수
㉱ 슬롯 테이퍼 핀 – 테이퍼의 가장 큰 쪽의 지름

017

치수 기입시 치수 숫자와 같이 사용하는 기호의 설명으로 잘못된 것은?

㉮ ∅ : 지름   ㉯ R : 반지름
㉰ C : 구의 지름   ㉱ t : 두께

018

[그림]에 표시된 점을 3각법으로 투상했을 때 옳은 것은? (단, 화살표 방향이 정면도이다.)

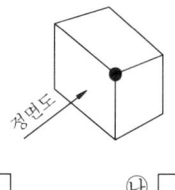

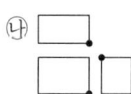

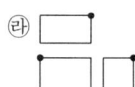

019

T자와 삼각자를 조합하여 작도할 수 없는 각도는?

㉮ 75°   ㉯ 120°
㉰ 135°   ㉱ 155°

020

[그림]과 같은 테이퍼에서 작은 쪽의 지름은?

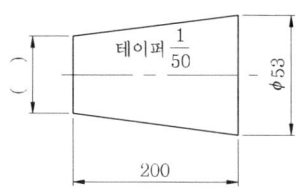

㉮ 47   ㉯ 48
㉰ 49   ㉱ 50

답 015 ㉰ 016 ㉱ 017 ㉰ 018 ㉮ 019 ㉱ 020 ㉰

021

다음 중 치수 기입이 잘못된 곳은?

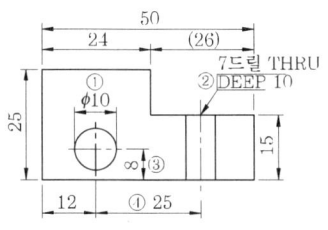

㉮ ① ㉯ ②
㉰ ③ ㉱ ④

022

[그림]과 같이 구멍의 치수가 축의 치수보다 작을 때의 조립전의 구멍과 축과의 치수의 차인 "X"가 의미하는 것은?

㉮ 틈새
㉯ 죔새
㉰ 축 지름
㉱ 구멍 지름

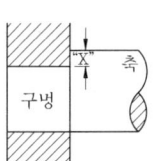

023

다음 중 한국 산업규격을 기호로 나타낸 것은?

㉮ BS   ㉯ KS
㉰ DIN   ㉱ JIS

024

다음 중 축척에 대한 설명으로 옳은 것은?

㉮ 도형을 실물보다 크게 그릴 경우에 사용한다.
㉯ 도형을 실물과 같은 크기의 비율로 그린 도면이다.
㉰ 도면의 치수는 실측 치수에 제곱을 하여 도면에 기입한다.
㉱ 도형을 실물보다 작게 그릴 경우에 사용한다.

025

다음 중 기하공차 기호의 종류와 그 기호로 옳은 것은?

㉮ 평행도 공차 : ◯
㉯ 평면도 공차 : ◯
㉰ 직각도 공차 : //
㉱ 원통도 공차 : ═

026

제도에서 선이 같은 위치에서 서로 겹칠 때 가장 우선적으로 도시하는 선은?

㉮ 중심선   ㉯ 외형선
㉰ 절단선   ㉱ 치수선

답 021 ㉯ 022 ㉯ 023 ㉯ 024 ㉱ 025 ㉯ 026 ㉯

027

다음 중 치수 기입법에 대한 설명으로 가장 거리가 먼 것은?

㉮ 치수는 가급적 정면도에 기입하고, 부득이 한 것은 평면도와 측면도에 기입한다.
㉯ 치수는 가급적 도형의 우측과 위쪽에 기입한다.
㉰ 치수는 가급적 일직선상에 기입한다.
㉱ 치수는 정면도, 평면도, 측면도에 골고루 나누어 기입한다.

028

다음 중 강의 열처리시 풀림의 목적으로 틀린 것은?

㉮ 강을 연화시킨다.
㉯ 냉간가공성을 향상시킨다.
㉰ 내부응력을 제거한다.
㉱ 강도를 부여한다.

029

열처리 온도가 600~900℃인 경우에 사용되며, 탄소 공구강, 특수강 등의 열처리 또는 액체 침탄 등의 용도로 주로 사용되는 염욕로는?

㉮ 저온용 염욕로   ㉯ 중온용 염욕로
㉰ 고온용 염욕로   ㉱ 초고온용 염욕로

030

담금질에 의한 처리품의 변형을 방지하기 위해서 금형으로 누른 상태에서 구멍으로부터 냉각제를 분사시켜 담금질 하는 장치는?

㉮ 프레스 담금질장치   ㉯ 분사냉각장치
㉰ 공냉장치   ㉱ 수냉장치

031

진공 가열 중에 강 표면에 일어나는 여러 가지 기대 가능한 효과가 아닌 것은?

㉮ 절삭유나 방청유 등의 탈지작용을 한다.
㉯ 열처리 전과 같은 깨끗한 표면상태를 유지할 수 있다.
㉰ 열처리 패턴이 안정되어 있어 변형량을 미리 예상할 수 있다.
㉱ 강에 합금 원소가 침투되어 품질이 좋은 강을 얻을 수 있다.

032

다음 중 고스트라인(ghost line)과 관련이 가장 적은 것은?

㉮ 강재의 파괴 원인이 된다.
㉯ 인(P)에 의해 적열취성의 원인이 된다.
㉰ Fe_3P로써 응고하여 입계에 편석한다.
㉱ Fe_3P나 개재물이 띠모양으로 편석하는 상태를 말한다.

답 027 ㉱ 028 ㉱ 029 ㉯ 030 ㉮ 031 ㉱ 032 ㉯

033
열전쌍 온도계에서 가장 낮은 온도를 측정하는 열전쌍 재료는?

㉮ 철-콘스탄탄 ㉯ 크로멜-알루멜
㉰ 구리-콘스탄탄 ㉱ 백금-백금·로듐

034
큰 중량물의 가열 또는 다수의 소형 물품처리와 같이 피가열 물의 장입 및 회수작업이 곤란한 경우 사용되는 로는?

㉮ 도가니로 ㉯ 대차로
㉰ 전로 ㉱ 고로

035
다음 중 진공을 나타내는 단위가 아닌 것은?

㉮ poise ㉯ torr
㉰ mmHg ㉱ Pa

036
다음 중 분위기 열처리시의 안전 대책에 대한 설명으로 틀린 것은?

㉮ 비상 전원이 없이 정전되었을 때는 불활성 또는 중성가스를 사용하여 로내 가스를 치환한다.
㉯ 담금질유의 화염이 발생하는 것을 방지하기 위하여 수분 함유량을 0.5% 이하로 한다.
㉰ 폭발이 일어났을 때는 공급 가스를 정지하고, 파일럿버너를 끈다.
㉱ 연속로 또는 배치로 조업 중 반동 트러블이 발생할 때에는 전담 정비공에게 의뢰한다.

037
냉간용금형강(STD11)을 높은 온도에서 담금질시 재료에 나타나는 현상으로 옳은 것은?

㉮ 인성이 향상된다.
㉯ 결정립이 미세화된다.
㉰ 산화 및 탈탄을 일으키지 않는다.
㉱ 오스테나이트의 양이 증가하여 경도가 저하한다.

038
청백색의 고체금속으로서 베어링용 합금 등에 쓰이며, 이타이이타이병을 일으키는 금속은?

㉮ 수은(Hg) ㉯ 크롬(Cr)
㉰ 납(Pb) ㉱ 카드뮴(Cd)

039
다음 중 고체침탄시 침탄촉진제로 주로 사용되는 것은?

㉮ 수산화나트륨, 염화바륨
㉯ 암모니아, 수산화암모늄
㉰ 탄산바륨, 탄산나트륨
㉱ 질소, 아르곤

답 033 ㉰ 034 ㉯ 035 ㉮ 036 ㉰ 037 ㉱ 038 ㉱ 039 ㉰

040

염욕로에서 특히 시안화물을 함유한 염욕은 환경오염이 크다. 이러한 환경오염 문제를 일으키지 않아야만 한다는 요구에 부응하기 위하여 만들어진 노는?

㉮ 유동상로 ㉯ 질산염욕로
㉰ 중성염욕로 ㉱ 환원성염욕로

041

공구강의 경도 증가나 게이지강이나 베어링강의 부품 조직을 안정하게 하여 시효(aging)에 의한 형상 및 치수 변화를 방지하기 위하여 실시하는 처리는?

㉮ 심냉처리 ㉯ 표면경화처리
㉰ 파텐팅처리 ㉱ 블루잉처리

042

다음 [보기]의 ( )안에 알맞은 내용은?

[보 기]

염욕의 황산기를 제거하기 위한 열화 방지용 첨가제 (①)와(과) 강산성화된 염욕의 산소를 제거하기 위함 첨가제는 (②)이다.

㉮ ① : Mg-Al, ② : 탈산제
㉯ ① : CaSi₂, ② : Mg-Al
㉰ ① : 구상 흑연 주철 조각, ② : 탈산제
㉱ ① : CaSi₂, ② : 구상 흑연 주철 조각

043

다음 중 고주파 열처리에서 가열코일(Coil)의 재질로 가장 좋은 것은?

㉮ 철(Fe) ㉯ 알루미늄(Al)
㉰ 구리(Cu) ㉱ 텅스텐(W)

044

다음 중 마레이징강에 대한 설명으로 옳은 것은?

㉮ 고탄소 합금 공구강의 일종이다.
㉯ 텅스텐 강을 담금질 및 뜨임한 강이다.
㉰ 탄소 공구강을 항온 변태처리한 강이다.
㉱ 탄소량이 매우 적은 마텐자이트 기지를 시효처리하여 생긴 금속간 화합물의 석출에 의해 경화한 강이다.

045

다음 중 침탄시 경화불량의 원인이 아닌 것은?

㉮ 침탄이 부족하였을 때
㉯ 침탄 후 담금질 온도가 너무 낮았을 때
㉰ 침탄 후 담금질시 탈탄이 되었을 때
㉱ 침탄 후 표면 층에 잔류오스테나이트가 적게 존재하였을 때

046

철과 아연을 접촉시켜 가열하면 두 금속의 친화력에 의하여 원자간의 상호 확산이 일어나서 내식성이 좋은 표면 경화층을 얻는 방법은?

㉮ 세라마이징 ㉯ 칼로라이징
㉰ 크로마이징 ㉱ 실리코나이징

답 040 ㉮ 041 ㉮ 042 ㉰ 043 ㉰ 044 ㉱ 045 ㉱ 046 ㉮

047

열처리에 사용하는 냉각제의 특징을 설명한 것 중 틀린 것은?

㉮ 기화열이 클수록 냉각능력이 크다.
㉯ 점성이 클수록 냉각능력이 크다.
㉰ 열전도도가 높은 것이 냉각능력이 크다.
㉱ 기체와 액체 냉각제 모두 교반할수록 냉각능력이 커진다.

048

표면경화용 강의 열처리에서 1, 2차 담금질의 주 목적은?

㉮ 1차 : 침탄층의 경화,
   2차 : 중심부 조직 미세화
㉯ 1차 : 표면부의 조대화,
   2차 : 표면부의 미세화
㉰ 1차 : 표면부의 침탄화,
   2차 : 침탄층의 미세화
㉱ 1차 : 중심부 조직의 미세화,
   2차 : 침탄층의 경화

049

드릴과 같이 길이가 긴 물품을 기름 속에 담금질 할 때 가장 적당한 방법은?

㉮ 수평으로 눕혀서 한다.
㉯ 수직으로 세워서 담금질한다.
㉰ 수평면과 약 45° 정도 경사시켜서 담금질한다.
㉱ 수평면과 약 15° 정도 경사시켜서 담금질한다.

050

다음 중 열전대의 구비조건으로 틀린 것은?

㉮ 히스테리시스의 차가 클 것
㉯ 장시간 사용해도 변형이 없을 것
㉰ 고온에서 기계적 강도가 클 것
㉱ 내열성이 우수 할 것

051

다음 중 안전보호구의 보관 방법을 설명한 것으로 틀린 것은?

㉮ 발열성 물질을 보관하는 주변에 보관할 것
㉯ 광선을 피하고 통풍이 잘되는 장소에 보관할 것
㉰ 부식성, 유해성, 인화성 액체, 산 등과 혼합하여 보관하지 말 것
㉱ 땀으로 오염된 경우에 세척, 건조하여 변형되지 않도록 할 것

052

다음 중 분자량이 65이며, 인체에 유해하고 취급 시 주의해야 할 염욕제는?

㉮ $CaCl_2$ ㉯ KCN
㉰ $NaOH$ ㉱ $NaNO_3$

답 047 ㉯ 048 ㉱ 049 ㉯ 050 ㉮ 051 ㉮ 052 ㉯

053

물리적 표면경화법인 쇼트피이닝법에 대한 설명으로 틀린 것은?

㉮ 제품표면의 스케일 등을 미려하게 할 수 있다.
㉯ 침탄열처리 후 쇼트피이닝하면 취성의 증가로 피로강도가 저하한다.
㉰ 쇼트볼의 크기가 크거나 분사압력이 클수록 압축 잔류응력이 저하한다.
㉱ 침탄품의 표면에 발생한 잔류오스테나이트는 쇼트피이닝에 의하여 가공마텐자이트로 변할 수 있다.

054

고온의 물체를 눈으로 측정하는 대신 물체의 밝기와 표준밝기를 가진 백열전구의 필라멘트 밝기를 일치시켜 이 때 전구에 흐르는 전류의 측정값을 읽는 온도계는?

㉮ 압력식온도계
㉯ 저항식온도계
㉰ 열전대온도계
㉱ 광고온계

055

다음 중 연점(soft spot) 발생의 방지 대책으로 틀린 것은?

㉮ 탈탄 부분을 제품 전체에 생기게 하여 담금질한다.
㉯ 균일한 냉각이 되도록 냉각제를 충분히 교반한다.
㉰ 로내 온도 분포, 가열 온도 및 가열 시간 등을 적절하게 한다.
㉱ 강재의 냉각능과 냉각제의 냉각능을 고려하여 적당한 재료를 선택한다.

056

다음 분위기 가스 중에서 산화성인 것은?

㉮ N_2가스
㉯ CO_2가스
㉰ He가스
㉱ Ar가스

057

다음 중 뜨임(Tempering)의 주 목적으로 옳은 것은?

㉮ 경도의 증가
㉯ 인성의 증가
㉰ 강도의 증가
㉱ 취성의 증가

058

[그림]의 열처리 방법은?

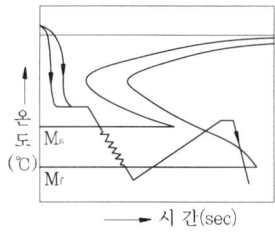

㉮ 오스포밍(Ausforming)
㉯ 마템퍼링(Martempering)
㉰ 마퀜칭(Marquenching)
㉱ 오스템퍼링(Austempering)

059

부하 변화가 일정한 경우, 비례 동작에 의한 제어 동작이 끝나고 평형에 이른 뒤에도 편차가 남는 오프셋의 상태가 되는 제어장치는?

㉮ 프로그램제어식 ㉯ 정치제어식
㉰ 온-오프식 ㉱ 비례제어식

060

다음 중 고속도 공구강의 주요 성분원소가 아닌 것은?

㉮ Cr ㉯ W
㉰ Mo ㉱ Cu

답 059 ㉱ 060 ㉱

제6편 열처리기능사 필기 시행문제 (2009년 2회)

001
금속의 성질 중 전성(展性)에 대한 설명으로 옳은 것은?

㉮ 광택이 촉진되는 성질
㉯ 소재를 용해하여 접합하는 성질
㉰ 얇은 박(箔)으로 가공할 수 있는 성질
㉱ 원소를 첨가하여 단단하게 하는 성질

002
탄소강에서 Mn의 영향을 설명한 것으로 틀린 것은?

㉮ 강의 담금질 효과를 증대시켜 경화능이 커진다.
㉯ 강의 점성을 낮추어 고온 가공성을 낮춘다.
㉰ 고온에서 결정립 성장을 억제시킨다.
㉱ 주조성을 좋게 하며 Mns 형태로 S을 제거한다.

003
다음 금속 원소 중 비중이 가장 가벼운 것은?

㉮ Al ㉯ Li
㉰ Ti ㉱ Mg

004
다음 중 순철에 대한 설명으로 틀린 것은?

㉮ 비중은 약 7.8 정도이다.
㉯ 상온에서 페라이트 조직이다.
㉰ 상온에서 비자성체이다.
㉱ 동소변태점에서는 원자의 배열이 변화한다.

005
7 : 3 황동에 1% 내외의 Sn을 첨가하여 열교환기, 증발기 등에 사용되는 합금은?

㉮ 애드미럴티 황동 ㉯ 네이벌 황동
㉰ 콜슨 황동 ㉱ 에버듀어 메탈

006
냉간 가공도가 클수록 금속의 기계적 성질 변화를 설명한 것 중 틀린 것은?

㉮ 내력이 증가한다.
㉯ 연신율이 감소한다.
㉰ 단면수축율이 증가한다.
㉱ 인장강도가 증가한다.

답 001 ㉰ 002 ㉯ 003 ㉯ 004 ㉰ 005 ㉮ 006 ㉰

007

다음 중 일반적인 주철에 대한 설명으로 옳은 것은?

㉮ 주철의 탄소 함유량은 1.0~2.0%인 Fe와 C의 합금을 말한다.
㉯ 주조성이 좋지 않아 복잡한 형상의 주조는 할 수 없다.
㉰ 주철 중의 탄소는 응고될 때 급냉하면 시멘타이트로, 서냉하면 흑연으로 정출된다.
㉱ 주철에 함유되는 탄소의 양은 보통 페라이트와 펄라이트의 양을 합한 것으로 나타낸다.

008

얼음, 물, 수증기의 3상이 있을 때 3중점(triple point)에서의 자유도는 얼마인가?

㉮ 0 ㉯ 1
㉰ 2 ㉱ 3

009

다음 중 구상흑연 주철에서 흑연을 구상화하는 원소는?

㉮ Cr ㉯ Zn
㉰ Mg ㉱ S

010

원자 충전율이 68%이며, 배위수가 8인 결정구조를 가지고 있는 격자는?

㉮ 조밀육방격자 ㉯ 체심입방격자
㉰ 면심입방격자 ㉱ 정방격자

011

Y-합금의 조성으로 옳은 것은?

㉮ Al – Cu – Ni – Mg ㉯ Al – Si – Mg – Ni
㉰ Al – Cu – Mg – Si ㉱ Al – Mg – Cu – Mn

012

2~10%Sn, 0.6%P 이하의 합금이 사용되며 탄성률이 높아 스프링 재료로 가장 적합한 청동은?

㉮ 알루미늄청동 ㉯ 망간청동
㉰ 니켈청동 ㉱ 인청동

013

다음 중 소성가공에 속하지 않는 것은?

㉮ 압출 ㉯ 단조
㉰ 정련 ㉱ 인발

014

두 성분이 서로 어떤 비율로 용해하여 하나의 상을 가지는 상태도를 무엇이라고 하는가?

㉮ 전율 고용체 상태도 ㉯ 공정형 상태도
㉰ 편정형 상태도 ㉱ 포정형 상태도

답 007 ㉰ 008 ㉮ 009 ㉰ 010 ㉯ 011 ㉮ 012 ㉱ 013 ㉰ 014 ㉮

015
고 Cr계보다 내식성과 내산화성이 더 우수하고 조직이 연하여 가공성이 좋은 18-8 스테인리스 강의 조직은?

㉮ 페라이트　　㉯ 펄라이트
㉰ 오스테나이트　㉱ 마텐자이트

016
다음 중 치수 기입의 기본 원칙에 대한 설명으로 틀린 것은?

㉮ 치수의 중복 기입을 피해야 한다.
㉯ 두께 치수는 주로 평면도나 측면도에 기입한다.
㉰ 구멍의 치수 기입에서 관통 구멍이 원형으로 표시된 투상도에는 그 깊이를 기입한다.
㉱ 도면에 길이의 크기와 자세 및 위치를 명확하게 표시해야 한다.

017
제도에서 2종류 이상의 선이 서로 겹칠 때 가장 우선적으로 도시하는 선은?

㉮ 절단선　　㉯ 중심선
㉰ 숨은선　　㉱ 외형선

018
다음 그림은 제3각법에 의해 그린 투상도이다. 평면도는 어느 것인가?

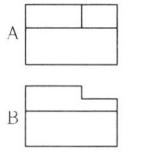

㉮ A　　㉯ B
㉰ C　　㉱ A와 B

019
경사체형 문자를 쓸 때는 수직에 대하여 몇 도 기울여 쓰는가?

㉮ 10°　㉯ 15°
㉰ 20°　㉱ 25°

020
그림과 같은 단면도를 무엇이라 하는가?

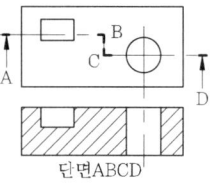

㉮ 부분 단면도　㉯ 한쪽 단면도
㉰ 계단 단면도　㉱ 회전도시 단면도

답　015 ㉰　016 ㉰　017 ㉱　018 ㉮　019 ㉯　020 ㉰

021

실제 길이 10mm가 도면에서 5mm로 그려졌다면 척도는?

㉮ 2 : 1 ㉯ 1 : 2
㉰ 1 : 5 ㉱ 5 : 1

022

도면을 접어서 보관할 때 표준이 되는 것으로 크기가 210 × 297mm인 것은?

㉮ A_2 ㉯ A_3
㉰ A_4 ㉱ A_5

023

그림과 같은 도면에서 구멍의 개수는 몇 개인가?

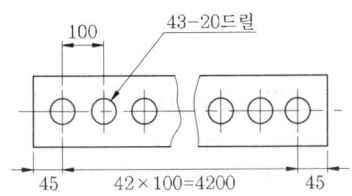

㉮ 20 ㉯ 42
㉰ 43 ㉱ 63

024

원호의 길이를 나타내는 치수선으로 옳은 것은?

 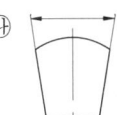
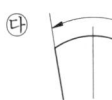 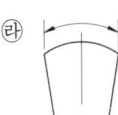

025

다음 재료 기호 중 고속도공구강을 나타낸 것은?

㉮ SPS ㉯ SKH
㉰ STd ㉱ STS

026

도면에서 구의 반지름을 나타내는 기호는?

㉮ C   ㉯ R
㉰ SR ㉱ t

027

제도 도면에서 미터나사를 나타내는 기호는?

㉮ M   ㉯ PT
㉰ PF ㉱ UNF

답 021 ㉯ 022 ㉰ 023 ㉰ 024 ㉱ 025 ㉯ 026 ㉰ 027 ㉮

028
고주파 열처리의 특징을 설명한 것 중 옳은 것은?

㉮ 직접 가열하므로 열효율이 좋다.
㉯ 고주파 열처리한 후 연삭공정이 반드시 필요하다.
㉰ 가열시간이 길어 산화 및 변형이 심하다.
㉱ 강의 표면은 무르고 내부는 단단하여 내마모성이 향상된다.

029
Ar′ 점과 Ar″ 점 사이의 온도로 유지한 열욕에 담금질하고, 오스테나이트 변태가 끝날 때까지 항온을 유지하는 열처리 방법은?

㉮ 마템퍼링
㉯ 광휘 열처리
㉰ 오스포밍
㉱ 오스템퍼링

030
염욕의 성질을 설명한 것 중 옳은 것은?

㉮ 점성이 커야 한다.
㉯ 증발 및 휘발성이 적어야 한다.
㉰ 흡습성 또는 조해성이 있어야 한다.
㉱ 염욕 중의 불순물이 많고 순도는 낮아야 한다.

031
SM30C의 담금질 온도(℃)로 가장 적절한 것은?

㉮ 600~750
㉯ 850~900
㉰ 900~1050
㉱ 1100~1150

032
열처리로에 사용되는 내화재의 구비조건으로 옳은 것은?

㉮ 열전도도가 작아야 한다.
㉯ 마모에 대한 저항이 작아야 한다.
㉰ 융점 및 연화점이 낮아야 한다.
㉱ 화학적 침식 저항이 작아야 한다.

033
다음 중 질화 경도의 향상에 가장 효과적인 원소로 옳은 것은?

㉮ Au
㉯ Co
㉰ Cr
㉱ Cu

034
고망간강, 구조용 합금강 등에서는 용강 중의 수소가스로 인하여 생기는 결함으로 250℃ 이하의 온도에서 나타나는 원형 또는 타원형의 결함을 무엇이라 하는가?

㉮ 백점
㉯ 비금속 개재물
㉰ 수축공
㉱ 마이크로 편석

035
Cu-Be 합금이 스프링 재료로 우수한 성질을 나타내는 것은 어떤 처리를 한 것인가?

㉮ 소성 처리
㉯ 연신 처리
㉰ 열간 처리
㉱ 시효 처리

답 028 ㉮ 029 ㉱ 030 ㉯ 031 ㉯ 032 ㉮ 033 ㉰ 034 ㉮ 035 ㉱

036

가스로를 사용하는 작업장에서 안전사고의 방지 대책이 아닌 것은?

㉮ 장비 표면에 기름이나 그리스 등의 인화성 물질이 없도록 한다.
㉯ 환기시설을 충분히 하여 폭발의 위험성을 감소시킨다.
㉰ 장시간 작업을 하지 않을 때도 보조밸브만 잠그고 주 밸브는 잠그지 않아도 된다.
㉱ 연료가스는 공기 또는 산소와 혼합할 때 폭발성이 있으므로 주의하여야 한다.

037

고체 침탄법에서 목탄이나 코크스가 주원료로 사용되고, 침탄 촉진제로 사용하는 것은?

㉮ CaO
㉯ MgO
㉰ NaCN
㉱ $BaCO_3$

038

0.3% 탄소강을 1200℃로 가열 후 공냉한 과열된 조직은?

㉮ 시멘타이트
㉯ 소르바이트
㉰ 비트만슈테텐
㉱ 침상 마텐자이트

039

연욕로 사용 시 안전에 유의해야 할 사항이 아닌 것은?

㉮ 수분을 완전히 제거한다.
㉯ 실내의 환기 상태를 좋게 한다.
㉰ 장갑이나 마스크를 착용한다.
㉱ 로의 예열을 위하여 급가열시킨다.

040

S곡선에 영향을 주는 요인 중 S곡선을 좌측으로 이동시키는 원소는?

㉮ Ni
㉯ Cr
㉰ Mo
㉱ Ti

041

강의 뜨임색 중 가장 낮은 온도인 220℃에서 나타나는 색은?

㉮ 황색
㉯ 자색
㉰ 담청색
㉱ 연한자색

042

강 또는 철의 작은 입자를 고속으로 공작물의 표면에 쏘아 표면에 붙어 있는 녹 등을 제거하는 방법은?

㉮ 산세
㉯ 탈지
㉰ 쇼트피이닝
㉱ 샌드블라스트

답 036 ㉰ 037 ㉱ 038 ㉰ 039 ㉱ 040 ㉱ 041 ㉮ 042 ㉰

043
0.45%C를 함유한 탄소강을 담금질할 때 어느 조직까지 온도를 상승시키는가?

㉮ 페라이트   ㉯ 오스테나이트
㉰ 레데뷰라이트   ㉱ 시멘타이트

044
냉간 가공한 스프링강 또는 피아노선의 탄성이나 피로강도를 높이기 위한 열처리 방법은?

㉮ 블라스팅 처리   ㉯ 블루잉 처리
㉰ 오스포밍 처리   ㉱ 오스템퍼링 처리

045
18-8 스테인리스강을 냉간 가공하거나 용접 등에 의해 생긴 내부응력을 제거하는 열처리는?

㉮ 표면연화 열처리   ㉯ 취성화 열처리
㉰ 조직 조대화 열처리   ㉱ 고용화 열처리

046
냉각제의 냉각능이 큰 순서에서 작은 순서로 옳게 나타낸 것은?

㉮ 기계유 〉 10% 식염수 〉 물(18℃)
㉯ 10% 식염수 〉 기계유 〉 물(18℃)
㉰ 물(18℃) 〉 10% 식염수 〉 기계유
㉱ 10% 식염수 〉 물(18%) 〉 기계유

047
강의 담금질성을 판단하는 방법이 아닌 것은?

㉮ 강박시험에 의한 방법
㉯ 임계지름에 의한 방법
㉰ 조미니시험에 의한 방법
㉱ 임계냉각속도를 사용하는 방법

048
고속도강은 자경성이 강하므로 완전 풀림 처리시 장시간이 소요된다. 풀림처리 시간을 단축시키기 위해 적합한 풀림 방법은?

㉮ 구상화 풀림   ㉯ 응력제거 풀림
㉰ 항온 풀림   ㉱ 확산 풀림

049
가스 침탄열처리에서 가스를 변성로 안에 넣어 침탄가스로 변성시킬 때 촉매 역할을 하는 것은?

㉮ Na   ㉯ Ni
㉰ Ca   ㉱ Si

050
가열로에 사용되는 온도계로 정밀도가 좋고, 가격이 저렴하며, 전위차를 측정하여 양 접합점의 온도차를 알 수 있는 온도계는?

㉮ 열전쌍 온도계   ㉯ 저항 온도계
㉰ 압력 온도계   ㉱ 광 고온계

답 043 ㉯ 044 ㉯ 045 ㉱ 046 ㉱ 047 ㉮ 048 ㉰ 049 ㉯ 050 ㉮

051

18-8 스테인리스강의 입계부식을 예방하기 위한 방법이 아닌 것은?

㉮ Ti, Nb 등을 첨가한다.
㉯ 탄소량을 0.03%로 낮게 한다.
㉰ 고용화열처리를 한다.
㉱ 음극방식을 한다.

052

일반적으로 대기압에서부터 0.01기압까지의 저진공을 측정하는 데 사용하며 매우 정확한 압력을 측정할 수 있는 게이지는?

㉮ 보돈(Bourdon) 게이지
㉯ 열전쌍(Thermocouple) 게이지
㉰ 이온(Ionization) 게이지
㉱ 페닝(Penning) 게이지

053

TTT곡선의 코(nose) 아래 온도에서 항온 변태시키면 나타나는 조직명은?

㉮ 마텐자이트   ㉯ 오스테나이트
㉰ 페라이트   ㉱ 베이나이트

054

작업장에서 사용하는 안전대용 로프의 구비조건으로 틀린 것은?

㉮ 마모성이 클 것
㉯ 완충성이 높을 것
㉰ 충격, 인장강도가 강할 것
㉱ 습기나 약품류에 침범당하지 않을 것

055

고속도강의 담금질 온도(℃)는?

㉮ 750   ㉯ 850
㉰ 1050   ㉱ 1250

056

기계구조용 Cr-Mo 강의 뜨임 온도(℃)는?

㉮ 60~80   ㉯ 150~200
㉰ 550~650 ㉱ 830~880

057

소재 자체의 탄소 농도가 0.25%, 침탄시간과 확산시간의 합이 7시간, 목표 표면 탄소 농도가 0.8%, 침탄시 탄소농도가 1.15%일 때 침탄 소요시간은 얼마인가? (단, Harris의 식을 이용하시오.)

㉮ 0.6   ㉯ 1.6
㉰ 2.6   ㉱ 3.6

답 051 ㉱ 052 ㉮ 053 ㉱ 054 ㉮ 055 ㉱ 056 ㉰ 057 ㉰

058

금속 압연용 롤이나 철도용 차륜 등에 사용되는 주철로 표면에는 내마모성을 부여하기 위해 용선을 급냉시켜 백선화하고 내부는 연성을 위해 회선화시킨 주철은?

㉮ 강인주철 ㉯ 냉경주철
㉰ 가단주철 ㉱ 구상화주철

059

0.8% 탄소강을 850℃ 이상으로 가열한 후 723℃ 이하로 냉각을 시키면 오스테나이트가 페라이트와 시멘타이트로 분해가 되는데 이 반응을 무엇이라 하는가?

㉮ 공정 반응 ㉯ 공석반응
㉰ 포정 반응 ㉱ 편정 반응

060

잔류 오스테나이트에 대한 설명으로 틀린 것은?

㉮ 담금질한 강을 0℃ 이하의 온도로 냉각시켰을 때 나타나는 조직이다.
㉯ 공석강의 담금질시 일부의 오스테나이트가 마텐자이트로 변태되지 못한 조직이다.
㉰ 상온에서 존재하는 미변태된 오스테나이트 조직이다.
㉱ 상온에서 불안정하므로 치수변화를 일으킬 수 있다.

답 058 ㉯ 059 ㉯ 060 ㉮

열처리기능사 필기 시행문제 (2009년 5회)

001
다음 중 비정질 합금의 제조법 중 액체 급냉법에 해당되지 않는 것은?

㉮ 단롤법   ㉯ 원심법
㉰ 진공 증착법   ㉱ 스프레이법

002
다음 중 주철에 대한 설명으로 틀린 것은?

㉮ 주철은 강도와 경도가 크다.
㉯ 주철은 쉽게 용해되고, 액상일 때 유동성이 좋다.
㉰ 회주철은 진동을 잘 흡수하므로 기어박스 및 기계 몸체 등의 재료로 사용된다.
㉱ 주철 중의 흑연은 응고함에 따라 즉시 분리되어 괴상이 되고, 일단 시멘타이트로 정출한 뒤에는 분해하여 판상으로 나타난다.

003
다음 중 소성 가공법에 속하지 않는 것은?

㉮ 단조   ㉯ 압연
㉰ 압출   ㉱ 연삭

004
크랭크 축 또는 로드 등에 사용되는 기계구조용 탄소강재에 해당되는 것은?

㉮ SPS9   ㉯ SM45C
㉰ STS3   ㉱ SKH2

005
킬드강(Killed Steel)에 대한 설명으로 틀린 것은?

㉮ Fe-Si로 탈산시킨 강이다.
㉯ Al로 탈산시킨 강이다.
㉰ 상부에 수축공이 생기기 쉬운 강이다.
㉱ 용탕 주입 후 가스의 발생이 많아 기포와 편석이 많은 강이다.

006
다음 중 마그네슘(Mg)의 성질을 설명한 것 중 틀린 것은?

㉮ 용융점은 약 650℃ 정도이다.
㉯ Cu, Al 보다 열전도율은 낮으나 절삭성은 좋다.
㉰ 알칼리에는 부식되나 산이나 염류에는 잘 견딘다.
㉱ 실용 금속 중 가장 가벼운 금속으로 비중이 약 1.74 정도이다.

답 001 ㉰ 002 ㉱ 003 ㉱ 004 ㉯ 005 ㉱ 006 ㉰

007
다음 중 상온에서 고체 상태의 금속이 아닌 것은?

㉮ Pb ㉯ Ti
㉰ Hg ㉱ Zr

008
고강도 Al 합금으로 조성이 Al-Cu-Mg-Mn인 합금은?

㉮ 라우탈 ㉯ Y-합금
㉰ 두랄루민 ㉱ 하이드로날륨

009
상온에서 면심입방격자로만 구성되어 있는 것은?

㉮ Be, Fe, Cr ㉯ Co, Zn, Mo
㉰ Au, Cu, Ni ㉱ Cd, Mo, Mg

010
다음 중 열간가공에 대한 설명 중 틀린 것은?

㉮ 냉간가공보다 가공도를 크게 할 수 있다.
㉯ 재결정온도 이상에서 처리하는 가공이다.
㉰ 열간가공한 재료는 대체로 충격이나 피로에 강하다.
㉱ 냉간가공보다 열간가공의 표면이 미려하고 깨끗하다.

011
Au의 순도를 나타내는 단위는 K(carat)이다. 이때 18k로 표시된 금의 순도는 몇 %인가?

㉮ 55 ㉯ 65
㉰ 75 ㉱ 85

012
주철의 조직을 지배하는 주요한 요소는 C, Si의 양과 냉각속도이다. 이들의 요소와 조직의 관계를 나타낸 것은?

㉮ Fe-C 평형 상태도 ㉯ 마우러 조직도
㉰ TTT 곡선 ㉱ 히스테리시스 곡선

013
물질 1g의 온도를 1℃ 만큼 높이는 데 필요한 열량(cal/g·℃)을 무엇이라 하는가?

㉮ 비열 ㉯ 열팽창 계수
㉰ 열전도율 ㉱ 열기전력

014
결정구조의 변화를 동반하지 않고, 전자의 스핀 작용에 의해서 강자성체가 상자성체로 바뀌는 것을 자기 변태라 한다. 이 때 Fe-C 평형상태도에서 순철의 자기 변태 온도(℃)는?

㉮ 210 ㉯ 768
㉰ 910 ㉱ 1394

답 007 ㉰ 008 ㉰ 009 ㉰ 010 ㉱ 011 ㉰ 012 ㉯ 013 ㉮ 014 ㉯

015

저용융점 합금(fusible alloy)은 약 몇 ℃ 이하의 용융점을 갖는가?

㉮ 250   ㉯ 350
㉰ 450   ㉱ 550

016

도형을 생략할 수 있는 경우의 설명으로 틀린 것은?

㉮ 도형이 대칭인 경우에는 대칭 중심선의 한쪽을 생략할 수 있다.
㉯ 같은 종류, 같은 모양의 것이 다수 줄지어 있는 경우에는 반복되는 도형을 생략할 수 있다.
㉰ 같은 단면형의 부분과 같은 모양이 규칙적으로 줄지어 있는 부분은 생략할 수 있다.
㉱ 특정 부분의 도형이 작아서 그 부분의 상세한 도시나 치수기입을 할 수 없을 때 생략할 수 있다.

017

다음 척도의 기입 방법 중 축척을 나타낸 것은?

㉮ 1 : 1   ㉯ 1 : 2
㉰ 2 : 1   ㉱ NS

018

다음 도면의 기울기 테이퍼 값은?

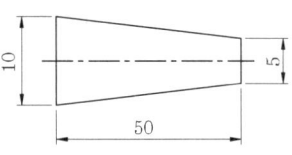

㉮ $\dfrac{1}{5}$ ㉯ $\dfrac{1}{10}$
㉰ $\dfrac{1}{15}$ ㉱ $\dfrac{1}{20}$

019

다음 [보기]는 도면의 양식에 대한 설명으로 옳은 것을 모두 고른 것은?

[보 기]

a. 윤곽선 : 도면에 그려야할 내용의 영역을 명확하게 하고 제도용지 가장자리 손상으로 생기는 기재사항을 보호하기 위해 그리는 선
b. 중심마크 : 도면의 사진 촬영 및 복사 등의 작업을 위해 도면의 바깥 상하 좌우 4개소에 표시해 놓은 선
c. 표제란 : 도면번호, 도면이름, 척도, 투상법 등을 기입하여 도면의 오른쪽 하단에 그리는 것
d. 재단마크 : 복사한 도면을 재단할 때 편의를 위해 그려 놓은 선

㉮ a, c   ㉯ a, b, d
㉰ b, c, d   ㉱ a, b, c, d

답 015 ㉮ 016 ㉱ 017 ㉯ 018 ㉯ 019 ㉱

020

각 부품의 형상, 부품의 조립 상태 및 가공 정도 등을 표시한 것으로서 설계자의 최종적인 의도를 충분히 전달하여 제작에 반영하기 위한 도면은?

㉮ 주문도 ㉯ 계획도
㉰ 제작도 ㉱ 견적도

021

정투상도법인 제1각법에서 정면도의 오른쪽에 배치되는 투상도는?

㉮ 우측면도 ㉯ 좌측면도
㉰ 저면도   ㉱ 평면도

022

다음 중 투상도를 그리는 방법에 대한 설명으로 틀린 것은?

㉮ 조립도 등 주로 기능을 표시하는 도면에서는 물체가 사용되는 상태를 그린다.
㉯ 일반적인 도면에서는 물체를 가장 잘 나타내는 상태를 정면도로 하여 그린다.
㉰ 주투상도를 보충하는 다름 투상도의 수는 되도록 많이 그리도록 한다.
㉱ 물체의 길이가 길어 도면에 나타내기 어려울 때 즉, 교량의 트러스 같은 경우 중간부분을 생략하고 그릴 수 있다.

023

다음의 전개도는 원기둥을 전개한 것이다. 어떤 도법을 사용한 것인가?

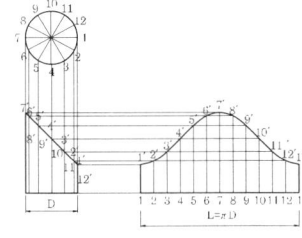

㉮ 평행선법 ㉯ 방사선법
㉰ 삼각형법 ㉱ 판뜨기법

024

치수 숫자와 같이 사용하는 기호 중 구의 반지름 치수를 나타내는 기호는?

㉮ SR ㉯ □
㉰ t   ㉱ C

025

가공 방법의 약호 중 연삭 가공을 표시하는 것은?

㉮ FR ㉯ SH
㉰ G   ㉱ B

026

구멍 ∅50±0.01일 때 억지 끼워 맞춤의 축의 지름은?

㉮ $\varnothing 50^{+0.01}_{0}$ ㉯ $\varnothing 50^{0}_{-0.02}$
㉰ $\varnothing 50 \pm 0.01$ ㉱ $\varnothing 50^{+0.03}_{+0.02}$

답 020 ㉰ 021 ㉯ 022 ㉰ 023 ㉮ 024 ㉮ 025 ㉰ 026 ㉱

027

그림과 같은 물체를 제3각법으로 그릴 때 물체를 명확하게 나타낼 수 있는 최소 도면 개수는?

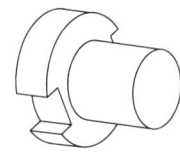

㉮ 1개
㉯ 2개
㉰ 3개
㉱ 4개

028

침탄에 미치는 각종 원소의 영향을 설명한 것 중 틀린 것은?

㉮ 바나듐은 침탄성을 향상시키고, 최대 1% 함유하면 침탄성은 더욱 촉진된다.
㉯ 마그네슘이 10% 첨가까지는 침탄성을 증진시키지만 그 이상 첨가되면 침탄성이 감소된다.
㉰ 텅스텐을 강 중에 탄소의 확산 속도를 느리게 하고, 탄화물을 형성하여 표면 탄소량을 증가시킨다.
㉱ 탄소는 강 표면에 흡착되어 내부로 확산함에 따라 침탄이 진행되는 것으로 내부와 외부사이의 탄소농도차가 클수록 침탄속도가 크다.

029

다음 중 펄라이트 가단주철의 열처리 방법이 아닌 것은?

㉮ 가스 탈탄에 의한 방법
㉯ 열처리 사이클의 변화에 의한 방법
㉰ 합금원소의 첨가에 의한 방법
㉱ 흑심가단주철의 재열처리에 의한 방법

030

다음 중 염욕제의 특징을 설명한 것 중 틀린 것은?

㉮ 불순물이 적어야 한다.
㉯ 용해가 용이해야 한다.
㉰ 산화나 부식이 없어야 한다.
㉱ 흡습성이 좋아야 한다.

031

니켈청동(Cu-Ni-Sn-Zn) 합금을 760℃에서 담금질 한 후 280~320℃로 5시간 뜨임하면 다음의 기계적 성질 중 낮아지는 것은?

㉮ 경도
㉯ 연신율
㉰ 인장강도
㉱ 항복강도

032

경화능 시험법 중 인터벌 시험에서 5초 동안 담금질한 봉에 대한 평균 기름 온도가 2° 상승 하고, 완전히 담금질한 시편에 대한 기름의 최대 온도가 10° 상승 하였다면 이 냉각제의 담금질 속도는 얼마(%)인가?

㉮ 5
㉯ 10
㉰ 15
㉱ 20

답 027 ㉯ 028 ㉮ 029 ㉮ 030 ㉱ 031 ㉯ 032 ㉱

033

탄소 공구강의 일반적인 열처리로 담금질 온도와 뜨임 온도로 옳은 것은?

㉮ 담금질 온도 : 약 760~820℃,
　　뜨임 온도 : 약 150~200℃
㉯ 담금질 온도 : 약 150~200℃,
　　뜨임 온도 : 약 760~820℃
㉰ 담금질 온도 : 약 1000~1050℃,
　　뜨임 온도 : 약 500~550℃
㉱ 담금질 온도 : 약 500℃,
　　뜨임 온도 : 약 1000~1050℃

034

고체침탄을 899℃에서 4시간 실시하였을 때 F.E Harris식에 의한 침탄층의 깊이는 몇 mm인가? (단, 이 때 확산정수 K는 0.533이다.)

㉮ 0.267　　㉯ 1.066
㉰ 2.132　　㉱ 3.066

035

침탄법에서 2차 담금질을 하는 목적은?

㉮ 표면 침탄층의 경화
㉯ 표면 침탄층의 연화
㉰ 중심부의 결정립 미세화
㉱ 중심부의 결정립 조세화

036

고주파 경화시 발생되는 결함이 아닌 것은?

㉮ 연점　　㉯ 박리
㉰ 담금질 균열　　㉱ 수축공

037

잔류오스테나이트를 마텐자이트로 변태시키는 열처리 방법은?

㉮ 뜨임　　㉯ 심냉처리
㉰ 오스템퍼링　　㉱ 노멀라이징

038

베어링강 등의 공구강에 시멘타이트 구상화 풀림을 하는 목적이 아닌 것은?

㉮ 내마모성을 향상시키기 위하여
㉯ 담금질 변형을 적게 하기 위하여
㉰ 담금질 효과를 한 부분으로 집중시키기 위하여
㉱ 기계가공성을 향상시키기 위하여

039

가스로의 일반적인 특징을 설명한 것 중 틀린 것은?

㉮ 로내 온도 조절이 어렵다.
㉯ 점화가 간단하다.
㉰ 복사열 작용을 한다.
㉱ 온도를 균일하게 지속시킬 수 있다.

답　033 ㉮　034 ㉯　035 ㉮　036 ㉱　037 ㉯　038 ㉰　039 ㉮

040
기계부품의 내마멸용 스프링 등에 가장 우수한 열처리 조직은?

㉮ 오스테나이트 ㉯ 마텐자이트
㉰ 페라이트 ㉱ 소르바이트

041
질화에 의해 표면을 경화시키는데 사용되는 것은?

㉮ 생석회 ㉯ 암모니아가스
㉰ 탄산칼슘 ㉱ 탄산가스

042
강재의 표면경화법 중 화학조성을 변화시키지 않고 표면을 경화시키는 처리는?

㉮ 질화법 ㉯ 쇼트피이닝
㉰ 침탄질화법 ㉱ 금속침투법

043
열처리용 가열로에서 열원에 따른 분류에 해당되지 않는 것은?

㉮ 중유로 ㉯ 가스로
㉰ 용광고 ㉱ 전기로

044
스테인리스강의 열처리 특성에 대한 설명으로 틀린 것은?

㉮ 18-8 오스테나이트계 스테인리스강은 고온에서 냉각하면 경화능이 없다.
㉯ 마텐자이트계 스테인리스강은 급냉하면 마텐자이트 변태에 의해 경화한다.
㉰ 18-8 오스테나이트계 스테인리스강은 고온에서 냉각하면 비자성 오스테나이트 조직이 얻어진다.
㉱ 크롬계 스테인리스강은 담금질 후 잔류오스테나이트를 얻기 위해 바로 템퍼링 처리를 한다.

045
회주철의 열처리에 대한 설명으로 틀린 것은?

㉮ 단면이 불균일한 주물의 경우 두꺼운 단면이 담금질 욕에 먼저 들어가도록 한다.
㉯ 흑연화 풀림의 목적은 펄라이트와 흑연을 덩어리 상태의 탄화물로 바꾸는 것이다.
㉰ 담금질 후 대개 변태 영역 이하의 온도에서 25mm의 단면 두께 마다 약 1시간 뜨임한다.
㉱ 노멀라이징은 기계적 성질을 개선하고 흑연화 등의 다른 열처리에 의해 변화된 주조 상태의 성질을 회복하기 위해 실시한다.

046
철강을 풀림 할 때 주로 사용되는 가스로써 표면의 산화를 방지하는 중성 가스는?

㉮ 산소(O_2) ㉯ 아르곤(Ar)
㉰ 이산화황(SO_2) ㉱ 탄산가스(CO_2)

답 040 ㉱ 041 ㉯ 042 ㉯ 043 ㉰ 044 ㉱ 045 ㉯ 046 ㉯

047
강에서 담금질 균열의 발생 방지대책 중 틀린 것은?

㉮ 날카로운 모서리를 이루게 한다.
㉯ 냉각시 온도의 불균일을 적게 한다.
㉰ 살두께의 차이 및 급변을 가급적 줄인다.
㉱ 구멍이 있는 경우 석면을 채운다.

048
화염경화시 온도측정에 사용되며, 측정 물체가 방출하는 적외선 방사 에너지를 열에너지로 바꾸어 그 세기를 사용한 온도계는?

㉮ 열전온도계   ㉯ 저항식온도계
㉰ 전류식온도계 ㉱ 복사온도계

049
일반적인 열처리에서 냉각 도중에 냉각속도를 변환시키는 단 냉각 방법의 변태 속도의 기준점은?

㉮ Ar_3 점과 Ar_4 점   ㉯ Ar_3 점과 Ac_1 점
㉰ Ar' 점과 Ar'' ㉱ Ms 점과 Mr 점

050
열을 급속히 전달하므로 강에서 오스템퍼링용 냉각제로 가장 널리 쓰이는 것은?

㉮ 식염수   ㉯ 공기
㉰ 기름   ㉱ 용융염

051
강을 담금질한 후 마텐자이트에 오스테나이트가 잔류하게 되면 나타나는 영향으로 옳은 것은?

㉮ 조직의 균형 있는 변화로 강도가 커진다.
㉯ 두 가지 조직이 존재하므로 즉시 파괴된다.
㉰ 경도가 낮고 사용 중에 변형될 우려가 있다.
㉱ 마텐자이트와 오스트테나이트는 비슷한 조직으로 영향이 없다.

052
열처리 로의 사용시 주의해야 할 사항이 아닌 것은?

㉮ 가열시 필요 이상으로 온도를 올리지 않는다.
㉯ 고온을 주로 취급함으로 휴즈는 두껍고 튼튼한 것을 사용한다.
㉰ 작업종류시 주 전원 스위치를 차단한다.
㉱ 작업시 주변에 인화물질을 두지 말아야 한다.

053
다음 중 뜨임(Tempering)의 주된 목적으로 옳은 것은?

㉮ 재료를 연화시키기 위하여
㉯ 재료를 표준화시키기 위하여
㉰ 재료에 인성을 부여하기 위하여
㉱ 재료에 경도를 부여하기 위하여

답 047 ㉮ 048 ㉱ 049 ㉰ 050 ㉱ 051 ㉰ 052 ㉯ 053 ㉰

054

염욕제 중 고온용(약 1000~1350℃) 염욕제로 사용되는 것은?

㉮ NaCl
㉯ KNO₃
㉰ NaNO₃
㉱ BaCl₂

055

다음 중 내화재의 구비 조건으로 옳은 것은?

㉮ 열전도도가 작을 것
㉯ 융점 및 연화점이 낮을 것
㉰ 마모에 대한 저항성이 적을 것
㉱ 화학적 침식 저항이 적을 것

056

계속해서 일정시간 간격을 두고 부품을 로내에 장입 및 취출하는 무인 분위기 열처리 설비로 대량생산에 가장 적합한 로는?

㉮ 진공로
㉯ 연속로
㉰ 피트로
㉱ 염욕로

057

다음 중 결정립의 크기에 대한 설명으로 틀린 것은?

㉮ 일반적으로 냉각 속도가 클수록 결정립이 커진다.
㉯ 순철보다 저탄소강의 결정립이 미세하다.
㉰ 결정립의 크기가 미세할수록 항복 강도가 증가한다.
㉱ 결정립의 크기는 금속의 종류, 불순물에 영향을 받는다.

058

상온 가공한 황동 제품 등의 자연균열(season crack)을 방지하기 위한 열처리는?

㉮ 시효처리
㉯ 풀림처리
㉰ 뜨임처리
㉱ 용체화처리

059

강재의 파면에 은백색이나 회백색의 결점을 나타내는 백점의 원인이 되는 것은?

㉮ 인(P)
㉯ 산소(O_2)
㉰ 질소(N_2)
㉱ 수소(H_2)

060

노멀라이징 상태에서 철강을 냉각시 화색이 없어지는 온도(℃)는?

㉮ 550
㉯ 750
㉰ 850
㉱ 950

답 054 ㉱ 055 ㉮ 056 ㉯ 057 ㉮ 058 ㉯ 059 ㉱ 060 ㉮

제6편 열처리기능사 필기 시행문제 (2010년 2회)

001
다음 중 합금주강에 대한 설명으로 틀린 것은?

㉮ 니켈 주강은 강인성을 높을 목적으로 1.0~1.5% 정도 Ni를 첨가한 합금이다.
㉯ 망간 주강은 Mn을 11~14% 함유한 마텐자이트계인 저망간 주강은 열처리하여 제지용 롤 등에 사용한다.
㉰ 크롬 주강은 보통 주강에 3% 이하의 Cr을 첨가하여 강도 및 내마멸성을 높인 합금이다.
㉱ 니켈-크롬 주강은 피로 한도 및 충격값이 커 자동차, 항공기 부품 등에 사용한다.

002
다음 중 17%Cr-4%Ni PH 강에 대한 설명으로 옳은 것은?

㉮ 페라이트계 스테인리스강이다.
㉯ 마텐자이트계 스테인리스강이다.
㉰ 오스테나이트계 스테인리스강이다.
㉱ 석출경화형 스테인리스강이다.

003
다음 금속 결정구조 중 가공성이 가장 좋은 격자는?

㉮ 조밀육방격자   ㉯ 체심입방격자
㉰ 면심입방격자   ㉱ 단사정계격자

004
알루미늄(Al)합금에 대한 설명으로 틀린 것은?

㉮ Al-Cu-Si계 합금을 라우탈(Lautal)이라 한다.
㉯ Al-Si계 합금을 실루민(Silumin)이라 한다.
㉰ Al-Mg계 합금을 하이드로날륨(Hydronalium)이라 한다.
㉱ Al-Cu-Ni-Mg계 합금을 두랄루민(Duralumin)이라 한다.

005
다음 중 청동에 대한 설명으로 옳은 것은?

㉮ 청동은 Cu + Zn의 합금이다.
㉯ 알루미늄 청동은 Al을 20% 이상을 첨가한 합금이다.
㉰ 인청동은 주석청동에 인을 합금 중에 8~15% 정도 남게 한 것이다.
㉱ 망간청동은 Cu에 Mn을 첨가한 합금으로 Cu에 대한 Mn의 고용도는 약 20%이다.

답 001 ㉯ 002 ㉱ 003 ㉰ 004 ㉱ 005 ㉱

006
열팽창계수가 다른 두 종류의 판을 붙여서 하나의 판으로 만든 것으로 온도 변화에 따라 휘거나 그 변형을 구속하는 힘을 발생하며 온도감응소자 등에 이용되는 것은?

㉮ 바이메탈 ㉯ 리드 프레임
㉰ 엘린바 ㉱ 인바

007
일반적으로 금속을 냉간가공하면 결정입자가 미세화되어 재료가 단단해지는 현상을 무엇이라고 하는가?

㉮ 메짐 ㉯ 가공저항
㉰ 가공경화 ㉱ 가공연화

008
Fe_3C(탄화철)에서 Fe 원자비는 몇 % 인가?

㉮ 25 ㉯ 50
㉰ 75 ㉱ 95

009
다음 중 포정반응(peritectic reaction)을 옳게 나타낸 것은? (단, L은 융체이며, α, β, γ는 고용체이다.)

㉮ $L \rightleftarrows \alpha + \beta$ ㉯ $L + \alpha \rightleftarrows \beta$
㉰ $\alpha + \beta \rightleftarrows \alpha$ ㉱ $\gamma \rightleftarrows \alpha + \beta$

010
재결정 온도 이하에서 가공하는 가공법을 무엇이라 하는가?

㉮ 저온가공 ㉯ 풀림가공
㉰ 고온가공 ㉱ 냉간가공

011
물질이 온도의 상승에 따라 고체에서 액체로, 액체에서 기체로 변화하는 것은 대부분의 금속 원소에서 볼 수 있는 상태의 변화인데, 같은 물질이 다른 상으로 변하는 것을 무엇이라 하는가?

㉮ 확산 ㉯ 천이
㉰ 변태 ㉱ 단위

012
구리(Cu)의 성질에 해당되지 않는 것은?

㉮ 열전도도가 높다. ㉯ 전연성이 좋다
㉰ 동소변태가 있다. ㉱ 가공하기가 쉽다.

013
순금속의 용융온도의 크기 비교로 옳은 것은?

㉮ Ni 〈 Cu 〈 W ㉯ Sn 〈 Al 〈 Fe
㉰ Cr 〈 Mg 〈 Co ㉱ Mn 〈 Pb 〈 Zn

답 006 ㉮ 007 ㉰ 008 ㉰ 009 ㉯ 010 ㉱ 011 ㉰ 012 ㉰ 013 ㉯

014

순철의 자기변태점과 그 온도가 옳게 짝지어진 것은?

㉮ A₀ 변태 : 약 210℃ ㉯ A₂ 변태 : 약 768℃
㉰ A₃ 변태 : 약 910℃ ㉱ A₄ 변태 : 약 1400℃

015

다음의 기계적 성질 중에서 일반 주철이 일반강에 비하여 그 값이 큰 것은?

㉮ 인장강도   ㉯ 연신율
㉰ 압축강도   ㉱ 충격값

016

치수 보조 기호에 대한 설명 중 틀린 것은?

㉮ 반지름은 치수의 수치 앞에 R5와 같이 기입한다.
㉯ 구의 반지름은 치수의 수치 앞에 SR5와 같이 기입한다.
㉰ 30°의 모따기는 치수의 수치 앞에 C5와 같이 기입한다.
㉱ 판 두께는 치수의 수치 앞에 t5와 같이 기입한다.

017

다음 중 도면의 크기가 A1 용지에 해단되는 것은? (단, 단위는 mm이다.)

㉮ 297 × 420   ㉯ 420 × 594
㉰ 594 × 841   ㉱ 841 × 1189

018

대상물의 표면으로부터 임의로 채취한 각 부분에서의 표면 거칠기를 나타내는 파라미터인 10점 평균 거칠기 기호로 옳은 것은?

㉮ R_y ㉯ R_a
㉰ R_z ㉱ R_x

019

다음 재료 기호에서 "440"이 의미하는 것은?

재료 기호 : KS D 3503 SS 440

㉮ 최저인장강도   ㉯ 최고인장강도
㉰ 재료의 호칭번호   ㉱ 탄소 함유량

020

제1각법과 제3각법의 도면의 위치가 일치하는 것은?

㉮ 평면도, 배면도   ㉯ 정면도, 평면도
㉰ 정면도, 배면도   ㉱ 배면도, 저면도

021

도면에서 굵은 선이 0.35mm일 때 굵은 선과 가는 선 굵기의 합(mm)은?

㉮ 0.45   ㉯ 0.52
㉰ 0.53   ㉱ 0.7

답 014 ㉯ 015 ㉰ 016 ㉰ 017 ㉰ 018 ㉰ 019 ㉮ 020 ㉰ 021 ㉰

022

다음 그림 중 선을 그릴 때의 선 연결 방법이 틀린 것은?

㉮ ┌╌╌   ㉯ ─┼─

㉰ ─┼─   ㉱ ╱

023

드릴구멍 치수의 지시선을 표기한 것 중 옳은 것은?

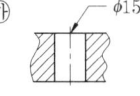

024

단면도의 해칭선은 어떤 선을 사용하여 긋는가?

㉮ 파선   ㉯ 굵은 실선
㉰ 일점 쇄선   ㉱ 가는 실선

025

다음 중 축척에 해당하는 척도는?

㉮ 1 : 1   ㉯ 1 : 2
㉰ 2 : 1   ㉱ 10 : 1

026

나사 각부를 표시하는 선의 종류로 옳은 것은?

㉮ 수나사의 바깥지름과 암나사의 안지름은 굵은 실선으로 그린다.
㉯ 수나사의 골 지름과 암나사의 골 지름은 굵은 실선으로 그린다.
㉰ 수나사와 암나사의 측면 도시에서의 골지름은 굵은 실선으로 그린다.
㉱ 가려선 보이지 않는 나사부는 가는 실선으로 그린다.

027

간단한 기계 장치부를 스케치하려고 할 때 측정 용구에 해당되지 않는 것은?

㉮ 정반   ㉯ 스패너
㉰ 각도기   ㉱ 버어니어캘리퍼스

028

액체 침탄제를 주성분으로 사용하는 염욕제로 탄소와 질소를 동시에 침입확산하는 방법을 청화법이라 하는데 이는 인체에 해롭고 취급에 주의해야 한다. 여기에 해당되는 염욕제는?

㉮ NaOH   ㉯ NaNO₃
㉰ CaCO₃   ㉱ NaCN

029

다음 중 경도가 가장 높은 조직은?

㉮ 오스테나이트   ㉯ 시멘타이트
㉰ 트루스타이트   ㉱ 페라이트

답 022 ㉯ 023 ㉮ 024 ㉱ 025 ㉯ 026 ㉮ 027 ㉯ 028 ㉱ 029 ㉯

030

양호한 온오프제어를 필요로 하는 경우 2차 제어를 하는 것으로 전기로의 전기회로를 2회로 분할하여 그 한쪽을 단속시켜서 전력을 제어하는 온도 제어 장치는?

㉮ 비례 제어식 온도 제어 장치
㉯ 정치 제어식 온도 제어 장치
㉰ 프로그램 제어식 온도 제어 장치
㉱ 온-오프식 온도 제어 장치

031

진공열처리로의 발열체로 사용하지 않는 것은?

㉮ 금속 발열체   ㉯ 흑연 발열체
㉰ 니크롬 발열체   ㉱ Cu 발열체

032

안전교육의 방법을 강의법과 토의법으로 나눌 때 토의법으로 적용할 수 있는 것은?

㉮ 수입의 도입이나 초기 단계
㉯ 시간은 부족한데, 가르칠 내용이 많은 경우
㉰ 교사의 수는 적고 학생이나 청중이 많아서 한 교사가 많고 사람을 상대해야 하는 경우
㉱ 알고 있는 지식의 심화 및 어떠한 자료에 대해 보다 명료한 생각을 갖게 하는 경우

033

터프트라이트(tufftride)법이라고 하며, 520~570℃에서 10~120분 동안 처리하는 질화 방법은?

㉮ 가스질화   ㉯ 순질화
㉰ 침탄질화   ㉱ 염욕 연질화

034

표면경화법 중 음극인 금속면에서 기체와의 화합, 양극 금속과의 합금화 또는 산화 등으로 인한 경화법으로 공구날의 경화, 기계부품, 내마모성이 요구되는 것 등에 이용되는 경화법은?

㉮ 전해 경화   ㉯ 방전 경화
㉰ 고주파 경화   ㉱ 하드페이싱

035

다음 중 냉각 속도가 가장 느린 냉각 방법은?

㉮ 소금물 냉각   ㉯ 기름 냉각
㉰ 로중 냉각   ㉱ 공기 냉각

036

방진 마스크의 선정기준으로 틀린 것은?

㉮ 흡기·배기저항이 높은 것
㉯ 분진포집효율이 좋을 것
㉰ 사용적(유효공간)이 적을 것
㉱ 안면밀착성이 좋을 것

답 030 ㉯ 031 ㉱ 032 ㉱ 033 ㉱ 034 ㉯ 035 ㉰ 036 ㉮

037

조직을 균일하게 하고 가공시의 내부응력을 제거하며 연화를 목적으로 하는 열처리는?

㉮ 담금질(Quenching)
㉯ 불림(Normalizing)
㉰ 풀림(Annealing)
㉱ 뜨임(Tempering)

038

고온의 물체온도를 측정시 물체의 휘도와 표준휘도를 가진 백열전구의 필라멘트 휘도를 수동으로 일치시켜 이 때 전구에 흐르는 전류 측정치를 읽어 온도를 측정하는 것은?

㉮ 저항온도계　　　㉯ 열전대온도계
㉰ 광고온계　　　　㉱ 방사온도계

039

다음 중 열원에 따라 분류된 가열로는?

㉮ 가스로　　　　　㉯ 상형로
㉰ 원통로　　　　　㉱ 회전로

040

주괴편석이나 섬유상 편석을 없애고 강을 균질화시키기 위해서 고온에서 장시간 가열하는 풀림은?

㉮ 연화풀림　　　　㉯ 확산풀림
㉰ 구상화풀림　　　㉱ 응력제거풀림

041

철강을 보호분위기 또는 진공 중에서 열처리하여 열처리 전후의 표면 상태를 그대로 유지시켜주는 처리법은?

㉮ 고주파 열처리　　㉯ 광휘 열처리
㉰ 고용화 열처리　　㉱ 침탄처리

042

페라이트 안정화원소이며 탄소강에 첨가되면 경화능, 강도 및 내마멸성 등을 향상시키는 원소는?

㉮ Ni　　　　　　　㉯ Cr
㉰ Mo　　　　　　　㉱ V

043

열간 성형용 스프링 강재에 관한 설명으로 옳은 것은?

㉮ 탄성한도는 항장력이 약한 것이 높다.
㉯ 피로한도 및 충격치가 높은 스프링 강재는 소르바이트 조직이 좋다.
㉰ 긴 수명을 원하면 피로한도를 낮춘다.
㉱ 극단적인 탄성소멸을 피하기 위해 피로한도를 낮춘다.

답　037 ㉰　038 ㉰　039 ㉮　040 ㉯　041 ㉯　042 ㉯　043 ㉯

044

다음의 ( )안에 알맞은 내용은?

> 염욕의 황상기를 제거하기 위한 열화 방지용 첨가제 (①)와(과) 강산성화된 염욕의 산소를 제거하기 위한 첨가제는 (②)이다.

㉮ ① : Mg-Al, ② : 탈산제
㉯ ① : CaSi₂, ② : Ma-Al
㉰ ① : 구상 흑연 주철 조각, ② : 탈산제
㉱ ① : CaSi₂, ② : 구상 흑연 주철 조각

045

열전대에 사용되는 재료에 대한 설명으로 옳은 것은?

㉮ 열기전력이 작아야 한다.
㉯ 고온에서 기계적 강도가 작아야 한다.
㉰ 내열성은 좋아야 하나 내식성은 필요하지 않다.
㉱ 히스테리시스 차가 없어야 한다.

046

침탄경화층 측정에서 매크로 조직시험의 유효 경화층 깊이를 나타내는 표시기호는?

㉮ CD-H-E   ㉯ CD-H-T
㉰ CD-M-E   ㉱ CD-M-T

047

공석강의 항온 변태 곡선에서 일반적으로 350~550℃ 온도 범위에서 항온 변태시키면 어떤 조직이 형성되는가?

㉮ 펄라이트   ㉯ 상부 베이나이트
㉰ 마텐자이트   ㉱ 시멘타이트

048

합금공구강 강재를 종류별로 분류할 때 해당되지 않는 것은?

㉮ 절삭공구용   ㉯ 내충격공구용
㉰ 냉간금형용   ㉱ 산화성 공구용

049

기계구조용 합금강을 고온 뜨임한 후에 급냉시키는 이유로 가장 적절한 것은?

㉮ 뜨임 메짐을 방지하기 위해
㉯ 경도를 증가시키기 위해
㉰ 변형을 방지하기 위해
㉱ 응력을 제거하기 위해

050

가열로에 사용되는 로재 중 보온재가 아닌 것은?

㉮ 암면   ㉯ 글라스 울
㉰ 곡분   ㉱ 규조토 벽돌

답 044 ㉰ 045 ㉱ 046 ㉰ 047 ㉯ 048 ㉱ 049 ㉮ 050 ㉰

051
공석강을 완전 풀림하면 얻어지는 조직은?

㉮ 페라이트 + 펄라이트
㉯ 펄라이트
㉰ 시멘타이트 + 펄라이트
㉱ 마텐자이트 + 레데뷰라이트

052
강재를 표면 경화시 강재화학조성은 변화시키지 않고 표면만 경화시키는 방법은?

㉮ 침탄법   ㉯ 시안화법
㉰ 금속침투법   ㉱ 쇼트피이닝

053
열처리시 다음과 같은 특징을 갖는 로의 종류는?

- 산화 탈탄방지가 가능하다.
- 균일한 온도 분포 유지가 가능하다.
- 열용량이 크고 단시간에 가열이 가능하다.
- 냉각속도가 빠르고 급속한 냉각이 가능하다.

㉮ 풀림로   ㉯ 상자형로
㉰ 도가니로   ㉱ 염욕로

054
금속 침투법에서 칼로라이징은 어떤 금속을 침투시켜 내식성이 좋은 표면층을 형성하는가?

㉮ Al   ㉯ Cr
㉰ Zn   ㉱ Si

055
산세 처리의 작업 과정을 순서에 맞게 기호로 옳게 나타낸 것은?

A. 스테인리스 통에 물을 채운다.
B. 염산 원액을 스테인리스 통에 붓고 교반, 희석시킨다.
C. 스테인리스 통을 145℃까지 가열한다.
D. 열처리할 소재를 바스켓에 담아 산세액 속에 담금질한다.
F. 산세액에서 35분 유지한 후 상태를 확인한다.
F. 산화스케일을 제거 후 산세액에서 꺼내 건조한다.

㉮ C→A→B→D→F→E
㉯ C→A→D→E→B→F
㉰ A→B→C→D→E→F
㉱ A→B→D→C→F→E

056
제에벡(seebeck) 효과를 응용한 온도계는?

㉮ 열전 온도계   ㉯ 저항 온도계
㉰ 방사 온도계   ㉱ 압력 온도계

057
염욕 열처리에 사용되는 염화물 중 가장 저온용 염욕에 해당되는 것은?

㉮ NaCl   ㉯ KCl
㉰ KNO_3 ㉱ $BaCl_2$

답 051 ㉯ 052 ㉱ 053 ㉱ 054 ㉮ 055 ㉰ 056 ㉮ 057 ㉰

058

다음 중 침탄 경화층에 대한 설명으로 틀린 것은?

㉮ 유효경화층 깊이는 전경화층 깊이보다 깊은 위치를 의미한다.
㉯ 침탄층의 경도 측정은 경사측정법, 직각측정법 등이 있다.
㉰ 동일 온도와 시간으로 침탄경화 하더라도 강종에 따라 다른 침탄경화층을 나타낼 수 있다.
㉱ 침탄강의 경화층 깊이의 측정은 침탄 후 담금질된 것이나 200℃ 이하에서 뜨임한 것을 이용한다.

059

강의 임계 냉각 속도에 미치는 합금 원소의 영향에서 임계 냉각 속도를 빠르게 하는 원소는?

㉮ Mn   ㉯ Cr
㉰ Mo   ㉱ Co

060

열처리에 있어 매우 중요한 조직으로 담금질 할 때 생기며 경도가 현저히 높은 것이 특징인 변태는?

㉮ 공석변태   ㉯ 마텐자이트변태
㉰ 항온변태   ㉱ 연속냉각변태

답 058 ㉮   059 ㉱   060 ㉯

제6편 열처리기능사 필기 시행문제 (2010년 5회)

001
다음 중 니켈 황동에 대한 설명으로 옳은 것은?

㉮ 양은 또는 양백이라 한다.
㉯ 문쯔메탈이라고도 한다.
㉰ Zn이 30% 이상이 되면 냉간가공성이 좋아진다.
㉱ 스크루, 시계톱니 등과 같은 제품의 재료로 사용한다.

002
내부 변형이 있는 결정립이 내부 변형이 없는 새로운 결정립으로 치환되어 가는 과정을 무엇이라고 하는가?

㉮ 경화　　　　　㉯ 회복
㉰ 히스테리시스　㉱ 재결정

003
탄소강 중에 포함되어 있는 망간(Mn)의 영향으로 틀린 것은?

㉮ 고온에서 결정립 성장을 억제시킨다.
㉯ 주조성을 좋게 하고 황(S)의 해를 감소시킨다.
㉰ 강의 담금질 효과를 저감시켜 경화능을 작게 한다.
㉱ 강의 연신율은 그다지 감소시키지 않고 강도, 경도, 인성을 증가시킨다.

004
용강 중에 Fe-Si, Al 분말을 넣어 거의 완전히 탈산한 강괴는?

㉮ 킬드강　　㉯ 림드강
㉰ 캡드강　　㉱ 세미킬드강

005
기계용 청동 중 8~12%Sn을 함유한 포금의 주조성을 향상시키기 위하여 1% 내외로 첨가하는 원소는?

㉮ Be　　㉯ Cr
㉰ Pb　　㉱ Zn

006
다음 중 탄소강의 5대 원소에 해당되지 않는 것은?

㉮ P　　㉯ S
㉰ Na　㉱ Si

답 001 ㉮　002 ㉱　003 ㉰　004 ㉮　005 ㉱　006 ㉰

007

금속재료의 인장시험에서 단면 수축율을 나타내는 식은? (단, 시편이 파괴되기 직전의 최소단면적은 A이고, 시편의 원단면적은 A_0임)

㉮ $\dfrac{A_0 - A}{A_0} \times 100\%$ ㉯ $\dfrac{A_0}{A_0 - A} \times 100\%$

㉰ $\dfrac{A - A_0}{A} \times 100\%$ ㉱ $\dfrac{A}{A - A_0} \times 100\%$

008

순철에서 910℃ 이하의 온도에서 나타나는 결정격자는?

㉮ 체심사방격자   ㉯ 체심입방격자
㉰ 면심입방격자   ㉱ 조밀육방격자

009

다음 중 두랄루민의 주요 성분은?

㉮ Fe-Cu-Sn   ㉯ Fe-Zn-Sn
㉰ Al-Cu-Sn   ㉱ Al-Cu-Mg

010

스테인리스강과 인바(invar) 등을 조합시켜 가정용 전기기구 등의 온도 조절용 바이메탈로 사용한다. 이와 같이 얇은 특수한 금속을 모재에 결합시켜 두 종류 이상의 금속 특성을 복합적으로 얻을 수 있는 재료는?

㉮ 클래드 재료   ㉯ 분산 강화 재료
㉰ 입자 강화 재료   ㉱ 섬유 강화 재료

011

금속의 재결정 온도에 대한 설명 중 틀린 것은?

㉮ 가공도가 클수록 재결정 온도는 낮아진다.
㉯ 어느 금속이나 재결정 온도는 항상 같다.
㉰ 가열 시간이 길수록 재결정 온도는 낮아진다.
㉱ 가공 전의 결정입자가 미세할수록 재결정 온도는 낮아진다.

012

다음은 상태도를 보고 x조성의 액상(L)이 온도 T_1인 점 H에 도달하였을 때 처음으로 정출하는 고용체로 옳은 것은?

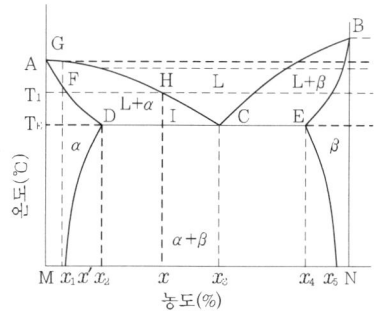

㉮ α 고용체   ㉯ β 고용체
㉰ $\alpha + \beta$ 고용체   ㉱ $L + \beta$ 고용체

013

냉간 가공을 할수록 저하하는 기계적 성질은?

㉮ 경도   ㉯ 내력
㉰ 연신율   ㉱ 인장강도

답 007 ㉮ 008 ㉯ 009 ㉱ 010 ㉮ 011 ㉯ 012 ㉮ 013 ㉰

014

오스테나이트계의 18-8 스테인리스강의 합금원소와 그 함유량이 옳은 것은?

㉮ Cr(18%)-Mn(8%)　㉯ Cr(18%)-Ni(8%)
㉰ Ni(18%)-Cr(8%)　㉱ Ni(18%)-Mn(8%)

015

고속도강의 대표 강종인 SKH2 텅스텐계 고속도강의 기본조성으로 옳은 것은?

㉮ 18%Cu-4%Cr-1%Sn
㉯ 18%W-4%Cr-1%V
㉰ 18%Cr-4%Al-1%W
㉱ 18%W-4%Cr-1%Pb

016

도면에 표시된 나사의 호칭이 MB×1일 때, 1이 의미하는 것은?

㉮ 피치　　　　　㉯ 나사의 호칭
㉰ 나사의 종류　　㉱ 나사의 줄 수

017

제도에 사용되는 도면의 용지 및 윤곽에 대한 설명으로 틀린 것은?

㉮ A_0의 크기는 841×1189mm이다.
㉯ A_2의 크기는 297×420mm이다.
㉰ 도면의 크기는 도형의 크기와 척도에 따라 정해진다.
㉱ 제도 용지에서 A계열의 종류는 A_0~A_4까지 5종류로 되어 있다.

018

해칭선은 도형의 주된 중심선에 대하여 몇 도 경사지게 긋는 것이 원칙인가?

㉮ 15도　　㉯ 30도
㉰ 45도　　㉱ 60도

019

다음 중 도면에서 치수 수치 앞에 사용하여 치수의 의미를 정확하게 나타내는 기호가 아닌 것은?

㉮ ϕ　　㉯ □
㉰ ⊥　　㉱ R

020

제1각법에서 정면도 좌측에 위치한 투상도는?

㉮ 우측면도　　㉯ 좌측면도
㉰ 배면도　　　㉱ 저면도

021

물품을 그리거나 도안할 때 필요한 사항을 제도기구 없이 프리 핸드(free hand)로 그린 도면은?

㉮ 전개도　　㉯ 외형도
㉰ 스케치도　㉱ 곡면선도

022

다음 중 기계 구조용 탄소 강재를 나타내는 것은?

㉮ GC 100　　㉯ SM 45C
㉰ SS 400　　㉱ SF 34

답　014 ㉯　015 ㉯　016 ㉮　017 ㉯　018 ㉰　019 ㉰　020 ㉮　021 ㉰　022 ㉯

023

치수기입의 원칙에 대한 설명으로 옳은 것은?

㉮ 치수는 될 수 잇는 대로 평면도에 기입한다.
㉯ 관련되는 치수는 될수 잇는 대로 한 곳에 모아서 기입해야 한다.
㉰ 치수는 계산하여 확인할 수 있도록 기입해야 한다.
㉱ 치수는 알아보기 쉽게 여러 곳에 같은 치수를 기입한다.

024

보이지 않는 내부의 부분을 알기 쉽게 나타내기 위하여 절단면을 정투상법에 의해 나타낸 투상도는?

㉮ 외형도   ㉯ 부분도
㉰ 회전도   ㉱ 단면도

025

그림에서 실제 한 변의 길이가 20인 정사각형을 그리려고 할 때 도면에서 한 변 "X"의 치수는 얼마로 그리는가?

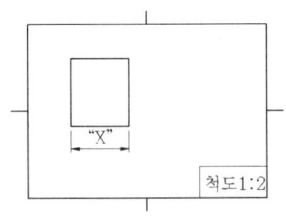

㉮ 5   ㉯ 10
㉰ 20   ㉱ 40

026

다음과 같이 물체의 형상을 쉽게 이해하기 위해 도시한 단면도는?

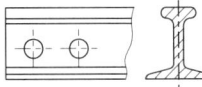

㉮ 부분단면도   ㉯ 반단면도
㉰ 회전단면도   ㉱ 조합에 의한 단면도

027

그림의 Ⓐ가 지시하는 선과 같이 가공에 사용하는 공구의 모양을 도시하고자 할 때 사용되는 선의 종류로 옳은 것은?

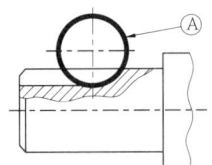

㉮ 가는 실선   ㉯ 굵은 은선
㉰ 가는 1점 쇄선   ㉱ 가는 2점 쇄선

028

열처리 전후의 화학적 처리 방법이 아닌 것은?

㉮ 탈지
㉯ 산세척
㉰ 전해 세정
㉱ 트리클로로에틸렌 증기 세정

029
표면의 내마멸성을 향상시키기 위해 B(붕소)를 침투시키는 처리를 무엇이라 하는가?

㉮ 세라다이징 ㉯ 칼로라이징
㉰ 크로마이징 ㉱ 보로나이징

030
고주파 경화 열처리에 대한 설명 중 옳은 것은?

㉮ 모든 강의 경화 열처리에 이용된다.
㉯ 표면 산화와 탈탄이 일어나기 쉽다.
㉰ 주파수가 클수록 경화 깊이는 깊어진다.
㉱ 담금질 균열이 발생하기 쉬운 재료는 미리 노멀라이징 처리한다.

031
담금질한 강에 존재하는 잔류 오스테나이트를 마텐자이트로 변태시키는 처리는?

㉮ 구상화 풀림 ㉯ 노멀라이징
㉰ 심냉 처리   ㉱ 용체화 처리

032
주철의 열처리에서 연화 풀림의 목적과 가장 관련이 적은 것은?

㉮ 연성을 향상시킨다.
㉯ 강도를 증가시킨다.
㉰ 절삭성을 양호하게 한다.
㉱ 백선부분을 제거시킨다.

033
철계 소결제품의 열처리에 관한 설명으로 틀린 것은?

㉮ 소결품은 가공이 많아 열전도가 매우 좋다.
㉯ 순철, 탄소강, 합금강, 기계부품이 소결품으로 사용되어 일반열처리와 유사하다.
㉰ 표면이 다공성이기 때문에 열처리분위기, 가열온도, 냉각속도에 주의해야 한다.
㉱ 담금질 경화, 석출경화, 표면경화, 풀림 등으로 기계적 성질 개선, 조직의 균열화를 이룰 수 있다.

034
밀봉한 노 안에 코팅 부품을 장입하고 800~1100°C로 가열한 후, $TiCl_4$, H_2, N_2, CH_4 등의 혼합가스를 공급하여 2~4시간 유지하면 5~15 μm의 TiC 혹은 TiC + TiN의 이중 코팅이 얻어지는 처리는?

㉮ 화학적 증착법 ㉯ 진공 증착법
㉰ 스퍼터링   ㉱ 이온플레이팅

035
다음 중 열전대의 구비조건으로 틀린 것은?

㉮ 히스테리시스의 차가 클 것
㉯ 내열성이 우수할 것
㉰ 고온에서 기계적 강도가 클 것
㉱ 장시간 사용해도 변형이 없을 것

답 029 ㉱ 030 ㉱ 031 ㉰ 032 ㉯ 033 ㉮ 034 ㉮ 035 ㉮

036

진공 열처리 담금질 시 사용하는 중성 가스가 아닌 것은?

㉮ 헬륨(He)　　㉯ 질소(N₂)
㉰ 산소(O₂)　　㉱ 아르곤(Ar)

037

인장 시험 전 표점 거리 50mm, 평행부의 지름 14mm인 4호 인장 시험편을 인장 시험한 결과 표점 거리 58.4mm, 평행부의 지름 12mm로 측정되었다면 이 시험편의 연신율(%)은?

㉮ 8.4　　㉯ 14.7
㉰ 16.8　　㉱ 26.5

038

다음 중 고체 침탄법의 침탄 촉진제로서 가장 좋은 것은?

㉮ NaCN　　㉯ K₂CO₃
㉰ BaCO₃　　㉱ NaCl

039

알루미늄 합금의 열처리시 석출경화를 위하여 고용체로 만드는 과정을 무엇이라 하는가?

㉮ 시효처리　　㉯ 급냉처리
㉰ 용체화처리　　㉱ 서브제로처리

040

0.3%탄소를 함유한 강의 열처리시 미치는 합금 원소의 영향에서 상부 임계 냉각 속도를 빠르게 하는 원소는?

㉮ Mn　　㉯ Co
㉰ Cr　　㉱ Mo

041

염욕처리에 대한 설명 중 틀린 것은?

㉮ 염욕의 관리가 쉬우며, 제진 장치가 필요하지 않다.
㉯ 염욕의 열전도도가 크고, 가열 속도가 빠르다.
㉰ 균일한 온도 분포를 얻을 수 있어, 항온 열처리에 적합하다.
㉱ 염욕이 대기를 차단하여 표면산화를 방지하므로 열처리 후 표면이 깨끗하다.

042

다음 탄소강의 조직 중 층상인 것은?

㉮ 펄라이트(pearlite)
㉯ 시멘타이트(cementite)
㉰ 오스테나이트(austeninte)
㉱ 페라이트(ferrite)

답　036 ㉰　037 ㉰　038 ㉰　039 ㉰　040 ㉯　041 ㉮　042 ㉮

043
침탄시에 발생되는 박리 현상의 방지법으로 옳은 것은?

㉮ 침탄 담금질 후에 뜨임한다.
㉯ 침탄 처리 후에 확산 풀림하고 담금질한다.
㉰ 망상 시멘타이트를 구상화 처리한다.
㉱ 잔류오스테나이트를 심냉처리로 제거한다.

044
노멀라이징 열처리에서 550℃(Ar′)까지의 냉각속도와 그 이하의 온도에서 필요한 냉각 속도를 옳게 짝지어진 것은?

㉮ 급냉-급냉 ㉯ 방냉(공기중)-서서히
㉰ 급냉-서서히 ㉱ 방냉(공기중)-급냉

045
온도 측정 장치는 접촉식과 비접촉식으로 대별될 수 있다. 이 때 비접촉식 온도계에 속하는 것은?

㉮ 열전쌍식 온도계 ㉯ 저항식 온도계
㉰ 압력식 온도계 ㉱ 광고온계

046
스프링강은 높은 탄성, 높은 내피로성 및 적당한 점성을 가져야 한다. 이에 적당한 조직은?

㉮ 마텐자이트(Martensite)
㉯ 베이나이트(Bainite)
㉰ 트루스타이트(Troostite)
㉱ 소르바이트(Sorbite)

047
열처리용 치공구 재료가 갖추어야 할 조건 중 틀린 것은?

㉮ 내식성이 우수할 것
㉯ 변형 저항성이 작을 것
㉰ 고온 강도가 클 것
㉱ 열피로에 대한 저항성이 클 것

048
열처리로 등 고온에서 작업하는 작업자의 신체 상태로 틀린 것은?

㉮ 순환혈액량이 많아진다.
㉯ 근육긴장의 증가와 떨림이 생긴다.
㉰ 교감신경에 의한 피부 혈관이 확장된다.
㉱ 전도와 복사에 의해 체열 방출이 증가한다.

049
강의 담금질에서 냉각 속도를 관리해야 할 이유가 아닌 것은?

㉮ 담금질 경도를 확보하기 위해
㉯ 담금질 균열을 방지하기 위해
㉰ 담금질 변형을 방지하기 위해
㉱ 담금질 탱크를 청결하게 유지하기 위해

050
담금질 냉각제의 냉각 효과를 지배하는 인자가 아닌 것은?

㉮ 점도 ㉯ 비중
㉰ 비열 ㉱ 열전도도

답 043 ㉯ 044 ㉯ 045 ㉱ 046 ㉱ 047 ㉯ 048 ㉯ 049 ㉱ 050 ㉯

051

SM45C강을 변태점 이상 가열하여 냉각제 속에 넣었을 때 냉각의 단계로 옳은 것은?

㉮ 비등단계 → 증기막단계 → 대류단계
㉯ 확산단계 → 증기막단계 → 비등단계
㉰ 대류단계 → 비등단계 → 증기막단계
㉱ 증기막단계 → 비등단계 → 대류단계

052

STD11 강의 담금질 온도(℃)로 가장 적합한 것은?

㉮ 750~800 ㉯ 850~900
㉰ 1000~1050 ㉱ 1250~1300

053

담금질 중에 생긴 굽힘을 교정하려면 어느 때 하는 것이 가장 좋은가?

㉮ 담금질 후 뜨임하는 시기에
㉯ 뜨임을 완료 후에
㉰ 담금질 중 700~800℃에서
㉱ 담금질 중 800~900℃에서

054

노재(爐材)로 사용하는 내화재는 KS(한국산업표준)에서 SK 몇 번 이상의 내화도를 가진 것으로 규정하고 있는가?

㉮ 10 ㉯ 12
㉰ 26 ㉱ 42

055

아공석강에서 오스테나이트 조직으로부터 페라이트가 석출하기 시작하는 변태선은?

㉮ A_0 변태선 ㉯ A_2 변태선
㉰ A_3 변태선 ㉱ Acm 변태선

056

철강 산화 피막 처리에 대한 설명 중 틀린 것은?

㉮ 철강 제품의 표면에 얇은 Fe_3O_4 피막을 형성하여 방식효과를 부여한다.
㉯ 진한 수산화나트륨 용액에 반응 촉진제를 가하여 사용한다.
㉰ 수증기를 사용 500℃ 전후에서 행하는 방법이 있다.
㉱ $KCl-NaCl_2$의 혼합 욕에 소량의 SnO_2를 첨가하고 여기에 강재의 부품을 침적하는 방법이 있다.

057

다음 그림 ①, ②, ③과 같은 열처리 방법과 관계가 없는 것은?

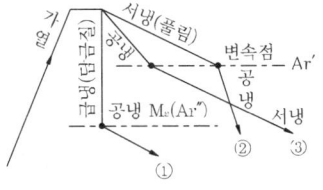

㉮ 인상담금질 ㉯ 항온담금질
㉰ 2단 풀림 ㉱ 2단 노멀라이징

답 051 ㉱ 052 ㉰ 053 ㉮ 054 ㉰ 055 ㉰ 056 ㉱ 057 ㉯

058

마레이징(marging) 강의 열처리 방법으로 옳은 것은?

㉮ 담금질과 뜨임처리를 한다.
㉯ 뜨임과 풀림처리를 한다.
㉰ 항온처리와 풀림처리를 한다.
㉱ 용체화처리와 시효처리를 한다.

059

다음 염욕제 중 가장 높은 온도에 사용하는 것은?

㉮ $BaCl_2$
㉯ NaCl
㉰ KNO_3
㉱ KCl

060

열처리 전기로를 사용할 때 안전 및 유의 사항으로 옳지 않은 것은?

㉮ 감전 및 합선에 주의한다.
㉯ 전원 조작은 순서대로 한다.
㉰ 작업 중 젖은 손으로 전원을 올린다.
㉱ 로를 급열 급냉하지 않는다.

답 058 ㉱ 059 ㉮ 060 ㉰

제6편 열처리기능사 필기 시행문제 (2011년 2회)

001
표면은 급냉시켜 경도를 높이고, 내부는 서냉시켜 연하게 하여 내충격성 압축강도를 향상시킨 주철은?

㉮ Ni-Cr 주철 ㉯ Cr 주철
㉰ 칠드 주철 ㉱ 구상흑연 주철

002
다음 [보기]와 같은 성질을 갖추어야 할 합금 공구강은?

[보 기]
- HRC 55 이상의 경도를 가질 것
- 시간이 지남에 따라 치수 변화가 없을 것
- 팽창 계수가 보통강보다 적을 것
- 담금질 균열 및 변형이 없으며, 정밀기계 등에 사용

㉮ 주강 ㉯ 탄소공구강
㉰ 게이지용 강 ㉱ 구조용 합금강

003
다음 중 경질 자석에 속하는 것은?

㉮ Si 강판 ㉯ Nd 자석
㉰ 센더스트 ㉱ 퍼멀로이

004
금(Au) 및 그 합금에 대한 설명으로 틀린 것은?

㉮ Au는 면심입방격자를 갖는다.
㉯ 다른 귀금속에 비하여 전기 전도율과 내식성이 우수하다.
㉰ Au-Ni-Cu-Zn계 합금을 화이트 골드라 하며 은백색을 띤다.
㉱ Au의 순도를 나타내는 단위는 캐럿(carat, K)이며 순금을 18K라고 한다.

005
철강은 탄소함유량에 따라 순철, 강, 주철로 구별한다. 순철과 강, 강과 주철을 구분하는 탄소량은 약 몇 % 인가?

㉮ 0.025%, 0.8% ㉯ 0.025%, 2.0%
㉰ 0.08%, 2.0% ㉱ 2.0%, 4.3%

006
Cu-Ni합금(3~4% Ni 첨가)에 약 1% Si를 첨가한 합금은?

㉮ 퓨터 합금 ㉯ 콜슨 합금
㉰ 라우탈 합금 ㉱ 베세머 합금

답 001 ㉰ 002 ㉰ 003 ㉯ 004 ㉱ 005 ㉯ 006 ㉯

007

편정반응의 반응식을 나타낸 것은?

㉮ 액상 + 고상(S_1) → 고상(S_2)
㉯ 액상(L_1) → 고상 + 액상(L_2)
㉰ 고상(S_1) → 고상(S_2) + 고상(S_3)
㉱ 액상 → 고상(S_1) + 고상(S_2)

008

순철의 자기변태점과 온도를 옳게 나타낸 것은?

㉮ A_1, 210℃
㉯ A_2, 768℃
㉰ A_3, 910℃
㉱ A_4, 723℃

009

Al의 표면을 적당한 전해액 중에서 양극 산화 처리하여 방식성이 우수하고 치밀한 산화 피막을 만드는 방법이 아닌 것은?

㉮ 수산법
㉯ 황산법
㉰ 질산법
㉱ 크롬산법

010

순철의 동소체가 아닌 것은?

㉮ α-Fe
㉯ γ-Fe
㉰ ε-Fe
㉱ δ-Fe

011

원자로용 1차 금속과 고융점 구조재료는?

㉮ 주철, 나트륨
㉯ 우라늄, 몰리브덴
㉰ 규소, 베어링합금
㉱ 게르마늄, 황동

012

조성은 30~32% Ni, 4~6% Co 및 나머지 Fe을 함유한 합금으로 20℃에서 팽창계수가 0(zero)에 가까운 합금은?

㉮ 알민(almin)
㉯ 알드리(aldrey)
㉰ 알클래드(alclad)
㉱ 슈퍼 인바(super invar)

013

철-탄소 평형 상태도상의 공정점에서는 탄소 4.3를 함유하고 온도는 대략 1130℃이다. 공정조직에 해당하는 것은?

㉮ 페라이트(ferrite)
㉯ 펄라이트(pearlite)
㉰ 금속간 화합물(cementite)
㉱ 레데뷰라이트(leadeburite)

014

비중이 8.90이고 은백색을 가지며 인성이 좋은 금속은?

㉮ Ni
㉯ Cr
㉰ Zn
㉱ Pb

답 007 ㉯ 008 ㉯ 009 ㉰ 010 ㉰ 011 ㉯ 012 ㉱ 013 ㉱ 014 ㉮

015

일반적으로 적은 양이 탄소강에 함유될 때는 경도와 강도를 조금 향상시키나 함유량이 많아지면 내마멸성을 크게 증대시키고 전자기적인 성질을 크게 향상시키는 합금 원소는?

㉮ Si   ㉯ Ni
㉰ Cr   ㉱ Mo

016

다음의 제도 용지 중 크기가 420 × 594mm에 해당하는 것은?

㉮ A_0 ㉯ A_1
㉰ A_2 ㉱ A_3

017

나사의 제도에서 수나사의 바깥지름은 어떤 선으로 도시하는가? (단, 나사가 보이는 경우임)

㉮ 가는 실선   ㉯ 굵은 실선
㉰ 가는 1점 쇄선 ㉱ 가는 2점 쇄선

018

그림과 같은 방법으로 그린 투상도는?

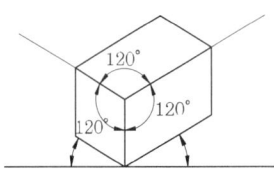

㉮ 정투상도   ㉯ 평면도법
㉰ 사투상도   ㉱ 등각투상도

019

한국 산업 표준인 KS의 부문별 기호 중에서 기계를 나타내는 것은 어느 것인가?

㉮ KS A   ㉯ KS B
㉰ KS C   ㉱ KS D

020

헐거운 끼워맞춤에서 구멍의 최소허용치수와 축의 최대 허용치수와의 차는?

㉮ 최소틈새   ㉯ 최대틈새
㉰ 최대죔새   ㉱ 최소죔새

021

나사의 머리부를 고리 모양으로 만들어 체인 또는 훅 등을 걸 때에 사용하는 볼트는?

㉮ 육각 볼트   ㉯ 아이 볼트
㉰ 나비 볼트   ㉱ 기초 볼트

022

다음 중 치수 기입법에 대한 설명으로 가장 거리가 먼 것은?

㉮ 치수는 가급적 일직선상에 기입한다.
㉯ 치수는 가급적 도형의 우측과 위쪽에 기입한다.
㉰ 치수는 정면도, 평면도, 측면도에 골고루 나누어 기입한다.
㉱ 치수는 가급적 정면도에 기입하고, 부득이한 것은 평면도와 측면도에 기입한다.

답 015 ㉮ 016 ㉰ 017 ㉯ 018 ㉱ 019 ㉯ 020 ㉮ 021 ㉯ 022 ㉰

023

가공으로 생긴 선이 동심원인 경우의 표시로 옳은 것은?

㉮    ㉯

㉰ ▽/R   ㉱ ▽/⊥

024

그림은 교량의 트러스 구조물이다. 중간 부분을 생략하여 그린 주된 이유는?

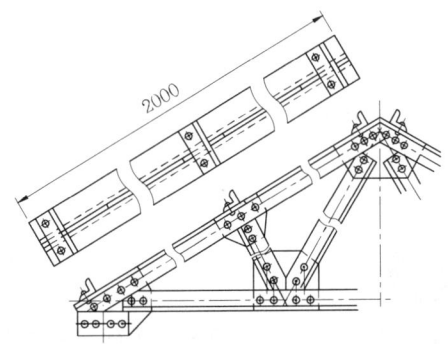

㉮ 좌우, 상하 대칭을 도면에 나타내기 어렵기 때문에
㉯ 반복 도형을 도면에 나타내기 어렵기 때문에
㉰ 물체를 1각법 또는 3각법으로 나타내기 어렵기 때문에
㉱ 물체가 길어서 도면에 나타내기 어렵기 때문에

025

화살표 방향이 정면도라면 평면도는?

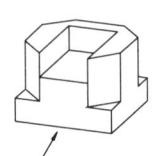

㉮ 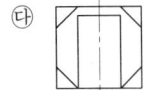   ㉯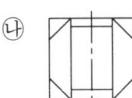

㉰ 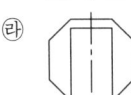   ㉱

026

KS D 3503 SS 330에서 330의 단위는?

㉮ N/mm^2 ㉯ $N \cdot m/cm^2$
㉰ kg_f/mm^3 ㉱ $kg_f \cdot m/cm^3$

027

다음 그림에 대한 설명으로 틀린 것은?

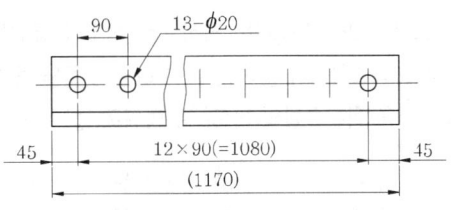

㉮ 구멍의 개수는 12개이다.
㉯ 1170은 참고치수이다.
㉰ 구멍사이의 총 간격은 1080이다.
㉱ 완성된 제품의 총 길이는 1170이다.

답 023 ㉯   024 ㉱   025 ㉰   026 ㉮   027 ㉮

028

로 내의 열처리 제품을 냉각제 속에 넣었을 때의 냉각과정으로 옳은 것은?

㉮ 비등단계 → 대류단계 → 증기막단계
㉯ 비등단계 → 증기막단계 → 대류단계
㉰ 증기막단계 → 대류단계 → 비등단계
㉱ 증기막단계 → 비등단계 → 대류단계

029

잔류 오스테나이트에 대한 설명으로 틀린 것은?

㉮ 담금질한 강을 0℃ 이하의 온도로 냉각시켰을 때 나타나는 조직이다.
㉯ 공석강의 담금질시 일부의 오스테나이트가 마텐자이트로 변태되지 못한 조직이다.
㉰ 상온에서 존재하는 미변태된 오스테나이트 조직이다.
㉱ 상온에서 불안정하므로 치수변화를 일으킬 수 있다.

030

Ni 강이나 쾌삭강에서는 망상으로 석출한 유화물 때문에 적열취성이 일어난다. 이러한 것들을 방지하기 위한 확산풀림의 온도(℃) 범위로 옳은 것은?

㉮ 400~450
㉯ 550~600
㉰ 800~850
㉱ 1100~1150

031

제품의 일부분이 냉각제에 접촉되지 않기를 원할 때 사용하는 방법으로 담금질할 부분이 보호되도록 하거나 담금질할 부분만 냉각제에 접촉시키는 담금질법은?

㉮ 안개 담금질
㉯ 선택 담금질
㉰ 분사 담금질
㉱ 시간 담금질

032

알루미늄 및 그 합금의 질별 기호 중 H가 의미하는 것은?

㉮ 가공 경화한 것
㉯ 어닐링한 것
㉰ 용체화 처리한 것
㉱ 제조한 그대로의 것

033

연속 냉각 변태에 대한 설명으로 맞지 않는 것은?

㉮ 트루스타이트 변태가 시작되는 온도를 Ar'라고 한다.
㉯ 마텐자이트 변태가 시작되는 온도를 Ar"라고 한다.
㉰ 소르바이트를 형성시키는 최소한의 냉각 속도를 임계 냉각 속도라 한다.
㉱ 오스테나이트 온도 영역에서 상온까지 연속적으로 냉각 변태시켜 얻은 곡선을 연속 냉각 변태 곡선이라 한다.

034

열처리 하는 제품이— 전·후처리 설비 중 화학적 처리에 해당되는 것은?

㉮ 알칼리 탈지 ㉯ 샌드블라스트
㉰ 배럴 다듬질 ㉱ 버프 연마

035

다음 중 안전·보건표지에서 "금지"를 나타내는 색은?

㉮ 빨강 ㉯ 파랑
㉰ 녹색 ㉱ 노랑

036

경화된 재료에 인성을 부여하기 위해서 A_1점 이하로 재가열하여 행하는 열처리는?

㉮ 풀림 ㉯ 뜨임
㉰ 담금질 ㉱ 노멀라이징

037

합금하지 않은 구상 흑연 주철의 응력 제거 처리 온도(℃)로 적당한 것은?

㉮ 310~465 ㉯ 510~565
㉰ 620~675 ㉱ 720~875

038

소성 가공이나 절삭 가공을 쉽게 하거나 기계적 성질을 개선할 목적으로 망상 시멘타이트 또는 층상 펄라이트 중의 시멘타이트를 가열하여 원형으로 만든 열처리는?

㉮ 구상화 풀림 ㉯ 중간 풀림
㉰ 완전 풀림 ㉱ 항온 풀림

039

그림과 같은 열처리 선도는 어떤 항온 열처리 방법인가?

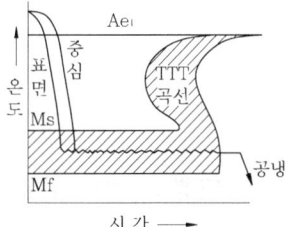

㉮ 마템퍼링 ㉯ 오스포밍
㉰ 마퀜칭 ㉱ 오스템퍼링

040

질화처리의 특징을 설명한 것 중 틀린 것은?

㉮ 처리 온도가 낮아 열변형이 적다.
㉯ 내마모성, 내식성 등이 향상된다.
㉰ 처리강의 종류에 제한을 받지 않는다.
㉱ 질화제로는 암모니아 가스를 주로 사용한다.

답 034 ㉮ 035 ㉮ 036 ㉯ 037 ㉯ 038 ㉮ 039 ㉮ 040 ㉰

041

염욕열처리에 대한 설명으로 옳은 것은?

㉮ 가열속도가 느리다.
㉯ 염욕의 열전도도가 낮다.
㉰ 균일한 온도 분포를 유지할 수 없다.
㉱ 소량 다품종 부품의 열처리에 적합하다.

042

진공 열처리에서 진공도를 측정하는 게이지가 아닌 것은?

㉮ 페닝 게이지 ㉯ 이온 게이지
㉰ 열전도 게이지 ㉱ 플로트 게이지

043

알루멜-크로멜 열전쌍의 기호(종류)로 옳은 것은?

㉮ R ㉯ T
㉰ J ㉱ K

044

일반적으로 냉각 방식은 물건의 형태에 따라 다르다. 이때 구 : 환봉 : 판재의 냉각속도비(比)로 옳은 것은?

㉮ 구 : 환봉 : 판재 = 4 : 3 : 2
㉯ 구 : 환봉 : 판재 = 2 : 3 : 4
㉰ 구 : 환봉 : 판재 = 2 : 5 : 4
㉱ 구 : 환봉 : 판재 = 2 : 4 : 5

045

측정하는 물체가 방출하는 적외선의 방사 에너지를 열에너지로 바꾸어 그 세기를 이용한 온도계는?

㉮ 광고온계 ㉯ 팽창 온도계
㉰ 복사 온도계 ㉱ 저항 온도계

046

염욕 열처리온도가 1000~1300℃의 고온에서 사용하며, 단염의 성분으로 되어 있는 것은?

㉮ $BaCl_2$ ㉯ $NaCl$
㉰ KCl ㉱ $NaNo_3$

047

공구강을 담금질한 후 시험한 결과 탈탄이 생겼을 때 검토해야 할 사항으로 거리가 먼 것은?

㉮ 소재의 비중
㉯ 온도의 과열 여부
㉰ 가열 중 대기 접촉 여부
㉱ 소지상태에서의 탈탄 잔존 여부

답 041 ㉱ 042 ㉱ 043 ㉱ 044 ㉮ 045 ㉰ 046 ㉮ 047 ㉮

048

부품의 부분적 침탄을 방지하기 위한 방법이 아닌 것은?

㉮ Al 용용분사를 한다.
㉯ 담금질 열처리한 후 바로 뜨임처리 한다.
㉰ Al_2O_3, SiO_2 및 Na_2SiO_3의 혼합물 등을 도포한다.
㉱ Ni, Cr 등의 전기도금 또는 Cu-Ni-Cr 등이 이중 중첩 전기도금하는 방법이 있다.

049

20℃에서 열전도율이 큰 순서부터 옳게 나열한 것은?

㉮ Ag 〉 Cu 〉 Al 〉 Fe
㉯ Cu 〉 Ag 〉 Al 〉 Fe
㉰ Al 〉 Fe 〉 Cu 〉 Ag
㉱ Fe 〉 Cu 〉 Al 〉 Ag

050

담금질 균열을 방지할 수 있는 방법이 아닌 것은?

㉮ 열용량(두꺼운 부분)이 큰 곳에 구멍을 뚫는다.
㉯ 모서리를 가능한 예리하게 만든다.
㉰ 전체가 균일하게 냉각되게 한다.
㉱ 담금질 후 곧 뜨임한다.

051

열처리 작업과 관련이 가장 적은 것은?

㉮ 가열   ㉯ 용해
㉰ 냉각   ㉱ 침탄

052

다음 중 고주파 열처리에서 가열 코일(Coil)의 재질로 가장 좋은 것은?

㉮ Fe   ㉯ Al
㉰ Cu   ㉱ W

053

다음의 열처리 중 냉각 속도가 가장 늦은 것은?

㉮ 뜨임   ㉯ 풀림
㉰ 담금질   ㉱ 노멀라이징

054

열처리 과정에서 나타나는 조직 중 용적변화가 가장 큰 것은?

㉮ 마텐자이트   ㉯ 펄라이트
㉰ 트루스타이트   ㉱ 오스테나이트

055

시안화나트륨(NaCN)을 주성분으로 하는 액체 침탄제의 첨가제가 아닌 것은?

㉮ $BaCl_2$ ㉯ Na_2CO_3
㉰ NaCl   ㉱ $NaNO_3$

답 048 ㉯ 049 ㉮ 050 ㉯ 051 ㉯ 052 ㉰ 053 ㉯ 054 ㉮ 055 ㉱

056

인상 담금질의 인상 시기에 대한 설명으로 틀린 것은?

㉮ 진공 또는 물소리가 들리는 순간 꺼내서 유냉 혹은 공냉한다.
㉯ 기름의 기포 발생이 정지한 순간 꺼내어 유냉 혹은 공냉한다.
㉰ 화색이 나타나지 않을 때까지 2배의 시간만큼 물속에 담근 후 꺼내어 공냉한다.
㉱ 가열물의 직경 또는 두께 3mm당에 대하여 1초 동안 물속에 넣은 후 유냉 혹은 공냉한다.

057

연소용 가스 버너를 내열 강관 속에 붙여 강관 속에서 가스를 연소시켜 원관 표면으로부터 내는 복사열에 의해 열처리품을 가열하는 노는?

㉮ 머플로　　　　㉯ 원통로
㉰ 직접 가열로　　㉱ 라디안트 튜브로

058

S곡선에 영향을 주는 요인 중 S곡선을 좌측으로 이동시키는 원소는?

㉮ Ni　　　　㉯ Cr
㉰ Mo　　　　㉱ Al

059

상온에서 담금질된 강을 다시 0℃ 이하 온도로 냉각하여 잔류 오스테나이트를 마텐자이트로 변태시키는 열처리 방법은?

㉮ 수인처리　　㉯ 파텐팅처리
㉰ 심냉처리　　㉱ 블루잉처리

060

알루미늄의 합금 등을 용체화처리 후 시효처리의 목적으로 옳은 것은?

㉮ 연화　　　　㉯ 경화
㉰ 조직표준화　㉱ 내부응력제거

답　056 ㉮　057 ㉱　058 ㉱　059 ㉰　060 ㉯

제6편 열처리기능사 필기 시행문제 (2011년 5회)

001
다음 중 베어링합금의 구비조건으로 틀린 것은?

㉮ 마찰계수가 커야 한다.
㉯ 경도 및 내압력이 커야 한다.
㉰ 소착에 대한 저항성이 커야 한다.
㉱ 주조성 및 절삭성이 좋아야 한다.

002
Sn – Sb – Cu의 합금으로 주석계 화이트 메탈이라고 하는 것은?

㉮ 인코넬　　　　㉯ 배빗메탈
㉰ 콘스탄탄　　　㉱ 알크래드

003
양은(german silver)의 주성분으로 옳은 것은?

㉮ Si – Sn – Ag　　㉯ Pt – Sn – Pb
㉰ Sn – Mn – Au　　㉱ Cu – Zn – Ni

004
전자용 재료 중 전열합금에 요구되는 특성을 설명한 것 중 틀린 것은?

㉮ 전기 저항이 낮고 저항의 온도계수가 클 것
㉯ 용접성이 좋고 반복 가열에 잘 견딜 것
㉰ 가공성이 좋아 신선, 압연 등이 용이할 것
㉱ 고온에서 조직이 안정하고 열팽창계수가 작고 고온 강도가 클 것

005
Fe–C계 평형상태도에서 γ – 고용체가 함유할 수 있는 최대 탄소량(%)은 얼마인가?

㉮ 0.025　　　　㉯ 0.8
㉰ 2.0　　　　　㉱ 4.3

006
오일리스 베어링(Oilless bearing)의 특징이라고 할 수 없는 것은?

㉮ 다공질의 합금이다.
㉯ 급유가 필요하지 않은 합금이다.
㉰ 원심 주조법으로 만들며 강인성이 좋다.
㉱ 일반적으로 분말 야금법을 사용하여 제조한다.

007
탄화철(Fe_3C)의 금속간화합물에 있어 탄소(C)의 원자비(%)는?

㉮ 15　　　　　㉯ 25
㉰ 45　　　　　㉱ 75

답　001 ㉮　002 ㉯　003 ㉱　004 ㉮　005 ㉰　006 ㉰　007 ㉯

008

금속을 엷은 박(箔)으로 가공할 수 있는 것과 관계된 성질은?

㉮ 탄성 ㉯ 전성
㉰ 취성 ㉱ 자성

009

냉간 가공한 금속을 다시 가열하여 재결정시킨 결정입자 크기는 가열온도 및 가공도에 따라 어떻게 변하는가?

㉮ 가열온도가 높으면 입자는 커지고, 가공도가 커지면 결정입자는 미세화 된다.
㉯ 가열온도가 높으면 입자는 작아지고, 가공도가 커지면 결정입자는 미세화 된다.
㉰ 가열온도가 높으면 입자는 커지고, 가공도가 커지면 결정입자는 조대화 된다.
㉱ 가열온도가 높으면 입자는 작아지고, 가공도가 커지면 결정입자는 조대화 된다.

010

다음 중 비정질 합금에 대한 설명으로 옳은 것은?

㉮ 낮은 경도와 강도를 나타낸다.
㉯ 원자의 배열이 규칙적인 상태를 하고 있다.
㉰ 결정입계, 전위, 편석 등 결정의 결함이 없다.
㉱ 비정질이 결정화하는 온도 이상에서는 메짐이 나타나지 않는다.

011

주철의 성장을 방지하는 방법으로 틀린 것은?

㉮ 편상흑연을 구상흑연화 한다.
㉯ Cr, Mn, Mo, V 등을 첨가한다.
㉰ 가열과 냉각을 여러번 반복한다.
㉱ 흑연을 미세화하여 조직을 치밀하게 한다.

012

주철에서 스테다이트란 무엇인가?

㉮ Fe − FeP의 2원 공석합금이다.
㉯ Fe − Fe_3C의 2원 공정합금이다.
㉰ Fe − Fe_3S − FeP의 3원 공석합금이다.
㉱ Fe − Fe_3C − Fe_3P의 3원 공정합금이다.

013

Al-Si 합금에서 육각판상의 조대한 결정의 규소를 개량화(modification)하여 결정을 미세화 시키는 처리에 사용되는 개량화제가 아닌 것은?

㉮ 알칼리염류   ㉯ 황산칼륨
㉰ 수산화나트륨   ㉱ 플루오르화알칼리

014

다음 중 순철의 자기 변태점(큐리점)은 몇 ℃ 인가?

㉮ 768   ㉯ 910
㉰ 1400 ㉱ 1539

답 008 ㉯ 009 ㉮ 010 ㉰ 011 ㉯ 012 ㉱ 013 ㉯ 014 ㉮

015

물과 같은 부피를 가진 물체와 무게와 물의 무게와의 비는?

㉮ 비열 ㉯ 비중
㉰ 숨은열 ㉱ 열전도율

016

도면에 기입된 "43 − ∅20드릴" 표시에서 43 이 의미하는 것은?

㉮ 드릴 지름 ㉯ 드릴 구멍수
㉰ 드릴 구멍간격 ㉱ 드릴 구멍깊이

017

그림과 같이 레일의 절단면을 90° 돌려 나타내는 단면도는?

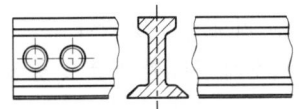

㉮ 전단면도 ㉯ 한쪽단면도
㉰ 부분단면도 ㉱ 회전단면도

018

KS의 부분별 기호로 금속에 관한 규정을 나타낸 것은?

㉮ KS A ㉯ KS B
㉰ KS C ㉱ KS D

019

정면도 선택의 원칙 중 틀린 것은?

㉮ 가능한 숨은선(파선) 사용하지 않는 투상도를 그린다.
㉯ 물체의 가공량이 많은 쪽을 기준으로 가공되는 상태로 투상도를 그린다.
㉰ 물체의 특징을 가장 잘 나타내는 면을 측면도로 선택하여 투상도를 그린다.
㉱ 물체의 중요한 면은 투상면에 수평이나 수직이 되도록 투상도를 그린다.

020

다음 물체를 3각법으로 옳게 표현한 것은? (단, 화살표는 정면도 방향이다.)

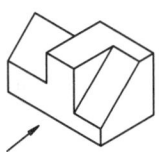

㉮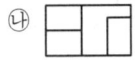

㉯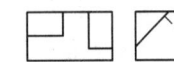

㉰  ㉱

021

도면에서 치수를 나타내는 수치 앞에 사용하는 치수 보조기호 중 판의 두께를 나타내는 것은?

㉮ ∅ ㉯ R
㉰ t ㉱ C

답 015 ㉯ 016 ㉯ 017 ㉱ 018 ㉱ 019 ㉰ 020 ㉱ 021 ㉰

022

도면의 분류 중 내용에 따른 분류에 해당되는 것은?

㉮ 제작도 ㉯ 주문도
㉰ 조립도 ㉱ 견적도

023

리이밍(Reaming) 가공방법에 대한 기호로 옳은 것은?

㉮ FF ㉯ FR
㉰ FL ㉱ FS

024

도형의 일부분을 생략할 수 없는 경우에 해당되는 것은?

㉮ 물체의 내부가 비었을 때
㉯ 같은 모양이 반복될 때
㉰ 중심선을 중심으로 대칭일 때
㉱ 물체가 길어서 한 도면에 나타내기 어려울 때

025

도면 A4 에 대하여 윤곽의 나비는 최소 몇 mm 인 것이 바람직한가?

㉮ 4 ㉯ 10
㉰ 20 ㉱ 30

026

SM20C 에서 20C는 무엇을 의미하는가?

㉮ 최고 항복점 ㉯ 최저 인장강도
㉰ 탄소 함유량 ㉱ 최고 인장강도

027

구멍의 치수가 $\varnothing 50^{+0.025}_{0}$이고, 축의 치수가 $\varnothing 50^{+0.050}_{+0.034}$인 억지 끼워 맞춤에서 최대죔새는 얼마인가?

㉮ 0.016 ㉯ 0.025
㉰ 0.050 ㉱ 0.059

028

산업재해의 원인 중 불안전한 행동에 의한 것은?

㉮ 불량한 정리 정돈
㉯ 결함 있는 기계 설비 및 장비
㉰ 불안전한 설계, 위험한 배열 및 공정
㉱ 불안전한 속도 조작 및 위험경고 없이 조작

029

담금질에 의하여 경화가 가능한 강재 표면을 산소 – 아세틸렌으로 가열 및 급냉시켜 경화하는 열처리는?

㉮ 연질화법 ㉯ 화염 경화법
㉰ 고주파 경화법 ㉱ 분위기 열처리법

답 022 ㉰ 023 ㉯ 024 ㉮ 025 ㉯ 026 ㉰ 027 ㉰ 028 ㉱ 029 ㉯

030

심냉처리제의 온도가 가장 낮은 것은?

㉮ 액체 질소
㉯ 후레온 가스
㉰ 식염 + 얼음
㉱ 에테르 + 드라이아이스

031

강의 열처리 중 시편이 300℃일 때 나타내는 뜨임색(temper color)은?

㉮ 청색　　　　㉯ 황색
㉰ 백색　　　　㉱ 붉은색

032

공구강, 베어링강 등의 고탄소강은 담금질하기 전에 탄화물의 형상을 변화시키기 위해 어떤 열처리를 하는가?

㉮ 중간풀림　　㉯ 완전풀림
㉰ 재결정 풀림　㉱ 구상화 풀림

033

강의 담금질시 냉각속도를 가장 빨리해야 하는 구역은?

㉮ 임계구역　　㉯ 위험구역
㉰ 가열구역　　㉱ 대류구역

034

강의 균열, 변형 및 잔류 응력을 감소시킬 목적으로 오스테나이트화 온도로부터 용융염 속에 Ms~Mf 사이의 온도로 담금질 하는 열처리는?

㉮ 마템퍼링　　㉯ 수인처리
㉰ 마레이징　　㉱ 오스템퍼링

035

내마멸성을 향상을 위해 철에 Zn을 침투, 확산시키는 열처리 방법은?

㉮ 칼로라이징　㉯ 실크로라이징
㉰ 크로마이징　㉱ 세라다이징

036

액체 침탄제의 주성분으로 옳은 것은?

㉮ NaCl　　　　㉯ BaCl2
㉰ NaCN　　　 ㉱ Na2CO3

037

공석강의 공석변태에 의해 나타나는 층상의 조직은?

㉮ 페라이트　　㉯ 펄라이트
㉰ 레데뷰라이트　㉱ 마텐자이트

답　030 ㉮　031 ㉮　032 ㉱　033 ㉮　034 ㉮　035 ㉱　036 ㉰　037 ㉯

038

산소용기의 취급상 주의할 사항으로 옳은 것은?

㉮ 운반시 캡을 씌운 상태에서 운반한다.
㉯ 산소병 표면온도를 40℃가 넘도록 한다.
㉰ 겨울철에 용기가 동결시 직화로 녹인다.
㉱ 산소가 새는 것을 확인할 때는 불을 붙여 본다.

039

18-8 오스테나이트계 스테인리스강과 같이 오스테나이트(austenite)조직을 갖는 강 재료의 자성은?

㉮ 강자성체　　㉯ 상자성체
㉰ 반자성체　　㉱ 비자성체

040

고속도강을 담금질할 때 사용하는 열전쌍(열전대)은?

㉮ J형 열전쌍　　㉯ K형 열전쌍
㉰ R형 열전쌍　　㉱ T형 열전쌍

041

담금질의 결함 중 담금질 균열의 방지 대책으로 틀린 것은?

㉮ 냉각시 온도의 불균일을 적게 한다.
㉯ 살 두께 차이를 가급적 줄인다.
㉰ Ms~Mf 범위에서 될수록 급냉 한다.
㉱ 예리한 모서리를 만들지 않는다.

042

피열처리품을 전처리하는 목적이 아닌 것은?

㉮ 강의 연화와 취성을 높이기 위하여
㉯ 열처리의 효과를 높이기 위하여
㉰ 제품의 표면 스케일을 제거하기 위하여
㉱ 제품 표면의 기름 등 불순물을 제거하기 위하여

043

담금질에 의한 처리품의 변형을 방지하기 위하여 금형으로 누른 상태에서 구멍으로부터 냉각제를 분사시켜 담금질하는 장치는?

㉮ 수냉장치　　㉯ 공냉장치
㉰ 분사냉각장치　　㉱ 프레스 담금질장치

044

Al 합금, Cu합금, Ti 합금 등을 고온에서 융체화 처리 한 후 시효처리 하는 목적은?

㉮ 경화　　㉯ 연화
㉰ 표준화　　㉱ 내부응력제거

045

열처리로의 열원에 따른 분류가 아닌 것은?

㉮ 전기로　　㉯ 가스로
㉰ 연속로　　㉱ 중유료

답　038 ㉮　039 ㉱　040 ㉰　041 ㉰　042 ㉮　043 ㉱　044 ㉮　045 ㉰

046

과냉 오스테나이트를 500℃ 부근에서 가공한 후 급냉 함으로써 연성과 인성을 그다지 해치지 않고 마텐자이트 조직이 되도록 하는 처리는?

㉮ 마퀜칭 ㉯ 항온뜨임
㉰ 오스포밍 ㉱ 오스템퍼링

047

다음 중 불림(Normalizing)에 대한 설명 중 틀린 것은?

㉮ 강을 표준상태로 하기 위한 열처리 조작이다.
㉯ 가열온도는 A3 또는 Acm 선보다 30~50℃ 높은 온도에서 실시한다.
㉰ 강의 강인성을 부여하기 위해 550~650℃에서 열처리 한다.
㉱ 냉간가공 등으로 인한 내부응력을 제거하며, 기계적, 물리적 성질 등을 표준화 시키는 열처리이다.

048

회주철의 열처리에 관한 설명으로 틀린 것은?

㉮ Mn, V, Mo 는 회주철의 경화능을 감소시키는 원소이다.
㉯ Cr 은 회주철의 경화능에 영향을 미치지 않으나 탄화물 안정화에 기여한다.
㉰ 회주철은 강도와 내마멸성을 향상시키기 위하여 담금질 및 뜨임 처리를 한다.
㉱ 오스테나이트에서 탄소의 고용도를 감소시키는 규소의 효과 때문에 최대 경화능을 얻기 위해 더 높은 오스테나이트화 온도가 필요하다.

049

철강을 열처리하기 위하여 850℃로 가열하는 경우 표면의 산화를 방지하기 위해 사용할 수 없는 가스는?

㉮ 질소 ㉯ 헬륨
㉰ 아르곤 ㉱ 이산화탄소

050

열처리용 치구의 조건 중 틀린 것은?

㉮ 겸용성이 없을 것
㉯ 내식성이 좋을 것
㉰ 제작이 쉬울 것
㉱ 작업성이 좋을 것

051

고체 침탄법에 대한 설명으로 틀린 것은?

㉮ 표면에 망상 탄화물이 생기기 쉽다.
㉯ 탄 분진에 의한 환경오염이 심하다.
㉰ 가열에 균일성이 없으므로 침탄층도 균일성이 없다.
㉱ 부품의 크기에 크게 좌우되어 작은 제품은 처리할 수 없다.

052

다음의 조직 중 경도가 가장 높은 조직은?

㉮ 페라이트 ㉯ 시멘타이트
㉰ 펄라이트 ㉱ 소르바이트

답 046 ㉰ 047 ㉰ 048 ㉮ 049 ㉱ 050 ㉮ 051 ㉱ 052 ㉯

053

0.28~0.33%C, 0.60~0.86%Mn, 0.90~1.20%Cr 을 함유한 Cr 강의 오스테나이징 온도, 냉각방법 및 템퍼링 온도, 냉각방법으로 옳은 것은?

㉮ - 오스테나이징 온도 : 830~880℃, 유냉
   - 템퍼링 온도 : 550~650℃, 수냉
㉯ - 오스테나이징 온도 : 900~950℃, 유냉
   - 템퍼링 온도 : 200~350℃, 유냉
㉰ - 오스테나이징 온도 : 1000~1050℃, 유냉
   - 템퍼링 온도 : 550~650℃, 수냉
㉱ - 오스테나이징 온도 : 1100~1200℃, 유냉
   - 템퍼링 온도 : 200~350℃, 수냉

054

비례 제어식 온도제어장치에 대한 설명으로 옳은 것은?

㉮ 전기회로를 2회로 분할하여 그 한쪽을 단속시켜서 전력을 제어시킨다.
㉯ 전기로의 공급 전력을 조절기의 신호가 온(on)일 때에 100%로 하고, 오프(off)일 때는 60~80%로 낮춘다.
㉰ 전자 접촉기, 전자 수은 릴레이 등을 짝지워서 전기로에 공급되고 있는 전력의 전부를 단속시킨다.
㉱ 열처리 작업에 의한 온도-시간곡선에 따라 변화되는 자동제어 방식으로 열처리온도 유지시간, 가열속도 및 냉각속도까지 제어 가능하다.

055

암모니아 가스 중에 질화강을 질화 처리할 때 온도 및 시간으로 가장 적당한 것은?

㉮ 1000~1050℃, 25~100시간 정도
㉯ 900~950℃, 20~30시간 정도
㉰ 500~550℃, 25~100시간 정도
㉱ 300~350℃, 10시간 이하

056

살 두께가 얇은 경우 즉, 톱날이나 면도날 등의 제품은 어떻게 담금질하는 것이 가장 좋은 방법인가?

㉮ 회전 담금질 한다.
㉯ 경사 교반 담금질 한다.
㉰ 다이 퀜칭(quenching)을 한다.
㉱ 수직 회전 담금질 한다.

057

시간 담금질(time quenching)에 대한 설명 중 틀린 것은?

㉮ Ms온도 직상에서 항온 유지시킨다.
㉯ 강재를 기름 중에 담글 때는 기름의 기포가 올라오는 것이 중지될 때 공냉 한다.
㉰ 강재를 기름에 냉각시킬 때 두께 1mm에 대하여 1초 동안 담근 후 꺼내어 공냉 시킨다.
㉱ 재료의 직경이나 두께는 보통 3mm에 1초 동안 담근(수냉)후 유냉 또는 공냉 시킨다.

답 053 ㉮ 054 ㉯ 055 ㉰ 056 ㉰ 057 ㉮

058

스프링강의 열처리 목적과 관계가 적은 것은?

㉮ 높은 경도를 얻기 위해
㉯ 높은 탄성을 얻기 위해
㉰ 적절한 강인성을 얻기 위해
㉱ 높은 내피로성을 얻기 위해

059

열처리의 냉각 방법에는 연속 냉각, 2단 냉각, 항온냉각이 있다. 다음 중 2단 냉각에 속하는 것은?

㉮ 인상 담금질
㉯ 보통 풀림
㉰ 보통 담금질
㉱ 보통 노멀라이징

060

알루미늄 합금 질별 기호에서 주조한 그대로의 것을 나타내는 기호는?

㉮ F
㉯ O
㉰ H
㉱ W

답 058 ㉮ 059 ㉮ 60 ㉮

제6편 열처리기능사 필기 시행문제 (2012년 1회)

001
다음 중 중금속끼리 짝지어진 것은?

㉮ Cu, Fe, Pb ㉯ Sn, Mg, Fe
㉰ Ni, Al, Cu ㉱ Be, Au, Ag

002
주석청동의 용해 및 주조에서 1.5~1.7%의 아연을 첨가 할 때의 효과로 옳은 것은?

㉮ 수축율이 감소된다.
㉯ 침탄이 촉진된다.
㉰ 취성이 향상된다.
㉱ 가스가 혼입된다.

003
강에 S, Pb 등의 특수 원소를 첨가하여 절삭할 때, 칩을 잘게 하고 피삭성을 좋게 만든 강을 무엇이라 하는가?

㉮ 베어링강 ㉯ 쾌삭강
㉰ 스프링강 ㉱ 불변강

004
내식성 알루미늄 합금 중 Al에 1~1.5%Mn을 함유하며, 용접성이 우수하여 저장 탱크, 기름 탱크 등에 사용되는 것은?

㉮ 알민 ㉯ 알드리
㉰ 알클래드 ㉱ 하이드로날륨

005
강의 표면 경화 방법 중 화학적 방법이 아닌 것은?

㉮ 침탄법 ㉯ 질화법
㉰ 침탄 질화법 ㉱ 화염 경화법

006
금속의 결정 중 단위격자 중심에 원자 1개가 존재하고, 외곽에 원자가 1/8씩 8개가 존재하는 그림과 같은 결정구조는?

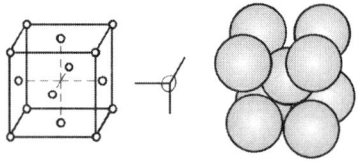

㉮ 조밀정방격자 ㉯ 면심입방격자
㉰ 조밀육방격자 ㉱ 체심입방격자

답 001 ㉮ 002 ㉮ 003 ㉯ 004 ㉮ 005 ㉱ 006 ㉱

007

냉간 가공 후 재료의 기계적 성질을 설명한 것 중 틀린 것은?

㉮ 항복강도가 증가한다.
㉯ 연신율이 증가한다.
㉰ 경도가 증가한다.
㉱ 인장강도가 증가한다.

008

공석강을 A1 변태점 이상으로 가열했을 때 얻을 수 있는 조직으로서 비자성이며 전기 저항이 크고, 경도가 100~200HV 이며, 18-8 스테인리스강의 상온에서도 관찰할 수 있는 조직은?

㉮ 페라이트
㉯ 펄라이트
㉰ 오스테나이트
㉱ 시멘타이트

009

전도성이 좋고 가공성도 우수하며 수소메짐성이 없어서 주로 전자기기 등에 사용되는 O_2나 탈산제를 품지 않은 구리는?

㉮ 전기구리
㉯ 탈산구리
㉰ 전해인성구리
㉱ 무산소구리

010

Al-Si계 합금의 설명으로 틀린 것은?

㉮ 10~13%의 Si가 함유된 합금을 실루민이라 한다.
㉯ Si의 함유량이 증가할수록 팽창계수와 비중이 높아 진다.
㉰ 다이캐스팅시 용탕이 급냉 되므로 개량처리하지 않아도 조직이 미세화 된다.
㉱ Al-Si계 합금 용탕에 금속나트륨이나 수산화나트륨 등을 넣고 10~50분 후에 주입하면 조직이 미세화된다.

011

인장시험 중 응력이 작을 때 늘어난 재료에 하중을 제거하면 원위치로 되돌아가는 현상을 무엇이라 하는가?

㉮ 탄성변형
㉯ 상부 항복점
㉰ 하부 항복점
㉱ 최대 하중점

012

전극 재료를 제조하기 위해 전극 재료를 선택하고자 할 때의 조건으로 틀린 것은?

㉮ 비저항이 클 것
㉯ SiO_2와 밀착성이 우수할 것
㉰ 산화 분위기에서 내식성이 클 것
㉱ 금속규화물의 용융점이 웨이퍼 처리 온도보다 높을 것

013

주철 조직관계를 대표적으로 나타낸 마우러 조직도에서 X, Y 축에 해당되는 것은?

㉮ 냉각속도, 온도
㉯ 온도, 탄소(C)함량
㉰ 인(P)함량, 황(S)함량
㉱ 규소(Si)함량, 탄소(C)함량

답 007 ㉯ 008 ㉰ 009 ㉱ 010 ㉯ 011 ㉮ 012 ㉮ 013 ㉱

014

특수금속재료 중 리드 프레임(lead frame)재료에 요구되는 특성으로 틀린 것은?

㉮ 열전도율 및 전기전도율이 클 것
㉯ 충분한 기계적 강도를 가질 것
㉰ 반복 굽힘 강도가 우수할 것
㉱ 금 도금성 및 납땜성이 없을 것

015

0.80%C 의 공석조성에서 합금이 완전히 펄라이트로 변태할 때, 펄라이트 내의 페라이트의 분율은 약 몇 % 인가?

㉮ 11   ㉯ 22
㉰ 75   ㉱ 88

016

L 2N M50 x 2-6h 이라는 나사의 표시 방법에 대한 설명으로 틀린 것은?

㉮ 왼나사이다.
㉯ 2줄 나사이다.
㉰ 미터 가는 나사이다.
㉱ 피치는 1인치당 산의 개수로 표시한다.

017

기준 치수의 정의를 옳게 설명한 것은?

㉮ 허용할 수 있는 대소의 치수
㉯ 치수 허용 한계의 기준이 되는 치수
㉰ 위 치수 허용차와 아래 치수 허용차의 차이값
㉱ 최대 허용 한계 치수와 최소 허용 한계 치수의 차이값

018

표제란에 재료를 나타내는 표시 중 밑줄 친 KS D 가 의미하는 것은?

제도자	홍길동	도명	캐스터
도번	M20551	척도	NS
재질	KS D3503 SS 330		

㉮ KS 규격에서 기본 사항
㉯ KS 규격에서 기계 부분
㉰ KS 규격에서 금속 부분
㉱ KS 규격에서 저기 부분

019

다음 중 선분 O_1E와 선분 O_2E의 길이는 각각 얼마인가? (단, 원 O_1의 지름은 16cm, 원 O_2의 지름은 26cm이고, 외접원의 반지름은 40cm이고, O_1과 O_2는 각각 해당원의 중심이다.)

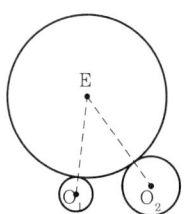

㉮ 선분 O_1E : 48cm, 선분 O_2E : 53cm
㉯ 선분 O_1E : 53cm, 선분 O_2E : 48cm
㉰ 선분 O_1E : 66cm, 선분 O_2E : 56cm
㉱ 선분 O_1E : 56cm, 선분 O_2E : 66cm

020

가공 모양을 나타낸 기호 중 가공으로 생긴 선이 거의 동심원으로 나타난 것을 표시하는 것은?

㉮ M   ㉯ C
㉰ R   ㉱ X

답 014 ㉱   015 ㉱   016 ㉱   017 ㉯   018 ㉰   019 ㉮   020 ㉯

021

부품의 이동 위치 또는 이동 한계를 나타내는 가상선을 그릴 때 사용하는 선의 종류는?

㉮ 굵은 실선　　㉯ 가는 실선
㉰ 1점 쇄선　　㉱ 2점 쇄선

022

척도가 1 : 2인 도면에서 실제 치수 20mm인 선은 도면상에 몇 mm로 긋는가?

㉮ 5　　㉯ 10
㉰ 20　　㉱ 40

023

도면에 치수숫자와 같이 사용하는 기호 중 45도 모따기를 나타내는 것은?

㉮ t　　㉯ C
㉰ R　　㉱ SR

024

물체의 표면 일부에 특수처리를 하는 경우에 그 범위를 외형선에 평행하게 약간 띄어 표시하는 선의 종류는?

㉮ 굵은 파선　　㉯ 굵은 일점쇄선
㉰ 가는 이점 쇄선　　㉱ 가는 일점 쇄선

025

그림은 3각법의 도면 배치를 나타낸 것이다. ①, ②, ③에 해당하는 도면의 명칭이 옳게 짝지은 것은?

①

② ③

㉮ ①-정면도, ②-우측면도, ③-평면도
㉯ ①-정면도, ②-평면도, ③-우측면도
㉰ ①-평면도, ②-정면도, ③-우측면도
㉱ ①-평면도, ②-우측면도, ③-정면도

026

재료 기호 GC 350에서 GC가 의미하는 것은?

㉮ 회주철　　㉯ 합금공구강
㉰ 화이트메탈　　㉱ 냉간압연강판

027

투상면에 대하여 물체의 기울어진 면은 그 실제 형상이 도시되지 않으므로 경사진 면과 평행한 투상면을 설정하여 실제 모양을 도시하는 것은?

㉮ 보조 투상도　　㉯ 국부 투상도
㉰ 회전 투상도　　㉱ 부분 투상도

028

열간 가공용 공구강이 갖추어야 할 일반적인 성질로 틀린 것은?

㉮ 고온 작업 온도에서의 내마멸성이 클 것
㉯ 고온 작업 온도에서의 강도 및 경도가 클 것
㉰ 열처리 변형이 될 수 있는 한 작을 것
㉱ 상온 및 작업 온도에서의 인성이 작을 것

답　021 ㉱　022 ㉯　023 ㉯　024 ㉯　025 ㉰　026 ㉮　027 ㉮　028 ㉱

029

다음 가스 중 독성이 가장 강한 것은?

㉮ 수소 ㉯ 이산화탄소
㉰ 메탄가스 ㉱ 염소가스

030

알루미늄 합금의 열처리에서 150℃ 전후의 온도로 가열하여 실시하는 시효처리는?

㉮ 자연시효 ㉯ 안정화시효
㉰ 상온시효 ㉱ 인공시효

031

강에서 오스테나이트 안정화 원소이며 펄라이트 변태를 지연시키는 것은?

㉮ Pb ㉯ Ni
㉰ Cu ㉱ Si

032

열처리에 의하여 생긴 스케일이나 표면에 발생된 산화철을 제거하기 위한 최적처리 방법은?

㉮ 탈지 ㉯ 산세
㉰ 수세 ㉱ 알칼리 용액 담금

033

다음 중 강의 불림(Normalizing)에 대한 설명 중 틀린 것은?

㉮ 강을 연화시키는 것이 목적이다.
㉯ 미세한 층상 펄라이트 조직이 얻어진다.
㉰ 조직을 표준조직으로 만들기 위한 열처리이다.
㉱ 가열온도는 A3변태선 혹은 Acm선 위 30~50℃ 범위이다.

034

잔류 오스테나이트에 대한 설명으로 틀린 것은?

㉮ 고합금강은 잔류 오스테나이트가 많이 존재한다.
㉯ 잔류 오스테나이트는 상온에서 안정한 상이다.
㉰ 잔류 오스테나이트가 있는 강은 상온에 방치하면 마텐자이트로 변태되어 제품의 치수가 변화를 일으킨다.
㉱ 0.6%C 이상의 탄소강은 Mf 온도가 상온 이하로 내려가기 때문에 상온까지 담금질하여도 잔류 오스테나이트를 형성한다.

035

정밀 부품 및 고속도강 등의 산화탈탄을 방지하기 위한 염욕 열처리로에 사용되는 고온용 염욕재로 적합한 것은?

㉮ $NaNO_2$ ㉯ $NaOH$
㉰ $BaCl_2$ ㉱ $CaCl_2$

036

Al합금의 대표적인 초두랄루민, 초초두랄루민 및 연질 초두랄루민의 담금질 온도는 약 몇 ℃인가?

㉮ 210 ~ 320 ㉯ 490 ~ 510
㉰ 690 ~ 710 ㉱ 810 ~ 950

답 029 ㉱ 030 ㉱ 031 ㉯ 032 ㉯ 033 ㉮ 034 ㉯ 035 ㉰ 036 ㉯

037

전기로의 발열체 중에서 금속 발열체가 아닌 것은?

㉮ 니크롬 발열체
㉯ 철-크롬 발열체
㉰ 텅스텐 발열체
㉱ 흑연 발열체

038

다음 중 금속의 심냉처리에 사용되는 냉매는?

㉮ 액체질소   ㉯ 탄산나트륨
㉰ 염화나트륨   ㉱ 수산화나트륨

039

고속도강(SKH51)의 열처리 온도에 따른 냉각 방법 및 요구 경도값을 나타낸 것 중 틀린 것은?

㉮ 담금질온도 : 1200 ~ 1240℃, 냉각 방법 : 유냉
㉯ 풀림온도 : 800 ~880℃, 냉각 방법 : 서냉
㉰ 뜨임온도 : 540 ~ 570°, 냉각 방법 : 공냉
㉱ 요구 경도값 : HRC 53 이상

040

담금질 냉각제로서의 구비조건 중 옳은 것은?

㉮ 액온이 높아야 한다.
㉯ 비등점이 높아야 한다.
㉰ 점도가 커야 한다.
㉱ 열전도도가 작아야 한다.

041

산업 폐기물 중에서 공장 배수 등의 처리 후에 남은 진흙모양의 것 및 각종 제조업의 제조 공정에서 발생하는 진흙 모양의 것을 무엇이라고 하는가?

㉮ 폐액   ㉯ 오니
㉰ 폐산   ㉱ 타고 남은 재

042

스프링강의 열처리 목적에 속하지 않는 것은?

㉮ 높은 경도   ㉯ 높은 탄성
㉰ 적당한 점도   ㉱ 높은 내피로성

043

공석강의 항온 변태곡선에서 Ar′점의 온도는 약 몇 ℃ 인가?

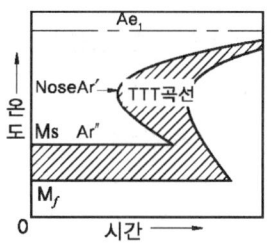

㉮ 250   ㉯ 350
㉰ 450   ㉱ 550

답 037 ㉱ 038 ㉮ 039 ㉱ 040 ㉯ 041 ㉯ 042 ㉮ 043 ㉱

044

용접품의 응력제거 풀림처리 효과로 틀린 것은?

㉮ 열영향부의 뜨임 연화
㉯ 응력 부식 저항 증대
㉰ 치수의 오차 증대
㉱ 석출 경화에 의한 강도 증가

045

니켈과 몰리브덴을 함유한 구상흑연 주철을 오스템퍼링한 기지 조직은?

㉮ 마텐자이트(martensite)
㉯ 펄라이트(pearlite)
㉰ 오스테나이트(austenite)
㉱ 베이나이트(bainite)

046

다음 중 화학적 열처리 방법이 아닌 것은?

㉮ 침탄법   ㉯ 질화법
㉰ 화염 경화법   ㉱ 금속 침투법

047

다음 중 과포화 고용체에서 다른 상이 석출하는 현상을 이용해서 금속 재료의 강도 및 성질을 변화시키는 처리는?

㉮ 산화   ㉯ 소결
㉰ 시효   ㉱ 침출

048

분위기 열처리로에 사용되는 암모니아 분해 변성 가스에 대한 설명으로 틀린 것은?

㉮ 조성이 안정하고 순도가 높다.
㉯ 다른 변성 가스보다 가연 범위가 넓다.
㉰ 수소 메짐이 문제가 되는 재료에 적극 활용 한다.
㉱ 연소, 정제 등의 공정을 거치지 않고 간단히 열분해로 제조할 수 있다.

049

다음 열처리 중 표면은 내마멸성이 높고, 중심부는 내충격성이 큰 이중조직을 가지게 하는 열처리법은?

㉮ 풀림   ㉯ 마퀜칭
㉰ 표면경화   ㉱ 노멀라이징

047

다음 중 표면경화용 강의 박리 현상을 바르게 설명하고 있는 것은?

㉮ 침탄의 부족으로 경도가 부족한 경우의 현상
㉯ 담금질시 잔류오스테나이트가 나타나는 현상
㉰ 침탄시 탄소농도의 변화가 급격하여 경도변화가 클 때 경화층이 떨어져 나가는 현상
㉱ 침탄시 탄소농도의 변화가 급격하여 경도변화가 클 때 비침탄층이 떨어져 나가는 현상

051

구조용 탄소강의 두께가 6mm일 때 담금질 유지 시간을 계산하면 얼마(분)인가? (단, 유지시간은 두께 25mm당 30분이다.)

㉮ 4.5   ㉯ 6.2
㉰ 7.2   ㉱ 12.5

052
다음 중 가스 침탄로의 구성 장치가 아닌 것은?

㉮ 온도 조절기　㉯ 유냉 장치
㉰ 가스 연소로　㉱ 확산 펌프

053
침탄 처리 후 1차 담금질(quenching)의 주 목적은?

㉮ 강 중심부의 미세화
㉯ 강 표면의 경화
㉰ 강 표면의 연화
㉱ 강 표면의 미세화

054
오스테나이트 상태로부터 Ms 이상의 일정온도에서 염욕으로 담금질하고, 과냉 오스테나이트가 염욕 중에서 항온변태가 종료할 때까지 항온을 유지한 후 공기 중에 냉각하는 열처리 방법은?

㉮ 마템퍼링　㉯ 마퀜칭
㉰ 오스템퍼링　㉱ 오스포밍

055
지름이 큰 롤러나 축등의 냉각에 이용하면 효과적인 냉각장치는?

㉮ 공냉 장치　㉯ 수냉 장치
㉰ 유냉 장치　㉱ 분사 냉각 장치

056
오스테나이트가 펄라이트를 형성함이 없이 마텐자이트를 형성시키는 최소의 냉각속도는?

㉮ 한계 냉각 속도　㉯ 최고 냉각 속도
㉰ 임계 냉각 속도　㉱ 최소 냉각 속도

057
드릴과 같이 길이가 긴 제품을 기름 속에 담금질할 때 가장 적당한 방법은?

㉮ 수평으로 눕혀서 한다.
㉯ 수직으로 세워서 담금질한다.
㉰ 수평면과 약 15° 정도 경사시켜서 담금질한다.
㉱ 수평면과 약 45° 정도 경사시켜서 담금질한다.

058
다음 중 광휘 열처리로에 사용되는 불활성 가스는?

㉮ Ar　㉯ CH_4
㉰ CO_2　㉱ SO_2

059
다음 재료들 중에서 동일 조건하에 담금질할 경우 가장 낮은 경도를 나타내는 것은?

㉮ 연강　㉯ 고속도강
㉰ 탄소공구강　㉱ 합금공구강

060
저탄소강의 표면에 탄소를 침입시키는 처리는?

㉮ 침탄　㉯ 질화
㉰ 칼로라이징　㉱ 세라다이징

답　052 ㉱　053 ㉮　054 ㉰　055 ㉱　056 ㉰　057 ㉯　058 ㉮　059 ㉮　060 ㉮

제6편 열처리기능사 필기 시행문제 (2012년 2회)

001
합금강에 함유된 합금원소와 영향이 옳게 짝지어진 것은?

㉮ Ni – 뜨임메짐 방지
㉯ Mo – 적열메짐 방지
㉰ Mn – 전자기적 성질 개선
㉱ W – 고온강도와 경도 증가

002
탈산 및 기타 가스 처리가 불충분한 상태의 용강을 그대로 주형에 주입하여 응고한 강으로 보통 0.3%C 이하의 탄소강에 적용되는 강은?

㉮ 림드(Rimmed)강
㉯ 킬드(Killed)강
㉰ 캡드(Capped)강
㉱ 세미 킬드(Semi-Killed)강

003
0.85%C의 강이 Ar" 변태가 일어날 때 생성되는 조직은?

㉮ 펄라이트 ㉯ 시멘타이트
㉰ 마텐자이트 ㉱ 트루스타이트

004
황동에 대한 설명으로 옳은 것은?

㉮ Cu + Sn의 합금이다.
㉯ α고용체는 체심입방격자를 나타낸다.
㉰ 인장강도는 Sn이 약 20% 일 때 최대값을 나타낸다.
㉱ 공기 중의 암모니아나 염소류에 의해 입계부식이 발생 한다.

005
마이크로 비커스 경도시험에 대한 설명으로 옳은 것은? (단, d는 대각선의 길이이다.)

㉮ 시험하중은 1000~10000kg_f 이다.
㉯ 대면각이 120° 인 다이아몬드 압입자를 사용한다.
㉰ 시험편의 두께는 원칙적으로 0.5d 이하로 한다.
㉱ 압입자로 시험자국을 내었을 때 하중을 대각선 길이로부터 얻은 표면적으로 나눈 값이다.

006
Al-Si 합금의 강도와 인성을 개선하기 위해 Na, Sr, Sb 등을 첨가하여 공정의 Si 상을 미세화시키는 처리는?

㉮ 고용화처리 ㉯ 시효처리
㉰ 탈산처리   ㉱ 개량처리

답 001 ㉱ 002 ㉮ 003 ㉰ 004 ㉱ 005 ㉱ 006 ㉱

007

Au의 순도를 나타내는 단위는 K(carat)이다. 이때 18k로 표시된 금의 순도는 약 몇 %인가?

㉮ 58.3 ㉯ 65.3
㉰ 75.0 ㉱ 85.3

008

비중이 약 1.74, 용융점이 약 650℃이며, 사진용 플래시(flash)재료로 사용되는 것은?

㉮ Mg ㉯ Al
㉰ Zn ㉱ Sb

009

자기변태를 설명한 것으로 옳은 것은?

㉮ 고체 상태에서 원자배열의 변화이다.
㉯ 일정온도에서 불연속적인 성질변화를 일으킨다.
㉰ 일정 온도구간에서 연속적으로 변화 한다.
㉱ 고체 상태에서 서로 다른 공간격자 구조를 갖는다.

010

Co, Cr 및 W을 함유한 것으로 주조한 그대로 사용되며 특히 고속도 공구 재료에 많이 쓰이는 것은?

㉮ 스텔라이트 ㉯ 고망간강
㉰ 스테인리스강 ㉱ 하이스텔로이

011

시험편이 파괴되기 직전의 최소 단면적 A_1 이고, 시험 전 원단면적이 A_0 일 때 단면 수축률을 구하는 식은?

㉮ $\dfrac{A_0 - A_1}{A_0} \times 100\%$

㉯ $\dfrac{A_0 + A_1}{A_0} \times 100\%$

㉰ $\dfrac{A_0}{A_1 - A_0} \times 100\%$

㉱ $\dfrac{A_0}{A_1 + A_0} \times 100\%$

012

Fe-C상태도에서 탄소함유량이 4.3%인 철은?

㉮ 공정주철 ㉯ 공석강
㉰ 과공정주철 ㉱ 아공정주철

013

알루미늄(Al)에 내식성을 증가시키기 위하여 Mg, Si, Mn 등을 첨가한 가공용 알루미늄 합금 중 내식성 알루미늄 합금이 아닌 것은?

㉮ 알민 ㉯ 로엑스
㉰ 알드리 ㉱ 하이드로날륨

014

재료의 강도를 높이는 방법으로 휘스커(whisker) 섬유를 연성과 인성이 높은 금속이나 합금 중에 균일하게 배열시킨 복합재료는?

㉮ 클래드 복합재료
㉯ 분산강화 금속 복합재료
㉰ 입자강화 금속 복합재료
㉱ 섬유강화 금속 복합재료

답 007 ㉰ 008 ㉮ 009 ㉯ 010 ㉮ 011 ㉮ 012 ㉮ 013 ㉯ 014 ㉱

015

Fe-C 평형 상태도상에서 일어나는 반응이 아닌 것은?

㉮ 공정반응(eutectic reaction)
㉯ 공석반응(eutectoid reaction)
㉰ 편정반응(monotectic reaction)
㉱ 포정반응(peritectic reaction)

016

한국산업표준에서 일반적 규격으로 제도 통칙은 어디에 규정되어 있는가?

㉮ KS A 0001   ㉯ KS B 0001
㉰ KS A 0005   ㉱ KS B 0005

017

다음 중 미터 사다리꼴나사를 나타내는 표시법은?

㉮ MB   ㉯ TW10
㉰ Tr102   ㉱ 1-8 UNC

018

가공 방법을 도면에 지시하는 경우 리이밍의 약호는?

㉮ FPP   ㉯ FB
㉰ FR   ㉱ FS

019

[보기]에서 도면을 작성할 때 도형의 일부를 생략할 수 있는 경우를 모두 나열한 것은?

[보기]
ㄱ. 도형이 대칭인 경우
ㄴ. 물체의 길이가 긴 중간 부분의 경우
ㄷ. 물체의 단면이 얇은 경우
ㄹ. 같은 모양이 계속 반복되는 경우
ㅁ. 짧은 축, 핀, 키, 볼트, 너트 등과 같은 기계요소의 경우

㉮ ㄱ, ㄴ, ㄷ   ㉯ ㄱ, ㄴ, ㄹ
㉰ ㄴ, ㄷ, ㅁ   ㉱ ㄱ, ㄴ, ㄷ, ㄹ, ㅁ

020

화살표를 정면으로 하였을 때 3각법으로 옳게 투상한 것은?

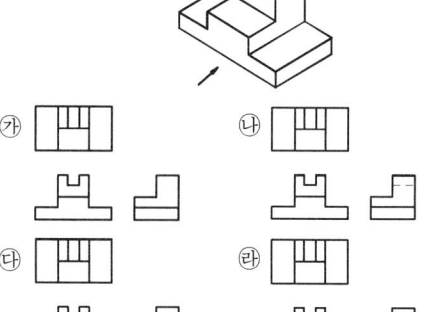

021

투상도의 표시방법에 관한 설명 중 옳은 것은?

㉮ 투상도의 수는 많이 그릴수록 이해하기 쉽다.
㉯ 한 도면 안에서도 이해하기 쉽게 정투상법을 혼용 한다.
㉰ 주투상도 만으로 표시할 수 있으면 다른 투상도는 생략 한다.
㉱ 가공을 하기 위한 도면은 제도자만이 알기 쉽게 그린다.

답 015 ㉱ 016 ㉰ 017 ㉰ 018 ㉰ 019 ㉯ 020 ㉯ 021 ㉰

022

스퍼 기어 제도에서 피치원은 어떤 선으로 그리는가?

㉮ 가는 실선 ㉯ 굵은 실선
㉰ 가는 은선 ㉱ 가는 일점쇄선

023

구멍과 축의 끼워맞춤 종류 중 항상 죔새가 생기는 끼워 맞춤은?

㉮ 헐거운 끼워맞춤 ㉯ 억지 끼워맞춤
㉰ 중간 끼워맞춤 ㉱ 미끄럼 끼워맞춤

024

그림과 같은 단면도의 종류로 옳은 것은?

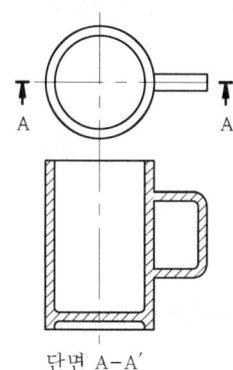

단면 A-A′

㉮ 온단면도 ㉯ 한쪽단면도
㉰ 회전단면도 ㉱ 계단단면도

025

도면에 기입된 "5-∅20드릴"을 옳게 설명한 것은?

㉮ 드릴 구멍이 15개이다.
㉯ 직경 5mm인 드릴 구멍이 20개이다.
㉰ 직경 20mm인 드릴 구멍이 5개이다.
㉱ 직경 20mm인 드릴 구멍의 간격이 5mm이다.

026

한 도면에서 두 종류 이상의 선이 같은 장소에 겹치게 될 때 도면 작성시 선의 우선순위로 옳은 것은?

㉮ 외형선→ 숨은선→ 절단선→ 중심선
㉯ 외형선→ 중심선→ 숨은선→ 절단선
㉰ 중심선→ 숨은선→ 절단선→ 외형선
㉱ 중심선→ 외형선→ 숨은선→ 절단선

027

A4 가로 제도용지를 좌측에 철할 때 여백의 크기가 좌측으로 25mm, 우측으로 10mm, 위쪽으로 10mm, 아래쪽으로 10mm일 때 윤곽선 내부의 넓이(mm²)는?

㉮ 49780 ㉯ 51680
㉰ 52630 ㉱ 62370

028

화염경화법의 특징을 설명한 것 중 틀린 것은?

㉮ 대형부품의 국부담금질이 가능하다.
㉯ 표면은 단단하고, 내마모성이 뛰어나다.
㉰ 부분 담금질이나 담금질 깊이의 조절이 가능하다.
㉱ 저속 가열이므로 복잡한 것이나 요철이 있는 제품에 적합하다.

답 022 ㉱ 023 ㉯ 024 ㉮ 025 ㉰ 026 ㉮ 027 ㉮ 028 ㉱

029
질화 처리의 결함 중 강의 표면에 극히 거세고 경도가 낮은 백층이 많은 경우나 탈탄된 재료를 질화했을 때 나타나는 결함은?

㉮ 취성 ㉯ 수소취성
㉰ 질화층 박리 ㉱ 경도 과다

030
Fe-Fe₃C 평형 상태도에서 Acm 선 이란?

㉮ γ 고용체의 액상선이다
㉯ α 고용체 + Fe₃C가 혼합되는 선이다
㉰ γ 고용체에서 Fe₃C가 처음으로 석출되는 선다.
㉱ γ 고용체에서 α 고용체가 처음으로 석출되는 선이다.

031
소결철 제품의 일반적인 제조공정 순서로 옳은 것은?

㉮ 원료분말 → 사이징 → 소결 → 압축성형 → 혼합 → 제품
㉯ 원료분말 → 혼합 → 압축성형 → 소결 → 사이징 → 제품
㉰ 소결 → 사이징 → 원료분말 → 압축성형 → 혼합 → 제품
㉱ 소결 → 사이징 → 혼합 → 압축성형 → 원료분말 → 제품

032
질화에 의한 표면경화시 사용되는 가스는?

㉮ 황 ㉯ 산소
㉰ 아세틸렌 ㉱ 암모니아

033
합금에서 용질 원자가 용매 원자의 결정격자 사이에 들어가는 고용체를 무엇이라고 하는가?

㉮ 치환형 고용체 ㉯ 침입형 고용체
㉰ 금속간 화합물 ㉱ 규칙격자형 고용체

034
경화된 강의 경도 증가 및 성능 향상, 조직 안정, 치수변화 방지, 침탄층 완전 마텐자이트화를 위해 0℃ 이하에서 행하는 열처리 방법은?

㉮ 가스 침탄 열처리 ㉯ 염욕 열처리
㉰ 질화 열처리 ㉱ 심냉처리

035
침탄과 동시에 질화가 진행되는 장점을 가지는 침탄법은?

㉮ 고체침탄 ㉯ 액체침탄
㉰ 기계침탄 ㉱ 고용침탄

036
피트(pit)로의 특징으로 옳은 것은?

㉮ 긴 제품 처리에 용이하다
㉯ 지그나 바스켓을 이용하여 여러 부품을 처리할 수 있다.
㉰ 담금질시 대기의 노출이 없어 스케일이 생성되지 않는다.
㉱ 담금질 질량이 많고 장시간을 요하는 침탄처리에는 다른 뱃치로와 비교하여 열효율이 좋다.

답 029 ㉰ 030 ㉰ 031 ㉯ 032 ㉱ 033 ㉯ 034 ㉱ 035 ㉯ 036 ㉰

037

다음 중 염욕의 탈탄 여부를 검사하는 시험은?

㉮ 조미니 시험(Jominy test)
㉯ 강박 시험(steel foil test)
㉰ 매크로 시험(macro test)
㉱ 인장 시험(tensile test)

038

표준 고속도 공구강인 18-4-1형의 담금질온도 및 뜨임처리 온도로 옳은 것은?

㉮ 담금질 온도 : 1250℃, 뜨임온도 : 550~600℃
㉯ 담금질 온도 : 1050℃, 뜨임온도 : 450~550℃
㉰ 담금질 온도 : 900℃, 뜨임온도 : 350~450℃
㉱ 담금질 온도 : 780℃, 뜨임온도 : 250~350℃

039

수냉의 경우 냉각능을 크게 하기 위한 조건으로 옳은 것은?

㉮ 물에 NaOH를 첨가하여 10% NaOH 용액으로 만든다.
㉯ 물의 온도를 30℃ 이상 높인다.
㉰ 물을 글리세린으로 교체 한다.
㉱ 물을 반복하여 사용 한다.

040

불림(normalizing)에 대한 설명 중 옳은 것은?

㉮ 내마멸성을 향상시키기 위한 열처리이다.
㉯ 연화를 목적으로 적당한 온도까지 가열한 다음 서냉 한다.
㉰ 잔류 응력을 제거하고 인성을 부여하기 위해 변태 온도 이하로 가열 한다.
㉱ A_3 또는 Acm선보다 30~50℃ 높은 온도로 가열하여 공기 중에 냉각하여 표준화 조직을 만든다.

041

전기로에서 열처리할 때 유의해야 할 사항이 아닌 것은?

㉮ 재료를 넣을 때나 꺼낼 때 화상을 입지 않도록 유의 한다.
㉯ 젖은 손으로 전원 스위치를 조작해서는 안된다.
㉰ 승온시 급가열하여 가열시간을 단축 한다.
㉱ 산화, 탈탄 방지에 노력 한다.

042

조직의 경도 순서가 낮은 것에서 높은 순으로 옳게 나열된 것은?

㉮ 펄라이트 < 소르바이트 < 트루스타이트 < 마텐자이트
㉯ 트루스타이트 < 소르바이트 < 펄라이트 < 마텐자이트
㉰ 펄라이트 < 트루스타이트 < 오스테나이트 < 마텐자이트
㉱ 트루스타이트 < 펄라이트 < 오스테나이트 < 마텐자이트

043

가시광선의 전 파장색의 것을 이용하나 보통 적색 단색광을 이용하는 온도 측정 장치는?

㉮ 열전쌍온도계
㉯ 복사온도계
㉰ 광고온계
㉱ 적외선온도계

답 037 ㉯ 038 ㉮ 039 ㉮ 040 ㉱ 041 ㉰ 042 ㉮ 043 ㉰

044
상온 가공한 황동 제품 등의 자연균열(season crack)을 방지하기 위한 열처리는?

㉮ 시효처리 ㉯ 풀림처리
㉰ 뜨임처리 ㉱ 용체화처리

045
구상화 풀림처리를 행할 때 구상화 속도가 가장 빠른 조직은?

㉮ 열처리 이전의 조대 조직
㉯ 노멀라이징한 표준 조직
㉰ 열처리 이전 냉간 가공 조직
㉱ 탄화물이 미세화게 분산된 담금질된 조직

046
침탄담금질에서 경도가 부족한 원인이 아닌 것은?

㉮ 침탄량이 부족할 때
㉯ 잔류 오스테나이트가 많을 때
㉰ 담금질 온도가 너무 낮을 때
㉱ 담금질 냉각 속도가 빠를 때

047
담금질성을 증가시키는 원소가 아닌 것은?

㉮ B   ㉯ Pb
㉰ Mo   ㉱ Ni

048
열처리의 냉각 방법에는 연속 냉각, 2단 냉각, 항온 냉각이 있다. 다음 중 항온 냉각 열처리에 해당되는 것은?

㉮ 마퀜칭   ㉯ 보통 풀림
㉰ 보통 담금질 ㉱ 보통 노멀라이징

049
열간 성형 스프링강의 구비조건으로 옳은 것은?

㉮ 내피로성이 적어야 한다.
㉯ 입자가 조대해야 된다.
㉰ 경화능이 적어야 한다.
㉱ 노치 감수성이 적어야 한다.

050
합금하지 않은 회주철을 760℃에서 1시간 유지하여 풀림한 조직은?

㉮ 펄라이트+시멘타이트
㉯ 펄라이트+흑연
㉰ 페라이트+시멘타이트
㉱ 페라이트+흑연

051
오스테나이트화 온도에서 수냉 담금질 한 후 탄소강의 조직은?

㉮ 펄라이트   ㉯ 마텐자이트
㉰ 페라이트   ㉱ 오스테나이트

답 044 ㉯ 045 ㉱ 046 ㉱ 047 ㉯ 048 ㉮ 049 ㉱ 050 ㉱ 051 ㉯

052

공구강이 구비해야 할 성질로 옳은 것은?

㉮ 내마멸성이 작을 것
㉯ 압축 강도가 적을 것
㉰ 상온 및 고온 경도가 클 것
㉱ 가열에 의한 경도의 변화가 클 것

053

탈탄의 원인이 되는 기체가 아닌 것은?

㉮ 산소 ㉯ 이산화탄소
㉰ 수증기 ㉱ 일산화탄소

054

TD(Toyota Diffusion Process) 처리재의 특징을 설명한 것 중 틀린 것은?

㉮ 초경합금보다 훨씬 높은 경도를 갖는다.
㉯ 초경합보다 우수한 소착성을 갖는다.
㉰ 스테인리스강보다 우수한 내식성을 갖는다.
㉱ Cr 도금법, PVD법에 의한 표면층보다 우수한 내박리성을 갖는다.

055

공석강의 항온변태곡선에 관한 설명 중 옳은 것은?

㉮ 250℃ 부근을 코(nose)라 불리 운다.
㉯ 코(nose) 아래의 온도에서 항온변태 시키면 펄라이트가 형성 된다.
㉰ 항온변태곡선을 C곡선 또는 S 곡선이라고도 한다.
㉱ 250~350℃에서 형성된 베이나이트를 상부 베이나이트라 한다.

056

마텐자이트 변태가 시작되는 온도와 관련이 큰 것은?

㉮ Ar', Mf점   ㉯ Ar", Ms점
㉰ A_1, Ma점   ㉱ A_3, Mc점

057

염욕 열처리시 유의해야할 사항이 아닌 것은?

㉮ 가능한 한 순도가 낮은 염을 사용 한다
㉯ 안전복과 안면보호 장비를 착용한 후 작업 한다.
㉰ 보조 전압 사용시 저전압에서 가열한 후 고전압으로 작업해야 한다.
㉱ 액체침탄 등 CN기를 사용할 경우 폐기처리 장치가 있는 장소에서 작업해야 한다.

058

열전대 온도계 중 가열 한도가 가장 높은 것은?

㉮ 동 - 콘스탄탄   ㉯ 철 - 콘스탄탄
㉰ 크로멜 - 알루멜   ㉱ 백금 - 백금, 로듐

059

고주파 담금질에 대한 설명으로 틀린 것은?

㉮ 기어, 캠, 핀, 부시, 라이너 등의 열처리에 사용 된다.
㉯ 열처리 불량이 적고 변형 보정을 필요로 하지 않는다.
㉰ 열처리 후에 연삭 과장을 샹락 또는 단축 할 수 있다.
㉱ 대형품이나 깊은 담금질층을 얻기 위해서는 높은 주파수를 이용 한다.

답 052 ㉰ 053 ㉱ 054 ㉯ 055 ㉰ 056 ㉯ 057 ㉮ 058 ㉱ 059 ㉱

060

평면의 냉각속도를 1 이라 할 때 (x)의 냉각속도는?

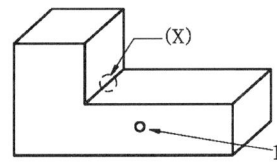

㉮ $\dfrac{1}{3}$ ㉯ 3

㉰ 5   ㉱ 7

답 060 ㉮

제6편 열처리기능사 필기 시행문제 (2012년 5회)

001

고강도 합금 판재인 두랄루민의 내식성을 향상시키기 위하여 순수 Al 또는 Al 합금을 피복한 것으로 강도와 내식성을 동시에 증가시킬 목적으로 사용되는 것은?

㉮ 라우탈 ㉯ 로엑스
㉰ 실루민 ㉱ 알클래드

002

철강 제조에 사용되는 다음의 철광석 종류 중 Fe 성분 함유량이 가장 많은 것은?

㉮ 갈철광 ㉯ 적철광
㉰ 능철광 ㉱ 자철광

003

소결 초경질 공구강이 아닌 것은?

㉮ 미디아(midia) ㉯ 카보로이(carboloy)
㉰ 스텔라이트(stellite) ㉱ 텅갈로이(tunalloy)

004

특정온도 이상으로 가열하면 변형되기 이전의 원래상태로 되돌아가는 현상을 이용하여 만든 신소재는?

㉮ 형상기억합금 ㉯ 제진합금
㉰ 비정질합금 ㉱ 초전도합금

005

Fe-C 상태도에 대한 설명으로 옳은 것은?

㉮ α는 면심입방격자이다.
㉯ γ는 체심입방격자이다.
㉰ 순철은 910℃, 1400℃에서 동소변태가 일어난다.
㉱ 한 원소로 이루어진 물질에서 결정구조가 바뀌지 않는 것을 동소변태라 한다.

006

주철의 조직과 성질에 대한 설명으로 옳은 것은?

㉮ 주철의 압축강도는 보통주철에서 인장강도의 약 4배 정도이다.
㉯ 주물 두께가 얇으면 급냉되어 흑연은 크고 편상으로 성장한다.
㉰ 주물 두께가 두꺼우면 냉각 속도가 느려 시멘타이트가 많이 석출되어 백주철이 되기 쉽다.
㉱ 회주철은 편상 흑연이 있어 진동을 흡수할 수 없어 기어박스 및 기계몸체 등에 사용하지 않는다.

답 001 ㉱ 002 ㉱ 003 ㉰ 004 ㉮ 005 ㉰ 006 ㉮

007

귀금속에 속하는 금은 전연성이 가장 우수하며 황금색을 띤다. 순도 100%를 나타내는 단위는?

㉮ 24 캐럿(carat, K)
㉯ 48 캐럿(carat, K)
㉰ 50 캐럿(carat, K)
㉱ 100 캐럿(carat, K)

008

황동(brass)의 종류에 해당되지 않는 것은?

㉮ 톰백   ㉯ 문쯔메탈
㉰ 델타메탈   ㉱ 애드미럴티 포금

009

수은을 제외한 금속재료의 일반적 성질을 설명한 것 중 옳은 것은?

㉮ 금속은 상온에서 결정체이다.
㉯ 순수한 금속일수록 열전도율은 떨어진다.
㉰ 합금의 전기 전도율은 순수한 금속보다 좋다.
㉱ 이온화 경향이 작은 금속일수록 부식되기 쉽다.

010

전열합금에 요구되는 특성을 설명한 것 중 옳은 것은?

㉮ 용접성이 좋고 반복가열에 파괴될 것
㉯ 전기저항이 높고 저항의 온도계수가 작을 것
㉰ 열팽창계수가 크고 고온강도가 작을 것
㉱ 고온대기 중에서 산화에 견디고 사용온도가 낮을 것

011

다음 중 금속이 갖는 일반적인 특성이 아닌 것은?

㉮ 전성 및 연성이 좋다.
㉯ 전기 및 열의 양도체이다.
㉰ 금속 고유의 광택을 가진다.
㉱ 수은을 제외하고는 고체 상태에서 비정질의 구조를 갖는다.

012

구리 합금 중에서 70%Cu + 30%Zn 로된 합금명은?

㉮ 켈멧 (kelmet)
㉯ 길딩메탈 (gilding metal)
㉰ 커트리즈 브라스 (cartridge bronze)
㉱ 커머셜 브론즈 (commercial bronze)

013

10~20%Ni, 15~30%Zn에 구리 약70%의 합금으로 탄성재료나 화학기계용 재료로 사용되는 것은?

㉮ 양백   ㉯ 청동
㉰ 엘린바   ㉱ 모넬메탈

014

Ni 및 Ni 합금에 대한 설명으로 옳은 것은?

㉮ Ni 는 비중이 약 8.9이며, 융점은 1455℃이다.
㉯ Fe에 36%Ni 합금을 백동이라 하며, 열간가공성이 우수하다.
㉰ Cu에 10~30%Ni 합금을 인바라 하며, 열팽창계수가 상온부근에서 매우 작다.
㉱ Ni 는 대기 중에서는 잘 부식되나, 아황산가스를 품은 공기에는 부식되지 않는다.

답 007 ㉮ 008 ㉱ 009 ㉮ 010 ㉯ 011 ㉱ 012 ㉰ 013 ㉮ 014 ㉮

015

강에 대한 망간(Mn)의 영향이 아닌 것은?

㉮ 담금질이 잘 된다.
㉯ 고온에서 결정성장을 감소시킨다.
㉰ 적열메짐의 원인이 되는 원소이다.
㉱ 점성을 증가시키고 고온 가공을 용이하게 한다.

016

다음 물체를 제 3각법으로 나타낸 것 중 옳은 것은?

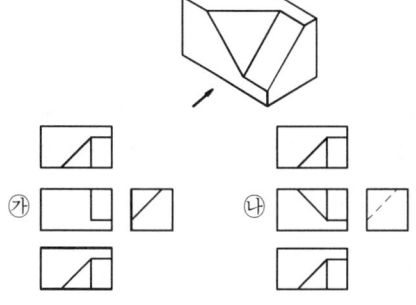

017

다음 도면에서 치수기입 요소 중 "A"에 해당되는 것은?

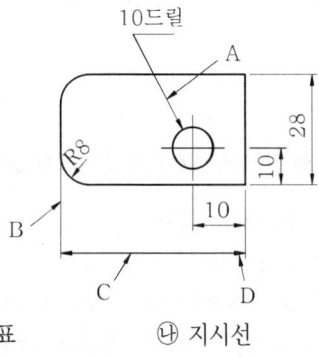

㉮ 화살표 ㉯ 지시선
㉰ 치수선 ㉱ 치수보조선

018

회전 운동을 직선 운동으로 바꾸거나, 직선 운동을 회전 운동으로 바꿀 때 사용되는 기어는?

㉮ 래크   ㉯ 헬리컬
㉰ 스쿠르   ㉱ 직선 베벨

019

기계재료의 표시 중 SC 360 이 의미하는 것은?

㉮ 탄소용 단강품   ㉯ 탄소용 주강품
㉰ 탄소용 압연품   ㉱ 탄소용 압출품

020

척도에 대한 설명 중 옳은 것은?

㉮ 축척은 실물보다 확대하여 그린다.
㉯ 배척은 실물보다 축소하여 그린다.
㉰ 현척은 실물의 크기와 같은 크기로 1:1 로 표현한다.
㉱ 그림의 형태가 치수와 비례하지 않는 경우 PS 의 문자를 기입한다.

021

구멍의 지름 치수가 $\varnothing 20^{+0.012}_{-0.025}$인 경우 공차(mm)는?

㉮ 0.012   ㉯ 0.013
㉰ 0.025   ㉱ 0.037

답 015 ㉰ 016 ㉱ 017 ㉯ 018 ㉮ 019 ㉯ 020 ㉰ 021 ㉱

022

[그림]과 같이 나타나는 단면도는?

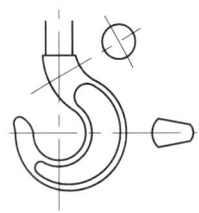

㉮ 온단면도   ㉯ 회전단면도
㉰ 부분단면도 ㉱ 한쪽단면도

023

지름이 20mm인 구(球)의 치수 표시로 옳은 것은?

㉮ SØ20   ㉯ 20S
㉰ R20   ㉱ SR20

024

물체 일부 면에 열처리 등 특수 가공을 하는 경우 그 가공 범위를 나타내는 데 사용하는 선은?

㉮ 굵은 실선   ㉯ 가는 실선
㉰ 굵은 1점 쇄선 ㉱ 가는 1점 쇄선

025

호와 현의 치수 표시에 대한 설명 중 틀린 것은

㉮ 현의 치수 숫자 위에 기호 (⌒)를 덧붙인다.
㉯ 현과 호의 치수 보조선은 현에 직각되게 긋는다.
㉰ 현의 길이를 표시하는 치수선은 현과 평행하게 긋는다.
㉱ 호의 길이를 표시하는 치수선은 그 호와 동심인 원호로 표시한다.

026

치수 수치의 표시방법을 설명한 것 중 틀린 것은?

㉮ 각도의 치수 수치는 일반적으로 도의 단위로 기입한다.
㉯ 치수 중 참고 치수에 대하여는 치수 수치에 괄호를 붙인다.
㉰ 길이의 치수 수치는 원칙적으로 mm단위로 기입하고 단위 기호는 기입하지 않는다.
㉱ 각도의 치수 수치를 라디안의 단위로 기입하는 경우 그 단위 기호인 라디안(rad)은 기입하지 않는다.

027

줄무늬 방향의 기호 중 가공에 의한 컷의 줄무늬가 기호를 기입한 면의 중심에 대하여 거의 방사 모양인 것의 기호는?

㉮ X   ㉯ C
㉰ R   ㉱ M

028

냉각 도중에 냉각 속도를 변화시키는 방법으로 인상담금질을 할 때 적용되는 냉각 방법은?

㉮ 자연냉각   ㉯ 연속냉각
㉰ 2단 냉각   ㉱ 항온 냉각

029

담금질 변형 방지 방법에 대한 설명으로 틀린 것은?

㉮ 쇼트피닝을 실시한다.
㉯ 프레스 또는 롤러 담금질한다.
㉰ 미리 변형을 예측하고 예측한 방향으로 변형시킨다.
㉱ 축이 긴 물건은 수직으로 매달아 담금질 한다.

답 022 ㉯ 023 ㉮ 024 ㉰ 025 ㉮ 026 ㉱ 027 ㉰ 028 ㉰ 029 ㉰

030

위험예지 훈련의 4단계 중 대책을 수립하는 단계에 해당하는 것은?

㉮ 1단계　　㉯ 2단계
㉰ 3단계　　㉱ 4단계

031

일반적으로 담금질 효과가 가장 적게 나타나는 것은?

㉮ 경강　　　㉯ 공석강
㉰ 탄소 공구강　㉱ 극연강

032

강을 담금질 할 때 담금질 효과의 정도를 결정하는 구역은?

㉮ 임계구역　㉯ 위험구역
㉰ 가열구역　㉱ 대류구역

033

냉각제 중 염수의 장점으로 틀린 것은?

㉮ 부식성이 없다.
㉯ 냉각속도가 물보다 빠르다.
㉰ 열처리 품의 경도가 상승한다.
㉱ 용액의 냉각을 위한 열교환기의 필요성이 물이나 기름에 비해 감소한다.

034

인청동에서 응고로 인한 화학적 편석이나 유핵조직(coring)을 감소시키기 위해 장시간 고온에서 유지하는 처리는?

㉮ 담금질처리　㉯ 인공시효처리
㉰ 안정화처리　㉱ 균질화처리

035

잔류 오스테나이트에 대한 설명 중 옳은 것은?

㉮ 상온에서 안정된 조직이다.
㉯ 상온에서 존재하는 미변태된 오스테나이트 조직이다.
㉰ 담금질한 강을 0℃ 이하의 온도로 냉각시켰을 때 나타나는 조직이다.
㉱ 잔류 오스테나이트를 마텐자이트화 하는 처리를 용체화처리라고 한다.

036

오스테나이트화한 강을 재결정 온도 이하와 Ms점 이상의 온도 범위에서 변태가 일어나기 전에 소성 가공한 다음 냉각하는 소성가공과 열처리를 결합한 방법은?

㉮ Ms퀜칭　　㉯ 오스포밍
㉰ 마템퍼링　㉱ 오스템퍼링

답　030 ㉰　031 ㉱　032 ㉮　033 ㉮　034 ㉱　035 ㉯　036 ㉯

037

표면경화강의 열처리시 1차 및 2차 담금질의 주목적은?

㉮ 1차 담금질 : 침탄층 연화, 2차 담금질 : 중심부 조직 미세화
㉯ 1차 담금질 : 중심부 조직 조대화, 2차 담금질 : 침탄층 연화
㉰ 1차 담금질 : 중심부 조직 미세화, 2차 담금질 : 침탄층 경화
㉱ 1차 담금질 : 침탄층 경화, 2차 담금질 : 중심부 조직 조대화

038

노의 구성 재료로서 내화벽돌의 종류에 해당되지 않는 것은?

㉮ 샤모트 벽돌   ㉯ 알루미나질 벽돌
㉰ 카보랜덤질 벽돌   ㉱ 시멘트 벽돌

039

동 합금에 관한 열처리 방법을 설명한 것 중 옳은 것은?

㉮ 화폐용 청동은 단조 후 풀림 처리하여 사용한다.
㉯ 가공 중에 있는 인청동의 중간 풀림 온도는 약 1100℃ 정도이다.
㉰ 기계용 청동은 수지상 조직으로 연성이 낮아 1200℃에서 풀림처리하여 연성을 부여하여 사용한다.
㉱ 콜슨 합금은 1000℃에서 담금질 한 후 850℃에서 뜨임 할 때 우수한 기계적 성질을 나타낸다.

040

0.81%C의 탄소 공구강을 820℃에서 물에 담금질 하고 580℃에서 뜨임한 것으로 트루스타이트보다 경도는 낮으나 인성과 탄성이 가장 좋은 조직은?

㉮ 시멘타이트   ㉯ 마텐자이트
㉰ 소르바이트   ㉱ 오스테나이트

041

최대 사용 온도가 가장 높은 열전대는?

㉮ K(CA)   ㉯ J(IC)
㉰ T(CC)   ㉱ R(PR)

042

강의 열처리 방법 중 A_1 변태점 이하로 처리하여 인성을 부여하는 열처리 방법은?

㉮ 풀림(Annealing)   ㉯ 불림(Normalizing)
㉰ 담금질(Quenching)   ㉱ 뜨임(Tempering)

043

침탄담금질의 결함에서 박리가 생기는 원인이 아닌 것은?

㉮ 반복 침탄 하였을 때
㉯ 과잉 침탄 하였을 때
㉰ 소재의 강도가 높은 것을 사용할 때
㉱ 국부적으로 탄소 함유량이 너무 많거나 상대적으로 탄소량이 너무 적을 때

답 037 ㉰ 038 ㉱ 039 ㉮ 040 ㉰ 041 ㉱ 042 ㉱ 043 ㉰

044

극저탄소 합금 마텐자이트를 시효에 의하여 경화시키는 강은?

㉮ 고망간강   ㉯ 베어링강
㉰ 마레이징강 ㉱ 베이나이트강

045

담금질 냉각제의 냉각 효과를 지배하는 인자가 아닌 것은? (단, 온도에 따른 확산 정수값은 899℃에서 0.533이다.)

㉮ 점도   ㉯ 비중
㉰ 비열   ㉱ 열전도도

046

트리클로로에틸렌 증기 세정에 관한 설명으로 틀린 것은?

㉮ 분위기 열처리품의 전처리 및 후처리에 이용되는 처리방법이다.
㉯ 트리클로로에틸렌을 하부의 세정조에서 봉입 발열체에 의해 가열하여 증기가 된다.
㉰ 증기는 용제로 탈지를 행하고 상부의 냉각 코일에 의해 액화되어 저부로 돌아와 순환한다.
㉱ 트리클로로에틸렌 증기는 항상 청정하며, 독성이 없어 무공해로 관리가 용이하다.

047

침탄 온도 899℃로 4시간 침탄시 침탄층의 깊이(mm)는?

㉮ 1.06   ㉯ 1.27
㉰ 1.37   ㉱ 1.54

048

회주철의 열처리에 대한 설명으로 틀린 것은?

㉮ 단면이 불균일한 주물의 경우 두꺼운 단면이 담금질욕에 먼저 들어가도록 한다.
㉯ 흑연화 풀림의 목적은 펄라이트와 흑연 덩어리 상태의 탄화물로 바꾸는 것이다.
㉰ 담금질 후 대개 변태 영역 이하의 온도에서 25mm의 단면 두께 마다 약 1시간 뜨임한다.
㉱ 노멀라이징은 기계적성질을 개선하고 흑연화 등의 다른 열처리에 의해 변화된 주조 상태의 성질을 회복하기 위해 실시한다.

049

응력제거 풀림처리에 관한 설명으로 옳은 것은?

㉮ 단조, 주조, 용접 등으로 생긴 잔류 응력의 제거를 위해 A_1 점 이하의 적당한 온도에서 가열한다.
㉯ 로 내에서 서냉 한 후 응집된 입자를 풀어주어 탄화물을 형성하는 처리이다.
㉰ 과열 급냉에 의해 탈탄된 강의 균열 결함을 제거하는 처리이다.
㉱ 고온풀림(high annealing)이라고도 한다.

050

고체 침탄 촉진제로 사용되는 것은?

㉮ 시안화나트륨(NaCN)
㉯ 시안화칼륨(KCN)
㉰ 탄산바륨($BaCO_3$)
㉱ 염화나트륨(NaCl)

답 044 ㉰ 045 ㉯ 046 ㉱ 047 ㉮ 048 ㉯ 049 ㉮ 050 ㉰

051
강의 파단면에 원형 또는 타원형의 은백색으로 빛나는 부분이 생김으로써 균열의 원인인 백점을 발생하게 하는 원소는?

㉮ 탄소   ㉯ 규소
㉰ 수소   ㉱ 산소

052
금속재료의 열처리에 이용되고 있는 확산의 대표적인 사례가 아닌 것은?

㉮ 침탄   ㉯ 질화
㉰ 담금질   ㉱ 시멘테이션

053
심냉처리(sub-zero)처리의 효과가 아닌 것은?

㉮ 내식성, 내열성 및 마모성을 향상시킨다.
㉯ 담금질한 강의 경도를 균일화 시킨다.
㉰ 담금질한 강의 경도를 향상시킨다.
㉱ 시효 변형을 방지하고 치수를 안정화 시킨다.

054
고체 침탄법에 대한 설명으로 틀린 것은?

㉮ 침탄 온도는 약 900~950℃로 한다.
㉯ 침탄제로 주로 목탄이 쓰인다.
㉰ 표면에는 망상 탄화물이 생기기 쉽다.
㉱ 가열에 균열성이 좋아 침탄층도 균열성이 우수하다.

055
열간 압연을 한 탄소량이 0.6% 이하인 기계 구조용 탄소강을 절삭 가공이 쉽도록 하기 위한 열처리는?

㉮ 뜨임   ㉯ 완전 풀림
㉰ 담금질   ㉱ 노멀라이징

056
안전 점검방법에서 수시 점검에 알맞지 않은 것은?

㉮ 작업 전   ㉯ 작업 중
㉰ 작업 후   ㉱ 사고 발생 직후

057
침탄 작용을 방해하여 경화층 깊이를 저하시키는 영향이 가장 큰 원소는?

㉮ Cr   ㉯ Mo
㉰ Ni   ㉱ Al

058
고탄소-고크롬 공구강(STD11)을 공냉으로 중심부까지 경화시킬 수 있는 환봉의 지름은 약 몇 mm 인가?

㉮ 80   ㉯ 150
㉰ 300   ㉱ 500

답 051 ㉰ 052 ㉰ 053 ㉮ 054 ㉱ 055 ㉯ 056 ㉱ 057 ㉱ 058 ㉮

059

소형 부품의 연속가열이나 침탄처리에 좋은 전기로는?

㉮ 피트로　　　㉯ 대차로
㉰ 원통로　　　㉱ 회전레토르트로

060

인상담금질의 인상 시기에 대한 설명으로 옳은 것은?

㉮ 화색이 사라지는 순간 물에서 꺼내어 공냉 한다.
㉯ 기름의 기포 발생이 시작된 순간 꺼내어 공냉 한다.
㉰ 진동 또는 물소리가 정지한 순간 꺼내어 유냉 혹은 공냉 한다.
㉱ 가열물의 직경 또는 두께 3mm당 3초 동안 기름속에 담근 후에 공냉한다.

답 059 ㉱ 060 ㉰

제6편 열처리기능사 필기 시행문제 (2013년 2회)

001
α철(BCC)보다 γ철(FCC)에 탄소의 고용도가 훨씬 큰 이유는?

㉮ γ철의 원자충진율이 더 낮다.
㉯ γ철에서는 탄소가 치환형으로 고용된다.
㉰ γ철에서는 탄화물을 잘 형성한다.
㉱ γ철에는 탄소가 고용할 만한 크기의 공간이 있다.

002
다음 금속 중 이온화 경향이 가장 큰 것은?

㉮ Mo ㉯ Fe
㉰ Al   ㉱ Cu

003
다음의 가공용 알루미늄 합금 중 시효경화성이 있는 것은?

㉮ 알민   ㉯ 두랄루민
㉰ 알클래드   ㉱ 하이드로날륨

004
Fe-C상태도에서 0.8%C 함유하며, 온도 723℃에서 $\gamma \leftrightarrows \alpha + Fe_3C$로 반응하는 것은?

㉮ 공정 반응 ㉯ 공석 반응
㉰ 편정 반응 ㉱ 포정 반응

005
저용융점 합금의 용융점 온도는 약 몇 ℃ 이하인가?

㉮ 250 ㉯ 350
㉰ 450 ㉱ 550

006
변태 초소성의 조건과 원칙에 대한 설명 중 틀린 것은?

㉮ 재료에 변태가 있어야 한다.
㉯ 변태 진행 중에 작은 하중에도 변태 초소성이 된다.
㉰ 강도지수(m)의 값은 거의 0(zero)의 값을 갖는다.
㉱ 변태점을 오르내리는 열사이클을 반복으로 가한다.

답 001 ㉱ 002 ㉰ 003 ㉯ 004 ㉯ 005 ㉮ 006 ㉰

007

주철의 기계적 성질에 대한 설명 중 틀린 것은?

㉮ 경도는 C+Si의 함유량이 많을수록 높아진다.
㉯ 주철의 압축강도는 인장강도의 3~4배 정도이다.
㉰ 고 C, 고 Si의 크고 거친 흑연편을 함유하는 주철은 충격값이 작다.
㉱ 주철은 자체의 흑연이 윤활제 역할을 하며, 내마멸성이 우수하다.

008

실용 합금으로 Al에 Si이 약 10~13% 함유된 합금의 명칭으로 옳은 것은?

㉮ 라우탈 ㉯ 알니코
㉰ 실루민 ㉱ 오일라이트

009

소성 히스테리시스와 관련이 가장 깊은 것은?

㉮ 멘델의 법칙 ㉯ 베가드의 법칙
㉰ 키켄델의 효과 ㉱ 바우싱거 효과

010

표점 거리가 200mm인 1호 시험편으로 인장 시험한 후 표점 거리가 240mm로 되었다면 연신율(%)은?

㉮ 10 ㉯ 20
㉰ 30 ㉱ 40

011

순수한 철(Fe)의 동소 변태점끼리 구성된 것은?

㉮ A_0, A_1 ㉯ A_1, A_2
㉰ A_2, A_3 ㉱ A_3, A_4

012

Cu-Zn계 합금인 황동에서 탈아연부식이 가장 발생하기 쉬우며, $\alpha+\beta$의 조직인 것은?

㉮ 톰백(tombac)
㉯ 문쯔메탈(muntz metal)
㉰ 애드미럴티황동(admiralty brass)
㉱ 쾌삭황동(free cutting brass)

013

표준 저항선, 열전쌍용 선으로 사용되는 Ni합금인 콘스탄탄(constantan)의 구리 함유량(%)은?

㉮ 5~15 ㉯ 20~30
㉰ 30~40 ㉱ 50~60

014

다음 중 베어링용 합금이 갖추어야 할 조건 중 틀린 것은?

㉮ 마찰계수가 클 것
㉯ 충분한 점성과 인성이 있을 것
㉰ 내식성 및 내소착성이 좋을 것
㉱ 하중에 견딜 수 있는 경도와 내압력을 가질 것

답 007 ㉮ 008 ㉰ 009 ㉱ 010 ㉯ 011 ㉱ 012 ㉯ 013 ㉱ 014 ㉮

015

주철의 접종에서 S%의 고저(高低)에 관계없이 효과가 있는 접종제는?

㉮ K-Mn
㉯ Cd-Na
㉰ Ca-Si
㉱ Zn-Co

016

도면의 분류 중 사용 목적과 내용에 따라 분류할 때 사용목적에 해당되는 것은?

㉮ 조립도
㉯ 설명도
㉰ 공정도
㉱ 부품도

017

한국산업표준에서 [보기]의 의미를 설명한 것 중 틀린 것은?

[보기] KS D 3752에서의 SM 45C

㉮ SM 45C에서 S는 강을 의미한다.
㉯ KS D 3752는 KS의 금속부문을 의미한다.
㉰ SM 45C에서 M은 일반 구조용 압연재를 의미한다.
㉱ SM 45C에서 45C는 탄소함유량을 의미한다.

018

도면 중 Ⓐ로 표시된 대각선이 의미하는 것은?

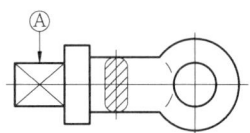

㉮ 보통가공 부분이다.
㉯ 정밀가공 부분이다.
㉰ 평면을 표시한다.
㉱ 열처리 부분이다.

019

치수기입의 원칙에 대한 설명으로 옳은 것은?

㉮ 치수는 될 수 있는 한 평면도에 기입한다.
㉯ 관련되는 치수는 될 수 있는 대로 한 곳에 모아서 기입해야 한다.
㉰ 치수는 계산하여 확인할 수 있도록 기입해야 한다.
㉱ 치수는 알아보기 쉽게 여러 곳에 같은 치수를 기입한다.

020

정투상도법에서 정면도의 선택 방법으로 틀린 것은?

㉮ 물체의 주요면이 되도록 투상면에 평행 또는 수직하게 나타낸다.
㉯ 물체의 특징을 가장 명료하게 나타내는 투상도를 정면도로 한다.
㉰ 관련 투상도는 되도록 은선으로 그릴 수 있게 배치한다.
㉱ 물체는 되도록 자연스러운 위치로 두고 정면도를 선택한다.

답 015 ㉰ 016 ㉯ 017 ㉰ 018 ㉰ 019 ㉯ 020 ㉰

021

물체를 제3면각 안에 놓고 투상하는 방법으로 옳은 것은?

㉮ 눈 → 투상면 → 물체
㉯ 눈 → 물체 → 투상면
㉰ 투상면 → 눈 → 물체
㉱ 투상면 → 물체 → 눈

022

미터 보통나사를 나타내는 기호는?

㉮ S   ㉯ R
㉰ M   ㉱ PT

023

다음 중 가공방법과 기호가 잘못 짝지어진 것은?

㉮ 연삭-G   ㉯ 주조-C
㉰ 다듬질-F   ㉱ 프레스 가공-S

024

핸들, 바퀴의 암, 레일의 절단면 등을 그림처럼 90° 회전시켜 나타내는 단면도는?

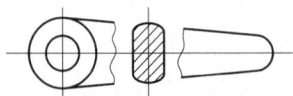

㉮ 전단면도   ㉯ 한쪽 단면도
㉰ 부분 단면도   ㉱ 회전 도시 단면도

025

축척 중 현척에 해당되는 것은?

㉮ 1 : 1   ㉯ 1 : 2
㉰ 1 : 10   ㉱ 20 : 1

026

선의 용도와 명칭이 잘못 짝지워진 것은?

㉮ 숨은선-파선
㉯ 지시선-일점 쇄선
㉰ 외형선-굵은 실선
㉱ 파단선-지그재그의 가는 실선

027

그림의 테이퍼가 1/10일 때 X의 값은?

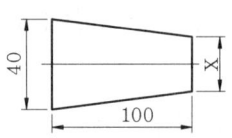

㉮ 20   ㉯ 30
㉰ 40   ㉱ 50

028

탄소강의 동소변태에 대한 설명 중 틀린 것은?

㉮ 가열 중 768℃에서 α철이 β철로 변화한다.
㉯ 가열 중 910℃에서 α철이 γ철로 변화한다.
㉰ 가열 중 1400℃에서 γ철이 δ철로 변화한다.
㉱ 1개의 동소체에서 다른 동소체로 변화하는 변태를 동소 변태라 한다.

답 021 ㉮ 022 ㉰ 023 ㉱ 024 ㉱ 025 ㉮ 026 ㉯ 027 ㉯ 028 ㉮

029

0.8%C 이하의 기계구조용 탄소강의 담금질 온도로서 적당한 것은?

㉮ A_3 변태점 온도에서 +30~+50℃
㉯ A_3 변태점 온도에서 -30~-50℃
㉰ A_{cm} 변태점 온도에서 +30~+50℃
㉱ A_{cm} 변태점 온도에서 -30~-50℃

030

다음 중 불꽃시험에서 밝기가 가장 밝은 강재는?

㉮ SM45C   ㉯ STD11
㉰ SKH51   ㉱ SM25C

031

액체 침탄법에서 경화층을 얇게 하기 위한 조건은?

㉮ 고농도의 NaCN에 약 750~850℃ 실시한다.
㉯ 고농도의 NaCN에 약 850~950℃ 실시한다.
㉰ 저농도의 NaCN에 약 750~850℃ 실시한다.
㉱ 저농도의 NaCN에 약 850~950℃ 실시한다.

032

일반적으로 담금질유(광유)의 냉각능이 가장 큰 온도(℃)는?

㉮ 10~20   ㉯ 30~40
㉰ 50~60   ㉱ 70~80

033

침탄강의 구비조건을 설명한 것 중 틀린 것은?

㉮ 강의 내부에 기공 또는 균열이 없어야 한다.
㉯ 강재는 0.45%C 이상의 고탄소강이어야 한다.
㉰ 경화층의 경도는 높고, 내마모성이 우수하여야 한다.
㉱ 장시간 가열하여도 결정입자가 성장하지 않아야 한다.

034

염욕으로 Na_2CO_3가 주로 사용되어 염욕에 탄소가루나 유기물 등이 혼입되면 폭발의 위험성이 있는 질산염을 주로 사용하는 것은?

㉮ 유동상로   ㉯ 저온용 염욕로
㉰ 중온용 염욕로 ㉱ 고온용 염욕로

035

다음의 담금질 방법 중 가장 좋은 작업 방법은?

㉮ 담금질액에 제품을 넣을 때는 얇은 부분을 먼저 냉각시킨다.
㉯ 변형을 미리 예측하고 반대 방향이 아닌 예측 방향으로 변형시켜 놓는다.
㉰ 축이 긴 제품은 수직으로 매달거나 수직으로 회전시키면서 냉각한다.
㉱ 구멍 뚫인 곳이나 형상이 복잡한 곳에는 다른 모양에 비해 급격한 속도로 냉각하여야 한다.

답 029 ㉮ 030 ㉱ 031 ㉮ 032 ㉰ 033 ㉯ 034 ㉯ 035 ㉰

036
탄소강을 오스테나이트화 한 후 서냉하여 얻을 수 있는 표준조직으로 옳은 것은?

㉮ 마텐자이트 ㉯ 시멘타이트
㉰ 소르바이트 ㉱ 트루스타이트

037
열전대로 사용하는 재료로 적당한 것은?

㉮ 열기전력이 작을 것
㉯ 내열성이 클 것
㉰ 히스테리시차가 클 것
㉱ 내식성이 나쁘고 기계적 강도가 클 것

038
알루미늄 합금 질별 기호에서 풀림(annealing)한 가공용 제품을 나타내는 기호는?

㉮ F ㉯ O
㉰ H ㉱ W

039
공기 중의 산소나 질소와의 반응이 크므로 진공 분위기에서 열처리하여야 하고, 비교적 가볍고 우수한 내식성과 비강도가 높아 항공기, 화학 기계 등에 사용되는 원소는?

㉮ Mo ㉯ Cu
㉰ Hg ㉱ Ti

040
소성가공은 재료의 어떤 성질을 이용한 것인가?

㉮ 재결정   ㉯ 탄성변형
㉰ 영구변형 ㉱ 결정립 성장

041
베어링강의 열처리시 편석을 제거하는 방법은?

㉮ 표면을 산화시킨다.
㉯ 결정립을 성장시킨다.
㉰ 강괴를 크게 하여 서냉시킨다.
㉱ 균질열처리로 확산처리하고, 단조비를 가능한 크게 한다.

042
염욕 열처리의 특성이 아닌 것은?

㉮ 균일한 가열이 가능하다.
㉯ 강의 표면산화와 탈탄을 촉진시킨다.
㉰ 강재의 가열 속도를 높일 수 있다.
㉱ 염의 성분을 조성함으로써 임의의 열처리 온도를 얻을 수 있다.

043
진공 용기 내에서 금속을 증발시키고, 기판에 (-)극을 걸어 주어 글로우 방전에 의해 이온화가 촉진되게 함으로써 밀착력이 우수하여 공구나 금형 등에 사용되는 증착법은?

㉮ 진공 증착   ㉯ 스퍼터링
㉰ 이온 플레이팅 ㉱ TD 처리법

답 036 ㉯ 037 ㉯ 038 ㉯ 039 ㉱ 040 ㉰ 041 ㉱ 042 ㉯ 043 ㉰

044

탄소공구강을 나타내는 기호와 담금질 온도로 옳은 것은?

㉮ SC37, 780℃(수냉)
㉯ SM45C, 1050℃(유냉)
㉰ STC60, 840℃(수냉)
㉱ SF37, 1050℃(유냉)

045

비접촉식 온도 측정 장치 중 800~2000℃까지의 온도측정에 이용되는 온도계는?

㉮ 열전쌍식 온도계 ㉯ 저항식 온도계
㉰ 압력식 온도계   ㉱ 방사 온도계

046

강을 A_{c3} 또는 A_{cm} 이상의 적당한 온도로 가열하여 오스테나이트화 한 후 대기 중에서 냉각하여 강을 표준화시키는 열처리는?

㉮ 풀림   ㉯ 불림
㉰ 뜨임   ㉱ 담금질

047

다음 중 가장 느린 담금질 냉각 속도를 얻고자 하는 경우에 사용되는 냉각 장치는?

㉮ 공냉 장치   ㉯ 수냉 장치
㉰ 유냉 장치   ㉱ 분사 냉각 장치

048

고체 침탄법의 특징을 설명한 것 중 틀린 것은?

㉮ 직접담금질이 곤란하다.
㉯ 대량 생산에 적합하지 않다.
㉰ 표면에는 망상 탄화물이 생성되기 쉽다.
㉱ 가열이 균일하기 때문에 침탄층도 균일성을 갖는다.

049

전기로에 사용되는 금속 발열체 중 사용 온도가 가장 높은 것은?

㉮ 텅스텐
㉯ 칸탈
㉰ 니크롬(80%Ni-20%Cr)
㉱ 철크롬(23%Fe-26%Cr-4~6%Al)

050

공석강을 담금질한 다음 300~400℃로 뜨임할 때 나타나는 조직은?

㉮ 페라이트   ㉯ 트루스타이트
㉰ 시멘타이트   ㉱ 레데뷰라이트

051

탈탄의 방지법에 대한 설명으로 틀린 것은?

㉮ 염욕 중에서 가열한다.
㉯ 진공 중에서 가열한다.
㉰ 고온에서 장시간 가열을 한다.
㉱ 분위기 가스 속에서 가열한다.

답 044 ㉰ 045 ㉱ 046 ㉯ 047 ㉮ 048 ㉱ 049 ㉮ 050 ㉯ 051 ㉰

052
다음 열처리 조직 중 연신율이 가장 작은 것은?

㉮ 소르바이트　㉯ 트루스타이트
㉰ 마텐자이트　㉱ 오스테나이트

053
주철의 두께가 5mm일 때 뜨임 유지시간을 계산하면 얼마(분)인가? (단, 유지시간 25mm당 60분이다.)

㉮ 5　㉯ 6
㉰ 10　㉱ 12

054
공석강의 항온 변태 곡선(T.T.T 곡선 또는 C 곡선)에서 코(nose) 부근의 온도(℃)로 가장 적합한 것은?

㉮ 100　㉯ 250
㉰ 400　㉱ 550

055
기계구조용 Cr-Mo 강의 뜨임 온도는 약 몇 ℃인가?

㉮ 60~80　㉯ 150~200
㉰ 550~650　㉱ 830~880

056
다음의 담금질 중 계단 냉각법을 사용하는 것은?

㉮ 시간담금질　㉯ 분사담금질
㉰ 프레스담금질　㉱ 열욕담금질

057
열처리 작업 전처리 중 탈지의 가장 큰 목적은?

㉮ 유지분 제거　㉯ 변형 제거
㉰ 탄화물 제거　㉱ 내부 불순물 제거

058
진공열처리의 진공도를 측정하는 진공 게이지가 아닌 것은?

㉮ 압력 레귤레이터　㉯ 이온 게이지
㉰ 열전도 게이지　㉱ 페닝 게이지

059
수질오염의 환경 기준인 수소이온 농도 단위는?

㉮ mg　㉯ LP
㉰ OS　㉱ pH

060
강을 오스테나이트 영역에서 M_s와 M_f 사이의 항온에 열처리할 때 생성되는 조직은?

㉮ 오스테나이트와 마텐자이트 혼합조직
㉯ 오스테나이트와 페라이트 혼합조직
㉰ 마텐자이트와 베이나이트 혼합조직
㉱ 마텐자이트와 펄라이트 혼합조직

답　052 ㉰　053 ㉱　054 ㉱　055 ㉰　056 ㉮　057 ㉮　058 ㉮　059 ㉱　060 ㉰

제6편 열처리기능사 필기 시행문제 (2013년 5회)

001
18-8 스테인리스강에 대한 설명으로 틀린 것은?

㉮ 강자성체이다.
㉯ 내식성이 우수하다.
㉰ 오스테나이트계이다.
㉱ 18%Cr-8%Ni의 합금이다.

002
Al-Si계 합금에 관한 설명으로 틀린 것은?

㉮ Si 함유량이 증가할수록 열팽창계수가 낮아진다.
㉯ 실용합금으로는 10~13%의 Si가 함유된 실루민이 있다.
㉰ 용융점이 높고 유동성이 좋지 않아 복잡한 모래형 주물에는 이용되지 않는다.
㉱ 개량처리를 하게 되면 용탕과 모래 수분과의 반응으로 수소를 흡수하여 기포가 발생된다.

003
1성분계 상태도에서 3중점에 대한 설명으로 옳은 것은?

㉮ 세 가지 기압이 겹치는 점이다.
㉯ 세 가지 온도가 겹치는 점이다.
㉰ 세 가지 상이 같이 존재하는 점이다.
㉱ 세 가지 원소가 같이 존재하는 점이다.

004
다음 중 소결 탄화물 공구강이 아닌 것은?

㉮ 듀콜(Ducole)강
㉯ 미디아(Midia)
㉰ 카볼로이(Carboloy)
㉱ 텅갈로이(Tungalloy)

005
Ni에 약 50~60%의 Cu를 첨가하여 표준 저항선이나 열전쌍용 선으로 사용되는 합금은?

㉮ 엘린바
㉯ 모넬메탈
㉰ 콘스탄탄
㉱ 플래티나이트

006
조직검사를 통한 상의 종류 및 상의 양을 결정하는 방법이 아닌 것은?

㉮ 면적의 측정법
㉯ 점의 측정법
㉰ 직선의 측정법
㉱ 설퍼프린트 측정법

007
뜨임 취성을 방지할 목적으로 첨가되는 합금원소는?

㉮ Al
㉯ Si
㉰ Mn
㉱ Mo

답 001 ㉮ 002 ㉰ 003 ㉰ 004 ㉮ 005 ㉰ 006 ㉱ 007 ㉱

008
주철 중에 나타나는 탄소량은 주로 어떤 형태인가?

㉮ 인(P)+흑연 ㉯ 흑연+화합탄소
㉰ 망간(Mn)+화합탄소 ㉱ 텅스텐(W)+화합탄소

009
알루미늄합금 중 시효처리에 의해 석출경과를 이용하는 열처리형 합금이 아닌 것은?

㉮ 2000계 ㉯ 3000계
㉰ 6000계 ㉱ 7000계

010
6 : 4 황동에 1~2%Fe을 첨가한 것으로 강도가 크고 내식성이 좋아 광산기계, 선박용 기계, 화학기계 등에 널리 사용되는 것은?

㉮ 포금 ㉯ 문쯔메탈
㉰ 규소황동 ㉱ 델타메탈

011
용액(L_1) → 결정(M)+용액(L_2)와 같은 반응을 하며, 정해진 온도에서 3상이 평형을 이루는 상태도는?

㉮ 공정형 ㉯ 포정형
㉰ 편정형 ㉱ 금속간 화합물형

012
형상 기억 효과를 나타내는 합금이 일으키는 변태는?

㉮ 펄라이트 변태 ㉯ 마텐자이트 변태
㉰ 오스테나이트 변태 ㉱ 레데뷰라이트 변태

013
다음 중 금속에 대한 설명으로 틀린 것은?

㉮ 금속의 결정구조는 대부분 BCC, FCC, HCP 중의 하나에 속한다.
㉯ Hg를 제외한 모든 금속의 융점은 상온이상이다.
㉰ 융점은 W이 가장 높음 전기전도도는 Ag가 가장 좋다.
㉱ 융점과 비점은 서로 비례한다.

014
백금(Pt)의 결정격자는?

㉮ 정방격자 ㉯ 면심입방격자
㉰ 조밀육방격자 ㉱ 체심입방격자

015
다음 중 연강의 탄소함량은 약 몇 %인가?

㉮ 0.14 ㉯ 0.45
㉰ 0.5 ㉱ 0.85

답 008 ㉯ 009 ㉯ 010 ㉱ 011 ㉰ 012 ㉯ 013 ㉱ 014 ㉯ 015 ㉮

016

가공으로 생긴 선이 동심원인 경우의 표시로 옳은 것은?

㉮ 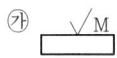 ㉯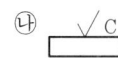

㉰  ㉱

017

다음 그림과 같은 단면도는?

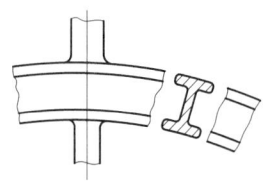

㉮ 부분 단면도 ㉯ 계단 단면도
㉰ 한쪽 단면도 ㉱ 회전 단면도

018

다음 중 투상법에 대한 설명으로 틀린 것은?

㉮ 투상법은 제3각법을 따르는 것을 원칙으로 한다.
㉯ 같은 도면에서 제1각법과 제3각법을 혼용할 수 있다.
㉰ 제1각법과 제3각법은 정면도를 중심으로 평면도와 측면도의 위치가 다르다.
㉱ 정면도와 평면도만 보아도 그 물체를 알 수 있을 때에는 측면도를 생략할 수 있다.

019

다음 도면을 이용하여 공작물을 완성할 수 없는 이유는?

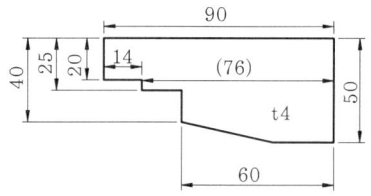

㉮ 공작물의 두께 치수가 없기 때문에
㉯ 공작물의 외형 크기 치수가 없기 때문에
㉰ 치수 20과 25 사이의 5의 치수가 없기 때문에
㉱ 공작물 하단의 경사진 각도 치수가 없기 때문에

020

축에 회전체를 고정시키는 기계 요소 중에서 축과 보스에 모두 홈을 가공하여 큰 힘을 전달할 수 있어 가장 널리 사용되는 키는?

㉮ 평 키 ㉯ 안장 키
㉰ 묻힘 키 ㉱ 원형 키

021

$\phi 40^{+\,0.025}_{+\,0}$의 설명으로 틀린 것은?

㉮ 치수공차 : 0.025
㉯ 아래 치수허용차 : 0
㉰ 최소 허용치수 : 39.975
㉱ 최대 허용치수 : 40.025

022

CAD 시스템의 하드웨어 중 출력장치에 해당하는 것은?

㉮ 플로터　　㉯ 마우스
㉰ 키보드　　㉱ 디지타이저

023

다음 도면의 크기에서 A2 용지를 바르게 나타낸 것은?

㉮ 210×297mm　　㉯ 297×420mm
㉰ 420×594mm　　㉱ 841×1189mm

024

치수 보조 기호 t의 의미를 옳게 나타낸 것은?

㉮ 지름 치수　　㉯ 반지름 치수
㉰ 판의 두께　　㉱ 원호의 길이

025

도면에서 2종류 이상의 선이 동일 위치에서 겹칠 때 가장 우선적으로 도시하는 선은?

㉮ 숨은선　　㉯ 외형선
㉰ 절단선　　㉱ 무게중심선

026

그림과 같은 물체를 3각법에 의하여 투상하려고 한다. 화살표 방향을 정면도로 할 때 평면도는?

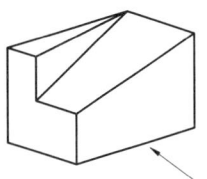

㉮　　㉯
㉰　　㉱

027

길이 10mm의 부품을 도면에 2 : 1의 배척으로 그렸다. 도면에 기입하는 길이 치수(mm)는?

㉮ 5　　㉯ 10
㉰ 20　　㉱ 40

028

강의 표준 조직을 얻기 위한 열처리 방법은?

㉮ 담금질　　㉯ 스퍼터링
㉰ 노멀라이징　　㉱ 본데라이징

답 022 ㉮　023 ㉰　024 ㉰　025 ㉯　026 ㉮　027 ㉯　028 ㉰

029

고체 침탄 처리시 침탄을 촉진시키기 위해 첨가하는 것은?

- ㉮ 탄산바륨(BaCO₃)
- ㉯ 암모니아(NH₃)
- ㉰ 알루미나(Al₂O₃)
- ㉱ 산화마그네슘(MgO)

030

일반적인 강재의 담금질성에 관한 설명으로 옳은 것은?

- ㉮ 다량의 P는 담금질성을 감소
- ㉯ 다량의 S는 담금질성을 증가
- ㉰ 가열온도가 낮으면 담금질성 향상
- ㉱ 결정입도가 크면 담금질성 향상

031

다음 중 열처리 제품을 가열할 때의 승온 속도가 가장 빠른 것은?

- ㉮ 염욕로
- ㉯ 진공로
- ㉰ 전기로
- ㉱ 분위기로

032

열처리 제품의 변형, 균열 및 치수의 변화를 최소화하기 위한 수단으로, 담금질할 강재를 냉각수 속에 넣었다가 일정 온도까지 냉각 후 꺼내어 유냉 하거나 공냉시키는 열처리 방법은?

- ㉮ 직접담금질
- ㉯ 시간담금질
- ㉰ 선택담금질
- ㉱ 분사담금질

033

다음 중 담금질 균열의 방지 대책으로 틀린 것은?

- ㉮ 구멍부위는 찰흙으로 채운다.
- ㉯ 모서리 부분은 라운딩 처리를 한다.
- ㉰ M_s~M_f 범위에서는 가능한 한 서냉한다.
- ㉱ 살두께의 차이 및 급작스런 두께 편차를 만든다.

034

강의 열처리된 조직 중 가장 높은 경도를 갖는 것은?

- ㉮ 펄라이트
- ㉯ 트루스타이트
- ㉰ 시멘타이트
- ㉱ 오스테나이트

035

회주철의 열처리에 관한 설명으로 옳은 것은?

- ㉮ Cr은 회주철의 변태 영역을 저하시킨다.
- ㉯ Mn, V, Mo는 회주철의 경화능을 감소시키는 원소이다.
- ㉰ 회주철의 강도와 내마멸성을 향상시키기 위해 노멀라이징처리를 한다.
- ㉱ 회주철의 담금질 냉각제로서 기름이 널리 사용되며 물은 균열이나 변형이 발생할 가능성이 있다.

036

0.3%탄소를 함유한 강의 열처리시 미치는 합금원소의 영향에서 상부 임계 냉각 속도를 빠르게 하는 원소는?

- ㉮ Mn
- ㉯ Co
- ㉰ Cr
- ㉱ Mo

답 029 ㉮ 030 ㉱ 031 ㉮ 032 ㉯ 033 ㉱ 034 ㉰ 035 ㉱ 036 ㉯

037

침탄시에 발생되는 박리 현상의 방지법으로 옳은 것은?

㉮ 심냉처리 한다.
㉯ 확산 풀림한 후 담금질한다.
㉰ 연화 풀림한 후 담금질한다.
㉱ 구상화 풀림한 후 담금질한다.

038

구조용 탄소강을 담금질한 후 뜨임하여 사용하는 이유로 옳은 것은?

㉮ 절연성을 증가시키기 위해서
㉯ 인성을 증가시키기 위해서
㉰ 강자성을 갖게 하기 위해서
㉱ 결정립을 조대화하고 결정의 성장을 돕기 위해서

039

다음 중 진공의 단위가 아닌 것은?

㉮ Pa   ㉯ Hz
㉰ torr   ㉱ mmHg

040

산소용기의 취급상 주의할 사항으로 옳은 것은?

㉮ 운반시 조임장치를 사용하여 운반한다.
㉯ 산소병 표면온도를 40℃가 넘도록 한다.
㉰ 겨울철에 용기가 동결시 직화로 녹인다.
㉱ 산소가 새는 것을 확인할 때는 불을 붙여 본다.

041

열처리로 사용되고 있는 내화재에서 산성 내화재는?

㉮ 규산(SiO_2)   ㉯ 마그네시아(MgO)
㉰ 알루미나(Al_2O_3)   ㉱ 산화크롬(Cr_2O_3)

042

뜨임 균열의 방지 대책으로 틀린 것은?

㉮ 가급적 급격한 가열을 한다.
㉯ 잔류응력을 제거하고 응력이 집중되는 부분을 알맞게 설계한다.
㉰ M_f점, M_s점이 낮은 고합금강은 두 번 뜨임하면 효과적이다.
㉱ 고속도강과 같은 경우에는 뜨임을 하기 전에 탈탄층을 제거하고 뜨임을 한 후에는 서냉하거나 유냉한다.

043

잔류 오스테나이트를 마텐자이트화하는 처리는?

㉮ 이온 질화   ㉯ 물리적 증착법
㉰ 심냉 처리   ㉱ 화학적 증착법

044

다음의 마레이징(maraging)강의 열처리 특성에 관한 설명 중 옳은 것은?

㉮ 통상적인 담금질로 경화된다.
㉯ 탄소의 함량이 많을수록 좋다.
㉰ 냉각 속도가 빠를수록 담금질이 잘 된다.
㉱ 시효 경화하기 전에 상온까지 냉각해야 한다.

답 037 ㉯ 038 ㉯ 039 ㉯ 040 ㉮ 041 ㉮ 042 ㉮ 043 ㉰ 044 ㉱

045

다음 중 담금질 처리된 제품을 망치 등으로 가볍게 두드려서 소리를 듣는 검사법은?

㉮ 산부식법 ㉯ 타진법
㉰ 스트레인게이지법 ㉱ 쇼트블라스트법

046

질화(Nitriding)처리에 대한 설명으로 틀린 것은?

㉮ 내마모성 증가 ㉯ 내식성 증가
㉰ 변형의 증가 ㉱ 피로한도 증가

047

피가열물의 주위에서 물 또는 기름을 분사해서 급냉시키는 장치로 대체로 아주 큰 피열처리재의 냉각에 쓰이는 장치는?

㉮ 분사 냉각장치 ㉯ 공냉 장치
㉰ 수냉 장치 ㉱ 유냉 장치

048

기계 구조용 탄소강(SM45C)의 완전 풀림 곡선에서 (가)와 (나)에 알맞은 온도와 냉각방법은?

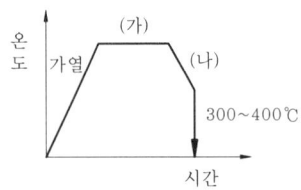

㉮ 480~510℃, 유냉 ㉯ 590~630℃, 수냉
㉰ 790~830℃, 서냉 ㉱ 1050~1250℃, 서냉

049

불림(Normalizing)처리한 재료는 주로 어떤 냉각을 실시하는가?

㉮ 급냉 ㉯ 수냉
㉰ 공냉 ㉱ 분사냉각

050

다음 중 침탄 처리 과정의 설명 중 틀린 것은?

㉮ 침탄 처리 : 액체 침탄법, 고체 침탄법, 가스 침탄법
㉯ 저온 풀림 : Martensite의 구상화 처리
㉰ 1차 담금질 : 조대한 결정 입자 미세화 및 시멘타이트의 구상화
㉱ 2차 담금질 : 표면경화

051

방진 마스크의 선정 기준으로 틀린 것은?

㉮ 안면 밀착성이 좋을 것
㉯ 흡기·배기저항이 높은 것
㉰ 분진 포집 효율이 좋을 것
㉱ 사용적(유효공간)이 적을 것

052

강을 열처리할 때 냉각 도중에 속도를 변화시키는 방법으로 현장에서 널리 응용되고 있는 방법은?

㉮ 연속 냉각 ㉯ 열욕 냉각
㉰ 항온 냉각 ㉱ 2단 냉각

답 045 ㉯ 046 ㉰ 047 ㉮ 048 ㉰ 049 ㉰ 050 ㉯ 051 ㉯ 052 ㉱

053

강을 담금질할 때 재료의 표면은 급냉에 의해 담금질이 잘되는데 재료의 중심에 가까워질수록 담금질이 잘되지 않는 것을 어떤 효과라 하는가?

㉮ 풀림 효과　　㉯ 뜨임 효과
㉰ 질량 효과　　㉱ 담금질 효과

054

강의 담금질성을 판단하는 방법이 아닌 것은?

㉮ 커핑 시험
㉯ 조미니 시험
㉰ 임계 지름에 의한 방법
㉱ 임계 냉각 속도를 사용하는 방법

055

자동온도제어 장치 중 비교 결과 양자의 전압편차가 있으면 조절계에서 전류를 바꾸는 역할을 하는가?

㉮ 검출　　㉯ 비교
㉰ 판단　　㉱ 조작

056

강을 오스템퍼링하면 어떤 조직으로 되는가?

㉮ 펄라이트　　㉯ 베이나이트
㉰ 소르바이트　　㉱ 마텐자이트

057

항온 변태에 대한 설명 중 틀린 것은?

㉮ 항온변태곡선을 다른 용어로 TTT곡선, G곡선 또는 S곡선이라고 불린다.
㉯ 일반적으로 코(nose) 온도 위에서 항온 변태시키면 펄라이트가 형성된다.
㉰ 일반적으로 코(nose) 아래의 온도에서 항온 변태시키면 베이나이트가 형성된다.
㉱ 공석강과 아공석강의 항온변태곡선에서는 일반적으로 탄소 함량이 많을수록 M_s 온도는 올라간다.

058

강을 표면 경화 열처리할 때 침탄법과 비교한 질화법의 장, 단점을 옳게 설명한 것은?

㉮ 침탄법보다 경화에 의한 변형이 크다.
㉯ 질화 후에는 열처리가 필요 없다.
㉰ 질화층의 경도는 침탄층보다 낮다.
㉱ 침탄법보다 질화법이 단시간 내에 같은 경화 깊이를 얻을 수 있다.

059

열처리로를 열원과 구조에 따라 분류할 때 구조에 따라 분류한 것은?

㉮ 전기로　　㉯ 가스로
㉰ 중유로　　㉱ 연속로

답　053 ㉰　054 ㉮　055 ㉰　056 ㉯　057 ㉱　058 ㉯　059 ㉱

060

트리클로로에틸렌 등의 유기 용제로 유지분을 녹여 내는 방법으로 광물성 유지분 제거에 효과가 큰 탈지 방법은?

㉮ 전해탈지 ㉯ 에멀션탈지
㉰ 용제탈지 ㉱ 알칼리탈지

제6편 열처리기능사 필기 시행문제 (2014년 1회)

001
비중으로 중금속(heavy metal)을 옳게 구분한 것은?

① 비중이 약 2.0 이하인 금속
② 비중이 약 2.0 이상인 금속
③ 비중이 약 4.5 이하인 금속
④ 비중이 약 4.5 이상인 금속

002
표면은 단단하고 내부는 회주철로 강인한 성질을 가지며 압연용 롤, 철도 차량, 분쇄기 롤 등에 사용되는 주철은?

① 칠드 주철　　② 흑심 가단 주철
③ 백심 가단 주철　④ 구상 흑연 주철

003
자기 변태에 대한 설명으로 옳은 것은?

① Fe의 자기변태점은 210℃ 이다.
② 결정격자가 변화하는 것이다.
③ 강자성을 잃고 상자성으로 변화하는 것이다.
④ 일정한 온도 범위 안에서 급격히 비연속적인 변화가 일어난다.

004
구조용 합금강과 공구용 합금강을 나눌 때 기어, 축 등에 사용되는 구조용 합금강 재료에 해당되지 않는 것은?

① 침탄강　　② 강인강
③ 질화강　　④ 고속도강

005
다음 중 경질 자성재료에 해당되는 것은?

① Si 강판　　② Nd 자석
③ 센더스트　　④ 퍼멀로이

006
비료 공장의 합성탑, 각종 밸브와 그 배관 등에 이용되는 재료로 비강도가 높고, 열전도율이 낮으며 용융점이 약 1670℃인 금속은?

① Ti　　② Sn
③ Pb　　④ Co

답　001 ④　002 ①　003 ③　004 ④　005 ②　006 ①

007

고강도 Al 합금인 초초두랄루민의 합금에 대한 설명으로 틀린 것은?

① Al 합금 중에서 최저의 강도를 갖는다.
② 초초두랄루민을 ESD 합금이라 한다.
③ 자연균열을 일으키는 경향이 있어 Cr 또는 Mn을 첨가하여 억제시킨다.
④ 성분 조성은 Al-1.5~2.5%, Cu-7~9%, Zn-1.2~1.8%, Mg-0.3%~0.5%, Mn-0.1~0.4%, Cr이다.

008

Ni-Fe계 합금인 엘린바(Elinvar)는 고급시계, 지진계, 압력계, 스프링 저울, 다이얼 게이지 등에 사용되는데 이는 재료의 어떤 특성 때문에 사용하는가?

① 자성　　　　② 비중
③ 비열　　　　④ 탄성률

009

용융액에서 두 개의 고체가 동시에 나오는 반응은?

① 포석 반응　　② 포정 반응
③ 공석 반응　　④ 공정 반응

010

전자석이나 자극의 철심에 사용되는 것은 순철이나, 자심은 교류 자기장에만 사용되는 예가 많으므로 이력손실, 항자력 등이 적은 동시에 맴돌이 전류 손실이 적어야 한다. 이 때 사용되는 강은?

① Si강　　　　② Mn강
③ Ni강　　　　④ Pb강

011

황(S)이 적은 선철을 용해하여 구상흑연주철을 제조할 때 많이 사용되는 흑연구상화제는?

① Zn　　　　② Mg
③ Pb　　　　④ Mn

012

다음 중 Mg에 대한 설명으로 옳은 것은?

① 알칼리에는 침식된다.
② 산이나 염수에는 잘 견딘다.
③ 구리보다 강도는 낮으나 절삭성은 좋다.
④ 열전도율과 전기전도율이 구리보다 높다.

013

금속의 기지에 1~5μm 정도의 비금속 입자가 금속이나 합금의 기지 중에 분산되어 있는 것으로 내열 재료로 사용되는 것은?

① FRM　　　　② SAP
③ cermet　　　④ kelmet

답　007 ①　008 ④　009 ④　010 ①　011 ②　012 ③　013 ③

014

열간가공을 끝맺는 온도를 무엇이라 하는가?

① 피니싱 온도 ② 재결정 온도
③ 변태 온도   ④ 용융 온도

015

55~60%Cu를 함유한 Ni합금으로 열전쌍용 선의 재료로 쓰이는 것은?

① 모넬 메탈   ② 콘스탄탄
③ 퍼민바   ④ 인코넬

016

다음 물체를 3각법으로 표현할 때 우측면도로 옳은 것은? (단, 화살표 방향이 정면도 방향이다.)

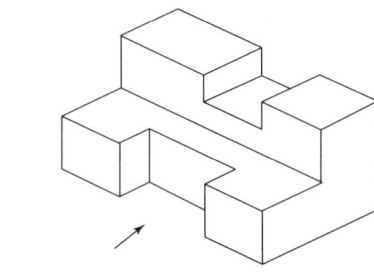

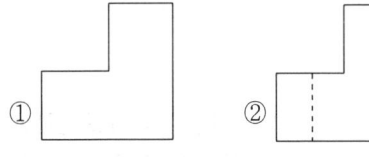

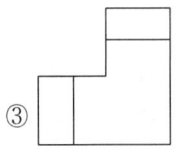
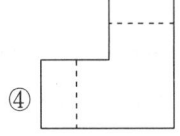

017

물품을 구성하는 각 부품에 대하여 상세하게 나타내는 도면으로 이 도면에 의해 부품이 실제로 제작되는 도면은?

① 상세도   ② 부품도
③ 공정도   ④ 스케치도

018

다음 중 "C"와 "SR"에 해당되는 치수 보조 기호의 설명으로 옳은 것은?

① C는 원호이며, SR은 구의 지름이다.
② C는 45도 모따기이며, SR은 구의 반지름이다.
③ C는 판의 두께이며, SR은 구의 반지름이다.
④ C는 구의 반지름이며, SR은 구의 지름이다.

019

다음 그림 중에서 FL이 의미하는 것은?

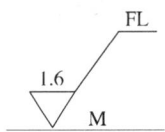

① 밀링 가공을 나타낸다.
② 래핑 가공을 나타낸다.
③ 가공으로 생긴 선이 거의 동심원임을 나타낸다.
④ 가공으로 생긴 선이 2방향으로 교차하는 것을 나타낸다.

답 014 ① 015 ② 016 ④ 017 ② 018 ② 019 ②

020

척도 1 : 2인 도면에서 길이가 50mm인 직선의 실제 길이(mm)는?

① 25　　　　② 50
③ 100　　　 ④ 150

021

나사의 호칭 M20×2에서 2가 뜻하는 것은?

① 피치　　　② 줄의 수
③ 등급　　　④ 산의 수

022

다음 그림과 같은 투상도는?

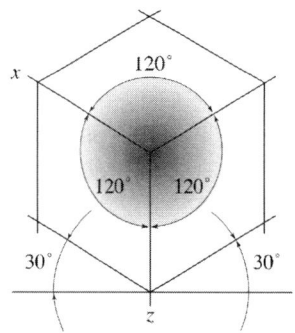

① 사투상도　　　② 투시 투상도
③ 등각 투상도　 ④ 부등각 투상도

023

다음 중 가는 실선으로 사용되는 선의 용도가 아닌 것은?

① 치수를 기입하기 위하여 사용하는 선
② 치수를 기입하기 위하여 도형에서 인출하는 선
③ 지시, 기호 등을 나타내기 위하여 사용하는 선
④ 형상의 부분 생략, 부분 단면의 경계를 나타내는 선

024

도면에서 치수선이 잘못된 것은?

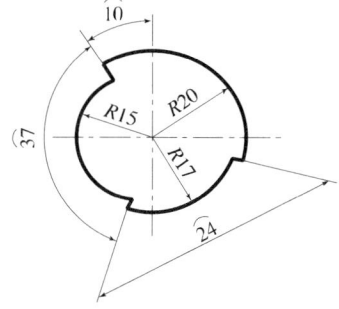

① 반지름(R) 20의 치수선
② 반지름(R) 15인 치수선
③ 원호(⌒) 37인 치수선
④ 원호(⌒) 24인 치수선

025

다음의 단면도 중 위, 아래 또는 왼쪽과 오른쪽이 대칭인 물체의 단면을 나타낼 때 사용되는 단면도는?

① 한쪽 단면도　　② 부분 단면도
③ 전 단면도　　　④ 회전 도시 단면도

답　020 ③　021 ①　022 ③　023 ④　024 ④　025 ①

026

제도 용지 A3는 A4 용지의 몇 배 크기가 되는가?

① $\frac{1}{2}$
② $\sqrt{2}$
③ 2
④ 4

027

다음 도면에 [보기]와 같이 표시된 금속재료의 기호 중 330이 의미하는 것은?

[보기] KS D 3503 SS 330

① 최저인장강도
② KS 분류기호
③ 제품의 형상별 종류
④ 재질을 나타내는 기호

028

염욕의 구비조건으로 틀린 것은?

① 흡습성이 없어야 한다.
② 점성이 커야 한다.
③ 휘발성이 적어야 한다.
④ 불순물의 함유량이 적어야 한다.

029

가공열처리에 대한 설명으로 틀린 것은?

① 초강인강 제조에는 오스포밍이 이용된다.
② 소성가공과 열처리를 유기적으로 결합시킨 방법이다.
③ 고장력강을 만들 때 결정립 조대화를 위해 제어압연방법을 사용한다.
④ 독립적 열처리로 얻기 힘든 연성이나 인성을 향상 시키고자 할 때 이 방법을 사용한다.

030

다음 냉각제 중 냉각과정의 마지막 단계에서 서서히 냉각되어 균열이나 변형 위험이 감소하는 냉각제는?

① 물
② 기름
③ 황산
④ 소금물

031

공구강을 구상화 풀림하는 목적이 아닌 것은?

① 인성 향상
② 기계가공성 향상
③ 내마모(마멸)성 감소
④ 담금질 균열 및 변형 방지

032

마템퍼링에 대한 설명으로 틀린 것은?

① 유냉으로 경화되는 강은 마템퍼링을 할 수 없다.
② 일반적으로 합금강이 탄소강보다 마템퍼링에 더욱 적합하다.
③ 마템퍼링은 균열에 대한 민감성을 감소시키거나 제거한다.
④ 마템퍼링하는 동안 발달하는 잔류 응력은 기존의 담금질하는 동안 발달한 것보다 작다.

답 026 ③ 027 ① 028 ② 029 ③ 030 ② 031 ③ 032 ①

033

담금질 제품의 변형을 방지하기 위하여 제품을 금형으로 누른 상태에서 구멍으로부터 냉각제를 분사시켜 담금질하는 장치는?

① 유냉 장치
② 염욕 냉각장치
③ 분사 냉각장치
④ 프레스 담금질장치

034

열처리 온도가 600~900℃인 경우에 사용되며, 탄소공구강, 특수강 등의 열처리 또는 액체 침탄 등의 용도로 주로 사용되는 염욕로는?

① 저온용 염욕로
② 중온용 염욕로
③ 고온용 염욕로
④ 초고온용 염욕로

035

다음 중 침탄시 경화불량의 원인이 아닌 것은?

① 침탄이 부족하였을 때
② 침탄 후 담금질 온도가 너무 낮았을 때
③ 침탄 후 담금질시 탈탄이 되었을 때
④ 침탄 후 표면층에 잔류 오스테나이트가 거의 존재하지 않았을 때

036

과냉 오스테나이트를 500℃ 부근에서 가공한 후 급냉함으로써 연성과 인성을 그다지 해치지 않고 마텐자이트 조직이 되도록 하는 처리는?

① 마퀜칭
② 항온뜨임
③ 오스포밍
④ 오스템퍼링

037

다음 열처리 설비 중 열처리 후 표면을 연마하거나 표면에 붙어 있는 녹을 제거하는데 사용되는 설비는?

① 샌드 블라스트
② 오르쟈트 분석기
③ 염화 리튬식 로점계
④ 적외선 CO_2 분석기

038

금형강이나 공구강을 가열이나 냉각할 때 발생할 수 있는 변형의 방지 대책으로 틀린 것은?

① 작고 단순한 금형을 버너로 가열할 때에는 여러 방향으로 바꾸어 가열한다.
② 자중에 의한 처짐을 작게 하기 위해서는 종형로의 위에서 거는 것이 좋다.
③ 냉각할 때에는 가열된 금형의 길이 방향이 액면과 나란하도록 액 속에 넣는다.
④ 유냉이나 수냉의 경우 Ms 점을 통과할 때에 인상 담금질을 하여 변형을 방지한다.

039

기계가공, 용접한 공구강을 A_{c1} 이하의 온도로 가열 유지한 후 냉각하는 조작으로 변형의 발생 원인을 제거하는 처리는?

① 완전 풀림
② 연화 풀림
③ 구상화 풀림
④ 응력 제거 풀림

답 033 ④ 034 ② 035 ④ 036 ③ 037 ① 038 ③ 039 ④

040

다음 중 화학적 표면 경화법이 아닌 것은?

① 침탄법 ② 질화법
③ 금속 침투법 ④ 고주파 경화법

041

알루미늄 합금의 강도를 증가시키기 위한 열처리 순서로 옳은 것은?

① 용체화 처리 → 뜨임
② 안정화 처리 → 뜨임
③ 용체화 처리 → 급냉 → 시효 처리
④ 시효 처리 → 용체화 처리 → 뜨임

042

심냉처리의 냉각 방법이 아닌 것은?

① 액체 질소에 의한 방법
② 유압식 공냉기에 의한 방법
③ 가스압축 냉동기에 의한 방법
④ 유기용제와 액체탄산에 의한 방법

043

다음 열처리 방법 중 마텐자이트 조직이 나타나지 않는 것은?

① 마퀜칭 ② Ms퀜칭
③ 파텐팅 ④ 시간담금질

044

연속냉각변태에서 마텐자이트 변태가 시작되는 온도의 표기로 옳은 것은?

① Ar' ② Ar"
③ Mf ④ Mt

045

일반적인 열처리로에 사용하는 열전대 중 0 ~ 1000℃의 노온도를 측정하는데 가장 적합한 것은?

① K(CA) ② J(IC)
③ T(CC) ④ R(PR)

046

백주철을 적철광이나 산화철 가루와 함께 풀림상자에 넣고 900~1000℃로 40~100시간 가열하여 시멘타이트를 탈탄시켜 가단성을 갖게 한 재료는?

① 회주철 ② 흑심 가단 주철
③ 백심 가단 주철 ④ 구상 흑연 주철

047

분위기로의 문을 열고 닫을 때 로내의 공기 혼입을 방지하기 위해 장입구, 취출구에 가연성 가스를 연소시켜 막을 만드는 것은?

① 촉매 ② 그을음
③ 번아웃 ④ 화염커튼

답 040 ④ 041 ③ 042 ② 043 ③ 044 ② 045 ① 046 ③ 047 ④

048

탄소 공구강 열처리시 안전 및 유의사항으로 틀린 것은?

① 노의 급열 급냉은 피한다.
② 담금질 후 풀림과 뜨임을 실시한다.
③ 안전복 및 안면보호 장비를 착용한다.
④ 재료를 염욕에 가열할 때에는 반드시 예열한다.

049

다음의 강 중에서 담금질이 가장 잘 되는 재료는?

① SM10C   ② SM20C
③ SM25C   ④ SM45C

050

다음 온도 측정 장치에서 열기전력을 이용하여 측정하는 온도계는?

① 광전 온도계
② 복사 온도계
③ 열전쌍 온도계
④ 전기 저항 온도계

051

담금질 경도를 산출하여 보니 HRC 60 이었다면 재료의 C%는 얼마인가? (단, HRC = 30+50×C%을 이용하시오.)

① 0.25   ② 0.4
③ 0.6   ④ 0.75

052

다음 중 20℃에서의 열전도율이 가장 큰 금속은?

① Au   ② Zn
③ Al   ④ Ni

053

저온 풀림(subcritical annealing) 열처리의 최대 온도로 적합한 것은?

① A_1 변태 온도보다 낮게 가열한다.
② A_2 변태 온도보다 높게 가열한다.
③ A_3 변태 온도보다 높게 가열한다.
④ A_{cm} 변태 온도보다 높게 가열한다.

054

열처리용 치구의 조건 중 틀린 것은?

① 제작이 쉬울 것
② 내식성이 좋을 것
③ 작업성이 좋을 것
④ 열피로에 대한 저항성이 작을 것

055

진공열처리에서 진공의 정도를 나타내는 단위가 아닌 것은?

① Hz   ② Pa
③ torr ④ mmHg

답   048 ②   049 ④   050 ③   051 ③   052 ①   053 ①   054 ④   055 ①

056

다음 그림 ①, ②, ③과 같은 열처리 방법과 관계가 없는 것은?

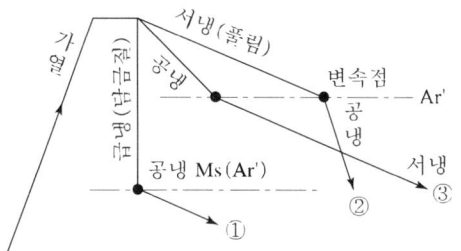

① 인상담금질
② 항온담금질
③ 2단 뜨임
④ 2단 노멀라이징

057

강의 재질을 연하게 만들기 위하여 적당한 온도까지 가열한 다음 그 온도에서 유지한 후 서냉하여 기계가공을 쉽게 하기 위한 열처리는?

① 풀림 ② 뜨임
③ 담금질 ④ 노멀라이징

058

과포화 고용체로부터 다른 상이 석출하는 현상을 이용하여 금속 재료의 강도 및 그 밖의 성질을 변화시키는 처리로 비철금속의 전형적인 열처리방법은?

① 확산 ② 시효
③ 변태 ④ 용체화

059

Ni-Cr강의 담금질 온도(℃)와 냉각액으로 가장 적합한 것은?

① 350~400℃, 수돗물
② 450~500℃, 소금물
③ 550~650℃, 증류수
④ 820~880℃, 기름

060

진공 가열 중에 강 표면에 일어나는 여러 가지 기대 가능한 효과가 아닌 것은?

① 절삭유나 방청유 등의 탈지작용을 한다.
② 열처리 전과 같은 깨끗한 표면상태를 유지할 수 있다.
③ 열처리 패턴이 안정되어 있어 변형량을 미리 예상할 수 있다.
④ 강에 합금 원소가 침투되어 품질이 좋은 강을 얻을 수 있다.

답 056 ② 057 ① 058 ② 059 ④ 060 ④

제6편 열처리기능사 필기 시행문제 (2014년 2회)

001

주강은 용융된 탄소강(용강)을 주형에 주입하여 만든 제품이다. 주강의 특징을 설명한 것 중 틀린 것은?

① 대형 제품을 만들 수 있다.
② 단조품에 비해 가공 공정이 적다.
③ 주철에 비해 비용이 많이 드는 결점이 있다.
④ 주철에 비해 용융 온도가 낮기 때문에 주조하기 쉽다.

002

순철의 용융점은 약 몇 ℃ 정도인가?

① 768   ② 1013
③ 1539   ④ 1780

003

기계용 청동 중 8~12% Sn을 함유한 포금의 주조성을 향상시키기 위하여 Zn을 대략 얼마(%)나 첨가하는가?

① 1   ② 5
③ 10   ④ 15

004

금속의 일반적인 특성이 아닌 것은?

① 전성 및 연성이 좋다.
② 전기 및 열의 부도체이다.
③ 금속 고유의 광택을 가진다.
④ 고체 상태에서 결정 구조를 가진다.

005

저온에서 어느 정도의 변형을 받은 마텐자이트를 모상이 안정화되는 특정 온도로 가열하면 오스테나이트로 역변태하여 원래의 고온 형상으로 회복되는 현상은?

① 석출경화효과   ② 형상기억효과
③ 시효현상효과   ④ 자기변태효과

006

전기전도도가 금속 중에서 가장 우수하고, 황화수소계에서 검게 변하고 염산, 황산 등에 부식되며 비중이 약 10.5인 금속은?

① Sn   ② Fe
③ Al   ④ Ag

답 001 ④   002 ③   003 ①   004 ②   005 ②   006 ④

007

탄화티타늄 분말과 니켈 또는 코발트 분말 등을 섞어 액상 소결한 재료로써 고온에서 안정하고 경도도 매우 높아 절삭공구로 쓰이는 재료는?

① 서멧(cermet)
② 인바(invar)
③ 두랄루민(duralumin)
④ 고장력강(high tension steel)

008

고강도 알루미늄합금 중 조성이 Al-Cu-Mg-Mn인 합금은?

① 라우탈 ② 다우메탈
③ 두랄루민 ④ 모넬메탈

009

금속의 격자결함 중 면결함에 해당되는 것은?

① 공공 ② 전위
③ 적층결함 ④ 프렌켈결함

010

표준형 고속도공구강의 주요 성분으로 옳은 것은?

① C-W-Cr-V ② Ni-Cr-Mo-Mn
③ Cr-Mo-Sn-Zn ④ W-Cr-Ag-Mg

011

Ni에 Cu를 약 50~60% 정도 함유한 합금으로 열전대용 재료로 사용되는 것은?

① 인코넬 ② 퍼멀로이
③ 하스텔로이 ④ 콘스탄탄

012

0.6% 탄소강의 723℃ 선상에서 초석 α의 양(%)은 약 얼마인가? (단, α의 C고용한도는 0.025%이며, 공석점은 0.8%이다.)

① 15.8 ② 25.8
③ 55.8 ④ 74.8

013

탄소강에서 청열메짐을 일으키는 온도(℃)의 범위로 옳은 것은?

① 0~50 ② 100~150
③ 200~300 ④ 400~500

014

Al-Si (10~13%)합금으로 개량 처리하여 사용되는 합금은?

① SAP ② 알민(almin)
③ 실루민(silumin) ④ 알드리(aldrey)

답 007 ① 008 ③ 009 ③ 010 ① 011 ④ 012 ② 013 ③ 014 ③

015

전기용 재료 중 전열합금에 요구되는 특성을 설명한 것 중 틀린 것은?

① 전기 저항이 낮고, 저항의 온도계수가 클 것
② 용접성이 좋고 반복 가열에 잘 견딜 것
③ 가공성이 좋아 신선, 압연 등이 용이할 것
④ 고온에서 조직이 안정하고 열팽창계수가 작고 고온 강도가 클 것

016

그림과 같은 방법으로 그린 투상도는?

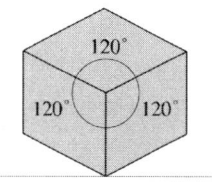

① 정투상도   ② 평면도법
③ 사투상도   ④ 등각투상도

017

그림은 성크 키(Sunk key)를 도시한 것으로 A의 길이는 얼마인가?

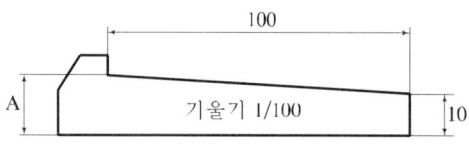

① 11   ② 13
③ 15   ④ 17

018

기계 제도의 제도 통칙은 한국산업표준의 어디에 규정되어 있는가?

① KS A 0001   ② KS B 0001
③ KS A 0005   ④ KS B 0005

019

재료 기호 SS330으로 표시된 것은 어떠한 강재인가?

① 스테인레스 강재
② 용접구조용 압연 강재
③ 일반구조용 압연 강재
④ 기계구조용 탄소 강재

020

그림과 같이 원뿔 형상을 경사지게 절단하여 A 방향에서 보았을 때의 단면 형상은? (단, A 방향은 경사면과 직각이다.)

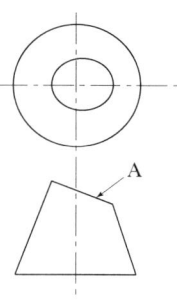

① 진원   ② 타원
③ 포물선   ④ 쌍곡선

답 015 ① 016 ④ 017 ① 018 ③ 019 ③ 020 ②

021
도면에 치수를 기입할 때 유의사항으로 틀린 것은?

① 치수의 중복 기입을 피해야 한다.
② 치수는 계산할 필요가 없도록 기입해야 한다.
③ 치수는 가능한 한 주 투상도에 기입해야 한다.
④ 관련되는 치수는 가능한 한 정면도와 평면도 등 모든 도면에 나누어 기입한다.

022
다음 중 국제표준화기구 규격은?

① NF
② ASA
③ ISO
④ DIN

023
가는 실선으로 사용하지 않는 선은?

① 피치선
② 지시선
③ 치수선
④ 치수 보조선

024
도면에 정치수로 기입된 모든 치수이며 치수 허용 한계의 기준이 되는 치수를 말하는 것은?

① 실치수
② 치수치수
③ 기준치수
④ 허용한계치수

025
그림은 교량의 트러스 구조물이다. 중간 부분을 생략하여 그린 주된 이유는?

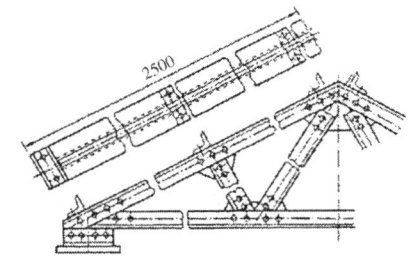

① 좌우, 상하 대칭을 도면에 나타내기 어렵기 때문에
② 반복 도형을 도면에 나타내기 어렵기 때문에
③ 물체를 1각법 또는 3각법으로 나타내기 어렵기 때문에
④ 물체가 길어서 도면에 나타내기 어렵기 때문에

026
한 쌍의 기어가 맞물려 회전하기 위한 조건으로 어떤 값이 같아야 하는가?

① 모듈
② 이끝 높이
③ 이끝원 지름
④ 피치원의 지름

027
다음 기하공차 기호의 종류는?

＝

① 직각도
② 대칭도
③ 평행도
④ 경사도

답 021 ④ 022 ③ 023 ① 024 ③ 025 ④ 026 ① 027 ②

028

담금질 균열을 방지하기 위한 방법을 설명한 것 중 옳은 것은?

① 가능한 한 담금질 가열 온도를 높여 균열을 방지한다.
② 담금질한 후 가능한 한 장시간 방치한 후 뜨임처리한다.
③ 550℃ 전·후는 급냉하고, Ms점 이하에서는 서냉한다.
④ 열응력에 의한 균열을 방지하기 위하여 표면과 내부의 냉각속도 차를 크게 한다.

029

니켈청동(Cu-Ni-Sn-Zn) 합금을 760℃에서 담금질한 후 280~320℃로 5시간 뜨임하면 다음의 기계적 성질 중 낮아지는 것은?

① 경도
② 연신율
③ 인장강도
④ 항복강도

030

열전쌍에 쓰이는 재료의 구비조건이 아닌 것은?

① 열기전력이 커야 한다.
② 내식성이 뛰어나야 한다.
③ 히스테리시스 차가 커야 한다.
④ 고온에서도 기계적 강도가 커야 한다.

031

냉각 장치 중 가장 신속한 냉각을 할 수 있는 것은?

① 서서히 흐르는 물의 냉각장치
② 수냉로에 바람을 부는 냉각장치
③ 물을 분사시키는 냉각장치
④ 밑에서 물을 보내는 순환 냉각장치

032

다음 중 마레이징강에 대한 설명으로 옳은 것은?

① 고탄소 합금 공구강의 일종이다.
② 텅스텐 강을 담금질 및 뜨임한 강이다.
③ 탄소 공구강을 항온 변태 처리한 강이다.
④ 탄소량이 매우 적은 마텐자이트 기지를 시효처리하여 생긴 금속간 화합물의 석출에 의해 경화된 강이다.

033

다음의 냉각제 중 700℃(액온 20℃)에서 냉각속도가 가장 높은 것은?

① 10% 식염수
② 비눗물
③ 기계유
④ 중유

034

다음 중 열처리할 때 적용하는 냉각 방식이 아닌 것은?

① 연속 냉각
② 굴곡 냉각
③ 2단 냉각
④ 항온 냉각

답 028 ③ 029 ② 030 ③ 031 ③ 032 ④ 033 ① 034 ②

035

주성분은 규산과 알루미나로 구성되어 있으며, 산성을 띠고, 값이 싸고, 가공하기 쉬우며 내화도가 높은 내화 재료는?

① 샤모트벽돌 ② 규석벽돌
③ 크롬벽돌 ④ 고알루미나질벽돌

036

일반적인 폐수처리 방법 중 화학적인 처리 방법이 아닌 것은?

① 부상 ② 환원
③ 중화 ④ 이온교환

037

다음 중 분위기 열처리시의 안전 대책에 대한 설명으로 틀린 것은?

① 비상 전원이 없이 정전되었을 때는 불활성 또는 중성 가스를 사용하여 노 내 가스를 치환한다.
② 담금질유의 화염이 발생하는 것을 방지하기 위하여 수분 함유량을 0.5% 이하로 한다.
③ 폭발이 일어났을 때는 공급 가스를 지속 공급하고, 파일럿 버너를 끈다.
④ 연속로 또는 배치로 조업 중 반동 트러블이 발생할 때에는 전담 정비공에게 의뢰한다.

038

열처리의 종류 중 주조나 단조 후의 편석과 잔류 응력 등을 제거하고 표준화시키는 열처리는?

① 노멀라이징(normalizing)
② 담금질(quenching)
③ 풀림(annealing)
④ 뜨임(tempering)

039

재료의 굵기나 두께가 다르면 냉각 속도의 차이에 따라 담금질 효과가 다르게 나타나는 현상은?

① 뜨임효과 ② 심냉효과
③ 질량효과 ④ 침탄효과

040

오스테나이트 상태로부터 Ms 이상인 적당한 온도의 염욕으로 담금질하여 과냉 오스테나이트가 염욕 중에 항온변태가 종료할 때까지 항온 유지 후 공기 중에 냉각하여 베이나이트 조직을 얻는 방법은?

① 블루잉 ② 마템퍼링
③ 오스포밍 ④ 오스템퍼링

답 035 ① 036 ① 037 ③ 038 ① 039 ③ 040 ④

041

열간 성형용 스프링 강재에 관한 설명으로 옳은 것은?

① 탄성한도는 항장력이 약한 것이 높다.
② 긴 수명을 원하면 피로한도를 낮춘다.
③ 극단적인 탄성소멸을 피하기 위해 피로한도를 낮춘다.
④ 피로한도 및 충격치가 높은 스프링 강재는 소르바이트 조직이 좋다.

042

구상화 풀림의 특징을 설명한 것 중 틀린 것은?

① 담금질 경화 후 인성을 저하시킨다.
② 과공석강은 절삭성이 향상된다.
③ 아공석강은 가공성이 좋아진다.
④ 담금질 균열 방지 효과가 있다.

043

회주철의 열처리 중 430~600℃에서 단면의 크기에 따라 5~30시간 가열한 후 노냉하는 가장 큰 목적은?

① 합금 성분의 변화를 위하여
② 응력을 제거하기 위하여
③ 취성을 증가시키기 위하여
④ 특수 조직을 성장시키기 위하여

044

심냉 처리에 사용하는 냉각제 및 냉각매가 아닌 것은?

① 액체질소
② 염화바륨
③ 암모니아 가스
④ 에테르 + 드라이아이스

045

열처리할 부품의 크기나 형상에 제한이 없고 국부적인 담금질이 가능하나 가열 온도의 조절이 어려운 열처리는?

① 연질화법
② 화염 경화법
③ 고주파 경화법
④ 분위기 열처리법

046

담금질한 부품의 표면에 얼룩이 생기는 원인으로 틀린 것은?

① 강 표면에 탈탄층이 존재하는 경우
② 담금질성을 높이는 원소의 편석이 존재하여 경화얼룩이 존재하는 경우
③ 수냉하였을 때 강의 표면에 기포 또는 스케일이 부착되어 부분적으로 냉각이 안되는 경우
④ 급냉으로 말미암아 강부품의 내외 온도차가 발생하여 열적 응력이 발생한 경우

답 041 ④ 042 ① 043 ② 044 ② 045 ② 046 ④

047

열전대의 보호를 위해 사용되는 보호관으로 옳지 않은 것은?

① 석영관 ② 알루미나관
③ 산화림드강 ④ 스테인리스관

048

고속도 공구강(SKH51)을 HRC 63 이상으로 경도를 얻고자 할 때 담금질 열처리 온도의 범위(℃)로 옳은 것은?

① 340~400 ② 800~840
③ 1200~1240 ④ 1600~1640

049

0.8%C 강이 공석 변태하여 생성되는 조직은?

① 시멘타이트 ② 펄라이트
③ 페라이트 ④ 오스테나이트

050

Al 합금 가공재의 질별 기호에 대한 설명으로 옳은 것은?

① O : 가공경화한 것
② H : 용체화 처리한 것
③ W : 어닐링한 것
④ F : 제조한 그대로의 것

051

온도제어 장치 중 자동온도제어 장치의 순서로 옳은 것은?

① 비교 → 검출 → 판단 → 조작
② 비교 → 검출 → 조작 → 판단
③ 검출 → 비교 → 판단 → 조작
④ 검출 → 조작 → 판단 → 비교

052

산세 처리의 작업 과정을 순서에 맞게 기호로 옳게 나타낸 것은?

A. 스테인리스 통에 물을 채운다.
B. 염산 원액을 스테인리스 통에 붓고 교반, 희석시킨다.
C. 스테인리스 통을 145℃까지 가열한다.
D. 열처리할 소재를 바스켓에 담아 산세액 속에 담금질 한다.
E. 산세액에서 35분 유지한 후 상태를 확인한다.
F. 산화스케일을 제거 후 산세액에서 꺼내 건조한다.

① C → A → B → D → F → E
② C → A → D → E → B → F
③ A → B → C → D → E → F
④ A → B → D → C → F → E

053

Al-Mg-Si 계 합금을 인공시효 처리하는 목적으로 가장 적합한 것은?

① 경도 증가 ② 인성 증가
③ 조직의 연화 ④ 내부 응력 제거

답 047 ③ 048 ③ 049 ② 050 ④ 051 ③ 052 ③ 053 ①

054

내열 및 내산화성을 향상시키기 위해 철강 표면에 알루미늄을 확산 침투시키는 처리는?

① 세라다이징　② 칼로라이징
③ 크로마이징　④ 실리코나이징

055

공석강의 항온 변태 곡선에 대한 설명으로 틀린 것은?

① 항온 변태 곡선을 일명 TTT곡선, S곡선이라 한다.
② 코(nose) 온도 아래에서 항온 변태시키면 베이나이트가 형성된다.
③ 코(nose) 온도 위에서 항온 변태시키면 펄라이트가 형성된다.
④ 550℃ 부근의 온도에서 변태가 가장 느리게 시작되고 가장 느리게 종료된다.

056

철강의 분위기 열처리용 가스 중 침탄성 가스에 해당되는 것은?

① 헬륨　② 아르곤
③ 암모니아　④ 일산화탄소

057

탄소 공구강과 같은 제품을 담금질한 후 반드시 실시해야 하는 열처리는?

① 풀림(Annealing)　② 뜨임(Tempering)
③ 불림(Normalizing)　④ 질화(Nitriding)

058

진공분위기의 이온질화처리에서 재료 표면에 확산되어 경화시키는 가스는?

① 수소　② 질소
③ 부탄　④ 아세틸렌

059

강의 임계 냉각 속도에 미치는 합금 원소의 영향에서 임계 냉각 속도를 빠르게 하는 원소는?

① Mn　② Cr
③ Mo　④ Co

060

다음 중 가장 고온에서 하는 풀림(annealing) 방법은?

① 응력 제거 풀림　② 재결정 풀림
③ 항온 풀림　④ 확산 풀림

답 054 ②　055 ④　056 ④　057 ②　058 ②　059 ④　060 ④

열처리기능사 필기 시행문제 (2014년 5회)

001

36%Ni에 약 12%Cr 이 함유된 Fe 합금으로 온도의 변화에 따른 탄성률 변화가 거의 없으며 지진계의 부품, 고급시계 재료로 사용되는 합금은?

① 인바(invar)
② 코엘린바(coelinvar)
③ 엘린바(elinvar)
④ 슈퍼인바(superinvar)

002

결정구조의 변화 없이 전자의 스핀 작용에 의해 강자성체인 α-Fe이 상자성체인 α-Fe로 변태되는 자기변태에 해당하는 것은?

① A_1변태   ② A_2변태
③ A_3변태   ④ A_4변태

003

감쇠능이 커서 진동을 많이 받는 방직기의 부품이나 기어 박스 등에 많이 사용되는 재료는?

① 연강   ② 회주철
③ 공석강   ④ 고탄소강

004

주철, 탄소강 등은 질화에 의해서 경화가 잘 되지 않으나 어떤 성분을 함유할 때 심하게 경화시키는지 그 성분들로 옳게 짝지어진 것은?

① Al, Cr, Mo   ② Zn, Mg, P
③ Pb, Au, Cu   ④ Au, Ag, Pt

005

공구용 재료로서 구비해야 할 조건이 아닌 것은?

① 강인성이 커야 한다.
② 마멸성이 커야 한다.
③ 열처리와 공작이 용이해야 한다.
④ 상온과 고온에서의 경도가 높아야 한다.

006

금속의 격자결함이 아닌 것은?

① 가로결함   ② 적층결함
③ 전위   ④ 공공

답 001 ③ 002 ② 003 ② 004 ① 005 ② 006 ①

007

철강은 탄소함유량에 따라 순철, 강, 주철로 구별한다. 순철과 강, 강과 주철을 구분하는 탄소량은 약 몇 %인가?

① 0.025%, 0.8% ② 0.025%, 2.0%
③ 0.80%, 2.0%   ④ 2.0%, 4.3%

008

재료가 지니고 있는 질긴 성질을 무엇이라 하는가?

① 취성   ② 경성
③ 강성   ④ 인성

009

높은 온도에서 증발에 의해 황동의 표면으로부터 Zn이 탈출되는 현상은?

① 응력 부식 탈아연 현상
② 전해 탈아연 부식 현상
③ 고온 탈아연 현상
④ 탈락 탈아연 메짐 현상

010

재료를 실온까지 온도를 내려서 다른 형상으로 변형시켰다가 다시 온도를 상승시키면 어느 일정한 온도 이상에서 원래의 형상으로 변화하는 성질을 이용한 합금으로 대표적인 합금이 Ni-Ti계인 합금의 명칭은?

① 형상기억합금   ② 비정질합금
③ 클래드합금   ④ 제진합금

011

냉간 가공한 7:3 황동판 또는 봉 등을 185~260℃에서 응력 제거 풀림을 하는 이유는?

① 강도 증가   ② 외관 향상
③ 산화막 제거 ④ 자연균열 방지

012

Al-Si계 합금의 설명으로 틀린 것은?

① 10~13%의 Si가 함유된 합금을 실루민이라 한다.
② Si의 함유량이 증가할수록 팽창계수와 비중이 높아진다.
③ 다이캐스팅시 용탕이 급냉되므로 개량처리하지 않아도 조직이 미세화된다.
④ Al-Si계 합금 용탕에 금속나트륨이나 수산화나트륨 등을 넣고 10~50분 후에 주입하면 주직이 미세화된다.

013

18-4-1형 고속도 공구강의 주요 합금 원소가 아닌 것은?

① Cr   ② V
③ Ni   ④ W

014

선철 원료, 내화 재료 및 연료 등을 통하여 강 중에 함유되며 상온에서 충격값을 저하시켜 상온 메짐의 원인이 되는 것은?

① Si   ② Mn
③ P   ④ S

답 007 ② 008 ④ 009 ③ 010 ① 011 ④ 012 ② 013 ③ 014 ③

015

네이벌 황동(Naval Brass)이란?

① 6 : 4 황동에 Sn을 약 0.75~1% 정도 첨가한 것
② 7 : 3 황동에 Mn을 약 2.85~3% 정도 첨가한 것
③ 3 : 7 황동에 Pb을 약 3.55~4% 정도 첨가한 것
④ 4 : 6 황동에 Fe을 약 4.95~5% 정도 첨가한 것

016

도면에 "13 - ∅20드릴"이라고 기입되어 있으면 드릴 구멍은 몇 개인가?

① 12   ② 13
③ 14   ④ 20

017

45°×45°×90° 와 30°×60°×90° 의 모양으로 된 2개의 삼각자를 이용하여 나타낼 수 없는 각도는?

① 15°   ② 50°
③ 75°   ④ 105°

018

치수기입의 원칙에 대한 설명으로 옳은 것은?

① 치수가 중복되는 경우 중복하여 기입한다.
② 치수는 계산을 할 수 있도록 기입하여야 한다.
③ 치수는 가능한 한 보조 투상도에 기입하여야 한다.
④ 치수는 대상물의 크기, 자세 및 위치를 명확하게 표시해야 한다.

019

제품의 사용목적에 따라 실용상 허용할 수 있는 범위의 차를 무엇이라 하는가?

① 공차   ② 틈새
③ 데이텀   ④ 끼워맞춤

020

한국산업표준(KS)에서 재료기호 "SF 340 A"이 의미하는 것은?

① 내열강 주강품
② 고망간강 단강품
③ 탄소강 단강품
④ 압력 용기용 스테인리스 단강품

021

그림의 물체를 제3각법으로 투상했을 때 평면도는?

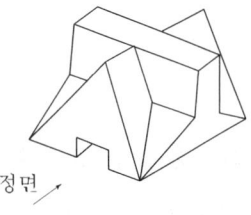

정면

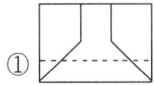 ①   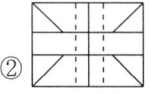 ②

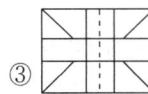 ③   ④

답 015 ① 016 ② 017 ② 018 ④ 019 ① 020 ③ 021 ②

022

KS 분류기호 중에서 KS B는 어느 부문인가?

① 전기　　② 기본
③ 금속　　④ 기계

023

한국산업표준(KS)에서 규정하고 있는 표면 거칠기의 기호가 아닌 것은?

① Ra　　② Ry
③ Rt　　④ Rz

024

투상도에서 물체의 모양과 특징을 가장 잘 나타낼 수 있는 면으로 선택하는 것은?

① 정면도　　② 평면도
③ 측면도　　④ 저면도

025

나사의 도시에 대한 설명으로 옳은 것은?

① 수나사와 암나사의 골지름은 굵은 실선으로 그린다.
② 불완전 나사부의 끝 밑선은 45°의 파선으로 그린다.
③ 수나사의 바깥지름과 암나사의 안지름은 굵은 실선으로 그린다.
④ 완전 나사부와 불완전 나사부의 경계선은 가는 실선으로 그린다.

026

정투상법에 의한 도형의 표시 방법으로 옳은 것은?

① 물체를 위에서 본 형상을 정면도라 한다.
② 평면도는 정면도의 위에 배치한다.
③ 자동차 등은 앞모양을 정면도로 한다.
④ 물체의 길이가 길 때 평면도보다 측면도를 그린다.

027

도면에서 2종류 이상의 선이 같은 장소에 겹치게 될 경우 우선순위가 옳은 것은?

① 외형선→숨은선→절단선→중심선→무게 중심선
② 외형선→숨은선→중심선→무게 중심선→절단선
③ 외형선→숨은선→무게 중심선→중심선→절단선
④ 외형선→무게 중심선→숨은선→절단선→중심선

028

단일 제어계로 전자 접촉기, 전자 수은 릴레이 등을 결합시켜 전기로에 공급되고 있는 전력의 전부를 단속시키는 그림과 같은 온도제어 장치의 형식은?

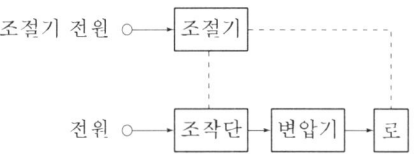

① 비례제어식
② ON-OFF식
③ 정치제어식
④ 프로그램제어식

029

다음 중 안전·보건표지의 색채가 파랑일 때의 용도는?

① 안내 ② 금지
③ 경고 ④ 지시

030

물리적 표면 경화법에 해당하는 것은?

① 침탄법 ② 질화법
③ 화염 경화법 ④ 금속 침투법

031

열처리할 부품 표면에 있는 기름 성분을 제거하는 전처리과정은?

① 산세 ② 연삭
③ 탈지 ④ 연마

032

오스템퍼링(austempering)에 대한 설명 중 옳은 것은?

① 오스템퍼링한 것은 베이나이트 조직을 얻는다.
② 같은 경도의 일반 열처리 제품에 비해 충격값이 떨어진다.
③ 같은 경도의 일반 열처리 제품에 비해 피로강도가 떨어진다.
④ 염욕에서 끄집어내어 수냉으로 급냉시켜 마텐자이트 조직을 얻는 열처리이다.

033

노에 사용되는 내화재의 구비 조건으로 틀린 것은?

① 연화점이 높을 것
② 열전도도가 클 것
③ 화학적 침식 저항이 높을 것
④ 급격한 온도 변화에 견딜 것

034

지름이 큰 롤러나 축등의 냉각에 이용하면 효과적인 냉각장치는?

① 공랭 장치 ② 수랭 장치
③ 유랭 장치 ④ 분사 냉각 장치

035

다음 [보기]에서 설명하는 표면경화 방법은?

[보기]
- 로 내의 도가니 속에 시안화나트륨을 주성분으로 하는 용융 염욕을 900℃ 안팎으로 유지하여 제품을 담금질 한다.
- 일정 시간 가열 후 재료를 물 또는 기름 속에 담금질한다.

① 금속 침투법 ② 액체 침탄법
③ 가스 침탄법 ④ 고체 침탄법

답 029 ④ 030 ③ 031 ③ 032 ① 033 ② 034 ④ 035 ②

036

순철에 0.2%C, 0.4%C, 0.8%C처럼 탄소 함량을 증가시키면 항복강도가 높아지는 조직학적 이유는?

① 흑연량이 적어지기 때문
② 페라이트량이 많아지기 때문
③ 펄라이트량이 적어지기 때문
④ 시멘타이트량이 많아지기 때문

037

잔류 오스테나이트를 마텐자이트로 변태시키는 열처리 방법은?

① 뜨임
② 심냉처리
③ 오스템퍼링
④ 노멀라이징

038

강을 침탄한 후에 실시하는 1차 담금질의 주 목적은?

① 표면의 침탄부를 경화시키기 위하여
② 중심부의 조직을 미세화하기 위하여
③ 침탄층의 탄소를 내부로 확산시키기 위하여
④ 침탄층에 나타난 망상의 시멘타이트를 구상화시키기 위하여

039

금형 공구강 열처리에 사용되고 있는 진공열처리로의 특징을 설명한 것 중 틀린 것은?

① 광휘 열처리가 가능하다.
② 다품종 소량 생산 제품에 적합하다.
③ 피열처리물이 함유하고 있는 가스의 제거가 가능하다.
④ 표면의 불순물을 산화나 탈탄 반응을 통하여 제거할 수 있다.

040

마텐자이트 조직의 경도가 큰 이유가 아닌 것은?

① 결정립의 미세화
② 급냉으로 인한 내부응력
③ 탄소원자에 의한 Fe격자의 강화
④ α-Fe+Fe$_3$C 혼합물 생성

041

일반적으로 대기압에서부터 0.01기압까지의 저진공을 측정하는 데 사용하며 매우 정확한 압력을 측정할 수 있는 게이지는?

① 보돈(Bourdon) 게이지
② 페닝(Penning) 게이지
③ 이온(Ionization) 게이지
④ 열전쌍(Thermocouple) 게이지

042

담금질 균열의 방지 대책으로 옳은 것은?

① 날카로운 모서리 부분에는 라운딩 처리를 한다.
② 살두께 차이 및 급변부분을 가급적 많이 만든다.
③ 구멍에는 찰흙 등을 채우지 않는다.
④ M_s~M_f 범위에서는 가능한 한 급냉한다.

답 036 ④ 037 ② 038 ② 039 ④ 040 ④ 041 ① 042 ①

043

강을 뜨임작업 할 때 유의사항으로 틀린 것은?

① 담금질한 후 바로 뜨임작업을 한다.
② 시편의 급격한 온도변화를 피한다.
③ 약 200~320℃에서는 청열 취성에 유의한다.
④ A₁ 변태점 이상의 온도로 급속히 가열한 다음 급히 냉각시켜야 한다.

044

열처리 불량인 박리가 생길 때의 대책 중 틀린 것은?

① 침탄 완화제를 사용한다.
② 침탄 후 확산처리 한다.
③ 탄소를 최대한 높이거나 첨가한다.
④ 소재의 재질을 강도가 높은 것으로 한다.

045

다음 중 공석변태와 관련이 없는 것은?

① 층상의 마텐자이트 조직으로 나타난다.
② 반응이 일어나는 온도를 A₁선이라고 한다.
③ 0.8%C 탄소강을 723℃ 이하로 냉각할 때 일어난다.
④ 오스테나이트가 페라이트와 시멘타이트로 변태한다.

046

다음 진공열처리의 특징으로 틀린 것은?

① 깨끗한 표면을 유지할 수 있다.
② 다품종 대량 생산에 적합하다.
③ 후가공 공정의 단축으로 생산성이 향상된다.
④ 변형의 극소화 및 표면의 광휘성이 보장된다.

047

기름 담금질 탱크의 점검으로 관계가 먼 것은?

① 기름의 양   ② 기름온도
③ 교반상태   ④ 기름의 가격

048

청백색의 고체 금속으로서 베어링용 합금 등에 쓰이며, 이타이이타이병을 일으키는 금속은?

① 납(Pb)   ② 크롬(Cr)
③ 수은(Hg)   ④ 카드뮴(Cd)

049

다음 재료 중 연신율이 가장 큰 것은?

① 0.10%C 강   ② 0.25%C 강
③ 0.55%C 합금강   ④ 0.80%C 합금강

답 043 ④ 044 ③ 045 ① 046 ② 047 ④ 048 ④ 049 ①

050

알루미늄 합금 가공재의 질별 기호에서 T4 처리란?

① 용체화 처리 후 자연 시효 시킨 것
② 용체화 처리 후 안정화 처리한 것
③ 고온가공에서 냉각 후 자연 시효 시킨 것
④ 용체화 처리 후 인공 시효 경화 처리한 것

051

부품 열처리의 목적으로 맞지 않은 것은?

① 경도 증가
② 크랙 증가
③ 인성 증가
④ 기계 가공성 증가

052

열처리의 목적 중 금속재료로 필요한 성질의 개선 내용으로 틀린 것은?

① 변형을 방지한다.
② 내마멸성 및 내식성을 향상시킨다.
③ 조직의 조대화 및 취성을 부여한다.
④ 강도, 인성, 연성 등의 기계적 성질을 개선한다.

053

Al 합금, Cu 합금, Ti 합금 등을 고온에서 용체화 처리 한 후 시효처리 하는 목적은?

① 경화
② 연화
③ 표준화
④ 내부응력제거

054

금속의 결정 내에서 원자가 이동하는 확산 현상을 이용한 표면 경화법은?

① 질화법
② 쇼트피닝
③ 불꽃 경화법
④ 고주파 경화법

055

고탄소강을 구상화 풀림 할 때 어느 조직을 구상화시키는가?

① 펄라이트
② 시멘타이트
③ 페라이트
④ 오스테나이트

056

Ti이나 Nb을 함유한 오스테나이트계 스테인리스강에서 입계 부식의 방지를 도모하기 위한 가장 적합한 처리는?

① 고용화 처리
② 가공경화 처리
③ 안정화 열처리
④ 결정립 조대화 열처리

057

광고온계(optical pyrometer)의 온도측정 범위(℃)는?

① 200이하
② 200~400
③ 400~600
④ 600~2000

답 050 ① 051 ② 052 ③ 053 ① 054 ① 055 ② 056 ③ 057 ④

058

백주철을 적철광 및 산화철 가루와 함께 풀림 상자(pot)에 넣어 900~1000℃에서 40~100시간 가열하여 시멘타이트를 탈탄시킨 주철은?

① 강인주철
② 냉경주철
③ 백심가단주철
④ 구상흑연주철

059

공석강의 항온 변태 곡선에서 코(nose)부분의 온도는 약 몇 ℃ 인가?

① 250
② 350
③ 450
④ 550

060

변태점 이상의 온도(A_3 또는 A_{cm} 선보다 30~50℃ 높은 온도)로 가열한 다음 안정된 공기 중에 냉각시켜 표준화된 조직을 얻는 열처리는?

① 시효
② 뜨임
③ 노멀라이징
④ 응력제거풀림

답 058 ③ 059 ④ 060 ③

제6편 열처리기능사 필기 시행문제 (2015년 1회)

001

기체 급냉법의 일종으로 금속을 기체 상태로 한 후에 급냉하는 방법으로 제조되는 합금으로서 대표적인 방법은 진공 증착법이나 스퍼터링법 등이 있다. 이러한 방법으로 제조되는 합금은?

① 제진합금 ② 초전도 합금
③ 비정질 합금 ④ 형상 기억 합금

002

그림과 같은 소성가공법은?

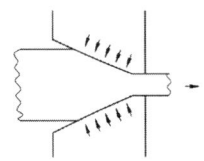

① 압연가공 ② 단조가공
③ 인발가공 ④ 전조가공

003

오스테나이트계 스테인리스강에 첨가되는 주성분으로 옳은 것은?

① Pb - Mg ② Cu - Al
③ Cr - Ni ④ P - Sn

004

다음 비철금속 중 구리가 포함되어 있는 합금이 아닌 것은?

① 황동 ② 톰백
③ 청동 ④ 하이드로날륨

005

다음 철강 재료에서 인성이 가장 낮은 것은?

① 회주철 ② 탄소공구강
③ 합금공구강 ④ 고속도공구강

006

척도가 1 : 2인 도면에서 실제 치수 20mm인 선은 도면상에 몇 mm로 긋는가?

① 5 ② 10
③ 20 ④ 40

답 001 ③ 002 ③ 003 ③ 004 ④ 005 ① 006 ②

007

끼워 맞춤에 관한 설명으로 옳은 것은?

① 최대 죔새는 구멍의 최대 허용 치수에서 축의 최소 허용 치수를 뺀 치수이다.
② 최소 죔새는 구멍의 최소 허용 치수에서 축의 최대 허용 치수를 뺀 치수이다.
③ 구멍의 최소 치수가 축의 최대 치수보다 작은 경우 헐거운 끼워 맞춤이 된다.
④ 구멍과 축의 끼워 맞춤에서 틈새가 없이 죔새만 있으면 억지 끼워 맞춤이 된다.

008

제도용지에 대한 설명으로 틀린 것은?

① A0 제도용지의 넓이는 약 $1m^2$이다.
② B0 제도용지의 넓이는 약 $1.5m^2$이다.
③ A0 제도용지의 크기는 594×841 이다.
④ 제도용지의 세로와 가로의 비는 $1 : \sqrt{2}$ 이다.

009

KS B ISO 4287 한국산업표준에서 정한 '거칠기 프로파일에서 산출한 파라미터'를 나타내는 기호는?

① R – 파라미터 ② P – 파라미터
③ W – 파라미터 ④ Y – 파라미터

010

상면도라 하며, 물체의 위에서 내려다 본 모양을 나타내는 도면의 명칭은?

① 배면도 ② 정면도
③ 평면도 ④ 우측면도

011

용융금속을 주형에 주입할 때 응고하는 과정을 설명한 것으로 틀린 것은?

① 나뭇가지 모양으로 응고하는 것을 수지 상정이라 한다.
② 핵 생성 속도가 행 성장 속도보다 빠르면 입자가 미세해진다.
③ 주형에 접한 부분이 빠른 속도로 응고하고 차차 내부로 가면서 천천히 응고한다.
④ 주상 결정 입자 조직이 생성된 주물에서는 주상결정 입내 부분에 불순물이 집중하므로 메짐이 생긴다.

012

4%Cu, 2%Ni 및 1.5%Mg 이 첨가된 알루미늄 합금으로 내연기관용 피스톤이나 실린더 헤드 등에 사용되는 재료는?

① Y합금
② 라우탈(lautal)
③ 알클래드(alclad)
④ 하이드로날륨(hydronalum)

013

구리 및 구리 합금에 대한 설명으로 옳은 것은?

① 구리는 자성체이다.
② 금속 중에 Fe 다음으로 열전도율이 높다.
③ 황동은 주로 구리와 주석으로 된 합금이다.
④ 구리는 이산화탄소가 포함되어 있는 공기 중에서 녹청색 녹이 발생된다.

답 007 ④ 008 ③ 009 ① 010 ③ 011 ④ 012 ① 013 ④

014

Y합금의 일종으로 Ti과 Cu를 0.2% 정도씩 첨가한 합금으로 피스톤에 사용되는 합금의 명칭은?

① 라우탈 ② 엘린바
③ 문쯔메탈 ④ 코비탈륨

015

다음 중 비중(specific gravity)이 가장 작은 금속은?

① Mg ② Cr
③ Mn ④ Pb

016

특수강에서 다음 금속이 미치는 영향으로 틀린 것은?

① Si : 전자기적 성질을 개선한다.
② Cr : 내마멸성을 증가시킨다.
③ Mo : 뜨임 메짐을 방지한다.
④ Ni : 탄화물을 만든다.

017

공석강의 탄소함유량(%)은 약 얼마인가?

① 0.15 ② 0.8
③ 2.0 ④ 4.3

018

제진 재료에 대한 설명으로 틀린 것은?

① 제진 합금으로는 Mg-Zr, Mn-Cu 등이 있다.
② 제진 합금에서 제진 기구는 마텐자이트 변태와 같다.
③ 제진 재료는 진동을 제어하기 위하여 사용되는 재료이다.
④ 제진 합금이란 큰 의미에서 두드려도 소리가 나지 않는 합금이다.

019

저용융점 합금의 용융 온도는 약 몇 ℃ 이하 인가?

① 250 이하 ② 450 이하
③ 550 이하 ④ 650 이하

020

금속의 결정구조를 생각할 때 결정면과 방향을 규정하는 것과 관련이 가장 깊은 것은?

① 밀러지수 ② 탄성계수
③ 가공지수 ④ 전이계수

답 014 ④ 015 ① 016 ④ 017 ② 018 ② 019 ① 020 ①

021

실물을 보고 프리핸드로 그린 도면은?

① 계획도　　② 제작도
③ 평면도　　④ 스케치도

022

도면에서 중심선을 꺾어서 연결 도시한 투상도는?

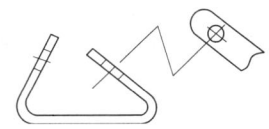

① 보조 투상도　　② 국부 투상도
③ 부분 투상도　　④ 회전 투상도

023

2N×M50 2-6h 이라는 나사의 표시 방법에 대한 설명으로 옳은 것은?

① 왼나사이다.
② 2줄 나사이다.
③ 유니파이 보통 나사이다.
④ 피치는 1인치당 산의 개수로 표시한다.

024

수면이나 유면 등의 위치를 나타내는 수준면선의 종류는?

① 파선　　② 가는 실선
③ 굵은 실선　　④ 1점 쇄선

025

다음 가공방법의 기호와 그 의미의 연결이 틀린 것은?

① C – 주조　　② L – 선삭
③ G – 연삭　　④ FF – 소성가공

026

그림과 같은 물체를 제3각 법으로 그릴 때 물체를 명확하게 나타낼 수 있는 최소 도면 개수는?

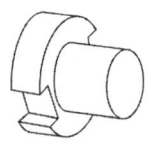

① 1개　　② 2개
③ 3개　　④ 4개

027

다음 도형에서 테이퍼 값을 구하는 식으로 옳은 것은?

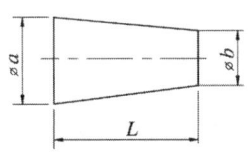

① b/a　　② a/b
③ a+b/L　　④ a-b/L

028

담금질한 고속도강의 2차 경화 온도(℃)로 옳은 것은?

① 180~200　　② 300~400
③ 550~600　　④ 750~800

029

전기 화학을 응용한 것으로 전기도금의 역조작이 되는 처리 방법은?

① 전해 연마　　② 탈지 연마
③ 액체 호닝　　④ 증기 연마

030

열처리에 사용되는 발열체 중 최고 사용온도가 1600℃ 인 비금속 발열체는?

① 칸탈　　　　② 니크롬
③ 철크롬　　　④ 실리코니트

031

가스로의 안전장치의 종류가 아닌 것은?

① 압력스위치
② 발열체
③ 상한, 하한 온도계
④ 연소 감시 장치

032

구조용 탄소강의 두께가 57mm일 때 담금질 유지시간(분)을 계산하면 얼마인가? (단, 유지시간은 두께 25mm당 30분이다.)

① 30.4　　　　② 48.5
③ 68.4　　　　④ 86.5

033

염욕 열처리의 장점이 아닌 것은?

① 염욕의 증발 손실이 작다.
② 냉각 속도가 빨라 급냉이 가능하다.
③ 소량 다품종 부품의 열처리에 적합하다.
④ 균일한 온도 분포를 유지할 수 있다.

034

구상 흑연 주철의 열처리에 관계된 설명으로 틀린 것은?

① 연성을 얻기 위하여 제2단 흑연화 풀림을 한다.
② 900℃ 온도로 가열해서 공냉 처리하여 주조응력이 제거된다.
③ 구상흑연주철은 보통주철이나 합금주철에 비해 담금질 성이 크다.
④ 구상흑연주철은 보통주철에 비해 C의 확산이 느리며, 페라이트화 한 경우는 고 Si 일수록 확산이 빠르다.

035

공구강, 베어링강 등의 고탄소강은 담금질하기 전에 탄화물의 형상을 변화시키기 위해 어떤 열처리를 하는가?

① 중간풀림　　② 완전풀림
③ 재결정 풀림　④ 구상화 풀림

답　029 ①　030 ④　031 ②　032 ③　033 ①　034 ④　035 ④

036

담금질 냉각제의 냉각 효과를 지배하는 인자에 대한 설명으로 옳은 것은?

① 끓는점은 높고, 휘발성은 적을수록 냉각속도는 작다.
② 기름은 온도가 올라가면 점도가 낮아 냉각능력이 크다.
③ 냉각제의 냉각속도는 열전도도 및 비열이 클수록 작다.
④ 물 또는 수용액에서는 기화열이 낮을수록 냉각능력이 크다.

037

예정된 승온, 유지, 냉각 등을 자동적으로 행하는 온도 제어장치는?

① 정치 제어식 온도 제어 장치
② 비례 제어식 온도 제어 장치
③ 프로그램 제어식 온도 제어 장치
④ 온-오프(On-Off) 식 온도 제어 장치

038

산화성 가스를 이용하여 강의 외관 및 내식성을 개선하기 위해 강표면에 산화 피막을 형성하는 처리방법은?

① 블루잉 처리　② 화염경화 처리
③ 고주파 열처리　④ 용융도금 처리

039

탄소강에서 A_1변태점을 저하시키는 합금원소는?

① Ni　② Cr
③ Ti　④ Mo

040

오스테나이트 상태로부터 상온으로 급냉시켜, α철안에 탄소가 과포화 상태로 고용된 조직은?

① 베이나이트　② 마텐자이트
③ 시멘타이트　④ 트루스타이트

041

변성로나 분위기로 등에 부착한 그을음에 공기를 불어 넣어 연소하여 제거하는 조작은?

① 노점　② 번 아웃
③ 화염 커튼　④ 광휘 열처리

042

미세조직과 성질을 결정해 주는 기본적인 열처리 변수가 틀린 것은?

① 가열온도　② 숨은열
③ 유지시간　④ 냉각속도

답　036 ②　037 ③　038 ①　039 ①　040 ②　041 ②　042 ②

043

흡열형 가스는 원료 가스에 공기를 혼합한 후 레토르트(retort) 내에 어떤 촉매를 이용하여 가스를 변성 시키는가?

① Si   ② Mg
③ Ni   ④ Mo

044

0.45%C를 함유한 탄소강을 담금질할 때 어느 조직까지 온도를 상승시키는가?

① 페라이트   ② 오스테나이트
③ 레데뷰라이트   ④ 시멘타이트

045

담금질의 냉각 요령으로 옳은 것은?

① 임계구역 – 급냉, 위험구역 – 서냉
② 임계구역 – 서냉, 위험구역 – 급냉
③ 임계구역 – 급냉, 위험구역 – 급냉
④ 임계구역 – 서냉, 위험구역 – 서냉

046

그림과 같이 보통 담금질과 달리 과냉한 오스테나이트가 항온 변태를 일으키기 전에 Ar"변태가 천천히 진행되도록 하는 조작은?

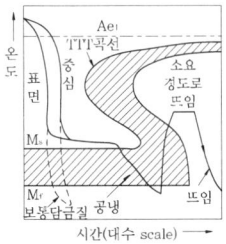

① 오스포밍   ② 시간담금질
③ 마퀜칭   ④ 오스템퍼링

047

산업 폐기물 중에서 공장 배수 등의 처리 후에 남은 진흙 모양의 것 및 각종 제조업의 제조 공정에서 발생하는 진흙 모양의 것을 무엇이라는 하는가?

① 폐액   ② 오니
③ 폐산   ④ 타고 남은 재

048

담금질에 사용되는 냉매에 대한 설명으로 틀린 것은?

① 물은 40℃ 이하가 좋다.
② 기름은 60~80℃ 가 적당한 온도이다.
③ 물에 소금이 섞이면 냉각효과가 증대한다.
④ 물에 비누가 섞이면 냉각효과가 증대한다.

049

공석강을 850℃에서 650℃까지 냉각시킨 후 항온 유지시키면 나타나는 변태는?

① 펄라이트   ② 베이나이트
③ 마텐자이트   ④ 마텐자이트 + 베이나이트

050

상온 가공한 황동 제품의 자연균열(Season crack)을 방지하기 위한 풀림 온도(℃)로 옳은 것은?

① 100   ② 300
③ 700   ④ 900

답 043 ③ 044 ② 045 ① 046 ③ 047 ② 048 ④ 049 ① 050 ②

051

여러 가지 표면 경화법 중 질화법은 침탄법과 다른 특징을 가지고 있다. 질화법의 특징으로 옳은 것은?

① 경화에 의한 변형이 적다.
② 처리강의 종류에 대한 제한이 적다.
③ 짧은 시간에 깊게 경화시킬 수 있다.
④ 고온으로 가열되면 경화 층의 경도가 떨어진다.

052

다음 중 연점(soft spot) 발생의 방지 대책으로 틀린 것은?

① 탈탄 부분을 제품 전체에 생기게 하여 담금질한다.
② 균일한 냉각이 되도록 냉각제를 충분히 교반한다.
③ 로내 온도 분포, 가열 온도 및 가열 시간 등을 적절하게 한다.
④ 강재의 냉각능과 냉각제의 냉각능을 고려하여 적당한 재료를 선택한다.

053

분위기 열처리에서 환원성 가스로 분류되는 것은?

① 아르곤(Ar)
② 수증기(H_2O)
③ 이산화탄소(CO_2)
④ 일산화탄소(CO)

054

표면 경화의 결함 중 침탄 담금질 시 담금질 경도 부족의 원인이 아닌 것은?

① 침탄량이 부족할 때
② 재료가 탈탄 되었을 때
③ 담금질 온도가 너무 낮을 때
④ 담금질 냉각속도가 빠를 때

055

마텐자이트계 스테인리스강의 적당한 담금질 방법은?

① 750~800℃, 급냉
② 800~900℃, 급냉
③ 980~1040℃, 급냉
④ 1200~1210℃, 급냉

056

담금질된 강을 상온 이하의 온도로 냉각시켜 잔류 오스테나이트를 마텐자이트로 변태시키는 것이 목적인 열처리는?

① 심냉처리   ② 항온처리
③ 연속처리   ④ 가공처리

057

주로 내열 강재의 용기를 외부에서 가열하고, 그 용기 속에 열처리 품을 장입해서 간접 가열하는 노는?

① 머플로   ② 원통로
③ 오븐로   ④ 라디안트 튜브로

답 051 ① 052 ① 053 ④ 054 ④ 055 ③ 056 ① 057 ①

058

열처리에 있어 매우 중요한 조직으로 담금질할 때 생기며 경도가 현저히 높은 것은 특징인 변태는?

① 공석변태 ② 마텐자이트 변태
③ 항온변태 ④ 연속냉각변태

059

담금질한 강을 A_1점 이하의 적당한 온도까지 가열, 냉각시키는 조작은?

① 노멀라이징 ② 템퍼링
③ 퀜칭   ④ 어닐링

060

알루미늄 합금 열처리에 관한 설명 중 틀린 것은?

① 기계적 성질을 크게 개선 한다.
② 주물의 치수 안정화에 기여한다.
③ 다이캐스팅 제품에 항상 실시한다.
④ 사형주물과 금속 주형 주물에 실시한다.

답 058 ②   059 ②   060 ③

제6편 열처리기능사 필기 시행문제 (2015년 2회)

001
알루미늄(Al)의 특성을 설명한 것 중 옳은 것은?

① 전기 전도율이 구리보다 높다.
② 강(Steel)비하여 비중이 가볍다.
③ 온도에 관계없이 항상 체심입방격자이다.
④ 주조품 제작시 주입온도는 약 1000℃ 이다.

002
특정온도 이상으로 가열하면 변형되기 이전의 원래 상태도 되돌아가는 현상을 이용하여 만든 신소재는?

① 형상기억합금   ② 제진합금
③ 비정질합금   ④ 초전도합금

003
Sn - Sb - Cu계의 베어링용 합금으로 마찰계수가 적고, 소착에 대한 저항력이 큰 합금은?

① 켈멧   ② 베빗메탈
③ 주석청동   ④ 오일리스 베어링

004
절삭할 때 칩을 잘게 하고 피삭성을 좋게 만든 쾌삭강은 어떤 원소를 첨가한 것인가?

① S, Pb   ② Cr, Ni
③ Mn, Mo   ④ Cr, W

005
6:4 황동에 Sn 을 1% 첨가한 것으로 판, 봉으로 가공되어 용접봉, 밸브대 등에 사용되는 것은?

① 양백   ② 델타 메탈
③ 네이벌 황동   ④ 애드미럴티 황동

006
물체의 단면을 표시하기 위하여 단면 부분에 흐리게 칠하는 것을 무엇이라 하는가?

① 리브(rib)   ② 널링(knurling)
③ 스머징(smudging)   ④ 해칭(hatching)

답 001 ② 002 ① 003 ② 004 ① 005 ③ 006 ③

007

제도의 기본 요건으로 적합하지 않은 것은?

① 이해하기 쉬운 방법으로 표현한다.
② 정확성, 보편성을 가져야 한다.
③ 표현의 국제성을 가져야 한다.
④ 대상물의 도형과 함께 크기, 모양만을 표현한다.

008

도면에 기입된 "5 - ∅20드릴"을 옳게 설명한 것은?

① 드릴 구멍이 15개이다.
② 직경 5mm인 드릴 구멍이 5개이다.
③ 직경 20mm인 드릴 구멍이 5개이다.
④ 직경 20mm인 드릴 구멍의 간격이 5mm이다.

009

상하 또는 좌우가 대칭인 물체를 그림과 같이 중심선을 기준으로 내부 모양과 외부 모양을 동시에 표시하는 단면도는?

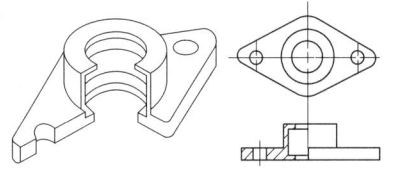

① 온 단면도
② 한쪽 단면도
③ 국부 단면도
④ 부분 단면도

010

투상도를 그리는 방법에 대한 설명으로 틀린 것은?

① 조립도 등 주로 기능을 표시하는 도면에서는 물체가 사용되는 상태를 그린다.
② 일반적인 도면에서는 물체를 가장 잘 나타내는 상태를 정면도로 하여 그린다.
③ 주투상도를 보충하는 다른 투상도의 수는 되도록 많이 그리도록 한다.
④ 물체의 길이가 길어 도면에 나타내기 어려울 때 즉, 교량의 트러스 같은 경우 중간부분을 생략하고 그릴 수 있다.

011

구조용 합금강 중에서 듀콜강, 해드필드강 등은 어느 합금강에 속하는가?

① Ni강
② Cr강
③ W강
④ Mn강

012

청동의 기계적 성질 중 경도는 구리에 주석이 약 몇 % 함유되었을 때 가장 높게 나타나는가?

① 10
② 20
③ 30
④ 50

013

금속은 결정격자에 따라 기계적 성질이 달라진다. 전연성이 커서 금속을 가공하는데 좋은 결정격자는 무엇인가?

① 단사정방격자
② 조밀육방격자
③ 체심입방격자
④ 면심입방격자

답 007 ④ 008 ③ 009 ② 010 ③ 011 ④ 012 ③ 013 ④

014

보통 주철 성분에 1~1.5%Mo, 0.5%~4.0%Ni 첨가 외에 소량의 Cu, Cr을 첨가한 것으로서 바탕 조직이 침상 조직으로 강인하고 내마멸성도 우수하여 크랭크 축, 캠축, 압연용 롤 등의 재료로 사용되는 것은?

① 미하나이트 주철 ② 애시큘러 주철
③ 니크로 실랄   ④ 니 레지스트

015

Al-Si계 합금의 개량처리에 사용되는 나트륨의 첨가량(%)과 용탕의 적정 온도(℃)로 옳은 것은?

① 약 0.01, 약 750~800
② 약 0.1, 약 750~800
③ 약 1.0, 약 850~900
④ 약 10.%, 약 850~900

016

그림과 같은 단위격자의 a, b, c 는 1Å정도의 크기이다. 단위격자에서 a, b, c가 의미하는 것은?

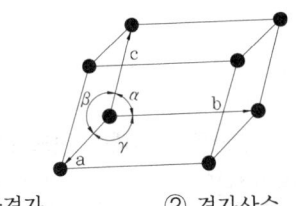

① 공간격자   ② 격자상수
③ 격자상수   ④ 미세결정

017

다음 중 탄소강의 5대 원소에 해당되지 않는 것은?

① P   ② S
③ Na   ④ Si

018

두 성분이 어떠한 비율로 용해하여도 하나의 상을 가지는 고용체를 만드는 상태도를 무엇이라 하는가?

① 편정형 상태도
② 공정형 상태도
③ 전율고용체형 상태도
④ 금속간화합물형 상태도

019

주철의 유동성을 해치는 합금원소는?

① P   ② S
③ Mn   ④ Si

020

감쇠능이 큰 제진합금으로 가장 우수한 것은?

① 탄소강   ② 회주철
③ 고속도강 ④ 합금공구강

021

다음 중 미터 사다리꼴 나사를 나타내는 표시법은?

① M8   ② TW10
③ Tr10   ④ 1 - 8 UNC

답 014 ② 015 ① 016 ③ 017 ③ 018 ③ 019 ② 020 ② 021 ③

022

투상선을 투상면에 수직으로 투상하여 정면도, 측면도, 평면도를 나타내는 투상법은?

① 정투상법 ② 사투상법
③ 등각투상법 ④ 투시투상법

023

치수허용차와 기준선의 관계에서 위 치수 허용차가 옳은 것은?

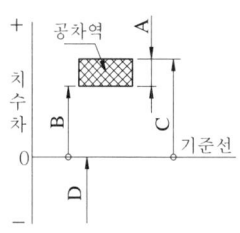

① A ② B
③ C ④ D

024

척도에 관한 설명 중 [보기]에서 옳은 내용을 모두 고른 것은?

[보기]
ㄱ. 물체의 실제 크기와 도면에서의 크기 비율을 말한다.
ㄴ. 실물보다 작게 그린 것을 축척이라 한다.
ㄷ. 실물과 같은 크기로 그린 것을 현척이라 한다.
ㄹ. 실물보다 크게 그린 것을 배척이라 한다.

① ㄱ,ㄴ ② ㄱ,ㄷ,ㄹ
③ ㄴ,ㄷ,ㄹ ④ ㄱ,ㄴ,ㄷ,ㄹ

025

다음 그림 중 호의 길이를 표시하는 치수기입법으로 옳은 것은?

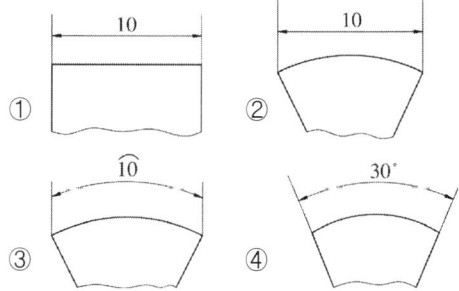

026

나사의 일반 도시 방법에 관한 설명 중 옳은 것은?

① 수나사의 바깥지름과 암나사의 안지름은 가는 실선으로 도시한다.
② 완전 나사부와 불완전 나사부의 경계는 가는 실선으로 도시한다.
③ 수나사와 암나사의 측면 도시에서의 골지름은 굵은 실선으로 도시한다.
④ 불완전 나사부의 끝 밑선은 축선에 대하여 30° 경사진 가는 실선으로 그린다.

027

물체의 보이는 모양을 나타내는 선으로서 굵은 실선으로 긋는 선은?

① 외형선 ② 가상선
③ 중심선 ④ 1점쇄선

답 022 ① 023 ③ 024 ④ 025 ③ 026 ④ 027 ①

028

제품의 경도값을 얻기 위해 수냉을 하며, 마텐자이트 조직을 얻는 열처리 방법은?

① 풀림 ② 뜨임
③ 담금질 ④ 노멀라이징

029

용접품을 응력 제거 풀림하는 효과가 아닌 것은?

① 치수의 오차 방지
② 열영향부의 뜨임 경화
③ 응력 부식 저항성 증대
④ 석출 경화에 의한 강도 증가

030

열처리 과정에서 나타나는 조직 중 용적변화가 가장 큰 것은?

① 마텐자이트 ② 펄라이트
③ 트루스타이트 ④ 오스테나이트

031

분위기 열처리 작업의 안전장치가 아닌 것은?

① 안개상자
② 연소 감시 장치
③ 상한, 하한 온도계
④ 가스 압력 스위치

032

열처리로의 사용시 주의해야 할 사항이 아닌 것은?

① 작업종료시 주 전원 스위치를 차단한다.
② 가열시 필요 이상으로 온도를 올리지 않는다.
③ 작업시 주변에 인화물질을 두지 말아야 한다.
④ 고온을 주로 취급하므로 휴즈는 두껍고 튼튼한 것을 사용한다.

033

열처리로를 노의 형상과 연속조업 방법에 따라 분류할 때 노의 형상에 따른 분류에 해당되지 않는 것은?

① 상자형로 ② 푸셔형로
③ 도가니형로 ④ 관상형로

034

담금질유는 일반적으로 몇 ℃일 때 냉각능이 가장 좋은가?

① 10~20 ② 30~40
③ 50~60 ④ 70~80

035

과잉침탄에 대한 대책이 아닌 것은?

① 가스 침탄을 한다.
② 마템퍼링을 한다.
③ 침탄 완화제를 사용한다.
④ 침탄 후 확산풀림을 한다.

답 028 ③ 029 ② 030 ① 031 ① 032 ④ 033 ② 034 ③ 035 ②

036

기계구조용 탄소강 중 SM15C의 열처리에 관한 설명으로 틀린 것은?

① 경화 능력이 작다.
② 담금질성이 고속도공구강보다 좋다.
③ 일반적으로 불림 상태에서 사용한다.
④ 강도를 필요로 하지 않는 부분에 사용한다.

037

다음 가스 중 독성이 가장 강한 것은?

① 수소　　　　② 이산화탄소
③ 메탄가스　　④ 염소가스

038

마텐자이트 변태의 특징을 설명한 것 중 틀린 것은?

① 고용체의 단일상이다.
② 많은 격자 결함이 존재한다.
③ 확산변태로 원자의 이동속도가 매우 빠르다.
④ 모상과 일정한 결정학적 방위 관계를 가지고 있다.

039

불림(normalizing)에 대한 설명 중 옳은 것은?

① 내마멸성을 향상시키기 위한 열처리이다.
② 연화를 목적으로 적당한 온도까지 가열한 다음 서냉한다.
③ 잔류 응력을 제거하고 인성을 부여하기 위해 변태 온도 이하로 가열한다.
④ A_3 또는 Acm선보다 30~50℃ 높은 온도로 가열하여 공기 중에 냉각하여 표준화 조직을 만든다.

040

열처리 온도부터 화색이 없어지는 약 550℃까지의 범위는 담금질 효과의 정도를 결정하는 온도 범위로서 이 구역을 무엇이라 하는가?

① 서냉구역　　② 한계구역
③ 공냉구역　　④ 임계구역

041

심냉처리(sub-zero)의 효과가 아닌 것은?

① 가공성을 향상시킨다.
② 시효 변형을 방지 한다.
③ 치수 변형을 방지한다.
④ 내마모성을 향상시킨다.

042

열전대 온도계 중 가열 한도가 가장 높은 것은?

① 동 - 콘스탄탄　　② 철 - 콘스탄탄
③ 크로멜 - 알루멜　④ 백금 - 백금·로듐

043

광휘열처리의 목적으로 옳은 것은?

① 잔류응력을 제거하기 위해서
② 산화 및 탈탄을 방지하기 위해서
③ 시멘타이트 조직을 구상화시키기 위해서
④ 잔류오스테나이트 조직을 제거하기 위해서

답　036 ②　037 ④　038 ③　039 ④　040 ④　041 ①　042 ④　043 ②

044

표면 경화 열처리 방법 중 NaCN을 주성분으로 하는 용융 염욕으로 표면 경화하는 방법은?

① 침탄법 ② 질화법
③ 시안화법 ④ 고주파경화법

045

다음 냉각제 중 냉각능이 가장 우수한 것은?

① 10%NaOH ② 18℃의 물
③ 기계유 ④ 중유

046

질화처리에서 강의 표면에 백층의 생성 방지책으로 가장 옳은 방법은?

① 질화 온도를 낮게 한다.
② 질화 시간을 짧게 한다.
③ 해리도를 10% 이하로 한다.
④ 해리도를 0(zero)으로 하여야 한다.

047

합금 공구강을 담금질 온도로 가열하기 전에 예열하는 가장 큰 이유는?

① 탈탄을 확산시키기 위해
② 가공성을 향상시키기 위해
③ 제품의 치수 변화를 억제하기 위해
④ 산화피막이 형성된 금형을 얻기 위해

048

알루미늄 및 그 합금의 질별 기호 중 W가 의미하는 것은?

① 어닐링한 것
② 가공 경화한 것
③ 용체화 처리한 것
④ 제조한 그대로의 것

049

α철에 탄소가 함유된 고용체를 무엇이라 하는가?

① 10%NaOH ② 18℃의 물
③ 기계유 ④ 증유

050

알루미늄의 합금 등을 용체화처리한 후 시효처리하는 목적으로 옳은 것은?

① 연화 ② 경화
③ 조직표준화 ④ 내부응력제거

051

구상화 풀림의 일반적인 목적이 아닌 것은?

① 취성 증가
② 강인성 증가
③ 담금질 균열의 방지
④ 기계적인 가공성 증가

답 044 ③ 045 ① 046 ② 047 ③ 048 ③ 049 ① 050 ② 051 ①

052
열처리 공정 중 후처리에 해당하지 않은 것은?

① 표면의 염마
② 담금질 변형 수정
③ 흠집, 녹, 유지 제거
④ 스케일 및 산화피막 제거

053
오스템퍼링 열처리를 하게 되면 얻어지는 조직은?

① 시멘타이트
② 베이나이트
③ 소르바이트
④ 펄라이트 + 페라이트

054
베어링강의 시효변형에 대한 설명으로 옳은 것은?

① 뜨임시간이 길수록 시효변형이 작아진다.
② 뜨임온도가 높을수록 시효변형이 커진다.
③ 심냉처리와 뜨임을 반복하면 시효변형이 커진다.
④ 담금질 기름의 온도가 낮으면 시효변형이 커진다.

055
작업장에서 사용하는 안전대용 로프의 구비조건으로 틀린 것은?

① 내마모성이 클 것
② 완충성이 없을 것
③ 충격, 인장강도가 강할 것
④ 습기나 약품류에 침범당하지 않을 것

056
공석강의 항온 변태 곡선에서 코(nose) 또는 만곡점의 온도는 약 몇 ℃ 인가?

① 250　　② 350
③ 450　　④ 550

057
다음 중 주로 고속도 공구강의 담금질에 사용되는 염으로 고온용 염욕에 쓰이는 것은?

① KCl　　② NaCl
③ $BaCl_2$　　④ $NaNO_3$

058
기계구조용 합금강을 고온 뜨임한 후에 급랭시키는 이유로 가장 적절한 것은?

① 뜨임 메짐을 방지하기 위해
② 경도를 증가시키기 위해
③ 변형을 방지하기 위해
④ 응력을 제거하기 위해

059
철강제품의 표면에 아연을 침투 처리시키는 방법이 아닌 것은?

① 용융도금의 가열
② 아연 분말 중에서 가열
③ 아연 용사층의 가열
④ Al_2O_3 + ZnO_2의 혼합물을 공기 중에서 가열

답 052 ③ 053 ② 054 ① 055 ② 056 ④ 057 ③ 058 ① 059 ④

060

담금질 균열을 방지하는 방법으로 틀린 것은?

① Ms 점 이하의 냉각속도를 느리게 한다.
② 단면의 급변부나 예각부 등에는 라운딩을 준다.
③ 두께가 균일하며 대칭적인 형상을 가지도록 한다.
④ 단조 후 곧바로 담금질 온도를 높게 하여 담금질을 한다.

답 060 ④

제6편 열처리기능사 필기 시행문제 (2015년 5회)

001

태양열 이용 장치의 적외선 흡수재료, 로켓 연료 연소 효율 향상에 초미립자 소재를 이용한다. 이 재료에 관한 설명 중 옳은 것은?

① 초미립자 제조는 크게 체질법과 고상법이 있다.
② 체질법을 이용하면 청정 초미립자 제조가 가능하다.
③ 고상법은 균일한 초미립자 분체를 대량 생산하는 방법으로 우수하다.
④ 초미립자의 크기는 100nm 콜로이드(colloid) 입자의 크기와 같은 정도의 분체라 할 수 있다.

002

강과 주철을 구분하는 탄소의 함유량은 약 몇 %인가?

① 0.1
② 0.5
③ 1.0
④ 2.0

003

10~20Ni, 15~30%Zn 에 구리 약 70%의 합금으로 탄성재료나 화학기계용 재료로 사용되는 것은?

① 양백
② 청동
③ 엘린바
④ 모넬메탈

004

다음의 조직 중 경도가 가장 높은 것은?

① 시멘타이트
② 페라이트
③ 오스테나이트
④ 트루스타이트

005

용융 금속의 냉각곡선에서 응고가 시작되는 지점은?

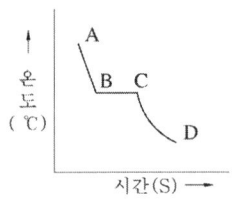

① A
② B
③ C
④ D

006

반복 도형의 피치의 기준을 잡는데 사용되는 선은?

① 굵은 실선
② 가는 실선
③ 1점 쇄선
④ 가는 2점 쇄선

답 001 ④ 002 ④ 003 ① 004 ① 005 ② 006 ③

007

가공면의 줄무늬 방향 표시기호 중 기호를 기입한 면의 중심에 대하여 대략 동심원인 경우 기입하는 기호는?

① X ② M
③ R ④ C

008

다음 투상도 중 물체의 높이를 알 수 없는 것은?

① 정면도 ② 평면도
③ 우측면도 ④ 좌측면도

009

물품을 그리거나 도안할 때 필요한 사항을 제도기구 없이 프리 핸드(free hand)로 그린 도면은?

① 전개도 ② 외형도
③ 스케치도 ④ 곡면선도

010

다음과 같은 제품을 3각법으로 투상한 것 중 옳은 것은? (단, 화살표 방향을 정면도로 한다.)

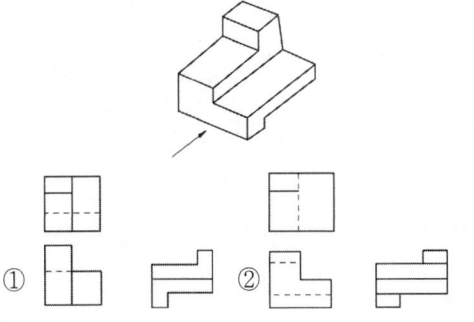

③ 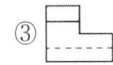   ④

011

황동의 합금 조성으로 옳은 것은?

① Cu+Ni ② Cu+Sn
③ Cu+Zn ④ Cu+Al

012

Y 합금의 일종으로 Ti과 Cu를 0.2% 정도씩 첨가한 것으로 피스톤용 재료로 사용되는 합금은?

① 라우탈 ② 코비탈륨
③ 두랄루민 ④ 하이드로 날륨

013

Al-Si계 주조용 합금은 공정점에서 조대한 육각 판상 조직이 나타난다. 이 조직의 개량화를 위해 첨가하는 것이 아닌 것은?

① 금속납 ② 금속나트륨
③ 수산화나트륨 ④ 알칼리염류

014

다음 중 산과 작용하였을 때 수소 가스가 발생하기 가장 어려운 금속은?

① Ca ② Na
③ Al ④ Au

답 007 ④ 008 ② 009 ③ 010 ④ 011 ③ 012 ② 013 ① 014 ④

015

베어링(bearing)용 합금의 구비조건에 대한 설명 중 틀린 것은?

① 마찰계수가 적고 내식성이 좋을 것
② 충분한 취성을 가지며 소착성이 클 것
③ 하중에 견디는 내압력과 저항력이 클 것
④ 주조성 및 절삭성이 우수하고 열전도율이 클 것

016

용강 중에 기포나 편석은 없으나 중앙 상부에 큰 수축공이 생겨 불순물이 모이고, Fe-Si, Al 분말 등의 강한 탈산제로 완전 탈산한 강은?

① 킬드강　　　② 캡드강
③ 림드강　　　④ 세미킬드강

017

게이지용강이 갖추어야 할 성질을 설명한 것 중 옳은 것은?

① 팽창계수가 보통 강보다 커야 한다.
② HRC 45 이하의 경도를 가져야 한다.
③ 시간이 지남에 따라 치수 변화가 커야 한다.
④ 담금질에 의하여 변형이나 담금질 균열이 없어야 한다.

018

금속의 소성변형에서 마치 거울에 나타나는 상이 거울을 중심으로 하여 대칭으로 나타나는 것과 같은 현상을 나타내는 변형은?

① 쌍정변형　　　② 전위변형
③ 벽계변형　　　④ 딤플변형

019

물과 같은 부피를 가진 물체의 무게와 물의 무게와의 비는?

① 비열　　　② 비중
③ 숨은열　　　④ 열전도율

020

스텔라이트(stellite)에 대한 설명으로 틀린 것은?

① 열처리를 실시하여야만 충분한 경도를 갖는다.
② 주조한 상태 그대로를 연삭하여 사용하는 비철합금이다.
③ 주요 성분은 40~55%Co, 25~33%Cr, 10~20%W, 2~5%C, 5%Fe 이다.
④ 600℃ 이상에서는 고속도강보다 단단하며, 단조가 불가능하고, 충격에 의해서 쉽게 파손된다.

021

다음 중 치수보조선과 치수선의 작도 방법이 틀린 것은?

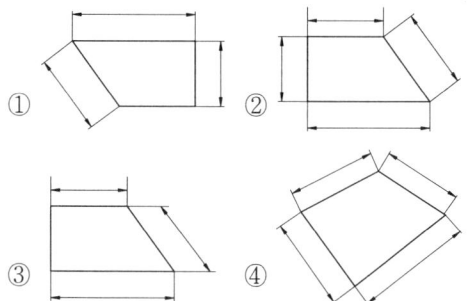

답　015 ②　016 ①　017 ④　018 ①　019 ②　020 ①　021 ③

022

KS의 부문별 기호 중 기계 기본, 기계요소, 공구 및 공작기계 등을 규정하고 있는 영역은?

① KS A
② KS B
③ KS C
④ KS D

023

스퍼기어의 잇수가 32이고 피치원의 지름이 64일 때 이 기어의 모듈값을 얼마인가?

① 0.5
② 1
③ 2
④ 4

024

도면의 척도에 대한 설명 중 틀린 것은?

① 척도는 도면의 표제란에 기입한다.
② 척도에는 현척, 축척, 배척의 3종류가 있다.
③ 척도는 도형의 크기와 실물 크기와의 비율이다.
④ 도형이 치수에 비례하지 않을 때는 척도를 기입하지 않고, 별도의 표시도 하지 않는다.

025

도면 치수 기입에서 반지름을 나타내는 치수 보조기호는?

① R
② t
③ ∅
④ SR

026

치수 공차를 구하는 식으로 옳은 것은?

① 최대 허용치수 - 기준치수
② 허용한계치수 - 기준치수
③ 최소 허용치수 - 기준치수
④ 최대 허용치수 - 최소 허용치수

027

도면에서 Ⓐ로 표시된 해칭의 의미로 옳은 것은?

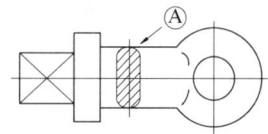

① 특수 가공 부분이다.
② 회전 단면도이다.
③ 키를 장착할 홈이다.
④ 열처리 가공 부분이다.

028

공구강의 열처리 시 고려할 사항으로 틀린 것은?

① 담금질 후 뜨임 처리한다.
② 담금질 후에 구상화풀림을 한다.
③ 급냉으로 인한 변형을 작게 한다.
④ 담금질과 뜨임 후 시효 변화가 작아야 한다.

답 022 ② 023 ③ 024 ④ 025 ① 026 ④ 027 ② 028 ②

029

냉각제의 냉각 효과를 지배하는 인자에 대한 설명 중 틀린 것은?

① 열전도도는 높은 것이 좋다.
② 비열은 작은 것이 좋다.
③ 기화열은 클수록 좋다.
④ 점성은 작은 것이 좋다.

030

다음 분위기 가스 중에서 산화성인 것은?

① N_2가스　② CO_2가스
③ He가스　④ Ar가스

031

오스테나이트 상태로부터 Ms 이상의 일정온도에서 염욕으로 담금질하고, 과냉 오스테나이트가 염욕 중에서 항온변태가 종료 할 때까지 항온을 유지한 후 공기 중에 냉각하는 열처리 방법은?

① 마템퍼링　② 마퀜칭
③ 오스템퍼링　④ 오스포밍

032

열처리용 트레이, 걸이, 집게 등의 재료에 필요한 조건은?

① 내식성이 낮을 것
② 고온 강도가 낮을 것
③ 변형 저항성이 낮을 것
④ 열피로 저항성이 클 것

033

침탄 담금질의 결함으로 균열 및 박리의 원인이 아닌 것은?

① 과잉 침탄 되었을 때
② 잔류응력이 클 때
③ 반복 침탄되었을 때
④ 탄소의 확산이 충분 할 때

034

다음 알루미늄 합금의 질별 기호 중 T6는?

① 용체화 처리 후 자연시효 경화 처리 한 것
② 용체화 처리 후 안정화 경화 처리 한 것
③ 용체화 처리 후 인공시효 경화 처리 한 것
④ 고온에서 가공하고 냉각 후 인공시효 경화 처리 한 것

035

질화 처리에 있어서 강의 표면에 백층이 많을 경우 극히 거세고 경도도 낮으므로 제거하여 사용해야 한다. 백층 생성 방지법으로 옳은 것은?

① 2단 질화법을 사용한다.
② 질화 온도를 낮게 한다.
③ 질화 시간을 길게 한다.
④ 해리도는 20% 이하로 한다.

036

강의 뜨임색 중 가장 높은 온도에서 나타나는 색은?

① 황색　② 자색
③ 갈색　④ 담청색

답　029 ②　030 ②　031 ③　032 ④　033 ④　034 ③　035 ①　036 ④

037

고체 침탄의 침탄 촉진제로 사용하는 것은?

① 숯
② 내화점토
③ 탄산바륨
④ 시안화칼륨

038

염욕의 탈탄 정도를 측정하는 강박 시험편의 규격으로 옳은 것은?

① 시험편은 1.0%C, 두께 0.05mm, 폭 30mm, 길이 100mm 이다.
② 시험편은 1.5%C, 두께 0.05mm, 폭 40mm, 길이 100mm 이다.
③ 시험편은 2.0%C, 두께 1.00mm, 폭 50mm, 길이 100mm 이다.
④ 시험편은 3.0%C, 두께 1.50mm, 폭 50mm, 길이 120mm 이다.

039

재료 표면에 강철이나 주철의 작은 입자들을 고속으로 분사시켜 표면층의 경도를 높이는 표면 냉간 가공법은?

① 크로마이징
② 쇼트 피이닝
③ 브로나이징
④ 하드 페이싱

040

연소의 3요소로 옳은 것은?

① 가연물, 빛, 질소
② 가연물, 질소, 산소
③ 가연물, 빛, 산소
④ 가연물, 산소공급원, 점화원

041

트리클로로에틸렌 증기 세정에 관한 설명으로 틀린 것은?

① 분위기 열처리품의 전처리 및 후처리에 이용되는 처리 방법이다.
② 트리클로로에틸렌을 하부의 세정조에서 봉입 발열체에 의해 가열하여 증기가 된다.
③ 증기는 용제로 탈지를 행하고 상부의 냉각 코일에 의해 액화되어 저부로 돌아와 순환한다.
④ 트리클로로에틸렌 증기는 항상 청정하며, 독성이 없어 무공해로 관리가 용이하다.

042

강을 담금질할 때 담금질 효과의 정도를 결정하는 구역은?

① 임계구역
② 위험구역
③ 가열구역
④ 대류구역

답 037 ③ 038 ① 039 ② 040 ④ 041 ④ 042 ①

043

진공 열처리에서 진공도를 측정하는 게이지가 아닌 것은?

① 페닝 게이지　② 이온 게이지
③ 열전도 게이지　④ 플로트 게이지

044

과공석강을 완전풀림(Annealing) 처리를 하였을 때 조직은?

① 마텐자이트
② 층상 펄라이트
③ 시멘타이트 + 층상 펄라이트
④ 페라이트 + 층상 펄라이트

045

마레이징(maraging) 강의 열처리 방법으로 옳은 것은?

① 담금질과 뜨임처리를 한다.
② 뜨임과 풀림처리를 한다.
③ 항온처리와 풀림처리를 한다.
④ 용체화처리와 시효처리를 한다.

046

분자량이 65이며, 인체에 매우 유해하고 취급시 주의해야 할 염욕제는?

① $CaCl_2$　② KCN
③ NaOH　④ $NaNO_3$

047

마텐자이트 변태가 시작되는 온도와 관련이 큰 것은?

① Ar', M_f점　② Ar'', M_s점
③ A_1, M_a점　④ A_3, M_c점

048

침탄법과 비교한 질화법에 대한 설명으로 틀린 것은?

① 질화층의 경도는 침탄층보다 높다.
② 질화 후 열처리가 필요하지 않다.
③ 처리강의 종류에 대한 제한을 받지 않는다.
④ 고온으로 가열하여도 경도가 낮아지지 않는다.

049

진공로 내에서 글로우 방전에 의거 질소를 표면에 확산시키는 방법은?

① 가스질화　② 이온질화
③ 염욕질화　④ 침탄질화

050

오스테나이트 구상흑연주철의 응력 제거온도(℃)로 옳은 것은?

① 320~375　② 620~675
③ 720~775　④ 920~975

답　043 ④　044 ③　045 ④　046 ②　047 ②　048 ③　049 ②　050 ②

051 열처리 방법 중 재질의 인성을 개선하는 열처리는?

① 풀림
② 뜨임
③ 담금질
④ 노멀라이징

052 가스발생기(변성로)의 운전 상황을 추측할 수 있는 것으로 노내에 노기 가스 송입이 정상적인가 아닌가를 측정할 수 있는 계기는?

① 유량계
② 온도계
③ 압력계
④ 연소 감시 장치

053 2개의 성분 금속이 용융 상태에서는 균일한 용액으로 되나 응고 후에는 서로 용해되지 않고 성분 금속이 각각 결정으로 분리된 후 혼합물이 되는 합금을 무엇이라고 하는가?

① 공정
② 포정
③ 고용체
④ 금속간 화합물

054 공석강의 항온변태곡선에서 항온변태가 가장 먼저 시작되는 온도(℃)는?

① 250
② 350
③ 550
④ 650

055 열처리 냉각방법의 3가지 형태가 아닌 것은?

① 트위스트 냉각
② 2단 냉각
③ 항온냉각
④ 연속 냉각

056 강을 20℃의 여러 가지 냉각제에서 담금질할 때, 냉각곡선의 제 2단계에 이르기까지의 냉각속도가 가장 큰 것은?

① 비눗물
② 수돗물
③ 증류수
④ 10% 식염수

057 공구강으로서 구비해야 할 조건을 설명 한 것 중 틀린 것은?

① 가열에 의해 경도 변화가 적을 것
② 내마멸성, 내압축력이 클 것
③ 기계 가공성이 좋을 것
④ 인성, 전성이 적을 것

058 열처리로에 사용하는 중성 내화제의 주성분은?

① 규산
② 산화크롬
③ 알루미나
④ 마그네시아

답 051 ② 052 ① 053 ① 054 ③ 055 ① 056 ④ 057 ④ 058 ③

059

Mg 합금은 응력 부식 균열이 생기기 쉬워 가공 후 내부응력 제거를 위해 실시하는 처리법은?

① 150~300℃에서 풀림 처리
② 450~650℃에서 풀림 처리
③ 650~850℃에서 불림 처리
④ 950~1050℃에서 불림 처리

060

다음 중 분위기 열처리로가 아닌 것은?

① 진공로　　② 순산소 전로
③ 이온질화로　④ 불활성 가스로

제6편 열처리기능사 필기 시행문제 (2016년 2회)

001

공구강의 구비조건으로 틀린 것은?

① 마멸성이 클 것
② 열처리가 용이할 것
③ 열처리변형이 적을 것
④ 상온 및 고온에서 경도가 클 것

002

금속의 결정 구조에서 BCC가 의미하는 것은?

① 정방격자
② 면심입방격자
③ 체심입방격자
④ 조밀육방격자

003

몰리브덴계 고속도 공구강이 텅스텐계 고속도공구강보다 우수한 특성을 설명한 것 중 틀린 것은?

① 비중이 작다.
② 인성이 높다.
③ 열처리가 용이하다.
④ 담금질 온도가 높다.

004

구리의 성질을 철과 비교하였을 때의 설명 중 틀린 것은?

① 경도가 높다.
② 전성과 연성이 크다.
③ 부식이 잘 되지 않는다.
④ 열전도율 및 전기전도율이 크다.

005

자기변태를 설명한 것 중 옳은 것은?

① 고체상태에서 원자배열의 변화이다.
② 일정온도에서 불연속적인 성질변화를 일으킨다.
③ 고체상태에서 서로 다른 공간격자 구조를 갖는다.
④ 일정 온도 범위 안에서 점진적이고 연속적으로 변화한다.

답 001 ① 002 ③ 003 ④ 004 ① 005 ④

006

주철의 조직을 지배하는 주요한 요소는 C, Si의 양과 냉각속도이다. 이들의 요소와 조직의 관계를 나타낸 것은?

① TTT 곡선 ② 마우러 조직도
③ Fe-C 평형 상태도 ④ 히스테리시스 곡선

007

변태점의 측정방법이 아닌 것은?

① 열분석법 ② 열팽창법
③ 전기저항법 ④ 응력잔류시험법

008

금속 표면에 스텔라이트, 초경합금 등의 금속을 용착시켜 표면 경화층을 만드는 방법은?

① 전해 경화법 ② 금속 침투법
③ 하드 페이싱 ④ 금속 착화법

009

주강과 주철을 비교 설명한 것 중 틀린 것은?

① 주강은 주철에 비해 용접이 쉽다.
② 주강은 주철에 비해 용융점이 높다.
③ 주강은 주철에 비해 탄소량이 적다.
④ 주강은 주철에 비해 수축률이 적다.

010

황동의 탈아연 부식을 억제하는 효과가 있는 원소끼리 짝지어진 것은?

① Sb, As ② Pb, Fe
③ Mn, Sn ④ Al, Ni

011

Al-Cu-Ni-Mg 합금으로 내열성이 우수한 주물로서 공냉 실린더 헤드, 피스톤 등에 사용되는 합금은?

① 실루민 ② 라우탈
③ Y합금 ④ 두랄루민

012

탄화철(Fe_3C)의 금속간화합물에 있어 탄소(C)의 원자비(%)는?

① 15 ② 25
③ 45 ④ 75

013

보통 주철보다 Si 함유량을 적게 하고, 적당한 양의 Mn을 첨가한 용탕을 금형 또는 칠메탈이 붙어 있는 모래형에 주입하여 필요한 부분만 급냉시킨 것은?

① Cr 주철 ② 칠드 주철
③ Ni-Cr 주철 ④ 구상흑연 주철

답 006 ② 007 ④ 008 ③ 009 ④ 010 ① 011 ③ 012 ② 013 ②

014

약 36%의 Ni, 약 12%의 Cr, 나머지는 철로 구성된 합금으로 온도변화에 따른 탄성률의 변화가 거의 없어 지진계의 주요 재료로 사용되는 것은?

① 인바(invar)
② 엘린바(elinvar)
③ 퍼멀로이(permalloy)
④ 플래티나이트(platinite)

015

내식용 알루미늄 합금이 아닌 것은?

① 알민　　　　② 알드리
③ 일렉트론 합금　④ 하이드로날륨

016

[그림]에 표시된 도형은 어느 단면도에 해당하는가?

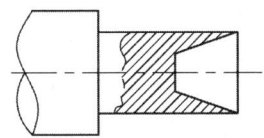

① 온 단면도　　② 합성 단면도
③ 계단 단면도　④ 부분 단면도

017

원을 등각투상도로 나타내면 어떤 모양이 되는가?

① 진원　　　　② 타원
③ 마름모　　　④ 쌍곡선

018

도면에 대한 내용으로 가장 올바른 것은?

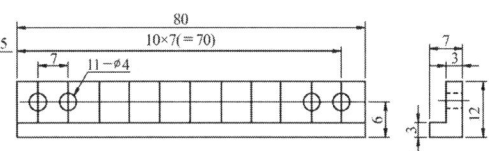

① 구멍수는 11개, 구멍의 깊이는 11mm이다.
② 구멍수는 4개, 구멍의 지름 치수는 11mm이다.
③ 구멍수는 7개, 구멍의 피치간격 치수는 11mm이다.
④ 구멍수는 11개, 구멍의 피치간격 치수는 7mm이다.

019

기어의 모듈(m)을 나타내는 식으로 옳은 것은?

① $\dfrac{\text{잇수}}{\text{피치원의 지름}}$

② $\dfrac{\text{피치원의 지름}}{\text{잇수}}$

③ 잇수 + 피치원의 지름
④ 피치원의 지름 + 잇수

020

기준치수가 50, 최대허용치수가 50.007, 최소허용치수가 49.982일 때 위치수허용차는?

① +0.025　　　② −0.018
③ +0.007　　　④ −0.025

답　014 ②　015 ③　016 ④　017 ②　018 ④　019 ②　020 ③

021

다음 중 가는 실선으로 긋는 선이 아닌 것은?

① 치수선 ② 지시선
③ 가상선 ④ 치수보조선

022

3/8-16UNC-2A의 나사기호에서 2A가 의미하는 것은?

① 나사의 등급
② 나사의 호칭
③ 나사산의 줄수
④ 나사의 잠긴방향

023

헐거운 끼워맞춤에서 구멍의 최소허용치수와 축의 최대허용차수와의 차는?

① 최소 죔새 ② 최대 죔새
③ 최소 틈새 ④ 최대 틈새

024

15mm 드릴 구멍의 지시선을 도면에 옳게 나타낸 것은?

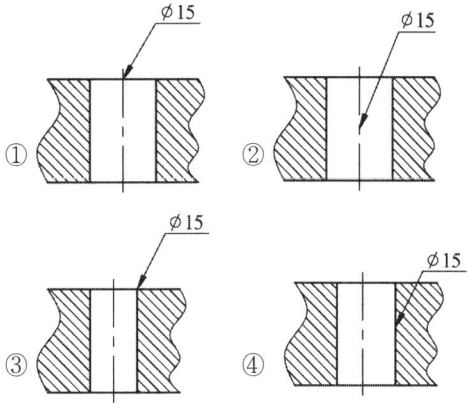

025

대상물의 일부를 떼어낸 경계를 표시할 때 불규칙한 파형의 가는 실선 또는 지그재그선으로 나타내는 것은?

① 절단선 ② 가상선
③ 피치선 ④ 파단선

026

재료 기호 "STC105"를 옳게 설명한 것은?

① 탄소함유량이 1.00~1.10%인 탄소 공구강
② 탄소함유량이 1.00~1.10%인 합금 공구강
③ 인장강도가 100~110N/mm^{2}인 탄소 공구강
④ 인장강도가 100~110N/mm^{2}인 합금 공구강

답 021 ③ 022 ① 023 ③ 024 ① 025 ④ 026 ①

027

다음 [보기]에서 도면의 양식에 대한 설명으로 옳은 것을 모두 고른 것은?

[보기]
a. 윤곽선 : 도면에 그려야 할 내용의 영역을 명확하게 하고 제도용지 가장자리 손상으로 생기는 기재사항을 보호하기 위해 그리는 선
b. 중심마크 : 도면의 사진 촬영 및 복사 등의 작업을 위해 도면의 바깥 상하좌우 4개소에 표시해 놓은 선
c. 표제란 : 도면번호, 도면이름, 척도, 투상법 등을 기입하여 도면의 오른쪽 하단에 그리는 것
d. 재단마크 : 복사한 도면을 재단할 때 편의를 위해 그려 놓은 선

① a, c
② a, b, d
③ b, c, d
④ a, b, c, d

028

탄소강을 담금질했을 때 생성되는 조직 중 가장 단단한 조직은?

① 오스테나이트(austenite)
② 마텐자이트(martensite)
③ 소르바이트(sorbite)
④ 트루스타이트(troostite)

029

담금질된 강의 잔류 오스테나이트를 마텐자이트로 변태시키는 것을 목적으로 하는 열처리는?

① 마퀜칭
② 심냉처리
③ 마템퍼링
④ 오스템퍼링

030

소성 가공이나 절삭 가공을 쉽게 하거나 기계적 성질을 개선할 목적으로 망상 시멘타이트 또는 층상 시멘타이트를 가열에 의해 일정한 모양의 시멘타이트로 만드는 열처리는?

① 구상화 풀림
② 항온 풀림
③ 확산 풀림
④ 연화 풀림

031

강의 담금질성을 판단하는 방법이 아닌 것은?

① 강박시험에 의한 방법
② 임계지름에 의한 방법
③ 조미니시험에 의한 방법
④ 임계냉각속도를 사용하는 방법

032

황동의 열처리에 대한 설명으로 틀린 것은?

① α황동은 700~730℃로 완전 풀림한다.
② $\alpha+\beta$의 2상 황동에는 재결정 풀림과 담금질을 한다.
③ 상온에서 가공한 황동 제품은 시기균열을 방지하기 위하여 항상 고온에서 풀림한다.
④ 내부응력을 제거하고 시기균열을 방지하기 위하여 300℃에서 1시간 풀림한다.

답 027 ④ 028 ② 029 ② 030 ① 031 ① 032 ③

033

산업재해의 원인 중 불안전한 행동에 의한 것은?

① 불량한 정리 정돈
② 결함 있는 기계 설비 및 장비
③ 불안전한 설계, 위험한 배열 및 공정
④ 불안전한 속도 조작 및 위험경고 없이 조작

034

물이나 기름 담금질시 균열이나 변형이 생기기 쉬운 강종에 적합한 열처리 방법은?

① 마퀜칭   ② 심냉처리
③ 오일퀜칭   ④ 2단 담금질

035

회전용기에 다량의 공작물, 연마제, 콤파운드를 넣고 회전시켜 공작물을 표면을 다듬질하는 연마 방법은?

① 연삭   ② 쇼트피닝
③ 액체호닝   ④ 바렐연마

036

질화 처리의 결함 중 강의 표면에 극히 거세고 경도가 낮은 백층이 많은 경우나 탈탄된 재료를 질화했을 때 나타나는 결함은?

① 취성   ② 수소취성
③ 질화층 박리   ④ 경도 과다

037

공구강 및 내열강에서 탄화물이 망상 또는 섬유상으로 분포되는 것을 방지하고 탄화물의 미세화 및 균일화시키는 처리는?

① 뜨임처리   ② 확산풀림
③ 심냉처리   ④ 저온 담금질

038

다음 중 열전쌍 온도계를 설명한 것으로 옳은 것은?

① 비접촉식 온도계이다.
② 기록이나 제어가 불가능하다.
③ 1000℃ 이상에서는 사용할 수 없다.
④ 제벡(Seebeck) 효과를 이용한 온도계이다.

039

열전대에 사용되는 재료에 대한 설명으로 틀린 것은?

① 열기전력이 커야 한다.
② 히스테리시스 차가 커야 한다.
③ 고온에서 기계적 강도가 커야 한다.
④ 내열성과 내식성이 우수해야 한다.

040

탄소강의 열처리에서 담금질 경도와 가장 관계 깊은 것은?

① 항온온도   ② 담금질 방법
③ 탄소 함유량   ④ 기계적 성질

답 033 ④ 034 ① 035 ④ 036 ③ 037 ② 038 ④ 039 ② 040 ③

041

다음 중 액체 침탄제의 주성분으로 옳은 것은?

① $BaCl_2$ ② $NaCl$
③ $NaCN$ ④ Na_2CO_3

042

18-8 스테인리스강의 기본적인 열처리로 냉간가공 또는 용접에 의해 생긴 내부응력을 제거하고, 내식성을 증가시키는 열처리는?

① 고용화 처리 ② 구상화 처리
③ 흑연화 풀림 ④ 프로세스 어닐링

043

인상 담금질(Time quenching)은 인상하는 시기가 가장 중요한데, 인상시기 결정을 확인하는 방법으로 옳은 것은?

① 가열물의 직경 또는 두께 3mm당(當)에 대하여 1초 동안 물속에 넣은 후 유냉 혹은 공냉한다.
② 진동과 물소리가 정지한 순간 꺼내어 유냉 혹은 공냉한다.
③ 가열물의 두께 1mm에 대하여 3초 동안 기름 속에 담근 후에 공냉한다.
④ 기름의 기포 발생이 정지했을 때 꺼내어 공냉한다.

044

피가열물의 주위에서 물 또는 기름을 분사해서 급냉하는 장치로 대체로 큰 피열처리재의 냉각에 사용되는 것은?

① 공냉장치 ② 유냉장치
③ 분사냉각장치 ④ 염욕냉각장치

045

진공열처리의 특성이 아닌 것은?

① 피처리물의 산화 및 탈탄을 방지한다.
② 소품종 대량생산제품에 적합하며 후가공 공정이 필요하다.
③ 합금공구강, 고속도강, 스테인리스강, 세라믹, 티타늄 등 고급 열처리에 적합한다.
④ 산화막이나 제조과정 중 생긴 윤활제의 잔재를 열분해나 환원반응을 통하여 제거할 수 있다.

046

표면 경화 열처리 중에서 철-알루미늄 합금층이 형성될 수 있도록 철강 표면에 알루미늄을 확산 침투시키는 방법은?

① 세라다이징(sheradizing)
② 칼로라이징(calorizing)
③ 크로마이징(chromizing)
④ 실리코나이징(siliconizing)

답 041 ③ 042 ① 043 ③ 044 ③ 045 ② 046 ②

047

열처리용 치공구에 필요한 조건으로 틀린 것은?

① 내식성이 좋아야 한다.
② 작업성이 좋아야 한다.
③ 열팽창계수가 커야 한다.
④ 열피로 저항성이 커야 한다.

048

열처리 제품의 변형, 균열 및 치수의 변화를 최소화하기 위해 냉각속도의 변화를 냉각시간으로 조절하는 담금질은?

① 직접 담금질   ② 시간 담금질
③ 선택 담금질   ④ 분사 담금질

049

담금질 냉각제로서의 구비조건 중 옳은 것은?

① 점도가 커야 한다.
② 액온이 높아야 한다.
③ 비등점이 높아야 한다.
④ 열전도도가 작아야 한다.

050

담금질시 나타나는 얼룩방지 대책은?

① 탈탄이 잘 되도록 담금질 한다.
② 강의 부품 냉각을 불균일하게 서서히 한다.
③ 부품 장입 후 급속가열로 가열시간을 단축해야 한다.
④ 강의 담금질성을 고려하여 화학성분이 알맞은 재료를 선택해야 한다.

051

다음 중 Ms 점을 상승시키는 합금 원소는?

① Mn   ② Cr
③ Mo   ④ Co

052

금속재료에 요구되는 성질이 아닌 것은?

① 경량화가 가능하여야 한다.
② 가공성 및 열처리성이 좋아야 한다.
③ 소성 및 표면처리성이 좋아야 한다.
④ 재료보급과 소량생산이 가능하며 값이 싸야 한다.

053

고주파 열처리 작업 시 안전에 유의해야 할 사항 중 틀린 것은?

① 발진가열 중 감전에 주의한다.
② 가열용 유도코일에 냉각수를 차단한다.
③ 고주파 유도가열장치의 이상 유무를 확인한다.
④ 고주파 유도가열장치의 조작방법을 숙지한 후 사용한다.

054

합금하지 않은 회주철을 760℃에서 1시간 유지하여 풀림한 조직은?

① 페라이트 + 흑연
② 펄라이트 + 흑연
③ 펄라이트 + 시멘타이트
④ 페라이트 + 시멘타이트

답 047 ③ 048 ② 049 ③ 050 ④ 051 ④ 052 ④ 053 ② 054 ① 055 ③

055
다음 중 화학적 열처리 방법이 아닌 것은?

① 침탄법 ② 질화법
③ 화염 경화법 ④ 금속 침투법

056
알루미늄, 마그네슘 및 그 합금의 질별기호 중 용체화처리 한 것을 의미하는 기호는?

① F^a ② O
③ W ④ H^b

057
냉간용 금형 공구강이 담금질 온도 이상으로 높았을 때 나타나는 현상이 아닌 것은?

① 담금질 경도가 증가된다.
② 담금질 균열이 발생되기 쉽다.
③ 잔류 오스테나이트 양이 증가된다.
④ 오스테나이트 결정립이 조대해진다.

058
항온변태 선도와 관계가 없는 것은?

① S 곡선 ② C 곡선
③ TTT 선도 ④ CCT 선도

059
탄소강을 오스테나이트 상태로부터 Ms 이상의 염욕 중에서 담금질하여 베이나이트 조직을 얻는 항온 열처리는?

① 마퀜칭 ② 오스포밍
③ 마템퍼링 ④ 오스템퍼링

060
염욕 열처리의 장점이 아닌 것은?

① 염욕의 관리가 쉽다.
② 염욕의 열전도도가 크다.
③ 열처리한 후 표면이 깨끗하다.
④ 균일한 온도 분포를 유지할 수 있다.

답 056 ③ 057 ① 058 ④ 059 ④ 060 ①

제6편 열처리기능사 필기 CBT 기출복원 문제

001
금속의 소성에서 열간가공(hot working)과 냉간가공(cold working)을 구분하는 것은?

㉮ 소성가공률 ㉯ 응고온도
㉰ 재결정온도 ㉱ 회복온도

001
다음 중 전, 연성이 가장 큰 것은?

㉮ 백금 ㉯ 금
㉰ 텅스텐 ㉱ 철

002
상온에서 순철(α철)의 결정 격자는?

㉮ 면심입방격자 ㉯ 체심입방격자
㉰ 조밀육방격자 ㉱ 정방격자

003
다음 중 기계적 성질이 아닌 것은?

㉮ 열팽창 계수 ㉯ 강도
㉰ 취성 ㉱ 탄성한도

004
금속의 변태점을 측정하는 방법이 될 수 없는 것은?

㉮ 전기 저항 측정법 ㉯ 열팽창계법
㉰ 열분석법 ㉱ 자기 탐상법

005
γ철을 옳게 표현한 것은?

㉮ 페라이트 ㉯ 시멘타이트
㉰ 오스테나이트 ㉱ 소르바이트

006
철강에 나타나는 조직 중 가장 강인성이 풍부한 조직은?

㉮ 펄라이트 ㉯ 소르바이트
㉰ 레데뷰라이트 ㉱ 시멘타이트

007
회주철품의 기호로 옳은 것은?

㉮ WCD 200 ㉯ HCD 200
㉰ GC 250 ㉱ HC 250

답 001 ㉱ 002 ㉯ 003 ㉮ 004 ㉱ 005 ㉰ 006 ㉯ 007 ㉰ 008 ㉰

008

비중이 19.3 이고 용융점 3410℃인 금속은?

㉮ Pt ㉯ W
㉰ Fe ㉱ Mo

010

냉간 가공한 7:3 황동판이나 봉이 응력에 의하여 발생하는 시기균열(season cracking)을 방지하기 위한 풀림의 온도(℃) 범위는?

㉮ 10~50 ㉯ 50~100
㉰ 200~300 ㉱ 400~550

011

알루미늄의 방식방법이 아닌 것은?

㉮ 수산법 ㉯ 산화법
㉰ 황산법 ㉱ 크롬산법

012

우라늄과 토륨은 무엇으로 사용하는가?

㉮ 항공기 소재 ㉯ 구리 합금
㉰ 방식 재료 ㉱ 핵연료

013

경합금에 해당되지 않는 것은?

㉮ 마그네슘 합금 ㉯ 알루미늄 합금
㉰ 티탄 합금 ㉱ 특수강 합금

014

용융점이 약 1538(℃)인 금속 원소는?

㉮ Pt ㉯ W
㉰ Fe ㉱ Mn

015

원자 충전율이 74%이며 전성과 연성이 좋아 가공이 쉬운 결정구조는?

㉮ 조밀정방격자 ㉯ 체심입방격자
㉰ 면심입방격자 ㉱ 정방격자

016

기계 부품의 완성된 치수를 무엇이라 하는가?

㉮ 실제 치수 ㉯ 한계 치수
㉰ 기준 치수 ㉱ 허용 치수

017

제도 도면에서 다음 선 중 가장 굵게 긋는 선은?

㉮ 은선 ㉯ 중심선
㉰ 외형선 ㉱ 절단선

018

기어 제도에서 피치원을 나타내는 선은?

㉮ 굵은 실선 ㉯ 가는 1점쇄선
㉰ 가는 2점쇄선 ㉱ 은선

답 009 ㉯ 010 ㉰ 011 ㉯ 012 ㉱ 013 ㉱ 014 ㉰ 015 ㉰ 016 ㉮ 017 ㉰ 018 ㉯

019

도면에서 반지름 치수를 기입할 때 같이 사용하는 기호는?

㉮ R ㉯ φ
㉰ C ㉱ P

020

도면에 기입된 "43-φ20드릴" 표시에서 43이 뜻하는 것은?

㉮ 드릴 지름 ㉯ 드릴 구멍수
㉰ 드릴 구멍간격 ㉱ 드릴 구멍깊이

021

제도의 치수 기입방법 설명으로 잘못된 것은?

㉮ 길이의 치수는 mm로 단위로 기입하고 단위기호는 쓰지 않는다.
㉯ 각도는 보통 "도"로 나타내며 필요시에는 "분", "초"를 병용하여 기입한다.
㉰ 소수점은 숫자 아래에 점을 찍으며, 숫자를 적당히 띄어 그 중간에 (.)을 표시한다.
㉱ 치수 자리수가 많을 경우에는 세 자리씩 끊어 자리점을 찍는다.

022

다음 중 치수공차를 계산하는 옳은 식은?

㉮ 최대허용치수 − 최소허용치수
㉯ 위치수허용차 − 기준치수
㉰ 최대허용치수 − 기준치수
㉱ 기준치수 − 최소허용치수

023

가공 방법의 약호 중 리머 가공을 표시하는 것은?

㉮ FR ㉯ SH
㉰ FL ㉱ B

024

IT공차 등급이 동일한 경우 호칭치수가 키질수록 공차는 어떻게 되는가?

㉮ 동일하다.
㉯ 공차가 작아진다.
㉰ 구멍공차는 작아지고, 축의 공차는 커진다.
㉱ 공차가 커진다.

025

3/8-16UNC-2A의 나사기호에서 2A는?

㉮ 나사의 잠긴 방향 ㉯ 나사산의 줄 수
㉰ 나사의 등급 ㉱ 나사의 호칭

026

제 3각법에서 우측면도의 좌측에 위치하는 투상도는?

㉮ 정면도 ㉯ 좌측면도
㉰ 평면도 ㉱ 배면도

답 019 ㉮ 020 ㉯ 021 ㉱ 022 ㉮ 023 ㉮ 024 ㉱ 025 ㉰ 026 ㉮

027

대상물의 일부를 파단한 경계 또는 일부를 떼어낸 경계를 표시하는 선은?

㉮ 굵은 실선 ㉯ 가는 실선
㉰ 가는 파선 ㉱ 가는 1점쇄선

028

공구강을 담금질한 후 인성부여를 위한 열처리는?

㉮ Annealing ㉯ Quenching
㉰ Tempering ㉱ Normalizing

029

표면 경화시 관련이 가장 적은 것은?

㉮ 질화 ㉯ 침탄
㉰ 탈탄 ㉱ 금속침투

030

침탄이 완료된 강에 대한 1차 담금질의 목적은?

㉮ 중심부 조직의 미세화
㉯ 침탄층 경화
㉰ 경화층 안정화
㉱ 경화층 인성화

031

강을 침탄제 속에 넣어 고온가열 해서 탄소를 필요한 깊이까지 침투시킨 후 열처리하는 방법은?

㉮ 금속침투법 ㉯ 질화법
㉰ 침탄법 ㉱ 고주파 경화법

032

열처리에 의하여 발생한 스케일을 제거하는 공정은?

㉮ 정련 ㉯ 중화
㉰ 산세 ㉱ 혼련

033

담금갈림이 생기는 장소로 적당치 않은 것은?

㉮ 단면이 급변하는 곳에 생긴다.
㉯ 구멍이 있는 곳에 생긴다.
㉰ 예리한 부분에 생긴다.
㉱ 단면의 변화가 없는 곳에 생긴다.

034

전기가 방전되어 스파크가 발생하면 공기 중에 무엇이 생성되는가?

㉮ 오존 ㉯ 수소
㉰ 질소 ㉱ 탄소

035

염욕제의 종류가 아닌 것은?

㉮ 염화물 ㉯ 황산염
㉰ 질산염 ㉱ 아질산염

답 027 ㉯ 028 ㉰ 029 ㉰ 030 ㉮ 031 ㉰ 032 ㉰ 033 ㉱ 034 ㉮ 035 ㉯

036
냉간 신선 작업의 전처리로 하는 열처리는?

㉮ 용체화 처리　㉯ 서브제로 처리
㉰ 파텐팅 처리　㉱ 불루잉 처리

037
시안화물이 강과 작용하여 침탄과 동시에 질화가 진행되는 것은?

㉮ 고체 침탄　㉯ 가스 침탄
㉰ 액체 침탄　㉱ 항온 침탄

038
보통 강재의 담금질, 고속도강의 예열 템퍼링 또는 오스템퍼링 등에 사용되는 염욕은?

㉮ 표면 경화처리용 염욕
㉯ 저온용 염욕
㉰ 중온용 염욕
㉱ 고온용 염욕

039
큰 중량물의 가열 또는 다수의 소형 물품처리와 같이 피가열 물의 장입 및 회수작업이 곤란한 경우 사용되는 로는?

㉮ 도가니로　㉯ 대차로
㉰ 전로　㉱ 고로

040
소방기관에서 연소물질에 따른 D급화재는?

㉮ 보통화재　㉯ 유류화재
㉰ 전기화재　㉱ 금속화재

041
뜨임 취성(temper-brittleness)이 가장 많이 나타나는 강종은?

㉮ Si강　㉯ Mn강
㉰ Ni-Cr강　㉱ W-Mo강

042
질화강의 질화층 표면강도를 높여주는 금속은?

㉮ Al　㉯ Cu
㉰ Co　㉱ Ci

043
액체 침탄법에서 경화층을 두껍게 하려면 시안화소오다의 농도를 어떻게 하여야 하는가?

㉮ 고농도　㉯ 중농도
㉰ 저농도　㉱ 상관없다.

044
전기기계, 기구에서 발생하는 안전사고의 가장 중요한 원인은?

㉮ 설비의 대형화　㉯ 기계의 자동화
㉰ 장갑의 착용　㉱ 취급의 부주의

답　036 ㉰　037 ㉰　038 ㉰　039 ㉯　040 ㉱　041 ㉰　042 ㉮　043 ㉰　044 ㉱

045

강의 열처리시 탈탄 방지 대책 중 옳지 않은 것은?

㉮ 탈탄 방지제의 도포
㉯ 수분 제거
㉰ 가열 시간의 연장
㉱ 가열 온도의 과도함 제한

046

기름이 묻어있는 재료를 열처리할 때 그 전처리로써 탈지에 사용할 수 있는 용제는?

㉮ 트리클로로에틸렌　㉯ 염산
㉰ 황산　㉱ 염화제이철용액

047

열간 가공으로(단조, 압연)인하여 발생되는 표면 결함이 아닌 것은?

㉮ 탈탄　㉯ 주름살
㉰ 균열　㉱ 침식

048

공구강으로 구비되어야 할 조건은?

㉮ 상온 및 고온 강도가 작을 것
㉯ 가열에 의한 경도 변화가 클 것
㉰ 내마멸성이 클 것
㉱ 내 압축성이 작을 것

049

담금질 경우에 나타나는 얼룩방지 대책은?

㉮ 강의 부품 냉각을 불균일하게 서서히 한다.
㉯ 부품 장입 후 급속가열로 가열시간을 단축해야 한다.
㉰ 강의 담금질성을 고려하여 화학성분이 알맞은 재료를 선택해야한다.
㉱ 탈탄이 잘 되도록 담금질 한다.

050

S, R형의 열전쌍의 음극으로 사용되는 것은?

㉮ Fe　㉯ Cu
㉰ Pt　㉱ Al

051

고주파 발생 장치의 축전기에 특히 주의해야 하는 로는?

㉮ 가스로　㉯ 유도로
㉰ 염욕로　㉱ 연욕로

052

다음 염욕제 중 가장 높은 온도에 사용하는 것은?

㉮ $BaCl_2$　㉯ NaCl
㉰ KNO_3　㉱ KCl

답　045 ㉰　046 ㉮　047 ㉮　048 ㉰　049 ㉰　050 ㉰　051 ㉯　052 ㉮

053

재료 또는 부품을 가열할 때 고려해야 할 사항 중 틀린 것은?

㉮ 무게 검사 ㉯ 변형
㉰ 외관청결여부검사 ㉱ 균열

054

탄소공구강을 경화하기 위해서는 어떤 냉각이 가장 좋은가?

㉮ 수냉 ㉯ 서냉
㉰ 공냉 ㉱ 노냉

055

금속선의 전기저항 R이 온도 T에 비례하여 증가하는 것을 이용한 온도계는?

㉮ 열전쌍식 온도계 ㉯ 저항식 온도계
㉰ 광 고온계 ㉱ 방사 온도계

056

강재를 산화성 분위기중에서 1100℃ 이상으로 가열하면 결정립은 조대화되고 취약하며 인성이 약한 조직은?

㉮ 레데뷰라이트 조직 ㉯ 비트만슈테텐 조직
㉰ 마텐자이트 조직 ㉱ 시멘타이트 조직

057

고속도강 및 스테인리스강 계통의 열처리 염욕제는?

㉮ 저온용 염욕 ㉯ 중온용 염욕
㉰ 고온용 염욕 ㉱ 저온용 연(lead)욕

058

냉각 장치 중 가장 신속한 냉각을 할 수 있는 것은?

㉮ 서서히 흐르는 물의 냉각장치
㉯ 수냉로에 바람을 부는 냉각장치
㉰ 물을 분사시키는 냉각장치
㉱ 밑에서 물을 보내는 순환 냉각장치

059

고속도강에 대한 확산풀림의 온도(℃)로 적당한 것은?

㉮ 700~800 ㉯ 800~900
㉰ 900~950 ㉱ 1100~1150

060

일반적으로 노말라이징을 잘 하지 않는 강은?

㉮ 공석강 ㉯ 아공석강
㉰ 과공석강 ㉱ 오스테나이트강

답 053 rki 054 ㉮ 055 ㉯ 056 ㉯ 057 ㉰ 058 ㉰ 059 ㉱ 060 ㉱

제6편 열처리기능사 필기 CBT 기출복원 문제

001
결정 격자에서 BCC는?

㉮ 체심입방격자 ㉯ 면심입방격자
㉰ 조밀육방격자 ㉱ 비결정체

001
재결정 온도가 가장 낮은 금속은?

㉮ W   ㉯ Mg
㉰ Ni ㉱ Pt

002
결정의 원자면을 나타내기 위하여 많이 사용하는 것은?

㉮ 밀러 지수   ㉯ 와이스 변수
㉰ 에멜법   ㉱ 마우러 조직도

003
강자성체인 금속은?

㉮ 금   ㉯ 철
㉰ 은   ㉱ 구리

004
금속의 변태점을 측정하는 방법이 될 수 없는 것은?

㉮ 전기 저항 측정법   ㉯ 열팽창계법
㉰ 열분석법   ㉱ 자기 탐상법

005
공석점이상의 강은?

㉮ 과공석강   ㉯ 아공석강
㉰ 저공석강   ㉱ 중공석강

006
과공석강의 조직은?

㉮ 시멘타이트 + 페라이트
㉯ 펄라이트 + 초석시멘타이트
㉰ 레데뷰라이트 + 시멘타이트
㉱ 레데뷰라이트 + 펄라이트

007
축전지 전극, 퓨즈, 화폐 등에 사용되는 것으로 밀도가 약 11 인 금속은?

㉮ 망간   ㉯ 납
㉰ 아연   ㉱ 규소

답 001 ㉮ 002 ㉯ 003 ㉮ 004 ㉯ 005 ㉱ 006 ㉮ 007 ㉯ 008 ㉯

열처리기능사 필기 2019년 CBT 기출복원 문제 · **725**

008

불변강(invariable steel)에 속하는 것은?

㉮ 엘린바아 ㉯ 전해철
㉰ 침탄강   ㉱ 주단조강

010

탄화철(Fe_3C)의 금속간화합물에 있어서 C의 원자비(%)는?

㉮ 15   ㉯ 25
㉰ 45   ㉱ 75

011

양백의 주성분이 아닌 것은?

㉮ 구리 ㉯ 아연
㉰ 니켈 ㉱ 크롬

012

라우탈(Lautal)합금의 특징에 속하지 않는 것은?

㉮ 규소를 넣어 주조성을 개선하고 구리를 넣어 절삭성을 향상 시킨 것이다.
㉯ 시효경화 되는 성질이 있다.
㉰ 주조 균열이 크므로 두꺼운 주물에 적합하다.
㉱ 자동차 및 선박용 피스톤, 분배관 밸브 등에 쓰인다.

013

처음에 주어진 특정한 모양의 것을 인장하거나 소성 변형한 것이 가열에 의하여 원형으로 돌아가는 현상은?

㉮ 동소변태효과 ㉯ 시효현상효과
㉰ 형상기억효과 ㉱ 자기변태효과

014

금속의 소성가공을 재결정온도 이상에서 하는 것은?

㉮ 냉간가공 ㉯ 상온가공
㉰ 취성가공 ㉱ 열간가공

015

주석 또는 납을 주성분으로 한 베어링용 합금은?

㉮ 우드메탈   ㉯ 화이트메탈
㉰ 캐스팅메탈 ㉱ 옵셋메탈

016

도면에서 해칭을 하는 곳은?

㉮ 절단면   ㉯ 원형부
㉰ 중요부분 ㉱ 기밀부분

017

한국산업규격의 금속 부문의 기호는?

㉮ KSA   ㉯ KSB
㉰ KSC   ㉱ KSD

답 009 ㉮ 010 ㉯ 011 ㉱ 012 ㉰ 013 ㉰ 014 ㉱ 015 ㉯ 016 ㉮ 017 ㉱

018
가는 이점쇄선으로 긋는 선은?

㉮ 가상선 ㉯ 파단선
㉰ 중심선 ㉱ 피치선

019
도형이 척도에 비례하지 않을 때 표시하는 방법의 설명으로 틀린 것은?

㉮ 적절한 곳에 '비례척이 아님'이라고 기입한다.
㉯ 도형의 일부 치수가 비례하지 않을 때는 치수 아래 굵은 실선을 긋는다.
㉰ 척도란 또는 적절한 곳에 'NS'를 표시를 한다.
㉱ 치수에 ( ) 표시를 한다.

020
그림에서 b의 치수는?

㉮ φ30
㉯ φ40
㉰ φ20
㉱ φ50

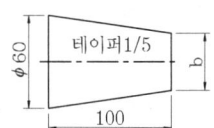

021
정투상법에 대한 설명 중 틀린 것은?

㉮ 물체의 특징을 가장 잘 나타내는 면을 정면도로 한다
㉯ 제3각법은 정면도와 측면도를 대조하는 데 편리하다.
㉰ 정면도의 위치를 먼저 결정하고 이를 기준으로 평면도, 측면도 위치를 정한다.
㉱ 우리나라 산업규격의 제도통칙은 제 1각법으로 제도하는 것을 원칙으로 하고 있다.

022
다음 그림의 치수선은 어떤 치수를 기입하기 위한 치수선인가?

㉮ 각도 ㉯ 호
㉰ 현   ㉱ 반경

023
보스의 키, 홈 등 특별한 형상은 도형의 어느 위치에 오도록 하여 그리는 것이 원칙인가?

㉮ 아래쪽 ㉯ 위쪽
㉰ 오른쪽 ㉱ 왼쪽

024
구멍의 치수가 $\phi 50^{+0.050}_{0}$, 축의 치수가 $\phi 50^{-0.025}_{-0.050}$ 일 때 최대틈새는?

㉮ 0.05 ㉯ 0.02
㉰ 0.10 ㉱ 0.95

답 018 ㉮ 019 ㉱ 020 ㉯ 021 ㉱ 022 ㉰ 023 ㉯ 024 ㉰

025

그림과 같은 겨냥도를 3각법으로 옳게 나타낸 것은? (단, 화살표 방향이 정면도임)

㉮ ㉯
㉰ ㉱

026

나사 도시에서 숫나사와 암나사의 산마루 부분은 어떤 선으로 표시하는가?

㉮ 가는 실선 ㉯ 굵은 일점쇄선
㉰ 가는 이점쇄선 ㉱ 굵은 실선

027

SM20C에서 20C는 무엇을 나타내는가?

㉮ 최고인장강도 ㉯ 최저인장강도
㉰ 탄소함유량 ㉱ 기계구조용 탄소강

028

마텐자이트 변태의 시작과 끝나는 온도를 바르게 표시한 것은?

㉮ Ms, Mf ㉯ Mt, Mc
㉰ Mr, Me ㉱ Ma, My

029

액체 침탄법의 이점과 관계없는 것은?

㉮ 질화는 일어나지 않는다.
㉯ 산화가 방지되며 시간이 절약된다.
㉰ 온도조절이 쉽고 일정한 시간 지속할 수 있다.
㉱ 균일한 가열이 가능하다.

030

담금질유를 사용할 때 일반적으로 냉각능력이 가장 큰 경우의 온도(℃)는?

㉮ 10~20 ㉯ 50~60
㉰ 80~90 ㉱ 100 이상

031

STS 3를 기름 담금질 했을 때 이튿날 그림과 같은 균열이 발생하였을 때의 방지 대책으로 가장 적합한 것은?

㉮ 담금질 후 곧 뜨임한다.
㉯ 공기에 2~3시간 공냉 시킨다.
㉰ 재가열하여 고온 뜨임한다.
㉱ 시효 경화시킨다.

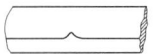

032

표면경화처리가 아닌 것은?

㉮ 침탄 ㉯ 노말라이징
㉰ 질화 ㉱ 화염경화

033
하부 베이나이트 담금질이란 어떤 열처리인가?

㉮ 마퀜칭 ㉯ 오스템퍼링
㉰ 마템퍼링 ㉱ 시간 담금질

034
강력 볼트 너트로써 사용하는데 가장 적당한 금속의 조직은?

㉮ 페라이트 ㉯ 시멘타이트
㉰ 베이나이트 ㉱ 소르바이트

035
탄소강의 항온 변태곡선에서 Ar′ 점의 온도(℃)는 약 얼마인가?

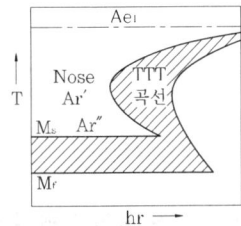

㉮ 250 ㉯ 350
㉰ 450 ㉱ 550

036
구조용 합금강을 경화시키기 위해서 실시하는 열처리는?

㉮ 풀림 ㉯ 노말라이징
㉰ 뜨임 ㉱ 담금질

037
담금질 굽힘을 교정하려면 어느 때 하는 것이 가장 좋겠는가?

㉮ 뜨임기
㉯ 뜨임 완료 후
㉰ 담금질 중 700~800℃에서
㉱ 담금질 중 800~900℃에서

038
염욕종류의 온도를 나타낸 것 중 틀린 것은?

㉮ 저온용 염욕은 150~350℃
㉯ 중온용 염욕은 550~1000℃
㉰ 고온용 염욕은 1100~1350℃
㉱ 표면경화용 염욕은 400~500℃

039
강의 풀림 목적이 틀린 것은?

㉮ 강의 연화
㉯ 결정조직의 불균일화
㉰ 내부 응력 제거
㉱ 기계적, 물리적 성질변화

040
침탄은 무엇을 뜻하는가?

㉮ 표면을 용융시켜 연화시키는 것이다.
㉯ 강재에 탄소를 침입시키는 것이다.
㉰ 고탄소 강재 속의 탄소를 없애는 것이다.
㉱ 강표면에 황을 도금하는 것이다.

답 033 ㉯ 034 ㉱ 035 ㉱ 036 ㉱ 037 ㉮ 038 ㉱ 039 ㉯ 040 ㉯

041

외부로부터 들어오는 복사열을 렌즈나 반사경을 사용하여 한 곳으로 모으는 원리를 이용한 온도계는?

㉮ 광고온계 ㉯ 방사 온도계
㉰ 압력식 온도계 ㉱ 저항식 온도계

042

뜨임시 재료표면에 황색 피막이 생겼을 때의 온도는 대략 몇 ℃나 되겠는가?

㉮ 50 ㉯ 200
㉰ 500 ㉱ 900

043

정밀한 기기를 사용하지 않고 금속의 조직을 육안 또는 확대경으로 검사하는 방법은?

㉮ 매크로 시험 ㉯ X선 검사
㉰ 수침법 ㉱ 펄스에코우 시험

044

광휘 열처리 방법에 속하지 않는 것은?

㉮ 진공법 ㉯ 고주파담금질법
㉰ 불활성가스법 ㉱ 환원성 가스법

045

고체 침탄법에서 촉진제로써 가장 좋은 것은?

㉮ Na_2CO_3 ㉯ K_2CO_3
㉰ $BaCO_3$ ㉱ $NaCl$

046

전기로에 사용되는 발열체 중 비금속 발열체는?

㉮ 칸탈선 발열체 ㉯ 텅스텐선 발열체
㉰ 백금선 발열체 ㉱ 흑연질 발열체

047

스프링강(SPS)의 담금질온도(℃)로써 적합한 것은?

㉮ 530~560 ㉯ 630~660
㉰ 830~860 ㉱ 960~990

048

전기 기계, 기구에 과전류가 흘러 손상되는 것을 방지하기 위한 경보 설치는?

㉮ 백금선연결 ㉯ 전동기 퓨즈
㉰ 교류아크기설치 ㉱ 동선접선

답 041 ㉯ 042 ㉯ 043 ㉮ 044 ㉯ 045 ㉰ 046 ㉱ 047 ㉰ 048 ㉯

049
열처리용 치구의 조건 중 틀린 것은?

㉮ 겸용성이 없을 것
㉯ 내식성이 좋을 것
㉰ 제작이 쉬울 것
㉱ 작업성이 좋을 것

050
백금선을 내열, 절연물체에 감아서 여기에 일정한 전압을 통과시켜 금속선의 전류 세기를 측정하여 온도를 알 수 있도록 만든 것은?

㉮ 열전쌍식 온도계
㉯ 저항식 온도계
㉰ 광 온도계
㉱ 방사 온도계

051
전자적 성능에 독특한 특성이 있는 원소로 적합한 것은?

㉮ Si
㉯ P
㉰ Ti
㉱ Mn

052
일반적으로 열처리 효과가 가장 적게 나타나는 것은?

㉮ 공석강
㉯ 경강
㉰ 특수강
㉱ 극연강

053
마템퍼링(martempering)시켰을 때 얻어지는 조직은?

㉮ 뜨임 마텐자이트와 하부베이나이트
㉯ 시멘타이트와 펄라이트
㉰ 오스테나이트와 소르바이트
㉱ 페라이트와 오스테나이트

054
동일 조건하에서 소금물은 몇 %에서 가장 냉각능이 크겠는가?

㉮ 1 이하
㉯ 2
㉰ 5
㉱ 10

055
피열처리품의 전, 후처리 방법의 분류로 적합하지 않은 것은?

㉮ 기계적 처리
㉯ 광학적 처리
㉰ 화학적 처리
㉱ 전해 처리

056
산 세정의 목적을 바르게 설명한 것은?

㉮ 표면을 거칠게 한다.
㉯ 산화피막, 녹을 제거시킨다.
㉰ 염을 부착시킨다.
㉱ 스케일 형성을 도와준다.

답 049 ㉮ 050 ㉯ 051 ㉮ 052 ㉱ 053 ㉮ 054 ㉱ 055 ㉯ 056 ㉯

057

열전대 중 가장 높은 온도를 측정할 수 있는 것은?

㉮ CC ㉯ IC
㉰ CA ㉱ PR

058

중량물 취급 운반에 의한 재해원인이 아닌 것은?

㉮ 작업장소의 협소 ㉯ 정리정돈 불충분
㉰ 염욕관리 불충분 ㉱ 작업자의 체력 불충분

059

가스를 공기중에 분출시켜 화염주위로 부터 공기를 자연적으로 취하여 연소 되도록 하는 방식은?

㉮ 분젠식 연소 ㉯ 전1차 공기식 연소
㉰ 적화식 연소 ㉱ 산화 연소

060

수질오염의 환경 기준인 수소이온 농도 단위는?

㉮ pH ㉯ LP
㉰ OS ㉱ mg

답 057 ㉱ 058 ㉰ 059 ㉰ 060 ㉮

열처리기능사 필기 & 실기

초 판 인쇄 | 2011년 8월 1일
초 판 발행 | 2011년 8월 5일
개정 6판 발행 | 2016년 8월 1일
개정 7판 발행 | 2020년 3월 31일

인 지

지은이 | 공학박사 조수연 · 제창웅 공저
발행인 | 조규백
발행처 | 도서출판 구민사
(07293) 서울특별시 영등포구 문래북로116, 604호(문래동3가 46, 트리플렉스)
전화 (02) 701-7421(~2)
팩스 (02) 3273-9642
홈페이지 www.kuhminsa.co.kr

신고번호 | 제2012-000055호 (1980년 2월 4일)
I S B N | 979-11-5813-827-1 13500

값 25,000원

※ 낙장 및 파본은 구입하신 서점에서 바꿔드립니다.
※ 본서를 허락없이 부분 또는 전부를 무단복제, 게재행위는 저작권법에 저촉됩니다.

철은 이렇게 만들어집니다.

제선공정

- 원료탄 → Coke공장
- 철광석 → 소결공장
- Coke공장 / 소결공장 → 고로 → 용선 → 혼선차(토페도카)

제강공정

전로 → [용강] → Ladle → 노외정련 → 연속주조 → Slab / Coil / Bloom Billet → 제강

압연공정

- Slab → 열간압연, 후판압연
- Coil → 냉간압연, 전기강판압연
- Bloom Billet → 선재압연

철이 있어 세상은 더 즐겁고 아름다워집니다.

[최고의 합격 수험서]

금속계열 수험자격 시리즈 No.1

수험서 특징

1. 강의 경력 최소 30년 이상 된 분들로 구성된 최고의 집필진
2. 필기 & 실기 시험 완벽 대비
3. 개정된 출제기준에 따른 이론 내용과 예상문제 수록
4. 최신 과년도 문제해설 수록
5. 실기 예상문제 및 과년도 문제 수록

금속계열 수험자격 시리즈

압연기능사 필기&실기	주조기능장 필기&실기
압연기능장 필기&실기	주조산업기사 필기&실기
제선기능사 필기&실기	열처리기능사 필기&실기
제선기능장 필기&실기	
제강기능사 필기&실기	금속재료시험기능사 필기&실기
제강기능장 필기&실기	금속재료기능장 필기&실기
	금속재료산업기사 필기&실기
원형기능사 필기&실기	금속재료산업기사 과년도 문제해설
주조기능사 필기&실기	금속재료기사 필기